《工业泵选用手册》（第二版）编委会

编委会主任：

全国化工设备设计技术中心站 中国石化集团公司机械技术中心站	陈伟

副 主 任：

中国石化工程建设公司	岳平
中国寰球工程公司	邢桂坤
东华工程科技股份有限公司	盛志伟

顾 问：

全国化工设备设计技术中心站 （原中国成达工程公司）	范德明

委 员：

全国化工设备设计技术中心站 中国石化集团公司机械技术中心站	陈伟
中国石化工程建设公司	岳平
中国寰球工程公司	邢桂坤
东华工程科技股份有限公司	盛志伟
中石化集团洛阳石化工程公司	张景安
中国石化集团上海工程有限公司	蒋国
中国成达工程公司	漆明贵
中石化集团宁波工程公司	黄水龙
华陆工程科技有限责任公司	谢福海
中国石化集团南京工程公司	汪春茂
全国化工设备设计技术中心站	曹永军
大连苏尔寿泵及压缩机有限公司	王云平
汉胜工业设备（上海）有限公司	陈雨田
杭州汽轮机股份有限公司	叶钟
重庆水泵厂有限责任公司	陈晴
上海日机装屏蔽泵有限公司	李士雄
大连海密梯克泵业有限公司	程国全
艺达思集团亚太公司	蒋先权
丹东克隆集团有限责任公司	周福兴
约翰克兰科技（天津）有限公司	于业明

编写及校审人名单

	编写人	校审人
第一篇		
第一章	陈伟	范德明
第二章		
第一、二节	岳平、韩学铨、陈伟	于业明、王慧
第三节	漆明贵	于业明、王慧
第四节	岳平、韩学铨、陈伟	于业明、王慧
第三章	陈伟	范德明、王云平、王天周
第四章		
第一、二节	张景安	陈伟
第三节	魏宗胜	漆明贵、宋思远
第四节	魏宗胜	漆明贵、王云平、王天周
第五节	张景安	陈伟
第五章		
第一节	陈伟	张建峰、王天周、王曼秋、赵春晖
第二节	曹永军	陈伟、张建峰、王天周、王曼秋、赵春晖
第三节	陈伟	张景安
第六章	张景安	陈伟
第二篇		
第一章		
第一、二节	陈伟	蒋国
第三、四节	王刚	陈伟
第五节	陈伟、李士雄	张建峰、程国全、李涛
第六～第八节	王刚	陈伟
第九节	陈勇宁、陈楚成	陈伟
第二章		
第一节	陈伟	蒋国
第二节	陈伟	蒋国、管汝光
第三节	陈伟	蒋国、王曼秋
第四节	陈伟	蒋国、张建峰、管汝光、王曼秋
第五节	陈伟	蒋国
第三章		
第一节	黄水龙	范德明
第二节	吴泰忠	范德明
第三节	黄水龙	范德明
第四章		
第一～第三节	陈伟	范德明、王云平、王天周

第四节	吴泰忠	范德明
第五章		
第一~第五节	陈伟	范德明、王云平、王天周
第六节	岳平	范德明、王云平、王天周
第七节	魏宗胜	漆明贵、王云平、王天周
第八节	魏宗胜	漆明贵、王云平、王天周
第六章		
第一、二节	陈伟	范德明、王云平、王天周
第三节	张翼飞、陈伟	范德明、王云平、王天周
第四节	孙国超	汪春茂、龚建华
第五节	陈伟	范德明、张建峰、程国全、李涛

第三篇

第一章		
第一节	陈楚成	陈伟
第二节	张景安	范德明
第三节	姚德群、邢桂坤	范德明
第四节	魏宗胜	漆明贵
第五节	魏宗胜	漆明贵
第六节	魏宗胜	漆明贵
第七节	谷峰	陈伟
第八节	黄水龙	陈伟
第九节	王刚	陈伟
第十节	张一兵、邢桂坤	范德明
第十一节	肖峰、邢桂坤	范德明
第十二节	谢福海	石守礼
第十三节	孙国超	汪春茂、龚建华
第十四节	孙正东	汪春茂、龚建华
第十五节	盛志伟、徐兴荣	陈伟
第十六节	石守礼	谢福海
第二章	曹永军	陈伟
第三章	王常鸿	陈伟

第四篇

第一章		
第一节	漆明贵	魏宗胜、陈伟
第二节	陈伟	范德明
第三节	漆明贵	魏宗胜、陈伟
第二章	岳平、何乃英	陈伟
第三章	宁科军、赵子辉	盛志伟、王云平、曹勤、王天周、王曼秋

附录	曹永军、陈伟忠	陈伟

第二版

GONGYEBENG
XUANYONG SHOUCE

工业泵选用手册

全国化工设备设计技术中心站机泵技术委员会　编

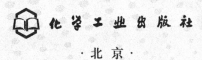

·北京·

本手册分四篇，较全面地介绍了泵与原动机的特点、结构、基本性能和选用步骤，以及特殊介质（黏性、含气、含颗粒、不允许泄漏介质等）输送时应注意的问题和选型、选材方法；并结合化工、石化、医药、公用工程装置的特点，介绍了各类装置用泵；此外还介绍了泵的采购、泵的工程技术规定和数据表，泵的检验与试验，泵的安装、验收和试运行等内容。附录部分编入了法兰标准对照，配管材料对照，泵常用材料对照，以及国内部分泵制造厂的产品和规格。本手册由经验丰富的工程技术人员编写，内容简明实用，资料准确可靠。

本手册可供炼油、石化、化工、医药、食品、纺织、冶金、电子等行业的有关技术人员进行泵选型设计时使用，也可供从事泵设计、研究、制造、使用的工程技术人员，以及高等院校相关专业的师生参考。

图书在版编目（CIP）数据

工业泵选用手册/全国化工设备设计技术中心站机泵技术委员会编. —2版. —北京：化学工业出版社，2010.9（2025.4重印）
ISBN 978-7-122-09158-1

Ⅰ.工⋯ Ⅱ.全⋯ Ⅲ.泵-技术手册 Ⅳ.TH3-62

中国版本图书馆CIP数据核字（2010）第137929号

责任编辑：辛　田　周国庆　　　　　　文字编辑：陈　喆
责任校对：郑　捷　　　　　　　　　　装帧设计：史利平

出版发行：化学工业出版社（北京市东城区青年湖南街13号　邮政编码100011）
印　　装：北京虎彩文化传播有限公司
787mm×1092mm　1/16　印张33　字数818千字　2025年4月北京第2版第17次印刷

购书咨询：010-64518888　　　　　　售后服务：010-64518899
网　　址：http://www.cip.com.cn
凡购买本书，如有缺损质量问题，本社销售中心负责调换。

定　价：98.00元　　　　　　　　　　　　　　　　　　版权所有　违者必究

前　言

《工业泵选用手册》（第二版）由全国化工设备设计技术中心站机泵技术委员会组织编写。

全国化工设备设计技术中心站机泵技术委员会成立于1991年，其宗旨是密切设计单位与制造、研究单位的联系，为设计系统机泵工作的正规化、系统化服务，为机泵的新技术、新产品开发、推广、应用服务，为机泵标准的国际化、专业化服务。1992年，为配合"机泵技术委员会"的工作，成立了"全国石油和化工工程建设机泵联络网"，目前机泵联络网内的设计和制造单位140多家（见附录九）。

工业泵指石油、化工、电子、医药、食品等工业装置内使用的泵。根据泵选用的理论，以及相关装置的泵选用经验，合理选用不同工艺条件下操作的泵，满足长周期、安全运行和节能的要求，这对从事机泵工作的有关人员是十分重要的。

《工业泵选用手册》（第一版）自1998年出版以来，深受广大读者的欢迎，期间多次加印，总发行量已达两万余册，成为机泵行业很有影响的专业工具书。

近年来，随着工业泵技术的提高，以及大量新工业装置的投用，《工业泵选用手册》（第一版）已经不能满足市场的需求。2009年全国化工设备设计技术中心站机泵技术委员会研究决定进行修订再版，成立了由设计、制造单位机泵专家组成的编委会和编写人员团队，对所有章节进行了修订、补充和完善。

《工业泵选用手册》（第二版）共分四篇。第一篇介绍各类泵、密封、冷却和润滑、材料、仪表和控制的选择，以及原动机（如电动机、汽轮机、液力透平、柴油机）的选择。

第二篇介绍泵的原理、结构和性能，泵系统的操作特性，以及特殊介质（黏性、含气、含颗粒、不允许泄漏介质等）输送时应注意的问题和选型、选材方法。

第三篇介绍包括乙烯、炼油、合成氨、尿素、烧碱和纯碱、聚乙烯、丙烯腈、环氧乙烷和乙二醇、PTA、煤制甲醇、磷酸磷铵、硫酸、钛白粉、多晶硅等装置用泵，以及LNG接收站用泵、公用工程用泵、医药和食品工业用泵等，内容均来源于工程公司设计或总包的工业装置。

第四篇介绍泵的采购、泵的工程技术规定和数据表，泵的检验与试验，泵的安装、验收和试运行等内容。

附录部分编入了法兰标准对照，配管材料对照、泵常用材料对照，以及国内部分泵制造厂的产品和规格。

本书对工程公司（设计院）、制造和使用单位的机泵有关人员参与泵的选用有较大的指导意义，也可供从事泵设计、研究、制造、使用的工程技术人员及高等院校相关专业的师生参考。

感谢大连苏尔寿泵及压缩机有限公司、汉胜工业设备（上海）有限公司、上海日机装屏蔽泵有限公司、大连海密梯克泵业有限公司、艺达思集团亚太公司、杭州汽轮机股份有限公司、重庆水泵厂有限责任公司、丹东克隆集团有限责任公司、约翰克兰科技（天津）有限公司等制造单位积极参与了相关章节的编写工作。

深切希望读者对本手册不足之处提出宝贵意见，以便再版时修正。

陈　伟
2010年10月

目 录

第一篇 泵的选用

第一章 泵的选型 ········· 1
第一节 概述 ········· 1
一、泵的类型 ········· 1
二、工业用泵的特点和选用要求 ········· 2
三、工业装置对泵的要求 ········· 2
四、常用标准和规范 ········· 4
第二节 泵的类型、系列和型号的选择 ········· 5
一、选型条件 ········· 5
二、泵类型的选择 ········· 6
三、泵系列和材料的选择 ········· 6
四、泵型号的确定 ········· 8
五、原动机功率的确定 ········· 8
六、轴封型式的确定 ········· 9
七、联轴器及其选用 ········· 10

第二章 轴封 ········· 14
第一节 常用轴封类型、特点与应用 ········· 14
第二节 机械密封 ········· 16
一、机械密封选型参数 ········· 16
二、机械密封的分类 ········· 17
三、机械密封的选择 ········· 21
四、常用机械密封材料 ········· 23
五、机械密封冲洗与冷却 ········· 30
六、机械密封辅助管路系统 ········· 33
七、API 610 标准对轴封的要求 ········· 39
八、SH 3156 密封标准介绍 ········· 40
第三节 非接触及干运转密封 ········· 44
一、非接触及干运转密封分类及适用范围 ········· 44
二、非接触及干运转密封的选择 ········· 45
三、非接触及干运转密封的材料 ········· 46
四、非接触密封及干运转密封的 API 682 冲洗方案和管线排布形式 ········· 46
第四节 填料密封 ········· 48
一、软填料密封结构 ········· 48
二、膨胀石墨填料密封结构 ········· 48

三、碗式填料密封结构 …… 49
　　四、填料密封材料 …… 50
　　五、密封液系统 …… 53

第三章　泵的润滑和冷却 …… 55
第一节　泵的润滑 …… 55
　　一、离心泵和转子泵的润滑 …… 55
　　二、往复泵的润滑 …… 55
　　三、电动机轴承的润滑 …… 55
　　四、压力润滑油系统 …… 55
第二节　泵的冷却 …… 56
　　一、冷却水管路系统设计条件 …… 56
　　二、冷却水管路系统布置 …… 57

第四章　原动机的选用 …… 59
第一节　原动机的类型 …… 59
　　一、三相交流电动机 …… 59
　　二、直流电动机 …… 60
　　三、汽轮机 …… 60
第二节　电动机的选用 …… 60
　　一、选用电动机的主要依据 …… 60
　　二、电动机类型的选择 …… 60
　　三、电动机功率的确定 …… 62
　　四、电动机转速的选择 …… 63
　　五、电源的选择 …… 63
　　六、电动机防护型式的选择 …… 64
　　七、爆炸性和火灾危险性环境的电动机选择 …… 64
第三节　汽轮机的选择 …… 68
　　一、汽轮机型式的选择 …… 68
　　二、汽轮机的调节系统 …… 76
　　三、凝汽器及真空系统 …… 77
第四节　液力回收透平的选择 …… 78
　　一、液体的特性 …… 78
　　二、超速脱扣设施 …… 78
　　三、液力回收透平的布置 …… 78
　　四、液力回收透平的机封冲洗方案 …… 79
　　五、液力回收透平阀门的设置 …… 79
　　六、液力回收透平的应用场合 …… 79
　　七、液力回收透平的试验 …… 79
第五节　柴油机的选择 …… 80
　　一、操作数据和特性 …… 80
　　二、柴油机的附属系统 …… 82

第五章 泵材料的选用 ·· 85
第一节 金属泵 ·· 85
一、腐蚀和防护 ·· 85
二、金属泵的材料和选择方法 ·· 86
第二节 非金属泵 ··· 92
一、概述 ·· 92
二、非金属泵的结构 ·· 92
三、非金属泵的性能特点 ··· 94
四、常用非金属（塑料）泵 ·· 96
五、其他类型非金属泵简介 ·· 99
六、非金属泵标准 ·· 102
第三节 有关标准规范对泵材料的要求 ··· 102
一、API 610 标准 ·· 102
二、API 675 标准及材料选用指南 ··· 113
三、GB/T 3215 标准 ·· 114
四、SH/T 泵用工程标准 ·· 114
五、API 682 和 SH/T 3156 标准 ··· 116
六、ASME B73.1M 标准 ·· 117

第六章 仪表、控制和保护系统 ·· 118
第一节 仪表和控制的总体要求 ·· 118
第二节 泵和电动机的仪表和控制 ··· 119
一、离心泵的仪表和控制（包括电动机的仪表和控制） ································ 119
二、往复泵及计量泵的仪表和控制 ·· 124
第三节 汽轮机的仪表、控制和保护 ·· 124

参考文献 ·· 126

第二篇 泵及泵系统

第一章 叶片式泵 ·· 127
第一节 离心泵的工作原理、结构和性能参数 ··· 127
一、离心泵的工作原理 ·· 127
二、离心泵的主要零部件 ··· 127
三、离心泵的性能参数 ·· 128
四、离心泵的特性曲线 ·· 128
五、离心泵的水力学基本方程式 ··· 129
第二节 离心泵的相似理论与工作范围 ··· 131
一、离心泵的相似理论 ·· 131
二、比转数 n_s ·· 131
三、比例定律和切割定律 ··· 132
四、泵的工作范围和型谱 ··· 133
第三节 离心泵的分类 ··· 135

一、按离心泵的结构分类 135
　　二、按离心泵的输送介质分类 142
　第四节　高速泵和旋壳泵 144
　　一、高速泵 144
　　二、旋壳泵 145
　第五节　无密封离心泵 146
　　一、磁力泵 146
　　二、屏蔽泵 149
　　三、磁力泵和屏蔽泵的特性比较 153
　第六节　自吸离心泵 154
　　一、内混式自吸泵 154
　　二、外混式自吸泵 155
　　三、其他形式的气液混合自吸泵 156
　　四、影响自吸泵自吸性能的因素 156
　　五、真空设备与离心泵组合装置 156
　第七节　轴流泵和混流泵 157
　　一、轴流泵 157
　　二、混流泵 158
　第八节　旋涡泵 159
　第九节　泵的智能控制和保护 161
　　一、泵智能控制与保护的理论依据 162
　　二、泵的智能控制 162
　　三、泵的智能保护 166

第二章　容积式泵 **170**
　第一节　概述 170
　　一、容积式泵的性能参数 170
　　二、容积式泵的性能曲线 171
　　三、容积式泵的工作特点 171
　第二节　往复泵 172
　　一、往复泵的工作原理和结构 172
　　二、往复泵的分类 172
　　三、往复泵的瞬时流量和流量不均匀系数 173
　第三节　转子泵 174
　　一、转子泵的原理 174
　　二、转子泵的结构 174
　　三、转子泵的类型 174
　　四、转子泵的选用 179
　第四节　计量泵 180
　　一、计量精度 181
　　二、计量泵的种类与特点 182

三、柱塞式计量泵液力端主要部件 …………………………………………………… 183
　　四、液压隔膜式计量泵液力端主要部件 ………………………………………………… 184
　　五、流量调节与控制 ………………………………………………………………………… 185
　　六、选用计量泵应注意的问题 …………………………………………………………… 186
  第五节　缓冲罐和安全阀 ……………………………………………………………………… 187
　　一、缓冲罐 …………………………………………………………………………………… 187
　　二、安全阀 …………………………………………………………………………………… 188

第三章　真空泵　190

  第一节　真空泵的性能指标、分类和选择 …………………………………………………… 190
　　一、真空泵的性能指标 ……………………………………………………………………… 190
　　二、真空泵的分类 …………………………………………………………………………… 192
　　三、真空泵的选择 …………………………………………………………………………… 193
  第二节　液环真空泵 …………………………………………………………………………… 195
　　一、液环真空泵的工作原理和结构 ……………………………………………………… 195
　　二、液环泵的选用 …………………………………………………………………………… 196
  第三节　其他常用真空泵简介 ………………………………………………………………… 197
　　一、往复式真空泵 …………………………………………………………………………… 197
　　二、旋片式真空泵 …………………………………………………………………………… 198
　　三、罗茨真空泵 ……………………………………………………………………………… 200
　　四、螺杆式真空泵 …………………………………………………………………………… 201

第四章　泵的汽蚀　202

  第一节　汽蚀参数 ……………………………………………………………………………… 202
　　一、汽蚀现象及其危害 ……………………………………………………………………… 202
　　二、汽蚀参数 ………………………………………………………………………………… 202
　　三、输送烃类介质和高温水时泵的必需汽蚀余量 ……………………………………… 205
  第二节　防止汽蚀产生的方法 ………………………………………………………………… 206
  第三节　容积式泵的汽蚀 ……………………………………………………………………… 207
  第四节　液环真空泵的汽蚀 …………………………………………………………………… 208
　　一、汽蚀的产生及其危害 …………………………………………………………………… 208
　　二、汽蚀边界值的确定 ……………………………………………………………………… 208
　　三、防止汽蚀产生的方法 …………………………………………………………………… 209

第五章　泵系统　212

  第一节　系统扬程和系统特性曲线 …………………………………………………………… 212
　　一、伯努利方程 ……………………………………………………………………………… 212
　　二、系统扬程 ………………………………………………………………………………… 212
　　三、系统特性曲线 …………………………………………………………………………… 212
　　四、泵的运行工作点 ………………………………………………………………………… 213
  第二节　管路阻力损失计算 …………………………………………………………………… 213
  第三节　管路的串联和并联 …………………………………………………………………… 218
　　一、串联管路 ………………………………………………………………………………… 218

二、并联管路 218
　　三、支路管网 218
　第四节　泵的串联和并联 219
　　一、泵的串联操作 219
　　二、泵的并联操作 219
　　三、往复泵和离心泵的并联操作 220
　　四、串、并联操作的选择 220
　第五节　流量调节 220
　第六节　泵系统的配管 222
　　一、泵的典型流程 222
　　二、泵的配管要求 224
　第七节　泵的布置 225
　　一、泵的布置方式 225
　　二、泵的布置要求 226
　　三、泵的安装间距 226
　第八节　泵的基础 227
　　一、泵基础的设计条件 227
　　二、泵基础的一般要求 227
　　三、泵基础的验收 228

第六章　特殊介质的输送 230
　第一节　黏性介质的输送 230
　　一、不同类型泵的适用黏度范围 230
　　二、离心泵的性能参数换算 230
　　三、容积式泵的性能参数换算 233
　第二节　含气液体的输送 233
　第三节　低温液化气体的输送 235
　　一、低温泵的特点 235
　　二、低温泵的结构型式 235
　　三、低温泵的材料 240
　　四、输送低温液化气体的泵装置 240
　　五、低温泵的安装和运行要求 241
　第四节　含固体颗粒液体的输送 241
　　一、输送含固体颗粒液体泵的性能修正 241
　　二、杂质泵的结构 242
　　三、杂质泵产品 246
　第五节　不允许泄漏液体的输送 247
　　一、轴封泵的选用 247
　　二、无密封泵的选用 248

参考文献 251

第三篇　工业装置用泵

第一章　石油和化工行业中泵的应用 … 252
第一节　综述 … 252
第二节　炼油装置用泵 … 253
　一、炼油厂加工流程简介 … 253
　二、炼油装置用泵概述 … 254
　三、炼油装置几种关键泵 … 255
第三节　乙烯装置用泵 … 256
　一、工艺流程 … 256
　二、装置用泵概要 … 258
　三、关键泵 … 260
第四节　合成氨装置用泵 … 268
　一、工艺流程及装置用泵概要 … 268
　二、高压锅炉给水泵 … 269
　三、半贫液泵及水力透平 … 271
第五节　尿素装置用泵 … 274
　一、工艺流程及装置用泵概要 … 274
　二、高压氨泵 … 275
　三、高压甲铵泵 … 279
第六节　烧碱和纯碱装置用泵 … 281
　一、工艺流程及装置用泵概要 … 281
　二、蒸发循环泵 … 284
　三、液环式氯气泵和氢气泵 … 288
　四、熔盐液下泵 … 289
　五、离心式晶浆泵 … 290
　六、结晶器循环泵 … 292
第七节　高密度聚乙烯装置用泵 … 293
　一、工艺流程 … 293
　二、装置用泵概要 … 294
　三、关键泵 … 295
第八节　丙烯腈装置用泵 … 299
　一、丙烯腈性质、用途及其生产工艺流程 … 299
　二、装置用泵概要 … 300
　三、关键泵 … 301
第九节　环氧乙烷和乙二醇装置用泵 … 302
　一、环氧乙烷/乙二醇工艺流程及用泵概要 … 303
　二、关键泵特点 … 304
　三、结语 … 307
第十节　PTA装置用泵 … 307

一、工艺流程及装置用泵概要 ………………………………………………………… 307
二、PTA装置中主要泵的特点 ………………………………………………………… 312
第十一节 LNG接收站用泵 …………………………………………………………… 315
一、工艺流程及装置用泵概要 ………………………………………………………… 315
二、低压输送泵 ………………………………………………………………………… 316
三、高压输出泵 ………………………………………………………………………… 317
四、低压输送泵和高压输出泵相关的其他问题 ……………………………………… 318
第十二节 煤制甲醇装置用泵 ………………………………………………………… 319
一、煤制甲醇工艺流程 ………………………………………………………………… 319
二、煤制甲醇装置用泵概要 …………………………………………………………… 319
三、煤制甲醇装置关键用泵 …………………………………………………………… 321
第十三节 磷酸磷铵装置用泵 ………………………………………………………… 324
一、工艺流程及装置用泵概要 ………………………………………………………… 324
二、磷酸料浆泵 ………………………………………………………………………… 326
三、浓缩循环泵 ………………………………………………………………………… 330
四、磷酸低位闪冷立式泵的应用情况简介 …………………………………………… 331
第十四节 硫酸装置用泵 ……………………………………………………………… 333
一、工艺流程和装置用泵概要 ………………………………………………………… 333
二、硫酸装置用泵 ……………………………………………………………………… 337
第十五节 钛白粉装置用泵 …………………………………………………………… 343
一、工艺流程介绍 ……………………………………………………………………… 343
二、钛白粉装置用泵概述 ……………………………………………………………… 345
三、装置主要用泵 ……………………………………………………………………… 346
第十六节 多晶硅工业装置用泵 ……………………………………………………… 348
一、多晶硅材料简介及其工艺流程 …………………………………………………… 348
二、装置用泵概要 ……………………………………………………………………… 350

第二章 医药工业中泵的应用 …………………………………………………………… 353
一、医药工业概述及其对泵的需求 …………………………………………………… 353
二、医药管理法规及设备验证 ………………………………………………………… 353
三、医药工程简介 ……………………………………………………………………… 355
四、医药工业对泵的要求 ……………………………………………………………… 363
五、医药用卫生泵 ……………………………………………………………………… 365
六、医药用泵的选型 …………………………………………………………………… 369

第三章 公用工程用泵 …………………………………………………………………… 370
一、工艺流程和装置用泵概要 ………………………………………………………… 370
二、循环水泵 …………………………………………………………………………… 370
三、雨水和污水提升泵 ………………………………………………………………… 372
四、消防泵 ……………………………………………………………………………… 375

参考文献 …………………………………………………………………………………… **378**

第四篇 泵的采购、检验、安装和试运行

第一章 泵的采购 ··· 379
第一节 泵的采购程序 ·· 379
　一、编制询价文件 ·· 379
　二、审查厂商报价 ·· 380
　三、厂商报价评比及编制评比意见书 ···································· 380
　四、签定技术附件 ·· 381
　五、采购过程的要求 ··· 381
第二节 泵工程技术规定 ··· 381
　一、石油化工离心泵工程技术规定 ······································· 381
　二、容积式泵工程技术规定 ·· 404
第三节 泵的数据表 ··· 420
　一、离心泵数据表的填写说明 ··· 420
　二、往复泵和计量泵数据表 ·· 422
　三、转子泵数据表 ·· 422

第二章 泵的检验与试验 ··· 445
第一节 离心泵的检验与试验 ··· 445
　一、GB/T 3215—2007、GB/T 3216—2005 标准规定 ············ 445
　二、GB/T 5656—2008 标准规定 ·· 449
　三、SH/T 3139—2004 标准规定 ·· 450
　四、SH/T 3140—2004 标准规定 ·· 452
　五、SH/T 3148—2007 标准规定 ·· 452
　六、API 610—2004 标准规定 ·· 453
第二节 计量泵的检验与试验 ··· 457
　一、GB/T 7782—2008、GB/T 7784—2006 标准规定 ············ 457
　二、API 675—1994 标准规定 ·· 459
　三、SH/T 3142 标准规定 ·· 460
第三节 往复泵的检验与试验 ··· 461
　一、API 674—1995 标准规定 ·· 461
　二、SH/T 3141—2004 标准规定 ·· 462
第四节 转子泵的检验与试验 ··· 462
　一、API 676—2009 标准规定 ·· 462
　二、SH/T 3151—2007 标准规定 ·· 463

第三章 泵的安装、验收和试运行 ··· 464
第一节 泵组的安装 ··· 464
　一、安装前的准备 ·· 464
　二、泵组安装要求 ·· 465
　三、泵组的解体检查与组装 ·· 467
第二节 泵组的试运行与验收 ··· 470

| 第三节　故障分析与处理 | 473 |

参考文献 ... **479**

附录 ... **480**

　附录一　单位换算 ... 480
　附录二　常见液体的密度 ... 483
　附录三　国内部分城市海拔高度和大气压力 ... 484
　附录四　法兰标准和公称压力等级对照 ... 486
　附录五　泵常用材料牌号对照 ... 487
　附录六　配管材料对照 ... 489
　附录七　国内部分泵产品一览表 ... 490
　附录八　国内部分泵制造厂通信地址 ... 502
　附录九　全国工程建设机泵联络网成员单位 ... 506

第一篇 泵的选用

第一章 泵的选型

第一节 概述

一、泵的类型

根据泵的工作原理和结构,泵的类型有如下几种:

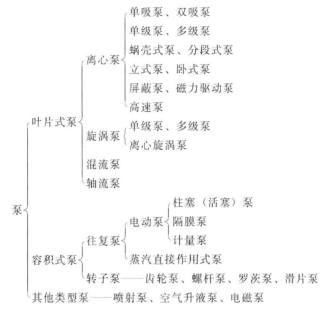

泵的适用范围和特性见表 1-1、图 1-1。

表 1-1 泵的特性

指标		叶片泵			容积式泵	
		离心泵	轴流泵	旋涡泵	往复泵	转子泵
流量	均匀性	均匀			不均匀	比较均匀
	稳定性	不恒定,随管路情况变化而变化			恒定	
	范围/(m³/h)	1.6~30000	150~245000	0.4~10	0~600	1~600
扬程	特点	对应一定流量,只能达到一定的扬程			对应一定流量可达到不同扬程,由管路系统确定	
	范围	10~2600m	2~20m	8~150m	0.2~100MPa	0.2~60MPa
效率	特点	在设计点最高,偏离愈远,效率愈低			扬程高时,效率降低较小	扬程高时,效率降低较大
	范围(最高点)	0.5~0.9	0.7~0.9	0.25~0.5	0.7~0.85	0.6~0.8
结构特点		结构简单,造价低,体积小,重量轻,安装检修方便			结构复杂,振动大,体积大,造价高	同离心泵

续表

指标		叶片泵			容积式泵	
		离心泵	轴流泵	旋涡泵	往复泵	转子泵
操作与维修	流量调节方法	出口节流或改变转速	出口节流或改变叶片安装角度	不能用出口阀调节，只能用旁路调节	同旋涡泵，另还可调节转速和行程	同旋涡泵
	自吸作用	一般没有	没有	部分型号有	有	有
	启动	出口阀关闭	出口阀全开		出口阀全开	
	维修	简便			麻烦	简便
适用范围		黏度较低的各种介质	特别适用于大流量、低扬程、黏度较低的介质	特别适用于小流量、较高压力的低黏度清洁介质	适用于高压力、小流量的清洁介质(含悬浮液或要求完全无泄漏可用隔膜泵)	适用于中低压力、中小流量，尤其适用于黏性高的介质
性能曲线形状（H—扬程；Q—流量；η—效率；N—轴功率）		H-Q、N-Q、η-Q曲线	H-Q、N-Q、η-Q曲线	H-Q、N-Q、η-Q曲线	Q-p、N-p曲线	

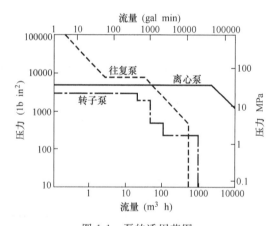

图 1-1 泵的适用范围

(1gal＝3.78541dm³, 1lb＝0.45359237kg, 1in²＝6.4516×10⁻⁴m²)

二、工业用泵的特点和选用要求

工业生产中（以化工生产为例），典型用泵有：进料泵、回流泵、塔底泵、循环泵、产品泵、注入泵、补给泵、冲洗泵、排污泵、燃料油泵、润滑油泵和封液泵等，其特点和选用要求见表1-2。

三、工业装置对泵的要求

（1）必须满足流量、扬程、压力、温度、汽蚀余量等工艺参数的要求。

（2）必须满足介质特性的要求。

① 对输送易燃、易爆、有毒或贵重介质的泵，要求轴封可靠或采用无泄漏泵，如屏蔽泵、磁力驱动泵、隔膜泵等。

表 1-2 典型化工用泵的特点和选用要求

泵 名 称	特 点	选 用 要 求
进料泵(包括原料泵和中间给料泵)	(1)流量稳定 (2)一般扬程较高 (3)有些原料黏度较大或含固体颗粒 (4)泵入口温度一般为常温,但某些中间给料泵的入口温度也可大于100℃ (5)工作时不能停车	(1)一般选用离心泵 (2)扬程很高时,可考虑用容积式泵或高速泵 (3)泵的备用率为100%
回流泵(包括塔顶、中段及塔底回流泵)	(1)流量变动范围大、扬程较低 (2)泵入口温度不高,一般为30~60℃ (3)工作可靠性要求高	(1)一般选用离心泵 (2)泵的备用率为50%~100%
塔底泵	(1)流量变动范围大(一般用液位控制流量) (2)流量较大 (3)泵入口温度较高,一般大于100℃ (4)液体一般处于气液两相态 (5)工作可靠性要求高 (6)工作条件苛刻,一般有污垢沉淀	(1)一般选用离心泵 (2)选用低汽蚀余量泵,并采用必要的灌注头 (3)泵的备用率为100%
循环泵	(1)流量稳定、扬程较低 (2)介质种类繁多	(1)选用离心泵 (2)按介质选用泵的型号和材料 (3)泵的备用率为50%~100%
产品泵	(1)流量较小 (2)扬程较低 (3)泵入口温度低(塔顶产品一般为常温,中间抽出和塔底产品温度稍高) (4)某些产品泵间歇操作	(1)宜选用单级离心泵 (2)对纯度高或贵重产品,要求密封可靠,泵的备用率为100%,对一般产品,备用率为50%~100%。对间歇操作的产品泵,一般不设备用泵
注入泵	(1)流量很小,计量要求严格 (2)常温下工作 (3)排压较高 (4)注入介质为化学药品,往往有腐蚀性	(1)选用柱塞或隔膜计量泵 (2)对有腐蚀性介质,泵的过流元件通常采用耐腐蚀材料 (3)一般间歇操作,可不设备用泵
排污泵	(1)流量较小、扬程较低 (2)污水中往往有腐蚀性介质和磨蚀性颗粒 (3)连续输送时要求控制流量	(1)选用污水泵、渣浆泵 (2)常需采用耐腐蚀材料 (3)泵备用率为50%~100%
燃料油泵	(1)流量较小,泵出口压力稳定(一般为1.0~1.2MPa) (2)黏度较高 (3)泵入口温度一般不高	(1)根据不同的黏度,可选用转子泵或离心泵 (2)泵的备用率为100%
润滑油泵和封液泵	(1)润滑油压力一般为0.1~0.2MPa (2)机械密封封液压力一般比密封腔压力高0.05~0.15MPa	(1)一般随主机配套供应 (2)一般为螺杆和齿轮泵,但大型离心压缩机组的集中供油往往使用离心泵

② 对输送腐蚀性介质的泵,要求过流部件采用耐腐蚀材料。

③ 对输送含固体颗粒介质的泵,要求过流部件采用耐磨材料,必要时轴封应采用清洁液体冲洗。

(3) 必须满足现场的安装要求。

① 对安装在有腐蚀性气体存在场合的泵，要求采取防大气腐蚀的措施。

② 对安装在室外环境温度低于－20℃的泵，要求考虑泵的冷脆现象，采用耐低温材料。

③ 对安装在爆炸性危险区域的泵，应根据危险区域等级，采用防爆电动机。

(4) 对于要求每年一次大检修的工厂，泵的连续运转周期一般不应小于 8000h。为适应 3 年一次大检修的要求，API 610（第 10 版）规定石油、石油化工和天然气工业用泵的连续运转周期至少为 3 年。

(5) 泵的设计寿命一般至少为 10 年。API 610（第 10 版）规定石油、石油化工和天然气工业用离心泵的设计寿命至少为 20 年。

(6) 泵的设计、制造、检验应符合有关标准、规范的规定，常用的标准和规范见表 1-3。

(7) 泵厂应保证泵在电源电压、频率变化范围内的性能。具体变化范围为：

电压　380V±10%，3000V±10%，6000V±10%；

频率　50Hz±1Hz。

(8) 确定泵的型号和制造厂时，应综合考虑泵的性能、能耗、可靠性、价格和制造规范等因素。

四、常用标准和规范

常用标准规范见表 1-3。

表 1-3　常用标准规范

泵类型	标 准 规 范
离心泵	SH/T 3139—2004 石油化工重载荷离心泵工程技术规定
	SH/T 3140—2004 石油化工中轻载荷离心泵工程技术规定
	API 610,10th,2004 Centrifugal Pumps for Petroleum, Petrochemical and Natural Gas Industries(ISO 13709—2003 等同采用)
	ISO 5199—2002 Technical specifications for centrifugal pumps—Class Ⅱ
	ASME B73.1M—2001 Specification for Horizontal End Suction Centrifugal Pumps for Chemical Process
	ASME B73.2M—2003 Specification for Vertical In-line Centrifugal Pumps for Chemical Process
	GB/T 3215—2007 石油、重化学和天然气工业用离心泵
	GB/T 5656—2008 离心泵技术条件(Ⅱ类)
无密封离心泵	SH/T 3148—2007 石油化工无密封离心泵工程技术规定
	API 685,1st,2000 Sealless Centrifugal Pumps for Petroleum, Heavy Duty Chemical, and Gas Industry Services
	ISO 15783—2003 Seal-less Rotodynamic Pumps-Class Ⅱ-Specification
	ASME B73.3M—1997 Specification for Sealless Horizontal End Suction Centrifugal Pumps for Chemical Process
消防泵	NFPA20,2003Editon Standard for the Installation Stationary Pumps for Fire Protection
计量泵和往复泵	SH/T 3141—2004 石油化工往复泵工程技术规定
	SH/T 3142—2004 石油化工计量泵工程技术规定
	API 674,2nd,1995 Positive Displacement Pumps-Reciprocating
	API 675,2nd,1994 Positive Displacement Pumps-Controlled Volume

续表

泵类型	标 准 规 范
计量泵和往复泵	GB/T 7782—2008 计量泵
	GB/T 9234—2008 机动往复泵
转子泵	SH/T 3151—2007 石油化工转子泵工程技术规定
	API 676, 3th, 2009 Positive Displacement Pumps-Rotary
液环真空泵	API 681, 1st, 1996 Liquid Ring Vacuum Pumps and Compressors for Petroleum, Chemical, and Gas Industry Services
泵用密封	SH/T 3156—2008 石油化工离心泵和转子泵用轴封系统工程技术规定
	API 682, 3rd, 2004 Pumps—Shaft Sealing Systems for Centrifugal and Rotary Pumps

不同标准制造的泵，其价格和可靠性有较大的差别。除业主或专利商特别指定外，应根据装置特点和工况条件来选用合理的标准，做到既经济实用又能满足装置和工况的要求。表1-4给出了工业用离心泵标准的选用判据，供参考。

表1-4 工业用离心泵标准的选用判据

条件1	超出以下参数范围的场合： 吸入压力≤0.5MPa(G)，排出压力≤1.9MPa(G)，介质温度＜225℃，额定扬程≤120m，悬臂泵的最大叶轮直径≤333mm
条件2	泵送爆炸危险性介质的场合
条件3	泵送毒性危害介质的场合
条件4	不设备用泵，且对泵的可靠性要求较高的场合
条件5	业主或专利商特别指定需采用重载荷离心泵的场合
判据	(1)符合条件1，或条件2，或条件3，或条件4，或条件5时，宜选用重载荷离心泵标准，即"SH/T 3139＋API 610" (2)除此，为降低设备采购费用，宜选用中、轻载荷离心泵标准，即"SH/T 3140＋ISO 5199"，或"SH/T 3140＋GB/T 5656"，或"SH/T 3140＋ASME B73.1M/B73.2M"

第二节 泵的类型、系列和型号的选择

一、选型条件

1. 输送介质的物理化学性能

输送介质的物理化学性能直接影响泵的性能、材料和结构，是选型时需要考虑的重要因素。介质的物理化学性能包括：介质名称、介质特性（如腐蚀性、磨蚀性、毒性等）、固体颗粒含量及颗粒大小、密度、黏度、汽化压力等。必要时还应列出介质中的气体含量，说明介质是否易结晶等。

2. 工艺参数

工艺参数是泵选型的最重要的依据，应根据工艺流程和操作变化范围慎重确定。

(1) 流量 Q　流量是指工艺装置生产中要求泵输送的介质量，工艺人员一般应给出正常、最小和最大流量。

泵数据表上往往只给出正常和额定流量。选泵时，要求额定流量不小于装置的最大流量，或取正常流量的1.1～1.15倍。

(2) 扬程 H　指工艺装置所需的扬程值，也称计算扬程。一般要求泵的额定扬程为装置所需扬程的 1.05～1.1 倍。

(3) 进口压力 p 和出口压力 p_d　指泵进出接管法兰处的压力，进出口压力的大小影响到壳体的耐压和轴封的要求。

(4) 温度 T　指泵的进口介质温度，一般应给出工艺过程中泵进口介质的正常、最低和最高温度。

(5) 装置汽蚀余量 NPSHa　也称有效汽蚀余量，其计算方法见第二篇第四章。

(6) 操作状态　操作状态分连续操作和间歇操作两种。

3. 现场条件

现场条件包括泵的安装位置（室内、室外）、环境温度、相对湿度、大气压力、大气腐蚀状况及危险区域的划分等级等条件。

二、泵类型的选择

泵的类型应根据装置的工艺参数、输送介质的物理和化学性质、操作周期和泵的结构特性等因素合理选择。图 1-2 为泵类型选择框图，可供选型时参考。根据该框图可以初步确定符合装置参数和介质特性要求的泵类型。离心泵具有结构简单、输液无脉动、流量调节简单等优点，因此除以下情况外，应尽可能选用离心泵。

(1) 有计量要求时，选用计量泵（参见第二篇第二章第四节）。

(2) 扬程要求很高、流量很小且无合适小流量高扬程离心泵可选用时，可选用往复泵（参见第二篇第二章第二节）；如汽蚀要求不高时也可选用旋涡泵（参见第二篇第一章第八节）。

(3) 扬程很低、流量很大时，可选用轴流泵和混流泵（参见第二篇第一章第七节）。

(4) 介质黏度较大（大于 650～1000 mm^2/s）时，可考虑选用转子泵，如螺杆泵，或往复泵；黏度特别大时，可选用特殊设计的高黏度螺杆泵和高黏度往复泵（参见第二篇第二章）。

(5) 介质含气量＞5%，流量较小且黏度小于 37.4 mm^2/s 时，可选用旋涡泵。如允许流量有脉动，可选用往复泵（参见第二篇第二章）。

(6) 对启动频繁或灌泵不便的场合，应选用具有自吸性能的泵，如自吸式离心泵、自吸式旋涡泵、容积式泵等。

三、泵系列和材料的选择

泵的系列是指泵厂生产的同一类结构和用途的泵，如大连苏尔寿 ZA 型化工流程泵、重庆水泵厂有限责任公司 SD 型高压自平衡双壳体离心泵、米顿罗（Milton Roy）公司 mRoy 系列液压隔膜计量泵等。当泵的类型确定后，就可以根据工艺参数和介质特性来选泵的系列和材料。

如确定选用离心泵后，可进一步考虑如下项目。

(1) 根据介质特性决定选用哪种特性泵，如清水泵、耐腐蚀泵或化工流程泵和杂质泵等。

输送毒性为极度或高度危害介质以及贵重或有放射性等不允许泄漏物质时，应考虑选用无密封泵（如屏蔽泵、磁力泵）或带有泄漏液收集和泄漏报警装置的双端面机械密封。如介质为液化烃等易挥发液体，应选择低汽蚀余量泵（如筒型泵）。

(2) 根据现场安装条件，选择卧式泵、立式泵（含液下泵、管道泵）。

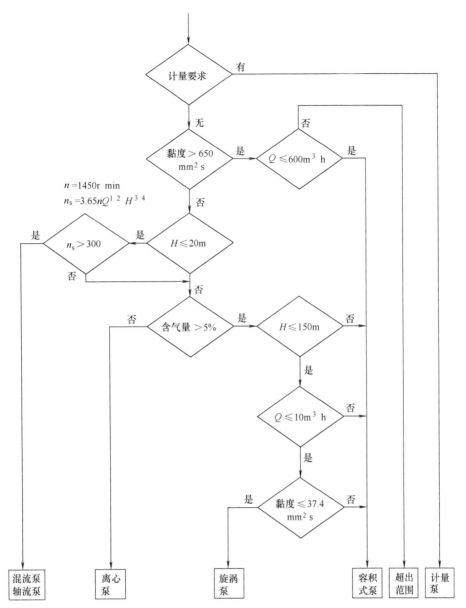

图 1-2 泵类型选择框图
本框图仅供一般情况时参考

(3) 根据流量大小,选用单吸泵、双吸泵或小流量离心泵。
(4) 根据扬程高低,选用单级泵、双级泵或高速离心泵等。

以上各项确定后即可根据各类泵中不同系列泵的特点及生产厂的条件,选择合适的泵系列及生产厂。

最后根据装置的特点及泵的工艺参数,决定选用哪一类制造、检验标准。如要求较高时,可选 SH/T 3139、API 610 标准等,要求一般时,可选 SH/T 3140 GB 5656 (ISO 5199) 或 ASME B73.1M 等标准。

如确定选用计量泵后,可进一步考虑如下项目。
(1) 输送爆炸危险性、毒性及贵重介质时,常选用隔膜计量泵,且为防止隔膜破裂时介质与液压油混合引起事故,最好应选用双隔膜计量泵并带隔膜破裂报警装置。

(2) 流量调节一般为手动,如需自动调节时可选用电动或气动调节方式。泵的材料选用详见第二篇第六章。

四、泵型号的确定

泵的类型、系列和材料选定后就可以根据泵厂提供的样本及有关资料确定泵的型号(即规格)。

1. 容积式泵型号的确定

(1) 工艺要求的额定流量 Q 和额定出口压力 p_d 的确定 额定流量 Q 一般直接采用最大流量,如缺少最大流量值时,取正常流量的 1.1~1.15 倍。额定出口压力 p_d 指泵出口处可能出现的最大压力值,通常为出口管道安全阀的设定压力。

(2) 查容积式泵样本或技术资料给出的流量 $[Q]$ 和压力 $[p]$ 流量 $[Q]$ 指容积式泵输出的最大流量。可通过旁路调节和改变行程等方法达到工艺要求的流量。压力 $[p]$ 指容积式泵允许的最大出口压力。

(3) 选型判据 符合以下条件者即为初步确定的泵型号。

流量 $Q \leqslant [Q]$,且 Q 愈接近 $[Q]$ 愈合理;压力 $p_d \leqslant [p]$,且 p_d 愈接近 $[p]$ 愈合理。

(4) 校核泵的汽蚀余量(参见第二篇第四章) 要求泵的必需汽蚀余量 NPSHr 小于装置汽蚀余量 NPSHa,如不合乎此要求,需降低泵的安装高度,以提高 NPSHa 值;或向泵厂提出要求,以降低 NPSHr 值;或同时采用上述两种方法,最终使 NPSHa－NPSHr＜安全裕量 S。

当符合以上条件的泵不止一种时,应综合考虑选择效率高、价格低廉和可靠性高的泵。

2. 离心泵型号的确定

(1) 额定流量和扬程的确定 额定流量一般直接采用最大流量,如缺少最大流量值时,常取正常流量的 1.1~1.15 倍。额定扬程一般取装置所需扬程的 1.05~1.1 倍。对黏度＞20mm²/s 或含固体颗粒的介质,需换算成输送清水时的额定流量和扬程,再进行以下工作。

(2) 查系列型谱图 按额定流量和扬程查出初步选择的泵型号,可能为 1 种,也可能为 2 种以上。

(3) 校核 按性能曲线校核泵的额定工作点是否落在泵的高效工作区内;校核泵的装置汽蚀余量 NPSHa 与必需汽蚀余量 NPSHr 之差是否符合要求。当不能满足时,应采取有效措施加以实现(详见第二篇第四章)。

当符合上述条件者有 2 种以上规格时,要选择综合指标高者为最终选定的泵型号。具体可比较以下参数:效率(泵效率高者为优)和价格(泵价格低者为优)。

五、原动机功率的确定

泵的原动机类型应根据动力来泵、工厂或装置能量平衡、环境条件、调节控制以及经济效益而定。泵常用的原动机有电动机和汽轮机,此外还有能量回收透平和柴油机等。

原动机的选用详见第一篇第四章。

1. 泵的轴功率 P_a 计算

(1) 叶片式泵:

$$P_a = \frac{HQ\rho}{102\eta} \tag{1-1}$$

式中　H——泵的额定扬程,m;
　　　Q——泵的额定流量,m³/s;
　　　ρ——介质密度,kg/m³;
　　　η——泵额定工况下的效率,$\eta=\eta_m\eta_h\eta_V$,η_m 为机械效率,η_h 为水力效率,η_V 为容积效率;
　　　P_a——泵额定工况下的轴功率,kW。

(2) 容积式泵:

$$P_a=\frac{10^5(p_d-p_s)Q}{102\eta} \tag{1-2}$$

式中　Q——泵的流量(样本上标注的流量),m³/s;
　　　p_d——泵出口管道安全阀的设定压力,MPa;
　　　p_s——泵入口压力,MPa;
　　　η——泵的效率(样本上标注的效率)。

2. 原动机的配用功率 P

原动机的配用功率 P 一般按下式计算:

$$P=K\frac{P_a}{\eta_t} \tag{1-3}$$

式中　η_t——泵传动装置效率,见表1-5;
　　　K——原动机功率裕量系数,对于离心泵电动机,其 K 值不应小于表1-6的值,对于转子泵、往复泵、计量泵,其 K 值不应小于1.1,汽轮机 K 值不应小于1.1。

表1-5　泵传动装置效率 η_t

传动方式	直联传动	平带传动	V带传动	齿轮传动	蜗杆传动
η_t	1.0	0.95	0.92	0.9~0.97	0.70~0.90

表1-6　离心泵电机功率裕量系数 K

电机铭牌功率 P_a/kW	功率裕量系数 K
<22	125%
22≤P_a≤55	115%
>55	110%

有些工程公司或设计单位为确保安全,采用全流量方式确定离心泵电机功率。即在全流量范围(0~Q_{max})内,计算出离心泵最大轴功率 P_{max},并比较 $\frac{P_{max}}{\eta_t}$ 与 $P\left(P=K\frac{P_a}{\eta_t}\right)$,取两者的大值确定为电机功率。

六、轴封型式的确定

轴封是防止泵轴与壳体处泄漏而设置的密封装置。常用的轴封型式有填料密封、机械密封和动力密封(详见第一篇第二章)。

往复泵的轴封通常是填料密封。当输送不允许泄漏的介质时,可采用隔膜式往复泵。旋转式泵(含叶片式泵、转子泵等)的轴封主要有填料密封、机械密封和动力密封。

1. 填料密封

填料密封结构简单、价格便宜、维修方便,但泄漏量大、功耗损失大。因此填料密封用于输送一般介质，如水；一般不适用于石油及化工介质，特别是不能用在贵重、爆炸危险性或毒性介质中。

2. 机械密封

机械密封（也称端面密封）的密封效果好，泄漏量很小，寿命长，但价格较贵，加工安装维修保养比填料密封要求高。

机械密封适用于输送石油及化工介质，可用于各种不同黏度、强腐蚀性和含颗粒的介质。美国石油学会标准 API 610 规定：除用户有规定外，应当装备集装式机械密封。

3. 动力密封

动力密封可分为背叶片密封和副叶轮密封两类。泵工作时靠背叶片（或副叶轮）的离心力作用使轴封处的介质压力下降至常压或负压状态，使泵在使用过程中不泄漏。停车时离心力消失，背叶片（或副叶轮）的密封作用失效，这时靠停车密封装置起到密封作用。

与背叶片（或副叶轮）配套的停车密封装置中较多地采用填料密封。填料密封有普通式和机械松紧式两种。普通式填料密封与一般的填料密封泵相似，要求轴封处保持微正压，以避免填料的干摩擦。机械松紧式填料停车密封采用配重，使泵在运行时填料松开，停车时填料压紧。

为保证停车密封装置的寿命，减少泵的泄漏量，对采用动力密封的泵，泵进口压力应有限制，即：

$$p_s < 10\% p_d \tag{1-4}$$

式中　p_s——泵进口压力，MPa；

　　　p_d——泵出口压力，MPa。

动力密封性能可靠，价格便宜，维修方便，适用于输送含有固体颗粒较多的介质，如磷酸工业中的矿浆泵、料浆泵等。缺点是功率损失较机械密封大，且其停车密封装置的寿命较短。

七、联轴器及其选用

泵用联轴器一般选用挠性联轴器，目的是传递功率、补偿泵轴与电机轴的相对位移、降低对联轴器安装的精确对中要求、缓和冲击、改变轴系的自振频率和避免发生危害性振动等。

泵常用联轴器型式有爪型弹性联轴器、弹性柱销联轴器和膜片联轴器三种。

1. 爪型弹性联轴器

爪型弹性联轴器又称弹性块联轴器，其结构见图 1-3。特点是体积小，重量轻，结构简

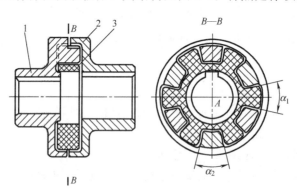

图 1-3　爪型弹性联轴器

1—泵联轴器；2—电机联轴器；3—弹性块

单,安装方便,价格低廉,常用于小功率及不重要的场合。爪型弹性联轴器在水泵行业的标准代号为B1104,其最大许用转矩为850N·m,最大轴径为50mm。

2. 弹性柱销联轴器

弹性柱销联轴器以柱销与两半联轴器的凸缘相连,柱销的一端以圆锥面和螺母与半联轴器凸缘上的锥形销孔形成固定配合,另一端带有弹性套,装在另一半联轴器凸缘的柱销孔中。弹性套用橡胶制成,其结构见图1-4。

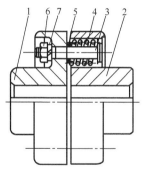

图1-4 弹性柱销联轴器
1—泵侧半联轴器;2—电机侧半联轴器;
3—柱销;4—弹性圈;5—挡圈;
6—螺母;7—垫圈

弹性套柱销联轴器属非金属弹性元件联轴器,采用GB/T 5014—2003,其结构简单,无润滑,安装方便,更换容易,而且不要求很高的对中精度,常用于功率较小的泵组中。国内有许多厂家生产。图1-5为加长型弹性柱销联轴器。

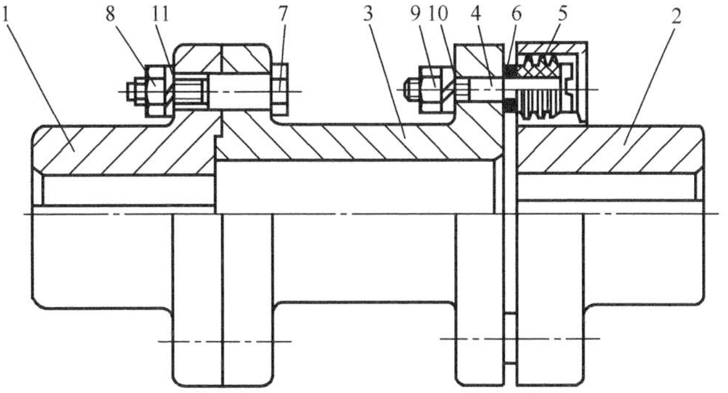

图1-5 加长型弹性柱销联轴器
1—泵侧半联轴器;2—电机侧半联轴器;3—加长段;4—柱销;5—弹性圈;
6—挡圈;7—螺栓;8、9—螺母;10、11—垫圈

3. 金属叠片式挠性联轴器

我国目前生产的金属叠片挠性联轴器,也称膜片式联轴器(如JB/T 9147—1999),采用一组厚度很薄的金属弹簧片制成各种形状,用螺栓分别与主、从动轴上的两半连轴器连接,如图1-6所示。按API 671定义,属于"disc coupling"范畴。其特点是结构简单,无润滑,抗高温,安装方便,更换容易,可靠性高,传递转矩大。

国内生产的厂家有:无锡创明传动工程有限公司、丹东克隆集团有限责任公司等。

4. 泵用联轴器的要求、标准和工况系数

API泵标准对联轴器的要求见表1-7,推荐的联轴器形式、标准及工况系数见表1-8。危险区域使用的泵的联轴器,其护罩应使用不产生火花的材料,如铝、铝合金、铜等。

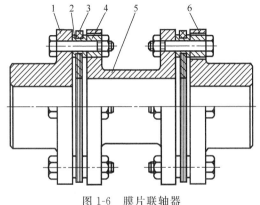

图1-6 膜片联轴器
1,6—半联轴器;2—衬套;3—膜片;4—垫圈;5—中间轴

表1-7 API 有关泵标准对联轴器的要求

类型	API 标准对联轴器的要求
计量泵	API 674—1994 要求:联轴器、联轴器和轴的连接按制造厂标准
往复泵	API 675—1995 要求:应采用挠性联轴器; 如果指定,联轴器、联轴器和轴的连接应按 API 671①
转子泵	API 676—1994 要求:应采用挠性联轴器; 带机械密封的泵应采用带中间轴(加长段)的联轴器
离心泵	API 610—2004 要求: 泵转速≥3800r/min,应采用 ISO 10441 或 API 671 联轴器; 如果指定,联轴器、联轴器和轴的连接应按 API 671、ISO 10441 或 ISO 14691; 带机械密封的泵应采用带中间轴(加长段)的联轴器; 联轴器、联轴器和轴的连接至少应按电机的最大功率(包括电机的工况系数)来计算

① API 671 适用于旋转机械,并不适用于往复式机械。

表1-8 泵用联轴器形式、标准和工况系数

类型	推荐形式和标准	工况系数 K
计量泵	按制造厂标准	2.5
往复泵	采用金属叠片式联轴器,如果制造厂有经验,也可采用刚性联轴器,但需买方批准,一般采用 ISO 14691 标准	4缸及以上 1.75 4缸以下 2.5
	特别要求时,可采用 ISO 10441 标准①	以上系数再乘以 1.25
转子泵	轴功率<50kW 时,可采用弹性套柱销或金属叠片式联轴器,ISO 14691 标准	1.5
	轴功率≥50kW 时,采用金属叠片式联轴器,ISO 14691 标准	
离心泵	轴功率<50kW 时,可采用弹性套柱销联轴器或金属叠片式联轴器,ISO 14691 标准	1.2
	轴功率≥50kW,但<1000kW 时,采用金属叠片式联轴器,ISO 14691 标准	1.2
	泵转速≥3800r/min 或轴功率≥1000kW 时,采用金属叠片式联轴器,API 671 或 ISO 10441 标准	1.5

① API 671 适用于旋转机械,并不适用于往复式机械。因此推荐采用 ISO 10441 标准。

5. 联轴器规格的确定

联轴器的计算转矩 T_c 按下式计算:

$$T_c = \frac{9550 P_a K}{n} \tag{1-5}$$

式中 T_c——联轴器的计算转矩,N·m;

P_a——额定工况下的轴功率,kW;

K——工况系数,按表1-6选取;

n——联轴器转速,r/min。

查样本或技术资料上给出的联轴器具体规格的公称转矩 $[T_n]$、许用转速 $[n]$ 应满足 $T_c \leqslant [T_n]$、$n < [n]$。

此外,主、从动端的轴径应小于该规格的最大径向尺寸 $[D]$,联轴器的脱扣转速(跳闸转速)应小于该规格的许用转速 $[n]$,轴向尺寸 $[L_o]$ 应满足泵布置的要求。当转矩、转

速相同而主、从动端轴径不相同时，应按大轴径选择联轴器型号。

6. 液力偶合器

液力偶合器通过工作液在泵轮与涡轮间的能量转化起到传递功率（转矩）的作用。液力偶合器的启动平稳，有过载保护和无级调速等功能；缺点是存在一定的功率损耗，传动效率一般为96%～97%，且价格较贵。

液力偶合器有普通型、限矩型和调速型三种基本类型。普通型液力偶合器结构简单，无任何限矩、调速结构措施，主要用于不需过载保护和调速的传动系统，起隔离振动和减缓冲击作用。限矩型液力偶合器能在低转速比下有效地限制传递转矩的升高，防止驱动机和工作机的过载。调速型液力偶合器通常是通过改变工作腔中的充液量来调节输出转速的，即所谓的容积式调节，调速型液力偶合器与普通型及限矩型不同，它必须有工作液的外部循环系统和冷却系统，使工作液体不断地进、出工作腔，以调节工作腔的充液量和散逸热量，其结构见图1-7。

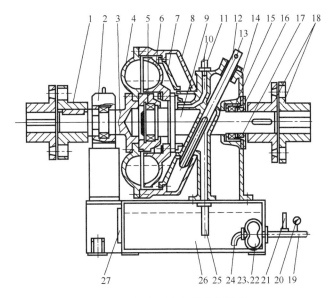

图1-7 调速型液力偶合器结构

1—联轴器；2—轴承座；3—输入轴；4—泵轮；5、15—轴承；6—蜗轮；7—隔离环；8—外壳；9—输出轴；10—进油温度计；11—进油管；12—导管；13—电动执行器；14—导管壳体；16—密封端盖；17—壳体轴承套；18—弹性联轴器；19—出油管；20—压力表；21—出油温度计；22—供油泵；23—油泵电机；24—吸油管；25—排油管；26—油箱；27—油标

使用调速型液力偶合器的泵一般均为大功率或工况需经常改变的大泵。如城市、电厂供水泵、锅炉给水泵，石油管线的输油泵，炼厂的减压泵和增压泵等。其优点是：电动机可全载启动；偶合器可起离合器的作用，有过载保护作用；可无级调速，调速范围一般为4:1，最大可达5:1；节约能耗，因降速调节比以闸阀调低泵的流量要节省许多能耗。

第二章 轴 封

第一节 常用轴封类型、特点与应用

表 1-9 常用轴封类型、特点与应用

密封类型		简 图	使用场合 往复	使用场合 旋转	特点与应用
接触式密封	填料密封（径向密封）- 软填料密封	（图：压盖、压力侧、大气侧）	·	·	结构简单，消耗功率大。压紧力沿轴向分布不均匀，靠近压盖处填料磨损最快 适用于密封一般介质。旋转式泵填料密封用于密封腔介质压力达 3.5MPa，介质温度达 250℃，圆周速度最高达 20m/s；往复泵填料密封用于介质极限压力达 22MPa，极限温度达 600℃
接触式密封	填料密封（径向密封）- 膨胀石墨填料密封	（图：大气侧、压力侧）	·	·	具有良好的耐热、耐腐蚀性，足够的弹性、柔性、自润滑性和不渗透性；消耗功率比软填料密封低 4%～10% 用于密封一般介质，有的已成功用在压力 5.5MPa、温度 380℃ 的热油泵上
接触式密封	填料密封（径向密封）- 碗式填料密封	（图：压力侧、大气侧）	·	·	结构简单，制造方便，密封效果较好，对轴磨损比软填料密封小 适用于密封一般介质，多用于往复密封，选择适当的密封型式和材料，可用于压力为 100MPa，旋转密封为 5MPa，线速度为 3m/s 的场合
接触式密封	端面密封（轴向密封）- 机械密封	（图：压力侧、大气侧）		·	泄漏量少，工作可靠，寿命长，但制造复杂，价格贵，应用广泛。用于密封各种不同黏度、强腐蚀性和含磨蚀性固体颗粒的介质。寿命可达 25000h，一般不低于 8000h，使用条件较差时为 4000h 目前已达到如下技术指标： 轴径 5～1000mm、压力 10^{-6}～45MPa、温度 -200～1000℃、速度 >100m/s（$n=50000$r/min）
非接触式密封	磁流体密封	（图：壳体、永久磁铁、磁极、磁力线、磁流体、压力侧、大气侧、磁性轴）		·	微小磁性颗粒如 Fe_3O_4 悬浮在载流体上，如甘油，得到的磁流体填充在密封腔内。壳体采用非磁性材料，转轴用磁性材料制成。磁铁两侧的磁极和转轴构成磁路。磁极尖端磁通密度大，磁场强度高，磁流体集中而形成磁流体圆形环，起到密封作用，能达到无泄漏、无磨损，不需要外部润滑系统、轴的精度要求不高 用于高速运转（如挠性轴）、高真空、温度不高的条件下

续表

密封类型		简图	使用场合		特点与应用
			往复	旋转	
非接触式密封	螺旋密封			•	结构简单,制造、安装精度要求不高,维护方便,使用寿命长,但需使螺旋方向与轴的旋转方向相反 适用于压力小于 1~2MPa 的低压、线速度小于 30m/s 的条件下的高黏度介质,但必须设置停车密封
	迷宫螺旋密封			•	与螺旋密封不同之处是轴套加工成螺纹,且与轴的螺纹旋向相反。当轴旋转时,液体在螺旋间增加紊流摩擦,从而提高了密封能力。密封效果比螺旋密封好 目前已用于减压装置中的常压蒸馏重油泵上
	喷射密封			•	在泵的出口处引出流体高速通过喷射器,将密封腔内泄漏的流体吸入泵的入口处,达到密封的目的,但需设停泵密封装置 结构简单,制造、安装方便,密封效果好,但容积效率低 适用于无固体颗粒、低温、低压、腐蚀性介质
	浮动环密封			•	浮动环可以在轴上径向浮动。轴向密封靠浮动环与轴的狭窄径向间隙产生节流;径向密封靠浮动环与轴上浮动套贴合(依靠压力或弹簧力)而达到 结构简单,但密封效果差。适用于压力高(10MPa)、转速高(10000~20000r/min)的水泵
	干气密封	见第三节 3NC-BB、3NC-FF、3NC-FB		•	高寿命,低功耗,摩擦面上有流体动压槽,适用范围为真空至 4.1MPa 及 426℃ 等场合
组合式密封	迷宫、螺旋密封与机械密封组合	—		•	由于采用迷宫-螺旋密封,使封油压力降低,提高了机械密封使用寿命 目前已有用于常压重油泵(温度 354℃,压力 1.77MPa)等温度、压力较高的场合
	机械密封与机械密封组合			•	亦称串联密封。即利用前后密封腔的压力降,以减少每一密封面所承受的压力,通常每级可承担 7.0MPa 压力差 适用于高压密封,一般串联两级;亦可用于介质压力不高但密封要求严格的场合。两密封间的封液利用液封环进行强制循环,其压力低于介质压力,目的是润滑密封。当内密封失效时,外密封仍可保证密封,提高密封可靠性

续表

密封类型		简 图	使用场合		特点与应用
			往复	旋转	
无轴封	隔膜式		•		在柱塞泵缸前加一隔膜,柱塞在缸内做往复运动,使缸内油产生压力,推动隔膜在隔膜腔内前后鼓动,达到吸排目的,也使输送介质与泵缸隔开,防止输送介质在动密封处泄漏 多用于输送压力小于50MPa、剧毒、易燃、易爆或贵重介质
	屏蔽式			•	叶轮装在电机伸出轴上,组成一个整体。电机定子内腔和转子表面各有一层金属薄套保护,称屏蔽套,以防止输送介质进入定子和转子,轴承靠输送介质润滑 属于无轴封型泵,用于输送剧毒、易燃、易爆及贵重的介质
	磁力传动式			•	内磁转子装在泵轴端,并用密封套封闭在泵体内部,形成静密封。外磁转子装在电机轴端,套入密封套外侧,使内外磁转子处于完全偶合状态。内外转子间的磁场力透过密封套而相互作用,进行力矩的传递 完全封闭,不泄漏,特别适用于输送剧毒、易燃、易爆介质 目前常用于功率不大的场合

第二节 机 械 密 封

一、机械密封选型参数

1. 输送介质

输送介质的物理化学性质,如腐蚀性、固体颗粒含量和大小、密度、黏度、汽化压力,介质中的气体含量以及介质是否易燃、危险或易结晶等。

2. 安装密封的有效空间

安装密封的有效空间包括 D 与 L 等。

3. 工艺参数

(1) 密封腔压力 p 密封腔压力指密封腔内的流体压力,该参数是密封选用的主要参数。对新采购的泵,最方便、可靠的办法是向泵制造厂了解密封腔的压力数据;对现场在役设备,确定密封腔压力最简单的办法是在密封腔上装设压力表。表1-10给出了供参考的密封腔压力值 p_m。

表 1-10 不同类型泵的密封腔压力值 p_m(供参考)

泵 的 类 型	估 算 公 式
后盖板带背叶片、耐磨环	$p_m = p_s + 0.25(p_d - p_s)$ 式中, p_s 为泵进口压力, p_d 为泵出口压力,下同
后盖板带平衡孔	$p_m = p_s + 0.10(p_d - p_s)$

续表

泵 的 类 型	估 算 公 式
带背叶片和平衡孔	$p_m = p_s$
后盖板有耐磨环,无平衡孔	$p_m = p_s + 0.18\text{MPa}$
开式叶轮,无后盖板和平衡孔	$p_m = p_s + C(p_d - p_s)$ 注:$C=0.1$(最大叶轮直径),$C=0.3$(最小叶轮直径)
后盖板无耐磨环,无平衡孔	$p_m = p_s$(大部分立式泵均如此)
双吸泵	$p_m = p_s$
多级泵	需根据平衡管、平衡盘和平衡鼓的布置来分析,密封腔压力有时等于进口压力,有时是某一中间级出口压力,有时是泵的出口压力

（2）流体温度 T　指密封腔内的流体温度。

（3）密封圆周速度 V　指密封处轴的周向速度,按下式计算：

$$V = \frac{\pi n d}{60} \tag{1-6}$$

式中　d——轴径,m；

　　　n——泵轴转速,r/min。

二、机械密封的分类

1. 推压型和非推压型密封

（1）推压型密封　指辅助密封沿轴或轴套机械推压来补偿密封面磨损的机械密封,通常就是指弹簧压紧式密封,如图1-8所示。

（2）非推压型密封　辅助密封固定在轴上的机械密封,通常为波纹管密封,如图1-9所示。

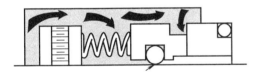

图1-8　推压型机械密封

图1-9　非推压型机械密封

推压型密封和非推压型密封特点的比较见表1-11。

表1-11　推压型密封和非推压型密封特点的比较

项　目	推压型密封	非推压型密封
压缩单元	单弹簧或多弹簧	金属波纹管或橡胶波纹管
轴的辅助密封	动态	静态
尺寸范围/mm	13～508	10～305
温度范围/℃	$-268 \sim 232$	$-268 \sim 427$
压力范围/MPa	≤20.69	≤4.5
特点	尺寸范围大 高压 适宜于特殊设计 适宜于采用特殊金属	零部件少 固有的平衡型结构 静环磨损后,动环能自由前移 高温
价格	一般较低	金属波纹管密封一般价格较高 橡胶波纹管密封一般价格较低

2. 平衡型和非平衡型密封

(1) 载荷系数 K　载荷系数 K 是指密封流体压力作用在补偿环上，使之对于非补偿环趋于闭合的有效作用面积与密封环带面积之比。

内装式密封

$$K=\frac{d_2^2-d_b^2}{d_2^2-d_1^2} \tag{1-7}$$

外装式密封

$$K=\frac{d_b^2-d_1^2}{d_2^2-d_1^2} \tag{1-8}$$

式中　d_2——密封环带的外径；
　　　d_1——密封环带的内径；
　　　d_b——密封的平衡直径，见图 1-10～图 1-12。

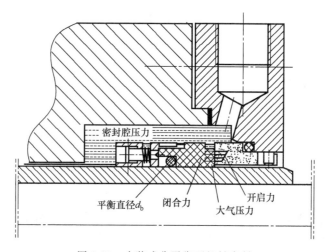

图 1-10　内装式非平衡型机械密封

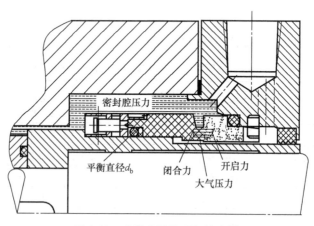

图 1-11　内装式平衡型机械密封

(2) 端面比压 p_c　端面比压 p_c 是指作用在密封环带上单位面积上净剩的闭合力。

$$p_c=p_s+p(K-\lambda) \tag{1-9}$$

式中　p_s——弹簧比压；

λ——反压系数,指密封端面间流体膜平均压力 p_m 与密封流体压力 p 的比值,对于水,$\lambda=0.5$。

(3) 平衡型和非平衡型密封　载荷系数 $K>1$,密封为非平衡型密封,如图 1-10 所示。非平衡型密封当压力大于一定的限度,密封面间的液膜就会被挤出。在丧失液膜润滑及高负荷的作用下,密封端面会很快损坏。因此非平衡型一般可以用于低压。但对润滑性能差、低沸点、易汽化介质及高速工况,即使在低压下,也应选用平衡型密封。

载荷系数 $K<1$,密封为平衡型密封,如图 1-11、图 1-12 所示,平衡型密封能用于各种压力场合。

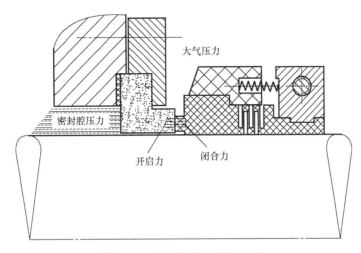

图 1-12　外装式平衡型机械密封

3. 单密封、无压双密封和有压双密封

(1) 单密封　只有一对摩擦副,结构简单,制造、拆装容易,一般只需设置冲洗冷却系统,不需要外供封液系统。如图 1-10～图 1-12 所示。

(2) 有压双密封　原称为双端面机械密封,有两对摩擦副,结构复杂,需要外供封液系统,密封腔内通入比介质压力至少高 0.15MPa 的隔离液,起封堵、润滑等作用,隔离液对内侧密封起到润滑作用。如图 1-13 所示。

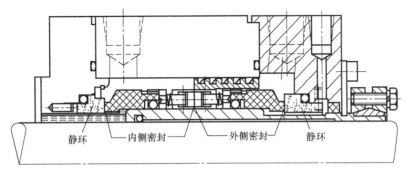

图 1-13　有压双机械密封

(3) 无压双密封　原称为串联密封,有两对摩擦副,结构复杂,需要外供封液系统,密封腔内的缓冲液不加压,工艺介质对内侧密封起到润滑作用。如图 1-14 所示。

一般情况下,应优先选用单端面密封,因为单端面密封结构简单,使用方便,价格低。但在以下场合,优先选用双机械密封。

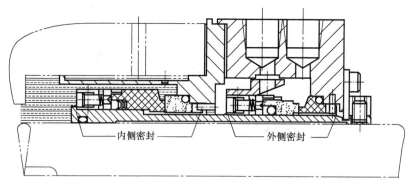

图 1-14 无压双机械密封

(1) 有毒及有危险性介质。
(2) 高浓度的 H_2S。
(3) 易挥发的低温介质（如液化石油气等）。

随着社会对健康、安全和环境保护愈来愈重视，无压双密封的使用量逐年上升。该种密封可广泛用于氯乙烯、一氧化碳、轻烃等有毒、易挥发、危险的介质。无压双密封的内侧密封（第一道密封）是主密封，相当于一个单端面内装式密封，其润滑由被密封的介质担当。密封腔内注满来自封液罐的缓冲液，未加压。内侧密封一旦失效，导致密封腔的压力提高，即能由封液罐的压力表显示、记录或报警。同时外侧密封就能在维修前起到密封和容纳泄漏液体的作用。

对一些有毒、含颗粒介质（或腐蚀性相当厉害的介质），一般可考虑以下方法。
(1) 采用合适的环境控制措施，如外冲洗＋带旋风分离器的管路冲洗系统。
(2) 采用有压双密封。有压双密封隔离液的压力高于介质压力，因而泵送介质不会进入密封腔。内侧密封起到阻止隔离液进入泵腔的作用。因此当输送诸如黏性、腐蚀性及高温介质时，内侧密封由于没有暴露在介质中，因此可以不用昂贵的合金制作。外侧密封仅仅起到不使隔离液漏入大气的作用，以实现工艺介质的零逸出。

4. 内装式和外装式密封
(1) 内装式密封　指机械密封安装在密封腔内，如图 1-10、图 1-11 所示。
(2) 外装式密封　指机械密封安装在密封腔外，如图 1-12 所示。

由于内装式密封的受力情况好，比压随介质压力的增加而增加，其泄漏方向与离心力方向相反，因此一般情况均选用内装式机械密封。API 682 中明确标准型的机械密封为内装式密封。只有当介质腐蚀性极强且又不想考虑用有压双密封时，才考虑选用外装式机械密封。

5. 旋转式和静止式机械密封
(1) 旋转式机械密封　指补偿环随轴一起转动的机械密封。
(2) 静止式机械密封　指补偿环不随轴一起转动的机械密封。

一般情况下选用旋转式机械密封。当轴径较粗且圆周速度大于或等于 $25m/s$ 时，由于弹簧及其他旋转元件产生的离心力较大，动平衡要求高，消耗的搅拌功率大，宜选用静止式机械密封；此外如果介质受强烈搅动易结晶时，也宜采用静止式机械密封。

6. 单弹簧和多弹簧机械密封
(1) 单弹簧机械密封　结构简单，弹簧可兼起传动作用，但端面比压不均匀，不适用于高速运转。

（2）多弹簧机械密封　结构复杂，弹簧不能兼起传动作用，但端面比压均匀，适用于高速运转。

一般情况下，推荐选用多弹簧机械密封。

三、机械密封的选择

表 1-12　机械密封的选用

介质或使用条件		特　点	对密封的要求	密封选择
强腐蚀性	盐酸、铬酸、硫酸、醋酸等	密封件经受化学腐蚀，尤其在密封面上的腐蚀速率通常为无摩擦作用的表面腐蚀速率的 10~50 倍	要求摩擦副材料既耐蚀又耐磨 要求辅助密封圈材料弹性好、耐腐蚀及耐温 要求弹簧使用可靠	（1）选择与介质接触的材料 （2）采用外装式机械密封，加强冷却，防止温度升高 （3）采用内装式密封时，弹簧加保护层 ①大弹簧外套塑料软管，两端封住 ②弹簧表面喷涂防腐层，如聚三氟氯乙烯、聚四氟乙烯、氯化聚醚等。应采用大弹簧，因丝径大，涂层不易剥落 （4）采用外装式机械密封，隔离泄漏液，如图 1-12 所示，带波纹管的动环采用填充聚四氟乙烯，静环是氧化铝陶瓷，腐蚀性介质被波纹管隔离，弹簧可用普通材料
易汽化	乙醛、异丁烯、异丁烷、异丙烯、液化石油气、轻石脑油等	易使密封面端面间液膜汽化，造成摩擦副干摩擦	要求摩擦系数低，导热性好的摩擦副材料 密封腔，尤其是密封端面要有充分冷却，防止泄漏引起密封面结冰（靠大气侧）	（1）推荐采用有压或无压双密封 （2）摩擦副材料建议采用碳化钨-石墨或碳化硅-石墨 （3）加强冷却、冲洗和相应急冷 （4）通常需使密封端面间的液体温度比相应压力下的液体温度约低 14℃ （5）推荐选用多弹簧机械密封
含盐及易结晶	硫铵、磷铵、苛性钠（钾）、氢氧化钙、导生油、氯化钾（钠）等	由于温度变化而使溶质析出，沉淀在密封端面上，造成强烈磨损或阻塞。另外，介质还具有一定的腐蚀性	要求摩擦副耐磨、耐腐。加强保温，防止结晶。加强冲洗，防止结晶颗粒粘在密封端面上	（1）含颗粒较少时，采用有压双密封，靠近介质一侧的摩擦副材料为硬对硬材料组合，如碳化钨-碳化钨 （2）含颗粒较多时，采用有压双密封，且应注意： ①靠近介质侧的密封应选择静止内流式，颗粒不易进入摩擦副内，动环和静环的密封圈得到了保护 ②加强外冲洗 ③用冲洗液进行"封堵"，阻止颗粒进入密封端面，选择硬对硬摩擦副，如硬质合金对硬质合金、陶瓷对陶瓷。若硬质合金热装在座环上，其材料必须匹配，以防电解腐蚀 ④配置蒸汽急冷装置 （3）有时也可选择单密封（大弹簧）带外冲洗结构
易凝固	石蜡、蜡油、渣油、尿素、熔融硫黄、煤焦油、醇醛树脂、苯酐、对苯二甲酸二甲酯（DMT）	介质凝固温度高而又不可能冷却；因介质温度降低，会使介质凝固，妨碍动环转动，密封面会引起磨损	注意保温或加热，使介质温度高于凝固温度。 摩擦副及密封辅助件需要耐一定温度	（1）加强保温，采用蒸汽背冷（温度>150℃） （2）采用硬对硬摩擦副材料 （3）采用有压双密封 （4）有时可考虑采用静止型金属波纹管密封
含固体颗粒	塔底残油、油浆、原油	固体颗粒进入摩擦副端面，会引起剧烈磨损；介质颗粒沉积在动环处，动环会失去浮动。颗粒沉积在弹簧上会影响弹簧弹性	要求摩擦副耐磨，结构上要能排除杂质或防止杂质沉淀	（1）采用双端面密封，靠近介质侧摩擦副采用硬对硬材料组合，外供冲洗液冲洗 （2）采用单端面密封，从泵出口引出液体经泵配备的旋流分离器将固体分离后进行冲洗 （3）采用大弹簧结构

续表

介质或使用条件		特点	对密封的要求	密封选择
易聚合	糠醛、甲醛、苯乙烯、氯乙烯单体、丙烯醛、醋酸乙烯、甲醛水	因摩擦和搅拌使介质温度升高,而引起聚合	注意介质温度不超过聚合温度; 保证充分冷却; 摩擦副材料需要耐磨	(1)采用有压波纹管双密封 (2)采用窄的密封端面 (3)加强冷却,防止聚合 (4)摩擦副采用硬对硬材料
易溶解	异丙醇(对水)、磺化油(对水)、戊烷(对油)、明矾(对水)、硫酸铜、硫酸钾(对水)、甘油(对乙醇)	溶剂会使密封圈溶解,破坏石墨中的填充材料	密封材料需要耐水、耐油和乙醇等溶剂	(1)密封圈材料可采用耐油橡胶(丁腈橡胶、聚硫橡胶)或聚四氟乙烯 (2)摩擦副采用硬对硬材料 (3)苯、氨、氨水不能用氟橡胶
高黏度	硫酸、润滑脂、齿轮油、渣油、汽缸油、硅油、苯乙烯等	介质黏度高,会影响动环的浮动性,弹簧易受阻塞; 密封材料易损坏	摩擦副材料要求耐磨,弹簧要能克服阻力; 要求保温或加热	(1)采用静止型双端面密封 (2)采用硬对硬摩擦副材料组合 (3)考虑保温结构
高温	塔底热油、热载体、油浆、苯酐、对苯二甲酸二甲酯(DMT)、熔盐、熔融硫	随着温度增高,加快密封环磨损和腐蚀,材料强度降低;介质易汽化,密封环易变形,橡胶碳化,组合环配合松脱	要求材料耐高温; 为了防止摩擦副产生干摩,需对机械密封进行冷却冲洗,以保证密封面间隙中温度保持在汽化温度以下; 要求密封各零件膨胀系数相近	(1)密封材料需进行稳定性热处理,消除残余应力,且膨胀系数相近 (2)采用单端面密封,端面宽度尽量小,且需充分冷却和冲洗 (3)温度超过176℃时,采用金属波纹管式密封 (4)采用有压双密封,外供循环液;为了防止辅助密封圈寿命短,在与介质接触侧的密封设置冷却夹套 (5)辅助密封材料使用温度范围见表1-16
低温	液氨、液氧、液氯、液态烃	低温时材料脆化,需要慎重选择材料; 密封圈易老化而失去弹性,影响密封性能; 介质温度低,大气中的水分会冻结在密封面上,加速摩擦副磨损; 密封面摩擦发热,会造成密封介质汽化,使摩擦副形成干摩擦,烧损密封表面; 要考虑材料膨胀和收缩,选择膨胀系数相近的材料	要求密封材料耐低温,要考虑材料强度、疲劳强度和冲击韧性,要注意石墨环在低温下的滑动性; 辅助密封件要耐低温老化,要有一定的弹性; 要求密封面有良好的润滑,防止密封端面液膜汽化; 要求保温或与大气隔离,防止结冰进行急冷	(1)介质温度高于-45℃时,除液氯等介质漏出有危险外,可用单端面密封,但需要注意大气中水分冻结,导致密封失效 (2)介质温度高于-100℃时,可用波纹管密封。单端面密封在外面向密封面吹干燥氮气,使密封面与大气隔绝,防止水分冻结 (3)介质温度低于-100℃时,采用静止式波纹管结构,防止波纹管疲劳破坏 (4)选择适当摩擦副材料,如QSn6.5-0.1青铜填充聚四氟乙烯 (5)液态烃(如戊烷、丁烷、乙烯等)如采用有压双密封,可用乙醇、乙二醇作封液,丙醇可用于-120℃,也可采用无压双密封,见第二篇第五章第三节 (6)采用低端面比压、低 p_cv 值的密封,加强急冷与冲洗,防止液膜汽化 (7)辅助密封材料使用温度范围见表1-16
高压	合成氨水洗塔溶液、乙烯装置脱甲烷塔回流液、环氧乙烷解析塔釜液及二氧化碳吸收液、加氢裂化原料、加氢精制原料	由于压力高,会引起端面比压和 p_cv 值增高,端面发热,导致液膜破坏,磨损剧烈; 压力高,要注意材料强度,防止密封件变形和压碎,使密封失效	摩擦副要求有足够强度和刚度,结构上要考虑防变形; 摩擦副材料要有较低的摩擦系数,良好的材料组合,使之具有较高的 p_cv 值; 密封面要保证良好润滑	(1)在保证允许的最小端面比压条件下,选择较大的平衡系数 β,但不大于0.5 (2)介质压力 $p > 15$MPa 时,宜采用串联密封逐步降低每级密封压力 (3)摩擦副材料宜用碳化钨-浸渍金属石墨或硬对硬材料,如硬质合金、碳化硅、陶瓷、喷涂陶瓷等 (4)采用流体静压密封或液体动压密封,$[p_cv]$ 值可达270MPa·m/s (5)加强冷却和润滑 (6)推荐O形圈,肖氏硬度最小为80度,用隔离支承圈以防止被挤出

续表

介质或使用条件		特　点	对密封的要求	密　封　选　择
真空	减压塔釜液	主要是防止外界空气的漏入，漏入空气后，使密封面形成干摩擦，破坏系统的真空度	与正常密封的不同点在于密封对象的方向性差异；避免密封面分开，尤其在泵不运转时足以密封住大气压力，保证负压工作	（1）一般真空，可采用内装单端面密封 （2）高真空采用有压双密封、注入封液有助于提高密封性能和改善润滑条件 （3）为了减少辅助密封件泄漏，采用与动环焊在一起的波纹管密封 （4）石墨在真空条件下耐磨性差，高真空时不宜采用
高速	尿素、丙烯、氯乙烯溶液的输送	由于离心力作用，严重影响机械密封中弹簧或波纹管的弹性，甚至失效；由于转动惯量增大会造成周围介质激烈搅动，从而增加阻力、发热，同时不易达到动平衡	要求摩擦副材料允许的 $p_c v$ 值高；要考虑离心力和搅拌的影响，零件需经过动平衡校正，防止振动；要求良好冷却和润滑	（1）滑动速度 $v>25 m/s$ 时，采用静止式密封，动环与轴直接配合，利用轴套及叶轮夹紧，传递力矩 （2）转动零件几何形状须对称，传动方式不推荐用销子、键等，以减少不平衡力的影响 （3）采用较小的密封端面摩擦系数，如碳化硅-浸铜石墨，端面宽度应尽量减小 （4）加强冷却与润滑 （5）采用平衡型、流体动压型或流体静压型密封 （6）选择较高的 $p_c v$ 摩擦副材料组合
正反转向		开停频繁和正反转对弹簧旋向有影响，密封件易受冲击，密封件摩擦条件恶劣	要求零件耐磨性高，注意强度设计和加强防转机构，要注意弹簧旋向	（1）动环驱动间隙要小，静环用防转零件 （2）采用金属波纹管密封或小弹簧密封

四、常用机械密封材料

1. 摩擦副材料

（1）对摩擦副材料的要求

① 机械强度高。耐压、刚度大、变形小。

② 自润滑性好。耐干磨、耐高负荷。

③ 材料配对性能好。改善密封端面的摩擦状态，无过大的磨损和对偶材料的腐蚀、自润滑性好。

④ 耐磨性好。提高使用寿命。

⑤ 导热性好。热导率大，散热效果好。

⑥ 耐热性好。提高动、静环的耐高温性能。

⑦ 耐热冲击性好。提高抗热裂性能。

⑧ 耐腐蚀性强。耐腐、耐冲蚀，提高使用寿命。

⑨ 热胀系数小。耐热变形、尺寸稳定性好。

⑩ 加工性能好。易加工切削、易成形。

⑪ 密度小、气密性好。

（2）摩擦副材料性能　见表 1-13。

（3）摩擦副组的摩擦系数　见表 1-14。

（4）常用摩擦副材料组合的 $[p_c v]$ 值　见表 1-15。

2. 常用辅助密封材料

（1）对辅助密封材料的要求

① 良好的弹性，复原性好，永久变形小。

② 摩擦系数小，耐磨性好。

表 1-13 摩擦副材料性能

材料		物理力学性能								使用温度/℃	特　性
		密度/(g/cm³)	硬度HRA	热导率/[W/(m·K)]	热胀系数/10⁻⁶℃⁻¹	抗压强度/MPa	抗弯强度/MPa	弹性模量/10⁵MPa	气孔率/%		
石墨浸渍材料	浸渍酚醛	1.75~1.9	HS70~100	5~6		120~300	50~70		3	170	具有良好的自润滑性和导热性,摩擦系数低($f=0.04$~0.05),线胀系数小,有良好的耐腐蚀性,除强氧化性酸,如浓硫酸、硝酸外,耐各种浓度的酸、碱、盐及有机化合物的腐蚀,还有良好的热稳定性,但强度低、弹性模量小、易发生残余变形 浸渍酚醛石墨耐酸性好,浸渍环氧石墨耐碱性好,浸渍呋喃石墨耐酸、耐碱,浸渍金属石墨耐高温及高的$p_c v$值
	浸渍呋喃 M106K	1.69	HS80	4.18	11	120	50	1.4~1.6	5	200	
	浸渍呋喃 M158K	1.68	HS75~85	5.4~6.2	4~6	200~300	60~70		1	-100~200	
	浸渍环氧 M158H	1.7	HS65~75	5.4~6.2	4~6	150~200	60~65	1.3~1.7	1	-100~200	
	浸渍环氧 M220H	1.9	HS45		11	85	40		5	-100~200	
	浸渍巴氏合金	2.2~3.0	HS45~90		6	200~250	95~105		1	-100~200	
	浸渍青铜	2.2~3.0	HS60~90			120~180	45~70		0~6	400	
	浸渍聚四氟乙烯	1.6~1.9	HS80~100	0.41~0.48		140~180	40~60		8	250	
	浸渍锑	2.2	HS70~75		7.2	170~190	60~65		2	350	
填充聚四氟乙烯	含20%石墨	2.16		0.48	0.87(横向100℃)1.46(纵向100℃)	16.4(抗拉)	24.9		吸水率+0.3%	-180~250	具有优异的耐腐蚀性,摩擦系数低,耐温性好,使用温度范围广 根据使用要求,加入不同材料进行改性,如石墨、二硫化钼可减小摩擦系数,加入玻璃纤维可减小磨损,加金属粉可增加导热性
	含40%玻璃纤维	2.28		0.25	0.67(横向100℃)1.19(纵向100℃)	16(抗拉)	19.9		吸水率+0.47%	-180~250	
	含40%玻璃纤维+5%石墨	2.28		0.43	0.6(横向100℃)1.2(纵向100℃)	11.2(抗拉)	20.1		吸水率-0.77%	-180~250	
氧化铝陶瓷	含95%氧化铝(95瓷)	3.3	78~82	16.75	5.8~8	220~360		2.3			线胀系数小,有良好的导热性,硬度高、耐磨性好,耐腐蚀性强,但不耐氢氟酸、磷酸、浓碱的腐蚀,能耐一定的温度急变,制造工艺简单、价格低,但脆性大,加工困难
	含99%氧化铝(99瓷)	3.9	85~90	16.75	5.3	1200~1500	340~540	3.5	0	1300~1700	
碳化硅	反应烧结碳化硅	3.05	91~92	100~125	4.3~5	350~370		3.6~3.8	0.3	2400	硬度高、热胀系数小、导热性好、耐腐蚀性好,但不耐氢氟酸、发烟硫酸、强碱的腐蚀,有自润滑性,摩擦系数小($f=0.1$),耐热性好,抗热震性与碳化钨相当,优于氧化铝陶瓷
	常压烧结碳化硅	3~3.1	91~92	92	4.3~5	380~460		4	0.1	2400	
	热压碳化硅	3.1~3.2	93~94	84	4.5	450~550		4	0.1	2400	

续表

材料		物理力学性能								使用温度/℃	特性
		密度/(g/cm³)	硬度HRA	热导率/[W/(m·K)]	热胀系数/10⁻⁶℃⁻¹	抗压强度/MPa	抗弯强度/MPa	弹性模量/10⁵MPa	气孔率/%		
碳化钨硬质合金	YG6（含钴6%）	14.6~15	89.5	100	4.5	4500	1400	5.6~6.2	0.1	600	硬度高、强度大，耐磨性和抗颗粒冲刷性好，热导率高，热胀系数小，常温下具有一定的耐腐蚀性
	YG8（含钴8%）	14.4~14.8	89	58.6~87.9	4.5	4300	1500				含钴低，耐腐蚀性好，抗弯强度低，脆性大，机械加工困难，价格高；含钴高，则反之
	YG15（含钴15%）	13.9~14.1	87	92.1	5.3	3600	1900				
	YWN8	14.4~14.8	88		5.3		1470				镍基硬质合金比钴基硬质合金更耐腐蚀，其余同上
钢结硬质合金	R5	6.4	HRC 70~73		9.16~11.13		1300				是新开发的，以钢为黏结相、碳化钛为硬质相的硬质合金材料
	R8	6.25	HRC 62~66		7.58~10.6		1100				具有较高的弹性模量、硬度、强度和低的摩擦系数及密度，有较高的耐腐蚀性，能耐如硝酸、氢氧化钠等介质的腐蚀，有较好的加工性

注：表中 $p_c v$ 值意义：p_c 为端面比压；v 为密封端面平均周速。

表 1-14　摩擦副组的摩擦系数

摩擦副材料		摩擦系数 f	说　明
动环	静环		
石墨	陶瓷	0.07	密封介质为水 碳化硅与碳化硅摩擦副、碳化硅与碳化钨摩擦副以及碳化硅与石墨摩擦副的摩擦系数均为最小。因此，端面产生的摩擦热少，加上热导率大，所以承载能力强，不易产生端面热裂
	碳化钨		
	碳化硅	0.02	
碳化硅	碳化钨	0.02	
	碳化硅	0.02	
	碳化钨	0.08	

表 1-15　常用摩擦副材料组合的 $[p_c v]$ 值　　　　MPa·m/s

摩擦副材料组合		非平衡型			平衡型	
静环	动环	水	油	气	水	油
石墨	钨铬钴合金	3.0~9.0	4.5~11.0	4.5~1.0	8.5~10.5	58.0~70.0
	铬镍铁合金		20.0~30.0			
	碳化钨	7.0~15.0	9.0~20.0		26.0~42.0	122.5~150.0
	含碳化钽的碳化钨	25.0				
	不锈钢	1.8~10.0	5.5~15.0			
	铅青铜	1.8				
	氧化铝陶瓷	3.0~7.5	8.0~15.0		21.0	42.0
	喷涂陶瓷	15.0	20.0		90.0	150.0
	氧化铬	7.0				
	工具钢		11.0			
	铸铁	5.0~10.0	9.0			
碳化硅	钨铬钴合金	8.5				
	碳化钨	12.0				
	碳石墨	180.0				
	碳化硅	14.5				

续表

摩擦副材料组合		非平衡型			平衡型	
静环	动环	水	油	气	水	油
碳化钨	碳化钨	4.4	7.1	—	26.0	42.0
青铜	铬镍铁合金	—	9.0~20.0	—	—	—
	碳化钨	2.0	20.0	—	—	—
	陶瓷 Al_2O_3	1.5	—	—	—	—
	45,40XH	3.0	10.0	—	—	—
铸铁	钨铬钴合金	—	6.0	—	—	—
	铬镍铁合金	—	6.0	—	—	—
陶瓷	钨铬钴合金	0.5	1.0	—	—	—
填充聚四氟乙烯	钨铬钴合金	3.0	0.5	0.06	—	—
	不锈钢 SUS 316	3.0	—	—	—	—
	高硅铸铁	3.0	—	—	—	—
	含碳化钽碳化钨	5.0	—	—	—	—

③ 良好的耐温性，且温度范围广，在高、低温条件下不黏着，不变硬、变脆。
④ 耐介质腐蚀、溶解、溶胀、抗老化性能好，对介质不污染。
⑤ 有适当的力学性能，在压力作用下无明显变形。
⑥ 耐介质的侵蚀，在介质中膨胀和收缩小。
⑦ 便于加工且可得到高的精度。

(2) 辅助密封材料特性　见表 1-16。

表 1-16　辅助密封材料特性

名　称	代号	使用温度/℃	特　点	应　用
天然橡胶	NR	−50~120	弹性和低温性能好，但高温性能差，耐油性差，在空气中易老化	用于水、醇介质，不宜在燃料油中使用
丁苯橡胶	SBR	−30~120	耐磨性、耐老化性优良，价格低，回弹性良好，耐动、植物油，但不耐矿物油的侵蚀	用于水、动、植物油、酒精类介质，不能用于矿物油中
丁腈橡胶 中丙烯腈(丁腈-26)	NBR	−30~120	耐油、耐磨、耐老化性优良，但耐挠曲、抗撕裂较差。丙烯腈含量高，耐油性好，强度、硬度、耐磨性、耐水性增加，但耐蚀性、弹性和低温性会变差	应用广泛，适用于耐油性高的场合，如用于燃料油、汽油和矿物油的介质中，但不适用于磷酸酯系液压油中
丁腈橡胶 高丙烯腈(丁腈-40)	NBR	−20~120		
硅橡胶	MPVQ MVQ Si	−70~250	高耐热、耐寒性和耐压缩永久变形，但机械强度差，扯断强度仅为丁腈橡胶的 1/3，易在酸、碱作用下发生离子型裂解，耐蚀性差	用于高、低温介质及高速旋转的场合，不适用于苯、甲苯、丙酮等介质
氟橡胶	FKM	−18~204	最高耐热性、耐腐蚀性(酸、碱油)，几乎耐所有润滑油、燃料油，耐真空性好，耐寒性和耐压缩永久变形差，膨胀系数大，价格高	用于耐高温、耐腐蚀的场合，可广泛用于汽油、石油制品和溶剂，但不适用于酮类溶剂
全氟橡胶	FFKM	−40~288	抗老化性能优良，在 288℃ 下可长期使用，在 310℃ 下可短时使用。耐油性、耐磨性和耐混合有机物腐蚀性能良好，膨胀系数大，但价格昂贵	常用于 200~300℃ 温度下化学品液体密封
氯丁橡胶	CR	18~93	耐老化性、耐臭氧性、耐热性、耐腐蚀性优良，耐油性次于丁腈橡胶而优于其他橡胶，耐酸、碱、溶剂较好	用于临界温度低的矿物油、酸、碱、溶剂等介质，但不能用于芳香烃及氯化烃油介质

续表

名　称	代号	使用温度/℃	特　点	应　用
聚四氟乙烯	PTFE	−73～204	有优异的化学稳定性、耐油、耐溶剂、抗老化、耐热、耐寒、摩擦系数低、透气性低,有一定的强度和不黏着性,弹性差、膨胀系数大,有冷流现象	用于高温或低温条件下的酸、碱、盐、溶剂等强腐蚀性介质
乙丙橡胶	EPDM	−50～150	耐热、耐寒、易老化、耐臭氧、耐酸碱、耐磨性好,不耐一般矿物油系润滑油及液压油	适用于耐热的场合,可用于过热蒸汽,但不可用于矿物油
聚硫橡胶	T	0～80	耐油、耐溶剂性能极好,在汽油中几乎不膨胀,强度、撕裂性、耐磨性能差,使用温度范围小	多用于在溶解性强的介质中不允许膨胀的静止密封
柔性石墨		−240～870(氧化性介质: 400)	耐温性、耐腐蚀性优良,耐一般的化学溶剂(如石油产品、酯、蒸汽等),有良好的柔性、回弹性、气密性和机械强度	是用于辅助密封圈的新型材料,高温油泵中,压制成矩形、楔形和V形密封圈

(3) API标准规定辅助密封圈使用温度范围　见表1-17。

表1-17　辅助密封圈使用温度范围

材料	聚四氟乙烯	丁腈橡胶	氯丁橡胶	FKM氟橡胶	FFKM全氟醚橡胶	柔性石墨	玻璃纤维填充聚四氟乙烯
使用温度范围/℃	−73～204	−40～121	−17～93	−17～204	−12.2～260	−240～400(非氧化介质为871)	−212～232

(4) 几种主要橡胶耐腐蚀性能　见表1-18。

表1-18　几种主要橡胶耐腐蚀性能

介　质	丁苯胶	丁腈胶	丁基胶	氯丁胶	硅橡胶	氟橡胶	聚硫橡胶
发烟硝酸	不耐	不耐	不耐	不耐	不耐	尚耐	不耐
浓硝酸	不耐	不耐	不耐	不耐	不耐	尚耐	不耐
浓硫酸	不耐	不耐	不耐	不耐	不耐	耐	不耐
浓盐酸	不耐	不耐	尚耐	尚耐	尚耐	耐	不耐
浓磷酸	耐	不耐	耐	尚耐	尚耐	耐	尚耐
浓醋酸	尚耐	不耐	耐	不耐	耐	耐	不耐
浓氢氧化钠	耐	尚耐	尚耐	尚耐	尚耐	尚耐	尚耐
无水氨	耐	耐	耐	耐	耐	耐	耐
稀硝酸	不耐	不耐	不耐	不耐	不耐	耐	不耐
稀硫酸	不耐	不耐	尚耐	尚耐	尚耐	耐	不耐
稀盐酸	不耐	不耐	尚耐	尚耐	尚耐	耐	不耐
稀醋酸	尚耐	不耐	耐	不耐	尚耐	耐	不耐
稀氢氧化钠	耐	耐	尚耐	耐	耐	耐	耐
氨水	耐	尚耐	尚耐	耐	耐	不耐	耐
苯	不耐	不耐	不耐	不耐	不耐	耐	耐
汽油	不耐	耐	不耐	尚耐	不耐	耐	耐
石油	尚耐	耐	不耐	尚耐	不耐	耐	耐
四氯化碳	不耐	耐	不耐	尚耐	不耐	耐	耐
二硫化碳	不耐	不耐	不耐	不耐	—	耐	耐
乙醇	耐	耐	耐	耐	耐	耐	耐
丙酮	尚耐	不耐	尚耐	尚耐	尚耐	不耐	尚耐
甲酚	耐	不耐	耐	尚耐	尚耐	耐	耐
乙醛	不耐	尚耐	耐	不耐	耐	耐	—
乙苯	不耐	不耐	不耐	不耐	—	耐	耐
丙烯腈	不耐	不耐	耐	耐	—	耐	—
丁二烯	不耐	不耐	耐	耐	—	耐	—
苯乙烯	不耐	不耐	不耐	不耐	—	耐	尚耐
醋酸乙酯	不耐	不耐	耐	耐	尚耐	尚耐	耐
醚(常温)	不耐	不耐	不耐	不耐	不耐	耐	耐

3. 弹簧材料

(1) 常用弹簧材料性能　见表1-19。

表1-19　常用弹簧材料性能

材料种类	材料牌号	直径/mm	力学性能		剪切弹性模量 G/MPa	使用温度范围/℃	说　明
			扭转极限应力 τ/MPa	许用扭转工作应力 τ/MPa			
磷青铜	QSi3-1	0.3~6	$0.5\sigma_b$	$0.4\sigma_b$	392	-40~+200	防磁性好，用于海水和油类介质中
	QSn4-3	0.3~6	$0.4\sigma_b$	$0.3\sigma_b$			
碳素弹簧钢	65Mn	5~10	4.9	3.9	785	-40~+120	用于常温无腐蚀性介质中
	60Si2Mn	5~10	7.3	5.8			
	50CrVA	5~10	4.4	3.53	785	-40~+400	用于高温无腐蚀性介质中
不锈钢	3Cr13 4Cr13	1~10	4.4	3.53	392	-40~+400	用于弱腐蚀性介质中
	0Cr18Ni9	0.5~8	3.92	3.2	784	-100~+200	用于弱腐蚀性介质中

注：1. 表中使用温度范围是指密封腔内介质温度。
2. 对弹簧材料的要求是耐介质的腐蚀，在长期工作条件下不减少或失去原有的弹性，在密封面磨损后仍能维持必要的压紧力。

(2) 常用波纹管材料　见表1-20。

表1-20　常用波纹管材料

材　料	密度/(g/cm³)	热导率/[W/(cm·℃)]	线胀系数/10⁻⁶℃⁻¹	弹性模量/10⁴MPa	抗拉强度/MPa	特点与应用
黄铜(H80)	8.8	141	19.1	10.5	270	塑性、工艺性能好，弹性差，所制作的波纹管常与弹簧联合使用
不锈钢(0Cr18Ni9)	8.03		16.3(0~100℃)	19	750(半冷作硬化)	力学性能、耐腐蚀性能好，应用广泛，常用厚度为0.05~0.45mm
铍青铜(QBe2)	8.3		5.2(21℃)	13.1(21℃)	1220	工艺性好，弹性、塑性较好，耐腐蚀性好，疲劳极限高，用于180℃以下要求较高的场合
哈氏合金C	8.94		3.9(21~316℃)	20.5(20℃)	885(21℃)	耐腐蚀、抗氧化性能好，能耐多种酸(包括盐酸)及碱的腐蚀
不锈钢(00Cr17Ni14Mo2)	8.0		16(0~100℃)		480	具有良好的耐敏化态晶间腐蚀性能
GH4169(Incone718)	8.2				1280	在-253~700℃温度范围内具有良好的综合性能，650℃以下的屈服强度居变形高温合金的首位，并具有良好的抗疲劳、抗辐射、抗氧化、耐腐蚀性能以及良好的加工性能、焊接性能和长期组织稳定性
钛	4.43	15.1	3.17(20~538℃)	11.4(24℃)	896(21℃)	力学性能、耐腐蚀性能好
聚四氟乙烯(纯)		0.24	0.8~2.5(-60~250℃)		16~31.5	耐腐蚀性、耐水性、不燃性、韧性好，导热性差，有冷流性，适用温度≤80℃，介质压力<0.8MPa，一般都与弹簧组合使用

4. 机械密封材料组合示例

表 1-21　机械密封材料组合示例

介质 名称	浓度/%	温度/℃	静 环	动 环	密封圈	弹 簧
硫酸	5~40	20	石墨浸渍酚醛树脂	氮化硅	聚四氟乙烯 氟橡胶	Cr13Ni25Mo3Cu3Si3Ti 哈氏合金 B
	98	60	钢结硬质合金(R8)氮化硅、氧化铝陶瓷	填充聚四氟乙烯		Cr18Ni12Mo2Ti 4Cr13 喷涂聚三氟氯乙烯
	40~80	60	石墨浸渍酚醛树脂	氮化硅	聚四氟乙烯 氟橡胶	Cr13Ni25Mo3Cu3Si3Ti
	98	70	钢结硬质合金(R8)氮化硅、氧化铝陶瓷	填充聚四氟乙烯		4Cr13 喷涂聚三氟氯乙烯
硝酸	50~60	20~沸点	填充聚四氟乙烯	氮化硅	聚四氟乙烯	00Cr17Ni14Mo2
			氮化硅 氧化铝陶瓷	填充聚四氟乙烯		
	60~99	20~沸点	氧化铝陶瓷			
盐酸	2~37	20~70	氮化硅 氧化铝陶瓷	填充聚四氟乙烯	氟橡胶	哈氏合金 B 钛钼合金(Ti32Mo)
			石墨浸渍酚醛树脂 石墨浸渍呋喃树脂	氮化硅		
醋酸	5~100	沸点以下	石墨浸渍酚醛树脂 石墨浸渍呋喃树脂	氮化硅	硅橡胶 聚四氟乙烯	1Cr18Ni12Mo2Ti
			氮化硅 氧化铝陶瓷	填充聚四氟乙烯		
磷酸	10~99	沸点以下	石墨浸渍呋喃树脂	氮化硅	氟橡胶 聚四氟乙烯	1Cr18Ni12Mo2Ti
			氮化硅 氧化铝陶瓷	填充聚四氟乙烯		
氨水	10~25	20~沸点	石墨浸渍环氧树脂	碳化硅 钢结硬质合金(R5)	乙丙橡胶	1Cr18Ni12Mo2Ti
氢氧化钾	10~40	90~120	石墨浸渍呋喃树脂	氮化硅 钢结硬质合金(R8) 碳化钨	氟橡胶 聚四氟乙烯 乙丙橡胶	00Cr17Ni14Mo2
	含有悬浮颗粒	20~120	氮化硅	氮化硅		
			钢结硬质合金(R8)	钢结硬质合金(R8)		
			碳化钨	碳化钨		
氢氧化钠	10~42	90~120	石墨浸渍呋喃树脂	氮化硅 钢结硬质合金(R8) 碳化钨	氟橡胶 聚四氟乙烯 乙丙橡胶	00Cr17Ni14Mo2
	含有悬浮颗粒	20~120	氮化硅	氮化硅		
			钢结硬质合金(R8)	钢结硬质合金(R8)		
氯化钠	5~20	20~沸点	石墨浸渍环氧树脂 石墨浸渍酚醛树脂	氮化硅	氟橡胶 聚四氟乙烯	00Cr17Ni14Mo2 钛
硝酸铵	10~75	20~90	石墨浸渍环氧树脂	氮化硅	氟橡胶 聚四氟乙烯	00Cr17Ni14Mo2
氯化铵	10	20~沸点	石墨浸渍环氧树脂	氮化硅	氟橡胶 聚四氟乙烯	00Cr17Ni14Mo2

续表

介质 名称	浓度/%	温度/℃	静环	动环	密封圈	弹簧
海水		常温	石墨浸渍环氧树脂 青铜	氮化硅 氧化铝陶瓷	聚四氟乙烯 丁腈橡胶 氯丁橡胶	00Cr17Ni14Mo2 3Cr13、4Cr13 铍青铜
海水	含有泥砂		碳化钨	碳化钨		
海水			氮化硅	氮化硅		
海水			碳化硅	碳化硅		
汽油 机油 液态烃		常温	石墨浸渍树脂 石墨浸渍巴氏合金	碳化钨、碳化硅 氮化硅	丁腈橡胶	3Cr13、4Cr13、65Mn、60Si2Mn、50CrV
汽油 机油 液态烃		高温 (>150)	石墨浸渍青铜 石墨浸渍巴氏合金	碳化钨、碳化硅 氮化硅	柔性石墨 氟橡胶 聚四氟乙烯	
汽油 机油 液态烃	含有悬浮颗粒		碳化钨	碳化钨	丁腈橡胶	
汽油 机油 液态烃			氮化硅	氮化硅		
汽油 机油 液态烃			碳化硅	碳化硅		
有机物 尿素	98.7	140	石墨浸渍树脂	碳化钨、氮化硅 碳化硅	聚四氟乙烯	3Cr13、4Cr13
有机物 苯	100以下	沸点以下	石墨浸渍酚醛树脂 石墨浸渍呋喃树脂	碳化钨 45钢 铸钢 碳化硅 氮化硅	聚四氟乙烯 聚硫橡胶	3Cr13、4Cr13
有机物 丙酮		沸点以下	石墨浸渍呋喃树脂 石墨浸渍酚醛树脂		乙丙橡胶 聚硫橡胶 聚四氟乙烯	
有机物 醇醛醚	95	沸点以下	石墨浸渍树脂 酚醛塑料填充聚四氟乙烯		丁腈橡胶 聚硫橡胶 聚四氟乙烯	

注：本表供参考。设计人员可根据具体的工况条件选择合适的密封材料。

五、机械密封冲洗与冷却

表 1-22　机械密封冲洗与冷却

名称		简图	特点	用途
冲洗			向双或单密封的高压侧部位直接注入液体称"冲洗"。一般泵均应进行冲洗，尤其是轻烃泵更应如此。冲洗的目的是密封、冷却和润滑 (1)密封　密封腔内通入与介质相容的液体(外循环)，从而达到：防止高温、有毒及贵重介质从泵轴漏出；防止含有固体颗粒的介质漏入密封腔内，磨损密封面；防止易汽化结冰的介质(如液化气)漏入密封腔内产生气体，造成干摩擦而磨损密封面；防止易结晶的介质漏入密封腔内，因冷却形成结晶而磨损密封面；在负压下，防止空气和冲洗液漏入泵内 (2)冷却　防止高温介质进入密封腔内；导走动环与静环工作时产生的摩擦热 (3)润滑　保持密封面之间有一层液膜起润滑作用	
冲洗	自冲洗	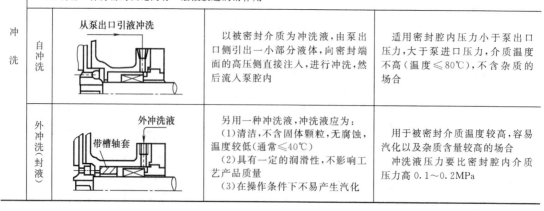	以被密封介质为冲洗液，由泵出口侧引出一小部分液体，向密封端面的高压侧直接注入，进行冲洗，然后流入泵腔内	适用密封腔内压力小于泵出口压力，大于泵进口压力，介质温度不高(温度≤80℃)，不含杂质的场合
冲洗	外冲洗（封液）		另用一种冲洗液，冲洗液应为： (1)清洁，不含固体颗粒，无腐蚀，温度较低(通常≤40℃) (2)具有一定的润滑性，不影响工艺产品质量 (3)在操作条件下不易产生汽化	用于被密封介质温度较高，容易汽化以及杂质含量较高的场合 冲洗液压力要比密封腔内介质压力高 0.1~0.2MPa

续表

名称		简图	特点	用途
冲洗	循环冲洗		借助于密封腔内泵送环使密封腔内的液体进行循环,带走的热量为机械密封产生的热量,与自冲洗比较,冷却水消耗少	由于泵内叶轮扬程小,因此适用于泵进出口压差小的场合
急冷(骤冷)		向密封端面的低压侧注入液体或气体称"急冷",目的是对密封端面进行冷却,用以隔绝空气或湿气,防止或清除沉淀物(其中包括冰)、润滑辅助密封、熄灭火花、稀释和回收泄漏的介质		
急冷(骤冷)		(急冷液(气)/辅助密封/急冷液(气))	冷却效果好,使动环、静环和密封圈得到良好冷却 为了防止注入液体的泄漏,需采用辅助密封,如衬套、油封或填料密封 急冷液一般用水或蒸汽或氮气,但要注意冷却水的硬度,否则会产生无机物堆积到轴上	用于密封易燃易爆、贵重的介质,可以回收泄漏液 用于被密封介质易结晶和易汽化,防止密封端面产生微量温升而导致端面形成干摩擦 急冷液压力通常为 0.02～0.05MPa,进出口温差宜控制在 3～5℃
冷却		(a)自冲洗冷却器 (b)静环外周冷却 (c)夹套冷却 (d)直接冷却	冷却(或加热)有自冲洗冷却、静环外周冷却、夹套冷却和直接冷却(仅用于外装式密封)4 种类型,一般均属于间接冷却,效果比急冷差 对冷却水质量要求不高 冷却面积大小必须使密封介质的温度比该介质在外界气压下的饱和温度低 20～30℃,通常要使密封腔温度在 70℃以下 图(a)~(c)中冷却水不与介质直接接触,介质不会污染冷却水,冷却水可以循环使用 图(d)中冷却水因有可能被泄漏的介质污染,不推荐循环使用	冷却(或加热)被密封介质,防止温度过高使密封面之间液体汽化产生干摩擦,或对被密封介质保温,防止介质凝固 通常,被密封介质温度超过 150℃(若用波纹管式密封介质温度超过 315℃)以及锅炉给水泵,或低闪点的介质都需要夹套
冷却水消耗量		机械密封冷却水消耗量可参考图 1-15 查取。如果采用其他介质冷却(或冲洗),消耗量需要进行换算。如果除机械密封外,泵体和支座还需要冷却时,冷却水消耗量是上述之和;消耗量大小需由泵厂提供,或参考表 1-23 查取		
冷却水质		通常采用干净的新鲜水或循环水,但水的污垢系数要小于 $0.35m^2 \cdot K/kW(4\times10^{-4}m^2 \cdot h \cdot ℃/kcal)$,否则应采用软化水		
冷却系统		机械密封与泵的冷却系统参见第三章第二节		

续表

名称		简 图		特 点	用 途
机械密封冷却措施	介质	温度/℃			
		常温～80	80～150		150～200
	润滑性好的油类	自冲洗	自冲洗,静环背冷 密封腔夹套冷却		自冲洗加冷却器 密封腔夹套冷却
	其他	<60℃,自冲洗 60～80℃,自冲洗静环背冷		自冲洗加冷却器 密封腔夹套冷却	

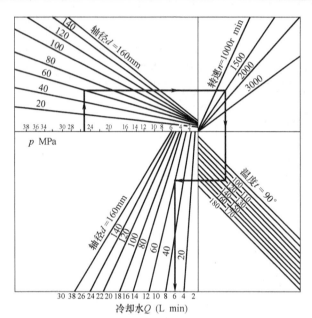

图 1-15 机械密封冷却水消耗量

注：冷却水出口温度不超过 30℃。

例：介质压力 $p=2.5$MPa；密封轴径 $d=60$mm；

泵轴转速 $n=1500$r/min；介质温度 $t=120$℃

则 冷却水耗量 $Q=5.2$L/min

表 1-23 自冲洗与循环冲洗冷却水用量比较

冲洗方法	图 示		冷却水消耗量/(t/a)
自冲洗		1—冷却水流量 1.39L/s 2—冲洗液入口温度 316℃ 3—冲洗液出口温度 82℃,冲洗液流量 63cm³/s 4—节流套	4.33×10^4
循环冲洗		1—冷却水流量 0.126L/s 2—冲洗液入口温度 99℃ 3—冲洗液出口温度 82℃,冲洗液流量 63cm³/s 4—节流套 5—副叶轮(循环冲洗液)	0.4×10^4

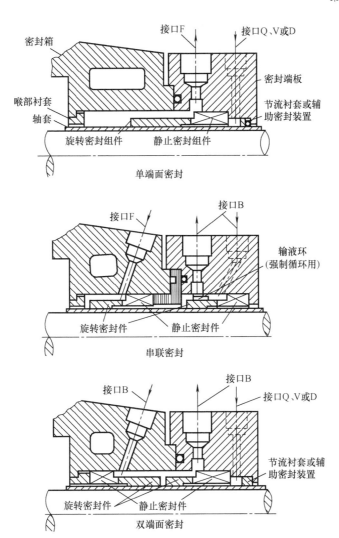

图 1-16 机械密封典型结构及管线接口
Q—急冷接口；F—冲洗接口；D—排液接口；V—排气接口；B—隔离液接口

六、机械密封辅助管路系统

单端面机械密封、无压双密封的内侧密封的密封辅助管路系统的选择见表 1-24，节流衬套、辅助密封装置和双密封的辅助管路系统的选择见表 1-25。

表 1-24 单端面机械密封、无压双密封的主密封（内侧密封）的管路系统

API 方案	说　明
方案 1	从泵的出口引出，至密封的内部循环；只推荐用于清洁液体，必须保证充足的循环量以维持密封面的条件 不推荐用于立式泵
方案 2	无冲洗液循环的封死的密封腔 不推荐用于立式泵

续表

API方案	说　明
方案 11	从泵出口引出,经孔板至密封,冲洗密封端面后进入泵腔 不推荐用于立式泵
方案 12	从泵出口引出,经过滤器和孔板至密封,冲洗密封端面后进入泵腔 不推荐用于立式泵
方案 13	从密封腔引出,经过孔板至泵进口
方案 14	从泵出口引出,经孔板至密封,冲洗密封端面后进入泵腔;同时从密封腔引出,经过孔板至泵进口 方案 14 是方案 11 和方案 13 的结合
方案 21	从泵出口引出,经孔板和冷却器至密封,冲洗密封端面后进入泵腔
方案 22	从泵出口引出,经过滤器、孔板和冷却器至密封,冲洗密封端面后进入泵腔
方案 23	循环液通过一泵送环从密封腔引出,经冷却器返回密封腔
方案 31	从泵出口引出,经旋液分离器,清洁液自上部流出,进入密封腔;含有颗粒的液体从下部流出,返回泵进口

API方案	说 明
方案32	外供冲洗液注入密封腔,必须注意选用的冲洗液注入后不会引起汽化,也不会污染泵送的介质 a—在此线以右的设备由买方提供,此线以左设备由卖方提供; b—买方要求时提供
方案41	从泵出口引出,经旋液分离器,清洁液自上部流出,经冷却器进入密封腔;含有颗粒的液体从下部流出,返回泵进口

表 1-25 节流衬套、辅助密封装置和双密封的管路系统

API方案	说 明
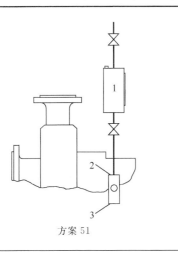 方案51	密封腔底部封死,外部的容器提供封液 1—储液罐;2—急冷;3—排净,堵头封堵
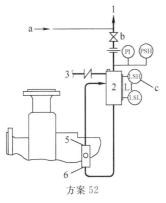 方案52	通过外部储液器向无压双密封提供缓冲液。正常运行时,由泵送环维持循环。储液器通常向一废气回收系统连续排放气体,其压力低于密封腔内液体的压力 1—去回收系统;2—储液器;3—缓冲液补液口;5—缓冲液出口;6—缓冲液进口; a—在此线以上的设备由买方提供,此线以下设备由卖方提供; b—常开; c—买方要求时提供

续表

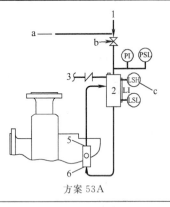

方案 53A

通过外部储液器向有压双密封提供隔离液。正常运行时,由泵送环维持循环。储液器压力高于密封腔内液体的压力
1—来自外部压力源;2—储液器;3—隔离液补液口;5—隔离液出口;6—隔离液进口;
a—在此线以上的设备由买方提供,此线以下设备由卖方提供;
b—常开;
c—买方要求时提供

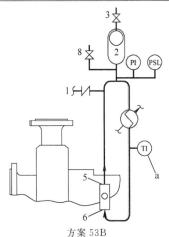

方案 53B

通过外部管路向有压双密封提供隔离液,带压的气包储能器对系统提供压力。正常运行时,由泵送环维持循环,热量由空冷器或水冷却器带走。储液器压力高于密封腔内液体的压力
1—隔离液补液口;2—气包储能器;3—气包充气口;5—隔离液出口;6—隔离液进口;8—排气口;
a—买方要求时提供

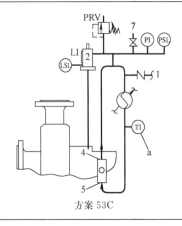

方案 53C

通过外部管路向有压双密封提供隔离液,由柱塞式储能器对系统提供压力。正常运行时,由泵送环维持循环,热量由空冷器或水冷却器带走。储液器压力高于密封腔内液体的压力
1—隔离液补液口;2—柱塞式储能器;4—隔离液出口;5—隔离液进口;7—排气口;
a—买方要求时提供

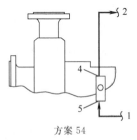

方案 54

外供清洁的隔离液,循环通过外部压力系统或泵来完成。隔离液的压力大于被密封的介质压力
1—来自外部液源;2—去外部液源;4—隔离液出口;5—隔离液进口

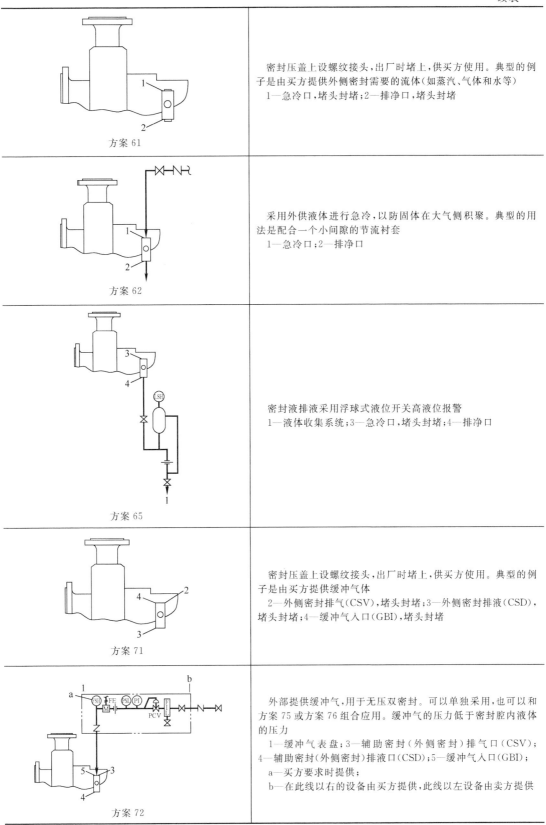

续表

方案61	密封压盖上设螺纹接头,出厂时堵上,供买方使用。典型的例子是由买方提供外侧密封需要的流体(如蒸汽、气体和水等) 1—急冷口,堵头封堵;2—排净口,堵头封堵
方案62	采用外供液体进行急冷,以防固体在大气侧积聚。典型的用法是配合一个小间隙的节流衬套 1—急冷口;2—排净口
方案65	密封液排液采用浮球式液位开关高液位报警 1—液体收集系统;3—急冷口,堵头封堵;4—排净口
方案71	密封压盖上设螺纹接头,出厂时堵上,供买方使用。典型的例子是由买方提供缓冲气体 2—外侧密封排气(CSV),堵头封堵;3—外侧密封排液(CSD),堵头封堵;4—缓冲气入口(GBI),堵头封堵
方案72	外部提供缓冲气,用于无压双密封。可以单独采用,也可以和方案75或方案76组合应用。缓冲气的压力低于密封腔内液体的压力 1—缓冲气表盘;3—辅助密封(外侧密封)排气口(CSV);4—辅助密封(外侧密封)排液口(CSD);5—缓冲气入口(GBI);a—买方要求时提供;b—在此线以右的设备由买方提供,此线以左设备由卖方提供

续表

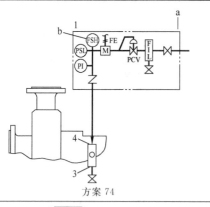 方案 74	外部提供隔离气。隔离气的压力高于密封腔内液体的压力。泵在开车和运行中,为了防止气体在泵腔中积聚,需要时密封腔应设置排气口 1—隔离气表盘;3—隔离气出口(常开),仅用于密封腔需要减压的场合;4—隔离气入口; a—在此线以右的设备由买方提供,此线以左设备由卖方提供; b—买方要求时提供
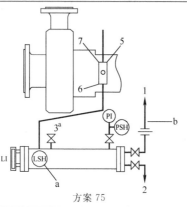 方案 75	无压双密封的辅助密封(外侧密封)腔的凝液泄漏排净。用于输送的液体常温下有凝液产生的场合。系统由卖方提供 1—去蒸汽回收系统;2—去液体回收系统;3—试验接头;5—辅助密封(外侧密封)排气口(CSV);6—辅助密封(外侧密封)排净口(CSD);7—缓冲气入口(GBI); a—买方要求时提供; b—在此线以上的设备由买方提供,此线以下设备由卖方提供
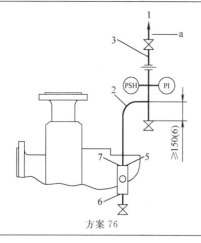 方案 76	无压双密封的辅助密封(外侧密封)腔的非凝介质的泄漏排净,用于输送的液体常温下无凝液产生的场合。系统由卖方提供 1—去蒸汽回收系统;2—tube管;3—Pipe管;5—辅助密封(外侧密封)排气口(CSV);6—辅助密封(外侧密封)排净口(CSD);7—缓冲气入口(GBI); a—在此线以上的设备由买方提供,此线以下设备由卖方提供

符号说明:

TI—温度计;PI—压力表;PSH—高压力开关;PSL—低压力开关;PRV—压力安全阀;PCV—压力控制阀;FIL—过滤器;FI—流量计;FE—电磁流量计;FSH—高流量开关;LI—液位指示;LSH—高液位开关;LSL—低液位开关

七、API 610 标准对轴封的要求

（1）用于离心泵的机械密封本体及其辅助系统应符合 API 682—2004 标准的要求。
（2）密封本体的拆装应不会导致驱动机的移动。
（3）密封腔的尺寸应见图 1-17、表 1-26（注：API 610—2004 中图 25、表 6）。

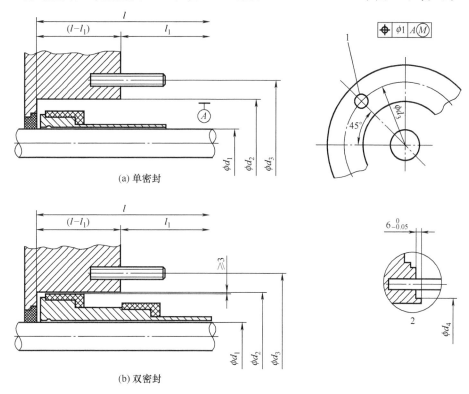

图 1-17 密封腔尺寸示意图
1—密封压盖双头螺栓（4个）；2—备选的压盖外止口；l—至最近泵部件的
总长；l_1—从密封室端面至最近泵部件的长度（最小活动距离）

表 1-26 密封室、密封压盖附件和集装式机械密封轴套的标准尺寸　　　mm/in

密封室规格编号	最大轴径 $d_1$①	密封室孔径 $d_2$②	压盖双头螺栓孔中心圆直径 d_3	压盖外止口直径 $d_4$③	最小总长 l④	最小活动距离 $l_1$④	双头螺栓（国际标准）（SI标准）	双头螺栓（美国标准）
1	20.00/0.787	70.00/2.756	105/4.13	85.00/3.346	150/5.90	100/3.94	M12×1.75	1/2in-13
2	30.00/1.181	80.00/3.150	115/4.53	95.00/3.740	155/6.10	100/3.94	M12×1.75	1/2in-13
3	40.00/1.575	90.00/3.543	125/4.92	105.00/4.134	160/6.30	100/3.94	M12×1.75	1/2in-13
4	50.00/1.968	100.00/3.937	140/5.51	115.00/4.528	165/6.50	110/4.33	M16×2.0	5/8in-11
5	60.00/2.362	120.00/4.724	160/6.30	135.00/5.315	170/6.69	110/4.33	M16×2.0	5/8in-11
6	70.00/2.756	130.00/5.118	170/6.69	145.00/5.709	175/6.89	110/4.33	M16×2.0	5/8in-11
7	80.00/3.150	140.00/5.512	180/7.09	155.00/6.102	180/7.09	110/4.33	M16×2.0	5/8in-11
8	90.00/3.543	160.00/6.299	205/8.07	175.00/6.890	185/7.28	120/4.72	M20×2.5	3/4in-10
9	100.00/3.937	170.00/6.693	215/8.46	185.00/7.283	190/7.48	120/4.72	M20×2.5	3/4in-10
10	110.00/4.331	180.00/7.087	225/8.86	195.00/7.677	195/7.68	120/4.72	M20×2.5	3/4in-10

① 尺寸公差等级为 h6。
② 尺寸公差等级为 H7；对于轴向中开泵，考虑垫片厚度的附加公差：±75μm/0.003in。
③ 尺寸公差为 f7。
④ 根据轴挠度准则，1号或2号规格的密封室（腔）的尺寸 l 和 l_1 可以降低到低于表列的最小值，这要随具体的泵结构和泵壳体设计而定。

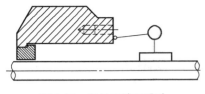

图 1-18 密封室端面跳动

(4) 密封腔端面相对密封腔中心线（泵轴中心线）的跳动量不应超过 0.5μm/mm（0.0005in/mm），如图 1-18（注：API 610—2004 标准中 K-2 图）所示。

(5) 设置内止口或外止口来保证密封压盖与密封腔的精确对中。利用密封压盖螺栓来进行密封零件的对中是不允许的。止口表面应与轴同心且总的径向跳动量不应超过 125μm（0.005in），如图 1-19（注：API 610—2004 标准中 K-1 图）所示。

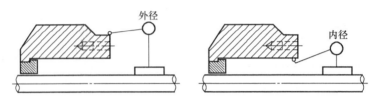

图 1-19 密封室同心度

测量所用的止口配合的同心度，而不是测量这两者

(6) 密封件的对外接口以及泵上与密封相关的接口均应标注上永久的标识。标注标识的方法可以是打字、铸造、化学蚀刻等。标识符号应符合 API 682—2004 的规定。

(7) 密封压盖和密封腔上的接口仅是那些密封冲洗方案所必需的接口，如果额外的接口被要求设置但又不使用，这些接口应用丝堵封闭。

(8) 密封腔应设置防气孔以方便启动前将密封腔内气体排空。

(9) 当输送高熔点物料时，如果需要，密封腔处应设置加热夹套。

(10) 除了发货时不安装驱动机的立式悬吊式泵外，所有泵的密封在发货时均应调整完毕且安装在泵内，以满足初次投用的要求。对于那些需要在现场安装或调整的密封，应在泵上贴有金属标牌注明这一要求。

(11) 密封压盖和密封腔端面之间应设置垫片以防止泄漏。该垫片应是金属对金属可控压缩型的，如 O 形环或缠绕式垫片。如因空间或设计限制而无法实现此要求时，可以提出替代设计供需方批准。

八、SH 3156 密封标准介绍

API 682—2004《离心泵、转子泵用的轴封系统》（第三版）标准对离心泵和转子泵用的机械密封提出了最低限度的要求。该标准主要用于可靠性要求高的场合，如爆炸危险性介质、有毒介质工况等。其适用的密封腔工作温度范围为 $-40\sim400℃$，工作压力范围为 $0.14\sim4.2$ MPa（A），轴径范围为 $20\sim110$ mm。

SH 3165—2009《石油化工离心泵和转子泵用轴封系统工程技术规范》主要引用美国石油学会标准 API Std 682—2004，并结合中国石油化工行业的特点，补充或制定了一些新的规定。

以下内容为 SH 3165—2009 的主要内容，供参考。

1. 密封性能要求

(1) 在规定工况下，不更换和不维修易损件的情况下，密封及其系统预期的连续运转周期应大于或等于 25000h。

(2) 对于配置方式 2，当密封腔压力小于或等于密封泄漏压力设定值时，密封及其系统预期的连续运转周期应大于或等于 25000h；且当密封腔压力超出密封泄漏压力设定值时应

至少仍能连续运转 8h。

（3）在连续运行时，按 EPA 21 号方法测量时，每段密封的泄漏物浓度应小于或等于 1000mL/m³。

密封代码含义可按 API Std 682—2004 附录 D 表示。

密封种类、型式、配置、冲洗方案、材料的选择应符合泵数据表或密封数据表中相应的要求，选择程序按 API Std 682—2004 附录 A。

2. 密封种类、型式与配置方式

（1）密封种类　按 API Std 682—2004 将密封种类（Seal Categories）分为三类。

① 第一类密封　用于非 API Std 610（等同 ISO 13709）尺寸要求的密封腔，其密封腔尺寸应满足 ISO 3069-C、GB 5661、ASME B73.1M 或 ASME B73.2M 标准的要求，且密封腔温度为 $-40 \sim 260$℃，密封腔压力 $\leqslant 2.2$MPa（A）。

② 第二类密封　用于满足 API Std 610 尺寸要求的密封腔，且密封腔温度为 $-40 \sim 400$℃，密封腔压力 $\leqslant 4.2$MPa（A）。

③ 第三类密封　用于满足 API Std 610 尺寸要求的密封腔，且密封腔温度为 $-40 \sim 400$℃，密封腔压力 $\leqslant 4.2$MPa（A），但对密封的认证试验及图纸资料的要求更加严格。

优先选用第一、二类密封，第三类密封一般只用于可靠性要求极高的场合。三类密封的特点见表 1-27（API 682—2004 附录 A）。

表 1-27　三类密封的特点

项　目	第一类密封	第二类密封	第三类密封
密封腔尺寸	ISO 3069-C、GB 5661、ASME B73.1M 或 ASME B73.2M	API Std 610（等同于 ISO 13709）和 ISO 3069-H	API Std 610（等同于 ISO 13709）和 ISO 3069-H
温度范围/℃	$-40 \sim 260$	$-40 \sim 400$	$-40 \sim 400$
压力范围/MPa(A)	$\leqslant 2.2$	$\leqslant 4.2$	$\leqslant 4.2$
端面材料	高等级防起泡石墨环-常压烧结碳化硅（SSSiC）	高等级防起泡石墨环-反应烧结的碳化硅（RBSiC）	高等级防起泡石墨环-反应烧结的碳化硅（RBSiC）
对于配置方式 1、方式 2 的旋转式密封，是否需要多孔均匀冲洗系统	需要时，或买方指定时采用	需要时，或买方指定时采用	需采用
密封端盖要求金属与金属接触	要求	明确端盖在螺栓内外圈处均需金属与金属接触	明确端盖在螺栓内外圈处均需金属与金属接触
密封规格和轴套配合的增量要求	无	至少 10mm	至少 10mm
对于配置方式 1，节流衬套要求	固定的石墨衬圈 浮动石墨衬圈（可选）	固定的无火花金属衬圈 浮动石墨衬圈（可选）	浮动石墨衬圈
双密封设施提供泵送环的流量扬程曲线	买方指定时提供	买方指定时提供	需提供
卖方的认证试验范围	除非该系列密封的动静环组件与类似的第三类密封有互换性，否则按第一类密封进行认证试验	除非该系列密封的动静环组件与类似的第三类密封有互换性，否则按第二类密封进行认证试验	按第三类密封进行认证试验
技术报价资料要求	（1）典型的剖面图 （2）填写完整的密封数据表 （3）替代方案说明	（1）典型的剖面图 （2）填写完整的密封数据表 （3）替代方案说明	（1）典型的剖面图 （2）辅助系统简图 （3）填写完整的密封数据表 （4）替代方案说明 （5）与本工程规定和 API 682 的偏离

续表

项 目	第一类密封	第二类密封	第三类密封
技术报价资料要求	(4)与本工程规定和API 682的偏离 (5)额定密封腔压力下估算的泄漏量	(4)与本工程规定和API 682的偏离 (5)额定密封腔压力下估算的泄漏量	(6)密封和辅助系统材料表 (7)额定密封腔压力下估算的泄漏量 (8)密封认证试验结果及认证资料 (9)密封设计性能参数 (10)密封轴向力
密封合同资料	(1)典型的剖面图 (2)辅助系统简图 (3)填写完整的密封数据表 (4)密封和辅助系统材料表 (5)典型的安装、操作和维护手册	(1)典型的剖面图 (2)辅助系统简图 (3)填写完整的密封数据表 (4)密封和辅助系统材料表 (5)典型的安装、操作和维护手册	(1)特定典型的剖面图 (2)辅助系统简图 (3)辅助系统详图 (4)填写完整的密封数据表 (5)密封热量和热虹吸计算 (6)密封轴向力 (7)内循环设施性能(测试数据) (8)特定的安装、操作和维护手册 (9)液压试验证书 (10)材料安全数据表

(2) 密封型式 密封型式 (Seal Types) 按 API Std 682—2004 可分为 A 型、B 型、C 型三种，均为平衡型、内装集装式机械密封。

① A 型 采用多弹簧，止推环式补偿结构，补偿装置为旋转式，辅助密封圈为弹性 O 形圈，使用温度应小于或等于 176℃。

② B 型 采用无止推环，波纹管补偿结构，补偿装置为旋转式，辅助密封圈为弹性 O 形圈，使用温度应小于或等于 176℃。

③ C 型 采用无止推环，波纹管补偿结构，补偿装置为静止式，辅助密封件为柔性石墨。C 型密封应小于或等于 400℃。

(3) 密封配置方式 密封配置方式 (Seal Arrangements) 按 API Std 682—2004，可分为配置方式 1、方式 2、方式 3 三种。

① 配置方式 1 每套集装式密封中有一对摩擦副（即单密封）。

② 配置方式 2 每套集装式密封中有两对摩擦副（双密封），且两对摩擦副之间的缓冲流体压力低于密封腔的压力（即无压双密封）。

③ 配置方式 3 每套集装式密封中有两对摩擦副，且在两对摩擦副之间的隔离流体压力高于密封腔的压力（即有压双密封）。

3. 基本要求

(1) 所有机械密封应为集装式，泵的设计应能保证装拆密封时不用移动驱动装置及管线。

(2) 第二和第三类密封，旋转部件与密封腔、密封端盖的最小径向间隙（半径差）应为 3mm；第一类密封，最小径向间隙（半径差）允许小于 3mm。

(3) 密封腔/端盖与轴应确保同心，其同心度偏差应小于或等于 0.125mm；密封腔端面跳动量（TIR）应小于或等于 $0.5\mu m/mm$。

(4) 对于配置方式 1、方式 2 的介质侧接触式湿密封，密封腔压力应高于或等于液体最高蒸汽压的 130%，或密封腔温度至少比介质最低汽化温度低 20℃。当工艺上无法满足时，卖方应通过合理选择密封和冲洗方案予以解决。

(5) 在操作过程中，无论泵的入口压力是否低于大气压，泵的密封腔的压力应至少比大气压高 35kPa。

(6) 轴套与轴的径向配合为间隙配合（ISO 286-2 的 F7/h6），轴向一般采用定位螺钉定位，轴与轴套间采用弹性 O 形圈或柔性石墨环密封。

(7) 轴套应沿其整个长度方向全部机加工并磨光，保证轴套的内孔与轴套外径同心，外径的径向跳动量应小于或等于 $25\mu m$。

4. 材料

(1) 每套密封装置包括一个动环和一个静环，一般工况下要求其中一个密封环应为高等级防起泡石墨环；对第二类和第三类密封，另一密封环应为反应烧结的碳化硅（RBSiC）；对第一类密封，另一密封环允许采用常压烧结碳化硅（SSSiC）。

对于含有颗粒、高黏度介质和高压工况，应采用硬对硬的密封端面。一般采用碳化硅对碳化硅。如果卖方有经验，且经买方书面批准，也可采用碳化硅对碳化钨。

密封轴套一般采用 316、316L 或 316Ti 等不锈钢材料。

(2) 多弹簧宜采用哈氏 C-276 合金、单弹簧使用 316 不锈钢材料。

(3) 金属波纹管，B 型密封应采用哈氏 C-276 合金，C 型密封应使用 718 合金。

(4) 辅助密封圈宜采用氟橡胶（FKM）材料制造。若因工作温度和化学兼容性限制不能使用氟橡胶时，可采用全氟化橡胶（FFKM），其最高工作温度可达 290℃。如果卖方有经验，经买方书面批准时，可选用其他材料，如四氟乙烯（TFE）喷涂 O 形圈、丁腈橡胶（NBR）、氢化丁腈橡胶（HNBR）、乙烯高聚合物（EPM/EPDM）、柔性石墨等。

(5) 合金泵密封端盖的材料应与密封腔相同，或者采用防腐性能和力学性能更好的材料。其他材料泵的密封端盖应采用 316、316L 或 316Ti 等材料，端盖和密封腔之间采用 O 形圈密封结构，当温度超过 175℃时，应使用柔性石墨填充的 304 或 316 不锈钢缠绕垫圈。

(6) 簧座、传动销、防转销和内部定位螺钉等其他零件应采用 316 或更好的材料。当硬化碳钢定位螺钉不适应工作环境时，应采用沉淀硬化不锈钢（如 PH17-4）。

5. 辅助设备

(1) 旋液分离器 旋液分离器的压差应大于或等于 0.17MPa，如果压差大于旋液分离器的设计压差，应加孔板降压。双支承泵，当配旋液分离器时，两端都应分别配备。

(2) 密封冲洗冷却器 冷却器应按密封冲洗流量来确定其规格，但每个密封的冲洗量应至少为 8L/min。

(3) 缓冲/隔离液罐 缓冲/隔离液罐的正常液位应至少比报警液位高 150mm，其最小容积应符合以下要求。

① 轴径小于或等于 60mm，最小容积应为 12L。

② 轴径大于 60mm，最小容积应为 20L。

6. 认证试验

认证试验的目的是验证密封件的总体设计是否合格，性能是否符合要求。但认证试验不是用户的验收试验。

(1) 第一、第二、第三类密封均需经过认证试验，其配置、型式、设计和材料等级均应与市场销售的该系列产品完全一致。认证试验应在该系列产品投放市场之前完成。

(2) 对于第一、第二类密封，如果某系列密封的动静环组件与类似的第三类密封有互换性，且相同配置的第三类密封进行过认证试验，那么该系列密封可不进行认证试验。

注：国内密封厂的多数系列密封尚无进行过认证试验，建议目前采用如下替代方法：①选择一种直径接近合同密封尺寸的试验密封进行认证试验；②直接采用合同密封进行认证试验。

认证试验的内容、范围、要求按 API Std 682—2004 第 10.3.1 条。

第三节　非接触及干运转密封

一、非接触及干运转密封分类及适用范围

表 1-28　非接触及干运转密封分类及适用范围

密封结构代码	特　点	适用范围
2CW-CS & 2NC-CS 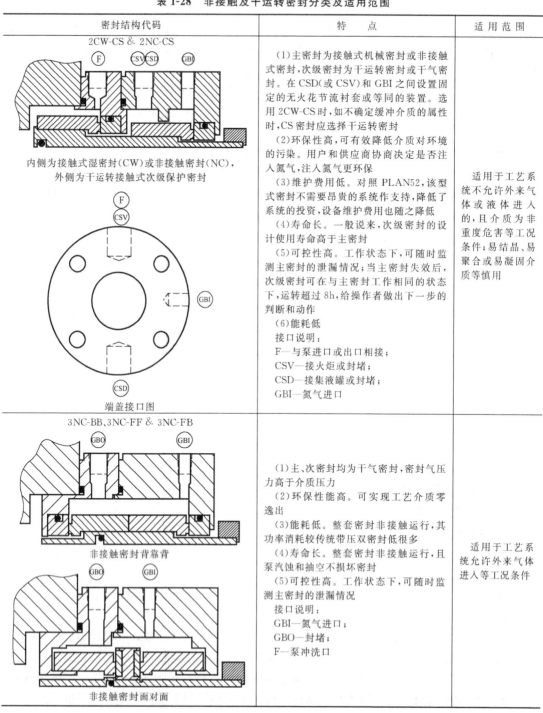 内侧为接触式湿密封(CW)或非接触密封(NC)，外侧为干运转接触式次级保护密封 端盖接口图	(1)主密封为接触式机械密封或非接触式密封，次级密封为干运转密封或干气密封。在 CSD(或 CSV)和 GBI 之间设置固定的无火花节流衬套或等同的装置。选用 2CW-CS 时，如不确定缓冲介质的属性时，CS 密封应选择干运转密封 (2)环保性高，可有效降低介质对环境的污染。用户和供应商协商决定是否注入氮气，注入氮气更环保 (3)维护费用低。对照 PLAN52，该型式密封不需要昂贵的系统作支持，降低了系统的投资，设备维护费用也随之降低 (4)寿命长。一般说来，次级密封的设计使用寿命高于主密封 (5)可控性高。工作状态下，可随时监测主密封的泄漏情况；当主密封失效后，次级密封可在与主密封工作相同的状态下，运转超过 8h，给操作者做出下一步的判断和动作 (6)能耗低 接口说明： F—与泵进口或出口相接； CSV—接火炬或封堵； CSD—接集液罐或封堵； GBI—氮气进口	适用于工艺系统不允许外来气体或液体进入的，且介质为非重度危害等工况条件；易结晶、易聚合或易凝固介质等慎用
3NC-BB、3NC-FF & 3NC-FB 非接触密封背靠背 非接触密封面对面	(1)主、次密封均为干气密封，密封气压力高于介质压力 (2)环保性能高。可实现工艺介质零逸出 (3)能耗低。整套密封非接触运行，其功率消耗较传统带压双密封很多 (4)寿命长。整套密封非接触运行，且泵汽蚀和抽空不损坏密封 (5)可控性高。工作状态下，可随时监测主密封的泄漏情况 接口说明： GBI—氮气进口； GBO—封堵； F—泵冲洗口	适用于工艺系统允许外来气体进入等工况条件

续表

密封结构代码	特 点	适用范围
(F) (GBO) (GBI) 非接触密封面对背	内密封采用上游泵送技术,从真空到 4.1MPa(G)	适用于含颗粒介质,适合 API 泵和 ANSI 大腔泵

二、非接触及干运转密封的选择

表 1-29 非接触及干运转密封的选择

介质或使用条件		特 点	对密封的要求	密封选择
强腐蚀介质	盐酸、铬酸、硫酸和硝酸等	密封件经受化学腐蚀,尤其在密封面上的腐蚀速率通常为无摩擦作用的表面腐蚀的10~50倍	要求密封摩擦副材料既耐腐蚀又耐磨,要求辅助密封材料弹性好、耐腐蚀及耐温,要求弹簧使用可靠	(1)3NC-FF (2)3NC-BB
易汽化	乙醛、乙烯、丙烯等	易汽化	要求导热性好的摩擦副系数,大气侧密封背部必须充分隔离,防止泄漏引起密封面结冰	2CW-CS
含盐或易结晶	硫胺、磷铵、氢氧化钠(钾)、氢氧化钙、导生油、氯化钾(钠)等	由于温度变化而使溶质析出、沉淀,介质还具有一定的腐蚀性	要求摩擦副耐腐蚀,防止结晶颗粒粘在密封面上	(1)3NC-FF (2)3NC-BB
易凝固	石蜡、蜡油、渣油、尿素、熔融硫黄、煤焦油、醇醛树脂、苯酐、对二甲酸二甲酯等	介质凝固温度高而又不可冷却	摩擦副及密封辅助件需要耐受高温	(1)3NC-FF (2)3NC-BB
含固体颗粒	塔底渣油、油浆和原油等	颗粒沉积在弹簧上会造成弹簧失效,导致补偿环失去浮动	选择弹簧外置,介质侧密封前端添加迷宫防止颗粒介质倒灌	(1)3NC-FF (2)3NC-BB (3)3NC-FB
易聚合	糠醛、甲醛、苯乙烯、氯乙烯单体、丙烯醛、醋酸乙烯、甲醛水等	因摩擦和搅拌时介质温度升高,而引起聚合	注意介质的温度不超过聚合温度	(1)3NC-FF (2)3NC-BB
易溶解	异丙醇(对水)、磺化油(对油)、戊烷(对油)、明矾(对水)、硫酸铜、硫酸钾(对水)、甘油(对乙醇)等	溶剂会使密封圈溶解,破坏石墨中的填充材料	密封材料需要耐水、耐油和乙醇等溶剂	(1)3NC-FF (2)3NC-BB
高黏度	硫酸、润滑脂、齿轮油、渣油、汽缸油、硅油、苯乙烯等	介质黏度高,会影响动环的浮动性,弹簧易受阻塞,密封材料易损坏	摩擦副材料要求耐磨,弹簧要求能克服阻力,要求保温或加热	(1)3NC-FF (2)3NC-BB
高温	塔底热油、热载体、油浆、苯酐、对苯二甲酸二甲酯(DMT)、熔盐、熔融硫等	随着温度增高,加快密封磨损和腐蚀,材料强度降低,介质易汽化,密封环易变形,橡胶炭化,组合环配合松脱	要求材料耐高温,为防止摩擦副产生干磨,需对密封进行冷却冲洗,以保证密封面间隙温度保持在汽化温度以下,要求密封各零件膨胀系数相近	(1)3NC-FF (2)3NC-BB 426℃ 15bar(G)

续表

介质或使用条件		特　点	对密封的要求	密封选择
低温	液氨、液氧、液氯和液态烃等	低温材料易脆化，需要慎重选择材料，密封圈易老化而失去弹性，影响密封性能。介质温度低，大气中的水分会冻结在密封面上，加速摩擦副磨损，密封面摩擦发热，会造成密封介质汽化，使摩擦副形成干摩擦，烧损密封表面	要求密封材料耐低温，要考虑材料强度、疲劳强度和冲击韧性，要注意石墨环在低温下的滑动性，辅助密封件要耐低温老化，要有一定的弹性，要求密封面有良好的润滑，防止密封端面液膜汽化，要求保冷或与大气隔离，防止结冰进行急冷	(1)2CW-CS (2)3NC-FF (3)3NC-BB
高压	合成氨水洗塔溶液、乙烯装置脱甲烷塔回流液、环氧乙烷解析塔釜液及二氧化碳吸收液加氢精制原料	压力高，要注意材料强度，防止密封变形和压碎，使密封失效	摩擦副要求有足够的强度和刚度，结构上要考虑变形	UP-STREAM 3NC-FB
高速	尿素、丙烯、氯乙烯溶液的输送	由于离心力作用，严重影响密封中弹簧的弹性甚至失效		(1)3NC-FF (2)2CW-CS 备注：弹簧静止

三、非接触及干运转密封的材料

与其他非此类密封所用材料不同的是，非接触及干运转密封要求摩擦副配对材料摩擦系数低、耐磨性好、耐温差剧变性好、自润滑性好。

四、非接触密封及干运转密封的 API 682 冲洗方案和管线排布形式

表 1-30　非接触密封及干运转密封的 API 682 冲洗方案和管线排布形式

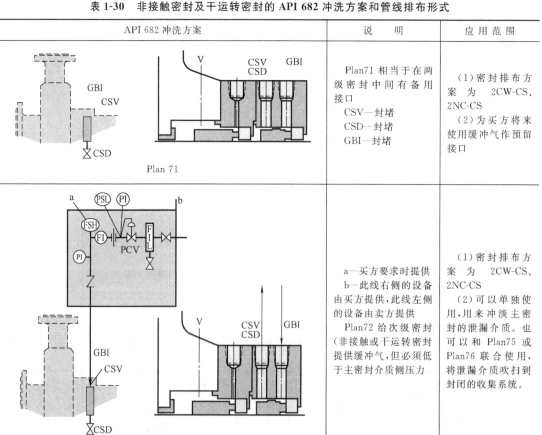

API 682 冲洗方案	说　明	应用范围
Plan 71	Plan71 相当于在两级密封中间有备用接口 CSV—封堵 CSD—封堵 GBI—封堵	（1）密封排布方案为 2CW-CS、2NC-CS （2）为买方将来使用缓冲气作预留接口
Plan 72	a—买方要求时提供 b—此线右侧的设备由买方提供，此线左侧的设备由卖方提供 Plan72 给次级密封（非接触或干运转密封提供缓冲气，但必须低于主密封介质侧压力	（1）密封排布方案为 2CW-CS、2NC-CS （2）可以单独使用，用来冲淡主密封的泄漏介质。也可以和 Plan75 或 Plan76 联合使用，将泄漏介质吹扫到封闭的收集系统。

续表

API 682 冲洗方案	说 明	应 用 范 围
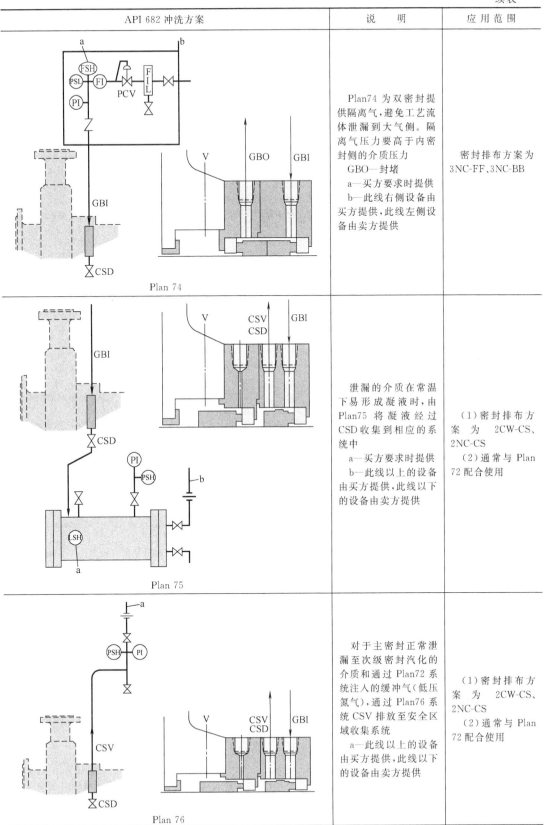Plan 74	Plan74 为双密封提供隔离气,避免工艺流体泄漏到大气侧。隔离气压力要高于内密封侧的介质压力 GBO—封堵 a—买方要求时提供 b—此线右侧设备由买方提供,此线左侧设备由卖方提供	密封排布方案为 3NC-FF、3NC-BB
Plan 75	泄漏的介质在常温下易形成凝液时,由 Plan75 将凝液经过 CSD 收集到相应的系统中 a—买方要求时提供 b—此线以上的设备由买方提供,此线以下的设备由卖方提供	(1)密封排布方案为 2CW-CS、2NC-CS (2)通常与 Plan 72 配合使用
Plan 76	对于主密封正常泄漏至次级密封汽化的介质和通过 Plan72 系统注入的缓冲气(低压氮气),通过 Plan76 系统 CSV 排放至安全区域收集系统 a—此线以上的设备由买方提供,此线以下的设备由卖方提供	(1)密封排布方案为 2CW-CS、2NC-CS (2)通常与 Plan 72 配合使用

第四节 填料密封

一、软填料密封结构

表1-31 软填料密封结构

简 图	应 用	说 明
软填料密封（大气侧）	一般不推荐使用。通常仅用于小型泵，单级扬程很低、泵轴向力很小的场合，或用于叶轮无后密封环及无平衡孔的情况	输送烃类、油品的离心泵的填料箱应装入不少于6圈填料和一个封液环；填料最小截面尺寸不小于10mm（方形），最好选用12mm的方形截面填料 填料箱压力大于517kPa时应考虑装设喉部衬套；小型轴向剖分泵的喉部衬套应是整体式，固定在壳体上，以防转动 为便于装配，封液环通常为轴向剖分式 当输送温度超过93℃的油品或输送液体汽化压力超过0.096MPa时，填料压盖应为水封中开式 当输送介质温度超过150℃或液体汽化压力超过0.069MPa时，填料箱周围应采用夹套冷却 用于高温介质密封时，密封液可以采用蒸汽
带填料环的软填料密封，注入液体或循环液体供密封、隔离及冷却等用	密封液在压力下引到封液环处，密封液在轴向沿着两个方向流动 这种结构通常用于泵在负压下操作，如泵的吸入高度很大，填料箱底部处于真空状态，通过填料可以避免空气进入泵内，这种结构也可以用于正压操作，通过填料可以阻止泵送介质向外泄漏 当吸入为负压时，密封液的作用为"封堵"、冷却和润滑，以"封堵"为主；当吸入压力为正压、输送温度较高时，以冷却为主	
带填料环的软填料密封，通常还有喉部衬套，注入液体或冷却循环液体用以清洗沉积物等	用于输送含有不干净或有颗粒介质的密封。封液环在填料箱的底部，通入比输送介质压力高0.05～0.1MPa的密封液进行冲洗，避免不干净或有颗粒介质进入填料，加速轴套的磨损	

注：1. 本表系指离心泵，实际上填料密封亦可用于转子泵和往复泵。
2. 转子泵的填料箱应装入不少于4圈填料和一个封液环，推荐采用5圈填料和一个封液环。最小填料截面尺寸为6mm（方形），最好选用10mm方形截面填料。封液环宽度推荐采用1.5倍填料截面尺寸。
3. 当填料箱处的压力大于517kPa时，应在填料箱底侧设置节流衬套，采用与轴套和密封箱内孔尺寸相一致的软、硬环组合填料，硬环位于填料箱内侧和封液环内侧，以防软填料被挤出。

二、膨胀石墨填料密封结构

表1-32 膨胀石墨填料密封结构

简 图	应 用	技术要求	安装要求
压缩纤维 膨胀石墨 压缩纤维／压缩纤维 膨胀石墨	常温低压	轴粗糙度：$\sqrt{1.6}$ 轴表面硬度：40～60HRC 轴与填料箱内孔同心度公差：≤ 0.1 轴径向跳动：$\leq \frac{\sqrt{D}}{100}$，一般 ≤ 0.05 轴尺寸公差：h8或h9	填料箱端面内孔应有倒角，以便容易压入填料 膨胀石墨虽有一定的柔性和弹性，但与一般填料不同，不能任意变形，在装入填料箱前，填料环用刀片切一道口，然后只能有一定的轴向扭转，套在轴上，压入到填料箱内；每圈切口应错开90°或120°

续表

简 图	应用	技术要求					安装要求
塑料填料　膨胀石墨	常温高压	填料公差： 　外径　d11 　内径　H8 或 H9 　填料箱内径：H8 或 H9 　填料高度 H：					
金属填料　膨胀石墨 紫铜薄片	高温高压	p/MPa	0~5.0	5.0~10.0	10.0~15.0	15.0~20.0	>20.0	填料箱端面内孔应有倒角，以便容易压入填料 膨胀石墨虽有一定的柔性和弹性，但与一般填料不同，不能任意变形，在装入填料箱前，填料环用刀片切一道口，然后只能有一定的轴向扭转，套在轴上，压入到填料箱内；每圈切口应错开 90°或 120°
		$\dfrac{H}{D}$	1.1	1.2	1.3	1.4	1.5
石墨垫圈　膨胀石墨 石墨垫圈　封油环　膨胀石墨	高温高压	p——工作压力，MPa D——轴直径，mm H——填料高度，mm					

注：1. 膨胀石墨环断面尺寸一般同软填料密封。

2. 浙江慈溪密封件厂生产的膨胀石墨主要有：牌号 PS-799（中温），规格为内径 6~30mm；牌号 PS-826C（高温），规格为内径 6~300mm。

3. 使用温度：低温—200℃，高温 450℃（在空气中），700℃（在水蒸气中），1600℃（在惰性气体中）。

4. 膨胀石墨已用于 380℃、5.5MPa 的热油泵及一般温度和压力的碱泵、酸泵、氨盐水泵、液氨泵等离心和往复泵。

三、碗式填料密封结构

碗式填料密封是利用不同的密封圈的圈数来达到密封不同压力的目的，如图 1-20 所示。它可以根据操作条件不同采用封油或不用封油。碗式填料密封应用广泛，多数用作往复泵的密封。

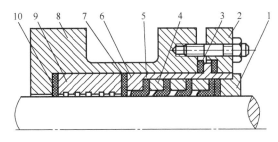

图 1-20　碗式密封结构

1—填料压盖；2—压盖；3—金属垫；4—金属隔环；5—碗式密封圈；
6—密封料盒；7，10—压缩纤维垫；8—泵体；9—减压环碗式填料采用橡胶、聚氯乙烯、聚氨酯等。密封圈类型较多,其中 V 形圈最为常用,密封圈的圈数与被密封介质压力有关,表 1-33 为密封压力与 V 形圈的圈数关系。常用密封圈类型及使用范围见表 1-34。橡胶特性及工作条件见表 1-35。

表 1-33 介质压力与密封圈圈数的关系

介质压力/MPa	≤4	>4~8	>8~16	>16~30	>30~50
V 形圈圈数	3	4	4	5	6

表 1-34 常用密封圈类型及使用范围

名称	标准号	图形	材料	使用范围			特点
				温度/℃	压力/MPa	介质	
L 形橡胶密封圈	HG4-331—66		橡胶Ⅰ	-20~+80	<1	油类	抗挤出破坏能力较强,唇部能作润滑沟槽,改善摩擦工况,L 形圈仅用于密封孔;J 形圈仅用于密封轴
			橡胶Ⅱ	-35~+60		水	
J 形橡胶密封圈	HG4-332—66		橡胶Ⅰ	-20~+80	<1	油类	
			橡胶Ⅱ	-35~+60		水	
Y 形橡胶密封圈	HG4-335—66		橡胶Ⅰ	-20~+80	≤20	油类	根部抗磨损强,装填时抗翻滚扭曲
			橡胶Ⅱ	-35~+60		水	
U 形夹织物橡胶密封圈	HG4-336—66		橡胶Ⅰ	-20~+80	≤32	油类	可单个使用,不用压环、撑环
V 形夹织物橡胶密封圈	GB 10708.1—89		橡胶Ⅰ	-20~+60	≤50	油类	密封压力高,但摩擦阻力大,承受径向载荷能力低,需与压环、撑环成套装填,只能密封单向介质压力
			橡胶Ⅱ	-35~+60		水	

表 1-35 橡胶特性及工作条件(HG4-329—66)

橡胶名称	组别	硬度	工作压力级别	工作温度/℃	工作介质	橡胶特性
耐油橡胶	Ⅰ-1	低	低压	-25~80	润滑油、燃烧油、液压油等	耐油
	Ⅰ-2	中	中压			
	Ⅰ-3	高	高压	-20~80		
	Ⅰ-4					
普通橡胶	Ⅱ-1	低	低压	-40~60	水等	较高拉断强度和弹性、缓冲减震等
	Ⅱ-2	中	中压			
	Ⅱ-3	高	高压	-35~60		
	Ⅱ-4					

四、填料密封材料

表 1-36 填料密封对材料的要求及编织填料形式

项目	简 图	特点及应用
对材料的要求		(1)有一定的塑性,以保证填料均匀接触,起填缝作用 (2)有一定的弹性,当受轴向压紧时能产生较大的径向压紧力,以获得密封;当机器和轴有振动或轴有跳动及偏心时,能有一定的补偿能力 (3)有一定的强度,不至于在未磨损前先损坏,为此可采用组合材料

续表

项目		简图	特点及应用
对材料的要求			(4) 有足够的化学稳定性,不易分解、不污染、不溶胀、不软化,与轴接触不产生电化作用 (5) 不渗透,要求材料组织致密,为此填料往往需要浸渍,填充各种润滑剂和填充剂 (6) 自润滑性好,摩擦系数小且耐磨 (7) 耐温性好,当摩擦发热后能承受一定的高温,且要求材料导热性好,易散热 (8) 制造简单,价格便宜,装拆方便
编织填料	发辫编织		用8个锭子,沿两个轨道运行,在四角和中间没有芯绳,产品断面呈方形。特点是松散,对轴振动和偏心有一定的补偿能力,一般只有小断面填料,大断面填料会出现外表面花纹粗糙、结构松弛、致密性差等缺点
	套层编织		锭子数有12、16、24、36、48、60,均在两个轨道上运行,断面呈圆形,根据填料规格决定套层的层数,如需要呈方形,可在整形机上压成方形。特点是填料致密性好,但由于套层结构,层间没有纤维连接,易脱层,故多用于低速密封
	穿心编织		锭子数有12、16、18、24、30五种,在三个或四个轨道上编织而成,断面呈方形,表面平整。特点是填料弹性、耐磨性好,强度高,致密性好,纤维间空隙小,与轴接触面比发辫式大且均匀,使用寿命长,磨损后填料不会松散,常用于较重要的密封
	夹心编织		以橡胶或金属为芯子,纤维在外,一层一层编织,层数按需要而定,断面呈圆形。特点是致密性较好,强度高,弯曲性能好,但表面磨损后容易脱层,一般用于回转密封,极少用于往复密封

表 1-37 编织填料的材料

名称		组成	特点及应用
天然纤维		棉	纤维柔软,纺织性能好,浸渍性强,但吸水后变硬、发胀,导致摩擦力增大。对氨水、氢氧化钠有一定的耐蚀能力。一般应用较少
		麻	纤维粗糙,摩擦阻力大,吸水后纤维强度增加,柔软,对轴的磨损比棉纤维小,可用于低压、低速的海水、工业用水、清水的密封
		毛	纤维光滑、柔软,摩擦阻力小,耐酸,用于低参数的酸性介质的密封
合成纤维	聚四氟乙烯纤维	聚四氟乙烯纤维、聚四氟乙烯乳液	对酸、碱有良好的化学稳定性,摩擦系数小,但导热性差,热胀系数大,密度 $2.3g/cm^3$,抗拉强度 330MPa,抗压强度 420MPa,摩擦系数 0.01,热导率 $0.12\sim0.18W/(m\cdot K)$,适用温度 $-196\sim250℃$,在尿素甲铵泵、浓硝酸柱塞泵中使用效果较好。在压力 22.1MPa,温度 100℃,线速度 14m/s,有少量结晶物的甲铵泵中使用,寿命可达 $3000\sim4000h$
	碳素纤维	以聚丙烯腈纤维为原料,经预氧化(200~300℃)和碳化处理(800~1500℃)而得到的纤维,含碳量为90%	具有高的抗拉强度、良好的耐热性和化学稳定性,有自润滑性,导热性能好,热胀系数低,回弹率高,耐磨损,密封可靠,使用寿命长。抗拉强度 490MPa,密度 $1.1g/cm^3$,摩擦系数 $0.1\sim0.3$,热导率 $3.5\sim11.6W/(m\cdot K)$,适用温度 $-120\sim300℃$,线速度 $0\sim30m/s$,可用于酸性、强碱性介质的密封,是高压、高温、强腐蚀性介质的良好密封材料,现已用于高压甲铵泵、液氨泵的密封
	酚醛纤维	酚醛纤维编织填料经多次浸渍聚四氟乙烯乳液和表面处理	是新型耐燃有机纤维。摩擦系数低(0.148~0.165),自润滑性能好,耐腐蚀性强,价格低,可在一般浓度的酸、强碱及溶剂中使用。目前使用不够广泛,部分试用情况如下: (1) 往复三柱塞泵,介质为 70~80℃烷基苯磺酸钠、硫酸钠、三聚磷酸钠和纯碱组成的悬浮液,固体含量 60%,压力 3.92~7.84MPa,转速 60r/min。采用浸渍聚四氟乙烯石棉填料时使用寿命 20 天。换成酚醛纤维填料后,使用寿命 66 天和 77 天 (2) 往复三柱塞泵,介质为氨、甲醇及一、二、三甲胺混合液,压力 3.92MPa,柱塞线速度为 40m/s,使用聚四氟乙烯纤维编织填料时,寿命为 1500~2000h,换成酚醛纤维填料后,因摩擦系数低,使用寿命达 8000h

续表

名称	组成	特点及应用
合成纤维 陶瓷和金属纤维	陶瓷纤维 金属纤维	金属纤维：有蒙乃尔合金丝、不锈钢丝、铜丝、铅丝或铝箔等金属与合成纤维或陶瓷纤维混合编织，提高填料的导热性能 陶瓷纤维：是近年发展的新产品，有氮化硅、碳化硅、氮化硼纤维，与耐高温的金属纤维混合编织，可耐温1200℃
膨胀石墨	天然石墨经强氧化混合酸处理后成为氧化石墨。氧化石墨受热分解放出CO_2，体积急剧膨胀，形成了疏松、柔软又有韧性的石墨	膨胀石墨做成板材后模压成密封填料，多孔、疏松、密度为$1.1\sim1.6g/cm^3$，加压至200MPa时密度接近天然石墨；耐热性好，在非氧化介质中使用温度为$-200\sim1650℃$，在氧化介质中使用温度为400℃；在超低温液氧（$-183℃$）、液氮（$-196℃$）中性能稳定；化学性能稳定，可耐除王水、浓硝酸、浓硫酸及高温重铬酸盐、高锰酸盐、氯化铁外其他有机、无机介质的腐蚀；自润滑性和不渗透性好，干摩擦系数为$0.08\sim0.15$；回弹性及柔软性好，在一定压缩变形下即可达到密封，压缩强度为$70\sim115MPa$，回弹率为35%～50%

表1-38 常用密封填料的使用性能（沈阳市密封填料实验厂）

名称	型号	代号	填料组成	压力/MPa 旋转	压力/MPa 往复	线速度/(m/s) 旋转	线速度/(m/s) 往复	温度/℃	pH值	介质	特点
聚四氟乙烯纤维编织填料	NFS-1	8001	以聚四氟乙烯纤维为主体，编织成绳状	10	25	8	2.5	$-200\sim260$	$0\sim4$	硝酸、硫酸、氢氟酸、强碱、化学药品	耐腐、耐磨、强度高，自润滑性好，摩擦系数小，但导热性差，膨胀系数大，高速时需加强冷却
	NFS-2	8002		10	25	8	2	$-200\sim260$	$0\sim14$		
	NFS-4	8004	以聚四氟乙烯纤维为主体，经穿心编织成绳状，润滑油处理	8	25	10	2	$-200\sim250$	$0\sim12$	强酸、强碱、有机溶剂、药品	耐磨、强度高，自润滑性好，高速旋转密封性能好，不宜用于液氧、纯硝酸
纤维编织填料	TCW-1	9021	以碳素纤维为主体，浸渍聚四氟乙烯乳液，编织成绳状	5	20	25	5	$-200\sim250$	$2\sim12$	除浓硝酸外的酸类、碱，有机溶剂	耐热、耐化学药品，传热好，自润滑性好，使用寿命长
	TCW-2	9023	碳素纤维编织成绳状，碳化后与聚四氟乙烯相复合成绳状	5	25	25	3	$-100\sim280$	$2\sim12$	碱、盐酸、有机溶剂、液氨	导热性、耐磨性好，耐腐蚀，机械强度好，是较理想的密封材料
碳素纤维聚四氟乙烯纤维密封环	FTH	5500	碳素纤维和聚四氟乙烯纤维经处理后，压制成环状	2	5	6	1.5	$-200\sim200$	$2\sim12$	强酸、碱、液氨、液氮、油脂	耐高压，耐低温，耐腐蚀，自润滑性好，弹性、导热性好
高压密封环	RSU	7041	将柔性石墨制成带状板材，用模具压制成环状填料	3	20	30	2	$-200\sim600$（在乏氧环境中）	$0\sim14$	酸、碱、氨、有机溶剂、化学药品	耐腐蚀，耐高低温，自润滑性好，弹性大，转矩小，但强度低，宜与其他填料混合使用
	MHC	4010	以聚四氟乙烯纤维为主体织成布，浸渍聚四氟乙烯乳液，经模压成形	15	35	8	5	$-200\sim260$	$0\sim14$	强酸、强碱、有机溶剂、低温介质、食品工业	密封性强，耐高压，耐腐蚀

续表

名称	型号	代号	填料组成	使用范围							特点
				压力/MPa		线速度/(m/s)		温度/℃	pH值	介质	
				旋转	往复	旋转	往复				
高压密封环	FTH	5500K	用碳素纤维编织、压型、烧结而制成环状产品	10	20	20	3	-200~260	2~14	酸,碱,液氨,有机溶剂	耐高压,导热性好,耐腐蚀,耐磨,可制成不同形状填料,是较理想的密封材料
聚四氟乙烯填料	MHC	4010K	以聚四氟乙烯及充填材料经模压、烧结、车削制成的环状产品	5	15	8	1.5	-200~260	0~14	强酸,强碱,药品	强度高,摩擦系数小,绝缘性好,耐腐蚀,是较好的密封材料
碳素纤维和聚四氟乙烯纤维编织填料	TFS	9022	以碳素纤维与聚四氟乙烯纤维为主体,浸渍聚四氟乙烯乳液经编织而成绳状产品	3	25	15	3	-200~200	2~12	液氮,液氧,液氢,化学药品,有机溶剂,碱	耐腐蚀,自润滑性、导热性、耐低温性能好,磨损小,摩擦系数小,适用于高压、高速密封
酚醛纤维编织填料	FQS	3434	以酚醛纤维为主体,经编织而成绳状产品	1	12	8	2	-20~250	2~12	酸,碱,有机溶剂,化学药品	密封性、自润滑性好,耐腐蚀,强度高,是较好的密封材料
聚芳酰胺纤维编织填料	FLS-1	7444	以高强度、高模量的芳纶纤维为主体与润滑性好的材料复合制成的产品	2.5	10	15	5	-100~+250	3~12	酸,碱,有机溶剂	优异的润滑性、耐磨性
纤维与橡胶复合填料	NFG-1	8006	聚四氟乙烯纤维与特种橡胶复合制成的密封产品	3	15	10	5	-200~260	0~14	浓硝酸,硫酸,氢氟酸,强碱,化学药品	耐腐蚀,弹性大,密封性能好

注:表中环状密封填料尺寸需与厂方联系,绳状密封填料的断面尺寸为3mm、5mm、8mm、10mm、12mm、14mm、16mm、18mm、20mm、25mm。

五、密封液系统

(1) 填料密封的密封液系统详见表1-25。

(2) 泵输送清洁液体时,密封液由泵排出口引出,多级泵可由中间级引出,通过连接管与封液环处的密封液入口连通。

(3) 如果符合下列任一条件,应配备外供密封液系统。

① 泵的吸入高度超过4.5m。此时,大量没有进行过滤的空气会通过填料箱进入泵内,给泵的正常运转造成很大影响,密封液压力为70~172kPa。

② 排出压力低于0.07MPa。由于排出压力过低,泵的排出口不可能提供足够的密封液压力。

③ 输送热水超过120℃,又没有足够冷却(锅炉给水泵除外,因为它不能采用封液环)。

④ 输送含有固体磨蚀介质,如砂浆水、污水时,为了提高填料、轴或轴套的使用寿命,减少磨蚀,需在封液处通入清洁液体。清洁液可从外部供给,外部密封液压力应大于填料室内侧压力70~172kPa,但为了减少被密封介质的稀释,在封液环与填料室里端之间需设置

两圈填料；也可以从泵的排出口引出液体，经过过滤器或离心分离器后通入封液环。封液环与轴肩之间有橡胶垫，以防清洁液和泥浆水流动，详见图1-21。橡胶垫需与填料箱内径、轴或轴套外径相配合。

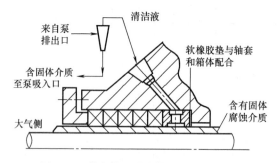

图1-21　带有离心分离器的密封液系统

⑤ 热井泵和冷凝液泵操作在710mmHg真空度时（1mmHg＝133.322Pa）。

⑥ 输送非水的介质，如酸、汽油、蜜糖或黏性液时，而密封室的设计又没有针对这些液体的特性进行特殊考虑。

（4）当泵的吸入压力低于大气压，如冷凝液泵，需在密封液返回吸入口管线上增设节流孔板，即密封液从泵排出口引出通入填料箱内，从填料箱来的密封液经过孔板后再流入泵的吸入口，以防止空气漏入泵内并控制密封液流量。

（5）密封室内介质压力低于103kPa、温度低于90℃时，若填料密封处有足够量的泄漏液通过，则不需要采取冷却措施。

（6）密封室内介质压力低于345kPa、温度低于118℃时，在封液环处需通入冷却液。冷却液流量为3.78L/min，压力比介质压力低34kPa。

（7）密封室内介质压力低于690kPa、温度低于131℃时，在封液环处需通入冷却液。冷却液流量为3.78L/min，压力比介质压力低34kPa。同时还需要在填料处采用夹套式冷却。

（8）如果被密封的是易凝固介质时，泵在启动前，需事先对密封室处进行加热。在密封室处可用蒸汽或电阻伴热。

（9）如果被密封的是已溶解的固体时，也可能会产生磨损问题。因此有必要提高或降低密封室的温度，以保证固体全部溶解。

第三章　泵的润滑和冷却

第一节　泵 的 润 滑

泵和电动机的轴承需要润滑，齿轮箱（如果有的话）也需要润滑。常用润滑方式有：脂润滑、油润滑和压力油润滑。

一、离心泵和转子泵的润滑

离心泵和转子泵一般采用滚动轴承。对于中、轻载荷离心泵和转子泵，可采用油润滑或脂润滑；对于重载荷离心泵，应采用油润滑。如果有条件，为改善润滑，可考虑采用集中的油雾润滑系统。

当泵的轴功率较大（如 2000kW 以上），应考虑是否需要采用滑动轴承及压力油润滑系统。

对于齿轮增速一体式离心泵（高速泵），一般应采用压力油润滑系统。

二、往复泵的润滑

1. 机动往复泵动力端的润滑

采用油润滑，并配齐视镜（或液位计）等。当采用压力油润滑系统时，应符合本节第四部分的要求，且润滑油泵应为转子泵。

2. 机动往复泵液力端和直接作用式往复泵汽缸的润滑

可采用单点单柱塞油量可调的强制注入式注油器。注油器的每个润滑点均应有一个可观察的流动指示器。

当泵的额定功率大于或等于 200kW 时，其注油器应配备低油位及驱动失败的报警开关。不同的润滑油应配不同的注油器，每一注油器应有满足 24h 正常流量的储油量。

三、电动机轴承的润滑

1. 低压（380V）电动机

一般采用脂润滑。

2. 2 极中、高压（3000V、6000V、10000V）电动机

<1400kW 时，一般采用脂润滑或油润滑；≥1400kW 时，一般采用压力油润滑。

3. 4 极及以上的中、高压（3000V、6000V、10000V）电动机

<2000kW 时，一般采用脂润滑或油润滑；≥2000kW 时，一般采用压力油润滑。

四、压力润滑油系统

对于重要的使用场合，其润滑油系统应符合 ISO 10438（API std 614）的 Part 1 和 Part 3 的规定。对于不符合 ISO 10438（API std 614）标准的压力润滑油系统，其配置至少应包括下列内容。

（1）带吸入滤网的轴头驱动或电动机驱动的主油泵。

（2）如果买方有要求，卖方还应提供一台电机驱动的辅助油泵，且当系统油压低时，辅助油泵应能自动启动。主油泵、辅助油泵的额定流量应为所需正常流量的 120%。

（3）带在线清洗功能和配压差计的全流量双（一对）油滤器，并带恒流切断阀。过滤精

(4) 一台油冷却器。

(5) 一台具有最小停留时间为 3min 的奥氏体不锈钢油箱，带一个清洗孔。如有必要，还应带一个加热装置。

(6) 必要的控制和仪器仪表，包括：
① 低油压报警和停机开关；
② 每个轴承排放管道中设置一个流量视镜；
③ 一个供油总管压力表和过滤器差压指示器。

(7) 系统设备安装在一个底座上，且应尽可能同泵（含驱动机）安装在同一底座内。

第二节　泵 的 冷 却

泵是否需要冷却水，哪些部位需要冷却，冷却水耗量多少，这和介质温度、泵型等有关，以下给出基本考虑方法，具体应用时应以泵的实际工况参数和泵厂经验确定。

输送介质温度高于120℃时，一般应考虑是否需要对轴承箱进行冷却，冷却水管路系统采用表 1-39 中的方案 A 和方案 K。

输送介质温度高于120℃时，一般宜对密封液（或缓冲液）进行冷却（金属波纹管密封除外），以降低密封腔的温度，改善密封的工作条件，延长其使用寿命。冷却水管路系统采用表 1-39 中的方案 K 和方案 M。

输送易结晶液体时，应考虑对机械密封设置外供液体（如水、蒸汽等）进行冷却（Quench）密封腔，并防固体在大气侧积聚；输送饱和蒸汽压较高的液体（如液化气、液氨等）时，应考虑对机械密封设置一外供液体（如 40℃热水、蒸汽等）进行加热（Quench），以防止液化气或液氨等因压降汽化而结冰，并防止辅助密封圈变硬发脆，失去密封作用。冷却水管路系统采用表 1-39 中的方案 D。

磁力驱动泵一般不需要冷却水。

冷却水耗量应以泵厂给出的数值为准。估算时可参考如下经验值。

冷却水耗量小泵 $0\sim1.5m^3/h$，大泵 $0\sim3m^3/h$。对于采用压力润滑系统的泵取大值。

对于空水冷的电机，冷却水耗量较大，需 $10\sim50m^3/h$。电机通常采用空冷，只有当功率较大（如大于 2000kW）时，且现场有合适水源时才考虑采用空水冷电机。

对于泵用汽轮机，其冷却水主要用于油冷却器、汽封冷凝器等。凝汽式汽轮机还需要增加表面冷凝器用的冷却水，以便将汽轮机排出的气体冷却成水。

汽轮机的冷却水耗量和汽轮机的型式、大小、结构等有关。其冷却水耗量范围很大（一般为蒸汽量的 40～80 倍），需仔细咨询汽轮机厂。

一、冷却水管路系统设计条件

API 标准要求冷却水管路系统的设计应符合以下要求：

换热器表面的流速：$1.5\sim2.5m/s$；

最大允许工作压力：0.7MPa（G）；

试验压力：1.05MPa（G）；

最大压力降：0.1MPa；

最高供水温度：30℃；

最高回水温度：50℃；

最大温升：20℃；

污垢系数：0.35m² · K/kW；

壳体腐蚀裕度（换热管除外）：3.0mm。

卖方提供的冷却水管路系统还应符合具体工程项目的冷却水公用工程条件，我国某石化装置的冷却水公用工程条件如下（供参考）：

最大允许工作压力：0.7MPa（G）；

供水压力：0.4~0.6MPa（G）；

最大压力降：0.2MPa；

回水压力：0.2~0.4MPa（G）；

最高供水温度：33℃；

最高回水温度：43℃；

最大温升：10℃；

污垢系数：0.5m² · K/kW；

氯离子含量：200g/m³。

二、冷却水管路系统布置

除另有规定外，冷却水管路系统的总管和每一支管均应设置必要的进口阀和出口阀，且每一冷却水出口管道上应设流量视镜。

冷却水管路布置应符合表 1-39 的规定。卖方在技术报价时应明确冷却水管路系统的方案。

表 1-39　冷却水管路系统

API 管路方案	API 管路方案
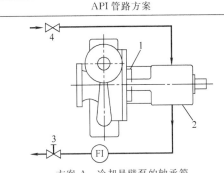 方案 A　冷却悬臂泵的轴承箱 1—密封压盖；2—轴承箱；3—出口阀；4—入口阀； FI—流量视镜	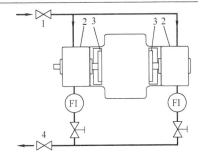 方案 A　冷却两端支撑泵的轴承箱 1—入口阀；2—轴承箱；3—密封压盖；4—出口阀； FI—流量视镜
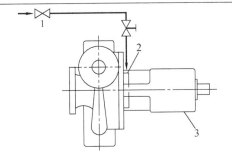 方案 D　悬臂泵密封压盖急冷 1—入口阀；2—密封压盖；3—轴承箱 ⋈—流量调节阀	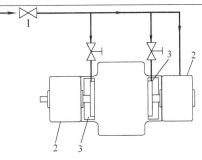 方案 D　两端支撑泵密封压盖急冷 1—入口阀；2—轴承箱；3—密封压盖 ⋈—流量调节阀

API管路方案	API管路方案
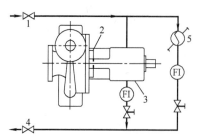 方案 K　冷却悬臂泵的轴承箱和密封用换热器 1—入口阀；2—密封压盖；3—轴承箱；4—出口阀； 5—密封用冷却器；FI—流量视镜	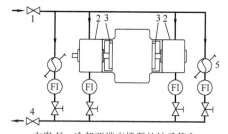 方案 K　冷却两端支撑泵的轴承箱和 密封用换热器 1—入口阀；2—轴承箱；3—密封压盖； 4—出口阀；5—密封用冷却器； FI—流量视镜
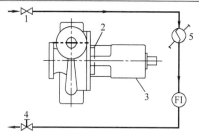 方案 M　冷却悬臂泵密封用换热器 1—入口阀；2—密封压盖；3—轴承箱； 4—出口阀；5—密封用冷却器； FI—流量视镜	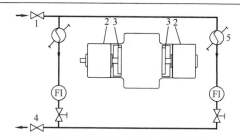 方案 M　冷却两端支撑泵密封用换热器 1—入口阀；2—轴承箱；3—密封压盖； 4—出口阀；5—密封用冷却器； FI—流量视镜

第四章 原动机的选用

第一节 原动机的类型

泵的原动机类型广泛，可根据工厂或装置的公用工程条件、能量平衡、环境条件、调节控制要求以及经济效益综合确定。

一、三相交流电动机

三相交流电动机的同步转速由下式确定：

$$n_1 = \frac{f \times 60 \times 2}{p} \tag{1-10}$$

式中　n_1——同步转速，r/min；
　　　f——电网频率，Hz；
　　　p——定子绕组的极对数。

1. 三相交流笼型感应电动机

三相交流笼型感应电动机是石油化工及其他工业装置用泵中最常用的驱动机，具有结构简单、运行可靠、维修方便、价格便宜、体积紧凑、易于更换和启动操作简单等一系列优点。

感应电机的额定转速与同步转速之间存在着一个转差率：

$$s = \frac{n_1 - n}{n_1} \tag{1-11}$$

式中　s——转差率；
　　　n_1——同步转速，r/min；
　　　n——额定转速，r/min。

感应电机的实际转速由其自身的转矩特性及负载功率决定，典型的转矩特性如图 1-22 所示。曲线的形状依据转子槽的形状、笼的材料等。

2. 三相交流绕线感应电动机

三相交流绕线感应电动机与笼型感应电动机区别在于，其转子由绝缘线绕制而成，通过集电环和电刷，在转子回路中串入外加电阻，以调节转矩-转速特性。但由于其需要电刷、滑环等部件，其安全性、维修、价格等方面不如笼型电动机，特别是在变频调速广泛用于泵组的驱动以后，绕线型异步电动机已很少使用。典型的转矩特性如图 1-22 所示。曲线的形状依据转子绕组的阻值及外串电阻的阻值。

3. 三相交流同步电动机

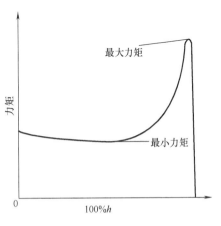

图 1-22　感应电机转矩特性

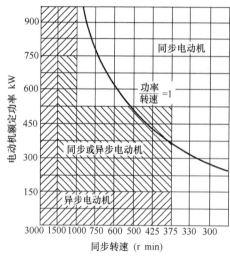

图 1-23 电机的使用范围

三相交流同步电动机可用于驱动低速运转且额定功率较大的泵,如图 1-23 所示,以及要求功率因数较高或要求提高电网功率因数等场合。同步电动机需要专门的励磁系统、滑环或整流器,铜铁材料消耗量大、价格高、维修量大,所以采用不多。无刷励磁同步电动机大大改善了运行的可靠性。

二、直流电动机

直流电动机用在需要无级调速或仅有直流电源的场合,或依靠事故备用电池组供电的设备时才被采用。它有易产生火花和易磨损的换向片,需配置直流电源以及与同步电机类似的若干缺点,在工业装置中应用很少。

三、汽轮机

汽轮机作为泵的原动机可以改善工厂的蒸汽平衡。对中、大型泵和需要调速的泵,以及在易燃易爆场合使用的泵均可用汽轮机作为驱动机。采用汽轮机驱动泵还有助于解决关键泵因突然停电而造成损失的问题。

随着石化装置技术水平及经济性的提高,也有采用反转离心泵(又称液力透平)作为泵的辅助或主要驱动机的实例。它适用于工艺流程中有较稳定的工艺参数和流量,有较高的压力能和速度能可以利用的场合。

此外在特定的条件下,也可以用蒸汽机、内燃机、燃气轮机作为泵的原动机。

第二节 电动机的选用

一、选用电动机的主要依据

根据泵的形式、轴功率、转速以及生产工艺对电动机的启动(是否带负荷)、制动、运转、调速等要求,选择电动机的类型。

根据泵组的轴功率、转矩、转速变化范围和启动频繁程度等要求,考虑电动机的温升限制、过载能力和启动转矩,合理选择电动机的容量,并确定冷却通风方式。

根据使用场合的环境条件,如温度、湿度、安装位置、灰尘、雨水及存在的易燃易爆气体等,考虑必要的保护方式和电机的结构型式,确定电动机的防爆等级和防护等级。

根据企业电网电压标准和对功率因数的要求,确定电动机的电压等级。

根据泵组最高转速和传动调速系统的过渡过程的性能要求,选择电动机的额定转速。

除此之外,选择电动机还必须符合节能要求,考虑运行可靠性、供货情况、备品备件的通用性、安装检修的难易、产品价格、建设费用、运行和维修费用等。

二、电动机类型的选择

1. 电动机类型选择的一般原则

电动机类型的选择要从负载特性和节能两个角度来考虑。

容积式泵(如往复泵)的转速-水力转矩特性属恒转矩(平均转矩)特性,每转内的平均转矩随转速的增加基本不变;离心泵等叶片泵属平方转矩特性,其转矩随转速的提高以平方或立方的关系增加,如图 1-24 所示。

泵的总转矩主要是摩擦阻力矩与水力转矩的总和。泵启动转矩与泵的水力设计、结构设计以及启动方式有关，为减少启动过程中的阻力矩，往复泵最好采用旁路方式启动；低比转速的离心泵应关阀启动（在许多情况下，采用打开最小流量阀启动泵，避免泵内液体过热蒸发）；轴流泵应开阀启动。

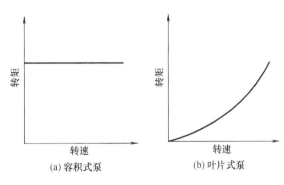

图 1-24 泵的水力转矩特性

三相交流笼型感应电动机具有结构简单紧凑、运行可靠、价格便宜、易于维修、更换，在无特殊要求的场合，是首选的电机类型。

恒转矩特性的泵宜选用笼型、具有硬机械特性的电动机。无调速要求的平方转矩特性的泵则可选用普通笼型电动机，其中功率较大、转速较低的可选用同步电机。有调速要求的泵可视其调速范围、调速平滑程度等要求选用变极对数、变频笼型电动机或串级调速的绕线型电动机等。

对大型往复泵、离心泵，如启动条件苛刻，可考虑绕线型、双笼或深槽式电动机。

根据泵所需功率和转速的范围可参考图 1-23 初步确定采用同步或异步电机。转速低于 375r/min 或功率（kW）与转速（r/min）的比值略大于 1 时，选择同步电机比笼型感应电机好，因为同步电机的成本虽高一些，但通常可以从其较高的功率因数和效率中得到补偿。

2. 泵组的启动问题

（1）对于小功率的容积泵，驱动机容量选择时都留有较大的储备系数，无论采用旁路连通无负荷启动或带负荷启动，一般不存在启动问题。对大型往复泵，推荐采用旁路连通方式启动，此时电动机主要克服泵传动机构产生动静摩擦力矩及流体通过泵组及旁路系统时压降产生的水力力矩，在这种情况下，一般也不存在启动问题；如果工艺要求带负荷启动，应仔细核算启动工况。

（2）离心泵的启动

一般的离心泵需要的启动力矩很小，采用电机作为驱动机时，只要功率足够，一般不存在启动问题。对于功率很大的离心泵，需要校核泵的启动问题。

图 1-25 是离心泵轴流泵启动过程中阻力矩及流量变化的示意图。图中：

A 点是启动开始点，D、E、F 为转速达到 100%转速时的阻力矩，G 点为正常操作点。

$ABCDG$ 是离心泵在出口切断阀关闭状态下启动时的过渡过程曲线；在 D 点打开出口切断阀，泵至 G 点稳定运行。

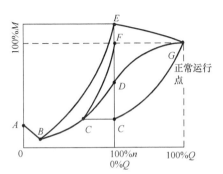

图 1-25 叶片泵的启动阻力矩特性

$ABCF$（CG）是离心泵在出口切断阀打开状态下的启动曲线；在 C 点，切断阀后的单向阀打开，此时泵开始向系统输送流体，至 F 点（G 点）泵达到额定阻力矩（额定流量）。C 点可根据泵的特性及管网特性确定。

$ABEG$ 是轴流泵在出口切断阀关闭状态下启动时的过渡过程曲线；在 E 点打开出口切断阀，泵至 G 点稳定运行。

A 点是泵机械系统静摩擦阻力矩，对于带滑动轴承的卧式泵，阻力矩 M_A 约为额定阻力矩 M_G 的 15%；对于带滚动轴承的卧式泵，阻力矩 M_A 约为额定阻力矩 M_G 的 10%。

在 B 点，为额定转速的 15%～20%，阻力矩达到最小值。

D、E 点为泵的关死点，转速达到 100% 的额定转速，该点的阻力矩可以通过关死点的轴功率求得：

$$M_D = \frac{N_{关死点} \times 30}{\pi n} \tag{1-12}$$

式中　M_D——D 点的阻力矩，N·m；
　　　n——100% 额定转速，r/min；
　　　$N_{关死点}$——泵关死点的轴功率，kW。

M_D 与 M_G 比值与泵的比转速有关，比转速越高，M_D/M_G 比值越大；对于轴流泵 M_F 大于 M_G，这也是轴流泵要求开阀启动的原因。

BCD 曲线上任一点的阻力矩根据相似定律，可由下式确定：

$$M_x = M_D \times \left(\frac{n_x}{n}\right)^2 \tag{1-13}$$

式中　M_x——BCD 曲线上某点的阻力矩，N·m；
　　　M_D——D 点的阻力矩，N·m；
　　　n_x——BCD 曲线上某点的转速，r/min；
　　　n——100% 额定转速，r/min。

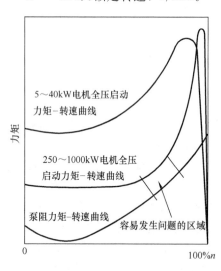

图 1-26　电机启动转矩曲线和泵阻力矩曲线

图 1-26 是电机启动转矩曲线和泵阻力矩曲线的比较，从图中可以看出，对于大型电机，在大约 80% 额定转速附近，电机的启动力矩和泵的阻力矩差值最小，这是需要校核的一个区域。

为了克服静摩擦，电机的启动转矩通常需要达到泵在最佳效率点转矩的 10%～25%。对于立式长轴泵，由于轴承较多，启动转矩应仔细校核。

三、电动机功率的确定

电动机功率确定参见第一篇第一章第二节，同时应考虑电机使用条件对电机的影响。

电动机用于海拔高度超过 1000m（如新疆、甘肃、宁夏、云南、贵州的部分地区）或环境温度超过 40℃、相对湿度超过 95% 时，应在订货时注明，并计算电机功率的降低程度，以满足使用要求。

1. 环境温度的影响

电机额定功率 N_e 按下式修正：

$$N'_e = K_t N_e \tag{1-14}$$

式中 N'_e——校正温度影响后的电机功率，kW；

N_e——电动机的额定功率，kW；

K_t——温度校正系数，见表 1-40。

表 1-40 温度校正系数 K_t

环境温度或冷却空气进口温度/℃	25	30	35	40	45	50
K_t	1.1	1.08	1.05	1.0	0.95	0.875

2. 海拔高度的影响

海拔高度在 1000m 以上时，每升高 100m 所需的环境温度降低补偿值规定按温升极限的 1% 折算。若最高环境温度的降低补偿值不足以补偿由于海拔高度提高所造成的冷却效果的降低，应对电机的额定输出功率进行修正。

电动机额定输出功率不变时，需满足：

$$(h-1000)\Delta i \leqslant 40 - t_{at} \tag{1-15}$$

式中 h——海拔高度，m；

Δi——海拔高度在 1000～4000m 时，每提高 100m 所需要的最高环境温度补偿值，取 $\Delta i = 0.01 \times$ 电机温升极限$/100$，℃/m；

t_{at}——使用地点的最高环境温度，℃。

额定输出功率降低的百分数可按每欠补偿 1℃，功率降低 1% 计算（或与电机厂协商确定）。功率降低值的关系式如下（已包括环境温度的影响）：

$$\Delta N_e = [(h-1000)\Delta i - (40 - t_{at})] \frac{N_e}{100} \tag{1-16}$$

四、电动机转速的选择

驱动恒定转速泵的电动机，电动机的最高转速应与泵的最高转速相适应。

直接驱动离心泵、转子泵的电动机，一般常用同步转速为 3000r/min、1500r/min 的电动机（电网频率为 60Hz 时，同步转速为 3600r/min、1800r/min 的电动机）。

五、电源的选择

1. 电压的选择

电压的选择与电力系统对企业的供电电压有关（我国高压电源通常为 6000V 或 3000V，低压电源为 380V，电源的偏差一般不应超过 5%），一般是从低压配电元件的保护考虑出发，按功率界限选择电动机的电压等级。

当电源电压为 6000V 和 380V 时，

泵轴功率≥150kW 时，采用高压 6000V 电源；

泵轴功率＜150kW 时，采用低压 380V 电源。

当电源电压为 3000V 和 380V 时，

泵轴功率≥100kW 时，采用高压 3000V 电源；

泵轴功率＜100kW 时，采用低压 380V 电源。

2. 频率的选择

频率与电机的转速有关，电机的额定频率应与电网的频率相一致，电网频率的波动对电机的性能有影响，一般实际电源频率与额定频率的偏差不应大于±1%。

六、电动机防护型式的选择

按照 GB 4208—2008（等同采用 IEC 60529：2001）标准，外壳防护等级（IP 代码），电动机外壳的防护等级代号由特征字母 IP 与防护特征数字组成，见表 1-41。

表 1-41 防护等级含义

防护等级第一位数字	含义（防止固体物进入内部的等级）	防护等级第二位数字	含义（防止水进入内部的等级）
0	无防护	0	无防护
1	防护直径≥50mm 的固体进入内部	1	防滴
2	防护直径≥12.5mm 的固体进入内部	2	15°防滴
3	防护直径≥2.5mm 的固体进入内部	3	防淋水
4	防护直径≥1mm 的固体进入内部	4	防溅
5	防尘进入内部	5	防喷水
6	尘密进入内部	6	防强力喷水
		7	临时浸水
		8	潜水

化工和石化装置用泵多数是露天、室外布置，因此不能采用开启式防护（IP11）。在无防腐或防爆等特殊要求的情况下，应根据防护固体（异物或粉尘等）、风雨、冲洗飞溅的要求，考虑到装置中化学介质和油气浓度较高（尚未达到须专门防腐或防爆的危险程度），采用全封闭式防护（IP44 或 IP54）。电动机外壳常用的防护型式见表 1-42。

表 1-42 电动机外壳常用防护型式

防护型式	含义
开启式(IP11)	不防水、汽、油、尘、杂物，用于干燥而清洁的场所
防护式(IP22、IP23)	防滴、防雨、防溅、防异物进入，但不防湿气和尘土的侵入，用于干燥、少尘土、无腐蚀性、无爆炸性气体的环境
封闭式(IP44、IP54)	防尘、防风雨、防潮湿及有爆炸性、腐蚀性气体或粉尘的环境中使用

在高温、高湿度和腐蚀性等特殊环境下，电机的防护能力应根据特殊环境要求，在基本系列的结构设计、材料及涂层选择上做一些改动，使产品具有某种特殊的防护能力，电机的基本系列的防护等级属于 IP55、IP54 或 IP44。选用时需综合考虑，必要时应与制造厂协商，决定最经济、适用的特殊防护型式。电动机的特殊环境代号见表 1-43。

表 1-43 特殊环境代号

代号	G	H	W	F	T	TH	TA
含义	高原用	海上用	户外用	防腐用	热带用	湿热带用	干热带用

特殊环境代号加在电动机系列规格的后面，如 YB132S2-2W。

七、爆炸性和火灾危险性环境的电动机选择

1. 爆炸性和火灾危险性环境的分区

按照《爆炸和火灾危险环境电力装置设计规范》GB 50058—1992，爆炸性和火灾危险性环境的分区如表 1-44 所示。

表 1-44 爆炸性和火灾危险性环境分区

类别	爆炸性气体环境			爆炸性粉尘环境		火灾危险性环境		
分区	0 区	1 区	2 区	10 区	11 区	21 区	22 区	23 区
区域情况	连续出现或长期出现爆炸性气体混合物的环境	在正常运行时可能出现爆炸性气体混合物的环境	在正常运行时不可能出现爆炸性气体混合物的环境或即使出现也仅是短时存在的爆炸性气体混合物的环境	连续出现或长期出现爆炸性粉尘环境	有时会将积留下的粉尘扬起而偶然出现爆炸性粉尘混合物的环境	具有闪点高于环境温度的可燃液体,在数量和配置上能引起火灾危险的环境	具有悬浮状堆积状的可燃粉尘或可燃纤维,虽不可能形成爆炸混合物,但在数量和配置上能引起火灾危险的环境	具有固体状可燃物质,在数量和配置上能引起火灾危险的环境
举例	装易燃液体的密闭容器	自然通风条件下的第一级释放源情况,如泵密封处轻微泄漏易燃物质	自然通风条件下的第二级释放源情况,如泵正常情况下不会或仅偶尔短暂释放易燃物质		石墨、炭黑、赤磷、硫黄等导电性好的和易悬浮于空气中的可燃粉尘			

注：正常运行是指正常的开车、运转、停车,易燃物质产品的装卸,密闭容器盖的开、闭,安全阀、排放阀以及所有工厂设备都在其设计参数范围内工作的状态。

2. 爆炸性气体混合物分级和分组

按照《爆炸和火灾危险环境电力装置设计规范》GB 50058—1992,爆炸性气体混合物按其最大试验安全间隙或最小点燃电流分级如表 1-45 所示（最小点燃电流比为各种气体和蒸汽按照它们最小点燃电流值与实验室的甲烷的最小电流值之比）,按照引燃温度分组如表 1-46 所示。

表 1-45 爆炸性气体混合物分级

级　别	最大试验安全间隙(MESG)/mm	最小点燃电流比(MICR)
IIA	$\geqslant 0.9$	>0.8
IIB	$0.5 < MESG < 0.9$	$0.45 \leqslant MICR \leqslant 0.8$
IIC	$\leqslant 0.5$	<0.45

表 1-46 爆炸性气体混合物分组

组　别	引燃温度 $t/℃$	组别	引燃温度 $t/℃$
T1	>450	T4	$135 < t \leqslant 200$
T2	$300 < t \leqslant 450$	T5	$100 < t \leqslant 135$
T3	$200 < t \leqslant 300$	T6	$85 < t \leqslant 100$

3. 爆炸性粉尘引燃温度分组

爆炸性粉尘按引燃温度分组见表 1-47。确定粉尘引燃温度时,取粉尘云的引燃温度与粉尘层的引燃温度两者之中的低值。

表 1-47 爆炸性粉尘引燃温度分组

组　别	T11	T12	T13
引燃温度 $t/℃$	>270	$200 < t \leqslant 270$	$150 < t \leqslant 200$

4. 火灾危险性物质

火灾危险性物质包括：闪点高于环境温度的可燃液体；在物料操作温度高于可燃液体闪点的情况下有可能泄漏但不能形成爆炸性气体混合物的可燃液体；不可能形成爆炸性粉尘混合物的悬浮状、堆积状可燃粉尘或可燃纤维以及其他固体状可燃物质。

火灾危险物质不分级、不分组。

5. 防爆、防燃电动机的选择

(1) 防爆电气设备分类　防爆电气设备分为两类：Ⅰ类为煤矿井下用电气设备；Ⅱ类为工厂用电气设备。由于其使用场所不同，对电气设备的技术要求也不同。如Ⅰ类场所中爆炸性介质是甲烷，场所是煤矿井下，工作空间狭窄、经常移动、易发生碰撞和重物冲击，且有煤粉飘浮和积于设备表面易引起点燃；而Ⅱ类场所则涉及所有可燃性气体和蒸汽。Ⅰ、Ⅱ类电气设备不能简单代用。

(2) 防爆电动机的基本结构　按 GB 3836.1—2000《爆炸性环境用防爆电气设备通用要求》，防爆型式主要有以下几种：隔爆型"d"；增安型"e"；本质安全型"i"；正压型"p"；无火花型"n"等。其特点和基本要求见表 1-48。

表 1-48　电气设备的防爆结构、标志及基本要求

结构类型及英文名称	标志	特点及基本要求
隔爆型	d	将能够点燃爆炸性气体混合物的部件安装在一种外壳中，该外壳能承受内部爆炸性气体混合物爆炸的产生，而且能够阻止爆炸向外壳外部的爆炸性气体混合物传播
增安型	e	采取措施以便运用较高的防护等级防止电气设备内部和外部的部件产生过高温度及电弧、电火花出现的可能性，而在正常运行条件下该设备不会出现这些现象
正压型	p	在电气设备的外壳内，通过供给比环境空气压力高的保护性气体，以阻止周围的爆炸性气体混合物进入外壳内，即保护性气体使外壳内保持正压。保护性气体可连续或不连续供给
无火花型	n	无火花型电气设备可以用在正常条件下没有危险或只短时间存在爆炸性气体混合物，爆炸性气体混合物和点燃源同时出现的可能性低到可接受程度 应保证在以预定方法的操作中有足够的可靠性。这种防爆型式主要用于那些要求在正常运行中不产生电弧、电火花或表面不过热的电气设备

(3) 爆炸性气体环境对电动机选择的要求　爆炸性气体环境电气设备的选择应符合下列规定：

① 电机的防爆型式（结构）应符合 GB 50058—1992 的要求，见表 1-49。

表 1-49　电机防爆结构的选择

爆炸危险区域	1区			2区			
防爆结构 电气设备	隔爆型 d	正压型 p	增安型 e	隔爆型 d	正压型 p	增安型 e	无火花型 n
笼型感应电动机	○	○	△	○	○	○	○
绕线型感应电动机	△	△		○	○	△	×
同步电动机	○	○	×	○	○	△	
直流电动机	△	△		○	○		
电磁滑差离合器（无电刷）	○	△	×	○	○	○	△

注：1. 表中符号含义：○—适用；△—慎用；×—不适用。
2. 绕线型感应电动机及同步电动机采用增安型时，其主体是增安型防爆结构，会产生电火花的部分是隔爆或正压型防爆结构。
3. 无火花型电动机在通风不良及户内具有比空气重的易燃物质区域内慎用。

② 电机的防爆级别和组别，不应低于安装场所中存在爆炸性气体混合物的级别和组别。

③ 电机应符合周围环境内化学的、机械的、热的、霉菌以及风沙等不同环境条件对电气设备的要求。电气设备的结构应满足电气设备在规定的运行条件下不降低防爆性能的要求。

(4) 爆炸性粉尘环境对电机选择的要求

① 电机应符合周围环境内化学的、机械的、热的、霉菌以及风沙等不同环境条件对电气设备的要求。

② 电气设备最高表面温度应符合 GB 50058—1992 的要求，见表 1-50。

表 1-50　电气设备最高允许表面温度　　　　　　　　　　　　　　　　℃

引燃温度组别	无超负荷设备	超负荷设备
T11	215	196
T12	160	145
T13	120	110

③ 防爆电气设备选型除可燃性非导电粉尘和可燃纤维的 11 区环境采用防尘结构（标志为 DP）的粉尘防爆电气设备外，爆炸性粉尘环境 10 区及其他爆炸性粉尘环境 11 区均采用尘密结构（标志为 DT）的粉尘防爆电气设备，并按照粉尘的不同引燃温度选择不同引燃温度组别的电气设备。

(5) 火灾危险环境对电动机选择的要求　电机应符合周围环境内化学的、机械的、热的、霉菌以及风沙等不同环境条件对电气设备的要求。根据区域等级和使用条件，按表 1-51 选择电机的防护等级。

表 1-51　火灾危险环境电动机防护结构选择

火灾危险区域	21 区	22 区	23 区
固定安装的电机	IP44	IP54	IP21
移动式电机	IP54	IP54	IP54

注：1. 在火灾危险环境 21 区内固定安装的正常运行时有滑环等火花部件的电机，不宜采用 IP44 结构，而应采用 IP54 型。

2. 在火灾危险环境 23 区内固定安装的正常运行时有滑环等火花部件的电机，不应采用 IP21 型结构而应采用 IP44 型。

按照美国 NFPA70—2005 国家电气法规，危险区域的划分有传统的 Class、Divisoin 方式，及与 IEC 标准相同的 Class、Zone 方式。其中，以 Class、Zone 方式的划分与中国相同。中国、美国（传统的 Class、Divisoin 方式）、日本对危险区域划分及爆炸性气体分组对照见表 1-52、图 1-27、表 1-53。

表 1-52　中国、美国、日本对危险区域划分对照

类别	爆炸性气体环境			爆炸性粉尘环境	
中国标准 GB	0 区	1 区	2 区	10 区	11 区
美国标准 NFPA	Class Ⅰ Division 1		Class Ⅰ Division 2	Class Ⅱ Division 1	Class Ⅱ Division 2
日本标准 JIS	0 种	1 种	2 种		

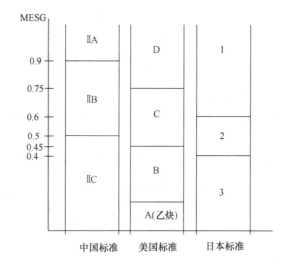

图 1-27　中国、美国、日本对爆炸性气体分级（组）对照

表 1-53　中国、美国、日本对爆炸性气体分组对照

电气设备最高表面温度/℃	美国标准	气体引燃温度 t/℃	中国标准	日本标准
450	T1	>450	T1	G1
300	T2	300<t≤450	T2	G2
280	T2A			
260	T2B			
230	T2C	200<t≤300	T3	G3
215	T2D			
200	T3			
180	T3A			
165	T3B	135<t≤200	T4	G4
160	T3C			
135	T4			
120	T4A	100<t≤135	T5	G5
100	T5			
85	T6	85<t≤100	T6	G6

第三节　汽轮机的选择

一、汽轮机型式的选择

大型合成氨、甲醇或乙烯等石化装置自身能副产大量蒸汽，如日产 1500t 合成氨装置副产的蒸汽可驱动大约 5 万千瓦的机泵。如何正确地确定整个装置蒸汽系统的参数，合理选择汽轮机的型式，对降低装置的能耗、提高经济效益有重要意义。这些蒸汽除主要供驱动压缩机、风机和工艺用以外，还有较多的中压或低压蒸汽可用来驱动泵。由于泵的数量多，位置分散，对大多数小功率泵，宜选用背压式汽轮机，只需进汽和排汽管线，以便省去一套凝汽

器及真空系统。但对大功率泵，如合成氨装置的高压锅炉给水泵、半贫液泵和循环水泵，有时也采用凝汽式汽轮机。

1. 选择汽轮机的主要因素

（1）生产装置蒸汽平衡确定的初蒸汽压力和温度。

（2）泵的功率和转速。

（3）蒸汽的价格、汽轮机的效率和价格，以便确定选用单级还是多级、单阀还是多阀汽轮机。

（4）控制系统、转速调节、压力调节以及工艺控制的要求。

（5）安全保护系统的要求（超速、低油压、振动、轴位移、轴承温度的监测等）。

前三条与泵和汽轮机的选择有关，动设备专业应与工艺、热工专业密切配合，做不同方案的比较，以求得泵和汽轮机的一次投资与运行费的最佳化。后两条是对调节保安系统的要求，关系到机组的可靠性。

2. 初蒸汽参数的选择

初蒸汽参数通常由生产装置的蒸汽平衡确定，进汽压力一定时，汽轮机的热效率随过热蒸汽温度的提高而增加，一般每提高10℃，效率约增加0.15个百分点。应注意进汽压力和温度的合理匹配，可参考表1-54。

表1-54 进汽压力和温度的推荐值

进汽压力/bar	8～13	11～15	16～20	22～26	32～37	42～47	62～68	75～85
进汽温度/℃	230～320	280～360	320～400	340～420	380～460	400～470	420～500	450～540

3. 排汽压力的选择

背压式汽轮机的排汽压力由生产装置蒸汽系统的管网压力等级而定。常用的排汽压力及调节范围见表1-55。

表1-55 背压式汽轮机的排汽压力及调节范围　　　　　　　　　　bar

额定压力	3	5	10	13	25	37
调节范围	2～4	4～7	8～13	10～16	22～26	35～39

凝汽式汽轮机的排汽压力取决于凝汽器冷却水的温度，排汽压力越低，汽耗率就越低，凝汽压力通常为10～15kPa（A），尽量取下限。个别公司将凝汽式汽轮机的排汽压力取为23kPa（A），汽轮机制造厂的成本大幅降低，但由于蒸汽的热焓未充分利用，耗汽大增，另外由于要多冷凝蒸汽，排汽温度又高，冷却水耗量增加，上述两项使用户每年运行费大幅度增加。

4. 汽轮机的额定功率

按API 610第10版标准的规定，在正常的蒸汽条件下，汽轮机的额定功率应为泵额定功率的1.1倍。注意，取消了通常的"至少为1.1倍"的"至少"二字，将API 610第8版的最大功率改为额定功率，并规定是在正常的蒸汽条件下，其目的是防止汽轮机选型过大的普遍现象，避免投资增加，并且防止正常工况偏离汽轮机最佳工况太远，汽耗率上升。因为泵的额定流量通常已是正常流量的1.1倍，按新标准，汽轮机的额定功率也为泵正常功率的1.21倍了，富裕度已足够了，避免了层层加码造成的浪费。

汽轮机的报价文件中，按API 611石油、化工和气体工业一般用途汽轮机的规定，汽轮机制造厂应提交在泵的正常功率、正常转速和正常蒸汽条件下汽轮机的进汽流量。应力求在泵的正常工况时,汽轮机的效率最高。

5. 蒸汽用量的计算

以下介绍可研或初设阶段汽耗量的估算方法,准确的汽耗量应通过预询价及最终计算来得到。

(1) 从水蒸气焓熵图上找出进汽压力和进汽温度的 A 点,查出进汽的焓值 I_i,从 A 点作竖线(等熵线)与排汽压力线交于 B 点,查出排汽的等熵焓值 I_o。

(2) 理想焓降 $H_t = I_i - I_o$ (kJ/kg)

(3) 按以下方法查出汽轮机的相对内效率 η_i 和机械效率 η_m,则有效汽耗率为

$$d = 1/(H_t \eta_i \eta_m) \quad [\text{kg}/(\text{kW} \cdot \text{s})]$$

(4) 如泵的轴功率为 P (kW),则汽耗量为

$$G = Pd = P/(H_t \eta_i \eta_m) \quad (\text{kg/s})$$

6. 汽轮机的效率

汽轮机的效率取决于功率大小、汽轮机的型式、蒸汽的参数、转速等因素。影响最大的是功率大小,100kW 以下的单级汽轮机的效率很低,在 32%~45% 范围内,价格又远高于电机,因此应与工艺、热工专业协调,在 100kW 以下时尽量不采用汽轮机驱动的形式,将装置的蒸汽集中用于大、中型机泵上。大功率多级汽轮机的效率可达 73%~82%。反动式汽轮机的效率比冲动式汽轮机高 4~6 个百分点。

在可研阶段,汽轮机的相对内效率可查图 1-28、图 1-29 估计基本效率,再乘以过热度修正系数、转速修正系数、背压修正系数。

过热度修正系数:图 1-28、图 1-29 中的基本效率是按初蒸汽过热度为 37.8℃时得出的。如实际过热度不是此值时,应按表 1-56 进行修正。

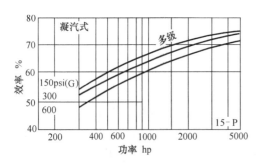

图 1-28 冲动式凝汽式汽轮机的基本效率

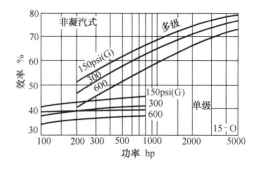

图 1-29 冲动式非凝汽式汽轮机的基本效率

表 1-56 过热度修正系数

汽轮机型式		单级	多级	
		非凝汽式	非凝汽式	凝汽式
修正方法		基本效率增减百分点	乘以	乘以
过热度	0	+0.6	0.963	0.977
	37.8	—	1	1
	93.3	-0.6	1.012	1.018
	148.9	-1.2	1.015	1.034

转速修正系数:图 1-28、图 1-29 中的基本效率是按 3600r/min 时得出的。其他转速按表 1-57 进行修正。背压修正系数见表 1-58。机械效率见表 1-59。

表 1-57 转速修正系数

汽轮机型式		非凝汽式				凝汽式			
转速/(r/min)		3600	5000	7500	10000	3600	5000	7500	10000
轴功率/kW	373	1	1.030	1.036	1.018	1	1	1	1
	746	1	1.013	1.006	0.982	1	1	1	1
	1491	1	1.001	0.980	0.940	1	1	1	0.957
	2237	1	0.997	0.966	0.920	1	1	0.984	0.929
	3729		0.994	0.959	0.902	1	1	0.955	0.895

表 1-58 背压修正系数

背压/bar(A)	2	3	4.4	≤11
背压修正系数	1.03~1.05	1.07~1.08	1.1~1.12	1

表 1-59 机械效率

额定功率/kW	<100	100~300	301~750	751~3000	3001~6000	6001~12000
机械效率	0.8~0.88	0.88~0.92	0.92~0.94	0.94~0.96	0.96~0.97	0.97~0.98

7. 反动式汽轮机的选型及汽耗量的估算举例(以杭汽引进西门子反动式汽轮机系列产品举例)

(1) 凝汽式汽轮机。

已知条件:进汽压力 $p_i=4$MPa(A),进汽温度 $t_i=400$℃,排汽压力 $p_o=0.014$MPa(A),轴功率 $P=10000$kW,转速 $n=8500$r/min

计算步骤:

① 确定进汽的焓值,查水蒸气焓熵图,$I_i=3215$kJ/kg

② 确定进汽的比容,查水蒸气焓熵图,$v_i=0.073$m³/kg

③ 确定排汽的等熵焓值,查水蒸气焓熵图,$I_o=2190$kJ/kg

④ 确定排汽的比容,查水蒸气焓熵图,$v_o=9$m³/kg

⑤ 理想焓降 $H_t=I_i-I_o=3215-2190=1025$kJ/kg

⑥ 估算蒸汽的质量流量(假设总效率 $\eta=0.75$)

$$G=P/(H_t\eta)=10000/(1025\times0.75)=13\text{kg/s}$$

⑦ 计算进汽的容积流量

$$V_i=Gv_i=13\times0.073=0.95\text{m}^3/\text{s}$$

⑧ 计算排汽的容积流量

$V_o=Gv_o=13\times9\times1.1=129$m³/s (其中 1.1 是考虑效率对排汽比容的影响的修正系数)

⑨ 进汽段的选择。

查图 1-30,对进汽段,进汽的容积流量 0.95m³/s 横线和转速 8500r/min 纵线的交点在 25 和 32 矩形内,即进汽段可用 25 号或 32 号缸。

⑩ 排汽段的选择。

查图 1-30,对排汽段,排汽的容积流量 129m³/s 横线和转速 8500r/min 纵线的交点在

45 矩形内,即排汽段应选 45 号缸。

⑪ 验证进汽段和排汽段的兼容性。

查图 1-30,进汽段 25 号缸不能与排汽段 45 号缸相配,只有进汽段 32 号缸能与排汽段 45 号缸相配。

⑫ 验证所选排汽段允许通过的质量流量。

查图 1-30 (b),排汽的容积流量 129m³/s 横线和质量流量 13kg/s 纵线的交点在允许的梯形内,因此选用的汽轮机型号为 NK32/45。

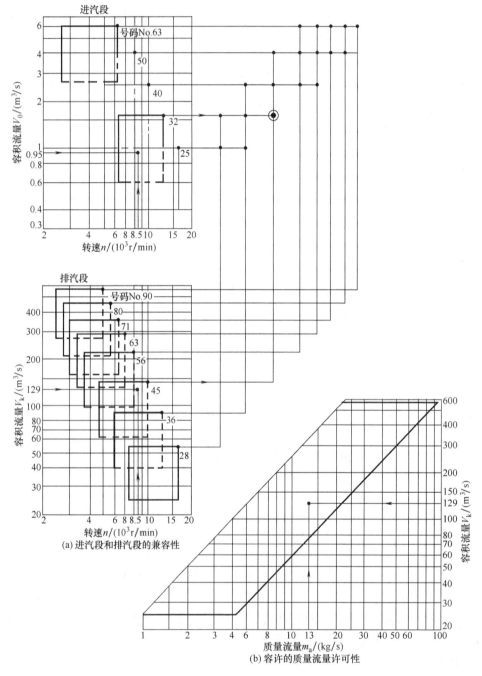

图 1-30　NK 型凝汽式汽轮机选型图

⑬ 理论设计质量流量和最高允许转速。

查表 1-60，排汽段 45 号的理论设计质量流量为 $G_{th}=24\mathrm{kg/s}$，最高允许转速 $n_{max}=10000\mathrm{r/min}$。

⑭ 质量流量比 $G'=G/G_{th}=13/24=0.54$

⑮ 转速比 $n'=n/n_{max}=8500/10000=0.85$

⑯ 基本效率 η_b。

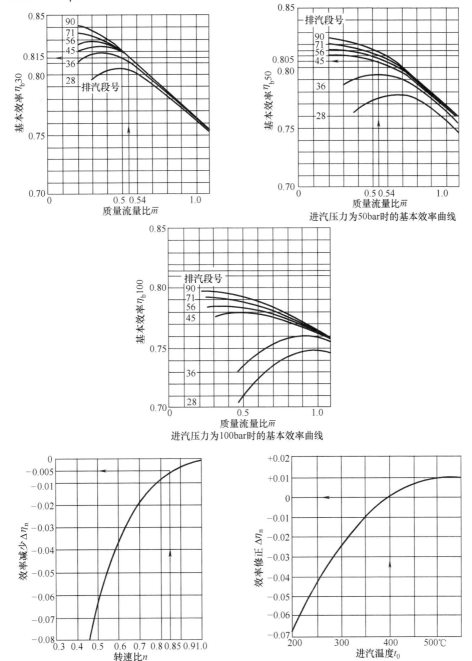

图 1-31 NK 型凝汽式基本效率曲线

表 1-60　NK 型凝汽式汽轮机的理论设计质量流量和最高允许转速

排汽段号	28	36	45	56	63	71	80	90
理论设计质量流量/(kg/s)	9	15	24	37	49	61	79	96
最高允许转速/(r/min)	16000	12500	10000	8000	7150	6300	5630	5000

查图 1-31，进汽压力为 3MPa 时，对 45 号排汽段，质量流量比 $G'=0.54$ 的基本效率为 0.815。进汽压力为 5MPa 时，对 45 号排汽段，质量流量比 $G'=0.54$ 的基本效率为 0.805。现进汽压力为 4MPa，用内插法得基本效率 $\eta_b=0.81$。

⑰ 转速对效率的修正。

查图 1-39 中转速对效率的修正曲线，$\Delta\eta_n=-0.005$

⑱ 温度对效率的修正。

查图 1-39 中温度对效率的修正曲线，$\Delta\eta_t=0$

⑲ 总效率

$$\eta=\eta_b+\Delta\eta_n+\Delta\eta_t=0.81-0.005+0=0.805$$

⑳ 实际汽耗量

$$G=P/(H_t\eta)=10000/(1025\times0.805)=12.12\text{kg/s}$$

(2) 背压式汽轮机（背压小于 2MPa）

已知条件：进汽压力 $p_i=11\text{MPa (A)}$，进汽温度 $t_i=490\text{℃}$，排汽压力 $p_o=0.8\text{MPa (A)}$，轴功率 $P=10000\text{kW}$，转速 $n=8500\text{r/min}$

计算步骤：

① 确定进汽的焓值，查水蒸气焓熵图，$I_i=3335\text{kJ/kg}$

② 确定进汽的比容，查水蒸气焓熵图，$v_i=0.029\text{m}^3/\text{kg}$

③ 确定排汽的等熵焓值，查水蒸气焓熵图，$I_o=2700\text{kJ/kg}$

④ 确定排汽的比容，查水蒸气焓熵图，$v_o=0.23\text{m}^3/\text{kg}$

⑤ 理想焓降 $H_t=I_i-I_o=3335-2700=635\text{kJ/kg}$

⑥ 估算蒸汽的质量流量（假设总效率 $\eta=0.8$）

$$G=P/(H_t\eta)=10000/(635\times0.8)=19.7\text{kg/s}$$

⑦ 计算进汽的容积流量

$$V_i=Gv_i=19.7\times0.029=0.57\text{m}^3/\text{s}$$

⑧ 计算排汽的容积流量

$$V_o=Gv_o=19.7\times0.23\times1.1=4.98\text{m}^3/\text{s}$$

其中 1.1 是考虑效率对排汽比容的影响的修正系数。

⑨ 进汽段的选择。

查图 1-32，对进汽段，进汽的容积流量 $0.57\text{m}^3/\text{s}$ 横线和转速 8500r/min 纵线的交点在 25 矩形内，即进汽段可用 25 号缸。

⑩ 排汽段的选择。

查图 1-32，对排汽段，排汽的容积流量 $4.98\text{m}^3/\text{s}$ 横线和转速 8500r/min 纵线的交点在 25 矩形内，即排汽段应选 25 号缸。

⑪ 验证进汽段和排汽段的兼容性。

查图 1-32，进汽段 25 号缸能与排汽段 25 号缸相配。因此，选用的汽轮机型号为 HNG25/25。

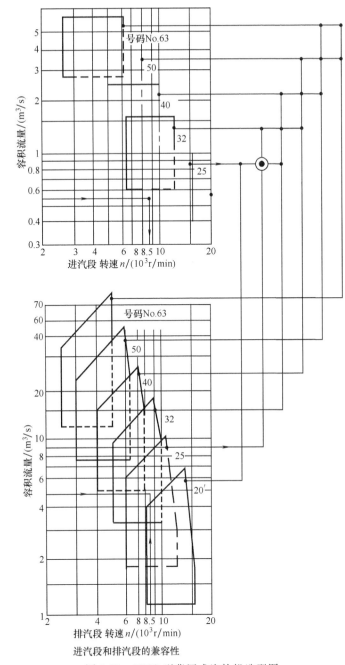

图 1-32 HNG 型背压式汽轮机选型图

⑫ 最高允许转速。

查表 1-61，25 号进汽段的最高允许转速 $n_{max}=16000 \text{r/min}$。

表 1-61 HNG 型背压式汽轮机的最高允许转速

进汽段号	25	32	40	50	63
最高允许转速/(r/min)	16000	12500	10000	8000	6300

⑬ 转速比 $n'=n/n_{max}=8500/16000=0.53$

⑭ 基本效率 η_b。

查图 1-33，由转速比 0.53 查出 25 号进汽段的基本效率，$\eta_b = 0.75$。

⑮ 温度对效率的修正。

查图 1-34，进汽温度 490℃时，$\Delta\eta_t = 0.009$

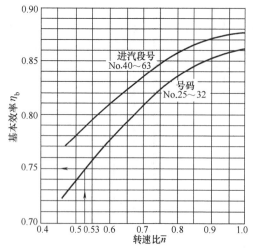

图 1-33　HNG 型背压式汽轮机的基本效率曲线

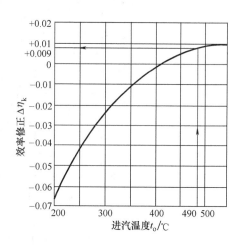

图 1-34　温度对 HNG 型背压式汽轮机效率的修正曲线

⑯ 总效率　　$\eta = \eta_b + \Delta\eta_t = 0.75 + 0.009 = 0.759$

⑰ 实际汽耗量

$$G = P/(H_t \eta) = 10000/(635 \times 0.759) = 20.75 \text{kg/s}$$

二、汽轮机的调节系统

调节系统的主要作用是通过调节阀的开度控制蒸汽的流量，以适应泵的负荷、转速或蒸汽条件等的变化。

泵通常有备用，功率相对较小，按 API 610 标准的规定，汽轮机执行 API 611 "石油、化工和气体工业一般用途汽轮机"标准。调速器一般配置 NEMA-SM23 "机械驱动用汽轮机"标准中最低档的 A 级油动调速器，大功率泵可用 B 级调速器（油动式或电子式）。调速器的技术特性见表 1-62。

表 1-62　汽轮机调速器的技术特性

特性指标	NEMA 标准等级			
	A 级	B 级	C 级	D 级
最大转速不等率/%	10	6	4	0.5
不灵敏度/%	±0.75	±0.50	±0.25	±0.25
最大动态升速/%	13	7	7	7
跳闸转速/%	115	110	110	110

注：1. 跳闸转速（%）是以最高连续转速为基准。

2. 最大转速不等率 = $\dfrac{\text{空载转速} - \text{满载转速}}{\text{额定转速}} \times 100\%$。

3. 不灵敏度即为最大转速变化率

最大转速变化率 = $\dfrac{\text{高于整定转速的转速变化值} - \text{低于整定转速的转速变化值}}{\text{额定转速}} \times 100\%$。

4. 最大动态升速 = $\dfrac{\text{输出功率为零时的转速} - \text{额定转速}}{\text{额定转速}} \times 100\%$。

5. 一般用途汽轮机常配置 NEMA 标准 A、B 级，特殊用途汽轮机常配置 D 级。

三、凝汽器及真空系统

凝汽式汽轮机还应配置凝汽器及真空系统,通常由汽轮机主机供应商成套供货。执行中国的 JB/T 10085—1999 "汽轮机凝汽器技术条件"标准或美国换热器协会的 HEI "蒸汽表冷器"标准。

1. 凝汽器的压力

凝汽器的压力取决于冷却水的温度,总是大于冷却水出口温度所对应的饱和蒸汽压力。凝汽器蒸汽冷凝温度与冷却水出口温度之差称为终端温差,终端温差通常取为 5℃ 左右。

JB/T 10085—1999 标准推荐的冷却水进口温度为 20℃ 时,凝汽器的设计压力为 5~6kPa(A);冷却水进口温度为 25℃ 时,凝汽器的设计压力为 6.5~7.5kPa(A),这主要是针对发电用汽轮机的凝汽器。化工、石化行业的冷却水进口温度通常为 32℃,出口温度通常为 42℃,则凝汽器的压力通常为 10~15kPa(A)。要防止凝汽器的冷凝压力定得过高造成的耗汽量增加。

2. 冷却水量的计算

冷却水量用以下热平衡式计算:

$$Q = G(I_0 - I_c) = W_t(t_2 - t_1)c_w$$

式中　Q——凝汽器的热负荷,kJ/h;
　　　G——进入凝汽器的蒸汽流量,kg/h;
　　　I_0——进入凝汽器的蒸汽的焓值,kJ/kg;
　　　I_c——凝汽器冷凝水的焓值,kJ/kg;
　　　W_t——进入凝汽器的冷却水流量,kg/h;
　　　t_2——冷却水进口温度,℃;
　　　t_1——冷却水出口温度,℃;
　　　c_w——冷却水的比热容,kJ/(kg·℃)。

3. 凝汽器的型式

工业汽轮机的凝汽器通常为表面冷凝式,很少用混合式,以便冷凝水作为锅炉给水回收利用。凝汽器为卧式管壳式换热器,水走管程,蒸汽走壳程,两端有管箱,便于清洗管内。因泵通常有备用,凝汽器不必设计成双室式。

壳程的抽气口(不凝气)应设在蒸汽流程的尾部。凝汽器的下部设有热井,热井应设高、低液位报警,防止冷凝水占据换热面积或冷凝水泵汽蚀。

4. 真空系统

凝汽式汽轮机的尾部、凝汽器以及连接管路都在负压下工作,尽管在设计、制造和安装方面对真空系统都采取了密封措施,但不可避免微量空气从法兰、管接头等处漏入。此外锅炉给水虽经脱水处理,但也会溶有微量不凝气,随蒸汽进入凝汽器。这些微量空气和不凝气在凝汽器中逐渐积累后如不排走,将形成很大的分压,严重降低凝汽器的真空度,恶化汽轮机的性能,因此应设抽气器。

抽气器通常采用蒸汽喷射器,经常工作的抽气器称为主抽气器,都采用两级抽气器,两者之间设中间冷凝器。常用主凝汽器中的冷凝水来作为冷却水,因为这样可回收抽气器中蒸汽的部分热量,又简化了系统。由于采用了中间冷却,工作蒸汽的消耗量较单级抽气器为少,经济性较好。

另外,在汽轮机启动前,系统中有大量空气需抽走,通常还设置启动抽气器,以便尽快建立起真空。启动抽气器一般都是结构简单的单级抽气器，它的工作蒸汽不回收，和被抽出的气体一起排到大气。

第四节 液力回收透平的选择

液力回收透平是利用工业生产装置中液体的压力下降，通过液力透平回收的能量（有时也同时利用了降压期间蒸汽或气体的逸出所释放的能量）来驱动泵或发电机。随着能源费用的不断上涨，如何更有效利用工艺流程中有压力下降的液体中的能量，已是节能工作的课题之一。

以日产1500t合成氨装置脱碳工序为例，液力透平可利用的压差为23.14bar，正常流量为2513m^3/h，水力透平的效率为83%，一台液力透平回收的功率高达1337kW。以年运行0.8万小时计，每年可回收1070万度电，按今后10年内预计电价每度0.48元计，年节能费用约为513万元人民币，经济效益十分显著。在石化工业加氢裂化装置中，在高压分离器和低压分离器之间设置了液力透平，用来驱动进料油泵。又例如铂重整装置中，利用抽提塔至汽提塔的液流压差设置了液力透平。

目前国内外工业生产中采用的液力回收透平主要采用倒流运行的离心泵，即常规离心泵的出口作为进口，进口变为出口，并执行API 610标准。在液力回收透平的选型及配置时，应注意以下问题。

一、液体的特性

工艺专业提交的条件中，应指出液力透平进口处的工艺流体中是否含有蒸汽或气体，如有，应给出其组分、密度和体积百分比。或者在流体降压期间才有蒸汽或气体的逸出时，应给出液力透平出口处蒸汽或/和气体的体积百分比，以及闪发的蒸汽的压力和温度。

至于在液力透平的叶轮流道中，不同压力下蒸汽或/和气体的体积百分比以及密度，通常在泵制造厂的试验装置上测定，或根据泵制造厂的工程经验来确定。因此，对于有蒸汽或气体析出的工艺流体，液力透平中的流体为气液两相流，不同于普通的液力透平或水轮机。在液力透平的询价技术文件中应规定：投标者应有输送相同介质，相近或更苛刻的流量、进出口压力的机组三年以上成功运行经验，并提供符合上述条件的机组的业绩表（用户名称、装置名称、设备位号、液力透平的型号、输送介质名称、流量、进出口压力、转速、投产年月），以确保机组运行的可靠性。

二、超速脱扣设施

如果液力透平的进口液体中富含吸收的气体，或液体流经水力透平时会部分闪蒸时，出现的超速可能会比使用水时的超速高出几倍，因此应按API 610标准C.3.3条款的要求，配置超速脱扣设施。典型的超速脱扣转速是额定转速的115%～120%。

三、液力回收透平的布置

API 610标准上，用于驱动泵或发电机的典型布置图见图1-35。

对双驱动的要求，当液力透平回收的功率不足以驱动泵时，需增设辅助驱动机：

① 主驱动机的额定功率应在无液力透平的协助下能驱动机组，即主驱动机（电机或汽轮机）应按全功率选取。

② 液力透平应布置在机组的端头，绝不可布置在半贫液泵和电机之间，否则在液力透平的流量或压差不足时无法从机组中脱开。

③ 在液力透平和被驱动设备之间应配置超速离合器，以便在液力透平维修或液力透平

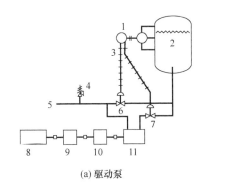 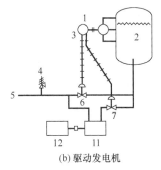

(a) 驱动泵　　　　　　　　　　(b) 驱动发电机

图 1-35　液力回收透平的典型布置图

1—液位指示器、控制器；2—高压容器；3—分配控制；4—安全阀；5—至低压容器；6—旁通阀；7—进口调节阀；
8—泵；9—电动机；10—超速离合器；11—液力回收透平；12—发电机

的工艺流体管路接通之前，被驱动设备可正常运转。如果流往液力透平的流量可能大幅度或频繁变化，当流量降到额定流量的大约 40% 时，液力透平将停止输出功率，且对主驱动机产生阻尼。对此，也应设置超速离合器。

双驱动的缺陷：

液力透平回收的功率仅部分被利用：由于主驱动机是按全功率选取，主驱动机将长期在低负荷下运行，效率低，其效率降低程度取决于透平回收的功率占总功率的比例。当电机在距铭牌功率很远的工况下运行时，电机效率和功率因数都很低，电机实际消耗的功率将很大。

一旦离合器失效，将导致透平转速无法控制，严重时将发生超速。

与液力透平单驱动相比，需增加全功率电机或汽轮机及其配套设施、一台超速离合器的维护、两套膜片联轴器，附加费用增加较多，维护工作量也增多，机组长度成倍增加。此外，双驱动的四个转子串联，与单驱动的两个转子串联相比，机组的运行稳定性降低。

当前液力回收透平技术发展的趋势是尽量用单驱动取代双驱动。只要工艺、系统和机泵三个专业密切配合，可以实现液力透平单驱动泵，取消主驱动机，使液力透平回收的功率能全部被利用，并节省投资。加拿大一家公司正在试验在不改动原装置设计参数的前提下，串联同流量的小功率泵，实现单驱动节能的新方案。

四、液力回收透平的机封冲洗方案

为了避免缩短机械密封的寿命，应考虑密封冲洗流体中气体的逸出和汽化问题。如果这种可能性存在，应避免用自冲洗液，一般推荐采用外来液体作为密封冲洗液。

五、液力回收透平阀门的设置

（1）流量调节阀　为避免液力透平的机械密封承受过高的压力，以延长其使用寿命，通常将流量调节阀布置在液力透平的进口管线上，应使机械密封在液力透平的出口低压力下工作。对于富含气体的工艺流体来源，这样布置流量调节阀可使气体充分释放，而气体释放可提高透平的输出功率。

（2）旁通阀　无论液力透平机组如何布置，应安装一个具有调节功能的全流量旁通阀。可调节的旁通阀和液力透平的入口调节阀共同控制流量。为避免机组超载，液力透平只按正常流量运行，额定流量与正常流量之差走旁路。

（3）安全阀　为保护液力透平的泵体和机械密封免受下游背压可能出现的升高，应在液力透平的出口管路上安装安全阀。

六、液力回收透平的应用场合

需要采用水力透平来回收能量的行业或装置举例：

① 合成氨厂脱碳工序（脱除 CO_2）；

② 天然气净化厂脱硫装置（脱除 H_2S、CO_2）；

③ 炼油厂渣油加氢脱硫装置；

④ 炼油厂高压加氢裂化装置；

⑤ 反渗透海水淡化系统余压能量回收装置。

七、液力回收透平的试验

液力透平应在制造厂的试验装置上进行机械运转试验和水力性能试验。通常用水做试验，对工艺流体中含有蒸汽或气体，或者在降压时有蒸汽或气体逸出的流体，性能试验误差可能很大，这是 API 610 标准尚未解决的难题。

API 610 标准中对离心泵的性能试验偏差（额定流量点的扬程、功率、$NPSH_r$）的规定，对液力透平不适用。API 610 标准推荐的液力透平的性能试验允差是：当液力透平在额定转速运转时，应在额定流量的 95%～105% 范围内达到额定的扬程和功率，见 API 610 标准图 C.2 液力透平的性能试验允差。

在制造厂的试验装置上验证 HPRT 的超速脱扣装置是有益的。可以考虑在水试验期间确定飞逸转速，但是对富含气体的流体，飞逸速度无法通过水试验确定。

第五节　柴油机的选择

在不能得到足够的电能或者泵作为应急状态使用的备用泵的情况下，可采用柴油机作为泵的驱动机。柴油机由柴油机本体、吸气系统、排气系统、喷油系统、冷却系统、润滑系统、控制系统组成。

柴油机的基本工作原理是采用压缩发火方式使燃油在缸内燃烧，用高温高压的燃气做工质，在汽缸中膨胀推动活塞往复运动，并通过活塞-连杆-曲柄机构将往复运动转变为曲轴的旋转运动。通过进气、压缩、燃烧、膨胀与排气过程，燃油在汽缸中做功，四冲程柴油机的曲轴每转两圈完成一个循环，二冲程柴油机的曲轴每转一圈完成一个循环，通过控制喷油量可以控制输出力矩。柴油机的热效率较高，一般为 35%～40%。

一、操作数据和特性

1. 转速

柴油机的转速可分为高速、中速和低速。

高速：>1500r/min；

中速：750～1500r/min；

低速：<750r/min。

当驱动离心泵时，选择中速柴油机，对于连续操作的泵，可选用较低的转速；对于间断或短期操作的泵，可选用较高的转速。

采用柴油机驱动往复泵时，选择低速柴油机。

2. 输出功率

柴油机的输出功率和大气条件有关，同一台柴油机在不同的环境条件下输出的功率是不同的，常用的几个功率术语有：

(1) 额定功率（Rated Power） 制造厂标明的，柴油机在某一环境条件下输出功率。

(2) ISO 功率（ISO Power） 是 ISO 15550，Internal combustion engines-Determination and method for the measurement of engine power-General requirements 给出的标准参考条件下柴油机的输出功率。标准参考条件为：

大气压　　　p_r　　100kPa；

大气温度　　T_r　　298K（25℃）；

相对湿度　　ϕ_r　　30%；

冷却液（进气冷却用）温度：T_{cr}　298K（25℃）。

(3) 服务功率（Service Power） 柴油机在使用地点最苛刻的环境条件下的输出功率。柴油机的服务功率一般要求比泵需要的功率大 10%。

(4) 连续功率（Continuous Power） 柴油机在规定的转速及环境条件下，能够连续发出的功率。

(5) 超载功率（Overload Power） 柴油机在规定的环境条件及使用条件下，允许输出的最大功率，时间为每 12h 允许 1h。

图 1-36 为柴油机典型转速-功率操作区域示意图，1 区为连续操作区，2 区为间断操作区，3 区为短时过负荷操作区。

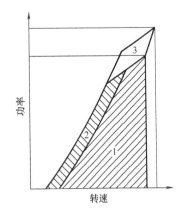

图 1-36　典型转速-功率操作区域示意图

图 1-37 是柴油机典型的功率-转速、转矩-转速特性曲线。图中曲线 A 为最大功率转矩曲线（过负荷曲线），曲线 B 为柴油机间断操作时的曲线，曲线 C 为柴油机连续操作时的曲线。

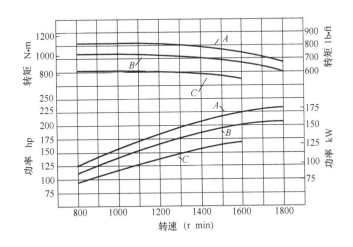

图 1-37　典型的功率-转速、转矩-转速特性曲线

不同环境条件下柴油机的输出功率和燃料消耗可以根据 ISO 3046/1 进行换算。作为一般性的估算，可按下述原则：

柴油机的安装地点的海拔高度≥500m 时，每升高 100m，功率减少 1%；

柴油机的安装地点的环境温度≥25℃时，每升高 5.6℃，功率减少 1%。

二、柴油机的附属系统

柴油机附属系统包括吸气系统、排气系统、喷油系统、冷却系统、润滑系统、控制系统等。

1. 吸气系统

吸气系统为柴油燃烧提供充足的空气，需要空气量可按下式计算：

$$Q=\frac{B^2 SnN}{CK}$$

式中　Q——空气量，m^3/s；
　　　B——缸径，cm；
　　　S——活塞冲程，cm；
　　　n——转速，r/min；
　　　N——柴油机的缸数；
　　　C——系数，$76.39×10^6$；
　　　K——系数，二冲程柴油机时为1，四冲程柴油机时为2。

容积效率可按80%计算，对于二冲程柴油机，所需的空气量约为上式计算值的140%；对于带有涡轮增压的柴油机，应取得制造厂的推荐值，且应在其空气冷却器后除水。

在缺少柴油机结构参数时，可按 $6\sim7 m^3/(h·kW)$ 估算空气流量。

空气过滤器流量按上述原则确定，过滤精度 $10\mu m$。如果噪声超过要求，应加装消声器。

如果柴油机安装于室内，应考虑 $15\sim20 m^3/(h·kW)$ 的通风空气量，以免柴油机周围环境温度过高。

2. 排气系统

排气系统要求排放顺畅，无过大背压，否则将会导致柴油机功率下降、燃油消耗量增大、燃烧温度高、机身夹套冷却水温高、曲轴轴承磨损等，如果废气需排至危险区域（如2区）时，应加装阻火器。

柴油机噪声较大，通常在 $100\sim125$ dB（A），加装排气消声器可降低 $30\sim35$ dB。

柴油机排气温度较高，大约有30%热量通过排放系统排放掉，大功率的柴油机可以考虑废热回收系统，可回收 $60\%\sim70\%$ 的排放热量。

随着环保要求的提高，对柴油机排放的 CO、NO_x、未燃烧的 HC 等污染物的要求也越来越高，可考虑在排气系统中设置带有催化剂的转换器以及特殊纤维来减少污染物的排放。

3. 燃料供给系统

柴油机所用燃油由燃油泵从油箱吸入，通过喷嘴雾化喷入汽缸内与高温空气混合燃烧做功。普通柴油机的燃油泵是由发动机凸轮轴驱动，将柴油输送到各缸燃油室，供油随发动机转速的变化而变化，不易达到各种转速下的最佳供油量。现在已经愈来愈普遍采用了电控柴油机的共轨喷射式系统，它由高压油泵、公共供油管、喷油器、电控单元（ECU）和一些管道压力传感器组成，系统中的每一个喷油器通过各自的高压油管与公共供油管相连。工作时，高压油泵以高压将燃油输送到公共供油管，高压油泵、压力传感器和 ECU 组成闭环工作，对公共供油管内的油压实现精确控制。

除了上述柴油机本身的喷油系统外，固定式柴油机一般外接有一个供油系统向柴油机供油，它包括储油器（day tank）、过滤器、管道、阀门及控制仪表等。储油器的容量一般要求至少满足柴油机连续工作 6h 的用油量。当环境温度较低时，储油罐应考虑加热措施，将油温加热到比浊点温度高 20℃。

泵用柴油机的燃油消耗为 200~220g/(kW·h)。

4. 润滑系统

润滑系统为柴油机的运动部件提供润滑，柴油机制造厂有其各自的标准润滑系统。

5. 冷却系统

喷入柴油机的燃油约有 40% 的热量转化为机械能，其他的热量通过排气、汽缸冷却液、润滑油及热辐射带走。柴油机的冷却系统的目的是：

(1) 冷却发动机本体，使得柴油机的零件在允许的工作温度之内；

(2) 冷却润滑油，控制润滑油的温度和黏度在要求的范围内，使其能够提供有效的润滑，同时也冷却活塞；

(3) 冷却增压发动机的进气温度，提高进入汽缸空气的密度，使活塞每个燃烧行程可燃烧更多的燃油，从而提高柴油机的功率。

发动机本体的冷却通过循环流过夹套的冷却液来实现，大多数制造厂希望冷却液的进出口温差在 5.6~6.7℃，温度最好为 77℃。过低的温度会造成活塞环和汽缸磨损加快。如果环境温度低于 5℃，考虑加装冷却液加热器，同时冷却液应加乙二醇作为防冻剂。

作为消防水泵驱动机时，NFPA20 要求所有的柴油机装设夹套冷却液加热器。

柴油机的冷却可分为水冷和风冷两大类，图 1-38 是典型的水冷流程示意图，夹套冷却液冷却器、润滑油冷却器、增压发动机进气冷却器均采用外部循环水冷却。

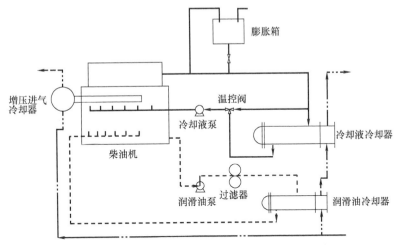

图 1-38 水冷流程示意图

图 1-39 是典型的风冷示意图，润滑油冷却器、增压发动机进气冷却器用风冷后的冷却液冷却。润滑油、增压发动机进气冷却器也可采用空气冷却。

6. 启动系统

柴油机启动方法分为直接启动和辅助系统启动。直接启动主要适用于大型柴油机，如将高压空气直接引入汽缸，在曲轴上产生一个旋转力矩；对于小型或水冷式柴油机，用绳索或手摇的直接启动方式已经逐渐淘汰，而采用辅助系统启动。

辅助系统启动是通过与柴油机飞轮上的大齿轮相啮合的小齿轮来实现的，小齿轮由下述几种方法来驱动：

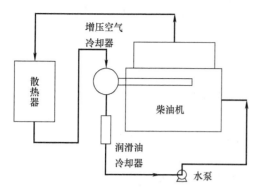

图 1-39 典型风冷示意图

(1) 启动电机 启动电机可采用直流或交流电机，直流电机通常采用 6V、12V、24V、32V 的电机，电压的高低与柴油机的规格、环境条件及曲轴的转速有关。直流电机通常由镍-镉或铅酸蓄电池供电。对于消防泵要求有两组蓄电池。蓄电池的充电方式有：外接交流充电器充电、柴油机带动的发电机充电、单独的交流发电机或直流发电机充电。

在有条件的情况下，可以采用交流电动机作为启动机，交流启动机的电压可为：110V、220V、380V。这种方式的优点是启动快、启动力矩大。缺点是投资高、高压易产生危险。

(2) 气动启动方式 采用气动启动有气动马达和压缩空气（或烃类气体）直接引入汽缸两种方式。利用压力为 0.34~1.03MPa 的压缩空气驱动旋转叶片或滑片型气动马达，驱动马达带动柴油机的飞轮来驱动柴油机。气动启动方式需要由一个储气罐来稳定提供所需要的气体，气体可来自工厂管网或单独的空气压缩机。

(3) 液压马达 液压马达需要单独的液压系统来驱动，液压系统一般集装在柴油机上，液压系统包括：油箱、液压油泵（由柴油机驱动或电机驱动）、手摇泵、蓄能器等。在柴油机驱动的液压油泵或电机驱动的液压油泵失效时，可采用手摇泵为系统充压。蓄能器的容量可按启动 6 次考虑，根据需要可设置一个或多个蓄能器。

(4) 辅助发动机 通过一个空冷或水冷的小发动机来启动柴油机，可采用和其他启动方法类似的安装方式和通过皮带启动主柴油机。这种方法的优点是不需要外部动力源，缺点是成本高，且需要周期性的维护。这种启动方法不常用。

7. 控制系统

柴油机的转速由调速器控制，调速器可分为机械、机械液压、电子式调速器三大类型。按照 ISO 3046/4，调速器按其调节精度分为 M1、M2、M3、M4 四个等级，其中 M1、M2、M3 分别表示低调节精度、正常调节精度、高调节精度，在无负荷与满负荷下最大转速差（速度的降低）为 15%、10%、5%。M4 表示由用户和制造厂协商确定。

对于柴油机驱动的消防泵，按照 NFPA20 的规定，设有变速压力限制控制系统，通过降低转速限制消防泵的扬程。

柴油机设有超速停车装置，以防发生超速损害，造成人员伤亡。超速设定值一般为额定转速的 120%。

其他温度、振动、压力控制的检测和保护可根据使用要求设定。

第五章　泵材料的选用

泵输送介质的腐蚀性各不相同，同一介质对不同材料的腐蚀性也不尽相同。因此，根据介质的性质、使用温度，选用合适的金属、非金属材料，关系到泵的耐腐蚀特性和使用寿命。

第一节　金　属　泵

一、腐蚀和防护

1. 电化学腐蚀

电化学腐蚀是指由于金属间电极电位的差异，使得异类金属的接触表面形成电池，从而使阳极金属产生腐蚀的电化学过程。防止电化学腐蚀的措施，一是泵的流道最好采用相同的金属材料；二是采用牺牲阳极，对阴极金属进行保护。例如将小件的易损件用低电位金属制成，作为阳极，将大件的重要零件用高电位金属制成，作为阴极，阳极金属将先腐蚀，保护了阴极金属。

电偶腐蚀反应式如下：

$$Me \rightleftharpoons Me^{n+} + ne^-$$

2. 均匀腐蚀（uniform corrosion）

均匀腐蚀指腐蚀性液体接触金属表面时，整个金属表面发生均匀的化学腐蚀。这是腐蚀形式中最常见的形式，同时也是危害性最小的一种腐蚀形式。防止均匀腐蚀的措施是：采取合适的材料（包括非金属），在泵设计时考虑足够的腐蚀裕量。

3. 晶间腐蚀（intercrystalline corrosion）

晶间腐蚀是一种局部腐蚀，主要是指不锈钢晶粒之间析出碳化铬的现象。晶间腐蚀对不锈钢材料的腐蚀性极大。发生晶间腐蚀的材料，其强度及塑性几乎完全丧失。

防止晶间腐蚀的措施是：对不锈钢进行固溶处理（退火处理），或采用超低碳不锈钢（C<0.03%）。

4. 点腐蚀（pitting corrosion）

点腐蚀是一种局部腐蚀。由于金属钝态膜的局部破坏引起金属表面某局部区域迅速形成半球形的凹坑，这一现象称为点腐蚀。点腐蚀主要由 Cl^- 引起。

防止点腐蚀可采用含 Mo 钢（通常为 2.5%Mo），并且随着 Cl^- 含量和温度的上升，Mo 含量也应相应增加。

5. 缝隙腐蚀（crevice corrosion）

缝隙腐蚀是一种局部腐蚀，指缝隙中充满腐蚀性液体后，由于缝隙中含氧量下降和（或）pH 值降低导致金属钝态膜的局部破坏而引起的腐蚀。不锈钢在 Cl^- 溶液中经常发生缝隙腐蚀。

缝隙腐蚀和点腐蚀在形成机理上很相似。两者均是由 Cl^- 的作用及钝态膜的局部破坏而引起的。随着 Cl^- 含量的增加及温度的上升，缝隙腐蚀发生的可能性增大。

采用 Cr、Mo 含量高的金属可防止或降低缝隙腐蚀发生。

抗缝隙腐蚀性能由差至好的顺序如下：12％Cr 钢＜17％Cr 钢＜304 S.S.＜316 S.S.。

6. 应力腐蚀（stress corrosion）

应力腐蚀是指应力和腐蚀环境共同作用下引起的一种局部腐蚀。

奥氏体 Cr-Ni 钢在 Cl^- 介质中较易发生应力腐蚀。随着 Cl^- 含量、温度和应力的上升，越易发生应力腐蚀。一般 70～80℃以下不发生应力腐蚀。

防止应力腐蚀的措施是采用高 Ni 含量（Ni＞25％～30％）的奥氏体 Cr-Ni 钢，或双相不锈钢等。

7. 磨损腐蚀（erosion corrosion）

指高速流体对金属表面的一种冲刷腐蚀。流体冲刷磨损腐蚀不同于介质中含有固体颗粒时引起的磨蚀。

不同材料抗磨损腐蚀性能也不同。抗磨损腐蚀性能由差至好依次是：铁素体 Cr 钢＜奥氏体-铁素体钢＜奥氏体钢。

8. 汽蚀腐蚀（cavitation corrosion）

泵发生汽蚀时引起的腐蚀称汽蚀腐蚀。防止汽蚀腐蚀的最实用、简便的方法是防止发生汽蚀。对于操作时经常会发生汽蚀的泵，为避免汽蚀腐蚀，可使用耐汽蚀材料，如硬质合金、磷青铜、奥氏体不锈钢、12％铬钢等。

实际上，腐蚀破坏往往是上述多种腐蚀类型共同作用的结果，选材时要综合考虑诸多因素。

二、金属泵的材料和选择方法

1. 材料

泵的材料有很多种。常见的金属材料有铸铁、铸钢、12％铬钢、奥氏体不锈钢、奥氏体不锈钢 316L 等。此外用于腐蚀性介质的材料还有高硅铸铁、Ni-Resist、蒙乃尔、哈氏合金 B、哈氏合金 C、904、CD4MCu、钛、钛合金等。常见合金材料的化学成分见表 1-63。

常见的泵用非金属辅助材料有：聚四氟乙烯、丁腈橡胶、氯丁橡胶、氟橡胶、石棉等。此外还有 FFKM 合成橡胶、石墨、玻璃纤维充填聚四氟乙烯等。

表 1-63 耐腐蚀合金化学成分

材料	Cr	Ni	C	Fe	Si	Mn	S	P	Mo	Cu	Co	Nb
304S.S.	18～20	8～12	0.08	64～70	1	2	0.03	0.045				
316S.S.	16～18	10～14	0.08	62～71	1	2	0.03	0.045	2～3			
20S.S.	20	29	0.07	44.18	1	0.75			2	3		
蒙乃尔		63～70	0.30	2.50	0.50	2	0.024			24～31		
哈氏合金 B	1	64	0.12	5	0.70	0.80			28			2.5
哈氏合金 C	16.50	53	0.15	5	0.70	0.80			17	4(W)	2.5	
Ni-Resist1 型	1.7～2.5	13～17	3	66.5～77	1～2.5	1～1.5				5～7		
Ni-Resist2 型	2～4	18～22	2.2～3	67～75.8	1～2.5	1～1.5						
Ni-Resist3 型	2.5～3.5	28～32	＜2.75	59～65	1～2	0.4～0.8						
CD4MCu	25～27	4.75～6	0.04	60～66.5	1	1	0.04	0.04	1.75～2.25	2.75～3.25		

注：304L 的含碳量为 0.03％，其余成分同 304 S.S.；316L 的含碳量为 0.03％，其余成分同 316 S.S.。

2. 材料选择方法

① 首先应根据使用经验（直接或间接地）确定腐蚀类型。

② 根据腐蚀类型，选择合适的材料和防护措施。要求所选材料的力学性能、加工性能好；用户有使用该种材料用于类似介质中的经验；泵制造厂应该有加工该种材料的经验。如有多种材料可满足腐蚀要求时，应选择价格相对便宜、加工性能好的材料。

③ 具体选择材料时，可参见表 1-64～表 1-66。

表 1-64　常用金属材料耐腐蚀性能

材料	天然水（普通水）	处理水（软水矿化水）	不含氧的水、锅炉给水	盐水			海水	有机介质（油、烃等）
				中性	酸性	碱性		
铸铁	A	×	A	B	D	A	×	A
球墨铸铁								
铸钢	A	×	A	B	D	A	×	A
Ni-Resist	A	A	A	A	B	A	A	A
高硅铸铁	A	A	A	A	A	A	A	A
12%铬钢	A	A	A	A①	B	A①	×	A
奥氏体不锈钢 304,316S.S.	A	A	A	A①	B	A	×	A
奥氏体不锈钢 316L	A	A	A	A	B	A	A	A
哈氏合金	A	A	A	A	A	A	A	A
GA-20 不锈钢	A	A	A	A	B	A	A	A
青铜	A	A	B	A②	×	×	B	A

① Cl⁻含量小于 1000mg/kg 且温度小于 150℃时。② 无 NH_4^+。

注：A—满意；B—适用；C—限制使用；D—不适用。

本表摘自 Sulzer 离心泵手册。

表 1-65　常用非金属辅助材料耐腐蚀性能

材料	使用温度/℃(℉)	耐腐蚀性能
丁腈橡胶	−40～121 (−40～250)	耐油性能好,耐水性能较差,不适用于芳香烃
氯丁橡胶	−18～93 (0～200)	耐油性能仅次于丁腈橡胶,常用于冷冻剂,如氟利昂、氨等
氟橡胶(VITON)	−18～204 (0～400)	适用于水、油、多种酸,但不适用于酮、无水氨、胺和热氢氟酸、氯磺酸
FFKM 合成橡胶 (KALREZ)	−12.2～260 (10～500)	适用于溶剂、无机和有机酸、碱、强氧化剂、热汞、氯、燃料油以及导热油等
石墨	−240～400 (−400～750)	除氧化性强的硝酸、次氯酸、铬酸、95% H_2SO_4 等外,适用于其他各种介质
聚四氟乙烯	−73～204 (−100～400)	除氟利昂、黑液(浆料)等外,适用于其他各种介质,常应用于各类合成橡胶不适用的场合
玻璃纤维充填聚四氟乙烯	−212～232 (−350～450)	基本同聚四氟乙烯

表 1-66　金属泵用材料选择参考

介质	材料										
	Steel C.I. D.I.	Brz	316SS	20 合金	CD4MCu	Mon	Ni	H-B	H-C	Ti	Zi
乙醛,70℉	B	A	A	A	A	A	A	A	A	A	A
醋酸,70℉	×	A	A	A	A	B	B	A	A	A	A
醋酸,<50%,沸点	×	B	A	A	A	B	B	C	A	A	A

续表

介 质	材 料										
	Steel C.I. D.I.	Brz	316SS	20合金	CD4MCu	Mon	Ni	H-B	H-C	Ti	Zi
醋酸,<50%沸点	×	×	B	A	C	B	B	×	A	A	A
丙酮,沸点	A	A	A	A	A	A	A	A	A	A	A
三氯化铝,<10%,70°F	×	B	C	B	C	B	C	A		B	A
三氯化铝,>10%,70°F	×	×	C	B	C	C	×	A		B	A
三氯化铝,<10%,沸点	×	×	×	C	×	×	×	A		×	A
三氯化铝,>10%,沸点	×	×	×	×	×	×	×	A	×	×	A
硫酸铝,70°F	×	B	A	A	A	B	B	B	B	A	A
硫酸铝,<10%,沸点	×	B	B	A	B	×	×	A	A	A	A
硫酸铝,>10%,沸点	×	C	C	B	C	×	×	B	B	C	B
氯化铵,70°F	×	×	B	B	B	B	B		A	A	A
氯化铵,<10%,沸点	×	×	B	B	C	B	B	B	A	A	A
氯化铵,>10%,沸点	×	×	×	C	×	C	C		C	C	C
氟硅酸铵,70°F	×	×	C	B	C	×	×		C	×	×
硫酸铵,<40%,沸点	×	×	B	B	C	B	B	×	B	A	A
砷酸 225°F	×	×	C	B	C	×	×				
氯化钡,<30%,70°F	×	B	C	B	C	B	B	B	B	B	B
氯化钡,<5%,沸点	×	B	C	B	C	B	B	B	B	A	A
氯化钡,>5%,沸点	×	C	×	C	×	C	C	C	C	C	C
氢氧化钡,70°F	B	×	A	A	A	B	A	B	B	A	A
硝酸钡,沸点	C	×	B	B	B		B	B		B	B
硫酸钡,70°F	C	×	B	B	B	×	×			A	A
苯(甲)酸	×	C	B	B	B	B	B	A	A	A	A
硼酸,沸点	×	C	B	B	B	C	C	A	A	B	B
三氯化硼,70°F(干)	B	B	B	B	B	B	B	B	B		
三氟化硼,70°F,10%(干)	B	B	B	A	B	A	A		A		
盐水,70°F	×	×	×	×	×			B	B		
溴(干),70°F	×	×	×	×	×	C	B	B	B	×	×
溴(湿),70°F	×	×	×	×	×		C		B	×	×
硫酸氢钙,70°F	×	×	B	B	B	×	×		B	A	A
硫酸氢钙,沸点	×	×	C	B	C	×	×		C	A	A
氯化钙,70°F	B	C	B	B	B	B	B	A	A	A	A
氯化钙,<5%,沸点	C	C	B	B	B	A	A	A	A	A	A
氯化钙,>5%,沸点	×	C	C	B	C	C	C	A	A	B	B
氢氧化钙,70°F	B	B	B	B	B	B	B		A	A	A
氢氧化钙,<30%,沸点	C	B	B	B	B	B	B		A	A	A
氢氧化钙,>30%,沸点	×	×	C	C	C	C	C		B	A	A
氯酸钙,<2%,70°F	×	×	×	C	×	×	×		A	A	A
氯酸钙,>2%,70°F	×	×	×	C	×	×	×		B	A	B
苯酚,70°F	C	B	A	A	A	A	A	A	A	A	A
二硫化碳,70°F	B	B	A	A	A	B	B			A	
碳酸,70°F	B	C	A	A	A	C	B	A	A	A	A
四氯化碳,100%,沸点	B	B	A	A	A	A	A	B	B	A	A
氯酸,70°F	×	×	×	B	C	×	×	×	C	A	A
次氯酸,70°F	C	C	B	B	B				A	A	A

续表

介 质	Steel C.I. D.I.	Brz	316SS	20合金	CD4MCu	Mon	Ni	H-B	H-C	Ti	Zi
氯乙酸,70°F	×		×	×						A	B
氯磺酸,70°F	×	×	×	C	×	×	×	A	A	B	×
铬酸,<30%	×	×	C	B	C	×	×		A	A	A
柠檬酸	×	C	A	A	A	C	C	A	A	B	A
硝酸铜,75°F	C	×	B	B	B	×	×		A	B	
硫酸铜,沸点	×	C	C	C	C	×				A	A
甲苯基酸	×	C	B	B	B	C		B	B		
氯化铜	×	C	×	×	×	C	×		C	B	×
氰醇,70°F	C		B	B	B						
二氯乙烷	C	B	B	B	B	C	B	B	B	A	B
二甘醇,70°F	A	B	A	A	A	B	B	B	B	A	A
二硝基氯苯,70°F(干)	C	B	A	A	A	A	A	A	A	A	A
乙醇胺,70°F	B	×	B	B	B	C	×			A	A
乙醚,70°F	B	B	B	A	B	A	B	B		A	A
乙醇,沸点	A	A	A	A	A	A	A	B	A	A	A
氯乙烷,70°F	A	B	B	B	B	B	B	B	B	A	A
乙硫醇,70°F	C	B	B	B	B	B				A	A
硫酸乙酯,70°F	C	×	B	A	B			B	B		
二氯乙醇,70°F	C	B	B	A	B	B					
二氯乙烯,70°F	C	B	B	B	B	B	B	B	B	A	A
乙二醇,70°F	C	B	B	B	B	B	B	B	C	A	A
环氧乙烷,70°F	B	B	B	B	B	B	B	A	A	A	A
	C	×	B	B	B	B	B	A	A	A	A
三氯化铁,<5%,70°F	×	×	×	×	×	×	×		A	A	B
三氯化铁,>5%,70°F	×	×	×	×	×	×	×		B	B	×
硝酸铁,70°F	×	×	B	×	B	×			B		
硫酸铁,70°F	×	×	C	B	C	C	C		B	B	B
硫酸亚铁,70°F	×	C	C	B	C	C	C	B	A	A	A
甲醛,沸点	B	B	A	A	A	B	B	B	B	A	A
甲酸,212°F	×	C	×	A	B	C	C	A	A	C	A
氟利昂,70°F	A	A	A	A	A	A	A	A	A	A	A
盐酸,<1%,70°F	×	×	C	B	C	B	B	A	B	A	A
盐酸,1%~20%,70°F	×	×	×	×	×	×	×	B	C	×	A
盐酸,>20%,70°F	×	×	×	×	×	×	×		C	×	B
盐酸,<0.5%,175°F	×	×		C	C	C	×	A	C	A	A
盐酸,0.5%~2%,175°F	×	×	×	×	×	×	×	B	C	×	A
氢氰酸,70°F	×	×	C	B	C	C	C	C	C		
双氧水,<30%,<150°F	C	×	B	B	B	B	B	B	B	A	A
氢氟酸,<20%,70°F	×	B	×	B	C	C	C	C	B	×	×
氢氟酸,>20%,50°F	×	C	×	C	×	C	C	C	C	×	
氢氟酸,沸点	×	×	×	×	×	C	×		C	×	
氟硅酸,70°F	×		C	B	C				B		
乳酸,<50%,70°F	×	B	A	A	A	×	C	B	B	A	A
乳酸,>50%,70°F	×	B	B	B	B	C	C	×	B	A	A
乳酸,<5%,沸点	×	×	C	C	C	×	×	×	B	A	A
石灰乳,70°F	B	B	B	B	A	B	B	B	B	A	B
氯化镁,70°F	C	C	B	A	B	C	C	A	A	A	A

续表

介 质	材 料										
	Steel C.I. D.I.	Brz	316SS	20合金	CD4MCu	Mon	Ni	H-B	H-C	Ti	Zi
氯化镁,<5%,沸点	×	C	C	B	C	C	C	A	A	A	A
氯化镁,>5%,沸点	×	C	×	C	×	C	C	B	B	B	B
氢氧化镁,70°F	B	A	B	B	A	B	A	B	B	A	
硫酸镁	C	C	B	A	B	B	B	C	C	B	B
马来酸	C	C	B	B	B	C	C	B	B	A	
硫醇	A	×	A	A	A	×	×				
氯化银,<2%,70°F	×	×	×	×	×	×	C		B	A	A
硝酸银,70°F	C	×	B	B	B	C			C		
甲醇,70°F	A	A	A	A	A	A	A	A	A	A	A
萘磺酸,70°F	×	C	B	B	B	C	C	B	B		
环烷酸,沸点	C	C	B	B	B	C	C	B	B		
氯化镍,70°F	×	×	C	B	C	C	×	A		B	B
硫酸镍	×	C	B	B	B	C	C		B		A
硝酸	×	×	B	B	B	×	×			B	B
硝基苯,70°F	A	C	A	A	A	B	B	B	B	A	
硝基甲烷,70°F	A	A	A	A	A	A	A	A	A	A	
硝基丙烷,70°F	A	A	A	A	A	A	A	A	A	A	
亚硝酸,70°F	×	×	×	C	×	×	×				
氧化亚氮,70°F	C	C	C	C	C	C	×		C		
油酸	C	C	B	B	B	C	C	C	C	C	C
发烟硫酸,70°F	B	×	B	B	B	×	×	B	B	B	
草酸	×	C	C	B	C	C	C	B	B	×	A
棕榈酸	B	B	B	A	B	B	B				
光气,70°F	C	C	B	B	B	C	C	B	B		
磷酸,<10%,70°F	×	C	A	A	A	C	C	A	A	A	A
磷酸,>10%~70%,70°F	×	C	A	A	A	C	C	B	C	B	B
磷酸,<20%,175°F	×	C	B	B	B	C	C	A	A	C	B
磷酸,>20%,175°F<85%	×	C	C	B	C	C	C	B	C	C	C
磷酸,<10%,沸点,<85%	×	C	×	C	C	C	C	C	C	C	C
酞酸,70°F	C	B	B	A	B	C	B	B	B	A	
酞酐,70°F	B	C	A	A	A	A	A	A	A		
苦味酸,70°F	×	×	C	B	C	C	×		B		
碳酸钾	B	B	A	A	A	B	B	B	B	A	A
氯酸钾	B	C	A	A	A	C	C		B	A	A
氯化钾,70°F	C	C	B	A	B	C	B	B	B	B	A
氰化钾,70°F	B	×	B	B	B	C	C	B	B		
重铬酸钾	B	B	A	A	A	B	B		B	A	A
赤血盐	C	B	B	B	B	B	B		B	A	A
亚赤血盐,70°F	×	B	B	B	B	B	B		B	A	A
氢氧化钾,70°F	C	C	B	A	B	A	A	B	C	B	A
次氯酸钾	×	C	C	B	C	×	×		B	A	
碘化钾,70°F	C	B	B	B	B	B	B	B	B	A	A
锰酸钾	B	B	B	B	B	C	B		B		
磷酸钾	C	C	B	B	B					B	B
海水,70°F	C	B	B	A	B	A	A	A	A	A	A
硫酸氢钠,70°F	×	C	C	B	C	A	C	B	B		A
溴化钠,70°F	B	C	B	B	B	B	B	B	B		

续表

介 质	材料										
	Steel C.I. D.I.	Brz	316SS	20合金	CD4MCu	Mon	Ni	H-B	H-C	Ti	Zi
碳酸钠	B	B	B	A	B	B	B	B	B	A	A
氯化钠,70°F	C	B	B	B	B	A	A	B	B	A	A
氰化钠	B	×	B	B	B	×	×			B	
重铬酸钠	B	×	B	B	B					B	
乙醇钠	B	A	A	A	A	A	A				
氟化钠	C	C	B	B	B	B	B	C	C	B	B
氢氧化钠,70°F	B	B	B	A	B	A	A	A	A	A	A
次氯酸钠	×	×	C	C	C	×	×			B	B
乳酸钠,70°F	B	C	C	C	C	C		C	C		
氯化锡,<5%,70°F	×	C	×	C	×	C	C	B	B	A	A
氯化锡,>5%,70°F	×	×	×	×	×	×	×	B	C	B	B
熔融硫黄,175°F	×	C	B	B	B	C	C		B	C	A
二氧化硫,70°F	B	×	A	A	A	C	C	C		A	
硫酸,<2%,70°F	C	C	B	B	B	C	C			B	C
硫酸,2%~40%,70°F	×	C	B	A	B	C	C	A	A	B	A
	×	C	C	B	C	C	C	A	A	×	A
硫酸,40%~90%,70°F	×	×	×	B	×	×	×	A	A	×	C
硫酸,93%~98%,70°F	B	×	B	B	B	×	×	B	B	C	C
硫酸,<10%,175°F	×	C	×	B	×	×	×	A	C	B	B
硫酸,10%~60%及>80%,175°F	×	×	×	B	×	×	×	B	C	C	C
硫酸,60%~80%,175°F	×	×	×	×	×	×	×	B	C	C	C
硫酸,<3/4%,沸点	×	×	C	B	C	×	×	B	B	B	B
硫酸,3/4%~40%,沸点	×	×	×	C	×	×	×	B	C	B	B
硫酸,40%~65%及>85%,沸点	×	×	×	×	×	×	×	×	×	×	×
硫酸,65%~85%,沸点	×	×	×	×	×	×	×	×	×	×	×
亚硫酸,70°F	×	C	C	B	C	×	×	B	B	A	B
四氯化钛,70°F	C		C	B	C	C			C		
二氯乙烯,沸点	B	C	B	B	B	B	B	C	C	B	A
尿素,70°F	C	C	B	B	B	C	C	C	C	B	B
醋酸乙烯酯	B	B	B	B					B		
氯乙烯	B	C	B	B	B			C	C	A	
水,沸点	B	A	A	A	A	A	A	A	A	A	
氯化锌	C	C	B	B	B	B	B	B	B	A	A
氰化锌	×	B	B	B	B	B	B	B	B	B	B
硫酸锌	×	C	A	A	A	C	C	C	C	A	

注：1. 表中材料代号含义如下：

C.I.—铸铁，ASTM A48；

D.I.—球墨铸铁，ASTM A536；

Steel—铸钢，ASTM A216-WCA 或 WCB；

Brz.—耐酸青铜，ASTM B143A2；

316SS—不锈钢，ASTM A744 Gr.CF-8M AISI316；

CD4MCu—不锈钢（双相钢），ACI CD-4MCu；

Mon—蒙乃尔E级，ASTMA 744Gr. M-35；

Ni—镍钢，AST MA744Gr.Gz-100；

H-B—哈氏合金-B，ASTMA494；

H-C—哈氏合金-C，ASTMA494；

Ti—纯钛，ASTM B367 Gr. C-1；

Zi—锆。

2. 表中符号含义如下：

A—满意；B—适用；C—限制使用；×—不适用。

3. 本表摘自 ITT/Goulds 泵手册，仅供参考。

第二节 非金属泵

一、概述

由于非金属泵在耐腐蚀、磨蚀,以及价格方面有很强的竞争性,因此其在工业生产中的应用不断增加。选用非金属泵应考虑以下因素:

1. 力学性能

泵承压部件必须能承受运行工况下的载荷或应力,如果把金属泵的设计简单地应用到非金属部件的设计中,则部件很可能失效。非金属泵在短接管区或轴承箱处的过大应力可能引起泵壳发生蠕变,结果引起部件变形或弯曲以及不良对中。解决这个问题的办法是计算非金属部件上的应力水平,并在许用应力范围内进行设计。

2. 耐腐蚀和耐磨性能

非金属材料的耐腐蚀性能一般优于同价位的金属材料。

金属材料的磨粒磨损是由金属表面的氧化物保护层不断地脱落造成的,而非金属材料不需要保护层,因此可以较好地抵抗不太严重的磨损。非金属中耐磨性好的材料有工业陶瓷、耐磨橡胶和超高分子聚乙烯等。

3. 温度

非金属材料的耐温性能远低于金属材料。和金属一样,非金属随着温度的升高,力学性能随之下降。

4. 重量和隔热性能

与金属泵相比,非金属泵的重量轻,便于安装和维修。此外非金属材料是一种天然的绝热体,无需在泵体上包覆保温材料。

5. 耐燃性

在剧烈燃烧的火中,热塑性塑料会熔化、燃烧,热固性非金属会变成碳和灰。为防止非金属材料燃烧,可以考虑添加阻燃剂。此外泵厂在提供产品时应告知用户在材料遇火燃烧时,是否会出现毒性烟雾。

二、非金属泵的结构

1. 非金属泵的结构特点

典型衬塑非金属泵结构如图 1-40 所示。

(1) 泵体　非金属泵泵体的结构有整体和衬里两种。整体泵体指整个泵体均为非金属,一般仅适用于小口径离心泵。衬里泵体一般指泵体材料为铸铁或铸钢,衬里层为非金属。整体泵体可以选用热固性材料、热塑性材料,衬里泵分为弹性衬里、喷涂衬里以及刚性衬里。非金属泵一般为单级、蜗壳式、径向剖分结构。

对于整体泵体可以加入筋骨进行加强,为了防止非金属泵接口受力的脆弱性,可在非金属泵体两边增加前后盖板,并用螺栓进行连接加固。对于衬里泵可以通过金属泵壳开设合适的槽孔进行固定。此外还可考虑在泵壳上焊接龟甲丝网加强。

(2) 叶轮　非金属泵的叶轮也可分为开式、半开式和闭式三种。闭式叶轮由热塑性塑料制成,前后盖板可以超声波或震动焊接在一起。半开式、开式叶轮可以用热塑性或热固性塑料制成。

叶轮分整体结构和内埋金属件结构两种。整体非金属结构叶轮强度低,适用于小型泵;内埋金属件结构采用模压方式成型,叶轮强度高。

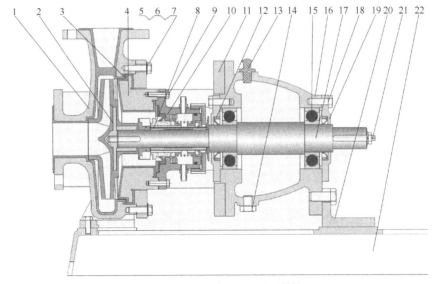

图 1-40 典型衬塑非金属泵结构

1—泵壳；2—叶轮；3—泵盖垫；4—泵盖；5—螺栓；6—垫片；7—弹垫；8—螺钉；9—轴套；
10—密封；11—支架；12—油封；13—油塞；14—排油孔；15—轴承；16—轴承座；
17—主轴；18—螺栓；19—端盖；20—支脚；21—拉杆；22—底座

(3) 密封环（口环） 非金属泵一般不设密封环。

(4) 轴 非金属泵的泵轴一般不与介质接触，采用金属材料，一端用于固定叶轮，另一端用于安装联轴器。非金属泵的泵轴与叶轮常采用螺纹连接。

(5) 轴封 非金属泵的轴封型式有机械密封、动力密封和无轴封结构（详见第一篇第二章）。

① 机械密封 国内许多非金属泵通常采用 152 型（或 SB_2）外装式波纹管多弹簧单端面机械密封。该密封适用压力范围为 0～0.5MPa，轴径 25～55mm，温度<120℃，动环材料为填充四氟，静环材料为氧化铝陶瓷。该密封可用于浓度 30% 以上的盐酸，50% 以下的稀硫酸，98% 以上的磷酸和各种浓度的混合酸。该密封使用寿命较长，一般大于 4000h。对于清水介质和酸性介质大部分选用 WB2 或 152 型机械密封，对于碱性介质一般选用 169 型机械密封。当工作介质特殊时，应根据介质特性选用其他型式的机械密封，包括材料。

② 动力密封 包括副叶轮（或副叶片）密封和停车密封。该密封型式常用于输送含固体颗粒的介质，一般适用于含固量大于 15% 的介质。动力密封泵需要注明最大允许入口压力，以避免用户在较高入口压力下使用时产生大量泄漏。

③ 无轴封结构 主要指非金属磁力驱动泵，可用于输送各种不允许泄漏的液体。

2. 非金属泵与金属材料泵的结构差异

由于非金属与金属材料性能上的差异，非金属泵的结构设计有以下特殊性。

(1) 叶轮密封处和背叶片与泵体的运转间隙 因塑料和玻璃钢的线胀系数比钢大 2～6 倍，沿用金属泵的运转间隙易发生咬合，使泵损坏。间隙过大又会使泵的效率降低，并造成泵轴向力的不平衡。由于径向间隙不可调节，也可考虑采用轴向间隙，这样无需拆泵，即可检查并调节运转间隙。

(2) 叶轮与轴的连接型式

① 叶轮内预埋金属件，通过金属件与轴用键连接，或叶轮与轴直接用键连接，叶轮端

部用叶轮螺母保护。此结构来源于金属泵,由于密封面多,可靠性差,长时间使用后,易被介质腐蚀。

② 叶轮内预埋金属件,与轴采用螺纹连接,取消叶轮螺母。此结构可使轴完全受到保护,避免轴被介质腐蚀的可能。缺点是螺纹加工精度要求较高,运转时严禁电动机反转。

(3) 泵体衬里层厚度及其固定　按国外泵企业标准,衬里层厚度一般为3~5mm,如果衬里过薄(如1.5~2mm),压制过程易出现局部衬里缺陷,导致泵的允许使用温度和使用寿命有所下降,衬里层从泵体和后盖基体金属脱落的可能性也增大。

衬里层固定方式可采用在基体金属上布置较密的环形燕尾槽方法,使衬里层固定牢靠,同时机加工量较小。也可用基体金属上布置较密小孔(或螺纹孔)的方法,衬里层固定不如燕尾槽牢靠,且机加工量较大。

为了防止温度变化引起的非金属从泵壳上脱落或开裂,可考虑在泵壳上焊接龟甲丝网,从而使得衬塑泵可以做到较大规格型号,进口管径最大可达ϕ600mm。

(4) 轴向力平衡　塑料泵的叶轮内大多埋有金属件,一般不宜用平衡孔的方法平衡轴向力。国内外普遍采用背叶片平衡轴向力。

(5) 接口　非金属泵进出口接管的受力目前尚未有相关的标准加以限定,一般由设计单位提出要求,并根据制造厂自身的制造情况而定。对于整体非金属泵壳,一般采用活套法兰方式与管道连接,活套法兰与两端盖板连接;还可采用把法兰与盖板做成整体的方式与管道连接。

三、非金属泵的性能特点

非金属泵的结构、材料与金属泵差异甚大,因此,其性能特点也有较大区别,主要体现在以下几个方面。

1. 泵体耐压性能低

由于非金属泵的力学性能,如拉伸强度、弯曲强度、冲击韧性和硬度等指标远低于金属材料,因此,非金属的耐压性能较差(见表1-67)。

表1-67　非金属泵常用材料性能

材料名称 (英文缩写名称)		氟合金 (F50)	聚全氟乙丙烯 (F46)	聚偏氟乙烯 (PVDF)	超高分子量聚乙烯 (UHMWPE)	聚丙烯 (PP)	酚醛玻璃钢 (FRP)	刚玉陶瓷	增强聚丙烯 (FRPP)
密度/(10^3kg/m^3)		2.14	2.14~2.17	1.75~1.78	0.94~0.96	0.9~0.91	1.7~1.85	3.73	1.12
拉伸强度/MPa		27.4	18~21	38~51	39.6	30~38	105~394	180	>60~80
弯曲强度/MPa				60		38~55	220~460	280~350	>80~100
线胀系数/10^{-6}℃$^{-1}$		断裂伸长率316%	断裂伸长率>300%	47	33	32~50	11.8	5.5~7.5	27~51
允许工作温度范围/℃		~150	~150	~120	~80	~90	~100	~100	~100
耐腐蚀性	弱酸	耐	耐	耐	耐	耐	耐	耐	耐
	强酸	耐	耐	除热浓硫酸	除氧化性酸	除氧化性酸	除氧化性酸	耐	除氧化性酸
	弱碱	耐	耐	耐	耐	耐	高耐	耐	耐
	强碱	耐	耐	耐	耐	耐	不耐	不耐	耐

续表

材料名称 (英文缩写名称)		氟合金 (F50)	聚全氟乙丙烯 (F46)	聚偏氟乙烯 (PVDF)	超高分子量聚乙烯 (UHMWPE)	聚丙烯 (PP)	酚醛玻璃钢 (FRP)	刚玉陶瓷	增强聚丙烯 (FRPP)
耐腐蚀性	有机溶剂	耐	耐	耐大多数溶剂	耐大多数溶剂	耐大多数溶剂(<80℃)	耐大多数溶剂	耐	耐大部分溶剂
	典型不耐蚀介质	氢氟酸、氟元素	氢氟酸、氟元素、发烟硝酸	铬酸、发烟硫酸、强碱	浓硝酸、浓硫酸、含氯有机溶剂	浓硝酸、铬酸	浓硝酸、浓碱、浓硫酸、热碱	氢氟酸、热碱	浓硝酸、铬酸
耐磨性能		不好	不好	较好	好	不好	较差	很好	较差
抗汽蚀性能		较好	较好	较好	较好	较好	较差	好	较好

一般非金属泵壳体耐压≤1.6MPa。非金属可加入玻璃纤维或碳纤维增强，改善其机械强度，如聚丙烯的拉伸强度为30～38MPa，弯曲强度为38～55MPa，经玻璃纤维增强后，拉伸强度可达60～80MPa，弯曲强度可达80～100MPa。

2. 允许工作温度

非金属泵的允许最高工作温度远比金属泵低。其耐温范围受到很多因素限制，一是温度升高，非金属的强度下降（某些塑料低温下出现脆性）；二是塑料的热膨胀系数是铸铁的2～6倍，工作温度较高时，泵的运转间隙变小，使得泵无法安全运转，或衬里层与铸铁外壳不能很好贴合；三是在较高温度下连续运转时，某些塑料易发生"蠕变"，零部件尺寸发生变化。因此非金属泵的允许工作温度与材料性能、结构设计和制造工艺等因素密切相关。

需要说明，不能将材料的耐热性误认为泵的允许工作温度，如聚全氟乙丙烯的最高工作温度约为237℃，美国某公司用此材料作衬里的塑料泵壳在204℃下连续运转，但为安全，该公司的样本中将此泵的允许工作温度限制在≤150℃。泵制造厂应根据材料品种和结构设计、制造工艺，并考虑泵的长期连续运行及可靠性，在样本上正确规定非金属泵的允许工作温度。表1-67列出的允许工作温度范围取自国外非金属泵资料，设计人员在具体选用时应以相应泵制造厂的样本为准。

3. 最小连续流量

为避免非金属泵在小流量下工作引起介质温度升高而导致泵的破坏，通常非金属泵的最小连续流量为30%的额定流量，即不允许泵在小于30%额定流量下工作。

4. 耐腐蚀性

非金属与金属相比具有优良的耐腐蚀性，不存在金属中出现的缝隙腐蚀、点蚀、选择腐蚀和电化学腐蚀等腐蚀形式。但塑料在某些腐蚀介质中受拉应力时，易产生应力开裂，这类似于金属的应力腐蚀。塑料和橡胶在某些有机溶剂中会发生溶胀或溶解，使用时应予重视。表1-67列出了常用非金属的耐腐蚀性能。

5. 耐磨性

非金属中耐磨性好的材料有工业陶瓷、耐磨橡胶和新型高性能工程塑料（超高分子聚乙烯、聚偏氟乙烯等）。工业陶瓷（刚玉陶瓷、氮化硅陶瓷等）耐磨性最佳（其Mohs硬度为9），但缺点是易碎易裂。橡胶的耐磨性很好，衬胶泵在输送含颗粒介质中应用最广泛，缺点是易老化且使用温度较低，一般为100℃以下。超高分子量聚乙烯（UHMWPE）和聚偏氟乙烯（PVDF）的耐磨性也较好（动摩擦系数为0.1～0.22），尤其是高分子量聚乙烯被称为工程塑料中的耐磨之王，均可作为有耐磨要求的耐磨泵材料，但加工制作要求高。一般认为热塑性塑料的耐磨性好,热固性塑料(如酚醛玻璃钢)的耐磨性较差。但应注意随着温度的升高,塑料的耐磨性将会降低。

6. 流量、扬程、电机功率应适当放大

非金属泵一般无法调节运转间隙,泵使用一段时间后,其运转间隙会变大,泵效率下降。因此在选用非金属泵时应适当放大提高泵的扬程、流量和电机功率,以免发生扬程流量不足或电机超载等现象。

四、常用非金属(塑料)泵

与钢相比,通常非金属的物理性能要差得多,甚至不如铝和黄铜,但是,通过增加元件的断面模量(即增加壁厚)及加入筋骨,非金属则可以承受一定的工作压力。随着塑料工业的高速发展,塑料泵的品种不断增加,正愈来愈多地取代其他种类的非金属泵。常用塑料泵的品种如下。

1. 氟塑料泵(热塑性)

(1)聚全氟乙丙烯(FEP,F46) 是聚四氟乙烯的改性品种,为四氟乙烯与六氟丙烯在55~60℃用悬浮法共聚而成,俗称F46。F46具有优良的力学性能、优学稳定性、耐候性、电绝缘性和阻燃性,表面张力小,熔融态时与金属黏结性好,此材料在-85~205℃下可长期使用。该材料制的泵使用温度可达150℃(200℃)。F46的力学性能和耐腐蚀性能见表1-67、表1-68。

F46泵壳采用模压和注塑两种工艺生产,目前国内泵制造厂基本上采用模压工艺,国内的主要生产厂商有宜兴市宙斯泵业有限公司、宜兴市灵谷塑料设备有限公司、安徽卧龙泵阀有限责任公司等。

表1-68 非金属的耐腐蚀性能

介质	聚四氟乙烯 PTFE	超高分子量聚乙烯 UHMWPE	聚丙烯 PP	聚偏氟乙烯 PVDF	介质	聚四氟乙烯 PTFE	超高分子量聚乙烯 UHMWPE	聚丙烯 PP	聚偏氟乙烯 PVDF
醋酸	A	B	A/20℃	A	混合酸	A	C	—	—
砷酸	A	A	A	A	油酸	A	D	B	A
苯酸	A	—	B	A	草酸	A	B	A/20℃	A/50℃
硼酸	A	A	A	A	苦味酸	A	A	B/20℃	A/20℃
碳酸	A	D	A	A/20℃	硬脂酸	A	B	A	B/20℃
氟乙酸	A	C	A	—	酒石酸	A	A	A	A
次氯酸	A	C	A	A	鞣酸	A	A	A	A
湿氯气	A	C	D	A	硝酸5%~10%	A	×	A/50℃	A/50℃
铬酸	A	B	A/20℃	A/50℃	硝酸<20%	A	×	B/20℃	A
柠檬酸	A	A	A	A/120℃	硝酸<50%	A	×	B/20℃	A
甲苯基酸	A	—	C	A/65℃	浓硝酸	A	×	×	×
甲酸	A	A	A	A	硝酸+3.5%氢氟酸	A	×	×	×
乙醇酸	—	—	A/20℃	A/20℃	磷酸	A	A	A/50℃	A
盐酸	A/65℃	A/65℃	A/20%	A/20%, B/37%	磷酸+2%H$_2$SO$_4$+1%氢氟酸	A	A		
氢氟酸	A	A	D	A	硫酸<5%	A	B	C	A
氟硅酸	A	A	A	A	硫酸<10%	A	—	C	A
双氧水	A	C	A/20℃	A/20℃	硫酸10%~75%	A	—	×	A/65℃
乳酸	A	A	A	A/20℃	硫酸75%~98%	A/80℃	×	×	A/50℃
马来酸	A	A	A	A	硫酸+20%发烟硫酸	A/80℃	×	×	×
苹果酸	A	A	B	A	发烟硫酸	A	×	×	×

续表

介质	聚四氟乙烯 PTFE	超高分子量聚乙烯 UHM-WPE	聚丙烯 PP	聚偏氟乙烯 PVDF	介质	聚四氟乙烯 PTFE	超高分子量聚乙烯 UHM-WPE	聚丙烯 PP	聚偏氟乙烯 PVDF
亚硫酸	A	A	A	A	三氯化铁	A	A	A	A
氢氧化铵	A	A	A	A	四氯化碳	A	A	×	A
氢氧化钾	A	A	A	A	盐溶液	A	A	A	A
氢氧化钠<20%	A	A	A	A	海水	A	A	A	A
氢氧化钠<50%	A	A	A	C	明矾(浆料)	C	A	A	A
氢氧化钠<80%	A	A	A	C	黑液(浆料)	D	A	—	A
氢氧化钙	B	A	A	A	蓝矾	A	A	A	A
醋酸盐溶液	A	B	B/20℃	A	亚硫酸氢钠	A	A	A/60℃	A
硝酸铵	A	A	A	A	碳酸氢钠	A	A	A	A
硝酸钡	A	A	A	A	小苏打	A	A	A	A
硝酸钠	A	A	A	A	次氯酸钠	A	C	B/20℃ 20%	A/20%
硝酸铜	A	A	A	A					
硝酸铁	A	—	A	A	氯酸钠	A	A	A	A
硝酸铅	A	A	—	—	氯酸钙	A	B	A	A
硝酸银	A	A	—	—	铬酸钠	A	B	—	—
硫酸铝	A	A	A	A	乙酸铝	A	A	A	A
硫酸铵	A	A	A	A	溴	A	C	×	B/20℃
硫酸铵+硫酸	A	B	—	A	甘油	A	A	A	A
硫酸钡	A	A	A	A	吡啶	A	A	C	×
硫酸钠	A	A	A	A	乙(酸)酐	A	B	C	B/20℃
硫酸铜	A	A	A	A	苯胺染料	A	B		
硫酸铜+10%硫酸	A	A	—	—	盐酸苯胺	A			
硫酸铁+10%硫酸	A	A	—	—	甲烷	A		×	A
硫酸镁	A	A	B	A	乙烷	A	—	C/80℃	A
硫酸锌	A	A	A	A	丙烷	A	—	C/80℃	A
磷酸铵	A	A	A	A	硝基苯	A	×	A	A/20℃
磷酸钠	A	A	A	A	焦油和氨水	A	A		
氯化铵	A	A	A	A	甲苯	A	×	×	A
氯化钡	A	A	A	A	三氧化硫	A	A	A/20℃	
氯化钙	A	A	A	A	乙二醇	A	—	A/50℃	
三氯化铝	A	A	A/20%	A/20%	环氧乙烷	A		×	A
氯化钾	A	A	A	A/65℃	双丙酮	A		×	A/20℃
氯化钠	A	A	A	A	二氯乙醇	A			A/20℃
氯化锡	A	A	A	A	二氯乙烯	A		×	A
氯化银	A	A	A	A	三氧化乙烯	A		×	A
氯化镁	A	A	A	A	甲醛	A	A		A/50℃
氯化镍	A	A	A	A	氟利昂	D	A		
二氯化硫	A	—	C	A/20℃	二硫化碳	A	×	×	A/20℃
四氯化钛	A	—	×	A	熔融硫黄	A		A	A
氯化锌	A	A	A	A					

注：1. 氟合金、F46 的材料选择可参考 PTFE。

2. A/20℃表示该材料在使用温度≤20℃的介质中，使用情况为 A（满意）。

3. A/20%表示该材料在 20%的介质中，使用情况为 A（满意）。

A 表示满意，B 表示适用，C 表示限制使用，D 表示不适用，—表示不详。

(2) 氟合金　由上海有机化学研究所研制的氟塑料合金是采用国内现有的超高分子量聚全氟乙丙烯为主要原料,与四氟乙烯加填料直接混合,用物理方法制得的。其具有氟塑料的优良性能,耐高温、耐腐蚀,电绝缘性好和表面不粘等。氟塑料合金的特性为：F50-1 耐高温性比 F46 好,成本比 F46 便宜；F50-2 具有聚四氟乙烯（F4）的优良性能（250℃下可长期使用,耐各种酸、碱、强氧化剂和有机溶剂,电绝缘性好等）,又克服了 F4 的易冷流性和加工性差的缺点,能热压和冷压烧结成形,成本介于聚四氟乙烯悬浮粉和分散粉之间,在许多应用上可取代 F4,用此材料制的泵使用温度可达 150℃。

目前国内较有规模的氟合金泵生产厂有江苏江凤氟合金泵阀制造有限公司等。

(3) 聚偏氟乙烯（PVDF）　具有优良的耐腐蚀性和耐磨蚀性,适用于温度低于 150℃的场合,但价格相对较高。PVDF 由偏氟乙烯经自由基聚合反应制得,分子量高达 10^4。具有优良的力学性能,是目前氟塑料中机械强度最高的产品,有极好的化学稳定性及耐候性。其最大特点是耐腐性、抗冲击性、耐老化性、抗蠕变性等性能突出,可用一般热塑性塑料加工方法成形,其方便的加工性能是其他塑料性能所远不及的。除浓硫酸、浓硝酸和少数有机溶剂外,能耐较多的腐蚀性介质。耐磨性仅次于超高分子量聚乙烯（UHMWPE）,优于其他塑料。耐温性能也较高,以此材料制造的泵使用温度可达 120℃。PVDF 塑料的综合性能好,其力学性能和耐腐蚀性见表 1-67、表 1-68。

(4) 其他氟塑料　聚四氟乙烯（PTFE）俗称 F4,具有极强的耐腐蚀性能,但是其物理性能很差,此时要求有金属加强筋来承受泵的高压。因此其制造工艺差,成本高又具有冷流性,一般不用此材料制造泵。

可溶性聚四氟乙烯（PFA）耐温范围、力学性能、耐腐蚀性与 F46 相当。

聚三氟氯乙烯（PCTFE）俗称 F3,其加工工艺性和耐腐蚀性均较好,但耐温较低。

2. 超高分子量聚乙烯泵（热塑性）

超高分子量聚乙烯（UHMWPE）是新型的泵用工程塑料,美国材料试验协会（ASTM）规定分子量为 300 万～600 万的线型聚乙烯称为超高分子量聚乙烯。由于其分子链特别长,具有许多独特的物理力学性能,耐蚀性超出现有其他热塑性塑料,且表面摩擦系数低,低温耐冲击性好,耐环境应力开裂性优良,耐寒性好,无毒性,特别适用于输送含细颗粒的腐蚀性介质,但耐温性不高,此材料制的泵允许使用温度为 80℃。

国内的主要生产厂商有宜兴市宙斯泵业有限公司、宜兴市灵谷塑料设备有限公司等。

3. 玻璃钢泵（热固性）

玻璃钢是玻璃纤维增强热固性塑料的俗称,常见的泵用玻璃钢是酚醛玻璃钢。

酚醛玻璃钢是以改性酚醛树脂浸渍玻璃纤维加工制成的热固性塑料。酚醛玻璃钢价格低,强度高（拉伸强度 105～394MPa,弯曲强度 220～460MPa）,工艺性好,尺寸稳定性好,在受力受压条件下不易变形,能耐温度不大于 100℃的大多数化学品腐蚀,但不耐强碱和酚类物质的腐蚀。酚醛玻璃的耐磨性较差,适用于输送不含固体颗粒的介质。由于配方不同,酚醛玻璃钢有多种牌号,不同牌号的材料,其物理和力学性能各有差异,耐磨蚀性能也有差异。玻璃钢耐腐蚀性能及使用温度见表 1-69。

国内主要生产厂商有浙江嘉善三方玻璃钢有限公司等。

表 1-69 玻璃钢耐腐蚀性能及使用温度

介质名称	浓度/%	使用温度/℃	介质名称	浓度/%	使用温度/℃
盐酸	任意	120	乙酸酐	65	90~130
盐酸(气体)		40~60	三氧化硫		80
硫酸	35 左右	80~110	三氯甲烷	95	-10~120
硫酸	4~5	80~100	苯	90	-10~120
硝酸	5~10	常温	甲苯		-20~110
乙酸	98~99	常温	乙酸含氯离子混合物		80
乙酸	30	100	溴化氢、盐酸、三氯氧磷混合液		80
乙酸	≤30	120	光气甲苯溶液		-20~110
氯乙酸	70	-10~120	偶氮二异丁腈原液		110
磺酸	30	80~100	维纶醛化液	硫酸钠 200g/L	68~72
乳酸	80	100		硫酸 315g/L	
苯酚磺酸液	70~80g/L	60±2		甲醛 32g/L	
芒硝	硫酸钠 d=1.3	90~95	纺丝凝固液	硫酸钠 416g/L	45
硫氰酸钠	51	120		pH=3.2	
含氯化氨水蒸气		100	烃化液含盐酸、苯等	pH=2	105
氯化氨饱和溶液	pH=7~9	110~150	苯乙酸、盐酸、三氯化铝混合液		95
盐水	饱和	-10~120			
甲醇	>98	-10~120	含 10%~15%氯化氢的氯化铵溶液		100~105
氯醛	40~98	-10~20			
硫酸酯		55	污水	pH=5.4~9.5	常温
异丙醚	99	常温			

注: 1. 数据仅供参考,不做产品验收标准。
2. 不在此范围内的介质、浓度、温度可根据用户特殊要求进行腐蚀试验。

4. 增强聚丙烯泵(热固性)

增强聚丙烯(FRPP)玻璃纤维是聚丙烯树脂与短切玻璃纤维(玻璃纤维含量为10%~40%)混合后,经挤出、切粒制得。主要采用注射工艺成形,除具有聚丙烯的优良性能和相对密度增加10%外,还改善了聚丙烯的耐热、抗蠕变和尺寸稳定性。同时,力学性能也显著提高,如拉伸强度、弯曲强度均增大1~2倍,冲击强度则提高1~3倍。

采用增强聚丙烯作为材料的泵耐温可达100℃,除氧化性酸、浓硝酸、铬酸外,能耐大部分酸、碱、溶剂介质。增强聚丙烯泵可采用注射模塑的方法整体成形,生产效率高,成本低,适用于输送介质条件不苛刻的场合(详见表1-68)。

各种增强聚丙烯的性能差异很大,设计选用时应予注意。

国内主要厂商有常州市长江耐腐蚀设备厂等。

五、其他类型非金属泵简介

其他类型的非金属泵主要是指衬胶泵、陶瓷材料、石墨材料、玻璃材料泵等。

1. 衬胶泵

衬胶泵过流部件采用进口优质橡胶,经过炼胶、硫化等工艺模压一次成形,具有良好的耐磨、耐腐蚀、耐温性能。该泵整体结构简单,具有体积小,重量轻、运行平稳、噪声低,维修方便，节能等优点。该泵采用副叶轮动力密封和45型胶圈停车密封装置，以及采用新型机械密封装置，新型副叶轮K型无骨架油封装置和新型副叶轮K型水冷却密封四种密封形式以满足各种工况的要求。

该泵可广泛应用于输送腐蚀性清液或含有颗粒的无机酸、碱、盐类石油化工介质和冶金矿山浆液，介质浓度在70%以内，温度在100℃以内的各类腐蚀性混合液体。如有特殊要求，可配特殊耐高温耐强磨衬胶泵，使用于温度150℃以下既有腐蚀又有颗粒的工况。

国内较有规模的衬胶泵生产厂有江阴市长江泵阀制造有限公司等。衬胶泵结构如图1-41所示。

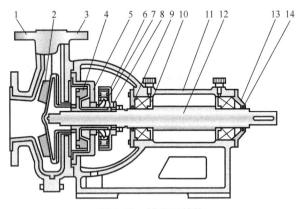

图1-41 衬胶泵结构

1—泵盖；2—叶轮；3—泵体；4—副叶轮；5—腔体；6—控制器；
7—停车密封；8—轴套；9—前轴承端盖；10—挡油环；
11—托架；12—主轴；13—后轴承端盖；14—密封毡

橡胶的耐腐蚀性见表1-70。

表1-70 橡胶的耐腐蚀性能

介质	天然橡胶				合成橡胶			
	硬橡胶		软橡胶		氯丁橡胶		异丁橡胶	
	温度/℃	浓度/%	温度/℃	浓度/%	温度/℃	浓度/%	温度/℃	浓度/%
硫酸	常温	50	常温	40	常温	40	常温	75
	100	30	70	20	90	20	90	50
盐酸	100	各种浓度	70	各种浓度	65	20	50	各种浓度
硝酸	常温	20	常温	10	常温	10	常温	30
磷酸	90	85	70	85	90	85	70	85
铬酸	—	—	常温	5	常温	5	50	50
氢氟酸	常温	各种浓度	常温	50	常温	20	常温	50
氟硅酸	70	各种浓度	常温	50	40	10	常温	50
醋酸	70	各种浓度	常温	10	常温	50	常温	50
蚁酸	70	各种浓度	常温	50	常温	各种浓度	常温	各种浓度
硼酸	100	各种浓度	70	各种浓度	90	各种浓度	90	各种浓度
苛性钾	100	各种浓度	70	各种浓度	90	各种浓度	90	各种浓度
食盐	100	各种浓度	70	各种浓度	90	各种浓度	90	各种浓度
氯化钙	100	各种浓度	70	各种浓度	90	各种浓度	90	各种浓度
氯化锌	100	各种浓度	70	各种浓度	90	各种浓度	90	各种浓度
氯化铜	70	各种浓度	70	各种浓度	90	各种浓度	90	各种浓度
氯化铵	100	各种浓度	70	各种浓度	90	各种浓度	90	各种浓度
氯酸钾	100	各种浓度	70	各种浓度	90	各种浓度	90	各种浓度

续表

介质	天然橡胶				合成橡胶			
	硬橡胶		软橡胶		氯丁橡胶		异丁橡胶	
	温度/℃	浓度/%	温度/℃	浓度/%	温度/℃	浓度/%	温度/℃	浓度/%
重硫酸钾	100	各种浓度	70	各种浓度	90	各种浓度	90	各种浓度
硫酸亚铅	100	各种浓度	70	各种浓度	90	各种浓度	90	各种浓度
硫酸铵	100	各种浓度	70	各种浓度	90	各种浓度	90	各种浓度
硫酸铁	100	各种浓度	70	各种浓度	90	各种浓度	90	各种浓度
硫酸铜	100	各种浓度	70	各种浓度	90	各种浓度	90	各种浓度
氰化钾	100	各种浓度	70	各种浓度	90	各种浓度	90	各种浓度
明矾	100	各种浓度	70	各种浓度	90	各种浓度	90	各种浓度
氯水	70		40		常温		常温	
甘油	100	各种浓度	70	各种浓度	70	各种浓度	70	各种浓度
乙二醇	100		70		70		70	

2. 陶瓷泵

陶瓷泵的结构如图 1-42 所示。泵体和泵盖均用高强度工业用陶瓷制成，外设铸铁铠装，中间填充胶黏剂，如水泥、环氧树脂。叶轮多为半开式，用工程陶瓷（铬刚玉）制成。泵体与泵盖结合面垫有软垫片，轴封有机械密封和动力密封两种。

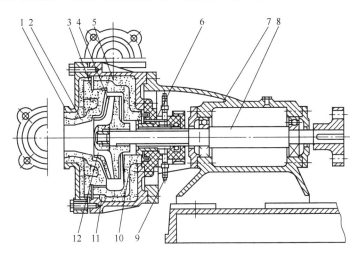

图 1-42　陶瓷泵结构

1—铁盖；2—陶瓷层；3—氟橡胶垫；4—叶轮；5—铁壳；6—密封装置；
7—轴承座；8—轴；9—接管；10—泵体；11—胶黏剂；12—陶瓷帽

陶瓷泵具有独特的耐腐蚀性能，除含氟的酸液和热碱外，几乎适用于各种清洁或含有细微颗粒的有机或无机溶液，能在 $-15 \sim 100$℃ 范围内可靠工作。

工业用陶瓷的拉伸强度和抗冲击强度比常规陶瓷高，但对机械冲击和热冲击仍较敏感，因此要尽量减小外界管道作用在泵进出口接管上的力和力矩，并避免温差大于 50℃ 的冷热骤变。

陶瓷泵生产企业有江苏省宜兴非金属化工机械厂有限公司等。

3. 石墨泵

石墨泵的结构如图 1-43 所示，泵体及泵盖由前后铁盖板用螺栓夹紧，并通过螺栓固定在底座上。叶轮为半开式（或闭式），与泵轴或轴套用耐酸胶泥黏结在一起。凡与液体接触的部件均采用不透性浸渍石墨（石墨内浸渍热固性树脂）和压型石墨（石墨粉以树脂为胶黏

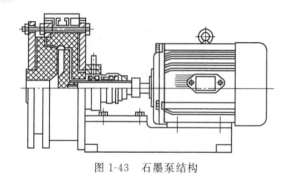

图 1-43 石墨泵结构

剂压制成形)制造。石墨膨胀系数小,耐热冲击,但机械强度差。轴封采用外装式单端面机械密封,动环后面装"工"字形橡皮圈代替弹簧的作用,用冷却水冷却。

石墨耐腐蚀性能很强,适用于多种腐蚀性液体,对盐酸和氢氟酸具有特别好的耐腐蚀性,为其他材料所不及。但其不适用于氧化性很强的酸,如硝酸、次氯酸、铬酸、95%以上硫酸等。

4. 玻璃泵

玻璃泵的结构如图 1-44 所示,泵体径向剖分,用螺栓通过小弹簧和盖板将泵体和泵盖连接在一起,小弹簧能使泵体受力均匀,并得到缓冲。叶轮为开式,它与泵体的间隙用泵盖的垫片调整,垫片用软聚氯乙烯。与液体接触部件,如叶轮、泵体等用硬质化学仪器玻璃制造,不仅耐腐蚀性能好,而且膨胀系数小,耐热性好,强度也较高。进出口管采用活套法兰连接,轴封采用外装式单端面机械密封。

玻璃泵可用来输送 98% 以下的硫酸、盐酸、稀硝酸、碱液以及其他弱酸和有机溶剂,具有透明、洁净、无毒、无味等特点。

国内厂商有上海玻璃厂等。

六、非金属泵标准

ANSI/ASME B73.5M《化工用热塑性和热固性聚合材料水平端吸离心泵规范》的适用范围为:水平端吸式单级离心泵,材料可选用热固性材料或热塑性材料,加强或非加强材料。不适用于衬里和非聚合物材料泵。该标准要求与符合 B73.1M 的金属泵具有同样的互换性、轴的偏移和密封腔规定。该标准于 1995 年制定,至今无新的版本出现。

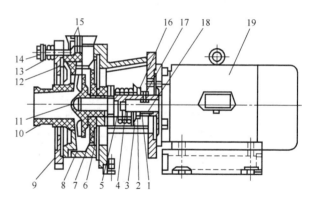

图 1-44 玻璃泵结构
1—主轴套筒;2—定位螺栓;3—固定支承圈;4、13—弹簧;
5—紧定螺钉;6—动环密封圈;7—动环;8—泵体;9—盖
板法兰;10—泵盖;11—叶轮;12—垫片;14—螺栓;
15—调位螺栓;16—调距螺栓;17—锥端紧定螺钉;
18—键;19—电动机

非金属泵鲜有采用 ANSI/ASME B73.5M 标准的,一般采用制造厂自己的标准。除自身结构特点外,其他相应的尺寸、结构、性能等一般参考金属泵标准,如 GB/T 5656、ISO 2858/5199、ANSI/ASME B73.1M 等。

第三节 有关标准规范对泵材料的要求

一、API 610 标准

API 610(第 10 版)标准对泵材料规定的摘要:

表 1-71 离心泵用材料选用指南 (摘自 API 610 表 G.1)

使用条件		温度范围/℃	压力范围	材料等级	备注
淡水、冷凝水和冷却塔水		<100	不限	I-1 或 I-2	
沸水和工业流程用水		<120	不限	I-1 或 I-2	①
		120～175	不限	S-5	①
		>175	不限	S-6, C-6	①
锅炉供水					
轴向部分泵		>95	不限	C-6	
双层壳体(圆筒体)泵		>95	不限	S-6	
锅炉循环器		>95	不限	C-6	
污水、回流储罐水、排泄水以及含有水的烃类,包括回流液		<175	不限	S-3 或 S-6	
		>175	不限	C-6	②
丙烷、丁烷、液化石油气、氨、乙烯及低温工况(最低金属温度)		230	不限	S-1	
		>-46	不限	S-1(LCB)	⑧
		>-73	不限	S-1(LC2)	⑧
		>-100	不限	S-1(LC3)	⑧⑨
		>-196	不限	A-7 或 A-8	⑧⑨
柴油;汽油、石脑油;煤油;粗柴油;轻的、中等的和重润滑油;燃料油;残渣油;原油;沥青;合成原油底油		<230	不限	S-1	
		230～370	不限	S-6	②③
		>370	不限	C-6	②
无腐蚀性烃类,例如催化重整油、加氢裂化油、脱硫油等		230～370	不限	S-4	③
二甲苯、甲苯、丙酮、苯、糠醛、甲乙基铜(MEK)、异丙基苯		<230	不限	S-1	
碳酸钠		<175	不限	I-1	
浓度<20%的苛性钠(氢氧化钠)		<100	不限	S-1	④
		>100	不限	—	⑤
海水		<95	不限	—	⑥
酸性水		<260	不限	D-1	
生产用后的水、地层水及盐水		不限	不限	D-1 或 D-2	⑥
硫黄(液态)		不限	不限	S-1	
FCC 浆		<370	不限	C-6	
碳酸钾		<175	不限	C-6	
		<370	不限	A-8	
乙醇胺(MEA)、二乙醇胺(DEA)、醇胺(TEA)、原料溶液		<120	不限	S-1	
二乙醇胺(DEA)、醇胺(TEA)-贫溶液		<120	不限	S-1 或 S-8	④⑦
乙醇胺(MEA)-贫溶液(只有 CO_2)		80～150	不限	S-9	④
乙醇胺(MEA)-贫溶液(CO_2 和 H_2S)		80～150	不限	S-8	④⑦
乙醇胺(MEA)、二乙醇胺(DEA)、醇胺(TEA)富溶液		<80	不限	S-1 或 S-8	④
硫酸浓度	>85%	<38	不限	S-1	②
	1%～85%	<230	不限	A-8	②
浓度>96%的氢氟酸		<38	不限	S-9	②

① 水的含氧量和缓冲作用在选择材料时应予以考虑。
② 污水腐蚀度超过230℃的烃类、酸类和酸渣可能差别很大。应当取得各种工作条件下的推荐材料。表中指出的材料等级对于很多这类工作条件是令人满意的,但必须经过验证。对于工作温度低于95℃的情况也可以考虑 S-8 材料。
③ 如果物料的腐蚀性低,S-4 级材料可用于 231～370℃的工况。应当取得各种工作条件下的推荐材料。
④ 所有焊缝都应当消除应力。
⑤ 应当使用 UNS N08007 或 Ni-Cu 合金泵材料。
⑥ 对于海水、生产用后的水、地层水及盐水工况,买方和卖方应该共同商定最适合预定使用条件的结构材料。
⑦ 如果工作温度超过 95℃,卖方应当考虑泵壳与转子之间不同材料膨胀的影响,并且证实材料的适用性。
⑧ 低温工况所选择的材料应符合 API 610 的 5.12.4 和 5.12.1.6 的要求。所示的铸铁合金 ASTM A352、LCB、LC2 和 LC3 级仅供参考。对于可锻的合金使用同等材料。
⑨ 基于铝、铜、铝铜和镍的合金材料也可以考虑用于低于-196℃的低温工况。
注:凡是使用条件与本表所列的使用条件有明显不同时,应取得特定的具体推荐材料。
推荐用于化学物料的铸铁泵壳,只限于无危险的场合。在工艺流程装置附近使用的泵或者由于事故逸出的蒸汽会造成危险处境的泵,或者可能受到水力冲击(例如进料用)的泵应当采用钢制泵壳(API 610 的 5.12.1.6)。

表 1-72 离心泵零件材料（摘自 API 610）

零件	材料是否完全一致①	I-1	I-2	S-1	S-3	S-4	S-5	S-6	S-8①	S-9①	C-6	A-7	A-8	D-1②	D-2②
									泵壳材料						
压力泵壳	是	铸铁	铸铁	钢	钢	钢	钢	钢	钢	钢	12%铬钢	奥氏体不锈钢	316奥氏体不锈钢	双相不锈钢	优质双相不锈钢
									内部零件材料						
内壳部件（碗形、导流壳、导流体、隔板）	是	铸铁	青铜	铸铁	耐蚀镍合金	钢	钢 12%铬钢	12%铬钢	316奥氏体不锈钢	镍铜合金	12%铬钢	奥氏体不锈钢②③	316奥氏体不锈钢③	双相不锈钢	优质双相不锈钢
叶轮	否	铸铁	青铜	碳钢	碳钢	碳钢	碳钢	碳钢	碳钢	碳钢	12%铬钢	奥氏体不锈钢	316奥氏体不锈钢	双相不锈钢	优质双相不锈钢
泵壳耐磨环①	是	铸铁	青铜	铸铁	耐蚀镍合金	铸铁	碳钢	12%铬钢	316奥氏体不锈钢	镍铜合金	12%铬钢	奥氏体不锈钢	316奥氏体不锈钢	双相不锈钢	优质双相不锈钢
叶轮耐磨环①	否	铸铁	青铜	铸铁	耐蚀镍合金	铸铁	12%铬钢淬火钢	12%铬钢淬火钢	硬面处理的316奥氏体不锈钢④	镍铜合金	12%铬钢淬火钢	硬面处理的奥氏体不锈钢④	硬面处理的316奥氏体不锈钢④	硬面处理的双相不锈钢④	硬面处理的优质双相不锈钢④
	否	铸铁	青铜	铸铁	耐蚀镍合金	铸铁	12%铬钢淬火钢	12%铬钢淬火钢	硬面处理的316奥氏体不锈钢④	镍铜合金	12%铬钢淬火钢	硬面处理的奥氏体不锈钢④	硬面处理的316奥氏体不锈钢④	硬面处理的双相不锈钢④	硬面处理的优质双相不锈钢④
轴①	是	碳钢	碳钢	碳钢	碳钢	碳钢	AISI 4140钢	AISI 4140钢⑤	316奥氏体不锈钢	镍铜合金	12%铬钢淬火钢	奥氏体不锈钢	316奥氏体不锈钢	双相不锈钢	优质双相不锈钢

第五章 泵材料的选用

续表

零件	材料是否完全一致[1]	I-1	I-2	S-1	S-3	S-4	S-5	S-6	S-8[1]	S-9[1]	C-6	A-7	A-8	D-1[1]	D-2[1]
						泵壳材料									
		铸铁	铸铁	钢	钢	钢	钢	钢	钢	钢	12%铬钢	奥氏体不锈钢	316奥氏体不锈钢	双相不锈钢	优质双相不锈钢
						内部零件材料									
喉部衬套[1]	否	铸铁	青铜	铸铁	耐蚀镍合金	钢	钢12%铬钢	12%铬钢淬火钢	316奥氏体不锈钢	镍铜合金	12%铬钢	奥氏体不锈钢[1][2]	316奥氏体不锈钢[1]	双相不锈钢	优质双相不锈钢
级间衬套[1]	否	铸铁	青铜	铸铁	耐蚀镍合金	铸铁	12%铬钢淬火钢	12%铬钢淬火钢	316奥氏体不锈钢	镍铜合金	12%铬钢淬火钢	奥氏体不锈钢	316奥氏体不锈钢	双相不锈钢	优质双相不锈钢
泵壳和密封压盖的双头螺柱	是	碳钢	碳钢	AISI 4140钢	AISI 4140钢	AISI 4140钢	AISI 4140钢	AISI 4140钢	AISI 4140钢	镍铜合金淬火钢[1]	AISI 4140钢	AISI 4140钢	AISI 4140钢	硬面处理的双相不锈钢[1]	硬面处理的优质双相不锈钢[1]
泵壳垫片	否	奥氏体不锈钢蜗形缠绕垫[1]	奥氏体不锈钢蜗形缠绕垫[1]	奥氏体不锈钢蜗形缠绕垫[1]	奥氏体不锈钢蜗形缠绕垫[1]	奥氏体不锈钢蜗形缠绕垫[1]	奥氏体不锈钢蜗形缠绕垫[1]	奥氏体不锈钢蜗形缠绕垫[1]	316奥氏体不锈钢蜗形缠绕垫[1]	镍铜合金蜗形缠绕垫·聚四氟乙烯[1]	奥氏体不锈钢蜗形缠绕垫[1]	奥氏体不锈钢蜗形缠绕垫[1]	316奥氏体不锈钢蜗形缠绕垫[1]	双相不锈钢蜗形缠绕垫[1]	双相不锈钢蜗形缠绕垫[1]
吐出头/外层吸入层筒	是	碳钢	碳钢	碳钢	碳钢	碳钢	碳钢	碳钢	碳钢	碳钢	奥氏体不锈钢	奥氏体不锈钢	316奥氏体不锈钢	双相不锈钢	优质双相不锈钢

续表

零件	材料是否完全一致[①]	I-1	I-2	S-1	S-3	S-4	S-5	S-6	S-8[⑧]	S-9[④]	C-6	A-7	A-8	D-1[①]	D-2[①]
							泵壳材料								
		铸铁	铸铁	铸铁	钢	钢	钢	钢	钢	钢	12%铬钢	奥氏体不锈钢	316奥氏体不锈钢	双相不锈钢	优质双相不锈钢
							内部零件材料								
		铸铁	青铜	青铜	耐蚀镍合金	钢	钢 12%铬钢	12%铬钢	316奥氏体不锈钢	镍铜合金	12%铬钢	奥氏体不锈钢[②③]	316奥氏体不锈钢[⑤]	双相不锈钢	优质双相不锈钢
排液管/腐形导流壳衬套	否	丁腈橡胶[⑥]	青铜	充填碳	丁腈橡胶[⑦]	充填碳	充填碳	充填碳	充填碳	充填碳	充填碳	充填碳	充填碳	充填碳	充填碳
过流的紧固件(螺栓)	是	碳钢	碳钢	碳钢	碳钢	碳钢	316奥氏体不锈钢	316奥氏体不锈钢	316奥氏体不锈钢	镍铜合金	316奥氏体不锈钢	316奥氏体不锈钢	316奥氏体不锈钢	双相不锈钢	优质双相不锈钢

① 参见 API 610 的 5.12.1、4。
② 奥氏体铜不锈钢包括 ISO 683-13-10/19（AISI 标准 302、303、304、316、321 和 347 型）。
③ 对于铜螺露在液体中和套中运转的立式悬吊式泵，除了 S-9、A-7、A-8 和 D-1 级材料外，标准的轴材料为 12%铬钢。如果使用液体允许，悬臂式（VS 5 型）泵可以采用 35CrMo 型钢（参见表 1-71）。
④ 除非另有规定，对每种具体的材料，对具体应用条件是否需要采取表面硬面处理和特殊的硬面覆盖材料，应当由卖方决定并在任何报价单中作以说明。硬面处理的替代办法可以包括采用宽松的运转间隙或采用无咬合性的材料，这适取决于介质对给水（参见表 1-71）。
⑤ 除非另有规定，如果温度超过 175℃ 或如果用于锅炉给水（参见表 1-71）。
⑥ 如果要提供铜向剖分泵壳，其轴的材料应当用 12%铬钢。
⑦ 如果要提供除涡形罐绕垫片之外的垫片，适合使用的薄垫片是可以接受的。涡形缠绕垫片是由有适合使用条件的充填材料。如果取得买方的专门批准，可以建议并提供除涡形缠绕垫片之外的垫片。
⑦ 对于液体温度超过 45℃ 或其他特殊的使用条件，可以换用替代材料。
⑧ 除非另有规定，AISI 4140 钢可以用于非过流部位（即流动介质不接触的）的泵壳和密封压盖的双头螺柱。
⑨ 某些应用场合可能需要高于表 1-73 中所列双相不锈钢材料等级的材料。
"优质双相不锈钢"材料级别与耐点蚀当量值（PRE）大于 40 是必要的。
当 PRE 值以化学成分分析为依据时，PRE≥40。
PRE=%铬+（3.3×%钼）+（2×%钨）+（16×%氮）+（2×%铜）=[%铬－（14.5×%碳）]+（3.3×%钼）+（2×%钨）+（16×%氮）
注意：也可以考虑采用诸如 "优质双相不锈钢" 的替代材料。
⑩ 非金属磨损件材料如果被证实适合于规定的工艺流程液体，则表 1-75 中所列的应用场合限定范围内可予以推荐。
⑪ 如果工作温度超过 95℃，卖方应当考虑在泵壳和转子之间不同材料膨胀的影响并应验证实材料的适用性。

表 1-73 离心泵部件的材料规范（摘自 API 610 表 H.2）

材料类别	应用	国际标准 ISO	美国标准 ASME	美国标准 UNS①	欧洲标准 EN②	欧洲标准 等级	欧洲标准 材料号	日本标准 JIS
铸铁	承压铸件	185/Gr.250	A 278 级 30	F12401	EN 1561	EN-GJL-250	JL1040	G5501,FC300
	一般铸件	185/Gr.300	A 48 级 25/30/40	F11701/F12101	EN 1561	EN-GJL-250 EN-GJL-300	JL1040 JL1050	G5501,FC250/300
碳钢	承压铸件	4991 C23-45AH	A 216/Gr. WCB	J03002	EN 10213-2	GP240 GH	1.0619	G5151,CI SCPH2
	轧材/锻件	683-18-C25	A 266 级 2	K03506	EN 10222-2	P280 GH	1.0426	G302,CI SFVC2A
	棒材:承压	683-18-C25	A 696 Gr. B40	G10200	EN 10273	P295 GH	1.0481	G4051,CI S25C
	棒材:一般	683-18-C45e	A 576 Gr. 1045	G10450	EN 10083-2	C45	1.0503	G4051,CI S15C
	螺栓和双头螺栓(一般)	2604-2-F31	A 193 Gr. B7	G41400	EN 10269	42Cr. Mo4	1.7225	G4107,2 级,SNB7
	螺母(一般)	638-1-C35e	A 194 Gr. 2H	K04002	EN 10269	C35E	1.1181	G4051,CI S15C
	板材	9328-4 P355 TN/PL 355TN	A 516 Gr. 65/70	K02403/K02700	EN 10028-3	P355N P355NL1	1.0562 1.0566	G3106,Gr. SM400B
	管材	9329-2 PH26	A 106 Gr. B	K03006	EN 10208-1	L245GA	1.0459	G3456,Gr. STPT 370/410
	管配件		A 105	K03504				G4051,CI S25C G3202,CISFVC2A,SFVC2B
AISI4140 钢	棒材		A 434 BB 级 A 434 BC 级	G41400③	EN 10083-1	42Cr. Mo4	1.7225	G4105,CISCM440
	螺栓和螺柱		A 193 Gr. B7	G41400	EN 10269	42Cr. Mo4	1.7225	G4107,2 级,SNB7
	螺母	2604-2-F31	A 194 Gr. 2H	K04002	EN 10269	C45E	1.1191	G4051,CICIS45C
12% 铬钢	承压铸件		A 217 Gr. CA15	J91150	EN 10213-2	GX8Cr Ni12	1.4107	G5121,CI SCS1
			A 487 Gr. CA6NM	J91540	EN 10213-3	GX4Cr Ni13-4	1.4317	G5121,CI SCS6

续表

材料类别	应用	国际标准 ISO	美国标准 ASME	美国标准 UNS①	欧洲标准 EN②	欧洲标准 等级	欧洲标准 材料号	日本标准 JIS
12%铬钢	一般铸件		A 743 Gr. CA15	J91150	EN 10283	GX12 Cr12	1.4011	
			A 743 Gr. CA6NM	J91540	EN 10283	GX4Cr Ni13-4	1.4317	
	轧材/锻件;承压	683-13-3	A 182 Gr. F6aCl1 A 182 Gr. F6NM	S41000 S41500	EN 10250-4 EN 10222-5	X12Cr 13 X3CrNiMo 13-4-1	1.4006 1.4313	G3214Gr. SUS 410-A G3214,Cl SUS F6NM
	轧材/锻件:一般	683-13-2	A 473 型 410	S41000	EN 10088-3	X12Cr13	1.4006	G3214Gr. SUS 410-A
	棒材;承压	683-13-3	A 479 型 410	S41000	EN 10272	X12Cr 13	1.4006	G4303,Gr. SUS 410 或 403
	棒材:一般	683-13-3	A 276 型 410	S41400	EN 10088-3	X12Cr 13	1.4006	G4303,Gr. SUS 403 或 410
	棒材:锻件③	683-13-4	A 276 型 420 A 473 型 416 A 582 型 416	S42000 S41600 S41600	EN 10088-3	X20Cr 13 X20Cr S13 X20Cr S13	1.4021 1.4005 1.4005	G4303,Gr. SUS 420 J1 或 420 J2
	螺栓和螺柱④	3506-1,C4-70	A 193 Gr. B6	S41000	EN 10269	X22CrMoV 12-1	1.4923	G4303,Gr. SUS 403 或 410
	螺母④	3506-2,C4-70	A 194 Gr. 6	S41000	EN 10269	X22CrMoV 12-1	1.4923	G4303,Gr. SUS 403 或 410
	板材	683-13-3	A 240 型 410	S41000	EN 10088-2	X12Cr13	1.4006	G4304/4305,Gr. SUS 403 或 410
奥氏体不锈钢	承压铸件	683-13-10	A 351 Gr. CF3	J92500	EN 10213-4	GX2Cr Ni 19-11	1.4309	G5121, Cl SCS13A
		683-13-19	A 351 Gr. CF3M	J92800	EN 10213-4	GX2CrNiMo 19-11-2	1.4409	G5121, Cl SCS14A

续表

材料类别	应用	国际标准 ISO	美国标准 ASME	美国标准 UNS[①]	欧洲标准 EN[②]	欧洲标准 等级	欧洲标准 材料号	日本标准 JIS
奥氏体不锈钢	一般铸件		A 743 Gr. CF3	J92500	EN 10283	GX2Cr Ni19-11	1.4309	G5121,Cl SCS13A
			A 743 Gr. CF3M	J92800	EN 10283	GX2CrNiMo 19-11-2	1.4409	G5121,Cl SCS14A
	轧材/锻件	9327-5 XCrNi 18-10	A 182 Gr. F304L	S30403	EN 10222-5	X2CrNi 19-11	1.4306	G3214 Gr. SUS F304L
		9327-5 XCrNiMo 17-12	A 182 Gr. F316L	S31603	EN 10222-5	X2CrNiMo 17-12-2	1.4404	G3214 Gr. SUS F3316L
	棒材[⑤]	9327-5 X2CrNi18-10	A 479 型 304L	S30403	EN 10088-3	X2CrNi 19-11	1.4306	G4303,Gr. SUS 304L
		9327-5 X2CrNiMo 17-12	A 479 型 316L	S31603	EN 10088-3	X2CrNiMo 17-12-2	1.4404	G4303,Gr. SUS 316L
			A 479 型 XM19	S20910				
	板材	9328-5 X2CrNiMo 17-12-2	A 240 Gr. 304L/316L	S30403 S31603	EN 10028-7 EN 10028-7	X2CrNi 19-11 X2CrNiMo 17-12-2	1.4306 1.4404	G4304/305, Gr. SUS 04L/316L
	管材	683-13-10 683-13-19	A 312 型 304L 316L	S30403 S31603				G3459,Gr. SUS 304LTP/316LTP
	管配件	9327-5 X2CrNiNi18-10 9327-5 X2CrNiMo 17-12	A 182 Gr. F304L Gr. F316L	S30403 S31603	EN 10222-5	X2CrNi 19-11 X2CrNiMo 17-12-2	1.4306 1.4404	G3214,Gr. SUS F304L/316L
	螺栓和螺柱	3506-1,A4-70	A 193 Gr. B8M	S31600	EN 10250-4	X6CrNiMoTi 17-12-2	1.4571	G4303,Gr. SUS 316
	螺母	3506-2,A4-70	A 194 Gr. B8M	S31600	EN 10250-4	X6CrNiMoTi 17-12-2	1.4571	G4303,Gr. SUS 316

续表

材料类别	应用	国际标准 ISO	美国标准 ASME	美国标准 UNS[①]	欧洲标准 EN[②]	欧洲标准 等级	欧洲标准 材料号	日本标准 JIS
双相不锈钢	承压铸件		A351 Gr. CD4MCu A 890Gr1B	J93370 J93372	EN 10213-4	GX2CrNiMoCuN 25-6-3-3	1.4517	G5121,Gr. SCS11
			A 890 Gr. 3[③]	J93371				
			A 890 Gr. 4[③]	J92205	EN 0213-4	GX2CrNiMoCuN 25-6-3-3	1.4517	G5121,Gr. SCS10
	轧材/锻件	9327-5 X2CrNiMoN 22-5-3	A 182 Gr. F51	S31803	EN 0250-4 EN 0222-5	X2CrNiMoN 22-5-3	1.4462	
			A 479	S32550	EN 10088-3	X2CrNiMoCuM 25-6-3	1.4507	
	棒材	9327-5 X2CrNiMoN 22-5-3	A 276-S31803	S31803	EN 10088-3	X2CrNiMoN 22-5-3	1.4462	G4303 Gr. SUS 329 J3L.
	板材		A 240-S31803	S31803	EN 10028-7	X2CrNiMoN 22-5-3	1.4462	G4304/G4305 Gr. SUS 239 J3L
	管材		A 790-S31803	S31803				G3159, Gr. SUS 329 J3L TP
	管配件		A 182 Gr. F51	S31803	EN 0250-4 EN 0222-5	X2CrNiMoN 22-5-3	1.4462	B2312/B2316 Gr. SUS 329 J3L
	螺栓和螺柱		A 276-S31803	S31803	EN 10088-3	X2CrNiMoN 22-5-3	1.4462	G4303,Gr. SUS 329 J3L
	螺母				EN 10088-3	X2CrNiMoN 22-5-3	1.4462	G4303,Gr. SUS 329 J3L

续表

材料类别	应用	国际标准 ISO	美国标准			欧洲标准			日本标准 JIS
			ASME	UNS[1]	EN[2]	等级	材料号	
优质双相不锈钢[6]	承压铸件		A 3512Gr. CD3MW CuN	J93380				
	轧材/锻件		A 890 Gr5A	J93404	EN 0213-4	GX2CrNiMoN 26-7-4	1.4469	
			A890Gr. 6A	J93380				
	棒材		A 182 Gr. 55	S32760	EN 0250-4 EN 0088-3	X2CrNiMo CuWN25-7-4	1.4501	G4303,Gr. SUS 329 J4L
	板材		A 276-S32760 A 479-S32760	S32760	EN 0088-3	X2CrNiMo CuWN25-7-4	1.4501	G4304/G4305, Gr. SUS 329 J4L
	管材	9327-5 X2CrNiMoN 22-5-3	A 240- S32760	S32760	EN 0028-7	X2CrNiMo CuWN25-7-4	1.4501	G3459 Gr. SUS 329 J4LTP
	管配件		A 790-S32760	S32760	EN 0250-4 EN 0088-3	X2CrNiMo CuWN25-7-4	1.4501	B2312/2316 Gr. SUS 329 J4L
	螺栓和螺栓		A 182 Gr. F55	S32760	EN 0088-3	X2CrNiMo CuWN25-7-4	1.4501	G4303,Gr. SUS 329 J4L
	螺母		A 276-S32760	S32760	EN 0088-3	X2CrNiMo CuWN25-7-4	1.4501	G4303,Gr. SUS 329 J4L

① UNS（统一编号系统）符号只适用于化学成分。
② 在没有 EN 标准时，可以采用欧洲国家标准。例如 AFNOR, BS, DIN 等。
③ 在淬火的情况下不适用于轴（硬度超过 302HB）。
④ 对于轴，通常采用 AISI 4140。
⑤ 特殊说明，可以用 304 和 316 标准钢号代替低碳（L）级的。
⑥ 优质双相不锈钢耐点蚀当量值（PRE）大于或等于 40。

PRE＝%铬（自由）＋（3.3×%钼）＋（2×%铜）＋（16×%氮）＝[%铬－（14.5×%碳）]＋（3.3×%钼）＋（2×%铜）＋（2×%钨）＋（16×%氮）

表 1-74 其他材料技术规范（摘自 API 610 表 H.3）

材　料	技　术　规　范
巴氏合金	ASTM B23，1～9 级，由卖方根据使用条件来要求
青铜	UNS C87200（硅青铜），C90700 或 C92200（锡青铜） C95200（铝青铜）或 C95800（镍铝青铜）
硬面	3 型碳化钨等；堆焊层最小成品厚度 0.8mm(0.030in) 或可以用同等材料的一体化铸造部分来代替堆焊层 1 型碳化钨——根据使用条件的需要而定，采用钴黏合剂（一体化部分，无覆盖层） 2 型碳化钨——根据使用条件的需要而定，采用镍黏合剂（一体化部分，无覆盖层） 3 型碳化钨——根据使用条件的需要而定，涂覆盖层
低碳镍钼铬合金	ASTM B564，UNS N10276（锻件） ASTM B574，UNS N10276（棒材和杆材） ASTM B575，UNS N10276（板材、薄板和带材） ASTM B494，CW-2M 级（可焊的铸件）
镍铜合金	ASTM B564，UNS N04400（锻件） ASTM B164，A 级，UNS N04400（棒材和杆材） ASTM B127，UNS N04400（板材、薄板和带材） ASTM A494，M30C 级（可焊的铸件）
耐蚀镍	ASTM A436，1，2 或 3 型，UNS F41000，F41002 和 F41004（奥氏体铸铁） ASTM A439，D2 型，UNS F43000（奥氏体球墨铸铁）
沉淀硬化镍合金	ASTM B637，UNS N07718（锻件和棒材） ASTM B670，UNS N07718（板材、薄板和带材）
沉淀硬化不锈钢	ASTM A564，630 级，UNS S17400 或 631 级，UNS 17700（轧材） ASTM A747，CB7Cu-1 级，UNS J92180（铸铁）
薄垫片	适用于使用条件含有合成橡胶黏合剂的长纤维材料或蜗形缠绕不锈钢垫和同等垫片材料

注：作为滑动轴承，巴氏合金国内执行 GB/T 1174，该标准非等效采用 ISO 4382-1；青铜，国内执行 GB/T 1176，该标准非等效采用 ISO 1338。

表 1-75 非金属耐磨部件材料（摘自 API 610 表 H.4）

材料	温度限定值/℃		压力限定值/kPa	应用
	最低	最高		
聚醚醚铜（PEEK）填充短碳纤维	-30	135	2000(20bar)	静止件
聚醚醚铜（PEEK）用连续的碳纤维缠绕	-30	230	3500(35bar)，如有适当支承可达 14000(140bar)	静止或转动件
聚酰胺	需要相关的资料			
碳石墨 浸渍树脂 浸渍巴氏合金 浸渍的镍 浸渍的铜	-50 -100 -195 -100	285 150 400	2000(20bar) 2750(27.5bar) 3500(35bar)	静止件

注：已被证实与规定的流程流体相容的非金属耐磨零件材料可以推荐在上述限定值所限定的范围内使用。参见 API 610 的 5.7.4c）。

可以选取这些材料制成耐磨零件，与适当的金属材料制成的耐磨零件配对使用。例如，淬火的 12% 铬钢或表面硬化的奥氏体不锈钢。如果能提供经证明的使用经验，并且如果经买方批准，可以使用超出以上限定的材料。

表 1-76 管道材料（摘自 API 610 表 H.5）

元件名称	流体					
	辅助流程流体		蒸汽		冷却水	
	种类		表压		公称尺寸	
	非易燃/非危险	易燃/危险	≤500kPa (5bar)	>500kPa (5bar)	标准件 ≤DN25	任选件 ≥DN40
Pipe 管	无缝①	无缝①	无缝①	无缝①	—	碳钢（ASTM A 120 SCH40 管 ASTM A153 镀锌）
Tubing 管②	不锈钢（ASTM A269 316 型无缝钢管）	不锈钢（ASTM A269 316 型无缝钢管）	不锈钢（ASTM A269 316 型无缝钢管）	不锈钢（ASTM A269 316 型无缝钢管）		
所有阀门	800 级	800 级	800 级	800 级	200 级青铜	200 级青铜
闸阀和球阀	螺栓固定的阀盖和密封压盖	螺栓固定的阀盖和密封压盖	螺栓固定的阀盖和密封压盖	螺栓固定的阀盖和密封压盖	—	—
管道配件和管道接头	锻造等级 3000	锻造等级 3000	锻造等级 3000	锻造等级 3000	可锻铸铁（ASTM A338 和 A197 150 级）按 ASTM A153 镀锌	可锻铸铁（ASTM A338 和 A197 150 级）按 ASTM A153 镀锌
管配件	制造厂标准	制造厂标准	制造厂标准	制造厂标准	制造厂标准	
焊合的接头 ≤DN25(1NPS)	螺纹连接	承插焊接	螺纹连接	承插焊接	螺纹连接	—
焊合的接头 ≥DN40	—	—	—	—	—	买方规定
垫片	—	304 或 316 型不锈钢螺旋缠绕垫	—	304 或 316 型不锈钢螺旋缠绕垫	—	—
法兰螺栓连接	—	低合金钢（ASTM A193 B7 级，ASTM A194 2H 级）	—	低合金钢（ASTM A193 B7 级，ASTM A194 2H 级）	—	—

① Pipe 量，DN15～40 采用壁厚等级 Sch80，DN50 及以上采用壁厚等级 Sch40。
② 合格的 Tubing 管规格为（ISO 4200）：12.7mm 直径×1.66mm 壁厚；19mm 直径×2.6mm 壁厚；25mm 直径×2.9mm 壁厚。

注：列出的 ASTM 标准只是每种元件合格材料的一种。如果经买方同意，可以使用替代材料。
材料验收的实例是：
碳钢管道：ASTM A53，B 级；ASTM A106，B 级；ASTM A524 或 API 规范 5L A 或 B 级。
碳钢管配件、阀门及法兰连接件：ASTM A105 和 ASTM A181。
不锈钢管道：ASTM A312，316L 型不锈钢。
不锈钢管配件、阀门及法兰连接件：ASTM A182，316L 型不锈钢。

二、API 675 标准及材料选用指南

表 1-77 计量泵材料选用指南

输送液体	阀		柱塞泵		隔膜泵		
	密封面及阀座	球	缸体	柱塞	泵头	过流端隔膜	动力端隔膜
液氨（无水）	316SS	440SS	碳钢	440SS	碳钢	TFE	TFE
二硫化碳	316SS	陶瓷	316SS	陶瓷	316SS	TFE	TFE
四氯化碳	316SS	陶瓷	316SS	陶瓷	316SS	TFE	TFE
柠檬酸	316SS	陶瓷	316SS	陶瓷	316SS	TFE	TFE
氯化铜	Hastelloy C	陶瓷	Hastelloy C	陶瓷	Hastelloy C	TFE	TFE
甲氧甲酚	316SS	陶瓷	316SS	440SS	316SS	TFE	TFE
碱类	316SS	440SS	碳钢	440SS	碳钢	TFE	TFE

续表

输送液体	阀		柱塞泵		柱塞泵	隔膜泵	
	密封面及阀座	球	缸体	柱塞	泵头	过流端隔膜	动力端隔膜
二乙醇胺	316SS	陶瓷	碳钢	440SS	碳钢	TFE	TFE
二甘醇	316SS	440SS	碳钢	440SS	碳刚	TFE	TFE
二甲胺	316SS	440SS	碳钢	440SS	碳钢	TFE	TFE
乙二醇	316SS	440SS	碳钢	440SS	碳钢	TFE	TFE
助滤剂浆料	316SS	陶瓷	316SS	陶瓷	316SS	海帕伦	TFE
氟利昂(27℃)	316SS	陶瓷	碳钢	陶瓷	碳钢	TFE	TFE
五倍子酸(5%)	316SS	陶瓷	316SS	陶瓷	316SS	TFE	TFE
氟化氢	蒙乃尔	K蒙乃尔	蒙乃尔	K蒙乃尔	蒙乃尔	TFE	TFE
异丙醇	316SS	陶瓷	碳钢	陶瓷	碳钢	TFE	TFE
四乙基铅	316SS	陶瓷	碳钢	陶瓷	316SS	TFE	TFE
甲醇	316SS	陶瓷	碳钢	陶瓷	碳钢	TFE	TFE
吗啉	316SS	陶瓷	316SS	陶瓷	316SS	TFE	TFE
铬酸钾	316SS	陶瓷	316SS	陶瓷	316SS	TFE	TFE
氢氧化钠(50%)	316SS	440SS	碳钢	440SS	碳钢	TFE	TFE
硫化钠	316SS	陶瓷	碳钢	440SS	碳钢	TFE	TFE
熔融硫	316SS	陶瓷	316SS	440SS	316SS	TFE	TFE
硫酸(<93%)	合金20	陶瓷	合金20	陶瓷	合金20	TFE	TFE
硫酸(一般浓度)	合金20	陶瓷	合金20	陶瓷	合金20	TFE	TFE
磷酸三钠溶液	316SS	440SS	碳钢	440SS	碳钢	TFE	TFE

注：1. 填料材料为 PTFE（聚四氟乙烯）。
2. 对于各种碳氢化合物可参照制造厂商产品样本选取。

表 1-78 金属材料规范（摘自 API 675 表 B-1）

材料名称	承压壳体	棒材	螺栓和螺柱
铸铁	ASTM A48 或 278	—	—
可锻铸铁	ASTM A395	ASTM A108 或 A575	—
青铜	ASTM B584,GR C-92200	ASTM B139	ASTM B124,合金 655
碳钢	ASTM A216,GR WCA 或 WCB	ASTM A108 或 575	—
AISI 4140	—	ASTM A322,GR4140	ASTM A193,GR B7
NI Resist	ASTM A436,TypeI,2 或 3	—	—
12%Cr	ASTM A296,GR CA-6NM 或 CA-15	ASTM A276,Type 410	ASTM A193,GR B6
5%Cr	ASTM A219,GR C5	—	—
18-8 不锈钢	ASTM A296,GR CF-20	ASTM A276,Type 304	ASTM A193,GR B8
316 不锈钢	ASTM A296,GR CF-8M	ASTM A276 Type 316	ASTM A193,GR B8M
合金 20	ASTM A296,GR CN-7M	—	—

三、GB/T 3215 标准

GB/T 3215—2007《石油、重化学和天然气工业用离心泵》标准对于泵材料的选用要求等效采用 API 610—2004。

四、SH/T 泵用工程标准

1. SH/T 标准的通用要求

SH/T 3139、3140、3141、3142、3148、3151 等标准关于材料的通用要求如下：

（1）除另有规定外，材料应符合买方数据表上的要求。具体材料可选用同等或较高性能的制造厂所在国材料来替代，卖方也可以根据经验提出建议的其他材料，但均需得到买方的书面确认。卖方的报价技术文件中应明确标明所有关键部件材料的冶金状态,如锻造、铸造等。

(2) 卖方应负责最终的材料选择,并应根据规定的材料等级及规定的操作条件,选择每一个零部件的材料,且在数据表上标明主要零部件材料的具体牌号。

(3) 输送易燃、毒性介质以及爆炸危险性介质的泵,铸铁不应用作承压件,此外其轴承箱、承受载荷的轴承箱盖,以及泵壳或头部之间的支架等也不应采用铸铁。

(4) 除另有规定外,碳钢和低合金钢制泵壳的腐蚀裕量最小为3mm,高合金钢、奥氏体不锈钢和有色金属材料可不考虑腐蚀裕量。

(5) 如果介质中含有会引起应力腐蚀的成分;或可能与铜或铜合金起反应的成分,买方应在数据表或询价资料中说明,卖方所提供的设备和选材应适应这些介质的要求。

(6) 在规定的最低设计金属温度低于-20℃下使用的所有承受内压力的钢材(奥氏体不锈钢除外),要求对母体金属和焊接处作V形切口的摆锤式冲击试验。

(7) 铸件应完好无疵,无疏松、热裂、缩孔、气孔、裂纹、砂眼和其他类似的有害缺陷。铸件可用焊接进行修补,焊后应进行热处理。禁止采用堵塞、锤击、烧熔、涂漆和浸渍等方式进行修补。

(8) 如果存在制造过程中或制造完成后无法检测的焊缝,卖方应该预先提出要采取的质量控制办法,由卖方和买方协商确认。

2. SH/T 3139 重载荷离心泵标准的其他要求

SH/T 3139—2009《石油化工重载荷离心泵工程技术规定》对泵材料的其他要求如下:

(1) 除另有规定外,泵材料应按 ISO 13709—2003(API Std 610—2004)附录 G 及附录 H 的规定。

(2) 泵用材料的一般要求应符合 ISO 13709—2003(API Std 610—2004)的 5.12.1.3~5.12.1.14 条的规定。

(3) 铸件的要求应符合 ISO 13709—2003(API Std 610—2004)的 5.12.2.1~5.12.2.4 和 5.12.2.6 条的规定。

(4) 铸件的修复方法应该提交买方批准。

(5) 焊接和焊缝返修应符合 ISO 13709—2003(API Std 610—2004)的 5.12.3.1~5.12.3.2 条的规定。

(6) 由锻材或铸材和锻材组合制造的承压泵壳应符合 ISO 13709—2003(API Std 610—2004)第 5.12.3.3 条的规定,当这些要求不适用于泵进出口和泵壳上其他接口(头),泵进出口和泵壳上其他接口(头)应符合 ISO 13709—2003(API Std 610—2004)第 5.12.3.4 条的规定。

(7) 低温材料应符合 ISO 13709—2003(API Std 610—2004)第 5.12.4 条的规定。

3. SH/T 3140 中、轻载荷离心泵标准的其他要求

无。

4. SH/T 3151 转子泵标准的其他要求

SH/T 3151—2007《石油化工转子泵工程技术规定》对泵材料的其他要求如下:

(1) 转子和定子设计和制造时应注意材料的硬度差,以防咬死。

(2) 如果存在制造过程中或制造完成后无法检测的焊缝,卖方应该预先提出要采取的质量控制办法,由卖方和买方协商确认。

5. SH/T 3141 往复泵标准的其他要求

SH/T 3141—2004《石油化工往复泵工程技术规定》对泵材料的其他要求如下：

（1）对于蒸汽直接作用式往复泵，当蒸汽压力大于 1.7MPa（G），或温度大于 260℃时，汽缸应是钢制的。

（2）材料的选用、试验等尚应符合 API Std 674—1995 第 2.10.1.7～2.10.1.13 条的规定。

（3）承压件、铸件、锻造和焊接应符合 API Std 674—1995 第 2.10.2～2.10.4 条的规定。

（4）如果存在制造过程中或制造完成后无法检测的焊缝，卖方应该预先提出要采取的质量控制办法，由卖方和买方协商确认。

6. SH/T 3142 标准的其他要求

SH/T 3142—2004《石油化工计量泵工程技术规定》对泵材料的其他要求：应符合 API Std 675—1994 第 2.13.1～2.13.5 条的要求。

7. SH/T 3148 标准的其他要求

SH/T 3148—2006《石油化工无密封离心泵工程技术规定》对泵材料的其他要求如下：

（1）磁力驱动泵的滑动轴承宜采用无游离硅离子析出的纯烧结 α-碳化硅材质。如果卖方有经验，经买方书面批准，也可以使用石墨滑动轴承。

（2）屏蔽泵的滑动轴承可以采用石墨材质或无游离硅离子析出的纯烧结 α-碳化硅材质。

（3）对于屏蔽泵，其屏蔽套应选用耐腐蚀性好、强度高的非导磁材料，定子屏蔽套优先选用哈氏合金，其腐蚀裕量应为 0.15mm，最小厚度应为 0.4mm。

（4）对于磁力驱动泵，其隔离套应选用高电阻率的材料，优先选用哈氏合金、钛合金，其腐蚀裕量应为 0.4mm，最小厚度应为 1.0mm。对于介质温度<120℃的中、轻载荷磁力驱动泵，如果卖方有经验，并经买方同意，隔离套也可采用非金属材料，如塑料或陶瓷等。

（5）除屏蔽套和隔离套外，碳钢和低合金钢泵壳的腐蚀裕量最小应为 3mm，不锈钢和有色金属材料的腐蚀裕量可为 0mm。

（6）对于磁力驱动泵的磁钢材料，同步磁力耦合器应选用钐钴、钕铁硼等稀土型磁性材料；转矩环传动器可选用钐钴、钕铁硼等稀土磁性材料，或铝镍钴磁性材料。卖方应在无密封离心泵数据表上明确磁钢的具体材料等级。磁钢材料的相关数据和温度极限应符合 API Std 685—2000 表 I-1 的规定。

（7）低温材料和试验要求应符合 API Std 685—2000 第 6.14 条（相当于 API Std 610—1995 第 2.11.4 条）的规定，或 GB 150—1998 附录 C 的规定。

五、API 682 和 SH/T 3156 标准

API 682—2004 以及基于该标准编制的 SH/T 3156—2008《石油化工离心泵和转子泵轴封系统工程技术规定》对机械密封材料的要求如下：

（1）每套密封装置包括一个动环和一个静环，一般工况下要求其中一个密封环应为高等级防起泡石墨环；对第二类和第三类密封，另一密封环应为反应烧结的碳化硅（RBSiC）；对第一类密封，另一密封环允许采用常压烧结碳化硅（SSSiC）。

对于含有颗粒、高黏度介质和高压工况，应采用硬对硬的密封端面。一般采用碳化硅对碳化硅。如果卖方有经验，且经买方书面批准，也可采用碳化硅对碳化钨。

密封轴套一般采用 316、316L 或 316Ti 等不锈钢材料。

(2) 多弹簧宜采用哈氏 C-276 合金、单弹簧使用 316 不锈钢材料。

(3) 金属波纹管，B 型密封应采用哈氏 C-276 合金，C 型密封应使用 718 合金。

(4) 辅助密封圈宜采用氟橡胶（FKM）材料制造。若因工作温度和化学兼容性限制不能使用氟橡胶时，可采用全氟化橡胶（FFKM），其最高工作温度可达 290℃。如果卖方有经验，经买方书面批准时，可选用其他材料，如四氟乙烯（TFE）喷涂 O 形圈、丁腈橡胶（NBR）、氢化丁腈橡胶（HNBR）、乙烯高聚合物（EPM/EPDM）、柔性石墨等。

(5) 合金泵密封端盖的材料应与密封腔相同，或者采用防腐性能和力学性能更好的材料。其他材料泵的密封端盖应采用 316、316L 或 316Ti 等材料，端盖和密封腔之间采用 O 形圈密封结构，当温度超过 175℃时，应使用柔性石墨填充的 304 或 316 不锈钢缠绕垫圈。

(6) 簧座、传动销、防转销和内部定位螺钉等其他零件应采用 316 或更好的材料。当硬化碳钢定位螺钉不适应工作环境时，应采用沉淀硬化不锈钢（如 PH17-4）。

(7) 除另有规定外，密封液罐及其罐体上的所有接口等应采用 316L。

六、ASME B73.1M 标准

美国国家标准 ASME B 73.1M《化工流程用卧式端吸式离心泵规范》对泵过流部件的材料要求摘要如下。

1. 铸铁

按 ASTM A278《温度 650°F（345℃）以下的承压件的灰铸铁件规范》，规定铸铁件不能用于易燃和有毒介质；非承压件可按 ASTM A48《灰铸铁件规范》。

2. 可锻铸铁

按 ASTM A395《高温下承压件可锻铸铁规范》。

3. 碳钢铸件

按 ASTM A216《高温用的适合于熔焊的碳钢铸件》WCR 级。

4. 高合金铸件（类似 316 型不锈钢）

按 ASTM A-744《供苛刻条件下用的铁铬镍和镍基耐蚀铸件》CF8M。

所有承压件、过流部件的缺陷不允许采用堵塞、尖锤敲击或浸渍树脂的方法修补。

第六章　仪表、控制和保护系统

泵种类繁多且广泛应用于各类工业装置中，泵组配置仪表、控制保护系统的目的是监测泵组的运行状态、确定泵组及其附属系统工作是否正常、早期发现泵组零部件的故障、做出预测性维修计划、减少非计划性停机、避免灾难性事故的发生。监测仪表、控制和保护系统设置一般要满足：

（1）不同类型工业装置工艺操作的要求及保护工艺装置（或装置内其他设备）的要求；

（2）泵本身安全高效运行的要求以及运行状态监测的要求；

（3）附属系统，如润滑油站，控制保护要求；

（4）驱动系统的控制保护要求。

涉及工艺装置的要求与具体的工艺有关，不在本章讨论的范畴，同时对于需配置润滑油站的大型泵组，API614已对润滑油站提出了较为详细的要求，对润滑油站本身的控制保护及监测本章也不予讨论。本章仅讨论泵本体及其驱动系统的监测、控制保护要求。

第一节　仪表和控制的总体要求

泵的监测可分为在线实时监测和离线周期性监测两大类，对于小型、一般用途或在装置中不太重要的泵，可以考虑周期性的监测（如采用便携式监测仪）。对于投资较高的特大型泵，可以考虑设置较为完善的在线监测系统。

（1）在线监测仪表、控制和保护系统的设置要考虑泵的用途、在装置中的重要程度（停泵造成的生产损失）、泵失效概率、失效模式、事故造成的二次危害、进行维修所花费的成本及时间、操作条件、操作方式、操作经验等。作为一般性的原则可以考虑下述两个因素：

① 可靠性原则。可靠性原理的第一条是：简单就是可靠；因此在配置监测、控制及保护系统时，要避免配置过多的、没有太大必要的仪表，如果设置过多没有必要的仪表及控制保护，不仅不能增加泵组的可靠性，而且还会成为事故源。

② 经济性原则。监测、控制及保护系统的配置要考虑到经济性，如一次投资和以后的维护费用等。

同时泵的监测、控制和保护也要考虑到环境保护的需要，如泵密封事故时泄漏对环境的影响。

（2）根据泵的类型、结构特点、零部件失效模式，确定要监测的物理参数。常用的监测参数有功率监测、温度监测（如轴承温度、润滑油温度、壳体温度、电机定子绕组温度）、腐蚀监测、泄漏监测（如往复泵进出口阀门泄漏、机械密封泄漏）、压力监测（进出口压力）、转速监测、相位监测、流量监测、轴承座振动监测、轴振动监测、轴位移监测、轴向推力监测、转矩监测、无密封泵轴承磨损监测、润滑油分析等。

（3）根据监测的物理参数选择监测方法、监测仪表及安装位置。通过监测、记录、分析泵的某些部件的物理参数，来判断泵的运行状态，进行控制和保护，并根据记录的监测数据的变化趋势做出停泵检修计划。

第二节　泵和电动机的仪表和控制

一、离心泵的仪表和控制（包括电动机的仪表和控制）

1. 离心泵组监测及控制项目

离心泵组的在线监测仪表和控制保护项目应根据泵的结构、功率大小、操作方式、在装置中的重要程度、整个装置的仪表监测控制水平等因素综合确定。表 1-79 是离心泵组常用的监测控制项目及配置的一般原则，可根据泵实际用途及操作经验进行增减。

表 1-79　离心泵监测控制项目

监测项目	小型泵 <500kW	中型泵 1000～2000kW	大型泵 >5000kW	报警	停机
功率监测	应该设置	应该设置	应该设置		
润滑油温度 TI（包括电机、齿轮箱）	应该设置	应该设置	应该设置		
轴承温度 TE（包括电机、齿轮箱）		推荐设置	应该设置	X	X[④]
壳体温度 TI[①]		高温泵推荐	高温泵应设		
泵出口介质温度 TE		推荐设置	应该设置	X	
电机定子绕组温度 TE	按制造厂标准	应该设置	应该设置	X	X
泵轴承座振动（包括齿轮箱）		推荐设置[②]	应该设置[②]	X	X[④]
泵轴振动（X、Y 方向）		推荐设置	应该设置	X	X[④]
泵轴位移		推荐设置	应该设置	X	X
泵轴相位		推荐设置	应该设置		
齿轮箱高速轴振动（X、Y 方向）		推荐设置	应该设置	X	X[④]
齿轮箱高速轴位移		推荐设置	应该设置	X	X[④]
机械密封液压力 PS[③]		推荐设置	应该设置		
泵入口压力 PI	应该设置	应该设置	应该设置		
泵入口压力 PS			推荐设置		
泵出口压力 PI	应该设置	应该设置	应该设置		
泵出口压力 PS		推荐设置	应该设置	X	

① 高温泵壳体温度的监测主要用于在中大型泵启动前暖泵时，控制泵壳体的升温速度以及泵壳体不同位置的温差，以免产生过大的内部变形。
② 对于已经设置轴振动、轴位移监测的大中型泵，可不设轴承座振动监测。
③ 机械密封系统压力监测要求，参阅 API682 标准。
④ 可设置成高高报警，人工判断后确定是否立刻停机。

2. 轴功率监测

泵的轴功率监测可以通过测量电机的电流、电机的功率以及测量联轴器传递的转矩来实现。通过测量电机电流、功率的方法来推算泵的轴功率，这种方法虽然不直接，但是一次投资较低，广泛采用。通过测量联轴器转矩（应变片法或相位差法）及转速也可直接计算出泵的轴功率，但是带测转矩的联轴器价格相对要昂贵一些。相位差法测转矩的误差在 1% 以内，应变片法的误差在 2%～5%。

（1）应变片法测转矩　利用加应变片测转矩是传统的测转矩方法，原理是在联轴器的中间节上加 4 个应变片，组成惠斯顿电桥，通过电磁感应技术，接收和发送电信号，从而测出变形，继而推算出传递的转矩。为了减小由于联轴器经受离心力、轴向力以及不对中产生的额外变形的影响，应变片采用和轴线成 45° 对称安装的方式。如图 1-45 所示。

（2）测相位差法　在联轴器的两端设置外齿圈，采用非接触型电涡流探头测齿圈齿的相位差，从而推算两外齿圈间的扭转变形，乘以扭转刚度即可得到传递的力矩。如图 1-46 所示。

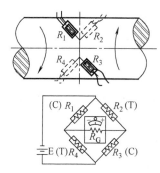

图 1-45　采用惠斯顿电桥测转矩

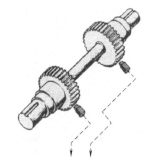

图 1-46　电涡流探头测相位差

由于联轴器在实际运行过程中存在相对于固定的非接触探头水平和垂直位移,从而产生附加的相位差,这部分相位差应该从总的相位差中减去,以得到由于转转变形所产生的相位差。

(3) 双通道相位差测量　图 1-47 是感应环测相位差的示意图,内齿圈内安装有环形线圈,通电线圈产生电磁场,当固定于轴上的外齿圈旋转时,由于内外齿圈发生周期性间隙变化,引起磁通量周期性的变化,产生的感应电动势发生变化,从而测量旋转方向上的相对位置。当联轴器运行过程中产生垂直方向上的位移时,外齿圈上部间隙变小,而下部的间隙变大,从而产生平均的正弦电压,补偿了联轴器运行过程中产生垂直方向位移的影响。两个齿圈的原理相同。通过测两个线圈产生的正弦电压的相位差来测量变形。

(4) 带补偿的三通道相位差测量　为了解决联轴器两端由于其他原因引起的水平和垂直方向移动而产生的对相位差测量带来的影响,采用图 1-48 所示带补偿的三通道相位差测量系统。外齿圈 1 安装在一个不传递转矩的连接筒上,而且外齿圈 1 尽量靠近连接于另一端的外齿圈 2,由于外齿圈 1 和外齿圈 2 间的轴向距离很小,所以其他原因产生水平和垂直方向移动而产生的附加位移偏差也很小,而且这个很小的偏差还可以通过在外齿圈 2 另一侧轴向距离相同处加外齿圈 3 进行补偿。

图 1-47　双感应环测相位差

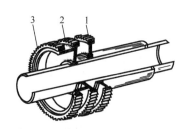

图 1-48　带补偿的三通道相位差测量系统
1~3—外齿圈

除上述的几种测量方法以外,还有单通道相位差测量方法,其原理和三通道相位差测量方法类似。

3. 轴承温度监测

轴承温度可以通过两种检测方式来监测,一种是监测润滑油温度,另一种是监测轴承的金属温度。

对于滚动轴承,可采用监测轴承外圈的温度方式监测金属温度,一般来说,滚动轴承金属的温度极限为 150℃,泵的滚动轴承一般不会达到这么高的温度,但是温度高可能会导致润滑失效，由此而引发损坏；API610 规定，采用甩油环、飞溅润滑时，油池润滑油温度应低于 82℃，泵在车间试验时，油池润滑油温升应低于 40℃，滚动轴承外圈金属温度应低于 90℃。

对于滑动轴承，可采用插入式或埋入式热电阻监测轴瓦金属温度，安装方式如图 1-49 所示。埋入式热电阻距巴氏合金层更近（约 0.8mm），测量的温度比插入式更准确。

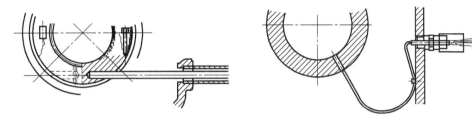

(a) 插入式热电阻　　　　　　　(b) 埋入式热电阻

图 1-49　滑动轴承金属测温安装示意图

API610 规定，采用压力润滑时，出口油温应低于 70℃；轴承金属温度低于 93℃；泵在车间试验时，轴承油温升高不应超过 28℃。

滑动轴承的温度高报警、高高报警（停车）值，与轴承的巴氏合金材料有关，应取得轴承制造厂的详细资料。

对于小泵也可采用便携式（离线式）温度监测仪进行监测。

4. 振动监测

振动监测是回转设备故障诊断的重要手段，通过测量采集振动信号进行频谱分析，确定事故源。振动监测有离线和在线两种方式。安装在泵组上的在线振动监测探头有加速度、速度和非接触式电涡流位移探头。

滚动轴承刚性大、阻尼低，轴的振动可以较完全地传到轴承箱上，因此测量轴承箱的振动就足够了，通常采用速度探头监测振动；而滑动轴承具有较低的刚性和较大的阻尼，因而存在轴振动大而轴承箱测得的振动并不大的可能，所以最好直接测量轴的振动，采用安装两个相差 90°非接触式电涡流振动探头进行监测，典型安装方式如图 1-50 所示。

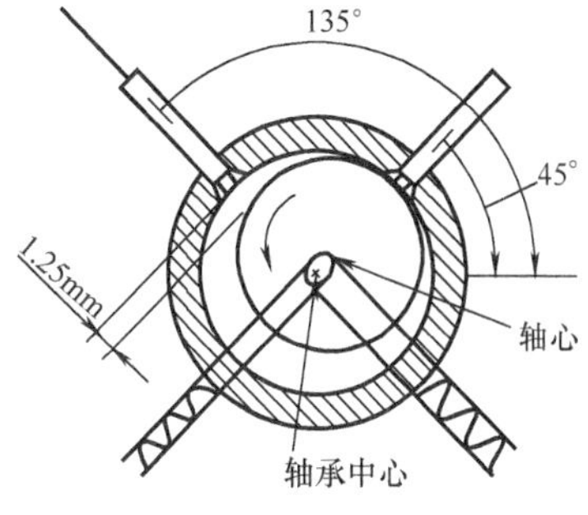

图 1-50　非接触式振动探头安装示意图

不同行业使用的不同标准的泵，振动限制值也不同。

对于 API 泵，API610 规定，当泵在车间进行实验时，在优先操作区，悬臂泵和两端支撑泵轴承箱和轴的振动不能超过表 1-80 和图 1-51 的规定；立式悬吊泵轴承箱和轴的振动不能超过表 1-81 的规定。

表 1-80　API610 对悬臂和两端支撑泵振动值的限制

项目	轴承箱振动(滚动及滑动轴承)		轴振动(流体动压轴承)
	转速小于 3600r/min 且单级功率小于 300kW	转速大于 3600r/min 或单级功率大于 300kW	
总振动	振动速度(RMS)：$V_u<3.0$mm/s		振幅(μm,峰峰值)：A_u $(5.2\times10^6/n)^{0.5}$ 或 50,取小者
分频	$V_f<0.67V_u$		对 $f<n, A_f<0.33A_u$

注：泵操作在优先操作区之外、允许操作区之内时，振动限制值增大 30%。

表 1-81 API610 对立式悬吊泵振动值的限制

项目	轴承箱振动（滚动及滑动轴承）	轴振动（流体动压轴承）
总振动	振动速度（RMS）：$V_u < 5.0 \text{mm/s}$	振幅（μm，峰峰值）：$A_u (6.2 \times 10^6/n)^{0.5}$ 或 100，取小者
分频	$V_f < 0.67 V_u$	$A_f < 0.75 A_u$

注：泵操作在优先操作区之外、允许操作区之内时，振动限制值增大 30%。

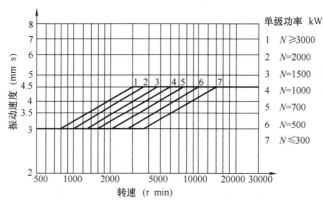

图 1-51 高速大功率泵轴承座的振动速度

对于 ISO 泵，ISO5199 规定的振动值如表 1-82 所示。

表 1-82 ISO 5199 对泵振动的限制

项目	振动速度（RMS）/(mm/s)	
转速 n/(r/min)	中心高 $H \leqslant 225$mm	中心高 $H > 225$mm
$n \leqslant 1800$	2.8	4.5
$1800 < n \leqslant 4500$	4.5	7.1

API541 规定，对于 500kW 以上的电机，在车间试验时总的未滤波轴振动（位移，峰峰值）应小于 38.1μm，工频之上的任何倍频振幅不应超过 19μm，滤波后工频下的振幅不应超过 30.5μm。

1200r/min 及其以上电机的轴承座的振动速度（峰值速度）要求小于 2.54mm/s。

满足 API613 的齿轮箱一般适用于功率大（一般指超过 1500kW）、用途重要、转速高的场合，其他场合可采用 API677 标准的齿轮箱，轴振动振幅及轴承箱振动速度限制值见表 1-83。

表 1-83 齿轮箱轴（轴承箱）振动限制值

项目	API613		API677	
	振动速度（RMS）/(mm/s)	轴振幅/μm	振动速度（RMS）/(mm/s)	轴振幅/μm
总振动	2.9	$25.4 \times (12000/n)^{0.5}$ 或 25，取小者	5	$25.4 \times (12000/n)^{0.5}$ 或 50，取小者
分频	1.8		4	

注：n 为转速。

大中型泵配套的齿轮箱的高速轴可以考虑设置在线的轴振动及轴位移监测；低速轴一般不设置在线振动监测。尽管 API541、API546 规定在功率大于 500kW、转速高于 1200r/min 时，如果用户要求，采用流体动压轴承的电机应配带非接触式电涡流探头，进行在线监测轴的振动，但从实际使用经验来看，并不需要。

5. 电机定子绕组监测

对于大中型电机，在其电子绕组中每相一般都埋入两个热电阻，以监测定子绕组的温度，防止温度过高损坏绝缘或影响电机的寿命。定子温度的允许值和电机的绝缘等级有关，绝缘材料按耐热能力分为 Y、A、E、B、F、H、C 七个等级，其极限工作温度分别为 90℃、105℃、120℃、130℃、155℃、180℃、180℃以上。监测的电机定子温度应低于所用电机绝缘等级对应的温度。

6. 电机冷却器漏水监测

对于设置上水冷的电机应设置冷却器漏水报警。

除了上述对轴承进行温度、振动的监测以外，还有利用红外成像、磨屑检查、声学检测、润滑分析等手段对滚动轴承进行运行状态的分析。

7. 机械密封失效监测

机械密封端面之间的液膜用来润滑端面并带走部分摩擦热，按其工作原理，泄漏是绝对的，微量的泄漏是正常的。对于易挥发的流体，由于泄漏出来的微量流体快速挥发，正常时肉眼是看不到泄漏的；对于不易挥发的流体，肉眼可见滴状泄漏。

对于工业装置用、采用单密封的泵，经常有操作工人巡检，密封的泄漏多用肉眼判断。对于长输管道用输油泵，可以收集密封泄漏的液体，引至一集油罐，在油罐上设置高液位报警，用以监测密封泄漏，如图 1-52 所示。

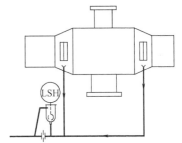

图 1-52 输油泵密封泄漏监测

对于按 API682 标准配置 P52、P53ABC 冲洗方案的双密封，可通过监测缓冲（阻塞）液（罐）的液位、压力来监测密封的工作状况，判断是否失效。仪表配置如图 1-53 所示。

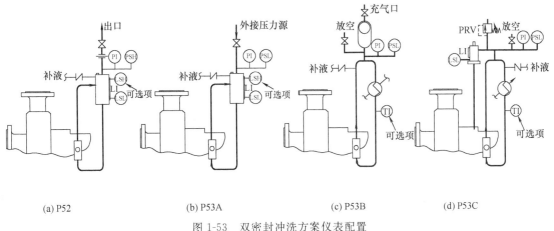

(a) P52　　　　　(b) P53A　　　　　(c) P53B　　　　　(d) P53C

图 1-53 双密封冲洗方案仪表配置

对于 P52 方案，当泵送流体为不易挥发性流体时，设置液位高报警开关，用于监测第一道密封失效；当泵送流体为易挥发性流体时，设置压力高报警开关，用于监测第一道密封失效；设置液位低报警开关，用于监测第二道密封失效。

对于 P53A 方案，设置压力低报警开关，用于监测第一道密封失效和压力源失效；设置液位低报警开关，用于监测第二道密封失效。

对于 P53B 方案，设置压力低报警开关，用于监测第一道密封及第二道密封失效。具体是第一道还是第二道，由阻塞液的压力决定，当压力低至第一道密封腔的压力时，说明第一道密封失效；当压力低至大气压力时，说明第二道密封失效。

对于 P53C 方案，设置压力低报警开关，作用同 P53B。

有资料报道，已开发出利用超声波直接监测机械密封油膜工作状况的方法，其原理是在静环的后面设置一个压电换能器，其作用是向密封端面发射超声波，同时接收从端面反射回来的超声波，其振幅反映端面的接触程度。这种方法尚未见到工业应用。

二、往复泵及计量泵的仪表和控制

往复泵及计量泵常见的仪表及控制项目见表 1-84，可根据泵的大小、实际结构形式进行增减。

表 1-84　往复泵及计量泵监测控制项目

监测项目	报警	停机	监测项目	报警	停机
超速	X	X	润滑油温度（高低）	X	
备有润滑油泵启动	X		润滑油箱液位（高低）	X	
液体缸润滑失效	X		润滑油压力	X	X
电机定子绕组温度	X	X	机架润滑系统压力	X	X
轴承温度	X	X	阀门泄漏	X	
填料温度	X	X	隔膜破裂	X	
润滑油过滤器差压高	X				

当计量泵采用双隔膜结构时，可设置隔膜破裂检测装置（压力开关）。

对于往复泵和计量泵的进出口阀门可以进行声学监测，监测阀门的工作状况，确定是否失效。其工作原理是利用安装在阀附近的压电换能器接收阀门运动过程中产生的超声波，来判断阀门的工作状况。正常工作阀门和故障阀门产生的超声波如图 1-54 所示。图中（a）为传感器测得的信号，（b）为测得的声压级，L_0 为泵产生的噪声（声级），L_1 为泵及阀门泄漏产生的噪声（声级），L_D 为事故诊断仪显示的阀门泄漏产生的噪声。有资料报道，阀门泄漏量达到 1%，即可检测出来。

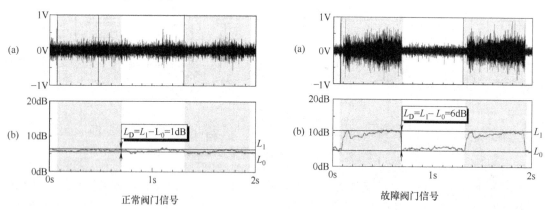

图 1-54　正常工作阀门和故障门产生的超声波

第三节　汽轮机的仪表、控制和保护

按照美国石油协会标准，汽轮机分为一般用途汽轮机（API611 标准）和特殊用途汽轮机（API612 标准）。一般用途汽轮机用于驱动的设备为有备用，功率较小或非关键场合。大多数驱动泵的汽轮机满足一般用途汽轮机即可。

汽轮机常配的监测和控制保护项目见表1-85。可根据汽轮机的大小、驱动设备的重要程度进行增减。

表1-85 汽轮机监测控制项目

监测项目	指示	报警	联锁停车	监测项目	指示	报警	联锁停车
转速	X	H	HH	抽气压力(如有)	X	(H)(L)	(HH)(LL)
轴振动	X	H	HH	油过滤器压差	X	H	
轴位移	X	H	HH	油冷器进口温度	X		
转矩	X			油冷器出口温度	X	H	
润滑油压力	X	L	L	轴承(金属)温度	X	H	(HH)
控制油压力	X	L		蒸汽入口、排出温度	X		
蒸汽入口压力	X			抽气及背压温度(如有)	X		
蒸汽排出压力	X	(H)(L)	(HH)(LL)	油箱液位	X	L	
第一级蒸汽压力	X			表面冷凝器液位(如有)	X	H、L	

1. 转速监测

转速监测控制及保护是汽轮机最重要的保护项目,如果发生超速将对汽轮机及其被驱动的设备造成灾难性的损坏。因此汽轮机都设置机械式或(和)电子式超速保护系统。汽轮机的转速由汽轮机调速器控制。

离线的转速测量设备常见的有:接触、光电转速表,频闪仪等。

在线转速监测,就地安装有离心机械转速表、磁电转速表等。

转速传感器有标准的电涡流传感器、无源磁电传感器和有源磁电传感器。为了提高测速精度及响应时间,测速表面通常加工有多齿或多孔(如30或60个齿孔)。无源磁电式传感器的原理是利用测速齿轮旋转引起的磁隙变化,在探头线圈中产生感生电动势,其幅度随转速增加而增加。对于要监测转速较低的设备(低于250r/min),宜采用有源磁电传感器。

功率较大的汽轮机一般都设置单独的电子式超速保护系统,采用三个单独的磁电式传感器监测转速的变化,通常当转速达到跳闸转速(额定转速的115.5%)时,发出停机信号,联锁停机采用"三取二"逻辑。

2. 轴承温度

轴承温度的监测与泵的轴承温度监测类似。API611及API612规定,对于采用压力润滑的轴承,回油温度应低于80℃,润滑油温升不应大于30℃;油环或飞溅润滑的轴承,油池油温低于80℃。当轴承采用非压力润滑的轴承时,通常需对轴承座进行冷却。

3. 振动

美国石油协会标准API611、API612(ISO 10437),分别对一般用途汽轮机和特殊用途汽轮机在进行车间试验时的振动作出了规定,见表1-86。

表1-86 汽轮机轴(轴承箱)振动限制值

项目	API611		API612
	振动速度(RMS)/(mm/s)	轴振幅/μm	轴振幅/μm
总振动	3	$25.4\times(12000/n)^{0.5}$ 或50,取小者	$25.4\times(12000/n)^{0.5}$ 或25,取小者
操作转速下分频	2		

参 考 文 献

[1] 全国化工设备设计技术中心站机泵专业委员会. 工业泵选用手册. 北京：化学工业出版社，1998.
[2] 中国石化集团上海工程有限公司. 化工工艺设计手册. 北京：化学工业出版社，2003.
[3] 关醒凡. 现代泵技术手册. 北京：宇航出版社，1995.
[4] 朱有庭，曲文海. 化工设备设计手册. 北京：化学工业出版社，2005.
[5] Igor J. Karassik, Joseph P. Messina, etc., Pump handbook, third edition, Mc graw-Hill Inc., 2001.
[6] Sulzer pumps, centrifugal pump handbook, second edition.
[7] Bill Meier, Dave Edeson, Developments In Continuous Torque Monitoring Couplings.
[8] W. Anderson, J. Jarzynski, R. F. Salant, Condition monitoring of mechanical seals: detection of film collapse using reflected ultrasonic waves.
[9] SH/T 3139—2004 石油化工重载荷离心泵工程技术规定.
[10] SH/T 3140—2004 石油化工中轻载荷离心泵工程技术规定.
[11] SH/T 3141—2004 石油化工往复泵工程技术规定.
[12] SH/T 3142—2004 石油化工计量泵工程技术规定.
[13] SH/T 3148—2007 石油化工无密封离心泵工程技术规定.
[14] SH/T 3151—2007 石油化工转子泵工程技术规定.
[15] SH/T 3149—2007 石油化工一般用途汽轮机工程技术规定.
[16] GB/T 3215—2007 石油、重化学和天然气工业用离心泵.
[17] API 610, 10th, 2004 Centrifugal Pumps for Petroleum, Petrochemical and Natural Gas Industries.
[18] API 611, 4th, 1997 General-Purpose Steam Turbines for Petroleum, Chemical, and Gas Industry Services.
[19] API 612, 6th, 2005 Petroleum, Petrochemical and Natural Gas Industries—Steam Turbines—Special-purpose Applications.
[20] API613, Special Purpose Gear Units for Petroleum, Chemical and Gas Industry Services.
[21] API 614, 4th, 1999 Lubrication, Shaft—Sealing, and Control—Oil Systems and Auxiliaries for Petroleum, Chemical and Gas Industry Services.
[22] API 670, Machinery Protection Systems.
[23] API 671, 3rd, 1998 Special-Purpose Couplings for Petroleum, Chemical, and Gas Industry Services.
[24] API677, General-Purpose Gear Units for Petroleum, Chemical and Gas Industry Services.
[25] API682, 3rd, 2004 Pumps—Shaft Sealing Systems for Centrifugal and Rotary Pumps.
[26] API685, 1st, 2000 Sealless Centrifugal Pumps For Petroleum, Heavy Duty Chemical, And Gas Industry Service.
[27] ISO3046/1 Reciprocating internal combustion engines—Performance—Part 1: Declarations of power, fuel and lubricating oil consumptions, and test methods—Additional requirements for engines for general use.
[28] ISO 3046/4, Reciprocating internal combustion engines—Performance—Part 4: Speed governing.
[29] ISO 3046-5, Reciprocating internal combustion engines—Performance—Part 5: Torsional vibrations.
[30] ISO 3046-6, Reciprocating internal combustion engines—Performance—Part 6: Overspeed protection.
[31] ISO 15550 Internal combustion engines—Determination and method for the measurement of engine power—General requirements.
[32] ISO 5199—2002 Technical specifications for centrifugal pumps—Class II.
[33] ASME B73. 2M—2003 Specification for Vertical In-line Centrifugal Pumps for Chemical Process.
[34] NFPA 20. 2007 Standard for the Installation of Stationary Pumps for Fire Protection.
[35] ANSI/HI 9. 6. 5. Centrifugal And Vertical Pumps For Condition Monitoring.
[36] Siemens 公司资料. Process monitoring SITRANS DA400 for oscillating positive displacement pumps Operating Instructions.

第二篇　泵及泵系统

第一章　叶片式泵

第一节　离心泵的工作原理、结构和性能参数

离心泵具有性能范围广泛、流量均匀、结构简单、运转可靠和维修方便等诸多优点，因此离心泵在工业生产中应用最为广泛。除了在高压小流量或计量时常用往复式泵，液体含气时常用旋涡泵和容积式泵，高黏度介质常用转子泵外，其余场合，绝大多数使用离心泵。

据统计，在化工生产（包括石油化工）装置中，离心泵的使用量占泵总量的70%～80%。

一、离心泵的工作原理

离心泵主要由叶轮、轴、泵壳、轴封及密封环等组成。一般离心泵启动前泵壳内要灌满液体，当原动机带动泵轴和叶轮旋转时，液体一方面随叶轮做圆周运动，一方面在离心力的作用下自叶轮中心向外周抛出，液体从叶轮获得了压力能和速度能。当液体流经蜗壳到排液口时，部分速度能将转变为静压力能。在液体自叶轮抛出时，叶轮中心部分造成低压区，与吸入液面的压力形成压力差，于是液体不断地被吸入，并以一定的压力排出。泵工作原理简图见图2-1。

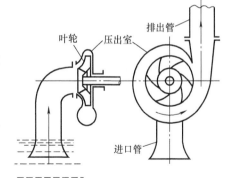

图 2-1　离心泵工作原理

二、离心泵的主要零部件

图2-2为离心泵结构剖面图。

（1）泵壳　泵壳有轴向剖分式和径向剖分式两种。大多数单级泵的壳体都是蜗壳式的，多级泵径向剖分壳体一般为环形壳体或圆形壳体。

一般蜗壳式泵壳内腔呈螺旋型液道，用以收集从叶轮中甩出的液体，并引向扩散管至泵出口。泵壳承受全部的工作压力和液体的热负荷。

（2）叶轮　叶轮是唯一的做功部件，泵通过叶轮对液体做功。叶轮型式有闭式、开式、半开式三种。闭式叶轮由叶片、前盖板、后盖板组成。半开式叶轮由叶片和后盖板组成。开式叶轮只有叶片，无前后盖板。闭式叶轮效率较高，开式叶轮效率较低。

（3）密封环　密封环也称口环。密封环的作用是防止泵的内泄漏和外泄漏，由耐磨材料制成的密封环，镶于叶轮前后盖板和泵壳上，磨损后可以更换。

（4）轴和轴承　泵轴一端固定叶轮，一端装联轴器。根据泵的大小，轴承可选用滚动轴承和滑动轴承。

（5）轴封　轴封一般有机械密封和填料密封两种。一般泵均设计成既能装填料密封，又能装机械密封。

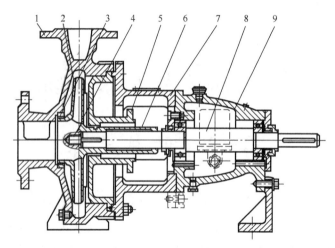

图 2-2 离心泵结构剖面图

1—泵壳；2—叶轮；3—密封环；4—叶轮螺母；5—泵盖；6—密封部件；
7—中间支承；8—轴；9—悬架部件

三、离心泵的性能参数

(1) 流量 Q　泵的流量是指泵在单位时间内由泵出口排出液体的体积量，以 Q 表示，单位是 m^3/h 或 m^3/s。

(2) 扬程 H　泵的扬程指单位重量的液体通过泵后获得的能量，以 H 表示，单位是 m，即排出液体的液柱高度。

(3) 转速 n　泵的转速指泵轴单位时间内的转数，以 n 表示，单位是 r/min。

(4) 功率和效率

① 有效功率 P_u　泵的有效功率是指单位时间内泵输送出的液体获得的有效能量，也称输出功率。

$$P_u = \frac{\rho g Q H}{1000} \quad \text{kW} \tag{2-1}$$

式中　Q——泵的流量，m^3/s；

　　　H——泵的扬程，m；

　　　ρ——介质密度，kg/m^3；

　　　g——重力加速度，$g=9.81 m/s^2$。

② 轴功率 P_a　泵的轴功率是指单位时间内由原动机传到泵轴上的功，也称输入功率，单位是 W 或 kW。

③ 效率 η　泵效率 η 是泵的有效功率与轴功率之比，即

$$\eta = \frac{P_u}{P_a} \tag{2-2}$$

四、离心泵的特性曲线

泵的特性曲线反映泵在恒定转速下的各项性能参数。国内泵厂提供的典型的特性曲线如图 2-3 所示，一般包括 H-Q 线、N-Q 线、η-Q 线和 $NPSH_r$-Q 线。

国外很多泵厂及国内引进技术生产的一些泵，往往提供全特性曲线，如图 2-4 所示，该曲线包括不同叶轮直径下的 H-Q 线、

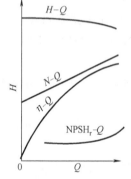

图 2-3　泵的典型特性曲线

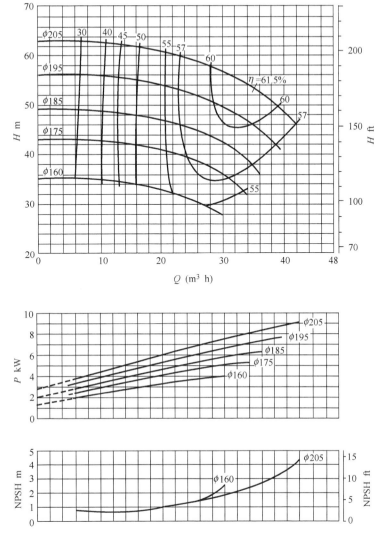

图 2-4　CZ40-200 型离心泵性能典线（$n=2900$r/min）

等效率线、等轴功率线及 $\mathrm{NPSH_r}$-Q 线。

五、离心泵的水力学基本方程式

1. 速度三角形

离心泵工作时，液体一方面随着叶轮一起旋转，同时又从转动着的叶轮里向外流。离心泵叶轮中任意一点 i 的液流绝对速度 c_i 等于圆周速度 u_i 和相对速度 w_i 的向量和，即：

$$\boldsymbol{c}_i = \boldsymbol{u}_i + \boldsymbol{w}_i \tag{2-3}$$

式中　c_i——i 点液流的绝对速度，m/s；

　　　u_i——i 点处液流随叶轮旋转的速度，即圆周速度，m/s；

　　　w_i——i 点液流的相对于旋转叶轮的速度，m/s；

　　　β_i——w_i 与 u_i 反方向的夹角，称相对液流角。

该三个速度构成一个封闭的三角形，称为速度三角形，见图 2-5。

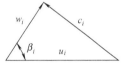

图 2-5　速度三角形

速度三角形反映了液体在叶轮内的流动状态。

2. 欧拉方程——离心泵水力学基本方程式

液体进入叶轮受到叶片推动而增加能量，建立叶轮对液体做功与液体运动状态之间关系的能量方程，即离心泵的基本方程式——欧拉方程式。它可以由动量矩定理导出。

$$H_T = \frac{1}{g}(c_{2u}u_2 - c_{1u}u_1) \tag{2-4}$$

式中　　H_T——离心泵的理论扬程，m；
　　　　c_{2u}——叶轮出口处液流绝对速度在圆周方向的分速度，m/s；
　　　　c_{1u}——叶轮进口处液流绝对速度在圆周方向的分速度，m/s；
　　　　u_2——叶轮出口处的圆周速度（$u_2=R_2\omega$），m/s；
　　　　u_1——叶轮进口处的圆周速度（$u_1=R_1\omega$），m/s。

当液流无预旋进入叶轮时，$c_{1u}=0$；欧拉方程也可简写成：

$$H_T = \frac{1}{g}c_{2u}u_2 \tag{2-5}$$

从欧拉方程可以看出，离心泵的理论扬程 H_T 决定于泵的叶轮的几何尺寸、工作转速，而与输送介质的特性与密度无关。因此同一台泵在同样转速和流量下工作，无论输送何种液体（如水和水银），叶轮给出的理论扬程均是相同的。

利用余弦定理也可将欧拉方程导出以下形式：

$$H_T = \frac{u_2^2 - u_1^2}{2g} + \frac{w_1^2 - w_2^2}{2g} + \frac{c_2^2 - c_1^2}{2g} \tag{2-6}$$

式中　$\dfrac{u_2^2 - u_1^2}{2g}$——叶轮中离心力对单位质量液体做的功；

　　　$\dfrac{w_1^2 - w_2^2}{2g}$——单位质量流体流经叶轮时相对速度降低而获得的功；

　　　$\dfrac{c_2^2 - c_1^2}{2g}$——单位质量流体流经叶轮前后动能的增量。

3. 有限叶片数和无限叶片数理论扬程的差别

离心泵叶轮的叶片数一般为 5～8 片，理论研究时引入了无限叶片数的假定。

无限叶片数下，液体受到叶片的约束，液体相对运动的流线和叶片形状完全一致。有限叶片数下，由于液流的惯性存在轴向旋涡运动，因此液体相对运动的流线和叶片形状并不一致（见图 2-6），$c_2 < c_{2\infty}$，$\beta_2 < \beta_{2\infty}$，所以 $H_T < H_{T\infty}$。

有限叶片数和无限叶片数叶轮产生的理论扬程的差别称为叶轮中的流动滑移。滑移并不

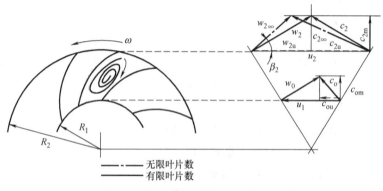

图 2-6　液体在叶轮中的流动

意味着能量损失，而只说明同一工况下实际叶轮由于叶片数有限，而不能像无限叶片一样控制液体的流动，也就是液流的惯性影响了速度的变化。

第二节　离心泵的相似理论与工作范围

一、离心泵的相似理论

1. 相似条件

① 几何相似　两台泵在结构上完全相仿，对应尺寸的比值相同，叶片数、对应角相等。

② 运动相似　两台泵内对应点的液体流动相仿，速度大小的比值相同、方向一致（即速度三角形相似）。

③ 动力相似　两台泵内对应点的液体惯性力、黏性力等的比值相同。

满足以上 3 条，两台泵即为相似。通常两台泵只要满足几何相似和运动相似，就认为满足相似条件。

2. 相似定律

符合相似条件的两台泵，可以近似地认为两相似泵的容积效率、水力效率、机械效率相等，这种有以下各式成立，称为相似定律。

$$\frac{Q_2}{Q_1}=\frac{n_2}{n_1}\left(\frac{D_2}{D_1}\right)^3 \tag{2-7}$$

$$\frac{H_2}{H_1}=\left(\frac{n_2}{n_1}\right)^2\left(\frac{D_2}{D_1}\right)^2 \tag{2-8}$$

$$\frac{P_2}{P_1}=\left(\frac{n_2}{n_1}\right)^3\left(\frac{D_2}{D_1}\right)^5\left(\frac{\rho_2}{\rho_1}\right) \tag{2-9}$$

式中　Q_1，Q_2——泵 1、泵 2 的流量；

n_1，n_2——泵 1、泵 2 的泵轴转速；

D_1，D_2——泵 1、泵 2 叶轮外径；

P_1，P_2——泵 1、泵 2 的轴功率；

ρ_1，ρ_2——泵 1、泵 2 输送介质的密度。

二、比转数 n_s

1. 定义

比转数 n_s 是从相似理论中引出的相似准数，它说明了相似泵的流量 Q、扬程 H、转速 n 间的关系。相似泵在相似工况下，比转数相等，但同一台泵在不同工况下的比转数 n_s 并不相等。通常只用最佳工况点的 n_s 来代表一系列几何相似泵。比转数 n_s 的表达式如下：

$$n_s=\frac{3.65n\sqrt{Q}}{H^{3/4}} \tag{2-10}$$

式中　n——泵轴的转速，r/min；

Q——泵额定流量，m³/s $\left(\text{双吸泵取}\dfrac{Q}{2}\right)$；

H——泵的额定扬程（多级泵取单级扬程，即 H/i，i 为级数），m。

2. 型式数 K

比转数 n_s 是一个有因次量 $\left(\dfrac{m^{3/4}}{S^{2/3}}\right)$。GB 3216 和 ISO 2548、ISO 3555 中用无因次比转数，即型式数 K 表示。

$$K=\frac{2\pi n\sqrt{Q}}{60(gH)^{3/4}} \tag{2-11}$$

式中各量的单位与式（2-10）相同。型式数 K 与我国的比转数 n_s 的关系可用式（2-12）表示：

$$K = 0.0051759 n_s \tag{2-12}$$

3. 比转数与泵的叶轮形状及性能的关系

比转数 n_s 相同的泵，一般符合几何相似和运动相似。n_s 不同，泵的叶轮形状和性能也不同。由表 2-1 可以说明以下关系。

表 2-1 比转数与泵的叶轮形状及性能的关系

泵的类型	离心泵			混流泵	轴流泵
	低比转数	中比转数	高比转数		
比转数 n_s	$30 < n_s < 80$	$80 < n_s < 150$	$150 < n_s < 300$	$300 < n_s < 500$	$500 < n_s < 1000$
尺寸比 $\dfrac{D_2}{D_0}$	≈ 3	≈ 2.3	$\approx 1.8 \sim 1.4$	$\approx 1.2 \sim 1.1$	≈ 1
叶片形状	圆柱形叶片	入口处扭曲 出口处圆柱形	扭曲叶片	扭曲叶片	轴流泵翼型
流量-扬程 曲线特点	关死扬程为设计工况的 1.1～1.3 倍,扬程随流量减少而增加,变化比较缓慢			关死扬程为设计工况的 1.5～1.8 倍,扬程随流量减少而增加,变化较急	关死扬程为设计工况的 2 倍左右,在小流量处出现马鞍形
流量-功率 曲线特点	关死功率较少,轴功率随流量增加而上升			流量变化时轴功率变化较少	关死点功率最大,设计工况附近变化比较少,以后轴功率随流量增大而下降
流量-效率 曲线特点	比较平坦			比轴流泵平坦	急速上升后又急速下降

① 离心泵、混流泵和轴流泵的比转数依次从小到大变化。低比转数泵的相对扬程较高，相对流量较小，高比转数泵的相对扬程较低，相对流量较大。

② 低比转数泵的叶轮窄而长，通常采用圆柱形叶片，高比转数泵的叶轮宽而短。通常采用扭曲叶片。

③ 低比转数泵的 Q-H 性能曲线上易出现驼峰，在运转中会发生不稳定现象。高比转数泵（混流泵和轴流泵）的关死扬程高，且在曲线上出现拐点比转数越高，扬程特性越陡。

④ 离心泵比转数较低，零流量时轴功率小，混流泵和轴流泵比转数高，零流量时轴功率大。因此离心泵应关闭出口阀启动，混流泵和轴流泵应开启出口阀启动。

三、比例定律和切割定律

1. 比例定律

同一台泵，当叶轮直径不变时，改变转速，其性能可按下述各式换算。

$$\begin{cases} \dfrac{Q_1}{Q_2} = \dfrac{n_1}{n_2} & (2\text{-}13) \\[6pt] \dfrac{H_1}{H_2} = \left(\dfrac{n_1}{n_2}\right)^2 & (2\text{-}14) \\[6pt] \dfrac{P_{a1}}{P_{a2}} = \left(\dfrac{n_1}{n_2}\right)^3 & (2\text{-}15) \end{cases}$$

式中 Q_1、H_1、P_{a1}——转速为 n_1 时的流量、扬程、轴功率；

Q_2、H_2、P_{a2}——转速为 n_2 时的流量、扬程、轴功率。

但当转速变化较大时，泵效率下降较大。如转速从 $n = 2900 \text{r/min}$ 降到 $n = 1450 \text{r/min}$

时，小泵效率下降6%～10%，大泵效率下降3%～5%。因此上述换算是近似换算。

2. 切割定律

同一台泵，当转速不变时，将叶轮外径稍加切割，其出口宽度有变化，但出口面积基本不变，可以认为泵的效率几乎不变。叶轮外圆允许的最大切割量见表2-2。其性能参数可按下述各式进行换算。

$$\begin{cases} \dfrac{Q_1}{Q_2} = \dfrac{D_1}{D_2} & (2\text{-}16) \\ \dfrac{H_1}{H_2} = \left(\dfrac{D_1}{D_2}\right)^2 & (2\text{-}17) \\ \dfrac{P_{a1}}{P_{a2}} = \left(\dfrac{D_1}{D_2}\right)^3 & (2\text{-}18) \end{cases}$$

式中 Q_1、H_1、P_{a1}——叶轮直径为 D_1 时的流量、扬程、轴功率；

Q_2、H_2、P_{a2}——叶轮直径为 D_2 时的流量、扬程、轴功率。

表 2-2 叶轮外圆允许的最大切割量

比转数 n_s	≤60	60～120	120～200	200～300	300～350	350 以上
允许切割量 $\dfrac{D_1-D_2}{D_1}$	20%	15%	11%	9%	7%	0
效率下降	每车小 10% 下降 1%		每车小 4% 下降 1%		—	

注：1. 旋涡泵和轴流泵叶轮不允许切割。
2. 叶轮外圆的切割一般不允许超过本表规定的数值，以免泵的效率下降过多。

四、泵的工作范围和型谱

1. 泵的极限工作范围

泵的极限工作范围如图 2-7 所示，曲线 1 表示标准叶轮直径 D_2 下的 H-Q 曲线；曲线 2 表示最小叶轮直径 $D_{2\min}$ 下的 H-Q 曲线；曲线 3 表示最小连续流量 $[Q]_{\min}$ 的相似抛物线；曲线 6 表示由最大极限流量 $[Q]_{\max}$ 确定的相似抛物线。四条曲线所包围的区域 $EFGH$ 称为泵的极限工作范围。泵可以在极限工作范围内连续运行。

① 最小连续稳定流量 $[Q_{1\min}]$ 最小连续稳定流量指泵在不超过标准规定的噪声和振动限度下能够正常工作的最小流量，一般应由泵厂通过试验测定并提供给用户。

② 最小连续热控流量 $[Q_{2\min}]$ 最小连续热控流量是指泵能够连续运行而不致被泵运液体的温升所损失的最小流量。最小连续热控流量 $[Q_{2\min}]$ 按下式确定：

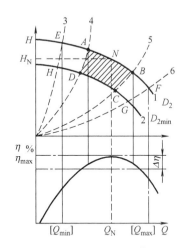

图 2-7 离心泵的极限工作范围和最佳工作范围

$$[Q_{2\min}] = \dfrac{1000 P_{a\min}}{(1000c[\Delta t] + H_{\min}g)\rho} \quad \text{m}^3/\text{s} \qquad (2\text{-}19)$$

式中 $P_{a\min}$——$[Q_{2\min}]$ 下泵的轴功率，kW；

$H_{\min}$——$[Q_{2\min}]$ 下泵的扬程，m；

c——比热容，kJ/(kg·℃)，清水的 c=4.18kJ/(kg·℃)；

g——9.81m²/s。

显然 $[Q_{2\min}]$ 需通过试算才能确定。为方便估算,$[Q_{2\min}]$ 可近似按下式确定:

$$[Q_{2\min}] = \frac{1000 P_a}{(1000c[\Delta t] + H_s g)\rho} \tag{2-20}$$

式中 P_a——泵额定点的轴功率,kW;

H_s——泵关死点的扬程,m。

显然,按式(2-20)计算的 $[Q_{2\min}]$ 偏安全。

③ 最小连续流量 $[Q_{\min}]$　最小连续流量 $[Q_{\min}]$ 取最小连续稳定流量 $[Q_{1\min}]$ 与最小连续热控流量 $[Q_{2\min}]$ 中的大值。当轴功率≤100kW 时,最小连续流量可按泵最佳效率点流量 Q_N 的 25%~35% 估算。当轴功率>100kW 时,可按图 2-8 取定。

④ 泵的许用温升 $[\Delta t]$　当 NPSH_a 远大于 NPSH_r 时,泵的许用温升 $[\Delta t]$ 由泵的材料、介质特性及密封情况等综合确定。

当 NPSH_a 和 NPSH_r 较接近或当输送易汽化介质(如液态烃)时,泵的许用温升 $[\Delta t]$ 由汽蚀条件确定。小流量汽蚀条件下的饱和蒸汽压 p_v' 按式(2-21)确定:

$$p_v' = p_v + \text{NPSH}_a \rho g \quad \text{Pa} \tag{2-21}$$

式中 p_v——吸入温度 T_s 下的饱和蒸汽压,Pa;

NPSH_a——装置汽蚀余量,m;

ρ——液体密度,kg/m³;

g——9.81m²/s。

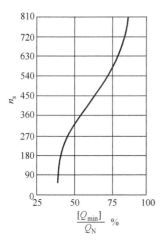

图 2-8　最小连续流量（最佳效率点流量）

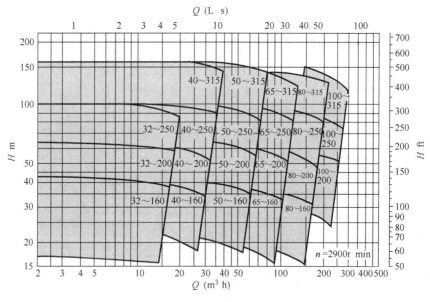

图 2-9　CZ 型标准化工泵型谱图

按 p_v' 值,查有关图表,得出 p_v' 压力下该液体对应的饱和温度 T_v'。

泵的许用温升 $[\Delta t]$ 按下式确定:

$$[\Delta t] = T_v' - T_s \quad ℃ \tag{2-22}$$

式中 T_s——泵的吸入温度,℃。

在一般估算中，泵的许用温升 $[\Delta t]$ 可按以下经验值确定：清水泵（如 IS、S、Sh 泵）：$[\Delta t] \leqslant 15\sim 20℃$；锅炉给水泵：$[\Delta t] \leqslant 8\sim 10℃$；液态烃泵：$[\Delta t] \leqslant 1℃$；塑料泵：$[\Delta t] \leqslant 10℃$。

⑤ 最大极限流量 $[Q_{max}]$　随着泵的流量增加，泵的 $NSPH_r$ 增加，出现汽蚀现象的可能性也随即增加，同时因轴功率上升很快，泵还有过载的可能。因此一般不允许泵在最佳效率点流量的 125%～135%以上操作，要求泵的最大极限流量为：

$$[Q_{max}] \leqslant (125\% \sim 135\%) Q_N$$

2. 泵的最佳工作范围

泵的最佳工作范围为图 2-7 中 ABCD 所围成的扇形阴影区域。泵在 ABCD 区域内的任意一点工作均认为是合适的。图中 A、B 两点为标准叶轮直径 D_{2max} 下，H-Q 曲线 1 上比最佳工况点 N 效率 η_{max} 低 $\Delta \eta$（我国通常取 $\Delta \eta = 5\% \sim 8\%$）的等效率工况点。过 A、B 两点可以作出两条等效率切割抛物线 4、5，并交最小叶轮直径 D_{2min} 下 H-Q 曲线于 D、C 两点。

3. 系列型谱

将每种系列泵的最佳工作范围绘于一张坐标图上称为型谱。为了使图形协调，高扬程和大流量时的工作范围不致过大，通常采用对数坐标表示，一般每种系列泵有一个型谱。

系列型谱既便于用户选泵又便于计划部门向泵制造厂提出开发新产品的方向。图 2-9 为 CZ 型化工泵的型谱图。

第三节　离心泵的分类

一、按离心泵的结构分类

离心泵种类繁多，按吸入方式不同可以分为单吸泵和双吸泵；按级数不同可以分为单级泵和多级泵；按叶轮转子布置位置可分为悬臂泵和两端支撑泵；按泵轴方位不同可分为卧式泵和立式泵；按壳体剖分型式不同可分为蜗壳泵、分段式泵、中开式泵等，此外还有特殊结构的离心泵，如潜水泵、磁力泵、屏蔽泵、自吸泵等。

实际上离心泵是由多项结构特点组合而成的。如果仅根据某一单项特点进行分类，则过于笼统。为使得泵的分类简明准确，API610（第 10 版）《石油、石化和天然气工业用离心泵》综合考虑多项结构特点将离心泵分成不同的类型，详见表 2-3。

表 2-3　离心泵的结构类型

分类代码	结构特点	图例
OH1	单级，单吸，径向剖分，悬臂型，卧式结构，泵体由底脚支撑	

续表

分类代码	结构特点	图例
OH2	单级,单吸,径向剖分,悬臂型,卧式结构,泵体在中心线位置由底座支撑,后轴承座不设支撑	
OH3	立式管道泵,泵入口和出口中心线重合,单级,单吸,径向剖分,悬臂型,泵设有独立轴承座,泵与驱动机采用挠性联轴器连接	
OH4	立式管道泵,泵入口和出口中心线重合,单级,单吸,径向剖分,悬臂型,泵与驱动机采用刚性联轴器连接	

续表

分类代码	结构特点	图例
OH5	立式管道泵,泵入口和出口中心线重合,单级,单吸,径向剖分,悬臂型,叶轮直接安装在驱动机轴伸端	
OH6	高速泵,单级,悬臂型,泵与齿轮箱集成一体,叶轮直接安装在齿轮箱输出轴上,齿轮箱输入轴采用挠性联轴器与驱动机连接,立式或卧式结构。驱动机经齿轮箱增速后驱动泵转子高速运转,一般转速在10000r/min以上	
BB1	单级或两级,双吸,轴向剖分,两端支撑,卧式结构	

续表

分类代码	结构特点	图例
BB2	单级或两级,双吸,径向剖分,两端支撑,卧式结构	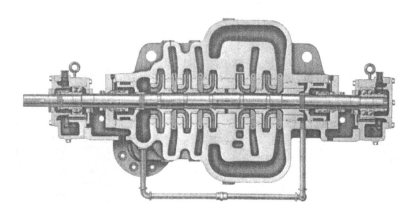
BB3	多级,轴向剖分,两端支撑,卧式结构,泵进出口位于下方泵体上,维修泵不需要拆除进出口连接管道	

BB4	径向剖分节段式多级泵,节段与节段之间用长螺栓连接紧固	

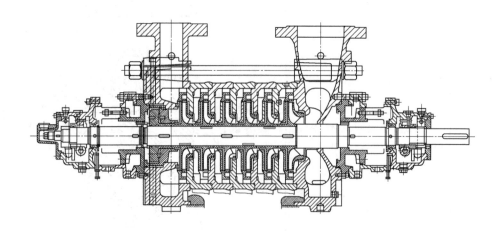

续表

分类代码	结 构 特 点	图 例
BB5	双壳体径向剖分多级泵。外壳体径向剖分,承受泵出口压力;内壳体可以是轴向剖分或径向剖分节段型式,承受泵出口与进口的压差	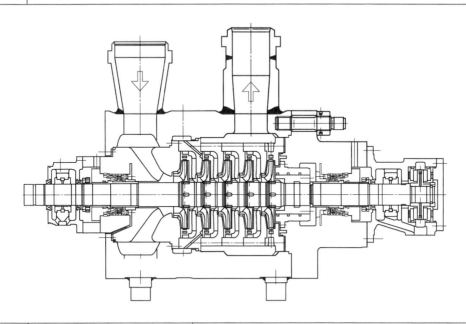
VS1	立式泵,单壳体,悬吊式,导叶式压水室,介质沿泵轴向排出	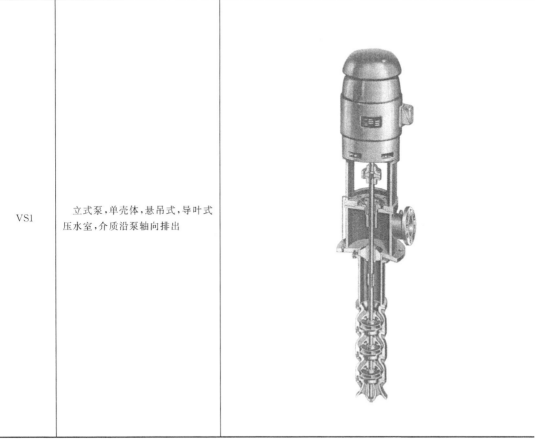

续表

分类代码	结构特点	图例
VS2	立式泵,单壳体,悬吊式,蜗壳式压水室,介质沿泵轴向排出	
VS3	立式轴流泵,单壳体,悬吊式,介质沿泵轴向排出	

续表

分类代码	结构特点	图例
VS4	立式泵,单壳体,悬吊式,蜗壳式压水室,组合轴结构,设有导轴承,介质沿泵径向排入独立的出液管	
VS5	立式泵,单壳体,单轴悬吊结构,蜗壳式压水室,介质沿泵径向排入独立的出液管	

续表

分类代码	结构特点	图 例
VS6	立式泵,双壳体,悬吊式,导叶式压水室,介质沿泵轴向排出	
VS7	立式泵,双壳体,悬吊式,蜗壳式压水室,介质沿泵轴向排出	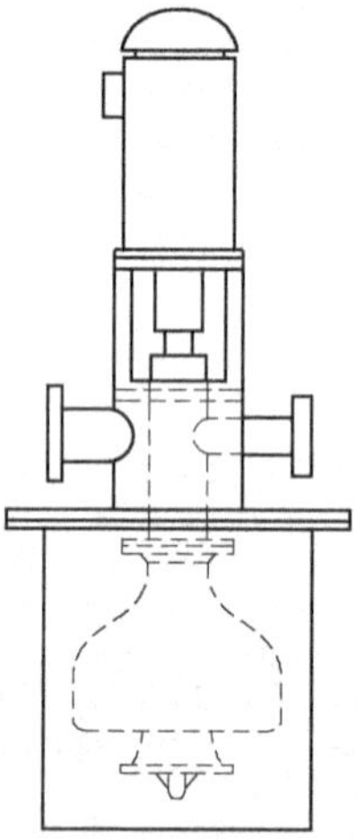

二、按离心泵的输送介质分类

表 2-4　按输送介质分类的离心泵类型

类 型		特 点
水泵	清水泵	最常用的离心泵,采用铸铁泵,填料密封
	锅炉给水泵	(1)泵的压力较高,要求保证法兰连接的紧密性 (2)应防止泵进口处产生汽蚀,过流部件应采用抗腐蚀性和抗电化学腐蚀的材料 (3)防止温度变化引起不均匀变形

续表

类　型		特　点
水泵	热水循环泵	(1)吸入压力高,温度高,要求泵的强度可靠 (2)填料函处于高压、高温下,应考虑减压和降温 (3)如采用端吸式悬臂泵时,由于轴向推力大,要求轴承可靠
	凝结水泵	(1)对泵的汽蚀性能要求高,常采用加诱导轮或加大叶轮入口直径和宽度的方法改善泵的汽蚀性能 (2)泵运转易发生汽蚀,过流部件有时采用耐汽蚀的材料(如硬质合金、磷青铜等) (3)填料函处于负压下工作,应防止空气侵入
油泵	通用油泵	(1)油品往往易燃易爆,要求泵密封性能好,常采用机械密封,采用隔爆电动机 (2)泵的材质和结构上应考虑耐腐和耐磨 (3)为保证泵的连续可靠运转,应采取专门的冷却、密封、冲洗和润滑等措施
	冷油泵	当黏度$>20mm^2/s(20cSt)$时,应考虑黏度对泵性能的影响
	热油泵	(1)应考虑各零部件的热膨胀,必要时采取保温措施 (2)过流部件采用耐高温材料 (3)要求第一级叶轮的吸入性能好 (4)轴承和轴封处要冷却 (5)开泵前应预热(常用热油循环升温来加热泵,一般泵体温度不应低于入口温度40℃)
	液态烃泵	(1)泵吸入压力高,应保证泵体的强度和密封性 (2)要求第一级叶轮的吸入性能好 (3)因液态烃易泄漏引起结冰,因此对轴封要求高,不允许泄漏 (4)泵内应防止液态烃汽化,并保证能分离出气体 (5)选配电动机时应考虑装置开工试运转时的功耗,或采取限制泵试运转流量的措施,以免产生电机过载
	油浆泵	(1)由于介质中含固体颗粒,过流部件应采用耐磨蚀的材料和结构 (2)为防止固体颗粒进入轴封,含颗粒较少时,可采用注入比密封腔压力高的清洁液冲洗轴封;含颗粒较多时一般采用副叶轮(或背叶片)加填料密封的轴封结构
耐腐蚀泵	通用特点 (1)用于输送酸、碱及其他腐蚀性化学药品,过流部件应采用耐腐蚀材料 (2)结构上应考虑到不耐蚀零部件(如托架)的防腐 (3)密封环间隙比水泵应大些 (4)应避免在小流量下工作,以免液体温度升高加剧腐蚀 (5)停车时应及时关闭吸入阀,或采用停车密封,以免介质漏出泵体	
	耐蚀金属泵	(1)常用的耐蚀金属泵,其过流部件的材质有:普通铸铁、高硅铸铁、不锈钢、高镍合金钢、钛及其合金等,应根据介质特性和温度范围选用不同的材质 (2)高镍合金钢、钛及其合金的价格高,一般应避免选用 (3)耐蚀金属泵的耐温、耐压及工作稳定性一般优于非金属泵
	非金属泵	(1)非金属泵过流部件的材料有:聚氯乙烯、玻璃钢、聚丙烯、F46、氟合金、PVDF、超高分子量聚乙烯、石墨、陶瓷、搪玻璃、玻璃等。应根据介质的特性和温度范围选用不同材质 (2)一般非金属泵的耐腐蚀性能优于金属,但非金属泵的耐温、耐压性一般比金属泵差。常用于流量不大,且温度较低、使用压力较低的场合
	杂质泵	(1)输送含有固体颗粒的浆液、料浆、污水、渣浆的泵总称为杂质泵。其过流部件应采用耐磨蚀的材料和结构 (2)为防止堵塞,采用较宽的过流通道,叶轮的叶片数少,采用开式或半开式叶轮 (3)轴封处应防止固体颗粒的侵入,含颗粒较少时,可采用注入比密封腔压力高的清洗液冲洗轴封。含颗粒较多时,可采用副叶轮(或背叶片)加填料密封(或带冲洗机械密封)的轴封结构

第四节 高速泵和旋壳泵

一、高速泵

高速泵,也称高速部分流泵,由泵体、叶轮、诱导轮、扩散管、齿轮箱、机械密封、润滑油系统等组成,如图 2-10 所示。

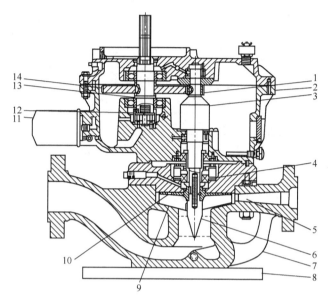

图 2-10 立式高速泵结构
1—从动齿轮;2—齿轮箱;3—高速轴;4—机械密封;5—扩散管;6—诱导轮;7—泵体;8—底座;
9—叶轮;10—平衡孔;11—滤油器;12—润滑油泵;13—低速轴;14—主动齿轮

高速泵是由美国胜达因(SUNDYNE)公司于 1962 年发明的。现广泛用于石油炼制、石化、能源、化工、造纸、食品、采矿等行业。胜达因高速泵适用于小流量高扬程场合:流量 34～250m^3/h,扬程<2000m,转速<25000r/min。国内生产高速泵的厂家有北京航天动力研究所、嘉利特荏原、浙江天德等。

高速泵的性能和结构特点如下:

① 高速泵的性能曲线 高速泵扩散管的喉径对性能影响很大。当通过喉部的液体速度等于或略大于叶轮圆周速度时,就会破坏液流的连续性,造成扬程突然下降到零的现象。这就是高速泵的扬程中断特性,对于扬程中断时的流量称为中断流量值。高速泵的流量曲线见图 2-11。当叶轮圆周速度不变时,扩散管喉径越大,中断流量值也越大,曲线的过渡也就越缓和。高速泵的这一特性,当发生过流量时对电机有保护作用。另外其最高效率点往往就在中断流量附近,因此尽管设计工况取在最高效率点,但实际使用时须在略低于设计流量的条件下运转,以免发生扬程的不稳定现象。

② 特殊的叶轮形式 高速泵大多采用开式径向直叶片叶轮(无前后盖板)。叶轮一般为直线辐射状,也有采用开式后弯叶片和闭式叶轮的,主要是为了改善 H-Q 曲线的曲率以及在大流量时提高效率。开式叶轮大大降低了叶轮产生的轴向推力,有时为进一步降低轴向推力,在靠近轮毂的后盖板上还开有平衡孔,从而使推力轴承的工作条件大大改善,即使在很高的转速下连续运行,轴承也能长期正常运行。

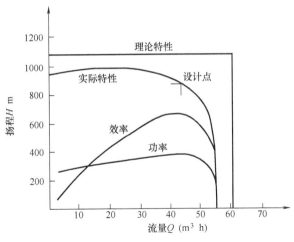

图 2-11 高速泵的特性曲线

③ 无需耐磨密封环 虽然乙烯装置中输送的是黏度小、挥发性大的介质，但因为高速泵的输出液体只占压液室中的一小部分，所以高速泵不怕内泄漏，叶轮和泵体间不必装耐磨环，相反可以保持较大间隙，使高速泵可以输送黏度小于 5000mPa·s 的石油制品、化学腐蚀液、悬浮液以及含有少量颗粒的液体。

④ 轴封 高速泵采用特殊设计的机械密封，其轴向尺寸特别紧凑，以减小轴悬臂长度；轴套上固定极易平衡的动环，而其他带有弹簧、密封圈和浮动环的不易平衡部分作为密封的静止部分，以适应高转速的需要。同时由于转速高，对轴封的冷却是必不可少的。SUNDY-NE 公司的标准配置是从泵出口引出液体，经泵内的悬液分离器后对单端面机械密封进行冷却。用户还可根据介质的特殊性选择这种标准配置或串联、双端面机械密封以及各种各样的冲洗、冷却和泄漏处理方式。

⑤ 吸入性能 高速下泵的汽蚀性能差，因此高速泵的入口均装有诱导轮，诱导轮可和泵的叶轮铸为一体。

⑥ 高精度增速箱 高速泵的增速箱有一级增速和二级增速两种，每一种都有许多档次不同的输出速度，使高速泵仅用几个型号就能覆盖广泛的扬程和流量范围，零部件的通用性非常好。对齿轮经过高精度加工，噪声不超过同级电机。

二、旋壳泵

旋壳泵，也称皮托管泵，由转子部件、皮托管、轴承座部件、外壳体和进出液管等部分组成，如图 2-12 所示。旋壳泵的轴承座部件 8 与常规的离心泵相同，过流件叶轮 4 和转鼓（相当于离心泵的泵壳）6 连成一体，用螺栓固定在主轴 7 上构成转子部件。转鼓 6 的外围有外壳体 9 起保护罩作用，用螺栓固定在轴承座 8 上。外壳体 9 的右端盖上固定机械密封 2、进液管 1 和出液管 3。核心件皮托管 5 固定在出液管 3 上，从轴线伸到接近转鼓 6 的圆筒内壁处。

(1) 旋壳泵工作原理 液体从进液管 1 进入叶轮 4，因叶轮高速回转而获得动能，液体从叶轮外围沿轴向进入转鼓 6 的外围，高速液体从位于转鼓最外围处的皮托管 5 的入口进入。因皮托管的横截面积逐步扩大，液体流速逐步降低，从而将液体的动能转化为压力能。最后从出液管 3 排出高压液体。由于叶轮 4 与转鼓 6 是连为一体同步回转，因此液体在获得动能的过程中，无圆盘摩擦损失。这是旋壳泵比相同超低比转数的高速泵和多级离心泵效率

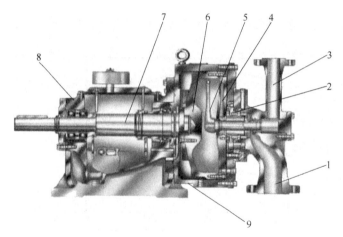

图 2-12 旋壳泵剖面图
1—进液管；2—机械密封；3—出液管；4—叶轮；5—皮托管；
6—转鼓；7—主轴；8—轴承座；9—外壳体

高得多的根源所在。皮托管内流道设计以及尺寸精度和光洁度是决定动能转化为压力能效率高低的关键因素。皮托管的外部形状为翼型断面，以使绕流阻力最小。

(2) 旋壳泵性能参数范围　旋壳泵与高速泵一样，也属于部分流泵，性能曲线也相似。国外旋壳泵参数范围为：流量 $1 \sim 160 m^3/h$，扬程 $\leqslant 1600m$；国内江苏海狮旋壳泵参数范围为：流量 $1 \sim 120 m^3/h$，扬程 $120 \sim 920m$，四川机械研究院的旋壳泵参数范围为流量 $1 \sim 90 m^3/h$，扬程 $150 \sim 720m$。

旋壳泵通常采用模块化设计。同一台泵，改变了皮托管入口直径、皮托管根数和泵转速，就能大幅度改变泵的性能参数，从而满足不同流量和扬程的要求，并保证泵在高效区运行。

(3) 旋壳泵特点

① 小流量场合效率高　流量 $< 100 m^3/h$ 时，旋壳泵的效率优于相同流量和扬程的高速泵和多级泵。泵的比转数越低，旋壳泵效率优势越明显。流量 $> 100 m^3/h$ 或扬程 $> 1600m$ 的场合，高速泵比旋壳泵具有效率优势。

② 结构简单，可靠性高　旋壳泵为单级，结构简单，易损件少。旋壳泵机械密封安装在泵吸入口，承受入口低压，且泵转速比相同参数的高速泵要低，因此机封的 pV 值比高速泵低，寿命较长。

③ 对介质中的颗粒敏感　旋壳泵不适合输送固体含量大于 1% 的介质，否则皮托管入口会很快磨损，引起泵性能急剧下降。

第五节　无密封离心泵

无密封离心泵，也称无泄漏离心泵，可分为磁力驱动离心泵（以下简称磁力泵）和屏蔽泵，它们在结构上只有静密封而无动密封，输送液体时能保证一滴不漏。随着环境保护要求的不断提高，无密封离心泵的应用也越来越广泛。

一、磁力泵

1. 磁力泵的工作原理

磁力传动是利用磁体能吸引铁磁物质以及磁体或磁场之间有磁力作用的特性，而非铁磁物质不影响或很少影响磁力的大小，因此可以无接触地透过非磁导体（隔离套）进行动力传输。

磁力传动可分为同步或异步设计。大多数磁力泵采用同步设计，如图 2-13 所示。电动机通过外部联轴器和外磁缸连在一起，叶轮和内磁缸连在一起。在外磁缸和内磁缸之间设有全密封的隔离套，将内、外磁缸完全隔开，使内磁缸处于介质之中，电机的转轴通过磁缸间磁极的吸力直接带动叶轮同步转动。

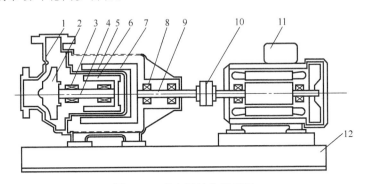

图 2-13　磁力泵结构示意图
1—泵体；2—叶轮；3—滑动轴承；4—泵内轴；5—隔离套；6—内磁缸；7—外磁缸；
8—滚动轴承；9—泵外轴；10—联轴器；11—电机；12—底座

异步设计磁性传动，也称转矩环磁性传动，用笼型结构的转矩环来取代内磁缸，转矩环类似于异步电动机的转子，在外磁缸产生的旋转磁场中产生感生电动势和感生磁场，从而以略低的速度转动。由于内磁缸中无永磁铁，因此其使用温度要高于同步驱动的磁力传动。

2. 磁力泵的结构

(1) 磁力耦合器　磁力传动由磁力耦合器来完成。磁力耦合器主要包括内磁缸、外磁缸及隔离套等零部件，是磁力泵的核心部件。磁力耦合器的结构、磁路设计及其各零部件的材料关系到磁力泵的可靠性、磁传动效率及寿命。磁力耦合器在规定的环境条件下适用于户外启动和连续操作，不应出现脱耦和退磁现象。

① 内、外磁缸　内磁缸应用黏合剂牢固地固定在导环上，并用包套将内磁缸和介质隔离。包套最小厚度应为 0.4mm，其材料应选用非磁性的材料，并适用于输送的介质。

外磁缸也应用黏合剂牢固地固定在外磁缸导环上。为防止大气腐蚀，事故工况下外磁缸对隔离套的破坏和可能产生的碰撞火花，以及防止装配时外磁缸的损坏，外磁缸内表面最好也应覆以包套，且包套应为不产生火花的材料。

同步磁力耦合器应选用钐钴、钕铁硼等稀土型磁性材料；转矩环传动器可选用钐钴、钕铁硼等稀土磁性材料，为适应高温条件，也可以采用铝镍钴磁性材料。钕铁硼的磁能积高于钐钴，缺点是使用温度仅为 120℃，且磁稳定性相对较差。钐钴的磁传动效率和磁能积高，并具有极强的抗退磁能力。用于磁力泵的钐钴通常有两种，钐钴 1.5 级 Sm_1Co_5 和 2.17 级 Sm_2Co_{17}。钐钴 1.5 级含钐 35%、钴 65%，最高使用温度 250℃，居里温度 523℃；钐钴 2.17 级含钐 25%、钴 50%、钛、铁等 25%，其最高使用温度达 350℃，居里温度 750℃。详见图 2-14。

② 隔离套　隔离套也称隔离罩或密封套，位于内、外磁缸之间，将内、外磁缸完全隔

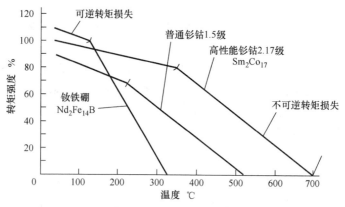

图 2-14 温度对磁性材料磁转矩强度的影响

开，介质封闭在隔离套内。隔离套的厚度与工作压力和使用温度有关，太厚，则增加内、外磁缸的间隙尺寸，降低了磁传动转矩，并增大隔离套内的涡流损失，从而影响磁传动效率；太薄，则影响强度和刚度。

隔离套有金属和非金属两种，金属隔离套存在涡流损失，非金属隔离套无涡流损失。金属隔离套应选用高电阻率的材料，如用哈氏合金、钛合金等，也可选用奥氏体不锈钢，其厚度一般为 1.0~1.2mm。对于小功率的磁力泵，且使用温度较低时，其隔离套也可考虑采用非金属材料，如塑料或陶瓷等。

(2) 滑动轴承

① 碳化硅陶瓷 磁力泵一般采用碳化硅陶瓷轴承。为防止碳化硅中含游离硅，从而降低其耐腐蚀性能，一般要求采用无压烧结的 α 相碳化硅。碳化硅滑动轴承，承载能力高，且具有极强的耐冲蚀、耐化学腐蚀、耐磨损性能和良好的耐热性，使用温度可达 500℃ 以上。碳化硅滑动轴承的使用寿命一般可达 3 年以上。

碳化硅轴承通常镶装在金属零件上。由于碳化硅热胀系数大大小于一般金属材料，因此在输送高温或低温介质时，应采用特殊的镶装结构（如金属波纹垫）或采用特殊的金属材料（如钛合金）等。

② 石墨 石墨具有较好的自润滑性能，可经受短时间的干运行，使用温度可达 450℃，缺点是耐磨性能较差。石墨滑动轴承的使用寿命一般可达 1 年以上。

3. 泵保护系统

为提高使用寿命和运转的安全性，磁力泵可以提供以下一种或数种安全保护装置。

(1) 轴承状态监测器 如果用户需要，一些国际知名厂商可配置非接触式的轴承状态监测器，用于防止轴承磨损失效、联轴器的脱耦、转子卡住及功率系统故障等。

(2) 电机功率监控器 电机功率监控器通过监测电机功率，来避免发生低流量或干运转。

(3) 温度探头 用温度探头（RTD）来监测隔离套的温度，以反映泵在操作中状态的变化。可防止泵的干运转、内外轴承磨损、严重汽蚀、闷泵、泵卡住以及系统过热等。

(4) 差压开关 用差压开关来监测泵出口的压力变化，可防止泵的干运转、严重汽蚀、闷泵、泵卡住等。尤其适用于容器卸空/槽车卸载等。

(5) 第二层保护

① 承压密闭的磁耦合箱体 隔离套外为磁耦合箱体，如图 2-13 的虚线部分。对于高系

统压力下输送某些剧毒或易燃化学品时,该箱体应为承压密闭容器,其设计和试验压力值与泵的液力端相同;且泵外轴和磁耦合箱体之间应设节流衬套和机械密封(俗称二次密封)。API 685 推荐此种型式。

② 双隔离套结构　当采用双隔离套结构时,其外隔离套的设计和试验压力值也应与泵的液力端相同。

(6) 液体泄漏探头　对于采用第二层保护的磁力泵,应设置液体泄漏探头。对于承压密闭的磁耦合箱体结构的磁力泵,当隔离套破裂或由于其他原因有液体进入磁耦合箱体时,探头就会报警;对于双隔离套结构的磁力泵,当内隔离套破裂或由于其他原因有液体进入内外隔离套之间的腔体时,探头就会报警。

二、屏蔽泵

1. 屏蔽泵的工作原理

屏蔽泵的泵头和电动机都被封闭在一个被泵送介质充满的压力容器内,此压力容器只有静密封。屏蔽泵的叶轮和电动机的转子固定在同一根轴上,利用屏蔽套将电动机的转子和定子隔开,转子在被输送的介质中运转,其动力通过定子磁场传递给转子,详见图 2-15。

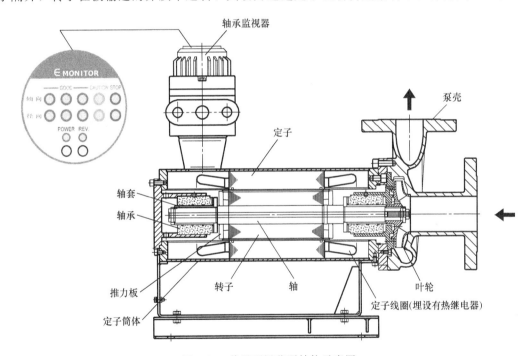

图 2-15　普通型屏蔽泵结构示意图

被输送的介质从泵进口流入泵壳腔体内部,通过叶轮的旋转升压,大部分介质由泵的出口排出。而一部分介质被导入到电机内部,首先润滑前轴承,然后流经定子屏蔽套与转子屏蔽套的间隙起冷却电机作用,再去润滑后轴承,最后从尾部进入转子轴的中心通孔回流到泵的入口。介质内部循环是利用泵的出口和入口的差压来实现的。

2. 屏蔽泵的类型

根据被输送液体的温度、压力、有无颗粒和黏度高低等不同要求,屏蔽泵一般可分为普通型(基本型)、反向环流型(逆循环型)、高温型、高熔点型、自吸型、泥浆分离型以及专为船舶、核电站和吸收制冷装置用的各种类型屏蔽泵。

① 普通型（基本型） 主要用于输送汽化压力不高、温度不高、不含颗粒的介质。一般来说，输送介质温度不超过 150℃，基本型采用单级叶轮扬程能达到 220m。

② 反向环流型（逆循环型） 这种型式的屏蔽泵采用的是带副叶轮的高压内循环结构，适合输送易汽化的液体，有时也称为易汽化型，如图 2-16 所示。

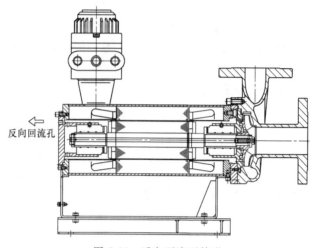

图 2-16　反向环流型外形

介质从泵进口流入泵腔体内部，通过叶轮的旋转升压，大部分介质由泵排出口排出，而一部分介质被导入到电机内部，首先润滑前轴承，然后流经定子屏蔽套与转子屏蔽套的间隙起冷却电机作用，再去润滑后轴承。与普通型屏蔽泵不同的是，这部分介质不回到泵进口，而是从尾部的反向环流孔流到进口储罐的气相区。

③ 高温型　可输送温度高达 450℃ 的介质。高温型屏蔽泵一般应配有外冷却系统，同时采用隔热盘将电机部分与泵头部分隔开，如图 2-17 所示。即使被输送的介质温度高达 450℃，在电机内部循环的介质温度也不会超过 100℃，采用普通绝缘等级的电机就可以了。

注：当外部无法提供冷却液，且电机功率较小时，可考虑采用特殊的耐热线圈来适应高温工况，其使用温度一般在 400℃ 以下。

④ 高熔点型　在屏蔽泵的液力端和电动机侧均带有夹套，夹套中可通入蒸汽或一定温度的液体防止高熔点液体产生结晶，如图 2-18 所示。如果屏蔽泵采用外部循环管，则外部循环管也应采用蒸汽或电伴热。

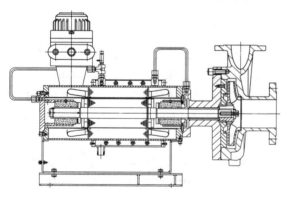

图 2-17　高温型外形

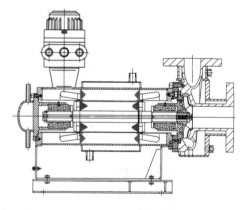

图 2-18　高熔点型外形

⑤ 自吸型　自吸型屏蔽泵适用于从低于泵进口中心线以下的容器中抽取液体，在屏蔽泵停泵后再次启动时，不必灌泵，泵就可以工作，如图 2-19 所示。通常吸入的最大提升高度，从液面至泵吸入口中心线的距离，最大可达 6～7m。

⑥ 泥浆分离型　用于含有悬浮颗粒的介质输送。泥浆型屏蔽泵在电机侧设置了外部冲洗孔，利用清洁的、适当的冲洗液，从冲洗孔注入电机，以达到冷却电机、润滑轴承的目的，同时防止颗粒进入电机，如图 2-20 所示。会在电机和泵之间设置隔离环或机械密封。

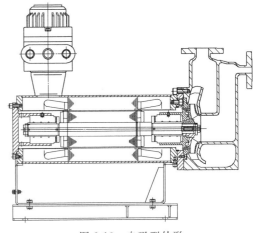

图 2-19　自吸型外形

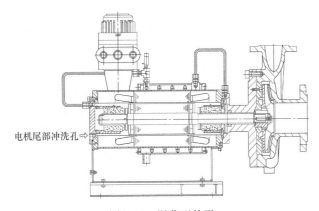

图 2-20　泥浆型外形

3. 屏蔽泵的结构

(1) 液力部件　屏蔽泵的液力部件可以采用与密封泵相同的型式。即可用密封泵的液力端与屏蔽电动机组合构成屏蔽泵，将一般离心泵的叶轮、涡壳和进出口法兰的结构用在屏蔽泵上。

(2) 轴承　由于转子较长，屏蔽泵需设前后两个滑动轴承座。这两个轴承要求精确对中。如果对中不佳，轴承很容易碎裂。

屏蔽泵的滑动轴承均采用液体润滑。为便于液体润滑，滑动轴承内壁以及与推力盘接触的端面一般开有导流槽，根据导流槽的分布形状，屏蔽泵的周长常开的导流槽有直槽、螺旋槽或同时开直槽和螺旋槽。

常见的滑动轴承的材料有如下几种：

① 石墨　石墨材质相对较软，并且具有非常好的自润滑性。为了提高其耐磨性能，通常将石墨做浸渍处理，常见的有浸渍树脂和浸渍金属等形式。石墨滑动轴承与表面堆焊钨、铬、钴等硬质合金或等离子喷涂氮化硅一类硬质合金制成的轴套组成摩擦副，使用寿命可达一年以上。

② 碳化硅　碳化硅承载能力高、耐磨性强、硬度高，也是一种非常好的滑动轴承材料。如果使用情况良好，纯烧结 α 级碳化硅滑动轴承的寿命可达三年以上。

③ 填充聚四氟乙烯　在输送某些强腐蚀性的介质时，滑动轴承也可以选用聚四氟乙烯

充碳素纤维、玻璃纤维等非金属材料。

④ 在某些特殊场合,也可以选择陶瓷或者金属作为屏蔽泵的轴承材料。

因为屏蔽泵的轴承不用润滑油润滑,所以它只能承受较小的径向载荷和轴向载荷。设计时,要采用各种办法减少轴承的负荷。减小径向力的方法通常有以下几种:

① 采用双蜗壳壳体　将泵的蜗壳做成带有2个错开180°的隔舌,将流体分成2个相等的部分,由于对称,产生2个方向相反的径向推力,因而可以减小轴承所受的径向力。但是双蜗壳的结构给铸造、清砂带来很多困难,实际上较少采用。

② 采用圆形泵体　泵体产生的径向力在泵的关闭点(指泵的出口阀全关,流量为零时),与最高效率点之间的范围要比蜗壳型泵体小,特别是在最高效率点时,用来减小径向力的效果最好。但这种泵体水力性能比蜗壳型稍差。

③ 采用多流道泵体　从理论上讲,多流道泵体可使径向合力为零,使轴承不受径向力,实际上,由于制造误差,流道不完全对称等原因,径向力不容易做到完全消除。

减小轴向力的方法如下:

① 采用自动推力平衡装置　通过叶轮轮盘背面固定的和可变的2种节流环在流体力的作用下,使叶轮前面和背面压力相平衡的方法来消除轴向力。在正常情况下,推力轴承不受力,只有在启动和意外情况下,止推盘才会与轴承止推面相接触。

② 采用背叶轮推力平衡机构　在叶轮背面配有径向布置的叶片,也可大大减小轴向力。

③ 采用平衡盘结构　以上各种办法,各有优缺点,需要根据实践经验和泵的总体设计进行综合考虑和选择。

(3) 屏蔽套　屏蔽泵通常有2个屏蔽套,即定子屏蔽套和转子屏蔽套,用来防止工作介质侵入定子绕组和转子铁芯。由于屏蔽套的存在,使电动机定子和转子之间的间隙加大,同时在屏蔽套中还会产生涡流,增加了功率损耗,造成屏蔽电动机的性能下降。一般来说,屏蔽电机和传统离心泵所用电机相比,效率会低一些,大约在5%以内。

对于屏蔽泵,其屏蔽套应选用耐腐蚀性好、强度高的非导磁材料,为了减少因屏蔽套的存在所引起的损耗,在设计时必须注意屏蔽电动机的内径要小,屏蔽套的厚度要薄,屏蔽套的材料应为非导磁材料。所以屏蔽电动机一般都采用细长的结构,即铁芯长度和内径的比值比较大。屏蔽套材料选用耐腐蚀性好、强度高的非导磁材料,如奥氏体不锈钢、哈氏B、哈氏C、钛合金等。哈氏合金材料产生的涡流损失较小,定子屏蔽套优先选用哈氏合金,转子屏蔽套可选用哈氏合金或奥氏体不锈钢。

屏蔽套的厚度一般为0.4~0.7mm,厚的屏蔽套可以提供较坚固的结构,但引起的能量损失也大,实际设计时,往往选用既有足够安全性又不致造成太大损失的折中方案。

4. 屏蔽泵的安全监测和保护装置

为提高使用寿命和运转的安全性,屏蔽泵通常都设有下列保护装置。

(1) 轴承磨损监测器　轴承磨损监测器根据其检测原理通常分为机械式、机械电气式、电气式、电子式等型式。当屏蔽泵运转时,可以通过轴承磨损监测器随时监视轴承的运转情况,当轴承磨损较大时就要停车检修或更换轴承,在运转时若发生轴承损坏则立即停车。

机械式监测轴承磨损最为直接,可靠性高,但不可调、没有预警功能。其他形式的轴承监测,可实现现场显示,且可输出4~20mA信号以及报警开关信号。图2-15所示普通型屏蔽泵所带的轴承磨损监测器即为电子式。

(2) 电流保护器　屏蔽泵在缺液情况下空运转时,会造成泵的损坏。当流量大幅度下降时，电流也会大大降低，此时电流保护器可以发出控制信号，通过用户的保护装置将泵停止运行，防止事故发生。同样，在负载过大时，电流增加较多，电流保护器也会动作，自动切断电流，使电机停止运转，防止事故发生。

(3) 电机过热保护　事先将温度传感器预埋在定子三相绕组内，实现超温报警，避免电机绕组的工作温度超出其绝缘等级的要求，同时是对满足防爆性能中温度组别项的一个补充。

传感器主要分三种：热敏电阻（PTC）、热敏开关和热电阻（如PT100），前面两种价格低，使用比较广泛。

热敏开关和热敏电阻均为位式控制，报警温度不可调，而热电阻传感器通过配备相应的显示仪表，可以实时监控电机绕组的温度变化，它通常使用在重要泵位以及特殊绕组形式上。

除以上三种保护装置外，屏蔽泵还可以配置热交换能力监测器、液面监测器或在电动机内部装内压保护器等，以满足不同用途屏蔽泵安全保护的需要。

三、磁力泵和屏蔽泵的特性比较

磁力泵和屏蔽泵的特性比较见表2-5。

表2-5　磁力泵和屏蔽泵的特性比较

项　目	磁力驱动泵	屏蔽泵
过流部件材质	金属、非金属	金属
安全性	磁力泵的隔离套厚度为1.0～1.2mm，比屏蔽泵屏蔽套厚度要厚，因此隔离套不容易破坏，但普通型磁力泵一旦隔离套破坏后，介质会漏向大气 为提高其安全性，可考虑采用第二层保护	屏蔽套的厚度为0.4～0.7mm，但其定子腔外壳是第二层隔离套，可阻止介质漏向大气。因此一般而言，其安全性优于普通结构的磁力泵
效率	屏蔽泵采用特殊的细长型电动机，其效率比轴封要低5%～7%；磁力泵虽然采用标准电动机，但由于存在磁力损失，其效率也比轴封泵低5%～7% 中小规格的屏蔽泵和磁力泵，效率相当；大规格时，屏蔽泵效率略高	
滑动轴承及其材料	由于转子较短，一般磁力泵只设1个滑动轴承座，前后轴承对中相对容易，因此磁力泵一般采用碳化硅轴承，耐磨性能相对较好	虽然转子较长，但仅需2个轴承，屏蔽泵较多采用自润滑性非常好的石墨轴承，也可用耐磨性较好的碳化硅作为轴承材质
驱动机	标准电机或汽轮机	专用电机
安装尺寸	与通用机械密封泵相似，相同标准的磁力泵与通用机械密封泵可以互换	优点是尺寸小，缺点是不能与通用机械密封泵互换
振动	磁力泵有电机轴、泵外轴和内轴3根轴，因此对中较困难，振动较屏蔽泵大	单轴设计，不存在对中问题，振动很小
噪声	磁力泵的噪声主要来自电机风扇，而屏蔽泵没有电机风扇，因此屏蔽泵的噪声一般比磁力泵小	
联轴器	有	无
泵保护装置	为提高使用寿命和运转的安全性，如果需要，应考虑设下列保护装置： ①轴承状态监测器 ②电机功率监控器 ③温度探头 ④差压开关 ⑤承压密闭的磁耦合箱体 ⑥液体泄漏探头	①轴承磨损监测器 ②电流保护器 ③电机过热保护热继电器 ④温度探头 ⑤液位监测器

续表

项　目		磁力驱动泵	屏蔽泵
维护		用户一般可以自行维护。但应注意： ①泵内轴（和内磁缸相连）和泵外轴（和外磁缸相连）通过连接定位止口精确定位，泵外轴和电动机轴应精确对中 ②磁体间存在较大的引力，装拆时应小心，防止受伤	电机和泵一体，一般用户较难自行维护
适用范围	功率/kW	400	500
	最高温度/℃	450（不需冷却水）	450（需冷却水）
	最低温度/℃	−150	−200
	最大工作压力/MPa	40	120
	颗粒介质	普通型泵一般可耐3%以下的颗粒；内部带自清洗过滤器时，颗粒含量可达25%；带外冲洗结构时，颗粒含量可达40%	利用反冲洗结构，可输送含颗粒介质，含量可达30%
价格		无密封泵与双端面机械密封泵相比，价格略贵。但屏蔽泵维护保养成本低，因此长期运行的综合成本比机械密封泵低 中小规格，磁力泵比屏蔽泵略贵	

注：资料来自汉胜工业设备（上海）有限公司、大连海密梯克泵业有限公司、上海日机装屏蔽泵有限公司和杭州大路实业有限公司等。

第六节　自吸离心泵

普通离心泵，若吸入液面在叶轮之下，启动时应预先灌水，很不方便。为了在泵内和吸入管中保存液体，吸入管进口需要装底阀，泵工作时，底阀造成很大的水力损失。所谓自吸泵，就是在启动前不需灌液，经过短时间运转，即可以把液体吸上来，投入正常工作。自吸泵广义上包括各种真空设备与离心泵的组合装置，如水环轮式自吸泵（水环轮与离心泵组合）和射流式自吸泵（喷射器与离心泵组合）以及其他型式真空设备与离心泵的组合；狭义上专指通过改变结构使得泵本身具有抽真空能力的离心泵（气液混合式自吸泵）。在这里主要介绍气液混合式自吸泵。

离心泵具有一定的气液混输能力，自吸泵利用离心泵的该能力通过特殊结构使得液体与气体混合后排出，实现抽真空，将入口管中液体吸上的目的。通常根据液体与气体在泵中混合位置的不同，自吸泵可分为内混式和外混式两种。气液分离室中液体回流到叶轮入口，气体和液体在叶轮入口处混合的称为内混式自吸泵。气液分离室中液体回流到叶轮出口，气体和液体在叶轮外缘处混合的称为外混式自吸泵。

一、内混式自吸泵

内混式自吸泵典型结构如图2-21所示，由泵壳、储液室、蜗室、叶轮、轴封、止回阀、回流阀、回流孔构成。第一次启泵前，需往储液室中灌水。泵启动后，叶轮入口的液体被甩入蜗室进到储液室中，从而在叶轮入口形成真空，在压差作用下储液室中的水经过打开的回流阀由回流孔射向叶轮入口，与来自入口管道的气体充分混合后被叶轮甩出进入储液室，气液混合物在密度差作用下分离，气体上升到储液室上方排入出水管，液体沉到储液室下方经由回流孔循环回到叶轮入口，如此循环直到将泵入口管道中的气体排净后泵进入正常操作状态，泵正常操作后回流阀在压差作用下自动关闭（或手动关闭）。

二、外混式自吸泵

1. 外混式自吸泵典型结构和工作原理

外混式自吸泵与内混式自吸泵结构基本相同，不同之处在于回流孔开在泵蜗壳上，自吸过程中储液室中的液体通过回流孔回流进蜗室中，经由叶轮的强烈扰动在叶轮外缘与空气混合形成气液混合物，气液混合物沿着蜗室流动进入储液室进行气液分离，如此循环完成吸排气过程，如图 2-22、图 2-23 所示。

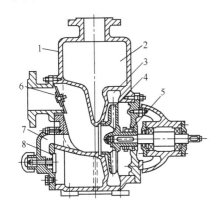

图 2-21　内混式自吸泵典型结构
1—泵壳；2—储液室；3—蜗室；
4—叶轮；5—轴封；6—止回阀；
7—回流孔；8—回流阀

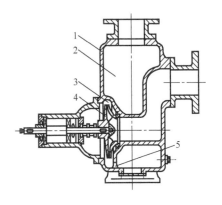

图 2-22　外混式自吸泵典型结构
1—泵壳；2—气液分离室；3—蜗室；
4—叶轮；5—回流孔

2. 其他结构的外混式自吸泵

立式外混式自吸泵有多种结构，图 2-24 所示为一种立式结构的两级外混式自吸泵。与卧式外混式自吸泵结构不同之处在于立式外混式自吸泵蜗室上不开回流孔，液体在重力作用下沿蜗室流道回流到叶轮外缘与气体反复混合。该泵型采用副叶轮作为轴封，泵体中液体与

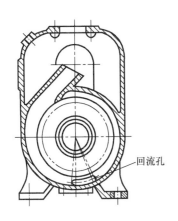

图 2-23　外混式自吸泵回流孔位置

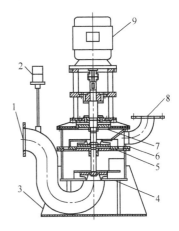

图 2-24　立式自吸泵结构
1—入口；2—电磁通气阀；3—底座；
4—一级叶轮；5—二级叶轮；6—泵体；
7—副叶轮；8—泵出口；9—电机

大气连通，为防止停泵后泵中液体虹吸回入口管道中，泵入口设有与大气相通的电磁通气阀，停泵时电磁通气阀开启与大气连通。入口管道高点应设计低于副叶轮高度，防止停泵后液体由副叶轮处溢出。

三、其他形式的气液混合自吸泵

通常的气液混合式自吸泵（包括内混式和外混式），气液混合均在离心泵内部完成，且需设有气液分离装置和液体回流结构。这里介绍一种气液混合在泵外部完成，无气液分离和液体回流结构的自吸泵。该自吸泵实质是一个储液罐和普通离心泵的组合，图 2-25 所示为一个储液罐，储液罐入口 1 与管道连接，出口 2 与离心泵入口连接。第一次启泵前向储液罐中加液到最大液位，泵启动后将储液罐中液体排出，储液罐连同入口管道中气相空间容积扩大压力降低将入口管道液体吸入储液罐，入口管道液流向上冲击到储液罐上封头反弹后像瀑布一样朝下射入罐中液体中，通过液流与液面的撞击形成气液混合物，气液混合物由离心泵吸入加压后排往下游管道。在这里气液混合过程在储液罐中进行，自吸过程中液体不循环利用，来自入口管道中的连续液流取代了内混式和外混式自吸泵中的回流液流，气液混合物经泵出口排出，不另设气液分离装置。该自吸泵自吸性能的关键取决于储液罐容积的设计，储液罐容积需根据自吸高度和入口管道中的气体容积确定，应设计使得气体充分膨胀产生足够的真空度将液体吸上且入口管液流具有一定的速度头。储液罐过小，气体膨胀不够充分，产生的真空度不足以吸上液体或吸上液体但液流速度头过小均会导致自吸泵断流，无法完成吸排气过程转入正常操作状态。

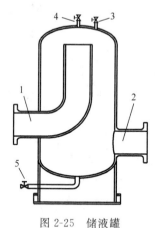

图 2-25 储液罐
1—液体入口；2—液体出口；
3—加液口；4—排气口；5—排液口

四、影响自吸泵自吸性能的因素

（1）储液室容积　对于气液混合式自吸泵，加大储液室容积、增加储液容量，均可使自吸时间有不同程度的缩短。

（2）叶轮与隔舌的间隙　隔舌起到将气液混合物刮离叶轮外缘，防止气液混合物在蜗室中就地循环的作用，隔舌与叶轮间隙越小，排出蜗室的气液混合物越多，自吸时间越短，但间隙太小会使泵产生较大的液流噪声。

（3）叶轮出口宽度和蜗室截面面积　对于外混式自吸泵，较宽的叶轮出口宽度和蜗室截面有利于气液充分混合，减少自吸时间。

（4）回流孔面积　试验表明，回流孔的面积有一个最佳值。回流孔面积小于该最佳值，自吸时间延长；回流孔面积大于该最佳值，自吸高度和泵效率均会下降。

（5）回流孔位置　外混式自吸泵回流孔位置不同，自吸效果不同，通常布置在靠近泵蜗壳最低处位置。

五、真空设备与离心泵组合装置

常见的真空设备与离心泵组合装置有水环轮式自吸泵和射流式自吸泵。水环轮式自吸泵是将水环轮和水泵叶轮组合在一个壳体内，借助水环轮将气体排出，实现自吸。当泵正常工作后，可通过阀截断水环轮和水泵叶轮的通道，并且放掉水环轮内的液体。射流式自吸泵，由离心泵和喷射器（喷水或喷气）组合而成，依靠喷射装置，在喷嘴处造成真空实现抽吸，完成抽吸后离心泵进入正常操作，喷射器停止操作。也有将射流式自吸泵用于深井抽水，此时离心泵布置于地面，喷射器布置在井下，喷射器采用离心泵出口引出的一股水流作为动力源与离心泵一同连续操作，可用于从深度超过 10m 的深井中抽水。

第七节　轴流泵和混流泵

一、轴流泵

（1）轴流泵的工作原理与结构　轴流泵是流量大、扬程低、比转数高的叶片式泵，轴流泵的液流沿转轴方向流动，但其设计的基本原理与离心泵基本相同。

轴流泵的主要零件有进水管、叶轮、导叶、出水管、泵轴、轴承和轴封等。轴流泵按主轴的安装方式分有立式、卧式和斜式三种。

① 进水管　喇叭管为中小型立式轴流泵的吸水室，用铸铁制造，它的作用是把水以最小的损失均匀地引向叶轮。喇叭管的进口部分呈圆弧形，进口直径约为叶轮直径的 1.5 倍。在大型轴流泵中，吸水室一般做成流道的形式。

② 叶轮　叶轮是最主要的工作部件，由叶片、轮毂、导水锥等组成，如图 2-26 所示。

轴流泵的叶片呈扭曲形装在轮毂上。根据叶片调节的可能性分为固定式、半调节式和全调节式三种。固定式的叶片和轮毂成一体，叶片的安装角度是不能调节的。半调节式的叶片用螺母拴紧在轮毂上，如图 2-17 所示，在叶片的根部刻有基准线，而在轮毂上刻有几个相应安装角度的位置线。叶片不同的安装角度，其性能曲线将不同，使用时可根据需要调节叶片安装角度。半调节式叶轮叶片需要停机并拆卸叶轮之后，才能进行调节。全调节式的叶片是通过机械或液压的一套调节机构来改变叶片的安装角。它可以在不停机或只停机而不拆卸叶轮的情况下，改变叶片的安装角。

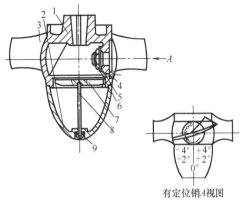

图 2-26　半调节叶片轴流泵的叶轮
1—轮毂；2—导水锥；3—叶片；4—定位销
5—垫圈；6—紧叶片螺母；7—横闩；
8—螺柱；9—六角螺母

③ 导叶　导叶位于叶轮上方的导叶管中，并固定在导叶管上。它的主要作用是消除流体的旋转运动，减少水头损失。同时可将流体的部分动能转变为压能。

④ 轴和轴承　中小型轴流泵泵轴是实心的。对于大型轴流泵，为了布置叶片调节机构，泵轴做成空心的。轴腔内安置有操作油管或操作杆。

轴流泵的轴承按其功能可以分为三类：径向轴承、推力轴承和导轴承。推力轴承用于承受泵运行过程中产生的轴向力。径向轴承导轴承主要用来承受转动部件的径向力，起径向定位作用。导轴承装在导叶锥体中，用于减小轴的摆动，导轴承常用介质润滑或外冲洗液润滑。

⑤ 轴封　轴流泵可根据应用场合的要求配置填料或机械密封，与离心泵轴封相似。

⑥ 泵壳　轴流泵的泵壳呈圆筒形，由于其中有固定导叶，故称导叶式泵壳。导叶装在叶轮后面，呈圆锥形，内有多片导叶。轴流泵的出水道是一弯管。中小型轴流泵的进水道多采用喇叭形短管，而大型轴流泵则多采用肘弯形或钟形进水道。

(2) 轴流泵的性能特点

① 轴流泵适用于大流量、低扬程。

② 轴流泵的 H-V 特性曲线很陡，关死扬程（流量 $Q=0$ 时）是额定值的 1.5～2 倍。

③ 与离心泵不同，轴流泵流量愈小，轴功率愈大，因此应开阀启动。

④ 高效操作区范围很小，在额定点两侧效率急剧下降。

⑤ 轴流泵的叶轮一般浸没在液体中，因此不需考虑汽蚀，启动时也不需灌泵。

(3) 轴流泵的操作与流量调节　轴流泵一般不采用出口阀调节流量，常用改变叶轮转速、调节泵入口导叶或改变叶片安装角度的方法调节流量。

① 变转速调节　与离心泵相似，轴流泵通过改变转速可获得多条性能曲线，使得工作点保持在高效区。变转速调节由于其调节的便捷性已经在大型轴流泵上得到越来越多的应用。

② 入口导叶调节　轴流泵可在入口设导叶，通过导叶改变入口液流的预选强度来实现泵特性曲线的改变。导叶调节适用于流量小范围变化而扬程大范围变化的场合。

③ 叶片安装角调节　叶片安装角调节相当于改变了泵的比转速，适用于要求流量大范围变化而扬程变化范围较小的场合。叶片半调节式由于每次调节需对泵进行拆卸，因此适用场合较少。叶片全调节式轴流泵设有液压式或机械调节机构。液压式调节机构源自水轮机叶片调节结构，具有输出力矩大的优点，但油系统复杂，一般用于功率 2500kW 以上的大型轴流泵。机械式调节机构一般用于功率 2500kW 以下的轴流泵。叶片安装角调节由于调节机构复杂，可靠性相对较差，正逐步被变转速调节所取代。

二、混流泵

混流泵是介于离心泵与轴流泵之间的一种泵。低比转速的混流泵叶轮结构接近离心泵叶轮，高比转速混流泵叶轮结构接近轴流泵叶轮。当叶轮旋转时，流体同时承受着离心力和推力的作用，经过叶轮的流体流向介于径流和轴流之间。混流泵的特点介于离心泵与轴流泵之间，泵的高效区范围比轴流泵宽广，汽蚀性能也较好，使用维修较为方便。混流泵按构造型式分为蜗壳式和导叶式两种。一般中小型泵多为蜗壳式，大型泵为导叶式或蜗壳式。

(1) 蜗壳式混流泵　图 2-27 所示为卧式蜗壳形混流泵，其结构近似单级单吸卧式离心泵，区别在于叶轮形状有所不同，如图 2-28 所示。

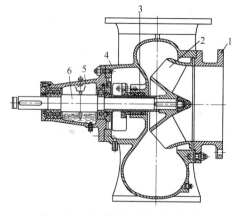

图 2-27　卧式蜗壳式混流泵结构

1—泵盖；2—叶轮；3—轴封；4—泵体；5—轴承座；6—轴

(a) 低比速叶轮　(b) 高比速叶轮

图 2-28　混流泵叶轮

（2）导叶式混流泵　导叶式混流泵结构如图2-29、图2-30所示，其结构与轴流泵相似，但导叶体部分向外凸出，而轴流泵导叶体部分是等直径。

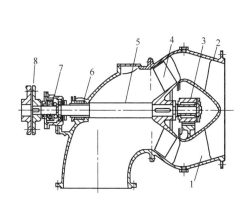

图 2-29　卧式导叶式混流泵结构
1—导叶；2—泵壳；3—导轴承；4—叶轮；
5—泵轴；6—轴封；7—轴承；8—联轴器

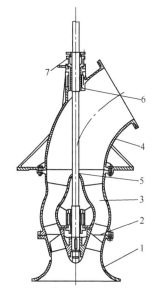

图 2-30　立式导叶式混流泵结构
1—进水喇叭；2—叶轮；3—导叶；4—出水弯管
5—泵轴；6—橡胶轴承；7—轴封

第八节　旋　涡　泵

1. 旋涡泵的工作原理

旋涡泵（也称涡流泵）属于叶片式泵。

旋涡泵通过旋转的叶轮叶片对流道内液体进行三维流动的动量交换而输送液体。

泵内的液体可分为两部分：叶轮凹槽间的液体和泵与叶轮间流道内的液体。当叶轮旋转时，流道内液体圆周速度小于叶轮圆周速度，叶轮内的液体在离心力作用下从叶轮凹槽甩到流道中，然后在液体间剪切力作用下减速，将能量传递给流道中的液体。叶轮凹槽在甩出原有液体的同时，内部压力降低，从而将流道内的液体吸入凹槽。这样使得液体产生与叶轮转向相同的"纵向旋涡"（图2-31）。此纵向旋涡使流道中的液体多次返回叶轮内，再度受到离心力作用，而每经过一次离心力的作用，扬程就增加一次，因此旋涡泵具有其他叶片泵所不能达到的高扬程。需要注意的是，同一个液体质点并不是在纵向旋涡作用下通过每个叶轮凹槽，也不是所有液体质点都通过叶轮。随着流量的增加，液体产生纵向旋涡的次数减少，扬程降低。当流量为零时，液体产生纵向旋涡的次数最多，扬程最高。

旋涡泵叶轮具有开式和闭式两种，闭式叶轮叶片凹槽内设有中间隔板，如图2-31（a）所示。开式叶轮无中间隔板。

2. 闭式旋涡泵

（1）闭式旋涡泵结构　闭式旋涡泵结构如图2-32所示，主要由叶轮、泵体、隔舌组成。图中流道两端（或一端）与进口或出口相通，称为开式流道。叶轮上开有平衡孔，用于平衡轴向力。液流由入口进入，在叶轮带动下做纵向旋涡运动获得能量，由出口排出，靠近出口侧叶片间液体随叶轮回到泵入口。

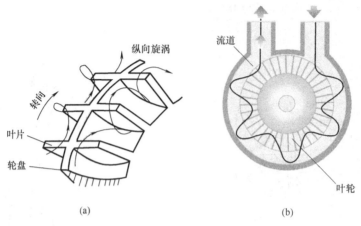

图 2-31 旋涡泵结构示意图

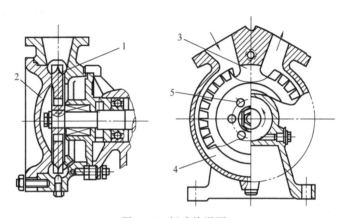

图 2-32 闭式旋涡泵
1—叶轮；2—泵壳；3—隔舌；4—流道；5—平衡孔

(2) 闭式旋涡泵特点

① 闭式自吸泵没有自吸能力，不适用于气液混输。

入口气体随液体混入叶片凹槽，由于液体和气体密度不同，密度大的液体在离心力作用下甩到叶片凹槽外侧和流道中，气体留在叶片凹槽根部，在出口侧液体由出口流出，叶片凹槽根部的气体随叶轮回到入口，无法实现排气。闭式旋涡泵如要具备自吸能力，需在出口侧加设辅助装置，使得液流流向叶片凹槽根部将气体排出，并有气液分离和液体回流结构。

② 闭式旋涡泵汽蚀性能较差。

入口液流由叶轮外缘流向叶片凹槽根部，流速分布不均，冲击较大，因此闭式旋涡泵汽蚀性能不如开式旋涡泵。

③ 闭式旋涡泵一般为单级或两级。

④ 闭式旋涡泵效率一般为 35%～45%，高于开式旋涡泵。

3. 开式旋涡泵

(1) 开式旋涡泵结构　开式旋涡泵结构如图 2-33 所示。与闭式旋涡泵采用开式流道不同，开式旋涡泵通常采用闭式流道，吸入口和排出口开在叶片根部，与流道互不相通。除闭式流道结构外，开式旋涡泵还有一种采用向心开式流道的结构。两种结构均有自吸能力。

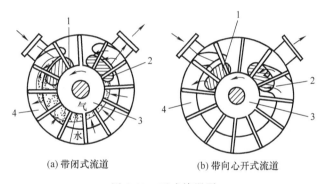

图 2-33 开式旋涡泵
1—吸入口；2—排出口；3—叶轮；4—流道

(2) 开式旋涡泵特点

① 开式旋涡泵配闭式流道或向心开式流道具有自吸能力，可用于输送含气液体。

开式旋涡泵自吸过程由吸气、压缩、排气组成，与水环真空泵相似。当泵启动时，吸入口的叶片凹槽内的液体被甩入流道，叶片凹槽形成真空，将气体由吸入口吸入；随着叶轮回转，流体压力变大，气体密度小，被压缩在叶片根部，体积不断缩小；排出口开在流道尽头并靠近叶片的根部，当液体到流道尽头时，会急剧变为向心方向流入叶片凹槽，将气体从排出口挤出，液体则留在叶片凹槽内随叶轮旋转回到入口；如此循环实现吸排气。

② 开式旋涡泵汽蚀性能较闭式旋涡泵好。

开式旋涡泵吸入口开在叶片凹槽根部侧面，液体侧向流入叶片凹槽根部，然后在离心力作用下甩向流道中，液流速度较均匀，冲击损失较少。

③ 开式旋涡泵效率较低，一般为 20%～35%。

其中采用闭式流道的开式旋涡泵由于液流在排出口一侧由流道中急剧转向流入排出口，冲击损失较大，效率一般只有 20%～27%。采用向心开式流道可以改善液流在排出口一侧的流动情况，效率提高到 27%～35%。

④ 开式旋涡泵一般为单级或多级。

4. 旋涡泵的性能特点和调节方式

旋涡泵的扬程流量曲线与轴流泵相似，是一条陡降的近似直线。旋涡泵轴功率随着流量增大而减小，在关死点轴功率最大。因此旋涡泵应开阀启动，采用旁路调节流量。

5. 应用范围

旋涡泵常用于输送易挥发的介质（如汽油、酒精等）以及流量小、扬程要求高，但对汽蚀性能要求不高或要求工作可靠和有自吸能力的场合（如移动式消防泵）等，但不适用于输送黏度大于 115mPa·s 的介质（否则泵的扬程和效率将大幅下降）和含固体颗粒的介质。

第九节 泵的智能控制和保护

随着变频驱动技术、计算机技术和信息技术的迅速发展，传统的泵制造业已向着节能化、智能化方向发展。近年来，ITT、FLOWSERVE、ABS、TECO、GRUNDFOS、KSB、WILO、DAB/WACS 等泵公司都推出了泵的监测控制与保护的智能化专业化产品。如，ITT 已推出的 PUMPSMART、FLYGT 的 MAS 和 APP、PROSMART、i-Frame、HYDROVAR、Lowara 的 GV-SD60（供水领域）、B&G Tech（建筑 HVAC 领域）和 FLOWTRONEX 的 OASIS 等系列；

FLOWSERVE 的 IPS Tempo（工业领域）；ABS 的 MCU-33；TECO 的 PUMPMASTER（供水领域）；GRUNDFOS 的 CU、CRE、CRIE、CRNE、CHIE 和 MPC（供水和建筑领域）；KSB 的 PumpDrive（供水领域）；WILO 的 Stratos 和 Comfort（供水领域）；DAB/WACS 的 Active Driver（供水领域）等。国内一些品牌也开始了该领域的尝试和努力。

泵的智能控制和保护是指具有一定的微处理能力，在泵应用、控制和保护方面可以部分替代人工智能的功能，其设备为已植入泵厂自有监测控制与保护的智能技术控制固件（软件）的硬件及集成，其硬件一般包括变频器（柜）、PLC 和泵保护单元等。智能控制和保护对于泵的安全可靠运行以及节能有非常明显的作用。

一、泵智能控制与保护的理论依据

泵的运行工作点是泵性能曲线和系统曲线（又称管路或装置特性曲线）的交点。泵在工作点的运行效率因运行工作点的不同而剧烈波动。从图 2-34 可见，一台离心泵的运行效率可因工作点的不同而存在 40% 的差异。这个差异就是泵系统节能和提高其可靠性的潜力所在。

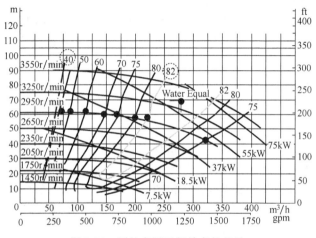

图 2-34　泵的实际运行效率的差异

传统的泵性能曲线是泵在某固定转速下，扬程、效率、功率、泵的汽蚀余量（$NPSH_r$）等分别随流量变化的轨迹，如最常用的流量-扬程曲线，$NPSH_r$-流量曲线等。

在变速（频）时，泵的性能曲线会随泵转速的变化而依相似定律移动，如图 2-34 所示，其轨迹形成多个性能扇面。各扇面可由连接最高转速时的性能曲线和最小转速时的性能曲线组汇集而成，如流量-扬程扇面、$NPSH_r$-流量扇面等。

泵的性能扇面比泵的性能曲线具有更大的与系统曲线的交汇性和更多的控制选择性。这种交互作用的多变性导致泵的运行效率和可靠性的巨幅波动，这就是泵的智能控制和保护的必要所在。若泵的控制和保护适应这种变化，则泵运行效率高且平稳而维修量低。反之，若泵的控制与保护不能适应这种变化多样性，则泵运行效率低、不平稳且维修量高。

二、泵的智能控制

离心泵的控制有许多种，如直接节流法、改变泵的转速和改变旁路回流量等。泵的智能控制主要是指以变频、PLC 技术为基础、以泵性能与泵装置特性的交互作用理论为依据的变转速控制。

常见的泵变频控制技术有如下几类：

(1) 转速的开环控制，即由外部给定变频器的速度（频率），变频器驱动电机在设定的转速（频率）下运转。

(2) 在单泵应用中工艺变量的简单控制（闭环控制）：压力控制、差压控制、流量控制、液位控制、温度控制等。

(3) 在多泵应用中变频和控制技术的简单应用。

下面结合离心泵的流体技术特点及泵与系统的交互作用，简单介绍泵智能控制的功能和实现方式。

1. 单泵的智能控制

(1) 取消泵出口的流量调节阀，优化系统的设计和控制。

a. 泵设计选型时，通常按最大负荷并考虑安全余量来选型。额定流量一般直接采用最大流量或取正常流量的 1.1～1.15 倍；额定扬程一般取装置所需扬程的 1.05 倍。即泵只有在达到最大负荷时才工作在最佳效率区域。

b. 在实际应用中，泵出口流量调节阀也会带来附加管路损失，尤其是在开度只有 20%～40% 时，会因管路阻力增大而导致损失增加。通常，一个泵出口的流量调节阀会给泵管路系统增加 0.7～2.5bar 的阻力降。因此，取消泵出口的流量调节阀会减小在管路中的阻力损耗。例如，在 $100m^3/h$ 的泵流量下，1bar 的动压差约需消耗 4kW 能量，按 8000h/年计，年消耗约 32000kW·h。

为解决上述问题，可采用以下步骤：

a. 去掉泵出口的流量调节阀，降低管路阻力，优化管路系统曲线。

b. 增加具有变频功能的泵驱动和控制设备。

c. 将最大输出工艺参数规定在泵的 50～60Hz 变频运行下输出，而将正常工艺参数整定在 50Hz 泵的最佳效率区域内，从而避免因泵的选型偏大而使泵的实际运行偏离至低效区内。

d. 用"双泵同步运行"替代单泵在流量波动较大（最小流量和最大流量间）时运行。

(2) 取消最小流量保护旁路。

当泵有可能在低于最小流量情况下运行时，传统的做法是设最小流量保护旁路。对于小型泵，一般在旁路上设孔板和截止阀；对于中、大型泵，考虑节能，可将孔板改成压力调节阀。

采用智能控制时，泵的最小流量要求会随着泵转速的下降而下降，因此在泵的主管路流量或压力下降时，可以通过下调泵的转速来降低泵的最小流量要求，使泵在该转速下的主管路流量大于该转速下泵的最小流量要求。此外采用智能控制，对于干运转或零流量运行也有保护作用。因此，可以取消离心泵的最小流量保护旁路。

(3) 输出压力自动补偿管路系统阻力。

如图 2-35 所示为利用泵出口的一个压力传感器实施具有管路系统阻力自动补偿功能的高级压力控制。

在简单闭环恒压变频控制的逻辑的基础上增加如下逻辑：从泵的转速达到某设定转速时（拐点）开始，压力设定点随泵速度增加以一定比率沿二次曲线增加。该比率可以从用户远端的最大阻力压降和对应的泵速度计算而得。

优点：使泵的压力输出更贴合系统曲线，自动补偿管路系统的阻力降变化。图 2-37 中深绿色的部分显示了高级压力控制比图 2-36 所示简单闭环恒压变频控制节约更多的能量（扬程）。

应用理论依据：当泵系统需求从最大流量降至正常流量甚至最小流量的过程中，管路系

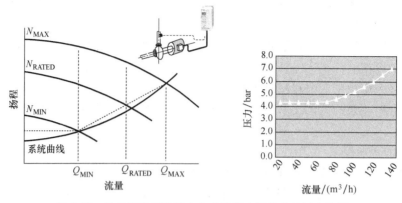

图 2-35　具有管路系统阻力自动补偿功能的高级压力控制

统阻力扬程随流量呈平方关系锐减,按图 2-36 简单闭环恒压变频控制所恒定的压力也逐渐超过系统(用户)实际的压力需求,呈现压力相对过剩和能源浪费。

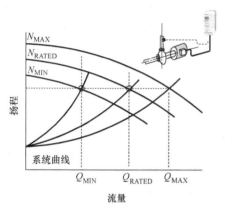

图 2-36　简单闭环恒压变频控制

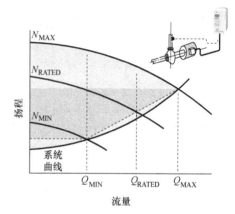

图 2-37　高级压力控制节约更多的能量(扬程)

(4) 多变量控制。

用泵系统中第二个过程变量来修正第一个过程变量设定点的控制方式称为"多变量控制"。

如图 2-38 所示,为了对罐中物料输送进行更合理的控制,将罐内液位作为第二过程变量来修正第一过程变量(泵输出流量)的设定值。修正关系参见图 2-38(b)的液位与流量图。其主要优点如下:当液位低于 20% 时,自动下调泵输出流量的设定值以防止汽蚀,当液位高于 80% 时,自动上调泵输出流量的设定值以防止罐内液体冒顶;液位低于 5% 时自动停泵。此控制中的各拐点可根据工艺调整,本示例中的拐点为:(<5% 液位,零流量)、(5% 液位,最小流量)、(20% 液位,正常流量)、(80% 液位,正常流量)、(95% 液位,最大流量)、(100% 液位,最大流量)。泵的输出流量按上述各拐点连线自动运行,节能、可无人值守;同时由于最大流量(流速)被控制,因此可提高化工和油品罐区储运安全性。

(5) 泵的转矩曲线及控制。

流量-扬程性能曲线相对平缓的泵,如果采用调速方法来控制泵的流量将会很困难。如图 2-39 所示,对泵微小的转速调整会导致流量的巨大变化,在实际应用中用变频调速无法稳住泵的流量。

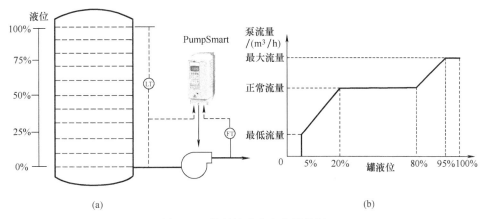

图 2-38　物料输送的多变量控制

为解决上述性能曲线平稳的泵的控制难题，可采用智能转矩控制来实现此类泵的流量控制并稳定操作。这种控制使原来平缓的泵性能曲线变得陡峭，如图 2-40 所示，在同样的流量变化范围内，转矩的可调范围（35%）比转速的可调范围大得多。这类情况常出现在大功率的泵应用中，因此节能效果明显。

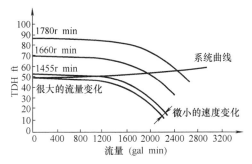
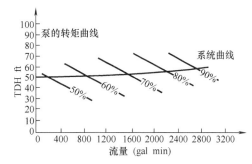

图 2-39　流量-扬程性能曲线相对平缓的泵　　图 2-40　智能转矩控制来实现此类泵的流量控制及稳定

(6) 无传统流量传感器条件下泵流量 PID 控制。

监控每台泵的流量是改善泵系统控制的有效手段。在实际工程中由于预算等原因，许多泵的管路上没有设计安装流量传感器。

泵的智能控制：在无传统传感器的条件下，利用泵性能曲线上的性能数据、从变频器获得的转矩和速度，通过泵厂自有监测控制智能技术固件（软件）计算，并执行自行校准功能，可测量通过泵体的流量，精度为 $\pm 5\%$，并实现流量 PID 控制。

应用条件（要求）：流体黏度稳定；流体固体含量低于 1.5%（质量）、2.5%（体积）；泵功率曲线为持续上升形状，其关死扬程点的功率与最佳效率点的功率的比率为 0.30~0.75。

(7) 自动清除潜污泵叶轮的阻塞。

输送污水的潜水离心泵的叶轮常会因为污水中的各种杂物而被阻塞。将大型的潜污泵吊出水面并进行叶轮阻塞物的清除是费时费力的。

智能监测与控制：将叶轮阻塞自动清除功能植入其泵专用变频控制器中，监测潜水泵的转矩来判断阻塞的发生，并通过程序设定泵的正转和反转运行来清除阻塞物，在清除后泵自动恢复正常运行。

2. 多泵的智能控制

(1) 多泵恒压变频控制系统。

此类系统，如恒压（供水）机组，可进行如图 2-41 的控制优化。在不易获得远距离端使用压力时，在无管路流量信号的条件下，系统输出压力可以对管路系统的阻力变化进行自动补偿，以满足终端用户得到恒定的压力的需要。

利用泵出口端的压力传感器，将基本的恒定压力设定在多泵系统处于单台泵运行（即系统处于单泵流量）时管路阻力条件下的压力需求值。并在其基本恒压 PID 控制的逻辑中增加如图 2-41 所示的逻辑修正，即增加对基本恒压设定值的自动增减修正量。在自动增减参与并联运行泵的数量的同时，自动按程序逻辑对所设定的基本压力进行修正，形成如图2-41所示的阶梯状设置，从而优化控制，保证客户远端压力真正恒定，补偿管路系统阻力变量的影响，提高泵系统的能效和可靠性。

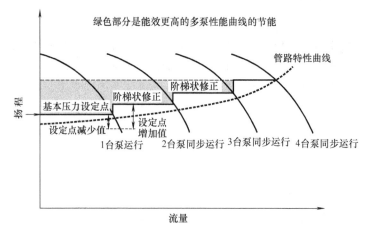

图 2-41　优化的多泵并联恒压控制性能曲线

(2) 多泵同步转矩控制系统。

对于各泵磨损不均衡的多泵系统，在同步速度的控制下各泵输出的流量/压力会因各自磨损的不同而不同，这导致各泵的出力存在一定比例的相互抵消。因此对于各泵磨损不均衡的多泵并联系统，多泵同步转矩控制比多泵同步速度控制更有节能和提高系统可靠性的优势。

3. 泵的智能控制提高泵的运行效率

通过泵智能控制可使泵的运行效率更高，以图 2-42 为例，图中双点画线表示管路系统曲线，单点画线为泵在固定转速下的性能曲线；在流量需求为 $150 m^3/h$ 时，1、2、3、4 点分别表示在不同控制方式下泵的工作点。1 点为通过泵出口阀截流而得的所需流量，该工作点效率约为 66%；2 点为初级恒压控制得到的所需流量，效率约为 69%；3 点为应用系统阻力补偿功能控制所得，效率约为 78%；4 点为应用多变量控制所得，效率约为 81%。

三、泵的智能保护

泵的智能保护是泵系统降低消耗的有效途径。泵的智能保护可识别泵运行在性能曲线上的位置并进行干预，以避免灾难后果的发生，保护泵体、轴承和机械密封的安全。

1. 泵的保护

(1) 泵的保护指避免泵在最小流量以下、最大流量以上，以及关死扬程、干运行情况下运行。

① 最小流量以下、最大流量以上运行。

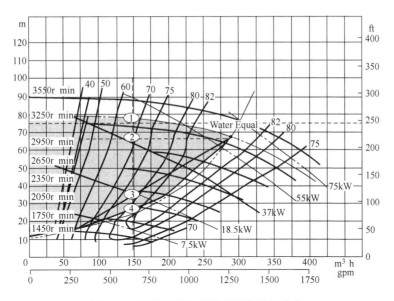

图 2-42　泵的智能控制提高泵的运行效率

泵在小于最小流量的条件下运行，会造成泵的径向负载和振动增加，流体的再循环加剧，缩短轴承和机械密封的寿命。

泵在大于最大流量的条件下运行，随着流量的增加，泵的 $NPSH_r$ 增大，泵出现汽蚀的可能性也随即加大，同时因轴功率上升很快，泵存在过载的可能。

② 关死扬程下运行。

在关死扬程下运行是一种更极端的情况，此时泵内的流体无法输出。在这种情况下运行会出现最大振动和径向负载，泵内工作液体必须吸收因此而产生的所有热量，如果输送介质是易汽化的液体，这种热量积聚会迅速导致安全隐患。

③ 干运行。

干运行的情况是当泵吸入口的流量减少或被阻塞时发生的，当入口阀门关闭、汲水箱被打空或吸入端的过滤器被阻塞时会出现这种情况，此时泵内剩余的液体会迅速变热并汽化，导致需要依靠液体润滑和冷却的机械密封迅速损坏。

④ 自吸泵的智能保护。

对自吸泵的保护的应用中，应注意两点：预设定一个自吸延迟时间，以保证对泵的干运行、低于最小流量下运行的泵保护逻辑激活之前自吸泵有足够的时间完成自吸灌泵；预设定一个自吸延迟时间的应用逻辑以甄别泵自吸灌泵的状态和在干运行或低于最小流量下运行。

⑤ 变频泵的保护与定速泵的保护不同。

对固定转速泵的保护比较简单，只要检测泵的最小功率（电流）和最大功率（电流）就可以防止泵运行到最小流量或最大流量。

在变转速下泵的最小流量限制是由众多不同速度下的泵的性能曲线上左侧的最小流量限制点所形成的一条最小流量限制线（由 A、B 两点连成的线），如图 2-43 所示。在变转速下泵的最大流量限制是由众多不同转速下的泵的性能曲线上最右端的限制点所形成的一条限制线（如由 C、D 两点连成的线）。

许多通用变频具备了低负载、高负载（功率或电流）监测的功能，即当监测到低于（或

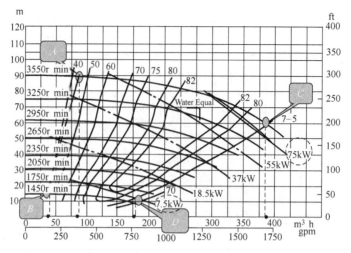

图 2-43 变速（频）泵的最小流量要求和过流

高于）某一负载值（功率或电流）时实施报警。这可以保护电机，但对于调速离心泵的最小流量和最大流量的保护是不适用的，因为它没有考虑到离心泵转速的变化与离心泵负载（功率或电流）的关系，如图 2-43 所示。

ITT 等公司充分考虑了转速调整对离心泵负载（功率或电流）的影响、相似定律等；还考虑泵的类型、制造过程所产生的差异、负载类型、介质密度、磨损、控制状态等（包括磁力驱动泵的涡流损失、机械损失）诸多因素的修正，设计出在有或无现场流量传感器的条件下，均能提供强大的泵保护，避免泵的干运行，避免泵在关死扬程下和最小流量以下运行，避免过流（单泵和多泵应用）的功能逻辑关系。这些内置在变频中的功能逻辑关系非常复杂，但用户组态使用却非常简单方便。

（2）潜水离心泵的智能保护。区别于干式离心泵，潜水泵的构造特点是电机与泵一体浸入水面以下，因此对潜水泵的保护是必不可少的。除了与干式泵类似的电流、功率、振动、主轴承和支撑轴承温度、定子绕组温度六项监测外，还必须另有对油室泄漏、定子室泄漏、接线室泄漏的三项针对水渗入的监测。其他特点与干式离心泵相同。ITT FLYGT 的 MAS 和 ABS 的 MCU-33 配置 CPU，具有微处理功能，属于此类。

2. 预防汽蚀的发生

对于定速泵，流量下降，一般其 $NPSH_r$ 也下降。对于变速泵，其 $NPSH_r$ 与转速也符合比例定律。$NPSH_r$ 随泵的转速降低而降低。

智能控制器可以在监测到不良的工艺波动时，或在物料更换时自动按预设逻辑调低泵的输出参数（流量、压力、转速、转矩），以降低泵的 $NPSH_r$，直至 $NPSH_r$ 小于 $NPSH_a$。为维持泵的运行和生产的连续性，智能控制器会在不良的工艺波动过后自动恢复原设定的输出参数（流量、压力、转速、转矩）。

3. 泵的实际工作点与泵的可靠性的关系

当泵运行在最佳效率点（BEP）附近的最佳效率区域时，泵的故障最少，可靠性最高。泵可靠性与泵的实际工作点的关系如图 2-44 所示。

泵的智能控制使泵的实际运行更接近 BEP，泵的振动降低，保护泵体、机械密封和轴承，延长了泵的无故障运行时间。这样不但提高了泵系统的能效，也降低了泵系统的维修成本。

4. 泵的监测与保护

泵的监测与保护有多种，包括：无任何传统传感器情况下的监测与保护；采用无线通信技术的监测与保护；网络技术在泵的监测和保护方面的应用等。即使没有管路上的监测信号，智能泵系统也可以精确地保护泵，防止泵进入危险的运行区域。

磁力驱动泵较容易因干运行和低于最小流量下运行而损坏。利用无传统传感器的泵保护可大大提高磁力驱动泵的无故障运行时间。这项功能可以以软件方式内置于变频器内以节省硬件投资和控制柜的安装空间。

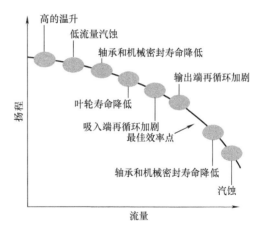

图 2-44 泵的可靠性与泵的实际工作点的关系

近年来，随着无线通信技术的发展，无线通信技术也开始应用于泵的监测和保护领域。目前有两段信号传输已开始使用无线方式，一种方式是泵站与中心控制室之间设置为无线传输（手机的 SIM 卡的通信频段），而泵站内部则设置为有线信号传输；另一种方式是在泵安装的车间内，利用无线技术进行信号传输（无线对讲机类的通信频段）。前一种多用于无人值守泵站。后一种适合泵的数量较多的车间，几十台泵的监测信号以无线的方式传输到车间内的一个次终端（节省布线成本），次终端再与服务器进行数据交换，客户登录网站进行设备管理。ITT 已推向市场的 ProSmart 产品属于第二种；Flygt 产品属于第一种。

无线通信技术和网络技术在泵监测和保护方面的应用可实现泵维修预报功能。多数工业泵用户几乎没有系统的科学的维修预报的能力。大部分工业泵用户处于应急维修、定期大修设备状态监测和人工巡检的混合模式。巡检是周期性的，不同用户的周期不同。可是故障有可能发生在两次检查之间。

将泵的各种实时监测数据、甄别和分析方法、诊断依据、保护逻辑内置于网络服务器中，可替代人工智能实现对泵设备状况不间断的实时监测，进行傅里叶分析、诊断和维修预警。在数星期之前发现问题，而且事先安排了维修工作，尽量减少停机时间和产量损失。

第二章 容积式泵

第一节 概　　述

一、容积式泵的性能参数

（1）流量 Q　容积式泵的流量指泵输出的最大流量，即样本和铭牌上标记的泵流量，也称额定流量。往复泵、螺杆泵和齿轮泵的流量可分别按下述各式计算。

① 往复泵

单作用泵
$$Q=\frac{FSn\eta_{\mathrm{V}}i}{60} \tag{2-23}$$

双作用泵
$$Q=\frac{(2F-f)Sn\eta_{\mathrm{V}}i}{60} \tag{2-24}$$

式中　F——活塞或柱塞作用面积，m^2；
　　　f——活塞杆截面面积，m^2；
　　　S——活塞或柱塞行程，m；
　　　η_{V}——泵的容积效率；
　　　i——缸数。

② 螺杆泵（近似计算式）
$$Q=\frac{(F-f)tn\eta_{\mathrm{V}}}{60} \quad m^3/s \tag{2-25}$$

式中　F——泵缸的横截面积，m^2；
　　　f——螺杆的横截面积，m^2；
　　　t——螺距，m；
　　　n——泵轴转速，r/min；
　　　η_{V}——泵的容积效率。

③ 齿轮泵（近似计算式）
$$Q=\frac{\pi(D^2-d^2)bn\eta_{\mathrm{V}}}{120} \quad m^3/s \tag{2-26}$$

或
$$Q=\frac{\pi m^2 Zbn\eta_{\mathrm{V}}}{30} \quad m^3/s \tag{2-27}$$

式中　D——齿轮顶圆直径，m；
　　　d——齿轮节圆直径，m；
　　　m——齿轮模数，m；
　　　Z——齿数；
　　　b——齿宽，m；
　　　n——泵轴转速，r/min；
　　　η_{V}——泵的容积效率。

(2) 出口压力　容积式泵的出口压力是指泵允许的最大出口压力（通常为出口管道安全阀的设定压力），以此来决定泵体的强度、密封和原动机功率。

泵实际操作时的出口压力取决于出口管路的背压，要求应小于泵允许的最大出口压力。

(3) 轴功率和效率

① 轴功率 P_a

$$P_a = \frac{(P_d - P_s)10^5 Q}{102\eta} \quad \text{kW} \tag{2-28}$$

式中　P_d——泵出口管道安全阀的设定压力，MPa；

P_s——泵入口压力，MPa；

Q——泵流量，m^3/s；

η——泵效率。

② 效率 η　常见的容积式泵的效率范围见表 2-6，一般可查阅制造厂的产品样本。

表 2-6　容积式泵的效率 η

泵型式	电动往复泵	蒸汽往复泵	齿轮泵	三螺杆泵
效率 η	0.65~0.85	0.8~0.9	0.6~0.75	0.55~0.8

③ 容积效率 η_V

$$\eta_V = \frac{Q}{Q + \Delta Q} \tag{2-29}$$

对往复泵　$\Delta Q = \Delta Q_1 + \Delta Q_2 + \Delta Q_3$

对转子泵　$\Delta Q = \Delta Q_1 + \Delta Q_3$

式中　ΔQ_1——液体压缩膨胀引起的容积损失量；

ΔQ_2——阀关闭滞后引起的容积损失量；

ΔQ_3——泄漏量。

常见容积式泵的容积效率 η_V 见表 2-7。

表 2-7　容积式泵的容积效率 η_V

泵类型		容积效率 η_V/%	泵类型		容积效率 η_V/%
往复泵	大型泵($Q>200m^3/h$)	0.97~0.99	齿轮泵	一般	0.70~0.90
	中型泵($Q=20$~$200m^3/h$)	0.90~0.95		制造良好	0.90~0.95
	小型泵($Q<20m^3/h$)	0.85~0.90	螺杆泵	一般	0.7~0.95

二、容积式泵的性能曲线

容积式泵的性能曲线包括：排出压力-实际流量曲线（p-Q）、排出压力-轴功率曲线（p-N），详见图 2-45。

三、容积式泵的工作特点

(1) 容积式泵的理论流量 Q_T 与管路特性无关，只取决于泵本身，而提供的压力只决定于管路特性，与泵本身无关。容积式泵也称正位移泵。容积式泵的排出压力升高时，泵内泄漏损失加大，因此泵的实际流量随压力的升高而略有下降。

(2) 泵的轴功率随排出压力的升高而增大。泵的效率也随之而提高，但压力超过额定值后，由于内泄

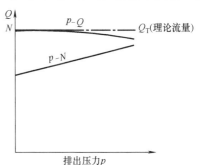

图 2-45　容积式泵的性能曲线

漏量的增大，效率会有下降。

(3) 随着液体黏度增大和含气量的增加，泵的流量下降，效率下降。

(4) 容积式泵必须装有安全阀。

(5) 容积式泵的流量不能采用出口调节阀来调节。常用旁路调节、转速调节和行程调节的方法调节流量。

(6) 容积式泵启动前不用灌泵，但启动前务必打开出口阀。

第二节 往 复 泵

往复泵包括活塞泵和柱塞泵，适用于输送流量较小、压力较高的各种介质。当流量小于 100m³/h、排出压力大于 10MPa 时，有较高的效率和良好的运行性能。

一、往复泵的工作原理和结构

(1) 往复泵的结构　往复泵由液力端和动力端组成。液力端直接输送液体，把机械能转换成液体的压力能；动力端将原动机的能量传给液力端。

动力端由曲轴、连杆、十字头、轴承和机架等组成。液力端由液缸、活塞（或柱塞）、吸入阀和排出阀、填料函等组成。

(2) 往复泵的工作原理　如图 2-46 所示，当曲柄以角速度 ω 逆时针旋转时，活塞向右移动时，液缸的容积增大，压力降低，被输送的液体在压力差的作用下克服吸入管路和吸入阀等的阻力损失进入到液缸。当曲柄转过 180°以后活塞向左移动，液体被挤压，液缸内液体压力急剧增加，在这一压力作用下吸入阀关闭而排出阀被打开，液缸内液体在压力差的作用下被排送到排出管路中去。当往复泵的曲柄以角速度 ω 不停地旋转时，往复泵就不断地吸入和排出液体。

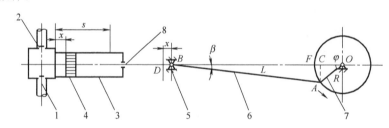

图 2-46　单作用往复泵工作原理示意图

1—吸入阀；2—排出阀；3—液缸；4—活塞；5—十字头；6—连杆；7—曲轴；8—填料函

二、往复泵的分类

(1) 根据液力端特点分类。

按工作机构可分为活塞泵和柱塞泵；按作用特点可分为单作用泵、双作用泵和差动泵；按缸数可分为单缸泵、双缸泵和多缸泵。

(2) 根据动力端特点可分为曲柄连杆机构、直轴偏心轮机构等。

(3) 根据驱动特点可分为电动往复泵、蒸汽直接作用式往复泵和手动泵等。

(4) 根据排出压力 p_d 大小可分为低压泵（$p_d \leqslant 4\text{MPa}$）、中压泵（$4\text{MPa} < p_d < 32\text{MPa}$）、高压泵（$32\text{MPa} \leqslant p_d < 100\text{MPa}$）和超高压泵（$p_d \geqslant 100\text{MPa}$）。

(5) 根据活塞（或柱塞）每分钟往复次数 n 可分为低速泵（$n \leqslant 80\text{r/min}$）、中速泵（$80\text{r/min} < n < 250\text{r/min}$）、高速泵（$250\text{r/min} \leqslant n < 550\text{r/min}$）和超高速泵（$n \geqslant 550\text{r/min}$）。

三、往复泵的瞬时流量和流量不均匀系数

(1) 往复泵的瞬时流量 在不考虑任何容积损失的前提下,往复泵在每一瞬间排出的流量称为理论瞬时流量,简称瞬时流量。多缸往复泵的瞬时流量指所有液缸在同一瞬时排出的流量之和。

往复泵的流量曲线见图 2-47。从图中可看出,液缸数越多,合成的瞬时流量 Q 越均匀,但液缸数太多,往复泵的结构复杂,制造和维护困难。因此通常采用双缸双作用、三缸单作用、单缸单作用和单缸双作用泵。

(2) 流量不均匀系数 流量不均匀系数是衡量流量脉动程度的指标,通常用 δ_{Q_1} 和 δ_{Q_2} 两个量表示。

$$\delta_{Q_1} = \frac{Q_{max} - Q_m}{Q_m} \times 100\% \quad (2-30)$$

$$\delta_{Q_2} = \frac{Q_m - Q_{min}}{Q_m} \times 100\% \quad (2-31)$$

往复泵瞬时流量不均匀系数 δ_{Q_1}、δ_{Q_2} 与缸数、作用数、$\dfrac{A_r}{A}$ 及 λ 有关,见表 2-8、表 2-9。

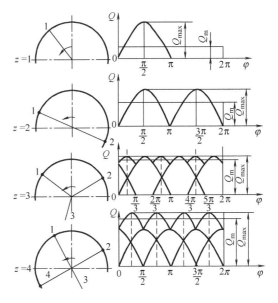

图 2-47 往复泵的流量曲线

φ—曲柄转角;z—液缸数;Q—瞬时流量;
Q_{max}—最大瞬时流量;Q_m—平均流量

表 2-8 1~6 缸单作用往复泵的流量不均匀系数

λ	不均匀系数 /%	缸数					
		1	2	3	4	5	6
0.00	δ_{Q_1}	214	57.1	4.72	11.1	1.61	4.72
	δ_{Q_2}	100	100	9.07	21.5	3.31	9.31
0.10	δ_{Q_1}	216	57.9	5.24	11.1	1.74	4.72
	δ_{Q_2}	100	100	13.8	21.5	4.45	9.31
0.15	δ_{Q_1}	218	58.8	5.87	11.1	1.83	4.72
	δ_{Q_2}	100	100	16.1	21.5	5.02	9.31
0.20	δ_{Q_1}	220	60.1	6.72	11.1	1.96	4.72
	δ_{Q_2}	100	100	18.4	21.5	5.59	9.31
0.25	δ_{Q_1}	223	61.7	7.77	11.1	2.12	4.72
	δ_{Q_2}	100	100	20.7	21.5	6.17	9.31

注:λ—连杆比 $\left(=\dfrac{r}{l}\right)$;$r$—曲柄半径;$l$—连杆长度。

表 2-9 双缸双作用往复泵的流量不均匀系数

不均匀系数 /%	A_r/A										
	0	0.05	0.10	0.15	0.20	0.25	0.30	0.35	0.40	0.45	0.50
δ_{Q_1}	11.1	13.9	16.9	20.0	23.4	26.9	30.7	34.6	38.8	43.3	48.1
δ_{Q_2}	21.0	23.5	25.6	27.8	30.2	32.7	35.3	38.1	41.1	44.3	47.6

注:A_r—活塞杆截面积;A—柱塞(或活塞)截面积。

(3) 减少往复泵流量脉动的方法　往复泵因流量不均匀会造成排出压力的脉动，当排出压力的变化频率与排出管路的自振频率相等或成整数倍时，将会引起共振。同时会使原动机的负载不均匀，缩短往复泵和管路的使用寿命，也使泵的吸入条件变坏。减少往复泵流量脉动的方法有以下两种：

① 选用多缸泵或双作用泵。

② 在往复泵进出口安装气室，使进口的流量不均匀系数（δ_Q）控制在 0.0025～0.0125；出口的流量不均匀系数（δ_Q）控制在 0.005～0.04。

如根据使用要求，要求往复泵流量脉动的控制指标为压力不均匀系数 δ_p（$\delta_p = \dfrac{p_{kmax} - p_{kmin}}{p_{km}}$，$p_{kmax}$、$p_{kmin}$、$p_{km}$ 分别为气室气体的最大、最小、平均压力）时，则 δ_p 与 δ_Q 的换算关系可近似按 $\delta_p = 4\delta_Q$ 计算。

第三节　转　子　泵

通过转子与泵体间的相对运动来改变工作容积，进而使液体的能量增加的泵称为转子泵。转子泵是一种旋转的容积式泵，具有正排量性质，其流量不随背压变化而变化。

一、转子泵的原理

转子泵由静止的泵体和旋转的转子组成。与往复泵不同，它没有吸入阀和排出阀，靠泵体内的转子与液体接触的一侧将能量以静压力的形式直接作用于液体，并借旋转转子的挤压作用排出液体，同时在另一侧留出空间，形成低压，使液体连续地吸入。

转子泵的工作可分为三个连续的过程。吸入过程：泵腔与进口通，与出口断；做功过程：泵腔与进口断，与出口断；排出过程：泵腔与进口断，与出口通。

为保证平稳地输送液体，在任何时候，转子泵泵腔内都不能出现液体同时与进口和出口相通的现象。

二、转子泵的结构

(1) 泵腔　泵腔指泵内容纳输送液体的全部空间。液体由一个或几个进口进入泵腔，经过泵腔获得能量后，由一个或几个出口离开泵腔。

(2) 泵体　泵体是指包围泵腔的泵零件，有时也称泵壳或泵室。

(3) 泵盖　泵盖是指将泵体的端部封死以形成泵腔的部件。

(4) 转子　转子是转子泵的重要零件，它在泵腔中旋转。在不同的转子泵中，转子有不同的名称，如齿轮泵中称为齿轮；螺杆泵中称为螺杆等。

(5) 夹套　当温度变化，输送介质的黏度变化较大时，可考虑设置保温夹套，可在泵体或泵盖的内部或外围装设管路或夹套。根据需要，在夹套中通蒸汽或冷却水来加热或冷却介质。

(6) 泵轴封　轴封是防止泵轴与泵体相邻处泄漏而设置的密封装置，常用的轴封型式有机械密封和填料密封。

(7) 安全阀　对所有容积式泵，泵运行时，如果出口管道被堵塞或出口阀未打开，泵出口及其附近的泵腔部分的压力会快速升高。因而需设置一个限制该处压力的安全阀。

三、转子泵的类型

转子泵的主要类型有齿轮泵、螺杆泵、凸轮泵、滑片泵、旋转活塞泵、软管泵等。其性能参数和使用范围见表 2-10。

表 2-10 转子泵的性能参数和使用范围

类型	参数范围	使用范围
齿轮泵（分内啮合齿轮泵和外啮合齿轮泵两种）	流量 0.04～340m³/h；出口压力≤25MPa；温度-85～425℃；黏度 1～1000000mm²/s	聚合物、合成树脂、橡胶浆料、胶、黏合剂、乳化液、乙二醇、燃料油、润滑油、润滑脂、原油、轻油、重油、煤焦油、沥青、黏土、石蜡、陶土、搪瓷、糖蜜、葡萄糖、食油、脂肪、鱼肝油、巧克力浆、油漆、清漆、油墨、染料、酒精、洗发精、洗洁精、化妆品等
单螺杆泵	流量≤150m³/h；压力≤4.8MPa；黏度≤200000mm²/s；温度≤100～150℃（受定子材料限制）	糖蜜、果肉、巧克力浆、油漆、沥青、石蜡、润滑脂、黏土、陶土等
双螺杆泵	流量≤600m³/h；压力≤1.4MPa；黏度≤1500mm²/s；温度≤150℃	润滑油、润滑脂、原油、沥青、燃料油等
三螺杆泵	流量≤1500m³/h；压力≤12MPa；黏度≤3750mm²/s；温度≤350℃	润滑油、原油、重油、轻油、甘油等
凸轮泵	流量≤148m³/h；压力≤1.2MPa；黏度≤110000mm²/s；温度-30～170℃	糖蜜、食油、巧克力浆、油漆、油墨、沥青、石蜡、润滑脂、黏土等介质
挠性叶轮泵	流量≤12m³/h；压力≤0.3MPa；输送介质的温度≤100℃	酸性液体、碱性液体、墨水、酒精、洗涤剂、海水、砂糖液等较低黏度的液体
滑片泵	流量≤100m³/h；压力≤1.2MPa；黏度≤10000mm²/s	糖蜜、食油、巧克力浆、油漆、油墨、沥青、石蜡、润滑剂、燃料油等介质
软管泵	流量≤50m³/h；压力≤1.5MPa；输送介质的温度≤100℃；黏度≤10000mm²/s	糖蜜、食油、巧克力浆、油漆、油墨、沥青、石蜡、润滑剂、燃料油等介质

1. 齿轮泵

齿轮泵的结构示意图见图 2-48。壳中有一对啮合的齿轮，其中一个是主动齿轮，另一个是从动齿轮，由主动齿轮啮合带动旋转。齿轮与泵壳之间留有较小的间隙。当齿轮沿图示箭头所指方向旋转时，在轮齿逐渐脱离啮合的左侧吸液腔中，齿间密闭容积增大，形成局部真空，液体在压差作用下吸入吸液室，随着齿轮旋转，液体分两路在齿轮与泵壳之间被齿轮推动前进，送到右侧排液腔，在排液腔中两齿轮逐渐啮合，容积减小，齿轮间的液体被挤至排液口。

齿轮泵的齿轮型式有正齿轮、人字齿轮和螺旋齿轮。齿轮泵分为外啮合齿轮泵（简称外齿轮泵）和内啮合齿轮泵（简称内齿轮泵）两种（见图 2-49、图 2-50），其性能比较见表 2-11。

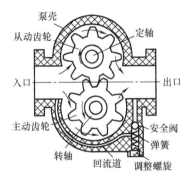

图 2-48 齿轮泵结构示意图

图 2-49 外啮合齿轮泵

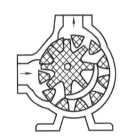

图 2-50 内啮合齿轮泵

表 2-11　内齿轮泵和外齿轮泵的性能比较

性能	外啮合齿轮泵	内啮合齿轮泵
出口压力/MPa	<25	非润滑性介质<0.7 润滑性介质<2
流量/(m³/h)	<7	<340
特点	运动件多,维修费用高	运动件少,维修费用低
价格	低	相对外啮合齿轮泵高

2. 螺杆泵

螺杆泵运转时,螺杆一边旋转一边啮合,液体便被一个或几个螺杆上的螺旋槽带动,沿轴向排出。

螺杆泵的主要优点是结构紧凑,流量及压力基本无脉动,运转平稳、寿命长、效率高,适用的液体种类和黏度范围广;缺点是制造加工要求高,工作特性对黏度变化比较敏感。

螺杆泵可分为单螺杆泵、双螺杆泵和三螺杆泵。

单螺杆泵,其单头阳螺旋转子在特殊的双头阴螺旋定子内偏心地转动,并与定子内螺旋相啮合(如图 2-51 所示),定子一般为橡胶材料。

双螺杆泵,有两根同样大小的螺杆轴,一根为主动轴,一根为从动轴,通过啮合传动达到同步旋转(如图 2-52、图 2-53 所示)。

三螺杆泵,有一根主动螺杆和两根从动螺杆相啮合(如图 2-54 所示)。

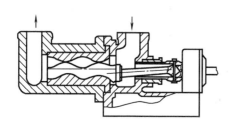

图 2-51　单螺杆泵

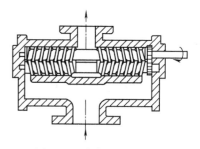

图 2-52　内装式双螺杆泵

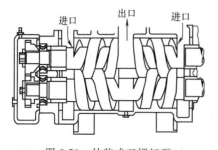

图 2-53　外装式双螺杆泵

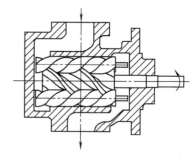

图 2-54　三螺杆泵

3. 凸轮泵

凸轮泵的两个共轭凸轮通过外部的齿轮传动作反向同步旋转,从而将它们与泵体之间的液体排出。凸轮分双翼凸轮泵和多翼凸轮泵,如图 2-55 所示。双翼凸轮泵的工作原理见图 2-56。凸轮之间以及凸轮与泵体之间是互不接触的,根据泵的大小和输送介质的温度留有相应的间隙。

图 2-55 凸轮形式

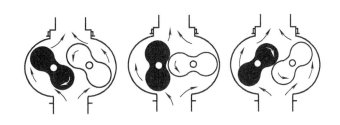

图 2-56 凸轮泵工作原理

4. 挠性叶轮泵

其一般形式是一个挠性叶轮安装在有一偏心段的壳体内,偏心段的两端分别是出口和入口(见图 2-57)。当叶轮旋转离开泵壳偏心段时,挠性叶轮叶片伸直产生真空,液体被吸入泵内,随着叶轮旋转,液体也随之从吸入侧到达排出侧,当叶片与泵壳偏心段接触而发生弯曲时,液体便被平稳地排出泵外。挠性转子一般由橡胶、聚氨酯等材料制得。

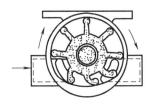  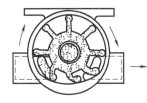

图 2-57 挠性叶轮泵工作原理

5. 滑片泵

滑片泵的转子为圆柱形,具有径向槽道,槽道中安放滑片,滑片一般为 6 片或以上,滑片能在槽道中自由滑动(见图 2-58)。

转子在泵壳内偏心安装,转子表面与泵壳内表面构成一个月牙形空间。转子旋转时,滑片依靠离心力或弹簧力(弹簧放在槽底)的作用紧贴在泵内腔。在入口处,转子相邻两滑片所包围的空间逐渐增大,形成真空,吸入液体;而在出口处,此空间逐渐减小,就将液体挤压到排出管。

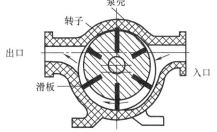

图 2-58 滑片泵结构示意图

6. 旋转活塞泵

旋转活塞泵的弧形转子翼在泵壳内的圆周流道中旋转。泵腔体积在入口处增大,形成真空,将液体吸入泵内;液体经由转子翼旋转输送到出口;在出口处转子啮合,泵腔体积减小,液体被排出。其结构如图 2-59 所示。

旋转活塞泵的转子和壳体间以及转子间的密封面很长,有效降低了回流现象,和同类产品相比大大提高了工作效率。流量均匀,没有脉冲和压力波动。可泵送含有颗粒的产品,却不破坏颗粒。具有很好的自吸性能。

7. 软管泵

软管泵也称蠕动泵,主要由泵壳、转子、软管及传动装置四部分组成,其结构及工作示意图见图 2-60、图 2-61。转子主要由传动轴、连接板和压辊组成。传动轴、连接板焊为一体,起传递动力和扭矩的作用。压辊固定在连接板上,随着转子的转动,将软管连续不断地

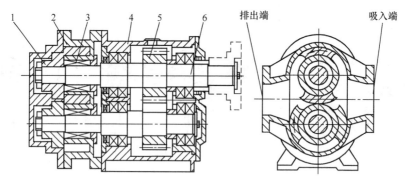

图 2-59 旋转活塞泵的结构

1—转子；2—泵体；3—特殊橡胶密封；4—轴承座；5—同步传动齿轮；6—传动轴

压扁。压扁后的软管靠自身弹性恢复原状，管内因而产生真空将液体吸入管腔。管腔内的液体又在下一个压辊的作用下排出泵体。

软管是软管泵的关键部件。要求软管既要耐压，又要有很好的弹性和抗疲劳性能。软管一般由特殊橡胶制成，要求软管的循环次数达 350 万次以上。

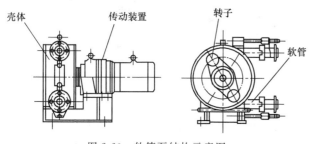

图 2-60 软管泵结构示意图

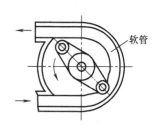

图 2-61 软管泵工作示意图

各类转子泵的结构、性能特点比较见表 2-12。

表 2-12 转子泵的性能特点比较

泵型	优 点	缺 点
内齿轮泵	·仅有两个转动部件 ·仅有一个密封腔 ·自吸能力强，出口平稳无脉动 ·不管背压如何变化，流量基本恒定 ·可双向运转 ·$NPSH_r$ 小 ·简单，可调节端隙 ·易于维护	·通常转速不宜过快 ·压力不高 ·一个轴承运转在液体中 ·轴上有悬臂载荷
外齿轮泵	·转速高 ·压力高 ·轴承两端支撑 ·运行噪声低	·四个轴套都在液体中 ·不能处理含固体颗粒的液体 ·端面间隙不可调
凸轮泵	·可处理中等大小的颗粒 ·无金属与金属的接触 ·剪切力低 ·CIP/SIP(在线清洗/在线消毒)功能 ·自吸能力强，出口无脉动	·需要同步齿轮 ·需要两个密封 ·液体黏度低时，自吸能力差

续表

泵型	优 点	缺 点
滑片泵	• 流量中等 • 速度中等 • 处理低黏度液体 • 是溶剂、液化气的首选 • 可短时间干运转 • 自吸能力强	• 可能有两个填料箱 • 泵壳复杂 • 不适用于高压 • 不适用于高黏度 • 不适用于磨蚀性液体
旋转活塞泵	• 液体黏度低时，效率高 • 转子为非磨伤材料，间隙更小，效率更高 • 自吸能力强 • 剪切力低 • 出口压力高 • 可处理高固体含量 • 易于拆开清洗 • 有些有 CIP（在线清洗）功能	• 需要同步齿轮 • 需要两个密封
单螺杆泵	• 可处理高固体含量 • 黏度高 • 压力高 • 对泥浆和淤泥有极佳处理能力 • 机械密封在入口侧	• 不能干转 • 不能用于高温 • 不易维护 • 维修成本高 • 所需空间大 • 螺杆的加工和装配要求较高
三螺杆泵	• 压力和流量范围大 • 液体的种类和黏度范围广 • 转速高 • 吸入性能好，具有自吸能力 • 流量均匀连续，振动小，噪声低 • 剪切力低 • 与其他回转泵相比，对进入的气体和污物不太敏感 • 结构坚实，安装保养容易	• 螺杆的加工和装配要求较高 • 泵的性能对液体的黏度变化比较敏感
软管泵	• 液体和机械零件不接触 • 软管是唯一磨损的零件 • 易于清洁 • 可有多个软管同时运转 • 可干运转 • 有自吸能力 • 处理液体范围广——高固体含量（高达60%），磨蚀性液体，高黏度以及含气体的介质 • 剪切力低 • 重复性精度高 • 维修成本低	• 压力低 • 软管更换频繁 • 有脉动 • 过度使用后，可能会泄漏

四、转子泵的选用

1. 黏性液体

转子泵能输送的介质黏度范围非常宽，它能处理黏度非常低的介质，如液化石油气、液氨等，也能处理非常黏的介质，如黏度达 1000000 mm²/s 的特黏介质。

对离心泵，随着黏度的增加，其流量、扬程下降，功耗增加。当介质黏度大于 20 mm²/s 时，离心泵需进行性能换算。当 $NPSH_r$ 远小于 $NPSH_a$ 时，如果不考虑效率和能耗，离心泵有时可用于黏度达 550 mm²/s 的场合；当 $NPSH_r$ 较接近 $NPSH_a$ 时，如果黏度较大，离心泵将很可能汽蚀。

对转子泵而言,一方面随着黏度的增加,内部泄漏量下降,容积效率提高,流量增加,从而使泵的效率提高,功耗降低;另一方面,黏度的提高将使液体的摩擦阻力增大,相应又会降低泵的效率,使功耗略有增加。但总体而言,随着黏度的增加,转子泵的效率有所提高。

如 $Q=5m^3/h$,扬程 $H=60m$,密度 $\rho=1000kg/cm^3$ 时,比较离心泵和齿轮泵的轴功率。

当黏度 $\gamma_1=50mm^2/s$,离心泵的轴功率约为 4.2kW,齿轮泵的轴功率约为 1.0kW。

当黏度 $\gamma_2=500mm^2/s$,离心泵的轴功率约为 50kW,而齿轮泵的轴功率仍约为 1.0kW。

非牛顿液体,如油脂、纤维素混合物、油漆、淀粉糊、泥浆和糖料等,在温度不变的条件下,如液体受到扰动,黏度就会发生变化。如果使用离心泵,当黏度变大时,流量、扬程就不能满足需要,电机也要超载。因此当介质黏度较大或输送非牛顿液体时,宜选用转子泵。

2. 需要自吸的场合

除特殊设计的自吸式离心泵外,一般的离心泵没有自吸功能。但转子泵均具有自吸功能,在其转子湿润(指不完全淹没或灌满)的情况下,可形成 635~710mmHg 的真空,从而吸入液体。

3. 含有气体的场合

离心泵一般不允许液体中的含气量超过 5%,当含气量较大时,除流量、扬程、效率有所下降,产生振动、噪声和腐蚀外,会出现腐蚀加剧或断流、断轴现象。

转子泵由于具有自吸功能,因此允许液体中的含气量较大,一般可达 20% 左右。当含气量较大时,流量、效率将有所下降,并会产生振动和噪声。但一般不会出现腐蚀加剧或断流、断轴现象。

4. 小流量、高压力场合

流量较小、出口压力较高时,如果选不到合适的离心泵,可考虑选用转子泵。转子泵的出口压力较高。系列生产的转子泵,其出口压力可达 1.4~2.1MPa(G),有些专用型号可达 3.5~7MPa(G)。特殊设计的转子泵,其出口压力甚至可高达 14~21MPa(G)。

5. 低剪切力泵

有些对剪切力敏感的介质,及希望泵送时其溶液中的悬浮物或固体物不破坏的介质,要求选用的泵工作时对介质的冲击要非常柔和。这时可以选用低剪切力转子泵,如凸轮泵、单螺杆泵等。

6. 需要反转的泵

有些生产装置,在一段时间内液体需从甲处输送至乙处,在另一段时间内液体又需从乙处输送至甲处;另有些生产装置,进口管容易堵死,需要反冲等。这往往要求泵具有反转功能。离心泵不能反转,而许多转子泵有反转功能。当然为了满足泵的反转,电机、管路(包括阀门)等均要考虑泵反转引发的一系列问题。如安全阀,不但出口管线应设置,而且进口管线也应设置。

第四节 计 量 泵

计量泵是一种可变容积的往复式泵,通过调节有效行程长度或改变冲程次数来精确控制排量的往复泵,也称作比例泵、可调容积泵、定量泵等。常用于精确地向有压(或无压)的系统或流程中连续投加定量的液体，也可用于小流量、高压力液体的输送。

计量泵的流量通常从 10~15000L/h，排出压力从几巴到 1000bar，泵配带的电机功率从 0.12~55kW，更大的流量往往采用多联泵来实现。作为流体精确计量与投加的理想设备，计量泵可以定量输送易燃、易爆、腐蚀、磨蚀、浆料等各类介质，在化工、石化装置以及水处理中有广泛的应用。随着新材料新工艺的不断应用，新型计量泵几乎可以完成精确输送任何介质的要求。

一、计量精度

计量精度是稳定性精度 E_S（steady state accuracy）、重复性精度 E_R（flow repeatability）和线性度 E_L（linearity）的总称，是衡量计量泵计量准确性和产品优劣的重要依据。

稳定性精度 E_S 是指在固定的系统条件下泵流量相对于平均流量的变动百分比，稳定性精度适用于整个调节比范围。即在泵稳定运行的条件下，不改变泵的流量调节状态，进行连续测量获得的各个流量与这些流量的平均值之间的偏差百分比。即：

$$E_S = \frac{Q_{max} - Q_{min}}{2Q_{avr}} \times 100\%$$

式中　Q_{max}——一组流量中的最大测量值，L/h；
　　　Q_{min}——一组流量中的最小测量值，L/h；
　　　Q_{avr}——一组流量的算术平均值，L/h。

重复性精度 E_R 是指在一组给定的条件下，调整流量设定点后再回复到原设定点时，泵流量的可重现性能，用额定流量的百分比来表示。即在要求的调节比范围内，在泵稳定运行的条件下，反复进行"改变泵的流量点后再回复到原设定点，测量该点的流量"，获得的一组流量的最大偏差相对泵额定流量（通常是 100% 流量设定点下的流量）的百分比。即：

$$E_R = \frac{Q_{max} - Q_{min}}{2Q_{Rated}} \times 100\%$$

式中　Q_{max}——一组流量中的最大测量值，L/h；
　　　Q_{min}——一组流量中的最小测量值，L/h；
　　　Q_{Rated}——泵额定流量，L/h。

线性度 E_L 指实际测得的流量与对应的标定流量线之间的线性偏差程度，用额定流量的百分比表示。即：

$$E_L = \frac{Q_i - Q_C}{Q_{Rated}} \times 100\%$$

式中　Q_i——在某一流量设定点下测量的一组流量中任意一个测量值，L/h；
　　　Q_C——流量标定曲线上同一流量设定点下对应的流量，L/h；
　　　Q_{Rated}——泵额定流量，L/h。

由于线性度测量的目的在于衡量泵流量线性比例调节的精度，因此在实践中，通常用产品试验中实际测量的多个设定点下的不同流量值进行线性拟合，来直接获取测量的流量值与该直线的最大偏差，计算该偏差相对泵额定流量（通常是 100% 流量设定点下的流量）的百分比。

SH/T 3142—2004 和 API675 规定，泵在运转状态下，其流量应在规定的整个调节比范围内可以调节，泵额定流量应至少达到工艺要求的最大流量的 110%，其调节比（turndown ratio，指额定流量与最小流量的比值）至少为 10∶1。在规定的整个调节比范围内，稳定性精度应不超过±1%。重复性精度和线性度应不超过±3%。

注：计量泵在 10% 额定流量以下操作时，计量精度下降较大，故一般不宜在 10% 额定流量下操作。选型时最好考虑泵的操作点在 30% 额定流量以上。

二、计量泵的种类与特点

根据计量泵液力端的结构型式，常将计量泵分成柱塞式、液压隔膜式、机械隔膜式和电磁式计量泵等。

1. 柱塞式计量泵

柱塞式计量泵（图 2-62）与普通往复泵的结构基本一样，其液力端由液缸、柱塞、吸入和排出阀、密封填料等组成，除应满足普通往复泵液力端设计要求外，还应对影响泵的计量精度的吸入阀、排出阀、密封等部件进行精心的设计与选择。

2. 液压隔膜式计量泵

液压隔膜式计量泵是工业生产中应用最广泛的计量泵。液压隔膜式计量泵通常称隔膜计量泵，图 2-63 所示为单隔膜计量泵，在柱塞前端装有一层隔膜（柱塞与隔膜不接触），将液力端分隔成输液腔和液压腔。输液腔连接泵吸入、排出阀，液压腔内充满液压油（轻质油），并与泵体上端的液压油箱（补油箱）相通。当柱塞前后移动时，通过液压油将压力传

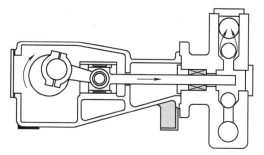

图 2-62　柱塞式计量泵结构示意图

给隔膜并使之前后挠曲变形引起容积的变化，起到输送液体的作用及满足精确计量的要求。

液压隔膜式计量泵有单隔膜和双隔膜两种。单隔膜计量泵的隔膜一旦破裂，被输送的液体与液压油混合，对某些介质容易发生事故。双隔膜泵在两层隔膜之间填充惰性液体，如软水、酒精、芳香烃及脂肪烃等，并要求惰性液体与被输送的介质或液压油混合时不会引起有害的反应。当其中一片隔膜破裂时可以通过压力表、声光装置或化学检验等方法及时报警。当不允许输送液体与任何惰性液体接触时，两层隔膜之间一般可采用抽真空的方式。

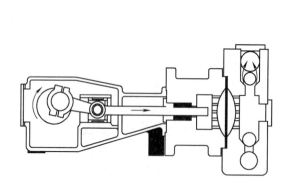

图 2-63　隔膜式计量泵结构示意图

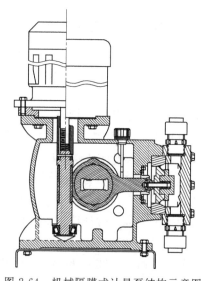

图 2-64　机械隔膜式计量泵结构示意图

SH/T 3142—2004 规定危险介质、有害介质或与液压油会发生反应的介质应使用双隔膜计量泵。为增加泵的可靠性，其他场合也推荐使用双隔膜计量泵。

3. 机械隔膜式计量泵

机械隔膜式计量泵的隔膜与柱塞机构连接，无液压油系统，柱塞的前后移动直接带动隔膜前后挠曲变形，如图 2-64 所示。由于其隔膜承受介质侧的压力，因此机械隔膜泵的最大排出压力一般不超过 1.2MPa。

4. 电磁式计量泵

计量泵电磁驱动技术打破了传统设计上用电动机作原动机，齿轮和曲柄连杆作为传动机构的结构形式，而采用电子控制线路产生电磁脉冲，利用通电螺线管线圈的电磁力来驱动柱塞作往复直线运动，并通过冲程速率来调节控制流量。但目前由于技术原因，电磁式计量泵的功率还是很小，如 Milton Roy 的电磁计量泵最大流量为 95L/h，最高压力为 70bar，计量精度为 1%。

不同类型计量泵的特点比较见表 2-13。

表 2-13 不同类型计量泵的特点

类型	特点
柱塞式计量泵	(1) 价格较低 (2) 流量可达 76m³/h，流量在 10%～100% 范围内，计量精度可达 ±1%，压力最大可达 350MPa。出口压力变化时，流量几乎不变 (3) 能输送高黏度介质，不适于输送腐蚀性浆料及危险性化学品 (4) 轴封为填料密封，有泄漏，需周期性调节填料。填料与柱塞易磨损，需对填料环作压力冲洗和排放 (5) 无安全泄放装置
机械隔膜式计量泵	(1) 价格较低 (2) 无动密封，无泄漏 (3) 能输送高黏度介质、磨蚀性浆料和危险性化学品 (4) 隔膜承受高应力，隔膜寿命较低 (5) 出口压力在 2MPa 以下，计量精度为 ±2% (6) 无安全泄放装置
液压隔膜式计量泵	(1) 无动密封，无泄漏，有安全泄放装置，维护简单 (2) 出口压力可达 100MPa；在 10∶1 的调节比范围内，计量精度可达 ±1% (3) 价格较高 (4) 适用于中等黏度的介质
电磁驱动式计量泵	(1) 价格低 (2) 无动密封，无泄漏 (3) 体积小，重量轻，操作方便 (4) 适用于实验室、水处理、游泳池、车辆清洗、小型塔、反渗透水处理系统等微量加药系统

三、柱塞式计量泵液力端主要部件

(1) 进、出口止回阀 泵吸入口、排出口的止回阀可为弹簧止回阀或单/双止回阀。止回阀形式可为球阀、板式阀或锥形阀。

球阀结构简单，加工方便，在计量泵中使用最多。球阀分单球阀与双球阀两种。双球阀可改善阀的密封效果，当一个阀失灵时，另一个阀还可工作，能保证输液精度。

对提高计量精度要求非常高时，可采用锥形阀。

阀和阀座的材料根据输送的介质确定。阀球的硬度应大于或等于 400HB，阀座的硬度应大于 200HB。常用的材料有不锈钢、高镍合金和陶瓷等。当输送浆料等含有固体颗粒的介质时可采用硬质合金。

(2) 液力端(泵头) 过流部件材料有碳钢、12%Cr、304SS、316SS、17-4PH、20合金、塑料以及其他特殊合金。

(3) 柱塞密封 柱塞式计量泵常采用填料密封,常用的密封材料有聚四氟乙烯、氟橡胶和柔性石墨。

四、液压隔膜式计量泵液力端主要部件

隔膜计量泵的液力端(泵头)除具有与柱塞式计量泵一样的液缸、柱塞及吸入、排出阀外,还有隔膜腔(包括隔膜、隔膜限制板等)、安全阀、放气阀及补油阀等部件,如图2-65所示。

1. 隔膜

隔膜形式有平板式(形式A)、波形板式(形式B)、波纹管式(形式C)、管式(形式D)、锥形隔膜(形式E)等,如图2-66所示,有时还可以将2种隔膜组合在一起使用,如图2-67所示。

板式隔膜应用广泛,管式隔膜、锥形隔膜适用于高黏度介质。常用隔膜材料有四氟乙烯、特殊合金、合成橡胶等。

当介质压力小于30MPa时,膜片材料通常由聚四氟乙烯或带弹性背衬的聚四氟乙烯制成;当压力超过30MPa时,膜片材料常用特殊合金或PEEK制成。当输送液体温度大于150℃时,采用聚四氟乙烯隔膜应得到买方的批准。

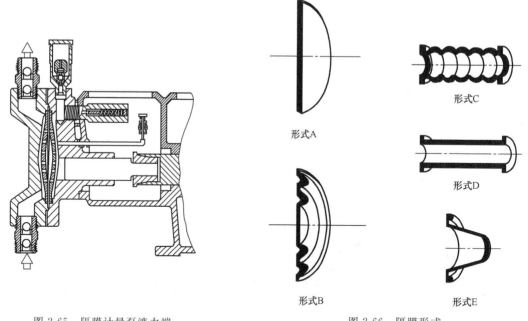

图2-65 隔膜计量泵液力端　　图2-66 隔膜形式

2. 阀部件

为保证隔膜计量泵的计量精度,隔膜计量泵的补油箱均设有安全阀、放气阀和补油阀,以使柱塞和隔膜之间液压腔内液压油的容积保持不变。

当液压腔压力超过规定的允许压力时,安全阀打开。当排出管路压力异常升高时,安全阀也能起到保护整个系统的作用。

放气阀用于将柱塞工作时带入液压腔的气体排出液压腔。补油阀的作用是补偿液压腔内

因泄漏而减少的液压油油量。

五、流量调节与控制

（1）流量调节方式　计量泵的流量调节应能在运行和停车时均可进行。常用的流量调节方式有调节行程长度、改变空行程、液压油旁路以及变速调节。

① 调节行程长度　如图 2-68 所示，在泵运转中调节螺杆驱动偏心机构，以改变曲柄半径，达到调节行程长度的目的。常用方式有 N 型曲轴调节、斜槽轴调节和改变蜗轮倾斜角度。

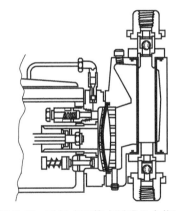

图 2-67　平板式和管式隔膜组合使用

采用 N 型曲轴调节的典型厂家有重庆水泵厂有限公司等国内大部分厂家、日本 Nikkiso 公司等；采用斜槽轴调节的典型厂家是德国 LEWA 公司；采用改变蜗轮倾斜角度的典型厂家是汉胜工业（美国 Milton Roy 公司）。

② 改变空行程　如图 2-69 所示，凸轮弹簧式调节机构利用可调整的限位装置使十字头在行程的一部分时间内不随凸轮运动，这样就缩短了行程的有效长度，从而改变流量。

采用改变空行程调节的典型厂家有美国 Idex 公司（Pulsafeeder）、德国 Prominent 公司等。

③ 液压油旁路　如图 2-70 所示，通过旁路液压油，使得液压油腔内的油量改变来改变柱塞的有效行程。液压油旁路调节方法可用于较小功率的计量泵上，其优点是调节机构非常简单，整机体积小，结构紧凑，且温度变化引起的液压油体积也不会影响计量精度，但对旁路控制滑阀、柱塞等的加工精度要求较高。有液压油旁路调节型号的厂家有汉胜工业（美国 Milton Roy 公司）等。

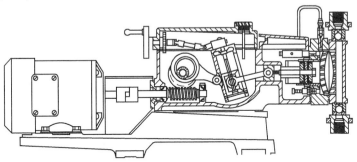

图 2-68　调节冲程长度以改变流量

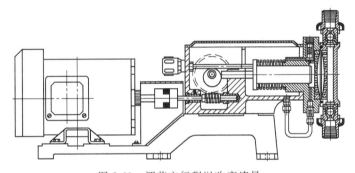

图 2-69　调节空行程以改变流量

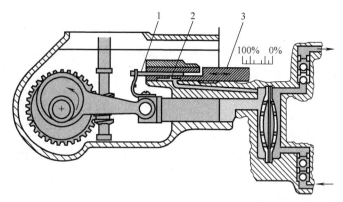

图 2-70 调节有效行程容积以改变流量
1—旁路控制柱塞；2—旁路开口；3—控制滑阀

为改善工艺操作弹性或加大流量调节范围，有时会结合 2 种调节方法。如某大型污水中和池加药装置中，加药用的计量泵既有变速调节，又有行程长度调节功能。根据污水量变化调节泵转速；根据中和池污水 pH 值来调节行程长度。

(2) 运转中自动调节　如果买方有要求，计量泵应配备电动控制或气动控制装置，并可实现远程操作。电动控制是通过改变电信号达到自动调节行程的目的；气动控制是通过改变气源压力信号达到自动调节行程的目的。

计量泵的流量、控制系统见图 2-71，系统的控制信号源见表 2-14。

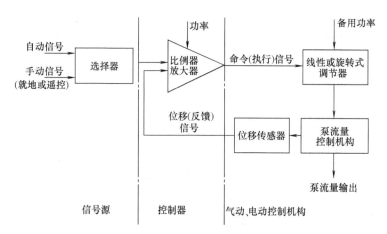

图 2-71 计量泵的流量控制系统

表 2-14 国内外部分计量泵制造厂主导产品型号、参数一览表

型式	输入信号	型式	输入信号
气动	0.02~0.1MPa(G)(标准信号) 0.02~0.13MPa(G) 0.02~0.19MPa(G)	电动	1~5mA 4~20mA(标准信号) 10~50mA 0~1000Ω 电阻 0~10V(DC)

六、选用计量泵应注意的问题

(1) 当计量泵的出口压力小于或等于入口压力时，为保证计量精度，应在计量泵出口缓冲罐后设置一个背压阀，且泵的排出压力至少要比入口压力高 0.3MPa。

(2) 计量泵的出口管道上应设置安全阀。若泵自备，可不另设。隔膜式计量泵一般有内置的且可调节的液压安全阀。柱塞式计量泵一般无内置的安全阀，因此需在买方的管道上安装外置安全阀。外置的安全阀一般由买方提供。

(3) 如果卖方认为必需，或买方指定，应由卖方提供进出口缓冲罐。缓冲罐一般应为蓄能器式，通过弹性隔膜或皮囊，使用充气腔来隔离泵送液体。

第五节 缓冲罐和安全阀

一、缓冲罐

缓冲罐是往复泵和计量泵的重要附属设备，用于减小管路中流量的不均匀度，分为吸入缓冲罐和排出缓冲罐两种。

吸入缓冲罐的作用是减小吸入管路流量不均匀度，减小惯性损失，提高泵的吸入性能。排出缓冲罐的作用是减小排出管路流量不均匀度，避免过流量的产生，以适应工艺流程的需要。缓冲罐的结构型式有直接接触式和隔膜式两类。

(1) 直接接触式缓冲罐 直接接触式缓冲罐，也称常压式缓冲罐，内充常压气体，气体与输送液体直接接触，如图 2-72 所示。充入的气体一般为空气，当输送易燃易爆液体时应充入惰性气体。此外由于气体与输送液体直接接触，部分气体会溶解在液体中（在高压下溶解量较大），而被液体带走。因此在缓冲罐上设有注气阀门或注气设备，以便补充空气或惰性气体。

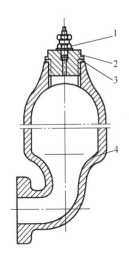

图 2-72 直接接触式缓冲罐
1—注气接头；2—端盖；3—密封圈；4—壳体

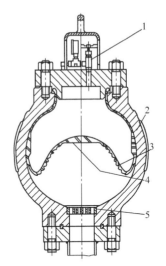

图 2-73 隔膜式缓冲罐
1—充气阀；2—壳体；3—隔膜；4—稳定片；5—多孔保护器

(2) 隔膜式缓冲罐 隔膜式缓冲罐也称预压式缓冲罐，为蓄能器式，利用隔膜将气体和液体隔开（见图 2-73），工作时须预先充入一定压力的气体（空气或氮气）。隔膜式缓冲罐和直接接触式缓冲罐相比，其体积小，且气体与液体不接触，能保证输送液体的性质。除另有规定外，推荐采用隔膜式缓冲罐。

隔膜式缓冲罐分单隔膜式与双隔膜式两种。单隔膜式缓冲罐的隔膜材料有不锈钢、PVDF、橡胶等；双隔膜式缓冲罐常用于金属隔膜不宜用的场合，隔膜材料有 PVC、玻璃纤维增强聚四氟乙烯等。

(3) 缓冲罐的选用

① 排出缓冲罐的选用　当往复泵的流量不均匀度不能满足工艺流程需要时，可安装排出缓冲罐，使流量不均匀度 δ_{Q_1}、δ_{Q_2} 在允许范围内（通常 $\delta_Q=0.005\sim0.04$），具体数值根据使用要求确定。排出缓冲罐的容积 V_o 可按式（2-32）计算。

$$V_o=\frac{\psi D^2 L(p_d+p_{rs})^2}{10\delta_Q p_{gas} p_d} \quad m^3 \tag{2-32}$$

式中　D——柱塞或活塞直径，m；

L——柱塞或活塞行程长度，m；

p_d——泵出口压力，MPa；

p_{ra}——泵出口管路的总阻力损失（不包括加速度头），MPa；

p_{gas}——缓冲罐充气压力，一般为泵出口压力的 60%，MPa；

δ_Q——工艺要求的允许流量不均匀度；

ψ——脉动系数，单缸泵 $\psi=1.1$，双缸泵 $\psi=0.42$，三缸泵 $\psi=0.05$。

② 吸入缓冲罐的选用　安装吸入缓冲罐，可使泵的吸入压力不均匀系数 δ_p 控制在 1%～5%。一般由泵厂决定是否需要安装吸入缓冲罐，以及缓冲罐的结构形式和规格参数等。

二、安全阀

安全阀也是容积式泵的重要附属部件，每一台容积式泵均需设有安全阀，若泵自备可不另设。容积式泵的安全阀通常安装在泵出口集液管后，如设有排出缓冲罐，须安装在排出缓冲罐后面第一个阀门（即切断阀）的前面。

(1) 安全阀的性能参数

① 密封压力 p_m　安全阀的密封压力 p_m 应等于泵的许用最大排出压力 p_d（对往复泵指多缸泵集液管或排出缓冲罐后液体的压力）。如果泵的实际操作压力低于许用最大排压时，安全阀应按实际操作压力调整密封压力。在密封压力下，安全阀不得有任何泄漏。

② 安全阀启跳设定压力 p_k　安全阀启跳设定压力也称安全阀开启压力。当泵的排出压力大于启跳压力 p_k 时，安全阀即开启，使压力释放到预定程度。

往复泵安全阀的启跳设定压力 p_k 值可参见表 2-15。转子泵安全阀的启跳设定压力 p_k 可参见表 2-16。

③ 安全阀回座压力 p_h　当泵的排出压力小于安全阀回座压力时，安全阀即关闭。对一次动作安全阀显然无回座压力 p_h。

表 2-15　往复泵用安全阀的 p_k、p_h 推荐值　　MPa（G）

安全阀安装位置	安全阀密封压力 p_m	安全阀开启压力 p_k	安全阀回座压力 p_h
多缸泵集液管或排出缓冲罐之后	≤1.0	$p_m+(0.2\sim0.3)$	$p_k-(0.4\sim0.5)$
	>1.0	$(1.08\sim1.15)p_m$	$(0.87\sim0.82)p_k$
单缸泵排出缓冲罐或与此相当	≤1.0	$p_m+(0.3\sim0.5)$	$p_k-(0.5\sim0.6)$
	>1.0	$(1.1\sim1.3)p_m$	$(0.85\sim0.72)p_k$

表 2-16　转子泵用安全阀的 p_k、p_h 推荐值　　MPa（G）

安全阀安装位置	安全阀密封压力 p_m	安全阀开启压力 p_k	安全阀回座压力 p_h
泵出口与切断阀之间	≤1.0	$p_m+0.2$	$p_k-0.4$
	>1.0	$1.1p_m$	$0.85p_k$

（2）安全阀的类型　容积式泵用安全阀有弹簧式安全阀和一次动作安全阀两种型式，其性能比较见表 2-17。

表 2-17　容积式泵安全阀的性能比较

类　型		特　点
弹簧式安全阀		安全阀动作（开启）后，可自行复位，继续起安全作用，可反复使用，操作方便，适用于无颗粒的清洁介质
	锥面密封弹簧式安全阀	（1）固体颗粒不易在密封面停留 （2）同样弹簧力，可获得比平面密封大的密封力，密封性好 （3）在阀关闭的瞬间，阀瓣与阀座有相对运动摩擦，制造修理较困难
	反锥面密封弹簧式安全阀	（1）液体通过阀瓣时发生转向，可得到较大的升高 （2）阀的尺寸较大 （3）其余同锥面密封
	球面密封弹簧式安全阀	（1）球可转动，磨损均匀 （2）固体颗粒不易在密封面上停留 （3）在阀门关闭的瞬间，阀瓣与阀座有相对运动摩擦 （4）重量大，惯性较大
一次动作安全阀		一次动作安全阀开启后，不能自行复位，必须停车，或更换易损件（销钉或膜片），或扳动复位手柄，才能使其复原，再投入运转，安全阀开启（或动作）后，压力几乎全部被释放，比较安全、可靠，但操作不便，多用于有磨蚀性颗粒的泥浆、水泥浆、矿浆等介质
	销钉式一次动作安全阀	在密封压力 p_m 以下保持密封，当压力达到开启压力 p_k 时，介质压力将销钉剪断，活塞跳起，压力释放。只有在停车后更换被剪断的销钉，才能使安全阀活塞恢复密封原位，重新启动。销钉可用 10、20、Q235 或不锈钢加工
	膜片式一次动作安全阀	在密封压力 p_m 以下保持密封，当压力达到开启压力 p_k 时，介质压力将膜片剪破，压力释放，停车后更换被剪破的膜片，才能使泵重新启动 膜片为易损件，材料可用铜、Q235 钢或不锈钢制成，结构比销钉式安全阀简单，但膜片的制造与更换较困难
	杠杆弹簧式一次动作安全阀	在密封压力 p_m 下保持密封，当压力达到开启压力 p_k 时，活塞跳起，压力释放。须停车后转动复位手柄，才能使泵重新工作 杠杆弹簧式一次动作安全阀与弹簧安全阀相比，开启高度大，通流能力大，可将介质压力迅速释放降低

第三章 真空泵

第一节 真空泵的性能指标、分类和选择

一、真空泵的性能指标

1. 真空度

真空指绝对压力小于环境大气压力的状态（表压力为负值）或小于当地大气质量密度的稀薄气体状态，也就是该空间内气体分子数密度低于该地区大气压的气体分子数密度。

真空度表示真空状态下气体的稀薄程度，即负表压力的绝对值 p_V。

工程中真空度一般有下述两种表示方法：

(1) 以绝对压力 p 表示，单位为 Pa、kPa、MPa、bar、torr。

(2) 以相对压力（表压力的绝对值）p_V 表示，单位为 Pa、kPa、MPa、bar、mmHg。

两种表示方法的换算：

$$p_V(\text{kPa})=101.32-p(\text{kPa}), p_V(\text{mmHg})=760-p(\text{mmHg}), 1\text{torr}\approx 1\text{mmHg}$$

2. 极限真空（又称泵的极限压力）

极限真空指在真空系统中（泵本身除外），在无漏气和放气的情况下，经过长时间抽气以后，泵入口所能达到的最低稳定压力值。

极限真空度的大小取决于系统本身的漏气或泵工作液体的蒸汽压力。极限真空度决定了泵能有效地使用各种抽气方式的真空度范围的低压界限，是真空泵选型的重要指标。

3. 体积流量（又称抽气速率或体积流率，简称抽速）

体积流量 Q_V 指单位时间内，真空泵吸入口处在特定压力和温度状态下的气体体积量，单位是 m^3/h、m^3/min、m^3/s。

4. 启动压力

真空泵的启动压力表示泵能够无损启动并获得抽气作用的泵入口压力。此值对不同的泵有较大差别。有些泵在大气压力下能启动，有些泵必须在一定的真空度下才能启动。

5. 最大工作压力

与最大气体流量对应的入口压力。在此压力下，泵能连续工作而不被破坏。

6. 最大排气压力

最大排气压力是真空泵正常工作所允许的排气压力。当泵出口压力超过此值时，泵便失去抽气能力。

7. 抽气时间

将真空系统的压力从大气压降低到一定压力所需要的时间。

(1) 粗真空、低真空下抽气时间计算　在粗真空、低真空下，真空设备本身内表面的出气量与设备总的气体负荷相比，可以忽略不计。因而，在粗真空、低真空情况下计算抽气时间时一般不需要考虑出气的影响。

简单的抽气系统由真空室、管道和真空泵三部分组成。

① 泵的抽速近似常数时的抽气时间计算。

真空设备从压力 p_i 降到 p 所需要的抽气时间为：

当流导很大（$U \gg S_p$）时，则 $S \approx S_p$，此时

$$t = 2.3 \frac{V}{S} \lg \frac{p_i - p_o}{p - p_o}$$

流导为 U 时，$\frac{1}{S} = \frac{1}{S_p} + \frac{1}{U}$，则

$$t = 2.3 V \left(\frac{1}{S_p} + \frac{1}{U} \right) \lg \frac{p_i - p_o}{p - p_o}$$

式中 t——抽气时间，s；

V——真空设备容积，L；

S——泵的有效抽速，L/s；

S_p——泵的名义抽速，L/s；

p——设备经 t 时间的抽气后的压力，Pa；

p_i——设备开始抽气时的压力，Pa；

p_o——真空室的极限压力，Pa；

U——管道的流导，流导表示真空管道通过气体的能力，在稳定状态下，管道流导等于管道流量除以管道两端压强差，L/s。

② 机械泵的抽气时间计算。

真空室用机械泵从大气压开始抽气时，在低真空区域内，机械泵的抽速随真空度升高而下降。其抽气时间用下式计算

$$t = 2.3 K_q \frac{V}{S_p} \lg \frac{p_i - p_o}{p - p_o}$$

若忽略 p_o，则

$$t = 2.3 K_q \frac{V}{S_p} \lg \frac{p_i}{p}$$

式中 t——抽气时间，s；

S_p——泵的名义抽速，L/s；

V——被抽真空设备容积，L；

p——设备经 t 时间的抽气后的压力，Pa；

p_o——真空设备的极限压力，Pa；

p_i——设备开始抽气时的压力，Pa；

K_q——修正系数，与设备抽气终止时的压强 p 有关，见表 2-18。

表 2-18 K_q 值

p/Pa	$10^5 \sim 10^4$	$10^4 \sim 10^3$	$10^3 \sim 10^2$	$10^2 \sim 10$	$10 \sim 1$
K_q	1	1.25	1.5	2	4

(2) 高真空下抽气时间计算 在高真空领域内，真空设备内材料的出气可以忽略时，真空室的抽气时间计算与低真空抽气计算相同。由于高真空泵抽速较大，这段时间很短。实际上高真空的抽气时间，主要取决于材料出气。

在刚开始抽气的几十小时内，材料出气率是变量，因而真空室的总出气量随抽气时间而衰减。计算到达某一压力所需的时间由总出气量和泵（或机组）的有效抽速的比值决定。一般可用查材料出气率曲线和绘图方法进行计算。

二、真空泵的分类

1. 按性能特点和用途分类

（1）低真空泵　泵的极限压力高于 10^2 Pa 的真空泵属于低真空泵。常见的低真空泵有往复式真空泵、旋转式真空泵、液环式真空泵、喷射式真空泵以及吸附式真空泵。

（2）中真空泵　极限压力在 $10^2 \sim 10^{-1}$ Pa 的真空泵属于中真空泵。常见的有罗茨真空泵、多级喷射式真空泵、多级旋转机械真空泵以及高速旋转式机械真空泵等。

（3）高真空泵　极限压力在 $10^{-1} \sim 10^{-5}$ Pa 的真空泵属于高真空泵。常见的高真空泵有各种扩散泵及分子泵等。

（4）超高真空泵　极限压力低于 10^{-5} Pa 的真空泵属于超高真空泵。超高真空泵主要有各种离子泵、低温泵等。

2. 按工作原理和结构特点分类

（1）机械式容积真空泵　靠机械运动使泵腔工作容积周期变化来实现抽气作用的是机械式容积真空泵。属于这类泵的有往复式真空泵、旋转式机械泵（包括旋片式、螺杆式、罗茨式、液环式等）。这类泵中除机械增压泵外，一般均可单独使用。

（2）射流式真空泵　没有机械运动部件，主要靠通过喷嘴的高速射流来抽真空的是射流式真空泵。属于这类泵的有水蒸气喷射泵、空气喷射泵、水喷射泵以及各种扩散泵等。这类泵结构简单，工作可靠，寿命长，易于维修，应用比较普遍。

3. 各类真空泵的工作压力范围及特征

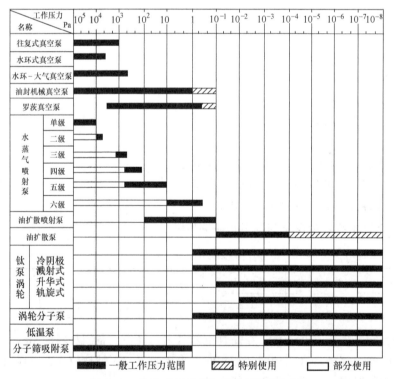

图 2-74　各种真空泵工作压力范围及特征

三、真空泵的选择

1. 依据和条件

(1) 系统对真空度的要求　根据系统对真空度的要求,选择相应极限真空的泵。一般要求泵的极限真空比系统要求的极限真空高 0.5~1 个数量级。

(2) 系统正常工作时的压力范围　要求泵正常工作的压力范围必须满足系统所要求的工作压力。

(3) 被抽气体种类、成分、杂质情况及系统工作时对污染的限制要求　被抽气体性质及对污染的要求是选择不同特性真空泵的一个重要条件。它不但与工作时泵的性能有关,而且直接与泵的工作寿命及检修维护情况有关,特别是在化工生产中,它往往是正确选泵的一个关键因素。

(4) 系统被抽气量或体积流量　它是决定选择某一类型真空泵的主要依据。

2. 真空泵的选择及抽速计算

(1) 计算真空泵的有效抽速 S (L/s)。

根据真空系统要求的工作压力 p_g、真空系统的总气体量 Q,计算泵的有效抽速

$$S = \frac{Q}{p_g}$$

式中,Q 为真空系统的总气体量,Pa·L/s,包括真空系统工作过程中产生的气体量、真空系统及真空元件的放气量和真空系统的总漏气量。

通常将按此式计算出的有效抽速 S 增大 20%~30% 或更大作为主泵的名义抽速。

(2) 确定真空泵的抽速。

根据有效抽速 S 以及泵与真空室之间的连接管道的流导 U 确定主泵的抽速 S_p。由流导串联公式有

$$\frac{1}{S} = \frac{1}{S_p} + \frac{1}{U}$$

(3) 根据被抽气体种类、成分、温度以及气体含灰尘杂质情况选真空泵。

(4) 根据真空室对油污染要求的不同,来选择有油、无油、半无油、干式、湿式真空泵。干式真空泵适合于要求绝对无油或工作液、或对工作液储存和处理费用比较关切等场合。

(5) 根据投资及日常维护运转的经济指标来选择。

3. 前级泵的配置及抽速确定

主真空泵选定之后,如何配置前级泵,需遵守的原则是:

① 要求前级泵造成主真空泵工作所需的预真空条件;

② 抽走主真空泵产生的最大气体量;

③ 必须满足主真空泵进气口能工作的最大压力时所需的预抽时间要求。

不同的主真空泵,其前级泵配置各异,分述如下。

(1) 蒸汽流泵前级配置　此类泵包括油扩散泵、油扩散喷射泵以及增扩泵等。在主泵允许的最大排气口压力下,前级泵需将主泵产生的最大气体量及时抽走,即前级泵的有效抽速必须满足:

$$S_q > \frac{p_g S}{p_n} \quad \text{或} \quad \frac{Q_{\max}}{p_n}$$

式中　S_q——前级泵的有效抽速,L/s,和选择高真空泵一样,先由 S_q 来确定前级泵的抽

速，然后再根据该抽速选定泵型；

p_n——主泵前级的临界前级压力，Pa；

Q_{max}——主泵所能排出的最大气体量，Pa·L/s；

p_g——主泵允许的最高工作压力，Pa；

S——主泵工作在 p_g 时的有效抽速，L/s。

在选择前级泵时，应该注意机械泵的抽速是在大气压力下测得的，但正常使用的泵都是在低于大气压的条件下运转，使泵的抽速下降了，因而我们必须根据抽速曲线来选择泵。若没有抽速曲线，可参考经验公式

$$S_p = (1.5 \sim 3) S'_p$$

式中　S_p——实际选用的前级泵的抽速；

S'_p——计算要求的前级泵抽速。

（2）罗茨泵配置油封机械泵　罗茨泵前级配置油封机械泵时，前级泵的抽速由经验公式确定，即

$$S_p = \left(\frac{1}{3} \sim \frac{1}{8}\right) S_L$$

式中　S_p——前级泵的抽速，L/s；

S_L——罗茨泵的抽速，L/s。

式中，系数选择，通常抽速大的罗茨泵取小值，抽速小的选大值。

（3）罗茨泵配置水环泵为前级　罗茨泵-水环泵机组，水环泵抽速选择根据经验确定，即

$$S_s = \left(\frac{1}{3} \sim \frac{1}{5}\right) S_L$$

式中　S_s——前级泵的抽速，L/s；

S_L——罗茨泵的抽速，L/s。

（4）罗茨泵串联机组　用于较高真空度的罗茨泵不能直接排大气，因此串联二级的罗茨泵仍需要一个机械泵或水环泵后级。

罗茨泵串联机组，有两种配置方式：其一是罗茨泵-罗茨泵-机械泵；其二是罗茨泵-罗茨泵-水环泵。两种方式均是以一罗茨泵为主泵，而另一罗茨泵为前级，两罗茨泵抽速关系由经验确定，即

$$S_{jL} = \left(\frac{1}{2} \sim \frac{1}{4}\right) S_L$$

式中　S_{jL}——前级罗茨泵的抽速，L/s；

S_L——罗茨泵的抽速，L/s。

（5）涡轮分子泵前级配置　涡轮分子泵所配置的前级泵抽速，应满足

$$S_p > \frac{Q_{max}}{p_j}$$

式中　S_p——前级泵的抽速，L/s；

p_j——涡轮分子泵前级压力，通常为 2Pa；

Q_{max}——最大流量，Pa·L/s，涡轮分子泵平稳抽速范围为 $10^{-1} \sim 10^{-7}$Pa。故最大流量 Q_{max} 值应等于 10^{-1}Pa 下的抽速与该压力之积。

第二节　液环真空泵

液环真空泵主要用于粗真空的形成过程。由于其具有接近等温压缩、对粉尘不敏感、吸入气体可以夹带液体或大量水蒸气等优点，在电力、石油化工、制药、造纸等领域得到广泛的应用。

在大多数应用场合，液环真空泵以水做工作液，人们习惯将其称为水环真空泵。

一、液环真空泵的工作原理和结构

1. 工作原理

图 2-75 是单作用液环真空泵的工作原理，叶轮偏心地装于接近圆形的泵体内，当叶轮以一定的速度运转时，由于离心力的作用，将泵体内的液体向圆周方向甩开，形成一个紧贴泵体内壁的液环，在液环内表面与叶轮轮毂之间形成一个月牙形空间。叶轮从 A 点转到 B 点时，两个叶片与轮毂、液环内表面包围成的"气腔"逐渐增大，气体从被抽系统中吸入。当其由 C 点转到 A 点时，相应的"气腔"容积由大变小，使原先吸入的气体受到压缩，当压力达到外界的压力时，气体被排出。

液环真空泵在工作过程中，吸气口与被抽系统相连，对系统进行气体抽吸，形成真空。排出侧在排气的过程中还会带出工作液。要连续不断地向真空泵提供工作液。

单作用的液环真空泵，叶轮每旋转一周，完成一个吸气和一个排气过程。

图 2-76 是双作用液环真空泵的工作原理，叶轮装于椭圆形的泵体内，当叶轮转动时，液环与叶轮轮毂之间会形成两个月牙形空间，泵运转时，在每个月牙形空间内完成一个吸气、排气过程。叶轮每旋转一周，完成两个吸气、排气过程。

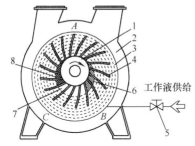

图 2-75　单作用液环真空泵工作原理
1—轮毂；2—泵体；3—液环；4—叶片；5—补液管路；
6—吸气区域；7—过渡区域；8—压缩排气区

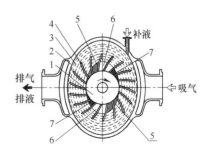

图 2-76　双作用液环真空泵工作原理
1—轮毂；2—泵体；3—液环；4—叶片；
5—吸气区域；6—过渡区域；7—压缩排气区

2. 液环真空泵结构

在市场上的所有液环真空泵产品中，有多种不同的结构。

① 按吸、排气的零件结构划分，可分为锥体泵和平板泵。

② 按叶轮的级数划分，可分为单级泵和双级泵。其中，锥体泵和平板泵都有单级叶轮和双级叶轮结构。

③ 按叶轮每旋转一周完成的吸、排气过程分，可分为单作用和双作用真空泵。

在上述几种不同结构的真空泵中，每台泵都是由泵轴、泵体、侧盖、叶轮、分配板（平板泵）或分配器（锥体泵）、轴封部件、轴承部件等组成。在工作过程中接触到工作介质的零部件称为过流部件，其余零部件称为非过流部件。

二、液环泵的选用

1. 液环真空泵的性能曲线

通常液环真空泵的性能曲线分为轴功率曲线和气量曲线。

① 轴功率曲线　液环真空泵在一定转速下运转，以常温水为工作液，通过入口节流的方法形成不同吸入真空，测出对应吸入真空点（通常以吸入绝对压力表示）下的轴功率。然后以吸入真空点作为横坐标，以轴功率为纵坐标，在 $0\sim1013\text{hPa}$（百帕）绝对真空范围内，将不同真空点对应下的轴功率连成曲线。

② 抽气量曲线　液环真空泵在一定转速下运转，以吸入真空点作为横坐标，以抽气量为纵坐标，在 $0\sim1013\text{hPa}$ 绝对压力范围内，将不同真空点对应下的抽气量连成曲线。按行业习惯，样本曲线上的气量是指真空泵在规定条件（15℃工作水温、20℃进气温度）下的抽吸饱和空气的体积流量。

③ 液环泵的工作效率　液环泵产品一般不直接表示泵的效率曲线，但可按如下公式计算：

$$\eta = P_{is}/P_a \times 100\%$$

式中　η——泵的效率；
　　　P_a——泵的轴功率，kW；
　　　P_{is}——泵等温压缩功率，kW。

$$P_{is} = 38.37 p_1 V \lg(p_2/p_1)$$

式中　p_1——泵入口处气体绝对压力，MPa；
　　　V——泵入口压力为 p_1 时，在吸入状态下的气量，m³/min；
　　　p_2——泵出口处气体的绝对压力，MPa。

在选型时，为了更直观地比较不同型号泵的运行效率，也可以用泵在工作点的每小时抽气量除以对应点的轴功率，单位为 m³/(kW·h)，数值越大，泵的运行效率越高。

④ 干、湿空气抽气量曲线　真空泵的气量曲线是以水作为液体进行测试的，在测试时，由于通过孔板的节流，在大气环境下测得的气量都视为干空气，在湿式试验台上测得的抽气量称为真空泵的饱和抽气量。在市场上的液环泵产品中，气量曲线一般都以泵在饱和状态下的抽气能力来表示，简称为湿气量。

干、湿气量转换：

$$V = V_0[p/(p-p_1)] \tag{2-33}$$

式中　V——饱和抽气量，m³/min；
　　　V_0——干空气抽气量，m³/min；
　　　p——工作点绝压，hPa；
　　　p_1——工作水温对应下的饱和蒸气压，hPa。

2. 真空泵的选型

在真空泵选型时，有如下几种情况：

① 在实际工况中，气温、工作水温与产品性能曲线规定的测试条件不一致时，需要进行气温、水温修正。将工况点所需的抽气量修正成样本规定条件下的气量，然后进行选型。

$$V = K_w K_a V_s$$
$$K_w = (p_1 - 17.04)(t_w + 273)/288(p_1 - p_{Lt})$$
$$K_a = 293/(273 + t_a)$$

式中　V——真空泵在规定条件下的气量（工作水温15℃、进气温度20℃，在产品样本中可查），m³/min；

　　　V_s——实际工况需要的气量，m³/min；

　　　K_a——气温修正系数；

　　　K_w——水温修正系数。

　　　p_{Lt}——实际工作水温对应的饱和蒸气压，hPa；

　　　t_w——实际工况工作水供水温度，℃；

　　　t_a——实际工况被抽气体温度，℃。

在实际应用过程中，也可采用相关经过验证的经验曲线进行水温、气温修正，如果采用其他液体做工作液，可以根据不同工作液的应用经验进行修正。

② 实际工况条件与规定的条件完全一致或经水温、气温修正后与规定条件一致时，可在产品样本上直接选型。如果产品性能曲线没有对应的转速，可采用插入法选取。

转速的变化与气量的变化成正比，轴功率的变化与转速的变化平方成正比。

$$V_1 = V(n_1/n)$$
$$P_1 = P(n_1/n)^2$$

式中　V_1——需要选用的抽气量；

　　　n——样本可查转速；

　　　V——性能曲线在转速 n 下的抽气量；

　　　n_1——插入转速；

　　　P_1——n_1 转速下的轴功率；

　　　P——n 转速下的轴功率。

③ 当被抽气体为干空气，而产品样本性能曲线为饱和空气时，则要按公式（2-33）进行干、湿气量转换。

④ 在如下两种工况，建议由设备生产厂家根据应用经验进行选型：

被抽气体与常温空气特性相差较大；

工作液的密度、黏度、汽化压力等特性与常温水相差较大，如以浓硫酸做工作液等。

第三节　其他常用真空泵简介

一、往复式真空泵

往复式真空泵（又称活塞式真空泵）的极限真空，单级为 $4×10^2 \sim 10^3$ Pa，双级可达 1Pa，抽速范围 $45 \sim 20000$ m³/h，用于从密封的容器中抽出气体。被抽气体温度不超过35℃。如果加上辅助设备，如冷冻器，也可以抽蒸汽。往复式真空泵的排气量较大，多用于真空浸渍、钢水真空处理、真空蒸馏、真空蒸发、真空浓缩、真空结晶、真空干燥、真空过滤及混凝土的真空作业等。

往复真空泵的结构见图2-77，工作原理见图2-78。

无油往复真空泵由于采用自润滑材料的活塞环、密封环，气缸内无需加油润滑；在汽缸与机体之间加设隔油腔（其长度大于一个行程长度），阻止机体内润滑油沿活塞杆漏入汽缸，所以该泵对被抽系统无污染。无油往复真空泵有立式和卧式两种结构。

该泵的应用范围是：需要清洁真空的环境；在气体需要回收时，可在充气腔充入回收气体，以保证气体的纯度；当抽除易燃易爆气体时，可向隔离腔充入惰性气体，使空气（助燃

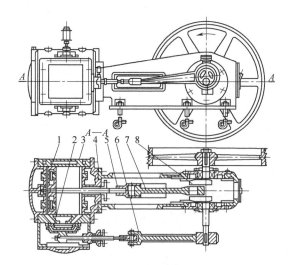

图 2-77 往复真空泵主要结构
1—活塞；2—气阀；3—汽缸；4—泵体；
5—十字头；6—阀杆；7—连杆；8—曲轴

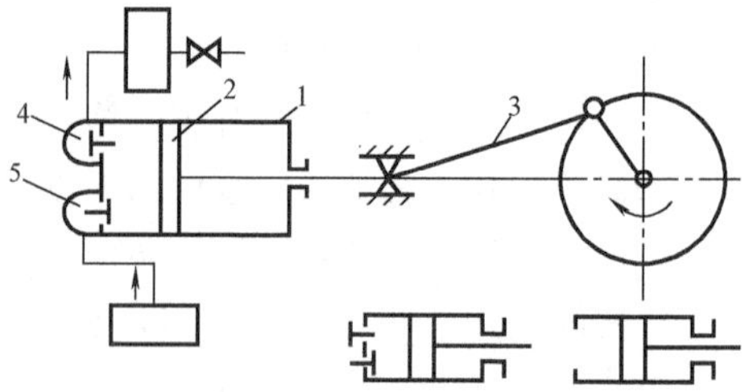

图 2-78 往复真空泵工作原理
1—汽缸；2—活塞；3—曲柄连杆机构；
4—排气阀；5—吸气阀

剂）无法漏入汽缸，避免事故发生。

往复式真空泵对于抽除腐蚀性的气体或含有颗粒状灰尘的气体是不适用的。被抽气体中如果含有灰尘，在泵的进口处必须加装过滤器。

往复式真空泵的型式与基本参数参考 JB/T 7675—2005。

二、旋片式真空泵

旋片式真空泵如图 2-79～图 2-83 所示。

1. 单级旋片式真空泵的工作原理

单级旋片式真空泵只有一个工作室。泵主要由定子、旋片、转子组成。在定子缸内偏心地装有转子，转子槽中装有两块旋片，由于弹簧弹力作用而紧贴于缸壁（转动后还有旋片离心力）。定子上的进、排气口被转子和旋片分为两部分。

当转子在定子缸内旋转时周期性地将进气口容积逐渐扩大而吸入气体，同时逐渐缩小排气口容积将已吸入气体压缩从排气阀排出。

排气阀浸在油里以防止大气流入泵中。油通过泵体上的缝隙、油孔及排气阀进入泵腔，使泵腔内所有的运动表面被油覆盖，形成了吸气腔与排气腔之间的密封。同时，油还充满了泵腔内的一切有害空腔，以消除它们对极限真空的影响。

2. 双级旋片式真空泵的工作原理

双级旋片式真空泵由两个工作室组成。两室前后串联，同向等速旋转，Ⅰ室是Ⅱ室的前级，Ⅰ室是低真空级，Ⅱ室是较高真空级。被抽气体由进气管道进入Ⅱ室。当进入气体压力较高时，气体经Ⅱ室压缩、压强急增，被压缩的气体除经通道 2 进入Ⅰ室外，还能推开排气阀 1，从排气阀 1 排出。

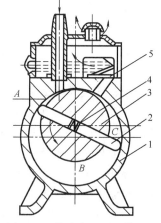

图 2-79 旋片真空泵工作原理
1—泵体；2—旋片；3—转子；
4—弹簧；5—排气阀

当进入Ⅱ室的气体压力较低时,虽经Ⅱ室的压缩也推不开排气阀 1,气体全部经通道 2 进入Ⅰ室,经Ⅰ室的继续压缩,由排气阀 3 排出。因而双级旋片式真空泵比单级旋片式真空泵的极限真空高。

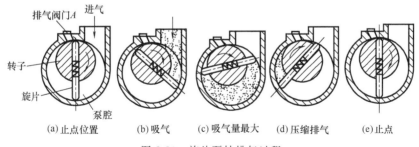

图 2-80 旋片泵抽排气过程

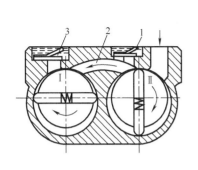

图 2-81 双级旋片真空泵工作原理
1—高级排气阀;2—通道;
3—低级排气阀

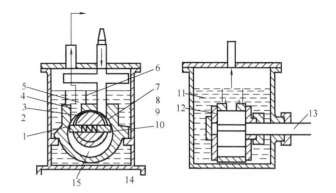

图 2-82 单级旋片式油封真空泵结构
1—空腔;2,3,10,12—用油密封表面;4—槽路;
5—活门;6—进气管;7—上面空腔;8—平板;
9—圆柱形腔;11—储油槽;13—传动轴;
14—空腔;15—转子

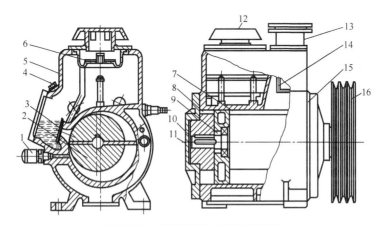

图 2-83 双级旋片真空泵主要结构
1—气镇阀;2、10—轴;3—排气阀;4—六角塞;5—泵体;6—油气分离器;7—大转子;
8—小转子;9—油封;11—端盖;12—排气口;13—吸气口;14—过滤阀;
15—泵侧盖;16—皮带轮

旋片真空泵的型式和参数参见 JB/T 6533—2005。

单级旋片真空泵型式与基本参数见 JB/T 8944—1999。

三、罗茨真空泵

罗茨式真空泵（简称罗茨泵）是利用两个 8 字形转子在泵壳中旋转而产生吸气和排气作用的。其原理和罗茨鼓风机相似。由于罗茨泵是无内压缩的泵，通常单级泵的压缩比很低，当用于中、高真空时应串联使用。罗茨真空泵原理示意图如图 2-84 所示；罗茨真空泵工作顺序位置图如图 2-85 所示；罗茨真空泵主要结构如图 2-86 所示。

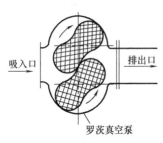

图 2-84 罗茨真空泵原理示意图

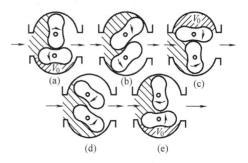

图 2-85 罗茨真空泵工作顺序位置图

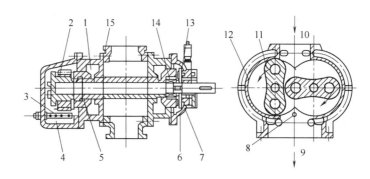

图 2-86 罗茨真空泵主要结构

1—端盖；2—同步导向齿轮；3—齿轮箱冷却器；4—齿轮箱；5—轴承座；6—轴承箱；
7—油封；8—预真空孔；9—排气；10—进气；11—转子；12—泵壳；
13—出轴油封冷却水套；14—轴承；15—内油封

根据罗茨真空泵工作范围的不同，又分为直排大气的低真空干式或湿式罗茨泵；中真空罗茨泵（又称机械增压泵）和高真空多级罗茨泵。

低真空的直排大气干式罗茨泵，小泵极限压力为 2×10^4 Pa，大泵可达 1×10^4 Pa，若两台串联，可获得极限压力 $2\times10^3\sim3\times10^3$ Pa。湿式罗茨泵可以吸入少量的水，但吸入量过大时，要在泵入口前设置分离器，将水分离后，再注入适量的水。这种泵直接向大气中排放时，噪声较大，故需加消声器。中真空罗茨泵出口压力在 4×10^3 Pa 以下，吸入压力在 $10^3\sim10^{-1}$ Pa，若出口压力在 10^3 Pa，入口压力在 $10^2\sim1$ Pa，效率最高。

一般来说，罗茨泵具有以下特点：

① 在较宽的压强范围内有较大的抽速；

② 启动快，能立即工作；

③ 对被抽气体中含有的灰尘和水蒸气不敏感；

④ 转子不必润滑，泵腔内无油；

⑤ 振动小、噪声大，转子动平衡条件较好，没有排气阀；

⑥ 机械摩擦损失小，效率较高；

⑦ 结构紧凑，占地面积小；

⑧ 运转维护费用低。

普通类泵又可分为一般型泵和带旁通阀型泵两种。这类泵已有系列标准及其产品。一般型泵的最大允许压差在 2000～10000Pa，而带旁通阀型泵的压差仅限于 2000～4000Pa。

直排大气型罗茨真空泵可分为气冷式和水冷式两种。独特的结构使此种泵的最大允许压差可达 88000Pa。

罗茨真空泵型式与基本参数见 JB/T 7674—2005。

四、螺杆式真空泵

螺杆式真空泵与螺杆式压缩机的工作原理相同。国内外均有市售产品，特别适用于化工、制药、航天航空等需要清洁抽气的环境。其基本结构有两种：

① 螺杆式真空泵　在螺杆式压缩机中，螺旋转子的螺旋圈数在 1 圈以上，而螺杆真空泵的螺旋转子的螺旋圈数在 2 圈以上。这样可以减少返流量，提高压缩比。单级泵可从 10^5Pa 抽到 1Pa 的极限压力，通常抽速为 60～120m³/h。螺杆式真空泵的工作原理如图 2-87 所示。

② 矩形螺旋式真空泵　它由矩形断面的右螺旋和左螺旋的一对转子相啮合，由同步齿轮带动实现非接触式的高速运转，气体由上侧进入，在泵腔内压缩，由转子下端排除，转子旋转一周排气一次。由于转子和泵体内表面形成一种螺旋密封结构，矩形断面间隙泄漏较少，加上它的螺旋圈数多，故可以得到比螺杆式泵较高的压缩比。这种泵可从 10^5Pa 抽到极限压力 10^{-1}Pa，通常抽速为 40～80m³/h。矩形螺旋真空泵原理示意图如图 2-88 所示。

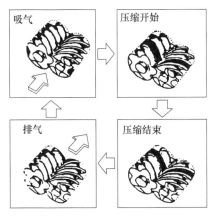

图 2-87　螺杆式真空泵的工作原理

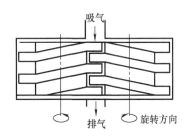

图 2-88　矩形螺旋真空泵原理示意图

目前国外出现了变螺距的设计，提高了效率、降低了排出气体的温度。此类型的泵可从大气压下开始全速抽吸至压力为 130Pa，而其极限真空可达 1.3Pa，抽速从 120～2700m³/h。

第四章 泵的汽蚀

第一节 汽蚀参数

一、汽蚀现象及其危害

(1) 汽蚀现象 液体在一定温度下,由于液体的动态作用使泵的进口处的压力低于液体在该温度下的汽化压力(即饱和蒸汽压),液体开始汽化而产生气泡,并随液流进入高压区时,气泡破裂,周围液体迅速填充原气泡空穴,产生局部高速高压打击力。这种气泡的产生、发展和破裂现象就称为汽蚀。

(2) 汽蚀危害性

① 气泡破裂时,液体质点相互作用,对金属过流表面产生 600~25000Hz 的高频冲击,而且每秒钟会重复许多次,这种现象会产生噪声,严重时产生机组振动。

② 过流部件点蚀破坏以及在高温和化学作用下造成的腐蚀破坏,两者可相互作用。

③ 泵性能下降。随着比转数的增加,其下降幅度趋缓。

(3) 汽蚀发生的部位和腐蚀破坏的部位 汽蚀发生的部位是靠近入口边缘叶轮叶片的低压侧和前盖板,即曲率最大的地方。轴流式和无前盖板的高比转数叶轮,其叶轮边缘的低压侧和靠近叶梢的空间处对汽蚀敏感。泵壳的汽蚀部位发生在泵后的低压侧和靠近入口边打压叶片的低压侧。对于多级泵,汽蚀通常局限在第一级中。

腐蚀破坏的部位是气泡消失之处,通常是在叶轮的出口和压水室进口处。

二、汽蚀参数

1. 汽蚀余量 NPSH

泵吸入口处单位质量液体超出液体汽化压力的富余能量(以米液柱计),称汽蚀余量,其值等于从基准面算起的泵吸入口的总吸入水头(绝对压力,以米液柱计)减去该液体的汽化压力(绝对压力,以米液柱计),即:

$$\text{NPSH} = \frac{p_s}{\rho g} + \frac{u_s^2}{2g} - \frac{p_v}{\rho g} \tag{2-34}$$

式中 p_s——从基准面算起的泵吸入口压力,Pa;

p_v——液体在该温度下的汽化压力,Pa;

u_s——泵吸入口平均流速,m/s;

ρ——液体密度,kg/m³。

基准面按以下两种原则取定位置:

① ISO 标准,GB 标准规定 基准面为通过叶轮叶片进口边的外端所描绘的圆的中心的水平面。对于多级泵以第一级叶轮为基准,对于立式双吸泵以上部叶片为基准(见图 2-89)。

② API 610 规定 对卧式泵,其基准面是泵轴中心线;对立式管道泵,其基准面是泵吸入口中心线;对其他立式泵,其基准面是基础的顶面。

2. 装置汽蚀余量 NPSH$_a$

由泵装置系统(以液体在额定流量和正常泵送温度下为准)确定的汽蚀余量,称装置汽蚀余量,也称为有效汽蚀余量或可用汽蚀余量(以米液柱计),其大小由吸液管路系统的参

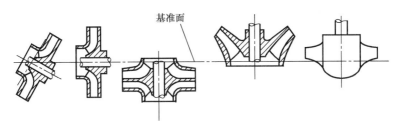

图 2-89 ISO、GB 标准中的基准面

数和管路中流量所决定,而与泵的结构无关。

3. 泵的必需汽蚀余量 $NPSH_r$

由泵厂根据试验(通常用 20℃ 的清水在额定流量下测定)确定的汽蚀余量,称泵的必需汽蚀余量(以米液柱计)。

对于离心泵,泵厂给出 $NPSH_r$ 值一般留有 0.3m 的余量;对于计量泵、往复泵,因不同的入口阀和局部流态很复杂,泵厂一般仅测试流量变化的入口压力来确定 $NPSH_r$ 值,并不考虑阀内的局部流动,为确保不发生局部汽蚀,通常泵厂给出 $NPSH_r$ 值留有 0.2bar 的余量。

需要强调的是此处谈到的余量是泵厂自身留有的余量,计算 $NPSH_a$ 安全裕量 S 时一般不应考虑进去。

必需汽蚀余量在吸入法兰处测定并换算到基准面。在比较 $NPSH_a$ 和 $NPSH_r$ 值时应注意基准面是否一致,如不一致应换算至同一基准面。

4. 吸上真空度 H_s

吸上真空度 H_s 是从泵基准面算起的泵吸入口的真空度(以米液柱计),也称吸上真空高度。国内老式样本以吸上真空度反映泵的汽蚀性能,现该指标已淘汰。H_s 与 $NPSH_r$ 值的换算按下式:

$$HPSH_r = 10 - H_s \tag{2-35}$$

5. 泵的安装高度 h

泵的安装高度 h 也称泵的吸液高度,是指泵的基准面至吸入液面之间的高度差。

6. 汽蚀曲线

$NPSH_a$ 和 $NPSH_r$ 均随流量的变化而变化。一般 $NPSH_r$ 随流量的增加而增大,而 $NPSH_a$ 则随流量的增加而减小(见图 2-90)。泵厂提供的泵性能曲线上一般应有 $NPSH_r$-Q 曲线。

7. 离心泵的 $NPSH_a$ 安全裕量 S

为确保不发生汽蚀,离心泵的 $NPSH_a$ 必须有一个安全裕量 S,满足 $NPSH_a - NPSH_r \geqslant S$。

对于一般的离心泵,S 取 0.6~1.0m。但是

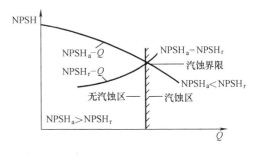

图 2-90 汽蚀曲线

对于一些特殊用途或条件下使用的离心泵,S 值需按表 2-19 取定。

对于一般离心泵,$S = 0.6 \sim 1.0$m。按 SH/T 3139 和 SH/T 3140 规定,卧式泵在额定点的必需汽蚀余量 $NPSH_r$ 应至少比装置汽蚀余量 $NPSH_a$ 小 0.6m。对于立式筒袋泵及液下泵来说,此限制可以用 0.1m 代替 0.6m,且均不应考虑对烃类液体的修正系数。

另外当 $NPSH_a$ 与 $NPSH_r$ 的差值小于 1.0m,或询价文件/数据表有要求时,应进行 $NPSH_r$ 试验。

表 2-19　汽蚀比转数值和吸入比转数值的换算关系

参　数	$C=\dfrac{5.62n\sqrt{Q}}{\mathrm{NPSH_r}^{3/4}}$	$S=\dfrac{n\sqrt{Q}}{\mathrm{NPSH_r}^{3/4}}$		
	中、俄	日	英	美
Q	m³/s	m³/min	Imp. gal	U.S. gal
n	r/min	r/min	r/min	r/min
NPSH$_r$	m	m	m	m
换算值	1	1.38	8.4	9.21

例 1　选用一台离心泵，输送介质为已烷，密度 $\rho=640\mathrm{kg/m^3}$，汽化压力 0.04MPa，工艺参数 $Q=45\mathrm{m^3/h}$，$H=90\mathrm{m}$，安装高度 $h=1\mathrm{m}$，吸入液面压力 $p_1=0.1\mathrm{MPa}$，吸入管路阻力损失 $H_{v_1}=1\mathrm{m}$。今选用 80AY100，试校核其汽蚀性能。

解：查 80AY100 性能曲线图，得额定流量下 NPSH$_r$ 等于 3m。

按表 2-20　$\mathrm{NPSH_a}=\dfrac{p_1}{\rho g}-h-H_{v_1}-\dfrac{pv}{\rho g}=15.9-1-1-6.4=7.5\mathrm{m}$

取安全裕量　$S=1\mathrm{m}$

满足　NPSH$_a$－NPSH$_r$＞S

该泵工作时不会发生汽蚀。

表 2-20　汽蚀参数一览表

汽蚀参数	吸上系统	倒灌系统
吸上真空度 H_s/m	NPSH$_r$＝10－H_s	
泵的必需汽蚀余量 NPSH$_r$/m	泵样本、说明书上查得	
装置汽蚀余量 NPSH$_a$/m	$\mathrm{NPSH_a}=\dfrac{p_1}{\rho g}-H_{v_1}-h-\dfrac{pv}{\rho g}$	$\mathrm{NPSH_a}=\dfrac{p_1}{\rho g}-H_{v_1}+h-\dfrac{pv}{\rho g}$
安装高度 h/m	$h=\dfrac{p_1}{\rho g}-H_{v_1}-\dfrac{pv}{\rho g}-\mathrm{HPSH_a}$，正值表示吸上，负值表示倒灌	

注：p_1——吸入液面压力，Pa；p_2——排出液面压力，Pa；p_s——泵吸入口压力，Pa；p_d——泵排出口压力，Pa；H_{v_1}——吸入管路阻力损失，m；D——排出几何高度，m。

例 2　以 TTMC40 泵为例，计算按 API 标准规定的基准面的 NPSH$_r'$ 值。已知 TTMC40 泵按 ISO 标准规定的基准面的 NPSH$_r$＝1.8m，K 值分别为 0.535m，0.760m，0.985m，1.210m，1.435m，1.660m，1.885m，2.110m，2.335m，2.560m。

解：（API 标准基准面）NPSH$_{r'}$＝（ISO 标准基准面）NPSH$_r$－K，计算结果见表 2-21。

8. 汽蚀比转数 C

汽蚀比转数是泵在最佳工况下泵的吸入特性参数。

$$C=\dfrac{5.62n\sqrt{Q}}{\mathrm{NPSH_r}^{3/4}}$$

式中　n——泵的转速，r/min；
　　　Q——泵的额定流量，m^3/s（双吸为 $Q/2$）。

表 2-21　不同基准面时的必需汽蚀余量换算系数 K 值

K 值	0.535	0.760	0.985	1.216	1.435
$NPSH_r$（ISO 基准面）	1.8	1.8	1.8	1.8	1.8
$NPSH_{r'}$（API 基准面）	1.265	1.035	0.815	0.59	0.365
K 值	1.660	1.885	2.110	2.335	2.560
$NPSH_r$（ISO 基准面）	1.8	1.8	1.8	1.8	1.8
$NPSH_{r'}$（API 基准面）	0.14	−0.085	−0.31	−0.535	−0.76

当两台泵符合几何相似和运动相似时，C 值相等。C 值作为汽蚀相似准数，标志泵抗汽蚀性能的水平。相同流量下，C 值越大，$NPSH_r$ 就越小，泵的抗汽蚀性能越好。常见离心泵的汽蚀比转数见表 2-22。

表 2-22　离心泵的汽蚀比转数 C 值

$Q/(m^3/h)$	6	20	60	100	150	200	300	>300
C 值 $\left(\dfrac{n=2900}{r/min}\right)$	400~450	550~600	750~800	900~1000	1000~1100	1100~1200	1200~1300	1250~1350
C 值 $\left(\dfrac{n=1450}{r/min}\right)$	—	—	—	550~600	650~700	700~750	750~850	850~1000
泵的比转数 n_s	50~70			71~80		81~150		151~200
C 值	600~750			800		800~1000		1000~1200

注：对大直径多级离心泵应取下限值。

我国和俄罗斯用汽蚀比转数 C 表示泵的吸入特性，英、美、日等国是用吸入比转数 S 表示泵的吸入特性，两者的意义相同。

三、输送烃类介质和高温水时泵的必需汽蚀余量

泵样本上给出的必需汽蚀余量 $NPSH_r$ 是在室温和清水条件下试验测得的。实验和现场结果表明，泵的必需汽蚀余量与泵送液体的温度、性质有关。泵在输送烃类介质和高温水时，$NPSH_{r介质}=NPSH_{r水}-\Delta NPSH_r$，$\Delta NPSH_r$ 可由图 2-91 查得。

例 3　一台离心泵输送丁烷，介质温度 40℃，$NPSH_{r水}=7m$，求 $NPSH_{r丁烷}$。

解：(1) 在图 2-91 横坐标上找到液体温度 40℃，向上作垂直线，与表示丁烷的斜线相交于一点，该点的纵坐标即为该温度下的汽化压力。

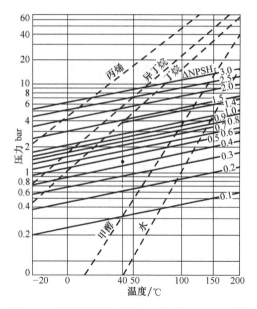

图 2-91　泵送烃类介质和高温水的 $\Delta NPSH_r$ 值

当 $\Delta NPSH_r > 0.5 NPSH_{r水}$ 时，取 $\Delta NPSH_r = 0.5 NPSH_{r水}$；$\Delta NPSH_r$ 修正仅适用于低黏度且不带气体的烃类介质；输送石油产品（烃类混合物）时，该介质的汽化压力由轻组分的分压决定

（2）过该点作平行于修正曲线的斜线，与右边坐标轴的交点即为 $\Delta NPSH_r = 1.4 m$。

（3）$\Delta NPSH_r < 0.5 NPSH_{r水}$

所以：$NPSH_{r丁烷} = NPSH_{r水} - \Delta NPSH_r = 5.6 m$

实际应用时，API 610 规范建议对 $NPSH_r$ 不作修正，将上述修正值看成额外的安全余量，认为泵无论输送何种介质，$NPSH_r$ 不变。即：

$$NPSH_{r介质} = NPSH_{r水}$$

第二节　防止汽蚀产生的方法

离心泵工作时不允许产生汽蚀，因此必须保证 $NPSH_a - NPSH_r > S$。当 $NPSH_a$ 不能满足此要求时，可采取买方（用户）设法提高 $NPSH_a$ 值，或卖方（泵厂）设法降低 $NPSH_r$ 值的方法予以解决，详见表 2-23。

表 2-23　防止汽蚀产生的方法

项目	方　法	优　点	缺　点	备　注
买方采取的方法	（1）降低泵的安装高度（提高吸液面位置或降低泵的安装位置），必要时采用倒灌方式	可选用效率较高、维修方便的泵	增加安装费用	此法最好且方便，建议尽可能采用
	（2）减小吸入管路的阻力，如加大管径，减少管路附件、底阀、弯管、闸阀等	可改进吸入条件，节约能耗	增加投资费用（指管径放大）	
	（3）增加一台升压泵	可降低主泵价格，提高主泵效率	增加设备和管路维修量增大	
	（4）降低泵送液体温度，以降低汽化压力	可选用效率较高、维修方便的泵	需增加冷却系统	

续表

项目	方　法	优　点	缺　点	备　注
买方采取的方法	(5)避免在进口管路采用阀节流	避免局部阻力损失		
	(6)在流量、扬程相同的情况下,采用双吸泵,其 NPSH$_r$ 值小			可考虑采用
卖方采取的方法	(1)提高流道表面光洁度,对流道进行打磨和清理	方法简单	加工成本上升	经常采用
	(2)加大叶轮进口处直径,以降低进口流速	方法简单	回流的可能性增大,不利于稳定运转	一般很少采用
	(3)降低泵的转速	简单易行	同样流量、扬程下,低速泵价格高、效率低	一般较少采用
	(4)在泵进口增加诱导轮	简单易行	泵的最大工作范围有所缩小	除高速泵外,不建议采用
	(5)对叶片可调的混流泵、轴流泵,可采用调节叶片安装角度的方法			经常采用
	(6)过流部件采用耐汽蚀的材料,如硬质合金、磷青铜、18-8、Cr-Ni 钢等	泵的结构、性能曲线均不变	材料成本上升	

第三节　容积式泵的汽蚀

(1) 基准面的选取　对转子泵(一般均为卧式泵),基准面是泵轴中心线;而对往复泵(含计量泵),基准面是柱塞(或活塞)中心线。

(2) 汽蚀参数计算　对容积式转子泵,其装置汽蚀余量 NPSH$_a$ 与叶片式泵的 NPSH$_a$ 计算方法一样(见表 2-24)。对容积式往复泵,其装置汽蚀余量 NPSH$_a$ 还应计入加速度头损失 H_{acc}。

加速度头损失产生的原因是吸入管路流量不均匀性。如果吸入管路上装有吸入缓冲罐,可不计加速度头损失。H_{acc} 可按下式计算。

$$H_{acc} = 0.016 \frac{LQN}{D^2} \quad \text{m}$$

式中　L——吸入管道长度,m;
　　　Q——泵的流量,L/h;
　　　N——泵往复次数,r/min;
　　　D——吸入管道直径,mm。

适用于单缸泵。双缸泵时,流量 Q 为总流量一半(即单缸流量);三缸泵时,可除以 2.5;入口装缓冲器时,乘以 0.2。

(3) 汽蚀的危害性　容积式泵发生汽蚀时也一样会产生噪声和振动,一般不会发生过流部件的腐蚀破坏。但为安全起见,汽蚀余量仍应取裕量,即 NPSH$_a$－NPSH$_r$＞S。

容积式泵和叶片式泵的汽蚀特性比较见表 2-24。

表 2-24 容积式泵和叶片式泵的汽蚀特性比较

项目		叶片式泵	容积式泵	
			转子泵	往复泵
汽蚀原因		当泵内压力低于液体汽化压力时,即 $NPSH_a \leq NPSH_r$ 时,产生汽蚀		
汽蚀现象的危害性		(1)噪声和振动 (2)性能下降 (3)过流部件腐蚀破坏	(1)噪声和振动 (2)性能下降 (3)一般不发生腐蚀破坏	
泵的必需汽蚀余量 $NPSH_r/m$		在室温和清水条件下试验测得,可查阅产品样本		
装置汽蚀余量 $NPSH_a/m$	定义	$NPSH_a = \dfrac{p_s}{\rho g} + \dfrac{u_s^2}{2g} - \dfrac{p_v}{\rho g}$		
	吸上装置	$NPSH_a = \dfrac{p_1}{\rho g} - Hv_1 - h - \dfrac{p_v}{\rho g}$	$NPSH_a = \dfrac{p_1}{\rho g} - Hv_1 - h - H_{acc} - \dfrac{p_v}{\rho g}$	
	倒灌装置	$NPSH_a = \dfrac{p_1}{\rho g} - Hv_1 + h - \dfrac{p_v}{\rho g}$	$NPSH_a = \dfrac{p_1}{\rho g} - Hv_1 + h - H_{acc} - \dfrac{p_v}{\rho g}$	
安全裕量/m		0.6~1.0		

注:本表中各计算公式中的符号意义同表 2-20。

第四节 液环真空泵的汽蚀

一、汽蚀的产生及其危害

(1) 汽蚀的产生 液环真空泵的工作原理如图 2-92 所示。液环真空泵通常用水做工作液,也可以用乙二醇、甲苯等液体做工作液。每种液体在某一温度下都有对应的饱和蒸汽压。液环真空泵在工作时,吸气腔与被抽真空系统相连通,当吸气腔形成的真空(绝对压力)越接近工作液的饱和蒸汽压时,该区域的液环内表面产生气泡的程度就会越高,甚至会达到沸腾状态。随着叶轮的转动,当夹在相邻两个叶片之间的气泡进入到压缩与排出区域时,气泡受到挤压而破裂。液环内表面气泡的产生、破裂现象称为液环真空泵的汽蚀现象。

(2) 汽蚀对液环真空泵的危害性

① 降低抽气能力。在吸气区域,液环内表面产生的气泡会填充由两个叶片、轮毂、液环内表面围成的"吸气空间",降低了真空泵对被抽系统的吸气能力。汽蚀严重时,"吸气空间"会被真空泵自身工作液产生的气泡完全填充,泵的实际抽气能力会降至零抽气量。

② 产生振动和噪声。气泡的破裂会产生振动,并会发出明显的汽蚀噪声,汽蚀严重时,会发出类似金属撞击声。

③ 汽蚀会对轮毂表面、叶片产生破坏。

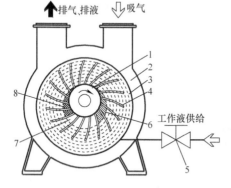

图 2-92 液环真空泵的工作原理
1—轮毂;2—泵体;3—液环;4—叶片;5—吸气区域;
6—补液管;7—过渡区域;8—压缩排气区

二、汽蚀边界值的确定

在市场上的液环真空泵的产品,如果按工作范围设计值分类,一般分为 1013~160mbar (a) 和 1013~33mbar (a) 两大类。

设计工作范围在 1013~160mbar (a) 的产品一般应用于对真空度要求不高的场合,如果以常温水做工作液,其极限工作点与对应水温下的饱和蒸汽压差值较大,一般不容易产生汽蚀。但最低工作压力最好不低于160mbar(a)。

设计工作范围在1013~33mbar(a)的产品,当工作液对应的饱和蒸汽压与真空泵实际的运行工作点相接近时,会出现不同程度的汽蚀现象。

例如:当工作水的温度是35℃时,对应的饱和蒸汽压力是56.223mbar(a),虽然液环真空泵的设计工作范围在1013~33mbar(a),但实际上真空泵不但不能达到33mbar(a),即使在56.223mbar(a)状态下,吸气腔液环内表面已处于沸腾状态。

液环真空泵通常以水为工作液,国际上均以15℃水温、20℃气温作为标准条件,在这一条件下测试出的性能作为泵的标准性能。当水温不符合标准时,真空泵的抽气性能会受到影响,图2-93是不同水温下真空泵抽气性能修正曲线,根据真空泵的测试和运行出现的汽蚀程度统计,一般将不同水温对应的饱和蒸汽压 $p+\Delta$ 作为汽蚀临界点,这些点连成的曲线称为汽蚀边界线。设计极限值为33mbar(a)的真空泵,水温在10~45℃变化时,结合试验数据,Δ 值取24~10mbar。

如果以其他液体作为工作液,也可参考上述的方法确定汽蚀临界点。

三、防止汽蚀产生的方法

1. 降低工作液的温度

液环真空泵在运行时,排出的气体会带出一定量的工作液,必须要连续不断地向泵腔内提供工作液才能保证其正常工作。供入腔体内的工作液温度越低,其饱和蒸汽压则越低。

表2-25是水在不同温度下的饱和蒸汽压数值。

表2-25 水在不同温度下的饱和蒸汽压

温度/℃	15	20	25	30	35	40
饱和蒸汽压/mbar	17.04	23.37	31.66	42.41	56.22	73.75

假设真空泵的工作点在80mbar(绝对压力),水温越高,工作点绝对压力与水的饱和蒸汽压的差值就越小,真空泵越容易产生汽蚀。所以,在液环真空泵工作点为固定值的前提下,降低工作液温度可以达到防汽蚀的效果。

2. 降低吸入气体温度

如果吸入气体温度过高,气体在与泵内液体接触时,压缩热以及气体本身的热量都会传递到液体中,从而使液环温度升高,也就是使泵腔内液体的饱和蒸汽压升高。相反,降低吸入气体温度可以降低液环温度,从而降低泵腔内液体的饱和蒸汽压。

3. 使液环真空泵运行在安全区域

在选用液环式真空泵时,要综合考虑工作点与工作液温度的关系,使真空泵在汽蚀安全区域下运行。

当以水作为工作液时,图2-93是水温对液环真空泵抽气量的影响曲线。

以边界线分开的两个区域,左边为汽蚀区,右边的区域为运行安全区。真空泵的工作点(绝对压力,mbar)为横坐标,纵坐标为水温对真空泵抽气性能的影响系数。当工作点与水温修正曲线的交点落在汽蚀区时,真空泵会产生汽蚀。例如:当工作点在50mbar,与18℃的水系数曲线相交于安全区,与26℃的水系数曲线相交于汽蚀区。上述两个交点说明:在水温18℃时,真空泵工作在50mbar是安全的。如果水温在26℃时,真空泵会产生汽蚀损坏。

4. 安装防汽蚀管路及单向阀

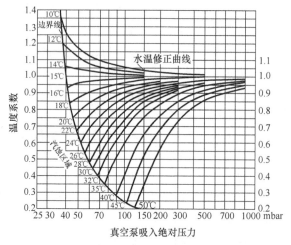

图 2-93　不同水温下真空泵抽气性能修正曲线

液环真空泵发生汽蚀时，主要是气泡在破裂时对叶轮及分配器（或分配板）表面产生冲击损坏。针对这一特点，可以在压缩过渡区域内引入常压气体。具体的方法是：在分配器（分配板）压缩过渡区钻一小孔，然后用管路将大气引入这一区域，在管路的另一端安装一个单向阀。单向阀的作用是：防止泵内工作液或气体流出泵外。这套管路称为防汽蚀管路。当气泡在压缩过程中破裂时，从外界引入压力较高的气体能及时补充因气泡破裂而出现的"空间"。这样可以减轻汽蚀对泵的损害及降低汽蚀引起的噪声和振动。防汽蚀阀安装位置如图 2-94 所示。

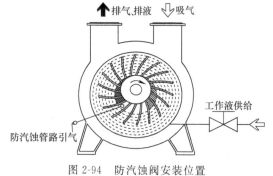

图 2-94　防汽蚀阀安装位置

5. 配装大气喷射器

如果液环真空泵形成的真空越高，对用户的生产越有利，针对这些工况，最好的方法是在液环真空泵基础上加装大气喷射器。液环真空泵只是为喷射器提供驱动气源，这时是通过喷射器内产生的高速气流的黏滞作用将被抽系统中的气体抽走，使被抽系统形成更高真空。

配上大气喷射器之后，液环真空泵通常在 100mbar 绝压点附近工作。在真空泵提供动力气源的前提下，喷射器可以在 60～13mbar（绝压）下工作。液环真空泵的实际工作点的绝对压力值与泵腔内工作液的饱和蒸汽压的差值得到提高，从而达到理想的防汽蚀效果。如果要求更高的真空，可再加上不同级数的罗茨真空泵串联抽吸。

6. 采用更低饱和蒸汽压的液体作为工作液

在同一温度的情况下，不同的工作液有不同的饱和蒸汽压。在某一温度和真空度下，用水做工作液可能会产生汽蚀，用其他较低饱和蒸汽压液体作工作液时，则可能不会产生汽蚀。选择工作液时，其密度、黏度等最好能与水相接近。

7. 采用抗汽蚀能力较强的材质

当工作液和被抽气体没有腐蚀性时，如果真空泵运行在汽蚀区域，实践证明，采用铸铁制造的叶轮，其运行寿命远低于选用抗汽蚀能力较强的不锈钢材质（如 304、316 材质等）

制造的叶轮。

当真空泵应用于既有腐蚀又有汽蚀发生的场合时，如果选用材质不合适，汽蚀与腐蚀共同作用，将会大大缩短真空泵的使用寿命。

8. 提高选型的准确性

如果选用的液环真空泵在对应工作点的抽气能力大于系统产生的气量时，真空泵的实际工作点会向更高真空偏移，甚至会在接近"憋死"状态下运行，真空泵会出现严重的汽蚀，噪声非常大，并且伴随明显的振动。即使用户要求的工作点与水温修正曲线的交点落在安全区域，但当其交点与边界曲线较接近时，如果选用的真空泵抽气裕量较大，真空泵投入运行时，其实际运行的绝对压力与水温修正曲线的交点可能会偏移到汽蚀区域，所以，准确选用液环真空泵产品，也是防止其发生汽蚀损坏的必要条件之一。

第五章 泵 系 统

第一节 系统扬程和系统特性曲线

一、伯努利方程

液体是不可压缩流体,其流动服从能量守恒定律。液体流动的机械能以位能、压力能和动能三种形式出现,它们之间可以相互转化。如图 2-95 所示,基点 1 到基点 2 液体流动的能量平衡关系如下:

$$\frac{p_1}{\rho g}+\frac{u_1^2}{2g}+z_1+\Delta H=\frac{p_2}{\rho g}+\frac{u_2^2}{2g}+z_2+\Delta h$$

式中 p_1、p_2——基点 1、2 的压力,Pa;
$\quad u_1$、u_2——基点 1、2 的流速,m/s;
$\quad z_1$、z_2——基点 1、2 与基准面间的距离,m;
$\quad \Delta H$——基点 1~2 之间输入的能量,m;
$\quad \Delta h$——基点 1~2 之间输出的能量,m;
$\quad \rho$——液体密度,kg/m³;
$\quad g$——重力加速度,$g=9.81\text{m/s}^2$。

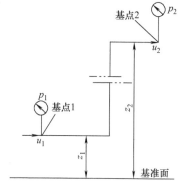

图 2-95 伯努利方程

此式即为伯努利方程。伯努利方程是液体流动的基本方程。如液体流动中无能量交换(即无能量输入和输出),伯努利方程可表示如下:

$$\frac{p_1}{\rho g}+\frac{u_1^2}{2g}+z_1=\frac{p_2}{\rho g}+\frac{u_2^2}{2g}+z_2=\text{常数}$$

二、系统扬程

泵系统是泵及其附件、吸入管路、排出管路、吸液罐、排液罐的总称。

系统扬程指把单位重量的液体从吸入液面输送到排出液面所需要的能量,常用符号 H_z 表示,单位为 m。

系统扬程 H_z 是由几何高度 h_a(位能)、压力差 $\dfrac{p_2-p_1}{\rho g}$(压能)和整个系统管路(泵本身除外)的阻力损失 H_v 三部分组成。

$$H_z=h_a+\frac{p_2-p_1}{\rho g}+H_v$$

实际扬程或净扬程指吸入液面至排出液面的几何高度 h_a。如图 2-96 所示,对吸上系统,$h_a=D+h$;倒灌系统,$h_a=D-h$。

三、系统特性曲线

系统特性曲线也称管路特性曲线,指管路情况一定,即管路吸入及排出液面的压力、输液高度、管路长度、管径、管件数目与尺寸,以及阀门开启度等都已给定的情况下,单位重量液体流经该系统时需由外界给予的能量(即系统扬程 H_z)与流量 Q 之间的关系曲线。该

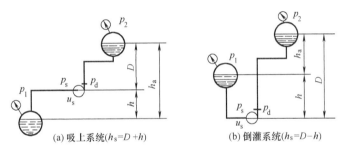

(a) 吸上系统($h_s=D+h$)   (b) 倒灌系统($h_s=D-h$)

图 2-96　泵系统示意图

曲线是一条二次抛物线，如图 2-97 所示。

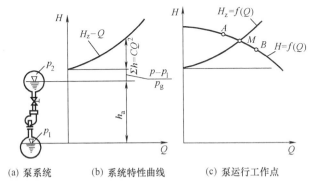

(a) 泵系统　(b) 系统特性曲线　(c) 泵运行工作点

图 2-97　泵运行特性

四、泵的运行工作点

把泵特性曲线 $H=f(Q)$ 与系统特性曲线 $H_z=f(Q)$ 画在同一张图上，泵特性曲线与系统特性曲线的交点 M 就是泵运行时的工作点，如图 2-97（c）所示。在该点单位重量液体通过泵增加的能量（泵扬程 H）正好等于把单位重量液体从吸水池送到排水池液面需要的能量（即系统扬程 H_z），故 M 点是泵稳定的运行点。如果泵偏离 M 点在 A 点工作，这时 $H>H_z$，多余的能量促使管内流速增加，泵的流量增加，工作点从 A 点移向 M 点。反之，如泵在 B 点工作，这时 $H<H_z$，管内流速减慢，泵流量减小，从 B 点移向 M 点。最后都要回到 M 点稳定下来，故泵的稳定工作点一定是泵特性曲线和系统特性曲线的交点。但是对有驼峰性能曲线的泵，当工作点 M 在驼峰附近时，一旦偏离，将回不到 M 点。因此一般不允许采用有驼峰性能曲线的泵。

在产品样本上给出了泵的特性曲线。当泵系统确定之后，可以计算并画出系统特性曲线，从而确定出泵实际的运行工作点。

第二节　管路阻力损失计算

管路阻力损失 H_v 由沿程阻力损失和 $\sum H_{v1}$ 与局部阻力损失和 $\sum H_{v2}$ 组成。管路阻力损失的计算见表 2-26。

$$H_v = \sum H_{v1} + \sum H_{v2} = \sum \lambda \frac{l}{d} \times \frac{v^2}{2g} + \sum k \frac{v^2}{2g}$$

表 2-26　管路阻力损失计算公式

项　　目	公式或图表	备　　注
(1)流速和管径 ①估算流速 v' ②内径 d ③实际流速 v	①查表 2-27～表 2-29 ②$d=2\sqrt{\dfrac{Q}{v\pi}}$ d 圆整到常用规格 ③$v=\dfrac{4Q}{zd^2}$	v'——流速，m/s Q——流量，m³/s d——内径，m v——实际流速，m/s 如各段的管径不一，应分别计算各段的流速
(2)雷诺数 Re	$Re=\dfrac{vd}{\nu}$	ν——黏度，m²/s
(3)沿程阻力损失和 $\sum H_{v1}$ ①管道绝对粗糙度 ε ②计算 $\dfrac{\varepsilon}{d}$ 值 ③摩擦阻力系数 λ ④沿程阻力损失 H_{v1} ⑤沿程阻力损失和 $\sum H_{v1}$	①查表 2-30 ②、③按 $\dfrac{\varepsilon}{d}$、Re 查图 2-98 ④$H_{v1}=\lambda\dfrac{d}{l}\times\dfrac{v^2}{2g}$　m ⑤$\sum H_{v1}=\sum\lambda\dfrac{l}{d}\times\dfrac{v^2}{2g}$　m	l——管长，m g——重力加速度，m/s² 各段管径不一时，应分别计算各段的 H_{v1} 值
(4)局部阻力损失和 $\sum H_{v2}$ ①局部阻力系数 κ ②局部阻力损失 H_{v2} ③局部阻力损失和 $\sum H_{v2}$	①查表 2-31、表 2-32 ②$H_{v2}=\kappa\dfrac{v^2}{2g}$ ③$\sum H_{v2}=\sum\kappa\dfrac{v^2}{2g}$	
(5)管路阻力损失 H_v	$H_v=\sum H_{v1}+\sum H_{v2}$	

表 2-27　吸入管流速推荐值　　　　　　　　　　　　　　　　　　　　m/s

管　径		水	轻质油	沸腾液体	黏性液体
in	mm				
1	25	0.50	0.50	0.300	0.300
2	50	0.50	0.50	0.300	0.330
3	75	0.50	0.50	0.300	0.375
4	100	0.55	0.55	0.300	0.400
6	150	0.60	0.60	0.350	0.425
8	200	0.75	0.70	0.375	0.450
10	250	0.90	0.90	0.450	0.500
12	300	1.40	0.90	0.450	0.500
12 以上	300 以上	1.50			

表 2-28　排出管流速推荐值　　　　　　　　　　　　　　　　　　　　m/s

管　径		水	轻质油	沸腾液体	黏性液体
in	mm				
1	25	1.00	1.00	1.00	1.00
2	50	1.10	1.10	1.10	1.10
3	75	1.15	1.15	1.15	1.10
4	100	1.25	1.25	1.25	1.15
6	150	1.50	1.50	1.50	1.20
8	200	1.75	1.75	1.75	1.20
10	250	2.00	2.00	2.00	1.30
12	300	2.65	2.00	2.00	1.40
12 以上	300 以上	3.00			

表 2-29　管道中常见流体的流速范围

介质	管线状态		流速/(m/s)
水	往复泵	吸入管	0.5~1.5
		排出管	1.0~2.0
	蒸汽锅炉给水泵		3.0
	输送冷凝液和泥浆管线	吸入管	0.3~0.5
		排出管	1.0~2.0
	含砂石和其他悬浮颗粒	排出管	0.5~2.0
	冷水管线	排出管	1.0~3.0
	管径<50mm	最大值	1.0
	50~100	最大值	1.3
	100~200	最大值	1.7
	200 以上		2.0
	冷却水管线	吸入管	0.7~1.5
		排出管	1.0~2.0
	压力水		15.0~30.0(特殊场合≤5m/s)
	矿山输水	排出管	1.0~1.5
	水涡轮机供水		3.0(低压头)
			3.0~7.0(高压头)
	城市供水	主管线	1.0~2.0
		供水系统	0.5~1.2(通常 0.6~0.7m/s)
油	苯、汽油		1.0~2.0
	重油		0.5~2.0(根据黏度选用流速)
烃气体	吸入管		0.3~0.8
	低压管线		12~15
	高压管线		20~25
蒸汽	≤4MPa 的蒸汽		20~40
	高压蒸汽		40~60
	过热蒸汽		35~60
	低压蒸汽		10~15

注：流速的选择与管线长度有关。管线较长，流速选择较小值；管线较短，流速选择较大值。

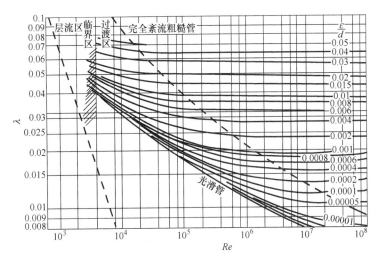

图 2-98　管路摩擦阻力系数 $\left(h_f = \dfrac{\lambda L}{d} \times \dfrac{v^2}{2g}\right)$

表 2-30　某些工业管道的绝对粗糙度

管道类别		绝对粗糙度 ε/mm	管道类别		绝对粗糙度 ε/mm
金属管	无缝黄铜管、铜管及铅管	0.01~0.05	非金属管	干净玻璃管	0.01
	新的无缝钢管、镀锌铁管	0.1~0.2		橡皮软管	0.01~0.03
	新的铸铁管	0.25~0.50		木管道	0.25~1.25
	具有轻度腐蚀的无缝钢管	0.2~0.4		塑料管	0.03~0.10
	具有显著腐蚀的无缝钢管	1.5~2.0		很好整平的水泥管	0.3
	旧的铸铁管	1.0~3.0		石棉水泥管	0.03~0.8

表 2-31　管道附件和阀门的局部阻力系数 K（层流）

管件和阀门名称	Re				管件和阀门名称	Re			
	1000	500	100	50		1000	500	100	50
90°弯头（短曲率半径）	0.9	1.0	7.5	16	截止阀	11	12	20	30
三通（直通）	0.4	0.5	2.5		旋塞阀	12	14	19	27
三通（支流）	1.5	1.8	4.9	9.3	角型阀	8	8.5	11	19
闸阀	1.2	1.7	9.9	24	旋启式止回阀	4	4.5	17	55

表 2-32　管道附件和阀门局部阻力系数 K（湍流）

名称	简 图	阻力系数 K
由容器流入管道内（锐边）		0.50
由容器流入管道内（小圆角）		0.25
由容器流入管道内（圆角）		0.04
由容器流入管道内		0.56
由管道流入容器内		1.0
由容器流入管道内		$K=0.5+0.3\cos\theta+0.2\cos^2\theta$ θ/(°): 10, 20, 30, 40, 45, 50, 60, 70, 80, 90 K: 0.989, 0.959, 0.910, 0.847, 0.812, 0.775, 0.700, 0.626, 0.558, 0.500

续表

名称	简图	阻力系数 K										
突然扩大	截面积A,流速U_A 截面积B,流速U_B	$K=(1-A/B)^2$ 流速取 u_A										
		A/B	0	0.1	0.2	0.3	0.4	0.5	0.6	0.7	0.8	0.9	1.0
		K_A	1.0	0.81	0.64	0.50	0.36	0.25	0.16	0.09	0.04	0.01	0
突然缩小	截面积A,流速U_A 截面积B,流速U_B	$K=0.5(1-B/A)^2$ 流速取 u_B										
		B/A	0	0.1	0.2	0.3	0.4	0.5	0.6	0.7	0.8	0.9	1.0
		K_B	0.5	0.45	0.40	0.35	0.30	0.25	0.20	0.15	0.10	0.05	0

名称	简图	阻力系数 K										
渐扩管		d_A/d_B	1.1	1.2	1.3	1.4	1.5	1.6	1.7	1.8	1.9	2.0
		K_A	0.05	0.10	0.15	0.20	0.24	0.27	0.31	0.34	0.36	0.38
		K_B	0.07	0.21	0.43	0.78	1.22	—	—	—	—	—
渐缩管		d_A/d_B	1.1	1.2	1.3	1.4	1.5	1.6	1.7	1.8	1.9	2.0
		K_A	0.06	0.10	0.15	0.22	0.31	0.36	0.42	0.49	0.57	0.7
		K_B	0.04	0.05	0.055	0.06	0.065	0.07	0.07	0.075	0.075	0.08

名称	阻力系数 K
45°标准弯头	0.35
90°标准弯头	0.75
180°回弯头	1.5

三通(直流)	DN	20	25	40	50	80	100	150	200	250	300	350	400
	K	0.48	0.45	0.4	0.38	0.35	0.33	0.30	0.28	0.27	0.26	0.25	0.25
三通(支流)	DN	20	25	40	50	80	100	150	200	250	300	350	400
	K	1.44	1.35	1.21	1.14	1.04	0.98	0.89	0.84	0.81	0.78	0.76	0.74

名称	阻力系数 K								
活管接	0.4								
闸阀	全开 0.17	3/4开 0.9	1/2开 4.5	1/4开 24						
截止阀	全开 6.4	1/2开 9.5								
蝶阀	$\theta/(°)$	0	5	10	20	30	40	45	50	60	70	90
	K	0.05	0.24	0.52	1.54	3.91	10.8	18.7	30.6	118	751	∞
升降式止回阀	12								
旋启式止回阀	2								
底阀(带滤网)	DN	40	50	75	100	150	200	300	500	750
	K	12	10	8.5	7	6	5.2	3.7	2.5	1.6
角阀(90°)	5								

第三节 管路的串联和并联

为了计算管网的总阻力损失,首先应确定各段独立管路的阻力损失,然后根据管路的串、并联特点进行叠加。

一、串联管路

流量不变时,阻力损失值相加(见图 2-99)即:

$$H_{vn} = H_{va} + H_{vb}$$

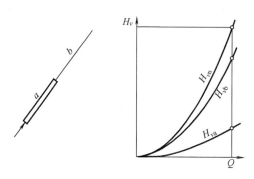

图 2-99 串联管路和阻力曲线

二、并联管路

阻力损失值一定时,流量值相加(见图 2-100)即:

$$Q_n = Q_a + Q_b$$

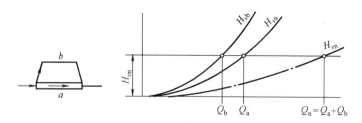

图 2-100 并联管路和阻力曲线

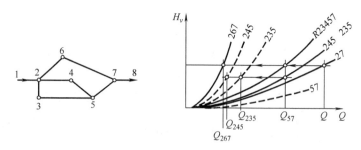

图 2-101 支路管网和阻力曲线

三、支路管网

如图 2-101 所示,液体经管路 1 在 2 点分流进入管网,在 7 点汇总离开管网进入管路 8。为了计算方便,我们设法用一等价的管线来取代 2~7 点这一支路管网。从图 2-101 可看出,阻力损失 H_{v45} 和 H_{v24} 属串联管路,相加成 H_{v245},同样 H_{v23} 和 H_{v35} 相加成 H_{v235}。H_{v245} 和

H_{v235}属并联管路，因此$H_{v245}=H_{v235}$，但流量值需相加，阻力损失合成为$H_{v245//235}$。再加上5～7点的阻力损失，得到合成阻力损失$H_{tR23457}$。H_{tR267}和H_{v23457}属并联管路，合成后得H_{v27}。

H_{v27}即为该支路管网的等价阻力损失线。总流量Q给定后，从图2-101横坐标上就能读出各支路内的分流量。

第四节　泵的串联和并联

化工生产中，一般一种用途的泵只设一台，当一台泵独立工作不能满足生产所需的流量或扬程时，可考虑采用泵的串联和并联，如图2-102所示。

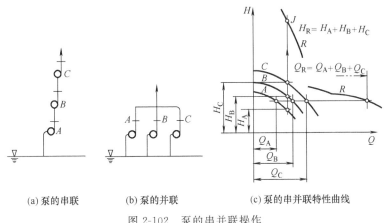

(a) 泵的串联　　(b) 泵的并联　　(c) 泵的串并联特性曲线

图2-102　泵的串并联操作

串随时，流量不变，扬程相加，即：

$$H_R = H_A + H_B + H_C$$

并联时，扬程不变，流量相加，即：

$$Q_R = Q_A + Q_B + Q_C$$

一、泵的串联操作

生产中当使用一台泵不能达到所需要的扬程时，可以将两台或多台相同特性泵串联操作，见图2-103，但通常不推荐。串联操作一般只适用于叶片式泵，如离心泵；一般不适用于容积式泵，如往复泵。可看出，两台泵串联时，在系统特性曲线不变时，扬程和流量都增加，其增加程序又和系统特性曲线有关。串联工作时应考虑到后续泵体、泵轴的强度和密封，串联工作的泵选配电机时应按串联条件下的参数选配功率。

二、泵的并联操作

生产中当使用一台泵不能满足流量要求时，可以将两台或多台相同特性泵并联使用，见图2-104，并联操作适用于叶片式泵，也适用于容积式泵。两台泵并联时，在系统特性曲线不变时，扬程和流量都增加，其增加程度又和系统特性曲线有关。

对某些需有备用泵的大型泵，可选用两台泵（流量各为50%❶）并联操作，一台泵备用，即二开一备的方式。对某些大型泵，可选用两台流量各为所需流量65%～70%的泵并联操作（不设备用泵）。当一台泵停车检修时，系统仍有65%～70%的流量供应。往复泵的

---

❶ 需特别强调的是，每台泵的流量应为图2-104中A_2点流量，且$Q_{A3}=2Q_{A2}$。

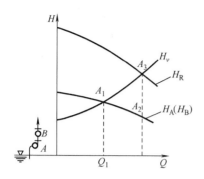

图 2-103　两台相同特性泵的串联操作

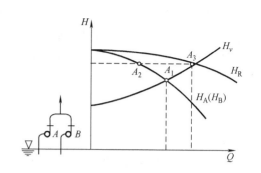

图 2-104　两台相同特性泵的并联操作

并联操作实际上相当一台多缸泵，但电机数目多，给安装拆卸增加困难。因此，应优先选用多缸泵，也可选择多个单缸泵并联，用一台电动机驱动。

三、往复泵和离心泵的并联操作

往复泵和离心泵的并联操作特性见图 2-105，曲线 A、B 分别为离心泵和往复泵的特性曲线，H_v 为系统特性曲线。根据并联操作的特性可得并联合成特性曲线 R。

往复泵和离心泵的并联操作可克服往复泵不能用闸阀调节（节流调节）流量的缺点，但一般很少采用。因为如果调节不当，可能使离心泵处于关死运行状态。

四、串、并联操作的选择

泵的串联、并联均能使泵的流量有所提高（见图 2-106）。一般情况下增加流量采用并联操作的方式，但在系统特性曲线较陡的情况（如 H_{v_2} 曲线），采用串联操作比并联操作不但扬程高，而且流量也大。系统曲线 H_v 是选择串、并联的分界线，当系统特性曲线在 H_v 曲线左边，即系统特性曲线较陡时，采用串联操作（工作点为 A_2）比并联操作（工作点为 A_1）增加的流量、扬程更大一些；当系统特性曲线在 H_v 曲线右边，即系统特性曲线较平坦时，采用并联操作（工作点为 A_4）比串联操作（工作点为 A_3）增加的流量、扬程更大一些。但是在实际工程应用中，几乎不采用串联操作的办法。

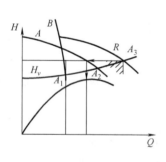

图 2-105　往复泵和离心泵并联操作的特性曲线

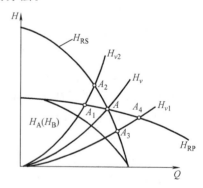

图 2-106　两台泵串、并联运转的选择

第五节　流 量 调 节

生产中常需要根据操作条件的变化情况调节泵的流量，常用的流量调节方法见表 2-33，实际操作中可选用其中一种方法，或多种方法并用。

表 2-33　泵的流量调节方法

调节方法		含　义	特　点	图　示
离　心　泵				
改变系统特性曲线	①出口阀调节	出口管道上安装调节阀,靠阀的开启度调节流量	方法简单,但功率损失大,不经济	
	②旁路调节	利用旁路分流调节流量	可解决泵在小流量下连续运转的问题,但功率损失和管线增加	
改变泵特性曲线	③转速调节	调节泵轴的转速调节流量	功率损失很小,但需增加调速机构或选用调速电机。改变转速的方法最适用于汽轮机、内燃机和直流电机驱动的泵,也可用变频调节来改变电动机转速	
	④切割叶轮外径	切割叶轮外径调节泵的流量	功率损失小,但叶轮切割后不能恢复且叶轮的切割量有限。适用于需长期在较小流量下工作且流量改变不大的场合	
	⑤更换叶轮	更换不同直径的叶轮调节泵的流量	功率损失小,但需备各种直径的叶轮,调节流量的范围有限	
	⑥堵死几个叶轮流道	堵死几个叶轮流道(偶数)减少泵的流量	相当于节流调节,但比调节阀节流节能	
往　复　泵				
改变系统特性曲线	⑦旁路调节	利用旁路分流调节流量	不能采取出口阀调节流量	

续表

调节方法		含 义	特 点	图 示
往复泵				
改变系统特性曲线	⑧转速调节	改变曲柄转速(往复次数)调节流量	功率损失很小,调节方便(可采用电动机变频调节,对于蒸汽往复泵只需调节进汽量)	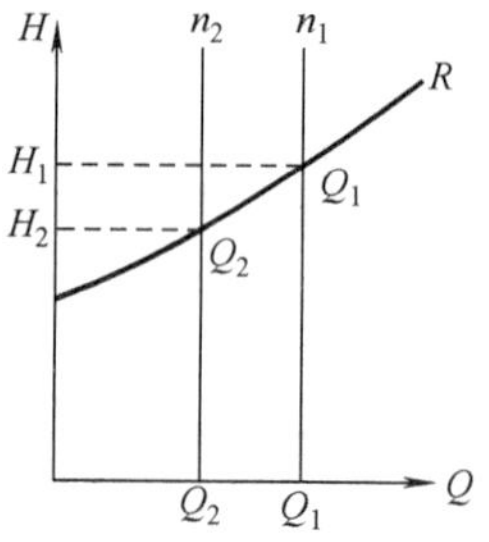 (图示:H-Q曲线,含n_2、n_1、H_1、H_2、Q_1、Q_2、R)
	⑨行程调节	改变往复泵活塞(或柱塞)行程长度调节流量。行程调节方法有:改变偏心距、活塞(或柱塞)行程、连杆长度和位置	功率损失很小,调节方便	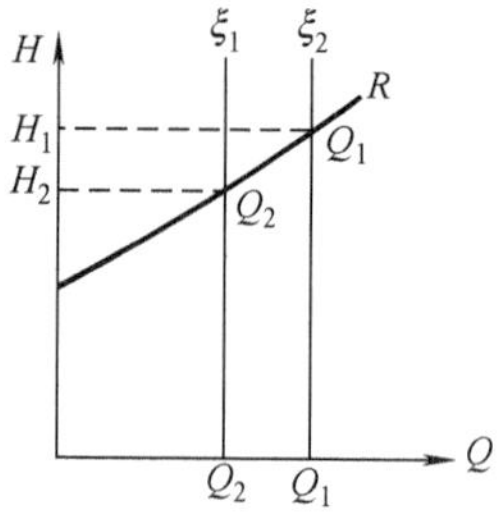 (图示:H-Q曲线,含ξ_1、ξ_2、H_1、H_2、Q_1、Q_2、R)

注:1. 对于旋涡泵,主要选用第②、③种方法,不能选用方法①。混流泵和轴流泵在小幅度调节流量时,选用方法①和②,不能选用方法④和⑥。有些泵可以调节叶轮或导叶轮叶片角度改变流量。
2. 容积式转子泵主要选用第⑦、⑧种方法调节流量。

第六节 泵系统的配管

一、泵的典型流程

表 2-34 泵的典型流程

管道名称	设 施	要 求
吸入管道 (图 2-107、图 2-108)	管径	需要进行水力计算,满足泵的必需汽蚀余量的要求。一般离心泵,比泵进口直径大 1~2 级或相等;往复泵,比泵进口直径大 1~3 级或相等
	管道坡度	若进口管线可能存在气体,而吸液设备高于泵时,则进口管道由吸液设备坡向泵,坡度最小为 1:50
	切断阀	为便于维修和开车,应设置切断阀并尽可能靠近泵入口,直径与管径相同。为了节省阀门投资,当吸入管径比泵进口大 2 级时,可选用比进口管径大 1 级的阀门,但要验算汽蚀余量 若系统仅有一台泵,切断阀压力等级应与进口管道相同。若系统有 2 台及 2 台以上泵时,则切断阀及与泵之间的管件等级至少应为泵在正常操作温度下最大出口压力的 3/4
	过滤器	小间隙泵,如螺杆、齿轮、柱塞泵等安装永久性过滤器。每台装 1 个,位于切断阀与泵进口之间 离心泵除物料脏或有特殊要求外,一般不装永久性过滤器,但要装开车用临时过滤器。当管径 $D_n \leqslant 40$,也可安装永久性过滤器,通常采用 Y 形过滤器,紧靠泵吸入管道切断阀的下游
	缓冲罐	往复泵当汽蚀余量不能满足要求时,可在进口管道上设置缓冲罐

续表

管道名称	设　施	要　求
排出管道 (图 2-107、图 2-108)	切断阀	应设置切断阀,阀径与管径相同。若管径比泵出口大 2 级或 2 级以上时,则阀门可比管径小 1 级。对于进出口压差大于 4MPa 的离心泵,宜设置串联的双切断阀 每台往复泵或旋涡泵进出口切断阀之间的管道上应设置与泵进出口相连的循环管道,并设置切断阀
	止回阀	容积式泵通常不设止回阀 每台离心泵或旋涡泵在泵出口与切断阀之间应设置止回阀,直径与切断阀相同 泵出口管线为多分支时,宜在泵出口总管上设置止回阀 对进出口压差大于 4MPa 的离心泵,每台泵可设置串联的双止回阀
	安全阀	每台往复泵和转子泵出口与第一个阀门之间,应设泄压安全阀,若泵自备,可不另设。蒸汽往复泵出口一般不设泄压阀,但当泵失控时压力可能超过泵体所能承受压力或对泵的下游系统有较大影响时,应在泵出口处设泄压安全阀 其他类型泵若关闭出口阀,压力可能增大而毁坏管道或设备时,应设安全阀
	压力表	每台泵出口应装压力表(位于泵出口和第一个阀门之间的直管段上)
	缓冲罐	下列场合下,往复泵的管道上需设缓冲罐: (1)为改善计量准确性,须减小流体脉冲幅度,对单缸或双缸单作用泵,在流量计上游应设缓冲罐,双缸双作用及三缸泵仅需在进出口干管上设缓冲罐 (2)为减少高压管道振动,应设缓冲罐。当 $p \geqslant 3.5$MPa 时,需要与泵的设计者商榷是否装缓冲罐 (3)泵用于油压系统时,为防止液压脉冲使系统操作不稳定,应设缓冲罐
放空与放净管道	放空	除自行排气的泵外,均需设开车用放空管道 为防止气阻,在进口管道上需设操作放空管道 真空系统的放空均应返回至吸液设备的气相空间 输送液化石油气的泵应在泵进口或出口管道上设置排入密闭系统的放空管道 输送沥青等需经常放空的物料系统,应将放空管道返回吸液设备,并设蒸汽伴热
	放净	卧式泵的壳体均应设放净阀。若进出口切断阀之间的物料不可能通过泵体放净,则应在管道上设放净阀。离心泵出口管线上,在止回阀与切断阀之间应设放净阀
其他管道	暖泵及防凝管道 (图 2-109)	离心泵输送物料温度若超过 200℃,需设置防凝及暖泵管道,使少量物料经操作泵由排出管道引出,流经备用泵的泵体,然后回至泵入口,使备用泵处于热备状态,防止备用泵及吸入、排出管道内介质凝固,保证暖泵,便于启动 图中管 A 为吸入、排出防冻凝管道,可与停工清扫管道合用;管 B 为启动暖泵管道,当排出管径小于 DN80 时,可不设管 B,采用稍稍打开出口阀的方法代替。旁通流量约为正常流量的 3%～5% 若气温低于物料的凝固点,亦需设暖泵旁路,以免物料在泵体内凝固,此外,泵进出口之间需设防凝旁路,该管路与主管的连接点应尽可能靠近切断阀,防止出现死角。防凝旁路用蒸汽或电伴热
	低流量保护管道 (图 2-110)	离心泵如可能在低于泵的允许最小流量下运转,应设置低流量保护管道,使一部分流体从泵排出口返回至泵吸入口端的容器 离心泵短期操作在额定流量的 20% 以下时,应装有限流孔板旁路(设截止阀或调节阀);其流量至少为额定流量的 20%,若流体通过旁路孔板可能会闪蒸时,则应考虑增设相应的冷却措施 离心泵若长期运转在额定流量的 30% 以下时,应设最小流量阀或孔板式调节旁路,旁路与泵的吸液设备相连

续表

管道名称	设施	要求
其他管道	平衡管道（图 2-111）	泵输送常温下饱和蒸汽压大于大气压或处在闪蒸状态的液体（尤其是立式泵）时，在泵进口与切断阀之间应设平衡管道，防止蒸汽进入泵体产生汽蚀。平衡管道尽可能靠近进口处引出，返回吸液设备的气相空间。平衡管道应设置切断阀
	高压管道（图 2-112）	高扬程泵的出口切断阀两侧压差较大，阀单向受力较大，特别是大直径阀不易开启，应在阀的前后设 $DN20$ 旁路，在主阀开启前，打开旁路阀，使主阀两侧压力平衡

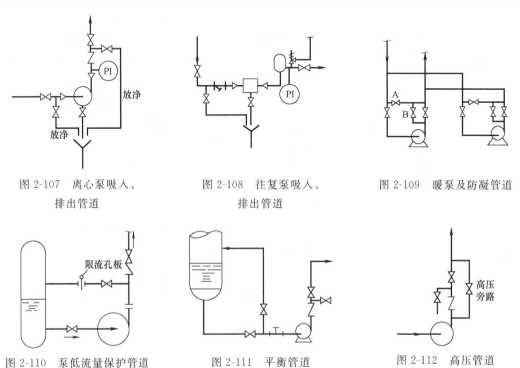

图 2-107 离心泵吸入、排出管道

图 2-108 往复泵吸入、排出管道

图 2-109 暖泵及防凝管道

图 2-110 泵低流量保护管道

图 2-111 平衡管道

图 2-112 高压管道

二、泵的配管要求

为了避免管道、阀门的重量及管道热应力所产生的力和力矩超过泵进出口的最大允许外载荷，在泵的吸入和排出管道上须设置管架，如图 2-113 所示。泵管口允许最大载荷应由泵制造厂提供。

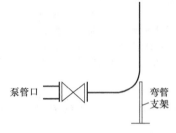

图 2-113 泵管口的弯管支架

垂直进口或垂直出口的泵，为了减少对泵管口的作用力，管口上方管线需设管架，其平面位置要尽量靠近管口，可以利用管廊纵梁支吊管线，所以常把泵布置在管廊下。

为保证泵吸入口流体的轴对称性，距泵进口法兰面应有至少 7 倍进口管径的直管段。在此直管段内不得设置阀门、弯头、三通、软接头等管路附件。

为了提高泵的吸入性能，泵吸入管路应尽可能缩短，尽量少拐弯（弯头最好用大曲率半径），以减少管道阻力损失。为防止泵产生汽蚀，泵吸入管路应尽可能避免积聚气体的囊形部位，不能避免时，应在囊形部位设 $DN15$ 或 $DN20$ 的排气阀。当泵的吸入管为垂直方向时，吸入管上若配置异径管，则应配置偏心异径管，以免形成气囊，如图 2-114 所示。

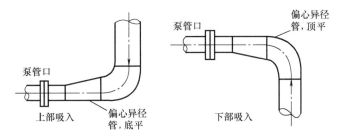

图 2-114　泵进口管线上的异径管

输送密度小于 650kg/m³ 的液体，如液化石油气、液氨等，泵的吸入管道应有 1/10～1/100 的坡度坡向泵，使汽化产生的气体返回吸入罐内，以避免泵产生汽蚀。

泵的进口处，最好配置一段至少 7 倍进口管径的直径。

泵出口的切断阀和止回阀之间用泄液阀放净。管径大于 DN50 时，也可在止回阀的阀盖上开孔装放净阀。同规格泵的进出口阀门尽量采用同一标高。

非金属泵的进出口管线上阀门的重量绝不可压在泵体上，应设置管架，防止压坏泵体与开关阀门时扭动阀门前后的管线。

蒸汽往复泵的排汽管线应少拐弯，在可能积聚冷凝水的部位设排放管，放空量大的还要装设消音器。乏汽应考虑回收利用或排至户外适宜地点。进汽管线应在进汽阀前设冷凝水排放管，防止水击汽缸。

蒸汽往复泵在运行中一般有较大的振动，与泵连接的管线应很好地固定。

当泵出口中心线和管廊柱子中心线间距离大于 0.6m 时，出口管线上的旋启式止回阀应放在水平位置，此时不允许在阀盖上装放净阀。

当管线架在泵和电动机的上方时，为不影响起重设备吊装，管线要有足够的高度。输送腐蚀性液体的管线不宜布置在原动设备的上方。

管廊下部管线的管底至地坪的净距不应小于 4m，以满足检修要求。

当管线架在泵体上方时，管底距地面净空高度应不小于 2.2m，如图 2-115 所示。

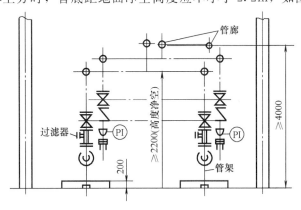

图 2-115　泵的典型配管

第七节　泵的布置

一、泵的布置方式

（1）露天布置　一般将泵集中布置在管廊下方或侧面，也可以布置在被抽吸设备附近，主要优点是通风良好，操作和维修方便。若泵布置在管廊下方时，泵出口中心线应对齐，距管廊柱中心线 0.6m。

(2) 半露天布置　半露天布置的泵适用于多雨地区，一般在管廊下方布置泵，在管道上部设顶棚。或将泵布置在框架的下层地面上，以框架平台作为顶棚。根据泵的布置要求，将泵布置成单排、双排或多排。

(3) 室内布置　室内布置的泵适用于寒冷或多风沙地区，以及工艺有特殊要求的场合。

二、泵的布置要求

(1) 对于露天或半露天布置的泵，一般使泵与原动机的轴线与管廊轴线垂直。

(2) 对于室内布置的泵，当其输送液体温度高于自燃点或输送液体为液态烃时，应与其他泵分别布置在各自的房间内，并用防火墙隔开。

泵布置在室内时，一般不考虑机动检修车辆的通行要求。泵端或泵侧与墙之间的净距不宜小于 1.2~1.5m，两排泵之间净距不应小于 2m。

(3) 设备布置图上的定位尺寸，以泵机组的轴线和出口法兰的中心线为基准。设备的标高统一以泵底座的下表面（即泵基础的顶面）标高来表示。注意：各工程公司系统专业计算 $NPSH_a$ 时是以泵基础的顶面为准，不是泵的进口中心线标高。而泵厂的 $NPSH_r$ 是以泵的进口中心线为准，两者相差泵的中心高。

(4) 泵群要排列整齐，推荐以泵的出口中心线取齐。

(5) 电气专业与工艺或布置专业应及时协调，在可能时，泵的电机部分应尽可能不在防爆区内，以节省投资。

(6) 泵应尽可能靠近供液设备，防止 $NPSH_a$ 较小。

(7) 蒸汽往复泵的动力侧和泵侧应留有抽出活塞和拉杆的位置。

(8) 立式泵布置在管廊下方或框架下方时，其上方应留出泵体安装和检修所需的空间。

(9) 各种离心泵维修检查所需空间见图 2-116~图 2-118。管道布置时，泵的两侧至少要留出一侧做维修用。其他型式泵的维修检查所需空间见图 2-119、图 2-120。

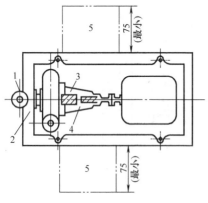

图 2-116　单级离心泵维修检查用空间
1—顶部吸入；2—轴向水平吸入；3—密封压盖；
4—填料箱；5—维修检查用空间

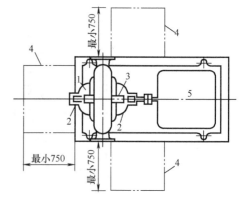

图 2-117　单级双吸离心泵维修检查用空间
1—密封部分；2—填料箱；3—密封压盖；4—维修检查用空间；5—电动机

三、泵的安装间距

两台泵之间的净距不宜小于 700mm，泵前端操作通道宽度不应小于 1000mm，对于多

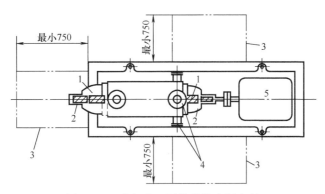

图 2-118　多级离心泵维修检查用空间

1—密封压盖；2—填料箱；3—维修检查用空间；4—顶部或侧向吸入；5—电动机

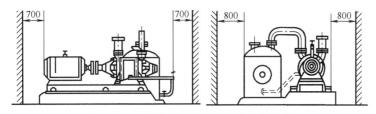

图 2-119　水环式真空泵维修检查用空间

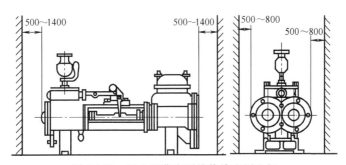

图 2-120　ZQS型蒸汽泵维修检查用空间

级泵，泵前端的检修通道宽度不应小于1800mm。一般泵的前端检修通道宽度不应小于1250mm，以便小型叉车通过。

第八节　泵 的 基 础

一、泵基础的设计条件

(1) 泵机组及辅助设备的安装尺寸图，包括底座尺寸，地脚螺栓的数量、直径、长度、露头长度和位置尺寸，机组总重等。

(2) 泵运转速度范围、额定功率。

(3) 重要的大型泵，应标出机组重心位置，回转部件的重量和重心位置，以及最大的不平衡力和力矩。

(4) 地脚螺栓的固定方法（直接埋置法或预留孔二次灌浆法，推荐用后者）。

二、泵基础的一般要求

(1) 泵基础尺寸通常按泵底座尺寸确定，底座边缘到基础边的距离一般为100～120mm。基础表面一般比地面高200mm，地脚螺栓预留孔一般为100mm×100mm方孔，深度由地脚螺栓长度确定。

（2）泵基础必须能承受泵和管路的最大静负荷和动负荷，不能有任何损坏和影响泵运转的沉降。

（3）基础的重量，对于回转泵，一般至少为泵机组总重的 3 倍，对往复泵为 5 倍。

（4）为避免发生共振，干扰力的频率与基础和泵系统的自振频率之比应小于 0.7 或大于 1.3。

（5）预留螺栓孔周边与基础外表面之间的混凝土厚度不应小于 75mm。

（6）为去掉基础顶部表面的浮浆和附着物，要凿掉 5~20mm 厚的表层，考虑到初期收缩，应留有适当的灌浆裕量。

（7）需二次灌浆的基础表面应铲出麻面，麻点深度宜不小于 10mm，密度为 3~5 个麻点/dm^2。表面不允许有油污和疏松层，放垫铁处的基础表面应铲平，其水平度允差为 2mm/m。

（8）按 SH/T 3541—2007 "石油化工泵组施工及验收规范"，二次灌浆层的标号应比基础混凝土的标号高一个等级。对执行 API610 标准的重要泵，建议二次灌浆层采用不收缩混凝土，通常用环氧树脂砂浆，在底座每个分隔段的最高点，应设置排气孔，应保证二次灌浆层灌满底座下面的整个空穴而不致形成空气囊，以使底座有足够的刚性。这对于用钢板冲压底座或槽钢焊接底座的泵是十分必要的，否则泵的振动值会超标，影响机封和轴承的寿命。当采用环氧树脂砂浆时，喷砂处理后的基础表面，应涂与环氧砂浆相容的底漆。

（9）二次灌浆应在泵机组的最终找正合格后尽快进行，如超过 24h，在二次灌浆前应再次找正。

（10）二次灌浆前应敷设模板，外模板至泵底座外缘的距离不宜小于 60mm，模板拆除后应进行抹面处理。抹面层外表面应平整，上表面略有向外的坡度，高度略低于底座外缘的上表面。

（11）二次灌浆应连续进行，不得分次浇灌。

三、泵基础的验收

（1）泵基础移交时，应有质量合格证明书及测量记录。在基础上应明显地画出标高基准线及基础的纵横中心线。在建筑物上应标有坐标轴线。重要的大型泵基础应有沉降观测点。

（2）对泵基础外观进行检查，不得有裂纹、蜂窝、空洞、露筋等缺陷。

（3）按有关土建基础图和泵的技术文件，对泵基础的位置、方向、高度和外形尺寸进行复测检查，其允许偏差应符合表 2-35 的规定。

表 2-35　泵基础尺寸和位置的允许偏差　　　　mm

项次	名称		允许偏差
1	基础坐标位置（纵横轴线）		±20
2	基础各不同平面的标高		−20
3	基础上平面外形尺寸 凸台上平面外形尺寸 凹穴尺寸		±20 −20 +20
4	基础上平面的水平度	每米 全长	5 10

续表

项次	名称		允许偏差
5	垂直度	每米	5
		全长	10
6	预埋地脚螺栓	标高（顶端）	20
		中心距（根部和顶部）	±2
7	预留地脚螺栓孔	深度	±20
		中心位置	±10
		孔壁垂直度（全深）	+10
8	预埋活动地脚螺栓锚板	标高	+20
		中心位置	±5
		水平度（带槽锚板） 每米	5
		水平度（带螺纹孔锚板） 每米	2

第六章　特殊介质的输送

第一节　黏性介质的输送

一、不同类型泵的适用黏度范围

1. 黏度

流体的黏性大小可用黏度这一物理量表示。常用的有动力黏度 μ（简称黏度）和运动黏度 ν 两种。此外还可用恩氏黏度（°E）、赛波特黏度（Saybolt）等表示，单位换算关系见表 2-36。

表 2-36　常用黏度换算

名　称	又　名	符　号	单　位	与运动黏度的换算
动力黏度		μ	Pa·s	$\nu=\dfrac{\mu}{\rho}$ ρ——液体密度，kg/m³
运动黏度		ν	mm²/s	
条件黏度（恩氏黏度）	相对黏度	°E	度	$\nu=7.31°\mathrm{E}-\dfrac{6.31}{°\mathrm{E}}$
国际赛氏秒	通用赛波尔特秒	SSU (SUS)	s	$\nu=0.22\mathrm{SSU}-\dfrac{180}{\mathrm{SSU}}$
商用雷氏秒	雷氏 1°s	″R (RSS)	s	$\nu=0.26″\mathrm{R}-\dfrac{172}{″\mathrm{R}}$
赛氏-氟氏秒	赛波尔特-费劳尔秒	SSF (SF)	s	$\nu=2.2\mathrm{SSF}-\dfrac{203}{\mathrm{SSF}}$
巴氏秒	巴洛别度	°B	度	$\nu=\dfrac{4850}{°\mathrm{B}}$

注：1Pa·s=1000mPa·s=1000 厘泊（cP），1mm²/s=1cSt。
SSU（Saybolt Seconds Universal）：针对中等黏度液体。
SSF（Saybolt Seconds Furol）：针对高黏度液体。
对于 70cSt 及以上黏度值：1cSt=0.216SSU；1SSU=10SSF。

2. 液体黏度对泵性能的影响

对于叶片式泵，随着液体黏度增大，其流量、扬程下降，功耗增加（见图 2-121）。对于容积式泵，随着液体黏度增大，一般泄漏量下降，容积效率增加，泵的流量增加。但泵的总效率下降，泵的功耗增加。

3. 不同类型泵的适用黏度范围

不同类型泵的适用黏度范围见表 2-37。

二、离心泵的性能参数换算

输送黏性介质的离心泵，当黏性介质的黏度≤20mm²/s（如一般的化工原料及汽油、煤油、洗涤油、轻柴油等）时，其性能参数可不必进行换算。黏度>20mm²/s 时，按以下方法进行换算。

表 2-37　不同类型泵的适用黏度范围

类　型		适用黏度范围/(mm²/s)
叶片式泵	离心泵	<150
	旋涡泵	<37.5
	往复泵	<850
	计量泵	<800
容积式泵	旋转活塞泵	≤11000
	单螺杆泵	≤200000
	双螺杆泵	≤1500
	三螺杆泵	≤3750
	齿轮泵	1~440000
	滑片泵	≤10000
	软管泵（蠕动泵）	≤10000

注：1. 对 $NPSH_r$ 远小于 $NPSH_a$ 的离心泵，可用于黏度小于 500~650mm²/s 的场合。

2. 当黏度大于 650mm²/s 时，离心泵的性能下降很大，一般不宜用离心泵，但由于离心泵输液无脉动，不需安全阀且流量调节简单，因此在化工生产中也常可见到离心泵用于输送黏度达 1000mm²/s 的场合。

3. 旋涡泵最大黏度一般不超过 115mm²/s。

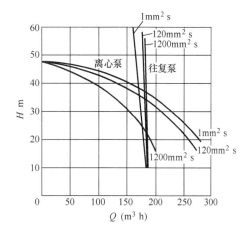

图 2-121　液体黏度对泵性能的影响

（1）根据工艺要求的流量 Q_v、扬程 H_v，查图 2-122、图 2-123 得黏性介质修正系数 C_Q、C_H、C_η。

图 2-122、图 2-123 的使用条件如下：

① 只适用于牛顿型流体（如水、甘油、溶剂等）和开式或闭式的离心泵，不适用于混流泵、轴流泵和旋涡泵。

② $NPSH_a$ 足够大；但各参数必须在图表极限范围内。

③ 对多级泵，扬程取第一级扬程。对双吸泵，流量取 $\frac{1}{2}Q$。

④ 图 2-122 适用于流量大于 20m³/h，泵口径 50~200mm 的离心泵，图 2-123 适用于流量小于或等于 20m³/h，口径 20~70mm 的离心泵。

（2）将输送黏性介质时的参数换算成输送清水时的参数：

$$Q_w = Q_v / C_Q$$
$$H_w = H_v / C_H$$
$$\eta_v = \eta_N C_\eta$$

式中　角标 v——黏性介质；
　　　　　　w——清水。

例　将 ZA80-250 型离心泵输送清水时的性能曲线换算成输送黏度为 75mm²/s 介质时的性能曲线。

解：在 ZA80-250 泵性能曲线上取最佳效率点流量 Q_{oo} 的 0.6、0.8、

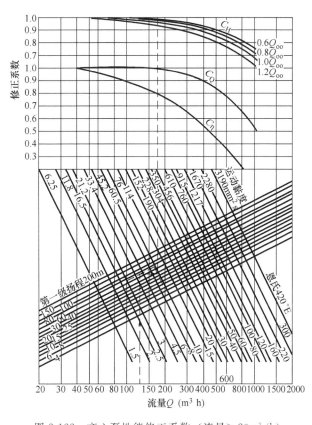

图 2-122　离心泵性能修正系数（流量>20m³/h）

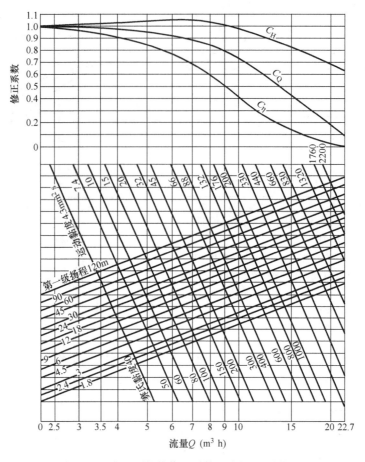

图 2-123 离心泵性能修正系数（流量≤20m³/h）

1.0、1.2 倍，利用图 2-122 换算成 75mm²/s 下的 Q_v、H_v、η_v，见表 2-38；在图 2-124 上连接这些点，即得输送黏度为 75mm²/s 下的性能曲线。

表 2-38　ZA80-250 泵性能换算

项　目		Q	$0.6Q_{oo}$	$0.8Q_{oo}$	Q_{oo}	$1.2Q_{oo}$
清水		流量 Q_w/(m³/h)	76.53	102	127.5	153
		扬程 H_w/m	96	90.5	82	67
		效率 η_w/%	64	71.5	74	71
		轴功率($\rho_w=1$)/kW	31.3	35.2	38.5	39.3
油		运动黏度 ν_v/(mm²/s)	75			
	修正系数	C_Q	0.98			
		C_η	0.79			
		C_H	0.97	0.96	0.95	0.93
		流量 $Q_v(=Q_wC_Q)$/(m³/h)	75	100	125	150

续表

项目		Q	$0.6Q_{oo}$	$0.8Q_{oo}$	Q_{oo}	$1.2Q_{oo}$
油	扬程 $H_v(=H_w C_H)$/m		93.1	86.9	78	62.3
	效率 $\eta_v(=\eta_w C_\eta)$/%		50.5	56.5	58.5	56.1
	密度 ρ_v/(kg/m³)		\multicolumn{4}{c}{900}			
	轴功率 P_v/kW		33.9	37.7	40.9	40.8

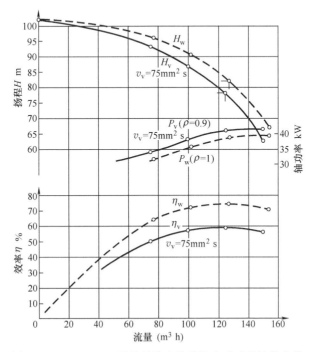

图 2-124　ZA80-250 泵输送清水及黏性介质时的性能曲线

三、容积式泵的性能参数换算

一般容积式泵的容积效率随介质黏度的增加而增高，若转速和排出压力不变，则流量也略有增大，见式（2-36）。黏度与容积效率的换算关系可参见式（2-37）。

$$Q_2 = \frac{\eta_{v2}}{\eta_{v1}} Q_1 \tag{2-36}$$

式中　Q_1、η_{v1}——黏度 ν_1 下的泵的流量和容积效率；
　　　Q_2、η_{v2}——黏度 ν_2 下的泵的流量和容积效率。

$$\nu_1(1-\eta_{v1}) = \nu_2(1-\eta_{v2}) \tag{2-37}$$

第二节　含气液体的输送

输送含气液体时，泵的流量、扬程、效率均有所下降，含气量愈大，下降愈快（见图 2-125）。随着含气量的增加，泵容易出现噪声和振动，严重时会加剧腐蚀或出现断流、断轴现象。各种类型泵输送介质的允许含气量极限见表 2-39。

表 2-39　各类泵含气量的允许极限

泵 类 型	离 心 泵	旋 涡 泵	容 积 式 泵
允许含气量极限(体积)/%	<5	5~20	5~20

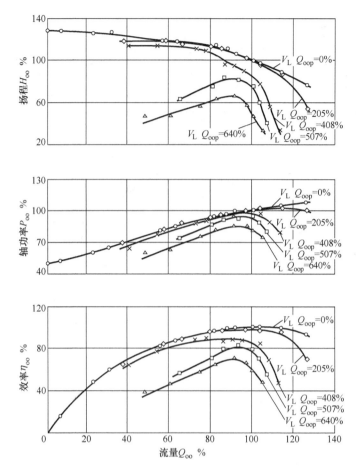

图 2-125 输送介质含气量对单级离心泵（吸入压力 0.25MPa，比转数 $c=146$）的性能影响
（以最佳效率点下 Q_{oo}、η_{oo}、H_{oo}、P_{oo} 的百分比表示）

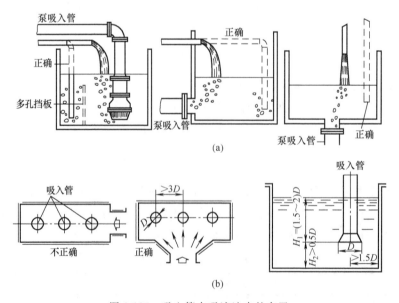

图 2-126 吸入管在吸液池中的布置

为保证泵的可靠运转，应尽量采取以下措施降低输送介质的含气量。

（1）吸液池的结构型式和泵吸入管的布置应使并联泵能等量吸入液体，并要求泵吸入管口在吸液池内应具有一定的淹没深度（H_1），离池底有一定的悬空高度（H_2），可参见图 2-126。

（2）吸液池的进液管、回流管、废液收集管要远离泵的吸入管口，以免空气泡在没有消失之前就很快被泵吸入，同时吸入管不能放在池中央，也不能太靠近池壁（一般离池壁最小为 1.5D），以免产生旋涡或抽空（见图 2-126）。

（3）保证管路接头处密封良好，避免空气漏入。

（4）吸入管路布置时应避免形成空气囊的部位（见图 2-127）。

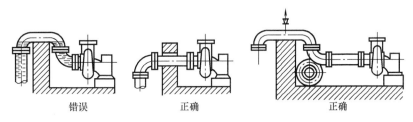

图 2-127 进口管路的布置和空气囊

第三节 低温液化气体的输送

低温液化气体包括液态烃（如乙烯等）、液化石油气（LPG）、液化天然气（LNG）、液态氧、液态氮等各种低温液化气体。这些介质的温度通常为 $-30 \sim -196℃$，输送这些介质的泵称为低温泵或深冷泵。

一、低温泵的特点

1. 泵入口压力高

液化气体通常在常温、常压下为气体，只有在一定压力和低温条件下才变为液体。如乙烯装置中，甲烷的液化条件为 3MPa，$-100℃$；乙烯的液化条件为 2MPa，$-30℃$。

2. 汽化压力随温度而剧变

低温泵输送的液化气体通常都处于饱和状态（或有微量过冷度）。这种液体的汽化压力随温度变化非常显著。一般当温度变化±25%时，汽化压力可变化±(100% ~ 200%)，同时介质的密度、比热容、蒸发潜热等物理性质也都将发生变化。例如温度上升时，蒸汽压急剧增高、密度减小、比热容增大、蒸发潜热减小，使液化气体更易汽化，且增高进口压力，从而影响泵体强度；又如温度下降过多时，吸液槽内蒸汽压力随之下降，而且在流经吸入管路时，也容易从外界吸热升温，这样都会造成 $NPSH_a$ 的下降，使吸入汽蚀性能恶化，因此必须对吸入管路进行充分保冷，使吸液槽内温度不经常波动。同时管路中应尽量不设球形阀、节流孔、滤网等节流装置，以免引发局部压力下降，使液化气体汽化。

3. 对轴封要求严格

绝大多数液化气体都具有腐蚀性和危险性，因此不允许泄漏到外界；一旦漏出液化气体，由于液化气体的汽化吸热易造成密封部位的结冰，因此输送液化气体的低温泵对轴封的要求很严格。

二、低温泵的结构型式

低温泵有立式和卧式两种结构，多数低温泵为立式结构。常用的低温泵型式有两种，第一种是筒袋式低温泵,第二种是潜液式低温泵。

1. 筒袋式低温泵

(1) 泵结构　图 2-128 是有代表性的筒袋式低温泵结构。

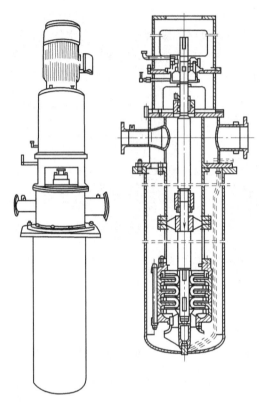

图 2-128　筒袋式低温泵结构

(2) 主要特点

① 筒袋式低温泵常埋于地下,不受电动机热风、空气温度和日照的影响,易于保冷,同时可降低泵的安装高度,增加灌注压头,提高有效汽蚀余量 $NPSH_a$。

② 泵的总体结构力求对称布置,以便在冷态下能均匀变形。

③ 为便于保冷,有利于输送危险介质,泵体为双层壳体,内壳体承受泵压,内外壳体之间承受介质的吸入压力,这样可适当降低内壳的强度要求。

(3) 泵的轴封

① 密封配置方式 1 (单端面机械密封)。

配置方式 1 (单端面机械密封) 结构简单,辅助设备少。过去在使用中经常发生密封面的结冰和闪蒸,因此影响其使用。现在许多密封件制造厂在设计时考虑了这一现象,当液化气体温度低于 $-80℃$ 时,采用甲醇或氮气密封液化气体的方法解决密封面结冰问题。

② 密封配置方式 2 (无压双机械密封)。

在许多场合,尤其是在长距离管线输送中,希望能从一开始就发觉密封的损坏和随之发生的泄漏。在此情况下,可采用密封配置方式 2,如图 2-129 所示。其内侧密封的功能相当于一个单端面内装式密封,密封腔内仅注满来自受液槽的液体,未加压。所以内侧密封的润滑是由工艺介质提供的,而不是受液槽的液体。一旦内侧密封失效,导致密封腔内的压力升高时,即能由受液槽上的压力表显示、记录或报警,以便及时检修。而外侧密封可承担起轴的密封和容纳泄漏液的作用。

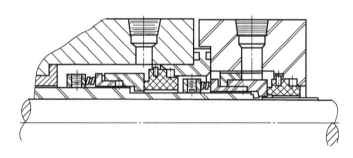

图 2-129　密封配置方式 2

③ 密封配置方式3（有压双机械密封）。

密封配置方式3（有压双机械密封）密封可靠，寿命较长，在密封和泵体之间设有缓冲室，可起到隔冷作用。为使密封液压力能随排液压力变化而适当进行调节，一般都配备恒压器、隔冷槽等设备。双端面密封结构复杂，辅助设备多，且当内密封失效时，密封液将漏入液化气体中，这些在某些化工生产中将会引起不安全事故。

④ 无密封泵结构。

见本章第五节。

⑤ 泵密封形式的选择。

泵密封形式的选择应综合考虑液化气体的温度、压力和特性，表2-40是国内某石化装置推荐的泵密封形式。

表 2-40　液化气体输送泵密封形式（供参考）

汽化压力 VP(绝压)/bar	液体特性	沸程①	推荐的泵密封形式
VP > 5	泄漏后快速充分地汽化 泄漏将形成较大的蒸汽云	全沸程	无密封泵，或密封配置方式2和3
1 < VP < 5	泄漏后大部分汽化 泄漏将形成较大的蒸汽云	窄沸程	无密封泵，或密封配置方式2
1 < VP < 5	泄漏后小部分汽化 泄漏将形成蒸汽云，但小于如上所列	宽沸程	密封配置方式1，业主认为必要时也可考虑密封配置方式2或3
VP < 1	泄漏后小部分汽化 飞溅将扩大蒸汽云区域	全沸程	密封配置方式1

① 沸程（boiling range）参照纯物质和挥发度相近组分的混合物，如LPG；中等沸程参照包含沸点差异很大组分的混合物，如典型的石油精馏；宽沸程参照包含沸点差异极大组分的混合物，如原油。

（4）泵的轴承　筒袋式低温泵的轴承分为上轴承和下轴承。上轴承处在大气中，一般采用止推滚动轴承；下轴承为导向滑动轴承，浸没在介质中工作，并由介质进行润滑。

为防止摩擦发热而引起液化气体汽化，以致破坏润滑，必须使用自润滑性好的材料，如聚四氟乙烯、石墨、耐蚀镍合金等。同时轴颈表面应作氮化处理或堆焊硬质合金。

2. 潜液式低温泵

（1）结构与应用　潜液式液化气低温泵（submerged motor liquefied gas pumps）主要在液化气体运输船和液化气体接收站（Terminals）上使用。液化气体接收站用泵按其安装位置可分为罐内泵和罐外泵两种。

图2-130～图2-132是美国EIC（Ebara International Corporation）制造的几种潜液式低温泵结构。

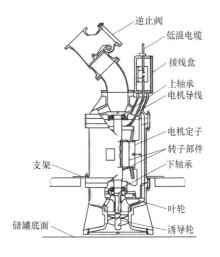

图 2-130　船用泵

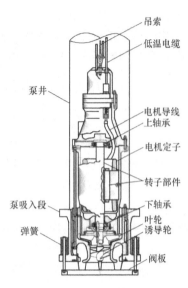
图 2-131 接收站罐内泵

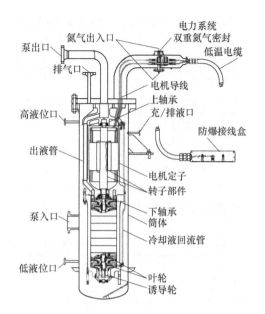
图 2-132 接收站罐外泵

① 船用泵 船用泵是指在液化气体运输船储罐内使用的泵,作用是将船上储罐内的液化气体输运到接收站的储罐内。对于 LNG 运输船来说,一般每艘船上有 4 个 LNG 储罐,每个储罐内安装 2 台输送泵,共 8 台(不含辅助泵)。目前 LNG 船装载量一般为 14 万立方米左右。船用泵的要求是安装时尽量使泵入口接近储罐底,这样可以提高运输船利用率,节约运输成本。此外由于不能经常更换泵,所以对泵的安全性、可靠性要求都很高。一般液化气体船用泵为单级或两级叶轮。

② 接收站罐内泵 接收站罐内泵是指在液化气体接收站储罐内使用的泵,一般通过泵井(泵井固定在储罐中)安装在液化气体储罐内,是一种较大流量、低扬程泵。作用是将罐内的液化气体输出。罐内泵间歇运行,一般每个储罐内安装几台输送泵。

③ 接收站罐外泵 接收站罐外泵是指在液化气体储罐外使用的泵。对于 LNG 接收站来说,安装在 LNG 蒸发器前的固定容器内,作用是对 LNG 进行增压,为 LNG 汽化后外输管线提供足够的能量,保证用户能正常使用。这种泵为多级泵,扬程可以根据要求选择。由于输送介质中有部分汽化了的液化气体,其使用寿命会比船用泵和罐内泵短些,需要定期检修和更换。另外,罐外泵的轴向力平衡措施要安全可靠,防止因轴向力平衡装置而引起泵的故障,影响泵的运行。

(2) 主要特点 潜液式低温泵主要有以下特点:要求具有较低的汽蚀余量,因此大多潜液式低温泵都带有诱导轮;泵为屏蔽立式结构,泵和电机整体浸没在低温液体中运行,电机与泵为共轴;一般无需防爆电机,但需采用防爆接线盒;泵密封系统要绝对安全可靠,确保安全,防止爆炸;备用泵要保证能够随时启动。

为防止处于气-液平衡状态的液化气体在泵内汽化,必须保持泵内液化气体与储罐内的液化气体具有相同的温度,潜液式低温泵除需要采用浸没式结构外,还需采取措施保冷。例如,当输送 LNG 时,泵停运后如保冷不善,泵内的 LNG 会不断蒸发,堵塞泵的流道,使泵不能正常运行。

潜液式低温泵最大流量可达 $5000 m^3/h$,扬程可根据用户要求选定,最高可达 2000m

以上。

(3) 监测与保护　潜液式低温泵的安全保护系统要求非常高，常用的有振动监测系统、电流过载保护系统、低电流保护系统、氮气（N_2）密封保护系统、低流量报警、低压力报警等。

① 振动监测系统　测量振动的装置可由客户自己置备或由泵生产制造商来提供，按照客户不同的要求进行配置。

由于转子的振动会传到泵壳，所以一般直接测量泵壳体的振动即可。如振动超过规定的标准，系统自动报警。

② 电机保护系统　在潜液式低温泵的价格构成中，电机的价格约占泵总价格的20%～40%，所以保护电机是非常必要的。一般对电机的工作电流范围进行预先设定，电流的上限提供过电流保护，电流的下限提供低电流保护，工作电流超过此范围则自动报警。

通常电机电流强度的减小表明泵入口压力的降低，可能导致泵发生汽蚀；电流强度的增大则说明运行中存在机械故障或电机接入电缆异常，需要进行检查维护。

③ 防爆保护系统　由于电机的接线盒是防爆的，为防止液化气体沿电缆泄漏到接线盒而遇到电火花产生爆炸，要对屏蔽电机的外接电力系统进行密封和保护，通常的做法是在外接电缆和接线盒之间设置两道氮气（N_2）密封保护系统。作用是阻断液化气体可能进入电机接线盒的通道。即使泄漏的液化气体进入第一道氮气密封系统，第二道氮气密封系统仍可继续阻断其进入电机接线盒。当第一道氮气密封保护系统失效时，其压力会有显著变化，从而可以通过压力自动报警系统来进行安全监测。

④ 泵的自身保护　泵的自身保护措施为低流量报警和低压力报警。低流量报警是当工作流量小于泵的最小连续流量时装置就会报警；低入口压力报警是当泵入口压力过低，达到设定值时装置就会报警。

⑤ 电缆　由于潜液式低温泵的电缆也浸在低温液体中，所以要使用专门的耐低温电缆。其结构为在导体表面涂覆半导体材料、绝缘体材料及聚四氟乙烯（PTFE）保护层等，最外边为不锈钢铠装保护套，耐低温电缆要求在－200℃以下仍具有良好的延展性。目前国际上耐低温电缆权威质量认证是美国 UL（Underwriters Laboratories）认证。

(4) 试验　由于潜液式低温泵结构的特殊性，必须使用低温介质进行各项试验，常用的试验介质有丙烷、LNG、液氮等。例如，对于LNG输送泵来说，可使用LNG（－162℃）或液氮（－196℃）做试验。试验介质温度很低，因此泵试验前需进行充分的预冷，防止材料脆裂。试验设备及附属系统正常运行时也需要保冷。泵试验程序比较复杂，而且对安全性要求都极高，这也是潜液式低温泵生产制造过程中的一个难点。潜液式低温泵试验台一般要求建在远离人口密集的地方。图2-133是EIC位于美国内华达州一座山脚下的潜液式低温泵试验台。

目前世界上只有几个公司建有这样的超低温泵试验台，而有些公司生产的超低温泵需要运到其他国家的试验台上去做试验，试验成本很高。试验后还需用N_2对泵进行清洗和吹净，然后干燥和密封后才能包装发货。

(5) 主要制造厂　目前 EBARA INTERNATIONAL CO.（美国）、JC.CARTER（美国）、NIKKISO（日本）、SHINKO（日本）等公司可以设计、生产、制造潜液式低温泵，其中EIC的市场占有率最高。

图 2-133 潜液式低温泵试验台

三、低温泵的材料

（1）金属材料　泵常用的低温材料为：奥氏体不锈钢，如 304、304L、316、316L 等。对于潜液式低温泵来说，筒体和轴等需要采用奥氏体不锈钢材料制造，如 316L 等，但泵体、叶轮及诱导轮等可采用铝合金材料制造。

（2）非金属材料　非金属材料主要用于筒袋式低温泵的轴封中。常用的非金属密封材料有聚四氟乙烯（最低 $-73℃$）、丁腈橡胶（最低 $-40℃$）、玻璃纤维增强聚四氟乙烯（最低 $-212℃$）和石墨（最低 $-240℃$）等。

四、输送低温液化气体的泵装置

低温泵输送的低温液化气通常处于饱和状态，对汽蚀余量的反应特别敏感，在设置低温泵装置时要考虑此特点。

典型的输送乙烯气体泵装置如图 2-134 所示，乙烯气体经冷凝器（丙烷作冷冻剂）冷凝后成为饱和液体，流至储罐，储罐中的液态乙烯处于气液两相平衡。装置汽蚀余量 $NSPH_a$ 为储罐液面至卧式泵中心线的高度。对立式泵，其装置汽蚀余量 $NPSH_a$ 为储罐液面至泵首级叶轮基准面处的高度，见图 2-135。

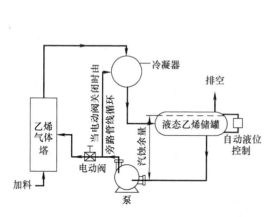

图 2-134　典型输送乙烯气体泵装置

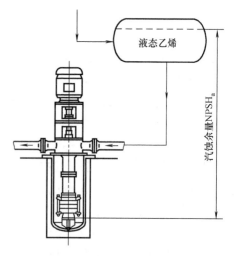

图 2-135　立式泵的 $NPSH_a$ 的确定

五、低温泵的安装和运行要求

(1) 安装低温泵时，泵的零部件必须用溶剂洗涤干净，干燥后再进行装配，严禁沾上水和油脂。

(2) 低温泵本身和泵的吸入管线均须有保冷措施，以防在运行中从外界吸入热量使液体汽化，影响泵的吸入性能。

(3) 低温泵及其装置在投入运行前需清洗干净，然后用干燥的氮气等进行清扫，除去泵内的水分和空气，并进行预冷。

(4) 低温泵的吸入口和吸入管路应有排气装置，使泵在运行前或运行中能及时排除逐渐积存的气体，保证低温泵可靠地工作。

第四节 含固体颗粒液体的输送

输送含固体颗粒液体的泵，常被称为杂质泵。杂质泵叶轮和泵体的损坏原因分两类：一类是由于固体颗粒磨蚀引起的，如矿山、水泥、电厂等行业用泵；另一类是磨蚀性和腐蚀性共同作用引起的，如磷复肥工业中的磷酸料浆泵等。本节仅结合含细微固体颗粒液体的输送，介绍有关杂质泵结构等问题。

离心式杂质泵的类型很多，应根据含固体颗粒液体的性质选择不同类型的泵。

以沃曼泵为例，质量浓度30%以下的低磨蚀渣浆可选用L型泵；高浓度强磨蚀渣浆可选用AH型泵；高扬程的低磨蚀渣浆可选用HH或H型泵；当液面高度变化较大又需浸入液下工作时，则应选用SP（SPR）型泵。同样J·S公司的LC型泵有四种可互换的叶轮：其中双通道叶轮（图2-136）用于料浆、泥浆、大颗粒固体悬浮液、液体中不含气体和成型带状纤维填充物；叶片叶轮（图2-137）用于料浆、细泥浆、小颗粒固体悬浮液、液体中可含少量气体，但不能含有成型带状纤维；单通道叶轮（图2-138）用于料浆、泥浆、大颗粒固体悬浮液、条状纤维，液体中可稍含有气体；涡流叶轮（图2-139）用于料浆、细泥浆、大颗粒固体悬浮液、纸浆、纤维和少量乳液、少量气体。此外还有立式液下泵PLC型可供选用。

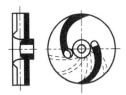

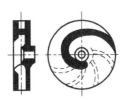
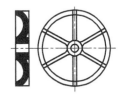

图 2-136 双通道叶轮　　图 2-137 叶片叶轮　　图 2-138 单通道叶轮　　图 2-139 涡流叶轮

应用我国学者蔡保元先生提供的两相流速度场来设计叶轮和流道，可以减少固液相之间的相对运动，减少固体对流道的撞击磨损，从而使泵的效率提高，使用寿命延长，运转平稳可靠。我国某泵厂制造的150MD离心式泥浆泵经原机械工业部鉴定可满足电厂灰渣及选矿尾砂远距离输送的需要。

一、输送含固体颗粒液体泵的性能修正

泵输送含固体颗粒液体时，由于液体中含有一定量的固体颗粒，就形成了两相流。悬浮在液体中的固体颗粒，既不能像液体那样吸收、储存或传递能量，又不能将其动能传递给液体，使得泵扬程较输送清水时低，所以设计时，应根据不同的固体含量、粒径、密度等进行

适当的修正。需要说明的是：对于颗粒很小，固体物所有粒径均小于 $100\mu m$，质量浓度 $C_w \leqslant 30\%$，体积浓度 $C_r \leqslant 15\%$ 的"非沉降类"的均质浆体，只要已知其动力黏度，就可以用标准的黏性修正程序进行修正。在输送沉降类浆体时，其特点是：

① 扬程和效率比输送清水时的值下降同一个比率，即：

$$HR = ER = \frac{H_m}{H} = \frac{\eta_m}{\eta} \tag{2-38}$$

式中　HR、ER——扬程比和效率比；
　　　H_m、H——浆体扬程和清水扬程，m；
　　　η_m、η——泵送浆体和清水时的效率。

② 最佳效率点不变。

③ 扬程与效率比与流量无关。

根据浆体的质量浓度 C_w、固体颗粒相对密度 ρ、中值粒径 d_{50}，可由图 2-140 查出扬程比 HR，同样也可由公式（2-39）计算得出：

$$HR = 1 - 0.000385(\rho - 1)\left(1 + \frac{4}{\rho}\right)C_w \ln \frac{d_{50}}{0.0227} \tag{2-39}$$

式中，中值粒径 d_{50} 是指试样筛分时累积质量为 50% 的颗粒粒径，mm，它保证比该粒径大的颗粒和小于该粒径的颗粒的质量份额相同。

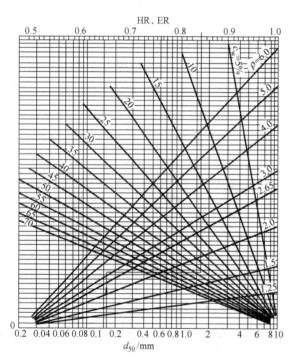

图 2-140　ER 和 HR 曲线

已知 HR 和 H_m，就可用式（2-38）计算泵的清水扬程。通常在选泵时还要考虑一定的裕量，一般该裕量取额定扬程的 10%。

二、杂质泵的结构

杂质泵是用于输送含有固体颗粒的液体，要求泵的过流部件耐腐蚀，为防止固相结晶堵塞，叶轮的叶片数较少，通常在 2～8 片，泵体常采用较宽的流道。为防止固体颗粒进入轴封和防止外部空气流入，轴封处采用清液作为封液，并要求轴封结构可靠。泵的转速一般不高，通常为 1000～1500r/min。相应的，泵的效率也较低。

1. 叶轮和泵体设计

一般杂质泵的叶轮用平行盖板，浆体进入叶轮后，在出口处由中心向两侧形成外漩涡，使叶轮的前后盖板和内衬严重磨损，这是造成过流部件寿命短的主要原因。沃曼泵设计的叶轮在出口处形成凹形（参见图 2-141、图 2-142），使叶轮两侧前后盖板处的速度大于中间速度，浆体在出口处分成两股流体，向中心旋转，迫使颗粒向中心流动造成内漩涡状，使两侧的浓度降低，从而减轻了泵体流道和两侧壁的磨损。

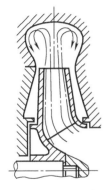

图 2-141　一般泵的外涡流

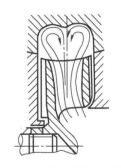

图 2-142　沃曼泵的内涡流

2. 液下泵

液下泵的特点是占地小，无轴封，不会产生泄漏。典型的液下泵见图 2-143。该泵设有液下轴承，轴可以设计得较长。液下轴承通常采用泵送液体自身润滑。当介质含固体颗粒时，会产生磨蚀，使轴承的间隙加大引起振动，所以仅适用于输送清液的场合。当输送含固体颗粒液体时，会降低使用时间。合理的结构是在泵底板上，采用两个轴承支撑，取消液下轴承。磷酸料浆泵即采用这种悬臂式结构（参见图 2-144、图 2-145）。由于叶轮磨损不均匀，转子不平衡度增加，通常在设计轴时，其强度和刚度都要取得较富裕些，将轴径设计得粗一些。悬臂式液下泵常采用刚性轴，为避开轴的临界转速，悬臂泵轴一般不宜过长，否则需加粗。此外液下泵的转速也选用低速型较好。

图 2-144、图 2-145 为美国 GOULDS 公司生产的 VHS 型和 VJC 型悬臂式液下泵，结构较为合理。VHS 型为旋流泵，用于输送大颗粒悬浮液或含纤维液体，采用皮带传动，既提供了调节性能的手段，又扩大了泵的使用范围。VJC 型采用重型结构，在恶劣的工况下，使用性能可靠。该型系列泵的性能参数范围宽，适用范围广。

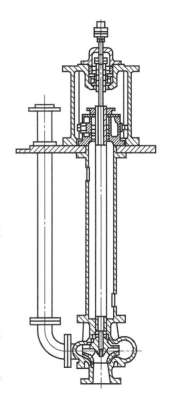

图 2-143　液下泵

3. 密封

离心杂质泵主要有填料密封、副叶轮密封和机械密封等轴封型式。副叶轮密封的最大优点是运行可靠，但在设计中要求副叶轮的进口压力控制在一定范围内，沃曼泵规定应小于 10% 的泵出口压力。这种轴封型式不加轴封水，但使用副叶轮将增加功率消耗，一般为额定功率的 5% 左右。副叶轮必须与停车密封配合使用，常用的停车密封也为填料密封。

填料密封价格便宜，可靠性高，但在输送含固体颗粒液体时，必须加轴封水冲洗。一般轴封水压等于泵出口压力加 35kPa。

机械密封虽是一种广泛应用的密封形式，但在防止固体颗粒进入摩擦副及摩擦副材质的选择等方面，有些问题一时难以解决。在大多数应用场合，效果也不理想。

图 2-146 为从国外引进的磷酸装置用泵的轴封，采用副叶轮密封加离心块停车密封，运转时由于叶轮背叶片、副叶轮均在旋转，液体在离心力的作用下形成液环，在副叶轮轮毂处

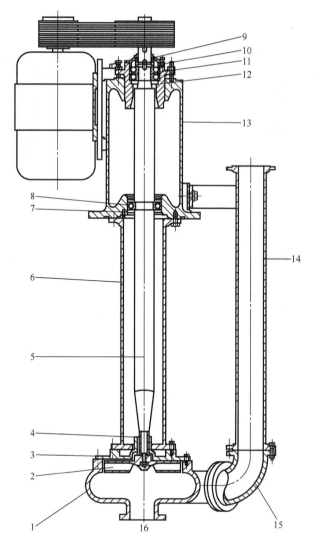

图 2-144 VHS 型液下泵

1—泵体；2—叶轮；3—泵盖；4—轴承；5—轴；6—支撑管；7—油封；8—径向轴承；9—油封；
10—轴承压盖；11—推力轴承；12—推力轴承座；13—轴承箱；14—排液管；15—排液弯管；16—叶轴螺母

产生负压，使液体不会外泄。以此同时，离心块 8 在离心力作用下像伞一样打开，推动执行器 4 使之产生轴向位移，使密封环 6 与静环座 5 脱开，静密封不起作用，但弹簧 3 被压缩。当泵停车时（见图 2-147），离心块复位，执行器 4、密封环 6 与静环座 5 在弹簧力作用下紧密接触，使静密封处闭合封住液体，使液体不外漏。

这套密封装置虽然要消耗功率，使泵效率下降 1%～2%，但它允许采用较大的密封间隙，在密封含有固体颗粒的介质时，能做到无泄漏，使用时间长，密封可靠。

4. 材料

杂质泵过流部件可选用的材料较多，应根据输送浆体的物理性质（颗粒组成、粒径、形状、硬度、浓度等）和化学性质（酸、碱、油）而定。研究表明：金属的磨损与固体颗粒（磨粒）的速度成正比；金属的磨损率随磨粒尺寸的增加而增加，即磨粒愈细，则磨蚀性愈小。金属的磨损率还随着磨粒硬度和浓度的增加而增大。

第六章 特殊介质的输送 245

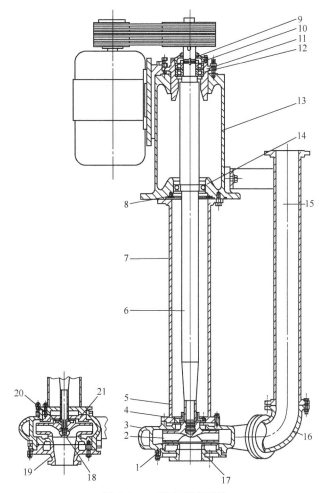

图 2-145 VJC 型液下泵

1—端盖；2—叶轮；3—泵体；4—节流圈；5—轴套；6—轴；7—支承管；8、9—油封；10—轴承压盖；
11—推力轴承座；12—推力轴承；13—轴承箱；14—径向轴承；15—排液管；16—排液弯管；
17、19—吸入端盖（5150 型、VJC 型）；18—叶轮螺母；20—叶轮键（5150 型）；21—泵体耐磨环（5150 型）

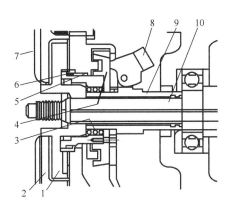

图 2-146 泵运转时的密封状态

1—副叶轮；2—泵盖；3—弹簧；4—执行器；5—静环座；
6—密封环；7—叶轮；8—离心块；9—轴套；10—轴

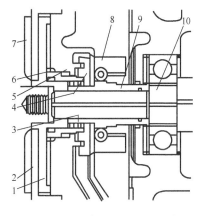

图 2-147 泵停车时的密封状态
（图中各件号含义与图 2-146 相同）

以沃曼泵为例，耐磨蚀的金属材料有：硬镍 1#，硬镍 4#，铬 27 耐磨铸铁及 Cr15Mo3。衬胶泵有最大速度的限制，超过此速度，磨粒就要切割橡胶，主要适用于无尖锐棱角的细微粒。橡胶有良好的耐磨蚀、耐腐蚀性能，常用的有天然橡胶和氯丁橡胶。

对于强腐蚀性浆液，还可选用其他不锈钢，如 304、316 和 20 合金等，需与泵厂协商解决。

J·S 公司 LC 型泵的泵用材料分为：磷矿浆选用高耐磨马氏体 Z180C13 合金（相当于 Cr13）；萃取磷酸料浆和磷铵料浆等选用高硬度铁素体 F30％ CrMo 和双相钢 Z3CNUD26.05M 合金（CD4MCu）；强腐蚀性介质选用奥氏体合金 Z3NCDU25.20.04M (UB-6)；弱腐蚀性介质选用 304、304L。

美国磷复肥泵用材为：磷铵料浆泵选用 CD4MCu，是一种高铬低镍的奥氏体/铁素体双相钢；磷酸泵选用 316、316L、CD4MCu；强腐蚀性介质（如尾气洗涤液等）选用 20 合金。

CD4MCu 和 20 合金的化学成分见表 2-41，力学性能见表 2-42。

表 2-41　CD4MCu 和 20 合金的化学成分　　　　　　　　　%

组成	C	Mn	Si	P	S	Cr	Ni	Mo	Cu
CD4MCu	≤0.04	≤1.0	≤1.0	≤0.04	≤0.04	25～27	4.75～6.0	1.75～2.25	2.75～3.25
20 合金	≤0.07	≤1.5	≤1.5	≤0.04	≤0.04	19～22	27.5～30.5	2～3	3～4

表 2-42　CD4MCu 和 20 合金室温下的力学性能

材料		σ_b/MPa	$\sigma_{0.2}$/MPa	δ/%	冲击韧性 /N·m	HB
CD4MCu	固溶	700～800	560～630	20～30	67	250～270
	时效	940～1010	700～840	10～25	56	290～320
20 合金（固溶）		590～630	240～350	35	97	160

N 型泵用材为：硬镍 1#、2#，适用于粗颗粒，有较好的抗磨蚀性；硬镍 4# 对大颗粒、高应力抗冲击磨蚀能力较强；Cr26、Cr28 有较好的抗磨蚀、抗腐蚀能力；高碳 15-2、低碳 15-2 属 Cr15Mo3 的改良品种，其抗磨蚀能力更强。

5. 传动方式

杂质泵的传动方式有直联（弹性联轴器、液力偶合器）和间接传动（V 带、减速机），此外还可通过变频装置及可控硅装置调速。其中弹性联轴器和 V 带传动拆装方便，价格便宜，应优先考虑采用。

三、杂质泵产品

国内杂质泵以石家庄强大泵业集团有限责任公司生产的离心式渣浆泵（沃曼泵）为代表（见图 2-148）。自贡工业泵厂生产的 N 型泵也同样是耐磨蚀的渣浆泵。要求既耐腐蚀又耐磨损的化工泵以磷复肥工业用泵比较典型。以襄樊五二五泵业有限公司生产的 LC 型泵为其代表，它有四种可互换的叶轮和多种材料可供选用。

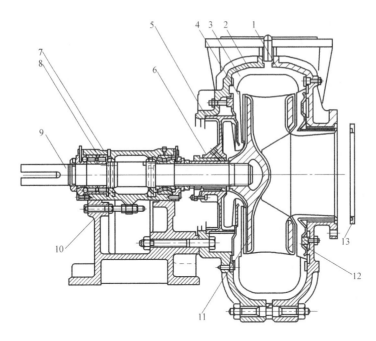

图 2-148 沃曼 L 型泵结构
(此图系金属内衬结构的大规格泵,橡胶内衬结构只需更换过流部件)
1—泵盖;2—泵体;3—护套;4—后护板;5—填料箱;6—轴套;7—轴承体;8—轴承;
9—轴;10—托架;11—叶轮;12—前护板;13—吸入口密封垫

第五节 不允许泄漏液体的输送

在化工、医药、石油化工等行业,输送不允许泄漏液体(如毒性为极度或高度的危险介质、放射性介质、强腐蚀性介质、贵重介质等)时,应考虑选用带有泄漏液收集和报警装置的双机械密封泵或无密封泵。

一、轴封泵的选用

轴封泵指带有轴封的离心泵和转子泵。对于不允许泄漏的介质,轴封离心泵或转子泵必须采用双机械密封,即密封配置方式 2(无压双密封)和方式 3(有压双密封)。

1. 配置方式 2(无压双密封)

无压双密封采用 52 方案,其内侧密封(第一道密封)是主密封,相当于一个单端面内装式密封,其润滑由被密封的介质担当。密封腔内注满来自外部储液器的液体。正常运行时,由泵送环维持循环。储液器通常向一废气回收系统连续排放气体,其压力低于密封腔内液体的压力。内侧密封一旦失效,导致密封腔的压力提高,即能由外部储液器的压力表显示、记录或报警。同时外侧密封就能在维修前起到密封和容纳泄漏液体的作用。此外,还应注意以下情况。

(1) 缓冲流体可以是液体或气体,如乙二醇、水、矿物油、氮气或空气等。

(2) 当泵送液体不允许漏入泵腔时,则应选择配置方式 3(有压双密封)。

(3) 一般其内侧密封应为接触式湿式密封,并具有防负压的平衡结构特征,即当承受 0.275MPa 以下负压差时,密封面不会打开或移动。

(4) 外侧密封通常也为带液体缓冲系统的接触式密封。如果无法提供液体缓冲系统,则可考虑采用非接触式外侧密封。

（5）在低温工况下，为防结冰，宜加设急冷措施。

（6）对于外侧为干气密封而内侧为湿式的接触式密封或内外侧均为干气密封，应在缓冲气密封腔内安装不产生火花的金属节流套。

（7）废气回收系统应可靠，不允许直接排放，如果没有办法回收，应考虑进入火炬系统。

2. 配置方式3（有压双密封）

有压双密封一般采用53方案，通过外部储液器向有压双重密封提供隔离液。正常运行时，由泵送环维持循环。储液器压力高于密封腔内液体的压力，因而泵送介质不会进入密封腔。内侧密封起到阻止隔离液进入泵腔的作用。外侧密封仅仅起到不使隔离液漏入大气的作用。此外，还应注意以下情况。

（1）隔离流体可以是液体或气体，如乙二醇、水、矿物油、氮气或空气等。对于介质中含有固体颗粒的，不宜采用气体作为隔离流体。

（2）当隔离液不允许进入泵腔时，可考虑采用隔离气体（如空气、氮气等）作为密封介质。

（3）当泵送液体有毒或难以密封时，或买方有要求时，可在配置方式3的密封腔的泵送液体侧通入冲洗液，以便把泵送液体和内侧密封件隔开或带走热量。

二、无密封泵的选用

无密封泵包括无密封离心泵、磁力驱动齿轮泵、气动隔膜泵、隔膜（计量）泵等。无密封离心泵的结构、原理和特点见第二篇第一章第四节；气动隔膜泵、隔膜（计量）泵的结构、原理和特点见第二篇第二章。磁力驱动齿轮泵的原理可参照磁力驱动离心泵。以下仅对无密封离心泵的选用作分析。

1. 无密封离心泵的分类

中、轻载荷无密封离心泵的参数范围应同时满足以下条件：

① 额定排出压力小于或等于1.9MPa（G）；

② 泵送温度（介质温度）小于或等于150℃；

③ 额定转速小于或等于3000r/min（汽轮机驱动时转速可提高5%）；

④ 额定扬程小于或等于120m；

⑤ 最高吸入压力小于或等于0.5MPa（G）；

⑥ 悬臂泵的最大叶轮直径小于或等于330mm；

⑦ 驱动机最大功率小于或等于110kW。

超出上述参数范围，即归入重载荷无密封离心泵。

2. 无密封离心泵标准及其选用

无密封离心泵常用的标准见表2-43。

表2-43 无密封离心泵常用的标准

标 准 号	标 准 名
SH/T 3148—2007	石油化工无密封离心泵工程技术规定
API STD 685—2000	Sealless Centrifugal Pumps For Petroleum, Heavy Duty Chemical, And Gas Industry Services
ASME/ANSI B73.3M—2003	Specification For Sealless Horizontal End Suction Centrifugal Pumps For Chemical Process
ISO 15783—2003	Sealless Rotodynamic Pumps — Class II

无密封离心泵（无论是中、轻载荷泵还是重载荷泵）应符合 SH/T 3148—2007 标准。此标准未曾涉及的条款，对于中、轻负荷无密封离心泵，一般可采用制造厂标准、ISO 15783 或 ASME B73.3M 标准，对于重载荷无密封离心泵可参照 API 685 标准。

3. 选用无密封离心泵时应注意的事项

(1) 无密封离心泵应采用径向剖分结构的泵壳，不得采用轴向剖分泵壳。

(2) 对于中、轻载荷无密封离心泵，其泵壳最低设计压力应大于或等于 1.6MPa（G）（20℃时）；对于重载荷无密封离心泵，其泵壳最低设计压力应取①和②的较小值：

① 与泵壳材料相当的 ISO 7005-1PN50（ASME B16.5，Class 300）法兰所对应的许用压力；

② 4MPa（G）（38℃时）。

(3) 对于中、轻载荷无密封离心泵，其法兰允许承受的外力和外力矩应符合制造厂标准；对于重载荷无密封离心泵，其法兰允许承受的外力和外力矩应符合 API Std 685—2000 第 6.5 条（相当于 API Std 610—1995 第 2.4 条）。

(4) 对于中、轻载荷无密封离心泵，轴的径向跳动量（TIR）应小于或等于 0.05mm；对于重载荷无密封离心泵，轴的径向跳动量（TIR）应小于或等于 0.025mm。

(5) 对于中、轻载荷无密封离心泵，叶轮以及类似的主要转动部件应按 ISO 1940 标准 G 6.3 级进行动平衡试验；对于重载荷无密封离心泵，其转子的每一个主要零部件（包括磁力驱动泵的联轴器）都应进行动平衡，并符合 ISO 1940 标准 G 2.5 级的要求。

(6) 对于中、轻载荷无密封离心泵，在额定工作点下，在每一轴承支承点测得的振动速度（均方根，未滤波）不应超过 4.5mm/s；对于重载荷无密封离心泵，在优先工作范围内运行时，在每一轴承支承点测得的振动速度（均方根，未过滤）不应超过 3.0mm/s。超出优先工作范围时，振动限值可以为上述值的 130%。

(7) 无密封离心泵的承压部件不得采用铸铁材料。

(8) 无密封离心泵禁忌干运转，以避免滑动轴承和隔离套（或屏蔽套）烧坏。

(9) 无密封离心泵由于采用滑动轴承，且用被输送的介质润滑，因此比较适合的介质黏度范围为 0.1~20mPa·s。

注：介质黏度很低时，采用立式结构可以改善泵的润滑性能。

(10) 无密封离心泵使用时，应定期检查电流、温升和出口压力是否正常，是否渗漏运行，是否平稳，振动和噪声是否正常等。

(11) 无密封离心泵的效率通常低于有密封的离心泵。但在中、小功率的情况下，与双端面密封泵相比，后者由于增加了冷却和冲洗系统的功率消耗，故总效率相差不大。

(12) 选用磁力泵时还应注意的其他问题如下：

① 磁力泵在正常操作条件下，一般不存在随时间推移而老化退磁的现象。但当泵过载、堵转、介质黏度增大或操作温度高于磁缸许用温度时，就有可能发生脱耦、退磁等现象。因此磁力泵必须在正常操作条件下运行。

② 对于要求直接启动的磁力驱动泵，其磁力联轴器转矩能力应至少为电动机额定转矩的 2 倍。

③ 当输送剧毒或极易燃介质时，为提高使用寿命和运转安全性，磁力驱动泵在隔离套上应设测温仪表（RTD），在采用承压密闭的磁力耦合器箱体或双隔离套结构时，均应设液体泄漏探头。

④ 磁力泵不允许输送含有铁磁性杂质的介质。

⑤ 卖方提供的文件资料中应增加内外磁缸的退磁特性质量证明文件。

⑥ 买方应留意卖方资料中磁力泵的效率，弄清其数据表中的效率是否已考虑了磁传动损失，还是仅指水力效率。

（13）选用屏蔽泵时还应注意的其他问题如下：

① 对于滑动轴承为石墨材质的屏蔽泵，应设轴承磨损监测仪表。监测仪表的具体形式（机械式、电气式、机械电气式等）由买卖双方共同商定。

② 屏蔽泵使用时，应定期检查电流，轴承磨损情况，是否渗漏运行，是否平稳，振动和噪声是否正常等。

③ 买方应留意屏蔽泵的排气问题。重载荷屏蔽泵最好应为自排气型；中、轻载荷屏蔽泵也宜为自排气型，如果卖方有经验，经买方同意，才允许采用手动排气型。对于手动排气型无密封离心泵，卖方必须在泵的醒目之处悬挂"警示"标签，以提醒买方在开车前及维修前后手动排气。

4. 无密封离心泵的适用场合

传统的概念是，当输送苯、丙烯腈、氢氟酸、盐酸等危险介质，以及输送低温易汽化的介质时，应选用无密封离心泵，或带泄漏液收集和报警装置的双端面机械密封的离心泵。但随着环境保护要求的不断提高，对有毒介质及有机挥发物的泄漏要求也不断提高，无密封离心泵的应用领域不断扩大，目前无密封离心泵除应用于极端危险和危险场合外，在特殊化工和一般化工领域应用也越来越多。

5. 无密封泵类型的确定

以下建议供确定时参考。

① 要求占地面积尽可能小时，可考虑选用屏蔽泵；

② 对噪声和振动要求苛刻时，屏蔽泵有一定的优势；

③ 安全性要求很高时，可考虑选用屏蔽泵，或带第二层保护的磁力泵；

④ 对安全性要求特别高时，应考虑选用屏蔽泵，如液化气的输送等；

⑤ 要求泵和机械密封泵能够互换时，可考虑选用磁力泵；

⑥ 输送强腐蚀介质，且必须用非金属材料作为过流部件时，可选用磁力泵；

⑦ 大功率，或输送高温介质，且现场无冷却水时，可考虑选用磁力泵，当两者皆可以使用时，应根据业主的要求，以及工程公司（设计院）的习惯和经验来确定无密封泵的类型。

参 考 文 献

[1] 全国化工设备设计技术中心站机泵专业委员会. 工业泵选用手册. 北京：化学工业出版社，1998.
[2] 中国石化集团上海工程有限公司. 化工工艺设计手册. 北京：化学工业出版社，2003.
[3] 关醒凡. 现代泵技术手册. 北京：宇航出版社，1995.
[4] 李世煌编著. 叶片泵的非设计工况及其优化设计. 北京：机械工业出版社，2006.
[5] 陈伟. 离心泵工作范围的确定. 流体机械，2005，7.
[6] 朱有庭，曲文海. 化工设备设计手册. 北京：化学工业出版社，2005.
[7] 达道安. 真空设计手册. 北京：国防工业出版社，2004.
[8] 任德高. 水环泵. 北京：国防工业出版社，1979.
[9] Igor J. Karassik, Joseph P. Messina, etc., Pump handbook, third edition, Mc graw-Hill Inc., 2001.
[10] Sulzer pumps, centrifugal pump handbook, second edition.
[11] Bill Meier, Dave Edeson, Developments In Continuous Torque Monitoring Couplings.
[12] W. Anderson, J. Jarzynski, R. F. Salant, Condition monitoring of mechanical seals: detection of film collapse using reflected ultrasonic waves.
[13] SH/T 3057—2007. 石油化工落地式泵基础设计规范.
[14] SH/T 3139—2004. 石油化工重载荷离心泵工程技术规定.
[15] SH/T 3140—2004. 石油化工中轻载荷离心泵工程技术规定.
[16] SH/T 3141—2004. 石油化工往复泵工程技术规定.
[17] SH/T 3142—2004. 石油化工计量泵工程技术规定.
[18] SH/T 3148—2007. 石油化工无密封离心泵工程技术规定.
[19] SH/T 3151—2007. 石油化工转子泵工程技术规定.
[20] SH/T 3149—2007. 石油化工一般用途汽轮机工程技术规定.
[21] GB/T 3215—2007. 石油、重化学和天然气工业用离心泵.
[22] SH/T 3541—2007. 石油化工泵组施工及验收规范.
[23] API 610, 10th, 2004 Centrifugal Pumps for Petroleum, Petrochemical and Natural Gas Industries.
[24] API 611, 4th, 1997 General-Purpose Steam Turbines for Petroleum, Chemical, and Gas Industry Services.
[25] API 612, 6th, 2005 Petroleum, Petrochemical and Natural Gas Industries—Steam Turbines—Special-purpose Applications.
[26] API613, Special Purpose Gear Units for Petroleum, Chemical and Gas Industry Services.
[27] API 614, 4th, 1999 Lubrication, Shaft-Sealing, and Control-Oil Systems and Auxiliaries for Petroleum, Chemical and Gas Industry Services.
[28] API670, Machinery Protection Systems.
[29] API 671, 3rd, 1998 Special-Purpose Couplings for Petroleum, Chemical, and Gas Industry Services.
[30] API677, General-Purpose Gear Units for Petroleum, Chemical and Gas Industry Services.
[31] API 682, 3rd, 2004 Pumps—Shaft Sealing Systems for Centrifugal and Rotary Pumps.
[32] API 685, 1st, 2000 Sealless Centrifugal Pumps For Petroleum, Heavy Duty Chemical, And Gas Industry Service.
[33] ISO 5199—2002 Technical specifications for centrifugal pumps—Class Ⅱ.
[34] ASME B73.2M—2003 Specification for Vertical In-line Centrifugal Pumps for Chemical Process.
[35] NFPA 20, 2007 Standard for the Installation of Stationary Pumps for Fire Protection.
[36] Cryodynamics Liquefied Gas Pumps（产品样本资料），Ebara International Corporation.
[37] 张翼飞等. 液化天然气（LNG）输送泵的特点与应用. 水泵技术，2006，(6).
[38] 达道安主编. 真空设计手册. 第3版. 北京：国防工业出版社，2004.
[39] 樊丽秋主编. 化工设备设计全书：真空设备设计. 上海：上海科技出版社，1990.
[40] GB/T 3163—2007. 真空技术 术语.
[41] JB/T 6533—2005. 旋片真空泵.
[42] JB/T 7255—2007. 水环真空泵和水环压缩机.
[43] JB/T 7674—2005. 罗茨真空泵.
[44] JB/T 7675—2005. 往复真空泵.

第三篇 工业装置用泵

第一章 石油和化工行业中泵的应用

第一节 综述

石油和化学工业装置主要涉及的领域如下。

(1) 以石油与天然气为原料,生产石油产品和石油化工产品的石油石化加工工业,其产品链如图3-1所示。

(2) 以煤为原料进行化学加工的煤化工等。

(3) 基本化学工业和塑料、合成纤维、合成橡胶、药剂、染料工业等。

石油和化工行业用泵有以下特点:

① 泵的种类多。包括离心泵(含轴封离心泵、无密封离心泵、高速离心泵、皮托管离心泵等)、轴流泵、混流泵、旋涡泵、柱塞泵、隔膜泵、计量泵、螺杆泵、齿轮泵、凸轮泵、滑片泵、液环泵、喷射泵等。

② 作为装置的心脏,泵在石油和化工行业中被大量使用。资料显示,在石油和化工装置中,泵配套电机的功率占全厂用电的26%~59%。据专家估计,全国泵类产品平均耗电量约占全国总发电量的20%。也就是说,在石油和化工行业,泵所占的用电比例为平均值的1.3~3倍。例如,一个大型的千万吨/年的炼油及其配套装置(常减压蒸馏、催化裂化、焦化、加氢等)需要各类泵200台左右,其中离心泵占83%,往复泵占6%,齿轮泵和螺杆泵占3%,其他占8%。一个百万吨/年的乙烯及其配套装置(包括乙烯、丁二烯、汽油加氢、聚乙烯、聚丙烯、丙烯腈、苯乙烯和聚苯乙烯、罐区、公用工程等)需要各类泵大约1000台,其中离心泵(包括无密封离心泵)占82%,往复泵和计量泵占8%、齿轮泵和螺杆泵占5%,其他占5%。

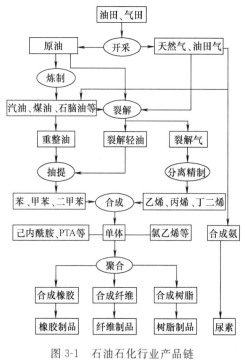

图 3-1 石油石化行业产品链

③ 泵的工作条件比较苛刻。如:输送的介质比较恶劣,如高温、高压、腐蚀性、易燃危险或毒性介质等;所在的环境比较恶劣,如爆炸和火灾危险性区域,气体腐蚀性区域,存在化学、机械、热源、霉菌及风沙等环境条件的区域等。

第二节 炼油装置用泵

炼油装置,通常通过常减压蒸馏、加氢脱硫、催化裂化、加氢裂化、催化重整、延迟焦化、炼厂气加工及产品精制等装置,把原油加工成各种石油产品,如各种牌号的汽油、煤油、柴油、润滑油、溶剂油、蜡、沥青、石油焦以及生产各种石油化工基本原料。

一、炼油厂加工流程简介

燃料型炼油厂通过常减压蒸馏将原油中的轻质馏分汽油、煤油、柴油分出,利用催化裂化、焦化、加氢裂化将重质油转化为轻质油。典型的燃料型炼油厂加工流程如图3-2、图3-3所示。在燃料-化工型炼厂中,轻质馏分油一部分用作燃料,一部分通过重整、裂解工艺制取芳香烃和烯烃,作为有机合成的原料,如图3-4所示。

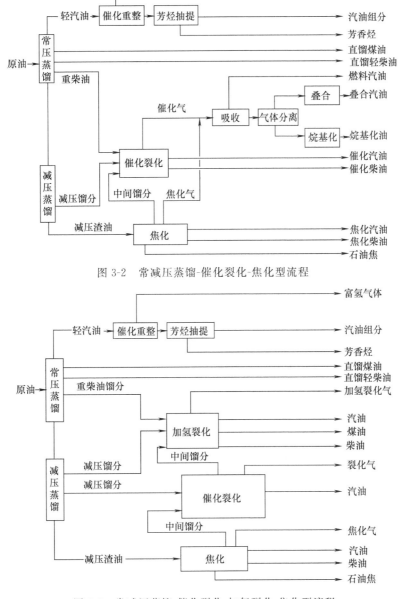

图 3-2 常减压蒸馏-催化裂化-焦化型流程

图 3-3 常减压蒸馏-催化裂化-加氢裂化-焦化型流程

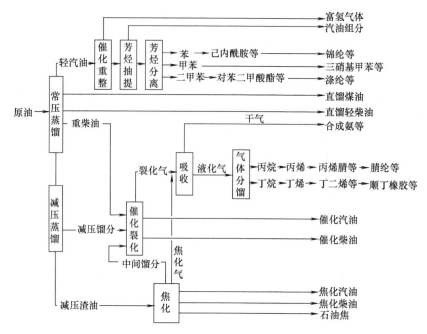

图 3-4 燃料-化工型炼厂加工流程

二、炼油装置用泵概述

离心泵、往复泵、计量泵、螺杆泵、无密封泵在炼油装置中都有应用，使用最多的是离心泵，占 80% 左右。近年来，由于无密封泵技术的不断提高，环境保护意识的增强，无密封泵（屏蔽泵、磁力泵）在炼油装置中的应用不断扩大。根据炼油加工工艺的不同，装置规模的不同，泵的操作参数变化范围很大。由于炼油装置生产的连续性，对泵的可靠性提出了较高的要求。

1. 炼油厂用泵的有关国际标准

见第一篇第一章表 1-3。

2. 炼油厂用离心泵的类型

炼油装置中，离心泵的分类按第二篇第一章表 2-3。在炼油装置中，大量采用的是悬臂式和两端支撑式泵。

（1）悬臂式泵 OH1 为卧式地脚支撑单级悬臂泵，适用于常温（温度低于 150℃）及较低的操作参数（流量、扬程、功率）的泵；OH2 为卧式中心线支撑单级悬臂泵，适用于高温及中等的操作参数下的泵，在有条件的情况下可以对高温泵的支腿和轴承进行冷却，但目前的趋势是尽量不用冷却水；当泵送介质温度低于 200℃，可不考虑用水冷却，在温度高于 200℃，且泵制造厂提出为满足 API610 对轴承寿命及油池油温的要求时才考虑冷却水冷却，密封夹套通常不再考虑用冷却水冷却；这一方面是为了减少冷却水的用量，降低成本，另一方面由于冷却水结垢会使实际操作偏离预定的条件，同时对轴承的过量冷却可能会导致空气中的水分凝结到润滑油中，破坏润滑条件；泵进出口管道的热胀、安装误差、支吊架移位等问题，会引起泵与驱动机对中的变化，影响机械密封、轴承的使用寿命。

立式管道泵对中受管道负荷的影响小，相同进出口法兰直径允许承受的力和力矩是卧式泵的两倍，同时占地面积小、安装简单、不需要大块基础，安装费用较低。

尽管 OH5 型泵在更换密封时需要拆掉电机（API610 要求更换密封时不拆除电机及进

出口接管），但由于其功率较小，电机拆卸容易，有些用户仍将 OH5 作为单级泵的首选泵型（流量小于 400m³/h，温度小于 200℃，扬程小于 200m 的场合），对于小功率（驱动机功率小于 55kW）、温度低于 200℃ 的也可用 OH3，其次才是 OH2 型泵。OH6 型泵适用于小流量、高扬程的场合。

（2）两端支撑式泵　功率大于 375kW 的两级泵或单级双吸泵，一般不采用悬臂式结构，都采用两端支撑式结构，如 BB1 和 BB2 型。BB2 型在炼油装置中广泛应用，BB3 型多用于长输管道的输油泵；BB4 型价格低廉，但在高温、高压场合可靠性低，而且维修转子时需要拆除进出口接管等原因近年来有被 BB5 取代的趋势。BB5 广泛用于高温高压的场合。

（3）立式悬吊式泵　立式悬吊式泵在炼油厂也有应用的实例，由于其检修不便，主要用于具有特殊安装位置要求或汽蚀余量要求很低的场合。

（4）机械密封　炼油厂大部分离心泵都采用机械密封，填料密封已极少采用。SH3156 和 API682 标准是炼厂密封选用的指南。尽管单密封价格低，可靠性高，但由于环保要求的不断提高，越来越多的泵选用了双密封，同时泵用干气密封也发展很快。

三、炼油装置几种关键泵

炼油装置的关键泵见表 3-1。

表 3-1　1000 万吨/年炼油厂典型泵

装置名称	主要泵	特　点	常用泵型式（API610）
常减压蒸馏	初馏塔底泵 常压塔底泵 减压塔底泵	1. 工作介质为原油、重油、渣油等，温度可高达 400℃ 左右 2. 减底泵压力低，为负压，轴封处易泄漏。易汽蚀，因此对 $NPSH_r$ 要求严格 3. 连续运转，可靠性要求高	BB2
催化裂化	油浆泵	1. 工作介质为高温油浆（约 400℃），内含有催化剂固体颗粒，过流部件易被冲刷、磨损 2. 介质处于相平衡（液-气）状态，$NPSH_r$ 要求高 3. 连续运转，可靠性要求高	OH2 或 BB2
加氢裂化	进料泵	1. 温度一般在 200℃ 以下，但扬程可高达 2000m 左右 2. 连续运转，可靠性要求高 3. 一般为两台泵，开一备一	BB5
延迟焦化	加热炉进料泵	1. 温度可达 400℃ 左右，含焦炭颗粒 2. 一般为两台泵，开一备一 3. 连续运转，可靠性要求高	BB5
延迟焦化	出焦水泵	1. 工作介质为常温水，压力高，最高达 30MPa，水中有焦粉，要求泵运转稳定 2. 间歇运转	BB5

1. 加氢装置进料泵

加氢进料泵为各类加氢装置提供原料，根据不同的工艺，其出口压力最高可达 20MPa 左右，功率最大 5848kW，大多采用 BB5 型卧式双壳体多级离心泵（个别规模较小的装置也有采用 OH6 高速泵或往复泵）。

BB5 型卧式离心泵的筒体有铸钢和锻钢两种；内壳体有垂直剖分（导叶压水室）和水平剖分（双涡壳压水室）两种型式。

内壳体垂直剖分是应用最广泛的一种结构，其内壳体采用导叶压水室。如 Flowserve 公司的 WIK 型（原 IDP 品牌）、HDO/HSO 型（原 Byron Jackson 品牌），荏原公司，苏尔寿泵公司 GSG 型及国内的许多泵制造厂都采用这种结构，叶轮大多数采用串联布置，由安装于出口端的平衡鼓（平衡盘或盘鼓结合）来平衡轴向力（为了保持转子操作的稳定性，一般平衡 90%～95% 的轴向力，残余的轴向力由推力轴承承担），也有采用叶轮背靠背布置的方式平衡大部分轴向力（如威尔泵公司的 AHPB 型泵、苏尔寿泵公司 GSG 型及克莱德联合泵业的 Db36 型）的结构。

内壳体采用水平剖分结构的泵品牌较少，Flowserve 公司的 HDB/HSB（原 Byron Jackson 品牌），日本荏原公司的 HDB/HSB 型泵（原采用 Byron Jackson 技术）、苏尔寿泵公司的 CP 型。这种结构的泵内壳体采用双涡壳压水室结构，叶轮采用背靠背布置的方式。

不同的内壳体剖分结构有其不同的优缺点，垂直剖分结构的内壳体直径小，加工容易，对转子产生的轴向力要比双涡壳更小，有利于转子的稳定性。水平剖分双涡壳结构安装方便，转子可以做整体的动平衡，导叶压水室结构的转子动平衡后在安装时需要拆开重新组装，因此单独零件的平衡应该需要更高的精度。串联布置的叶轮轴向尺寸较短，有利于增加轴的刚度，背靠背布置的叶轮可以平衡大部分轴向力，但轴的长度增加，对轴的刚度不利。

2. 催化裂化装置油浆泵

催化裂化装置油浆泵介质为催化裂化装置分馏塔塔底高温油浆，介质温度为 300～375℃，且含有催化剂颗粒。该泵所需的扬程不高，根据其流量的大小有单级悬臂 OH2 型和单级两端支撑的 BB2 型。

这类泵的最大问题是介质中催化剂颗粒产生的磨蚀问题，其对策主要有：

① 优化水力学设计，避免流体分离漩涡产生的鳄鱼皮状的磨蚀；
② 采用耐磨蚀材料，或表面处理技术，提高耐磨性，延长寿命；
③ 采用可更换的衬里结构；
④ 加厚部件延长使用寿命。

美国 Lawrence 泵公司生产的油浆泵壳体采用全衬里结构，可更换衬里采用 ASTMA487 CA6NM（0.06%C，11.5%～14%Cr，3.5%～4.5%Ni，马氏体不锈钢）铸造，并用不锈钢固定件固定在外壳体上，叶轮材料和衬里材料相同。

国内生产的油浆泵有 ZPY 型油浆泵（采用全衬里结构，嘉利特荏原泵业公司生产）、PY 型油浆泵、YJ 型油浆泵（泵壳过流表面喷焊高强度粉末材料）。

3. 高压除焦水泵

根据焦化装置焦炭塔的直径不同，高压除焦水泵流量和压力也不同，目前国内 9.4m 的焦炭塔，除焦水泵设计参数为 300m³/h，扬程 3150～3300m。根据工艺操作的需要，除焦水泵间断运行，频繁启动，同时由于出口压力高，要求有较高的可靠性。

除焦水泵的结构属于 API610 标准的 BB5 型，双壳体筒型泵，内壳体为垂直剖分结构，叶轮采用串联布置。典型的有 Flowserve 公司的 WIK 型、德国鲁尔公司的 A 型除焦水泵。目前国内制造厂已生产除焦水泵最大为 280m³/h，扬程 3060m。更大流量及更高扬程的除焦水泵也在研制之中。

第三节 乙烯装置用泵

一、工艺流程

乙烯是石油化学工业最重要的基础原料之一。乙烯装置是石油化工的"龙头"，它产出的多种石油化工基础原料可衍生出一系列极有价值的合成材料及有机原料等衍生物，可应用到国民经济的各个领域。因此，乙烯生产产能是一个国家石油化工发展水平的标志，也是经济发展水平的标志之一。许多国家都很重视乙烯工业的发展，目前美国是世界上最大的乙烯生产国，中东地区的乙烯产量增长十分迅速，我国也非常重视乙烯工业的发展。我国的乙烯工业起步于20世纪60年代初，在20世纪70年代，我国陆续从国外引进了十多套乙烯装置，其中先后在燕山、齐鲁、扬子、上海等地根据鲁姆斯（LUMMUS）工艺流程建成的年产30万吨的乙烯装置成为我国乙烯工业的骨干企业。经过多年的发展，特别是2000年以来，国内大部分乙烯装置均完成了新一轮的改扩建，赛科90万吨/年、扬巴60万吨/年、中海壳牌80万吨/年等一批较大规模的乙烯装置相继建成投产，同时尚有独山子、兰州、华锦、天津、镇海、茂名、四川、抚顺、大庆等一批较大规模的已建成或在建乙烯装置，这些乙烯装置为我国的乙烯工业发展奠定了基础。

乙烯装置在整个乙烯工业中占有非常重要的位置。乙烯装置所用的原料主要来自以下几个方面：一是天然气，它的主要成分是甲烷、乙烷、丙烷等烷烃和少量二氧化碳、氮气、硫化氢等非烃成分，以下简称"NGL"，约占40%；二是石脑油，约占全部裂解原料的一半；余下的约10%为柴油、炼厂气、煤制油所得馏分等。乙烯装置的产品乙烯、丙烯、混合碳四、裂解汽油、裂解燃料油等是下游聚乙烯装置、聚丙烯装置、丁二烯抽提装置、汽油加氢装置等各种重要石油化工装置的原料。

乙烯工艺专利技术较多，但总结起来有以下三种典型工艺流程：

① 顺序分离流程（主要代表是美国 ABB LUMMS 公司），所谓顺序分离流程就是对裂解产生的从C1~C18以上的各项馏分，按照从轻到重的顺序逐一分离利用，产出乙烯、丙烯、C4和裂解汽油等石油化工原料。图3-5给出了顺序流程的典型工艺流程框图。

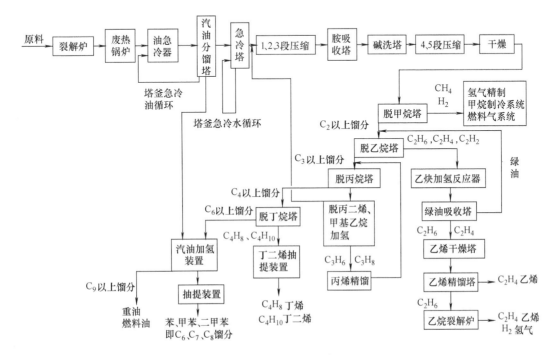

图 3-5 典型顺序流程框图

② 前脱乙烷前加氢流程（主要代表是德国 LINDE 公司和美国 KBR 公司），前脱乙烷前加氢流程的炉区和急冷区与顺序流程基本相同，所不同的是，前脱乙烷流程是裂解气经五段压缩后，先把比 C2 轻的馏分和比 C3 重的馏分分开，然后再分别进行分离，依次产出甲烷、氢、乙烯、丙烯等石油化工原料。脱炔一般前加氢，所以此法又称前脱乙烷前加氢工艺。图 3-6 给出了前脱乙烷前加氢典型工艺流程框图。

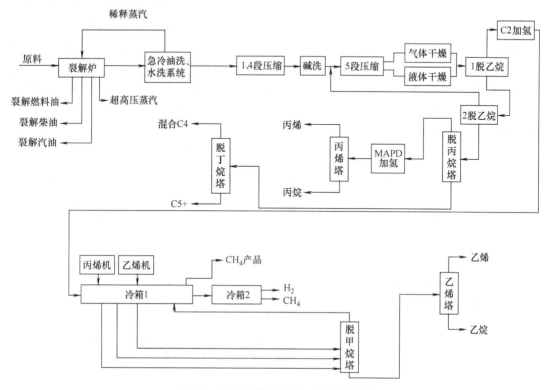

图 3-6　典型前脱乙烷前加氢流程框图

③ 前脱丙烷前加氢流程（主要代表是美国 S&W 公司和美国 KBR 公司），前脱丙烷前加氢流程的炉区和急冷区与上述两个工艺流程基本相同，不同的是，裂解气经裂解气压缩机四段压缩后，先把比 C3 轻的馏分和比 C4 重的馏分分开，使比 C4 重的馏分不再进入裂解气压缩机的高压段和精馏分离系统，然后再从比 C3 轻的组分中依次分出甲烷、氢、乙烯、丙烯等产品。脱炔一般前加氢，所以此法又称前脱丙烷前加氢工艺。图 3-7 给出了前脱丙烷前加氢典型工艺流程框图。

这三种工艺流程大同小异，只是对技术强调的侧重点有所不同，提供的技术也各有特点。在同样的设计基础上，它们所能达到的产品收率和综合能耗指标相差不大，全部问题仅仅在于如何优化流程配置和设备选型，以及如何在收率、清焦周期、能耗指标和投资额之间取得均衡。

二、装置用泵概要

虽然各专利商在分离顺序上有差异，但乙烯工艺流程中泵的基本型式大同小异。结合目前我国乙烯工业的实际状况及发展趋势，本节以前脱丙烷前加氢工艺流程百万吨级乙烯装置（含汽油加氢单元）的用泵情况为例，讨论乙烯装置工业泵情况，详见乙烯装置用泵一览表（表 3-2）和乙烯装置部分关键泵一览表（表 3-3）。

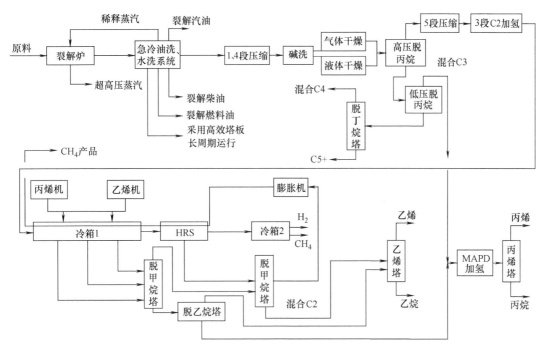

图 3-7 典型前脱丙烷前加氢流程框图

表 3-2 乙烯装置主要用泵一览表

泵种类	流量范围 /(m³/h)	扬程范围 /m	介质温度 范围/℃	入口压力 范围/MPa(G)	过流部件材料	轴封型式	台数
卧式单级化工流程泵	5.4~431	23~190	-16~276	-0.05~2.56	CS、12%CHR、316SS	机械密封	37
立式筒袋泵	15~235	92~387	-102~-33	0.023~1.72	CS(LCB)、304SS、316SS	机械密封	4
卧式双吸泵	424~3645	97~301	41~210	0.087~2.06	CS、12%CHR	机械密封	7
高扬程小流量多级泵	69.8~315	359~1709	12~115	-0.005~0.73	CS、12%CHR	机械密封	6
高速泵	5.7~7.7	238~263	35~40	0.015~0.083	CS、12%CHR	机械密封	2
隔膜计量泵	0.002~0.5	0.4~13.0MPa	常温~40	-0.02~0.54	不锈钢、聚四氟乙烯	无	13
液下泵	6~75	29~123	11~104	0~0.01	CS、12%CHR	机械密封、填料密封	4

注：表中台数未计备用泵。

表 3-3 乙烯装置部分关键泵一览表

名称	类型	台数	额定流量 /(m³/h)	额定扬程 /m	入口压力 /MPa(G)	介质温度 /℃	$NPSH_a$ /m	材料等级	轴封型式	冲洗方案 API PLAN
超高压锅炉给水泵	BB5	3	315	1709	0.17	115	7.4	S-6	单端面集装式平衡型	23
高压锅炉给水泵	BB4	2	205	513.9	0.17	115	7.8	S-6	单端面集装式平衡型	23
急冷油循环泵	BB2	3	3645	100.6	0.1508	210	19.3	C-6	单端面集装式平衡型	32+62
盘油循环泵	BB2	2	3045	97	0.3034	172	36.5	S-6	单端面集装式平衡型	23+62

续表

名称	类型	台数	额定流量/(m³/h)	额定扬程/m	入口压力/MPa(G)	介质温度/℃	NPSH$_a$/m	材料等级	轴封型式	冲洗方案 API PLAN
急冷水循环泵	BB2	3	3603	131	0.087	1.243	14.2	S-6	单端面集装式平衡型	21
低压脱丙烷塔回流泵	BB5	2	166	382.4	0.727	12	5.4	S-6	串联式机械密封	11+52
丙烯塔输送泵	BB2	2	2872	113.4	2.1025	51.7	12.09	S-6	串联式机械密封	11+52
丙烯塔回流泵	BB2	2	2414	177	1.83	40.8	9.2	S-6	串联式机械密封	11+52
乙烯冷剂排放泵	VS6/VS7	1	18	147	0.023	−102	1.96	A-8	双端面机械密封	53+62
乙烷循环泵	VS6/VS7	2	68	91	0.72	−39	3	A-7	串联式机械密封	13+52
丙烯冷剂回收泵	VS6/VS7	1	66	386	0.071	−38	2.7	A-7	串联式机械密封	13+52
乙烯产品泵	VS6/VS7	1	235	126	1.716	−33	8.1	A-7	串联式机械密封	13+52
碱进料泵	OH6	2	6.5	238	0.083	35	9.6	S-6	单端面集装式平衡型	13+62
洗油注入泵	OH6	2	5.7	263	0.015	40	1.9	S-6	双端面机械密封	13+52

注：筒袋泵材质 A-7 不锈钢可以用 S-6LCB 代替。

(1) 卧式单级化工流程泵　乙烯装置中的卧式单级化工流程泵指符合 API610 标准的 OH2 型离心泵。这类泵和符合 ISO 5199 或 ASME B73.1 标准的中、轻型泵相比具有较高的可靠性，但价格也是它们的 1.5 倍以上。由于乙烯装置的所有转动设备都要求具有较高的可靠性，因此本装置的卧式单级化工流程泵均符合 API610 标准的要求。

石油化工装置使用较多的该类型的泵有 GOULDS 公司的 3700、3710，苏尔寿的 ZA、ZE、ZF、ZU，荏原的 UCW、UCWF、UCWD、UCW2，沈阳水泵厂的 SJA、DSJH、GSJH 等。另外我国还有两个比较常用的 Y 系列和 AY 系列泵，这两种泵符合我国的 GB3215 标准。Y 系列泵在我国用量较大，使用情况良好。AY 系列是采用引进技术，在 Y 系列基础上改进发展而来，轴的刚性好，效率和可靠性更高，接近国外同类泵水平，基本已取代了 Y 系列老产品。

(2) 其他类型泵　除以上普通化工流程泵以外，乙烯装置用到的泵还有立式筒袋泵、高速泵、高扬程小流量多级泵、大流量双吸单级和多级泵、液下泵、隔膜计量泵、气动泵等。它们所占数量较少，但大部分都属于乙烯装置的关键泵。

三、关键泵

1. 立式筒袋泵

乙烯装置中裂解气的分离绝大部分采用的是深冷分离法。通常，在一定压力下，碳三以上组分可在常温下分离，碳二组分需要在 −30～40℃ 的温度条件下进行分离，甲烷及氢的组分则需要在 −90℃ 以下的低温中才能分离出来。为此，需要低温泵进行循环或加压。此外乙烯作为中间产品，在储运时，通常是低温状态的，最低可达 −140℃ 以下。该介质的装车、储运、卸车等往往也使用低温泵。低温泵在乙烯冷区中，属于关键设备，其工况条件也比较苛刻：介质温度低、扬程较高、装置汽蚀余量很小、泵进出口压力高等。这类泵通常都需选用立式筒袋泵。乙烯装置中该类型的泵有乙烯冷剂排放泵、丙烯冷剂回收泵、乙烷循环泵、乙烯产品泵等。

立式筒袋泵的结构详见图 3-8。

(1) 工况特点和选型要求

① 吸入压力高　无论乙烯、丙烯，在常温下均是气态，为保证其处于液态，泵的吸入压力较高。因此，泵体应能承受高压力，而且泵的轴封结构也应适于密封高压介质。

② 扬程较高　丙烯冷剂回收泵扬程高达 400m。

③ 介质温度低　介质温度在 －30℃ 以下。普通碳钢材料在低温下易发生冷脆，所以在石油化工工业，低温泵承受动载荷的零件多选用奥氏体不锈钢，仅承受静载荷的零件可根据材料的使用温度限制，选用低温碳钢或奥氏体不锈钢。另外由于介质温度与环境温度相差很大，泵会承受较大的温度应力，应选择消除这种应力的结构。

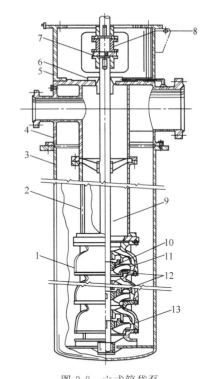

图 3-8　立式筒袋泵
1—碗形节段；2—内壳；3—筒体；4—吸排段；
5—电机座；6—轴封；7—调节板；8—加长
联轴器；9—泵轴；10—平衡孔；11—叶轮；
12—耐磨密封环；13—首级叶轮

④ 装置汽蚀余量低　这些泵的介质直接来自储罐或分馏塔底，而在储罐和分馏塔中，液面上的压力是饱和蒸汽压，装置汽蚀余量很低。

⑤ 介质易汽化、黏度小　在泵吸入口处，介质已接近饱和状态，极易汽化。如果泵外热量传入使部分介质汽化，将恶化泵的运行，所以泵应有适当的保冷措施。此外，在机械密封面处介质的汽化会引起密封面干摩擦，汽化吸热还可能使密封面处冲洗水结冰，从而导致密封很快失效。而且乙烯、丙烯、甲烷塔釜液都属轻烃类介质，动力黏度只有水的几分之一，自润滑性差，这对轴封也是很不利的。这些介质都是易燃易爆物质，泄漏是很危险的，所以对泵的轴封要求很高。

⑥ 介质易燃易爆，渗透性强　介质常压下为气态，容易汽化，易燃易爆性很高。通常情况下，介质的相对密度都小于 0.7，比普通气体如氧气、氮气的渗透性强得多。因此低温泵无论是静密封还是动密封绝不允许有任何渗漏。

(2) 结构特点

① 采用立式结构　乙烯装置中的低温泵的基本结构型式为立式、双层壳体多级筒袋泵。首先，筒袋泵的立式结构使其最适合于装置汽蚀余量低的场合。其第一级叶轮处在最低的位置，第一级叶轮基准面与泵吸入口中心线间的位能差成为首级叶轮的液体灌注头，这大大增加了泵在第一级叶轮吸入口处的有效汽蚀余量 $NPSH_a$，从而能满足抗汽蚀的要求。其次，改善了机械密封的使用状况。对于卧式泵，输送低温介质时，处于冷态下的机械密封难以确保密封性能，并且介质中的不溶性气体（如氢气）或局部汽化的气态介质难以排除，而立式结构时，机械密封可以距离冷态介质远一些，排气也方便，提高了密封的性能。再次，卧式泵的保温较为困难，并且暴露在空气中，会有大量的结冰。而立式结构的低温部分埋入地下，使得泵体外部保冷措施简单易行，且不易受到环境温

度、日照等的影响。

② 采用双层壳体　筒体和内壳组成双层壳体，比较适合介质温度与环境温度相差较大的场合。泵的内壳全部浸没在液体中，壁温均匀。外筒只承受泵的吸入压力，强度要求相对较低，筒壁较薄，内外有较大温差时，温差应力较小。而且泵的内壳悬吊在筒体中，筒体又悬吊在较深的机井中，不仅能在介质温度变化时自由膨胀，而且能够很好地隔绝外部温度的变化，所以这种结构极适于输送低温介质。

③ 轴封　采用机械密封，要求如下：

a. 端面形式　低温介质的轴封早期都使用双端面机械密封。随着密封技术的发展，单端面和串联式机械密封有逐步替代之趋势。但是由于人们环保的意识越来越强，对QHSE的要求越来越高，加之低温泵的介质均为易燃易爆的烃类介质，因此目前-100℃以下仍使用双端面机械密封。-100℃以上的长距离输送管线以及其他一些重要工艺流程需要泄漏报警的地方一般均使用串联式机械密封。

b. 采用内装平衡型　由于密封压力高，介质黏度小，自润滑性差，所以不管采用何种端面形式，都必须使用内装平衡型机械密封，以便降低密封面比压，增加寿命。

c. 冲洗　为了防止密封面上介质汽化，并带走摩擦热，串联式机械密封需要从泵排出段接入高压介质进行自冲洗。

d. 安全措施　机械密封的大气侧均设有节流衬套。对于单端面密封，在衬套前通入氮气起安全保护和防泄漏作用。双端面机械密封和串联型机械密封则在两个机械密封之间通入密封液。这些密封液来自一密封的储罐，它对机械密封进行冷却并为大气侧密封提供润滑。在储罐上设有压力开关或压力变送器，一旦介质侧密封失效，将导致两密封面之间腔内压力升高，仪器测出后会发出警报。

e. 材料　机械密封的摩擦副要选择较好材料，通常都使用碳石墨和整体成形硬质合金如碳化硅、碳化钨组对。静密封材料主要是丁腈橡胶和玻璃纤维填充聚四氟乙烯。丁腈橡胶只能用到-40℃，故一般只用在不与介质接触的次要辅助静密封面上。玻纤填充聚四氟乙烯，既耐低温又耐溶剂腐蚀，但有相当的刚性和冷流性，所以不制成O形圈，均制成V形环，用于与介质直接接触的主要静密封面上。

④ 采用加长型可调联轴器　立式筒袋泵与电机的连接一般采用加长型可调联轴器，可以不拆电机就对机械密封进行维修。

⑤ 泵内壳采用法兰连接　有些泵厂可提供螺纹套式和法兰式两种泵内壳连接方式。螺纹套式价格低，径向尺寸小，但装配时对中困难，不便维修。法兰式的径向尺寸大些，但对中性好，装拆方便。

⑥ 使用耐磨密封环　由于轻烃的密度、黏度均小，容易泄漏。为了减少级间泄漏，提高容积效率，应使用耐磨密封环，材料为硬面处理的奥氏体不锈钢。

⑦ 叶轮形式　筒袋泵主要使用混流叶轮和径流叶轮。径流叶轮单级扬程高，流量小，耐汽蚀性好，泵外形粗短。混流叶轮则单级扬程低，流量大，效率高，泵外形细长。

为提高泵的汽蚀性能，两者首级叶轮均为耐汽蚀型。如果使用该种首级叶轮后，$NPSH_r$ 依然较大，泵轴太长，可考虑首级叶轮采用双吸式。

⑧ 轴向力平衡方式　轴向力平衡方法详见表3-4。平衡鼓或平衡孔加泵、电机联合轴承虽然对效率有影响，但结构简单，对轴承要求也不高，是比较常用的做法。

(3) 国内外部分立式筒袋泵产品情况

表 3-4 国内外主要立式筒袋泵系列的性能范围和结构特点

制造厂商	系列编号	出口口径 /mm	流量范围 /(m³/h)	扬程范围 /m	介质温度 /℃	工作压力 /MPa	叶轮型式	结构特点					
								节段型式	轴向力平衡型式	内壳结构	联轴器型式	排出段型式	轴封型式
美国 GOULDS	VIC	3~14in	~18168	~1070	液态烃~371	15	混流叶轮	接力固定碗形节段	重型泵、电机联合推力轴承	法兰连接圆筒	加长可调型	铸造或焊接	机械密封
	VCR	2~12in	~5900	~800	-95~200	9.5	径流叶轮(小泵)、混流叶轮(大泵)	接力固定碗形节段	平衡孔、电机加泵联合推力轴承	法兰连接圆筒	加长可调型	焊接	机械密封
苏尔寿 大连苏尔寿	TTMC	40~200	~800	~800	-180~180	10	径流叶轮	穿杠环节段	平衡鼓、电机加泵联合推力轴承	法兰连接圆筒	加长可调型	焊接	机械密封
	VPCS	50~600	~5500	~1000	-100~350	15	混流叶轮	接力固定碗形节段	平衡孔、电机加泵联合推力轴承	法兰连接带筋圆筒	加长可调型	铸造	机械密封
日本佐原	VPCH	40~250	~800	~1600	-100~350	15	径流叶轮	穿杠环节段	平衡鼓、电机加泵联合推力轴承	法兰连接圆筒	加长可调型	焊接	机械密封
大连耐酸泵厂	DL	32~175	25~280	15~600	-162~360	4	径流叶轮	接力固定碗形节段	向心推力球轴承	法兰连接圆筒	加长型	铸造	机械密封

注：表中性能参数为电源频率 50Hz 时的情况。

目前国内所用到的乙烯低温泵结构基本上可以划分为三类,第一类是以瑞士苏尔寿公司 TTMC 系列产品为代表的立式多级筒袋泵,该泵最主要的是采用了刚性轴,并增加平衡鼓来平衡部分轴向力,运行较为平稳可靠。适用于 $-50℃$ 以上的介质的输送。第二类是以瑞士苏尔寿公司的 VCR 系列产品、Flow Serve 公司的 WUC、L 系列产品、美国 GOULDS 公司的 VIC 系列产品等为代表的立式多级筒袋泵,这些产品的主要特点是采用了挠性轴,并且采用了逐级固定的空间导叶式壳体,机械密封部位也采取了特殊措施,能满足乙烯装置及其他石化装置低温介质的输送要求。第三类是国内部分厂家,以大连耐酸泵厂的 DLA、DLB 系列产品最具有代表性。国内的 DL 系列性能范围比较窄,大连耐酸泵厂/大连苏尔寿(SULZER) 引进的 TTMC 系列泵,性能范围较宽,基本能满足国内的使用要求。

国内外主要立式筒袋泵系列的性能范围和结构特点见表 3-4。

2. 小流量高扬程泵

乙烯装置的碳三加氢进料泵、碱进料泵、洗油注入泵等均为小流量高扬程泵。

(1) 工况特点和选型要求

① 流量小、扬程高　泵流量为 $2.52\sim32\text{m}^3/\text{h}$,为了维持反应压力或防止高温汽化,其扬程要求达到 $193.6\sim397\text{m}$。

② 工作压力高　因为泵的扬程较高,泵的出口压力高达 2.88MPa。选型时应注意泵的机械密封形式、最高允许工作压力和进、出口法兰的耐压等级均能符合要求。

③ 介质特殊　洗油注入泵、碳三加氢进料泵的介质属碳氢化合物,黏度分别为 $0.65\text{mPa·s}(40℃)$ 和 $0.108\text{mPa·s}(12℃)$,挥发性较大,均易燃易爆,而且洗油注入泵的介质为汽油,含有大量的苯,所以对轴封有较高的要求。

(2) 泵型的选择　对于小流量高扬程泵,视流量和扬程不同,一般可选用高速泵或多级泵,其性能比较见表 3-5。

表 3-5　高速泵与多级泵的性能比较

性能	高速泵	多级泵
运转可靠性	单级,运动零件少,轴向载荷很小,轴粗短,无叶轮耐磨环、级间衬套等内部摩擦件,运转可靠性高	运动零件多,轴向载荷较大,轴细长,有叶轮耐磨环、级间衬套等内部摩擦件,运转可靠性相对低
体积和重量	单级,多为立式结构,体积小,占地少,重量轻	多为卧式结构,体积、占地和重量均大得多
检修和维护	无叶轮耐磨环、级间衬套等内部摩擦件;电机和垂直机架整体吊装,不必调中心;无需拆卸进出口管路就可维护机械密封。维修方便、工作量小	水平中开多级泵维修方便,但需拆卸进出口管路并更换摩擦件,工作量稍大;径向剖分多级泵装拆零件多,还要调中心、垂直度,工作量大,维修不便
价格	相对较高	相对较低
效率	基本相近	

(3) 高速泵的性能和结构特点　在乙烯装置中,洗油注入泵和碱进料泵均选用了高速泵。高速泵并非是通过单纯提高普通离心泵的转速来得到高扬程的,它有其自身的性能和结构特点,其结构见图 3-9。

① 高速泵的性能曲线　高速泵中扩散管 5 的喉径对性能影响很大。当通过喉部的液体速度等于或略大于叶轮圆周速度时,就会破坏液流的连续性,造成扬程突然下降到零的现象。这就是高速泵的扬程中断特性,对于扬程中断时的流量称为中断流量值。高速泵的流量曲线见图 3-10。当叶轮圆周速度不变时,扩散管喉径越大,中断流量值也越大,曲线的过

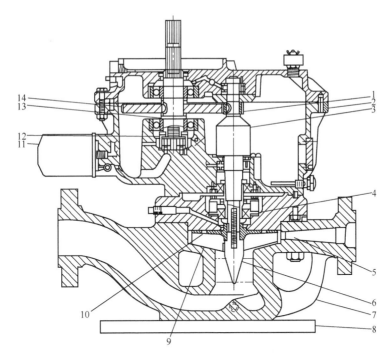

图 3-9 立式高速泵结构

1—从动齿轮；2—齿轮箱；3—高速轴；4—机械密封；5—扩散管；6—诱导轮；7—泵体；8—底座；
9—叶轮；10—平衡孔；11—滤油器；12—润滑油泵；13—低速轴；14—主动齿轮

渡也就越缓和。高速泵的这一特性，当发生过流量时对电机有保护作用。另外其最高效率点往往就在中断流量附近，因此尽管设计工况取在最高效率点，但实际使用时须在略低于设计流量的条件下运转，以免发生扬程的不稳定现象。

② 特殊的叶轮形式 高速泵大多采用开式径向直叶片叶轮，也有采用开式后弯叶片和闭式叶轮的，主要是为了改善 H-Q 曲线的曲率以及在大流量时提高效率。开式的叶轮大大降低了叶轮产生的轴向推力，有时为进一步降低轴向推力，在靠近轮毂的后盖板上还开有平衡孔，从而使推力轴承的工作条件大大改善，即使在很高的转速下连续运行，轴承也能长期正常运行。

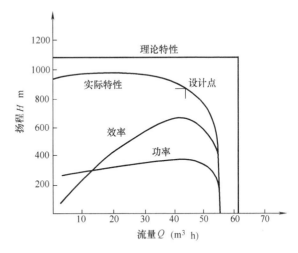

图 3-10 高速泵的特性曲线

③ 无需耐磨密封环 虽然乙烯装置中输送的是黏度小、挥发性大的介质，但因为高速泵的输出液体只占压液室中的一小部分，所以高速泵不怕内泄漏，叶轮和泵体间不必装耐磨环，相反可以保持较大间隙，使高速泵可以输送黏度小于 5000mPa·s 的石油制品、化学腐蚀液、悬浮液以及含有少量颗粒的液体。

④ 轴封 高速泵采用特殊设计的机械密封，其轴向尺寸特别紧凑，以减小轴悬臂长度；

轴套上固定极易平衡的动环，而其他带有弹簧、密封圈和浮动环的不易平衡部分作为密封的静止部分，以适应高转速的需要。同时由于转速高，对轴封的冷却是必不可少的。SUNDSTAND 公司的标准配置是从泵出口引出液体，经泵内的悬液分离器后对单端面机械密封进行冷却。用户还可根据介质的特殊性选择这种标准配置或串联、双端面机械密封以及各种各样的冲洗、冷却和泄漏处理方式。

⑤ 吸入性能　高速条件下的吸入性能一般较差，容易产生汽蚀，但加装诱导轮后可改善高速泵的吸入性能。

⑥ 高精度增速箱　高速泵的增速箱有一级增速和二级增速两种，每一种都有许多档次不同的输出速度，使高速泵仅用几个型号就能覆盖广泛的扬程和流量范围，零部件的通用性非常好。对齿轮经过高精度加工，噪声不超过同级电机。

（4）多级泵的性能和结构特点　乙烯装置中，超高压锅炉给水泵、高压锅炉给水泵均选用了多级泵（BB5、BB4 系列），其工作原理、结构外形均与普通多级泵相近。选用时主要根据工况特点选择泵的结构和性能。双壳体多级泵结构如图 3-11 所示。

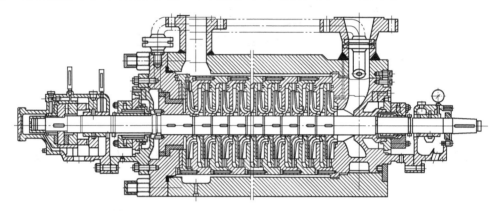

图 3-11　双壳体多级泵结构

① 壳体结构。单壳体泵和双壳体泵都可以在高压状态下运行，但是两者耐温和耐热冲击性能不同。普通单壳体泵耐温上限 180～320℃，有些特殊设计的泵可用到 400℃左右。而双壳体泵基本都能用到 400～450℃，而且耐热冲击性好。但是双壳体泵重量、体积较大，制造不便，价格高。一般仅用在大型、高压、有强烈热冲击的场合。乙烯装置的超高压锅炉给水泵的工况存在一定的热冲击，排出压力极高，故选用了此类型泵。

② 轴向中开泵和径向剖分泵。国外用于石化行业能满足一定耐温耐压要求的单壳体、高扬程、小流量多级泵，基本上都是轴向中开式结构。中开式装拆维修更方便。国内同类型泵，如 Y、YD、MC 均是径向剖分结构。中开式多级泵系列虽对其他技术指标都能满足，但是流量偏大，泵厂可考虑将泵系列向流量小的方向延伸。径向剖分泵则用于压力更高、工况更苛刻的场合。

③ 轴封。对轴封的要求虽然高，但单端面机械密封已能满足要求。不过因为压力高，介质黏度小，一般都应选用内装式平衡型机械密封。然而对于烃类介质，由于介质的易燃易爆、黏度小等危险特性，故采用串联式机械密封。

④ 中心线支撑横键定位。卧式泵温度超过 150℃时，通常都要使用中心线支撑的泵体，以避免泵体受热后单向膨胀危及泵的正常运行。同时，支撑面上应设有横键固定泵的轴向位置。

⑤ 轴承冷却。

表 3-6 高速泵的性能范围和结构特点

制造厂	系列编号	流量范围/(m³/h)	扬程范围/m	介质温度/℃	泵形式	齿轮形式	增速箱规格	叶轮形式	诱导轮	润滑方式
SUNDTRAND公司	LMV	0.5~90	11~1760	-130~260	立式	直齿	一级增速	开式直叶片、附式	可选装	压力润滑
	HMP	≤227	~4573	-130~260	卧式	直齿、斜齿	二级增速		可选装	压力润滑
北京航天石化技术装备工程公司	GSB-L	≤150	≤2000	-130~340	立式	直齿、斜齿	一级、二级增速	开式直叶片	可选装	压力润滑
	GSB-W	≤250	≤2500	-130~340	卧式		一级、二级增速	开式直叶片	可选装	压力润滑

表 3-7 高扬程、小流量多级泵性能范围和结构特点

制造厂	系列编号	出口口径/mm	流量范围/(m³/h)	扬程范围/m	介质温度/℃	最高工作压力/MPa	结构特点					
							泵体支撑位置	泵体结构	轴承冷却形式	轴向力平衡方式	径向力平衡方式	轴封
苏尔寿	MSE	2~3in	13~66	910	-45~205	11.5	中心线	中开单壳体	双侧浸没式水冷却管	叶轮对称布置	涡壳对称布置	机械密封
苏尔寿	MSD	3~8in	24~2659	2900	-45~260	30	中心线	中开单壳体	双侧浸没式水冷却管	叶轮对称布置	双涡壳	机械密封
荏原	SPR	50~100	17~165	≤750	230	15	中心线	中开单壳体	推力轴承侧水冷夹套	平衡鼓	导叶	机械密封
荏原	SPRB	80~100	24~165	≤1036	230	15	中心线	中开单壳体	推力轴承侧水冷夹套	叶轮对称布置	导叶	机械密封
荏原	SP/SPD	80~300	18~1300	≤1500	205	20	中心线	中开单壳体	推力轴承侧水冷夹套	叶轮对称布置	双涡壳	机械密封
UNION	DB34、FH、DVMX、M(BB3)	~18in	~2750	≤3350	230	30	双支撑结构	双涡壳		叶轮对称布置	双涡壳壳体结构	机械密封
UNION	HMBS、DB36、H-OK(BB5)	~12in	~3200	≤4100	230	45	双支撑结构	双涡壳或节段式设计		叶轮对称布置，或配平衡鼓、平衡盘型式	双涡壳壳体结构	机械密封
大连前瞻泵/苏尔寿	YD型多级泵	40~150	5~500	≤1200	-80~180	15	>110~150℃中心线	径向剖分	可风冷	平衡盘或平衡鼓	导叶	机械密封

注：表中所列性能数据参数指电源频率50Hz情况。

⑥ 耐磨密封环。由于介质黏度低 [0.103mPa·s (12℃)]，为减小内泄漏，提高效率，维持泵在温度变化时的性能稳定，在叶轮和泵体上一般都要设置耐磨密封环。

(5) 国内外高速泵和多级泵产品情况

① 高速泵　国内高速泵性能和结构特点见表 3-6。

国外高速泵的主要公司是美国 SUNDSTRAND 公司、法国 SUNDSTRAND 公司、日本日机装 SUNDSTRAND 合资公司。这三家公司生产的泵，即通常所说的 SUNDYNE 泵。SUNDYNE 泵将最初发明的用于航空工业的高速单级离心泵技术成功地应用于工业界，从外形到内部结构都很独特，成为世界上著名的高速离心泵制造公司。

② 多级泵　国内外高扬程小流量多级泵的性能和结构特点见表 3-7。从表中可见，大多数泵系列都采用轴向中开结构。苏尔寿公司的两个系列泵互相配合，性能范围较广，其轴向力和径向力平衡方式也是轴向中开泵中较常用的。我国的 YD 多级泵流量很小，已完全和高速泵的常用范围重叠，其价格较低，但效率比高速泵略差。

第四节　合成氨装置用泵

一、工艺流程及装置用泵概要

合成氨是氮肥工业的基本原料。氨是由氮和氢两种气体在高温、高压和催化剂存在条件下化合而成的。根据制取氮和氢两种原料的方法不同，合成氨生产工艺流程有三种。

$$N_2 + 3H_2 \Longleftrightarrow 2NH_3 + 热量$$

① 气体原料（天然气或石油炼厂气）　以天然气蒸汽转化法生产合成氨的方框流程见图 3-12。

图 3-12　天然气蒸汽转化法生产合成氨流程框图

② 固体原料（煤）　合成氨生产的方框流程见图 3-13。

图 3-13　以煤为原料生产合成氨流程框图

③ 液体原料（重油、减压渣油或轻油）　合成氨生产方框流程见图 3-14。

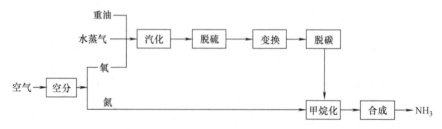

图 3-14　以重油为原料生产合成氨流程框图

以上工艺流程中所用泵的品种、规格和数量均不相同,但其中最为关键的泵都是高压锅炉给水泵,脱碳工序中的半贫液泵及水力透平机组。用天然气为原料的日产1500t合成氨装置用泵一览表见表3-8,以下从装置关键用泵的工况特点、泵型的选择、结构特点和国内外产品情况四方面进行叙述。

表3-8 日产1500t合成氨装置用泵一览表

泵名称	泵型式	输送介质	流量/(m³/h)	扬程/m	轴功率/kW	难点	材料	驱动机功率/kW	台数
高压锅炉给水泵	BB5	锅炉给水	322	1570	1653	高压高扬程	S-6	ST:1815 EM:1850	2
中压锅炉给水泵	BB4	锅炉给水	60	687	160	S-6		EM:200	2
半贫液泵	BB2	半贫液	A台1031 B台1138 C台1138	357.5	A台1302 B台1415 C台1415	A台水力透平单驱动	A-8	HT:1337 ST:1560 EM:1600	3
水力透平	BB2	富液	2513	220	回收1337	双相流	A-8		1
冷凝液泵	VS6	冷凝液	32	88	13	$NPSH_a$超低	A-7	18.5	4
化工流程泵	OH2 BB3 VS4	贫液、液氨、工艺液	6~550	38~424	<693	要求可靠	A-7 A-8	ST,EM <770	15
加药装置用计量泵	隔膜式	磷酸盐、联胺、氨水、消泡剂	<0.1	压差<30bar		常规	A-7	<1.5	3~4套

二、高压锅炉给水泵

1. 工况特点

大型合成氨厂大量采用蒸汽透平驱动离心压缩机、风机和泵。在日产1500t的合成氨厂中(包括尿素装置的CO_2压缩机),汽轮机的总功率大约为4.9万千瓦。大型氨厂也是一个动力装置,利用工艺过程中的热量产生高压蒸汽,作为蒸汽透平供汽。高压锅炉给水泵就是蒸汽系统中向各废热锅炉供水的关键设备。经脱氧槽除氧后的软水用高压锅炉给水泵升压到13~15MPa(取决于高压蒸汽的压力等级),经给水预热器加热后送往汽包,再由汽包将软水分配到各废热锅炉,以产生高压蒸汽。泵的工况特点如下:

① 可靠性要求高。因大型氨厂和尿素厂的五大离心压缩机组全部是单机运行,任何一台停运都会造成全厂停产,故必须保证蒸汽供应的正常。锅炉给水泵的故障停车,会造成汽包断水,断水时间过长会损坏废热锅炉。因此,可靠性高是对该泵的主要指标。

② 属中流量、高扬程、高压多级离心泵。

③ 泵转速较高,$NPSH_a$和$NPSH_r$的差值较小,对泵首级叶轮的汽蚀性能要求高。

④ 除蒙乃尔合金、巴氏合金和沉淀硬化不锈钢之外,泵、齿轮箱和辅助设备中不能使用铜或铜合金。

2. 泵型的选择

高压锅炉给水泵为中流量、高扬程、大功率离心泵,为提高泵效率,应选用多级离心泵,并选用较高的转速。叶轮级数多,每级叶轮的扬程减小,比转数加大,可提高泵效率;但级数增多,轴承间距加大,转子刚度降低,应注意防止级间承磨环磨损或有咬死的危险。

要求该泵的检修应迅速。例如英国电力总局(CEGB)提出的要求是8h内完成锅炉给水泵的泵芯更换。为达到此目的,可采用单壳体水平剖分式多级泵,或双壳体筒袋式多级泵，内泵体用水平剖分式比用节段式更便于检修。

多级离心泵的轴向力平衡方法采用平衡鼓或叶轮对称布置两种方式。

高压锅炉给水泵的额定功率和额定转速的乘积通常大于API610标准中4×10^6 kW·r/min 规定值，因此应采用流体动压轴承。径向轴承和止推轴承应选用可倾瓦轴承。轴承用强制润滑供油，油系统的技术要求可按 API614 标准执行。

3. 结构特点

日产1500t合成氨厂用高压锅炉给水泵的剖面结构见图3-15，性能参数见表3-9。其结构特点如下。

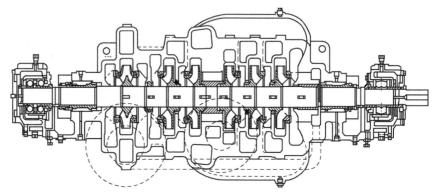

图 3-15　高压锅炉给水泵剖面结构

表 3-9　日产 1500t 合成氨装置部分关键泵一览表

泵名称	高压锅炉给水泵	半贫液泵	水力透平
台数	开1,备1	开2,备1	开1,不备
泵型式	BB5	BB2	BB2
泵型号	200×150(A)DCS9M	10×16DMXD-A/2	14LH-152T
叶轮级数	9	2	1
流量/(m³/h)	318.3	A台1031,B/C台1138	2513
扬程/m	1571.5	357.5	220
进口压力/bar(A)	3	4.34	35.84
密度/(kg/m³)	935	1057	1071
效率/%	75	A台81.4,B/C台82.4	83
轴功率/kW	1698	A台1302,B/C台1415	1337
驱动机型式	汽轮机、电机	A水力透平、B汽轮机、C电机	—
驱动机功率/kW	2000	HT:1337,ST:1560,EM:1600	—
$NPSH_a/NPSH_r$/m	11/6.2	21.8/11	—
材料	C-6	A-8	A-8
机械密封代号	C2A1A23	C2A1A32/62	C2A1A32/62

① 泵体　轴向水平剖分式单壳体，进口和出口接管铸在下半泵体上，检查泵内件时，只需起吊上半泵体，无需动转子和管路。泵体为双蜗壳型，能平衡作用在叶轮上的径向力。泵体的支脚在下半泵体，并接近轴心线，在高温下使用时，能维持泵转子和驱动机转子的热对中性。

② 叶轮　叶轮分为两部分，背对背对称布置，在较宽的操作范围内能平衡轴向力。首

级叶轮为双吸叶轮，以降低 $NPSH_r$，避免汽蚀。叶轮与轴用键连接传递转矩，各级叶轮的键交错 180°。

③ 轴封 采用带节流衬套的平衡型单面机械密封。动环用碳化钨，静环用石墨，辅助密封圈用氟橡胶。用轴套上循环轮的泵送作用将软水从轴封腔引出，经换热器降温后再送回轴封腔，对机械密封进行循环冷却，使其工作温度低于泵介质温度，延长机械密封寿命。轴封箱与泵体铸为一体，同心度好，检查机械密封方便。

④ 轴承 径向轴承用滑动轴承，止推轴承用金氏伯雷型可倾瓦轴承。轴承用强制循环润滑系统，由主泵轴端连接的主油泵、电动机驱动的备用油泵、油箱、油冷却器、双联油过滤器和控制仪表等组成。

三、半贫液泵及水力透平

1. 工况特点

为了正确配置半贫液泵及水力透平机组，首先应了解脱碳工艺流程。合成氨装置通常采用 UOP 公司的苯菲尔脱碳工艺和 BASF 公司的 aMDEA 脱碳工艺，现以苯菲尔脱碳工艺流程为例作一简述，如图 3-16 所示。

来自变换工序的高温低变气经冷却、分离工艺冷凝液后，进入 CO_2 吸收塔的底部，气体与塔内的苯菲尔溶液（K_2CO_3 约 27%，加约 3% 二乙醇胺作为活化剂，约 0.75% V_2O_5 作为缓蚀剂）逆流接触，气体中的 CO_2 被半贫液和贫液吸收，脱除 CO_2 后的净化气从 CO_2 吸收塔的顶部排出。

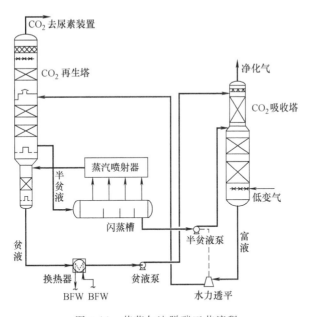

图 3-16 苯菲尔法脱碳工艺流程

吸收二氧化碳后的富液（富含 CO_2 的溶液）经水力透平回收能量后，进入 CO_2 再生塔的上部（水力透平回收的动力用于驱动半贫液泵的 A 台，半贫液泵的 B、C 台由汽轮机或电机驱动）。在 CO_2 再生塔上段，经闪蒸、蒸汽汽提，富液中溶解的 CO_2 被部分再生出来，形成半贫液。大部分半贫液被抽出，在闪蒸槽中减压闪蒸后，通过半贫液泵送回到 CO_2 吸收塔下段的顶部循环。半贫液的闪蒸汽通过蒸汽喷射器与引射蒸汽一道回到 CO_2 再生塔上段的底部。未被抽出的半贫液在 CO_2 再生塔的下段进一步再生，成为贫液（含 CO_2 很少的溶液），经贫液/锅炉给水换热器冷却后，用贫液泵加压送至 CO_2 吸收塔上段的顶部循环。CO_2 再生塔中再生出来的二氧化碳气经塔顶部洗涤段的洗涤、冷却后温度降至约 40℃，作为产品送尿素装置。

高压和低温有利于气体的吸收，而低压和高温有利于气体的解吸，因此，CO_2 吸收塔处于高压，而 CO_2 再生塔处于低压，两塔的压差可通过水力透平回收能量。按 2007 年某日产 1500t 合成氨装置脱碳工序的实例，水力透平可利用的压差为 23.14bar，正常流量为 2513m^3/h，进口水力透平的效率为 83%，回收功率 1337kW。以年运行 0.8 万小时计，每年可回收 1070 万度电，按今后 10 年内预计电价每度 0.48 元计，年节能费用约为 513 万元人民币，经济效益十分显著。

合成氨装置脱碳工序的水力透平不同于普通的水力透平，流进水力透平的富液中，CO_2 已达到饱和，富液在叶轮流道中减压时，CO_2 不断析出，尽管按重量计 CO_2 的比例很小，但气体的密度仅为液体密度的千万分之几，水力透平的工作介质应视为体积流量逐渐增大的气液两相流，因而水力设计难度增大，性能试验也很特殊。

2. 配置要求

(1) 按 API610 标准对水力回收透平的要求，对半贫液泵及水力透平机组应注意以下几点。

超速脱扣设施：因进口液体中富含吸收的气体，或液体流经水力透平时会部分闪蒸时，出现的超速可能会比使用水时的超速高出几倍，因此应配置超速脱扣设施。

双重驱动机：按 API 610 第 10 版附录 C3.4.2 条，主驱动机的额定功率应在无水力透平的协助下能驱动机组。即主驱动机（电机或汽轮机）应按全功率选取。

超速离合器：对双驱动机组，在水力透平和被驱动设备之间应配置超速离合器，以便在水力透平维修或水力透平的工艺流体管路接通之前，被驱动设备可正常运转。按 API 610 的 C3.4.4 条，如果流往水力透平的流量可能大幅度或频繁变化，当流量降到额定流量的大约 40% 时，水力透平将停止输出功率，且对主驱动机产生阻尼。对此，也应设置超速离合器。

双驱动机组的布置：绝不可把水力透平布置在半贫液泵和电机之间，而应布置在机组的端头。

流量调节阀：为避免水力透平的机械密封承受过高的压力，以延长其使用寿命，通常将流量调节阀布置在水力透平的进口管线上。

(2) 工程公司应设计优化，力争实现半贫液泵及水力透平机组用单驱动机。

以某 1500MTPD 合成氨装置的双驱动半贫液泵-水力透平机组为实例，为了驱动半贫液泵 A，除水力透平回收功率外还差 414kW，被迫还要配 1950kW 的大电机，与单驱动相比，多一套 1950kW 的配电设施，另需一台超速离合器，多两套膜片联轴器，底座长度加长。电机在偏离额定功率 1950kW 很远的工况下运行，电机效率和功率因数都很低，电机实际消耗的功率很大。

有些工程公司注意了设计的优化，工艺、系统和机泵三个专业密切配合，已实现半贫液泵及水力透平机组用单驱动机，使机组的技术经济性得到了极大优化。

3. 泵型的选择

半贫液泵的泵型：用两级离心泵比单级效率高，首级为双吸叶轮，第二级为单吸叶轮。两级间设导叶，使第二级进液均匀，并减小径向力。因工作压力高，泵体应为双蜗壳，平衡作用于转子上的径向力。转子用双支撑。

轴承：API 610 标准规定，泵的能量强度（额定功率×转速）$\geqslant 4\times 10^6$ kW·r/min 时应采用流体动压轴承。为提高半贫液泵-水力透平机组的可靠性，不少泵厂在二百多万 kW·r/min 时已采用流体动压轴承，设油站对轴承进行强制润滑。轴承座应采用铸钢。

轴封：经济可靠的轴封方案为单端面集装式机封，冲洗方案为 Plan32＋62 带冷却器。

材料：对苯菲尔溶液，泵体用 CF8M，叶轮用 17-4PH 沉淀硬化不锈钢。因 MDEA 溶液的腐蚀性弱于苯菲尔溶液，泵体和叶轮均用 CF8M。动环用 SiC，静环用 WC，弹簧用哈氏 C-276 合金。泵体和叶轮的密封环如用 CF8M，因硬度低，应进行硬面处理。

水力透平的选型：采用倒流运行的离心泵，即常规离心泵的出口作为进口，进口变为出口。普遍采用单级双吸双支撑离心泵。轴承座用铸钢。进口和出口垂直向上，便于排气，配管方便，占用空间小。轴封和材料同半贫液泵。

4. 半贫液泵和水力透平的结构特点

半贫液泵的剖面图见图 3-17，其结构特点如下：

泵体：径向剖分，中心线支撑，双蜗壳，级间流道采用双交错结构，级间设导叶，保证第二级进液均匀，减少涡流，并改善在流量降低时泵的性能。进、出接管向上，用金属缠绕式垫片。

叶轮：第一级为双吸式，入口面积大，$NPSH_r$ 低，第二级为单吸式。叶轮上装有可更换的耐磨环。

转子：双支撑，轴粗，为刚性轴。轴伸端为锥形。

轴封：设平衡管和节流衬套，使第二级轴封腔压力降为第一级进口压力加平衡管的压降。吸入段和机封腔上的冷却或保温夹套与吸入段和机封腔铸为一体。轴封有均布环，使冲洗液从四周均匀引入，避免一股冲洗液进入对密封环的冲刷，冲洗效果好。

轴承座部件：中小功率采用滚动轴承，径向力由深槽球轴承承担，轴向力由 40°双列角接触球轴承承担，用甩油盘进行飞溅式润滑；对大功率，径向轴承用圆瓦或椭圆瓦滑动轴承，止推轴承用可倾瓦式，采用强制润滑。轴承箱含有一体化的水冷夹套，轴承座用铸钢。

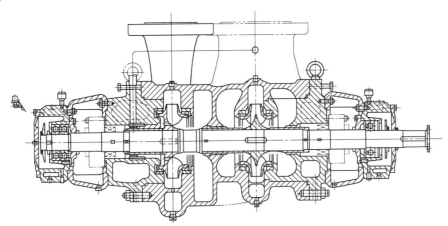

图 3-17 半贫液泵剖面图

水力透平的剖面图见图 3-18，其结构特点如下：

泵体：径向剖分，中心线支撑，热对中性好，双蜗壳平衡径向力。进、出接管向上，配

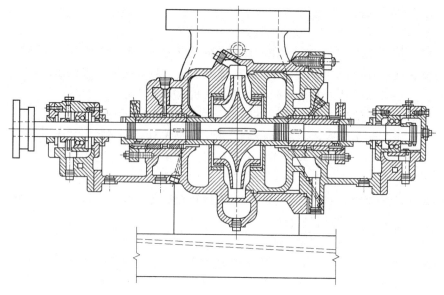

图 3-18 水力透平剖面结构

管方便，占用空间小，并便于将液体减压时逸出的气体自动排出。用金属缠绕式垫片。

叶轮：单级、双吸式叶轮，叶轮上装有可更换的耐磨环。

轴子、轴封、轴承座部件的结构与半贫液泵相近。

第五节　尿素装置用泵

一、工艺流程及装置用泵概要

尿素是高效氮肥，在各种氮肥中含氮量最高（46.5%），且长期使用不会使土壤变质。此外，尿素也是三聚氰胺、脲醛等树脂的原料。尿素生产是用合成氨装置的氨和二氧化碳为原料，在高压（14～15MPa）和高温（180～190℃）下合成的，其化学反应是：

$$2NH_3(气) + CO_2(气) \rightleftharpoons NH_4COONH_2(液)$$

$$NH_4COONH_2 \rightleftharpoons (NH_2)_2CO(液) + H_2O(液)$$

首先氨与二氧化碳反应生成氨基甲酸铵（简称甲铵），然后再由甲铵脱水转化为尿素。由于甲铵脱水反应速度缓慢且不完全，一般转化率不超过 70%。因此，在合成尿素的产物中，有相当数量的 NH_3 和 CO_2 要回收利用。在尿素生产中，由于回收的方法不同，形成了不同的工艺流程。世界上尿素生产中主要采用氨汽提法和二氧化碳汽提法两种工艺流程。尿素生产工艺流程框图见图 3-19。

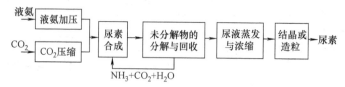

图 3-19　尿素生产工艺流程框图

表 3-10 以日产 2600t 尿素装置为例，汇总了泵的类型、流量和扬程的范围、材料、台数等概况。不同装置规模，泵的型式和参数不同，但最关键的泵都是高压氨泵和高压甲铵泵，以下对其工况特点、泵型的选择、结构特点进行叙述。

表 3-10 日产 2600t 尿素装置用泵一览表

泵名称	泵型式	输送介质	流量/(m³/h)	扬程/m	轴封型式	难点	材料	电机功率/kW	台数
高压氨泵	BB5,10 级	液氨	121	2787	机械密封	高压、机封高扬程	S-6	1000	2
高压甲铵泵	BB4,6 级	氨基甲酸铵	78	1339	机械密封	高压、机封高扬程、腐蚀	A-8	710	2
熔融尿素泵	BB2	熔融尿素	116	50	机械密封	机封	A-8	37	2
冷凝液泵	VS6	蒸汽冷凝液	77~105	75~102	机械密封	$NPSH_a$超低	C-6	30~55	4
化工流程泵	OH2 BB1 VS4	尿素溶液、循环水、工艺液	5~1740	14~200	机械密封	要求可靠	A-7 A-8	<185	28
高压冲洗水泵	三缸柱塞式	冲洗水	11	16MPa	填料密封	常规	CS	75	2
计量泵	隔膜式	甲醛	2	1.21MPa	填料密封	常规	CF3M	4	3

二、高压氨泵

1. 工况特点

高压氨泵用来将液氨从大约 2.5MPa（A）升压到约 17.5MPa（A），然后高压液氨进入高压甲铵喷射器，作为甲铵喷射器的动力液，引射高压高温强腐蚀性的甲铵液，两者混合后一起进入尿素合成塔。采用此喷射器的目的是减轻高压甲铵泵苛刻的工作条件。高压甲铵泵不直接放在合成塔前，而是设置在甲铵冷凝器和预热器之前，因此工作温度从 150℃ 降到约 40℃，甲铵溶液的浓度也降低，使甲铵泵的腐蚀疲劳问题得到解决。该泵的工况特点如下：

① 液氨的相对密度小，根据温度不同为 0.58~0.63，因此，对相同压差，比水的扬程高得多。液氨蒸汽压高，减压时极易汽化，机械密封选型时要特别注意。

② 液氨有毒，轴封不允许泄漏。泄漏出的液氨汽化为氨气，是爆炸性气体，归为ⅡA类、T1 组。液氨汽化时产生低温会使机械密封冲洗水结冰，造成密封环损坏。

③ 属中流量高扬程高压泵。尽管采用汽提法工艺后，尿素合成压力从水溶液全循环法的 20MPa 降至 13~15MPa（G），但高压氨泵要求的压差仍高达 14.6~20MPa，因液氨相对密度小，扬程高达 2500~3400m，而泵的流量又不大，对日产 1765t 尿素装置，额定流量仅 115m³/h，泵的最高工作压力约 25MPa（G）。

④ 液氨腐蚀性小，过流件材质可用碳钢。当液氨减压到常压时，可能出现 -33℃ 的低温。因铜和氨能形成爆炸性的络合物，因此泵的零件中禁止使用铜或铜合金（巴氏合金和沉淀硬化不锈钢除外）。通常采用 API 610 标准中的 S-6 材料等级，即承压泵体用碳钢，内泵体及叶轮用 Cr13。

⑤ 可靠性要求高。该泵是合成塔液氨进料泵，一旦出故障，整个尿素装置全部停产，经济损失巨大。此外，该泵价格昂贵，功率大，运行费用高，因此要求其可靠性高。

2. 泵型式的选择

决定高压氨泵型式的重要因素是装置生产能力和合成塔压力。在 20 世纪 70 年代以前，世界上的尿素生产大多采用水溶液全循环法工艺，合成压力约为 20MPa，因高压氨泵压差大，基本上使用往复式泵。20 世纪 70 年代开发出 CO_2 汽提和氨汽提工艺，合成压力降为 13~15MPa，氨泵压差相应减小，在大型尿素装置中，主要采用离心式高压氨泵，但中小型尿素装置仍使用往复式泵。据斯拉姆公司资料，可以使用高速离心泵的最小装置能力为日产750t尿素。泵选型时，要结合建厂地的电价、维修能力和备件供应情况，从以下方面进行综合比较。

① 效率对比　往复泵本身效率可高达90%，比离心泵高得多，但往复泵流量的调节不如离心泵方便。早期用液力变矩器调速，液力变矩器效率低（<80%）。抵消了往复泵的部分节能效果。以日产1750t尿素装置为例（见表3-11），采用液力变矩器调速的往复泵，可比离心式泵节省功率180～270kW（17.8%～24.5%）。近十年来多采用变频电机驱动的往复泵，功率可进一步节约（节省360～450kW）。

表3-11　日产1750t尿素装置不同型式高压氨泵的性能比较

泵的型式	往复泵	高速离心泵	中速离心泵
机型	五缸或七缸	卧式高速部分流泵	卧式筒型多级泵
级数	1	2	10
流量/(m³/h)	115	115	115
扬程/m	3400	3400	3400
泵转速/(r/min)	70～220	20500	7000
功率消耗/kW	830（用变矩器） 650（用变速电机）	1100	1010
流量调节范围/%	30～100	35～100	50～100
机组质量/t	22	7.2	16.4
外形尺寸（长×宽×高）/m	7.5×2.5×3	5.2×2.1×2.4	6.5×1.4×1.3

② 投资比较　往复式高压氨泵结构复杂，重量大，投资高于离心泵。根据德国伍德公司资料，两者的相对投资比例参见表3-12。应以厂商报价文件为准。

表3-12　往复式与离心式高压氨泵相对投资比例　　　　　　%

	泵类型	驱动机	变矩器	齿轮箱	泵	总计
往复式	恒速电动机(1500r/min)	14.5	14.5	6	65	100
	变速电动机(1500r/min)	26.5	1	6	65	97.5
离心式	变速电动机(3000r/min)	31	1	1	54	85
	汽轮机（冷凝式）	42	冷凝器	36	54	132

③ 维修费比较　往复泵结构复杂、填料、柱塞、阀门等易损件多，检修工作量大，费用高。而离心泵除机械密封、密封环为易损件外，日常维修工作量小，操作方便，可长周期运行。据国外公司统计，往复泵的年维修费是离心泵的5～6倍。

④ 运转性能　往复泵排压有脉动，要避免管道的共振或水击现象。往复泵轴封如使用油密封，如填料函内漏油量过大，对工艺生产有不利影响。离心泵的故障比往复泵少，运转可靠性高，能保证尿素生产长周期运行。

至于小型尿素装置普遍使用的往复式柱塞泵，也应对不同机型的技术参数和结构特点进行比较。表3-13列出三家有代表性厂家生产的往复式高压氨泵的技术性能，从表中可以看出。WORTHINTON公司采用流量减半的泵，用开两台备用一台的方式，配管增多，占地面积加大。三者的功耗相近。影响柱塞和填料寿命的柱塞速度，以PERONI公司的最低。泵材质以PERONI公司的产品稍好。综合起来，这三家泵公司的产品技术性能相近，选用时应根据厂商报价文件编制技术经济评比表。

表 3-13 日产 1100t 尿素装置用高压氨泵的技术性能

技术性能	泵制造厂		
	WORTHINGTON	PERONI	BPCL/URACA
输送介质	液氨		
温度(最低/正常/设计)/℃	−33/36～33/60		
流量(最小/正常/最大)/(m³/h)	12.5/32.7/41.5(开2台)	25/65.6/83	25/65.6/83
流量调节范围/%	30～100		
进口压力(最低/正常/设计)/ata	20/21/29		
出口压力(正常)/MPa	24		
压差(正常)/MPa	21.9		
$NPSH_a$/$NPSH_r$/m	116/8.3	116/20	116/9.6
泵型号	VQEH 86/178	PQO 125/190	KD 827
柱塞数量/布置方式	5/立式	5/卧式	5/卧式
柱塞直径/行程/mm	86/178	125/190	150/270
柱塞速度/(m/s)	0.26～0.86	0.25～0.81	0.27～0.9
泵转速(最低/正常/最高)/(r/min)	44/115/145	38.8/101.8/128	30/79/100
泵额定轴功率/kW	275×2=550	562	552
减速器轴功率/kW	283×2=566	580	569
电动机功率/kW	350×2=700	700	650
质量(泵/底座)/kg	10.3/1.1(每台)	14/3.2	13.2/1.5
安全阀设定压力/MPa	26.9		
轴封型式	双级填料密封,编织聚四氟乙烯填料		
填料圈数	6+6	10+6	9+8
缸体材料	CK 22(AISI 1023)	ASTM A350LF2	C22
柱塞材料	1.4034 镀铬	AISI 420 镀铬	CK35 镀 CO/moloy6
阀片材料	1.4034(AISI 420)	钛合金	1.4112 不锈钢
阀座材料	1.4034(AISI 420)	38NCD4 钢	1.4112 不锈钢
填料箱材料	C22(AISI 1020)	38NCD4 钢	C22 锻钢

3. 中速离心式高压氨泵的结构特点

对大型尿素装置用高压氨泵,有发展前途的是中速多级式离心泵和高速部分流泵。后者将在高压甲铵泵中介绍,下面以 1994 年引进意大利斯拉姆公司日产 1765t 尿素装置中的 DDHF 型筒袋式高压氨泵为例,说明中速型多级离心式氨泵的结构特点。该泵的性能参数见表 3-14,剖面结构见图 3-20。

表 3-14 日产 1765t 尿素装置中速多级高压氨泵的性能参数

正常温度/℃	介质密度/(kg/m³)	汽化压力/bar(A)	黏度/mPa·s	正常流量/(m³/h)	额定流量/(m³/h)	进口压力/bar(G)	出口压力/bar(G)	压差/bar	扬程/m	$NPSH_a$/m
37	598	3.3	0.12	57	120	21.5	226.7	205.2	3500	140

泵型号	泵型式	效率/%	轴功率/kW	电机功率/kW	转速/(r/min)	$NPSH_r$/m	材料	轴封型式
4×10-DDHF-10	BB5 10级	63	1086	1350	7495	47	泵体 CS 叶轮 17-4PH	BT-干气密封

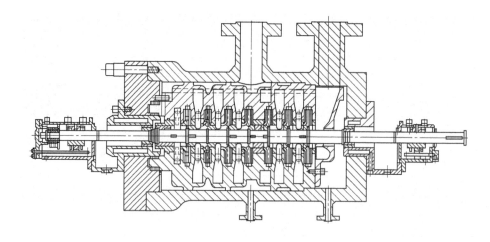

图 3-20 筒袋式高压氨泵剖面结构

① 外筒体　为锻造的圆筒体，一端为螺栓连接的端盖，用以承受流体高压，而剖分式内筒壁厚可减薄，密封要求也降低。为保证泵与驱动机的轴线热对中性，在筒体外部轴线处设置四个支脚。在筒体最下部和联轴器端的底座之间有导向销，以便保证泵启动热膨胀过程中的对中。吸入口和排出口均在外筒上，垂直向上，检修转子时，可不动进出口管线。

② 内泵体　设计成轴向剖分式，可方便检修。泵体为双蜗壳结构，以平衡径向力，减少多级泵长轴的轴径和轴挠度，减小级间密封环直径和间隙，提高泵的容积效率。内泵体的外部承受泵出口压力，利用内外压差在剖分面上产生足够的密封压力。两半泵体的连接螺栓很小，仅供装配用。泵体密封面经过精磨抛光。无需用垫片，保证了剖分式泵体各级密封环间隙的均匀准确。泵体上设有平衡通道，与泵进口相通，使高压侧和低压侧的轴封箱工作压力都降为泵吸入压力，改善密封条件。

③ 叶轮　该泵有 10 个叶轮，背对背布置，以平衡轴向力，取消平衡鼓或平衡盘，减少维修部件。叶轮材质为 17-4PH 高强度不锈钢。

④ 机械密封　高压氨泵进口压力高，轴封腔压力约 2.4MPa（G），且泵转速较高，液氨又易汽化，密封难度大。该泵采用 CRANE 公司的 28VL/28ST 型串联式机械密封，类似于离心压缩机中的干气密封。从泵出口引出的冲洗用液氨，经过滤后通入内侧机械密封；外侧的机械密封是密封端面上带螺旋槽的非接触式干气密封，用氮气作缓冲气，流量 $1.8m^3/h$（标准状态）。摩擦副组对材质为碳化钨对石墨。采用干气密封是因为常规机械密封通常用冷凝水作为缓冲液，氨减压时温度降低而使水结冰，会造成石墨环破裂。

⑤ 轴承　该泵的额定功率和额定转速的乘积是 $8.7×10^6$kW·r/min，大于 API610 标准规定的 $4×10^6$kW·r/min，故必须用流体动压轴承，即依靠轴颈的回转，把润滑油带入轴与轴瓦之间，建立起油膜压力以承受载荷。该泵的径向轴承和止推轴承均采用可倾瓦轴承。这种轴承是由多块可自由摆动的瓦块组成，在工况变化时能形成最佳油膜，抗振性好，不容易产生油膜振荡。轴承用强制润滑方式，润滑系统包括主油泵和备用油泵各一台，管壳式油冷却器两台、油过滤器两台、油箱一台。

⑥ 轴承监测系统　轴振动和轴位移监测系统执行 API670 标准，采用 B-N3300 系列。每个径向轴承设两个测振探头，测量 x 和 y 两个方向的振动值。止推轴承上装一个轴位移

探头。轴承监测系统与DCS连接，信号送中控室。每个径向轴承装一个双联热电偶，止推轴承装三个双联热电偶，监视轴瓦温度。

三、高压甲铵泵

1. 工况特点

该泵用来将中压吸收塔底回收的甲铵溶液从大约1.7MPa（G）升压到约15.4MPa（G），经甲铵预热器后送至高压甲铵冷凝器。该泵的工况特点如下：

① 输送介质 为氨基甲酸铵的水溶液，不同工艺流程的组分不同。对氨汽提法，甲铵液的组分是：NH_3 48.5%，CO_2 19%，H_2O 32.5%，温度75～80℃，溶液密度（0.9～1）×$10^3 kg/m^3$，黏度<3mPa·s，甲铵溶液的蒸汽压力高，80℃时达到1.57MPa（G），对泵的汽蚀性能和机械密封的选型有很大影响。

② 属小流量高扬程高压泵，流量决定于装置生产能力和工艺流程，流量10～150m^3/h，扬程1200～2100m。泵进口压力较高，汽提法工艺中为0.5～2.5MPa（G），使泵的轴封在比此压力略高的条件下使用。泵的工作压力高达15～25MPa（G）。

③ 甲铵溶液对金属材料的腐蚀性很强，加之泵体承受的压力高，泵体材料必须有优良的抗疲劳腐蚀性能和机械强度。

④ 可靠性要求高。该泵是尿素生产中的关键设备之一，也是整个装置中最容易发生故障的环节，其可靠性高低，直接影响到尿素生产的连续运转周期。

2. 泵型式的选择

高压甲铵泵也有往复式柱塞泵、高速部分流泵和中速多级离心泵三种类型可供选择。20世纪70年代以前，世界上尿素装置中高压甲铵泵基本上是采用往复泵，虽然效率高，但缸体受到高压、脉动压力和甲铵液的强腐蚀作用，易发生疲劳腐蚀，加之结构复杂，易损件多，维修费用较高。20世纪70年代开始，高压甲铵泵采用高速部分流泵，用两级叶轮就可达到4000m的高扬程，而且叶轮和泵体尺寸小，对高工作压力而言，泵体直径小，壁厚较薄，减少了316L不锈钢用量。因此，高速部分流泵具有结构简单、体积小、重量轻、泵基础小的明显优势。特别是与用作高压氨泵时相比，用作高压甲铵泵时的轴功率约减半，选用离心式代替往复式可使消耗的轴功率减少，高压氨泵可用碳钢，高压甲铵泵要用316L不锈钢，因而选用高速泵比用往复泵可节省更多的投资，这就是高压甲铵泵比高压氨泵更早（1969年）、更多地选用高速部分流泵的原因。至于生产能力小于日产750t的尿素装置，因泵的流量很小，用离心式的效率过低，年运行费用高，故选用往复式泵为宜。

两种生产能力的尿素装置中，往复式和离心式高压甲铵泵的技术经济指标对比见表3-15。

表3-15 往复式与离心式高压甲铵泵的技术经济指标对比

尿素生产能力/(t/日)	1100		1700	
泵型式	离心式	往复式	离心式	往复式
设计流量/(m^3/h)	38	38	60	60
设计压差/MPa	14.1	14.1	14	14
轴功率(设计流量时)/kW	310	228	446	345
往复式节省功率/kW	82		101	
每套机组概算价[①]/万美元	25.6	26.44	28	31
预计年维修费/万美元	0.5	3	0.55	3.3

① 包括仪表、电气和泵基础费用。往复泵还包括缓冲器费用。

近年来,我国引进的大型尿素装置中的高压甲铵泵主要采用中速多级离心泵(6000r/min 左右)或双级高速泵。由于这两种泵的 $NPSH_r$ 都较大,超过了装置的有效汽蚀余量 $NPSH_a$,通常设置了增压泵以提高主泵的进口压力,即加大 $NPSH_a$。鉴于中速多级甲铵泵的结构与中速多级氨泵类似,以下仅对高速泵的性能参数和结构特点进行简介。

3. 高速高压甲铵泵的结构特点

用于日产 2400t 尿素装置(Stamicarbon 工艺)高压甲铵泵的卧式双级高速泵的性能参数见表 3-16。其结构见图 3-21。该泵有如下特点。

表 3-16 日产 2400t 尿素装置高压甲铵泵的性能参数

正常温度/℃	介质密度/(kg/m³)	汽化压力/bar(A)	黏度/mPa·s	正常流量/(m³/h)	额定流量/(m³/h)	进口压力/bar(G)	出口压力/bar(G)	压差/bar	扬程/m	$NPSH_a$/m
73	1219	3.3	3	57	77	17.28	152	134.72	1127	107

泵型号	泵型式	效率/%	轴功率/kW	电机功率/kW	转速/(r/min)	$NPSH_r$/m	材料	叶轮外径/mm	轴封型式
HMP-3512	双级高速泵	55.8	516	580	11651	35.9	CF-3M	147.4	第 1 级 BD 第 2 级 BT

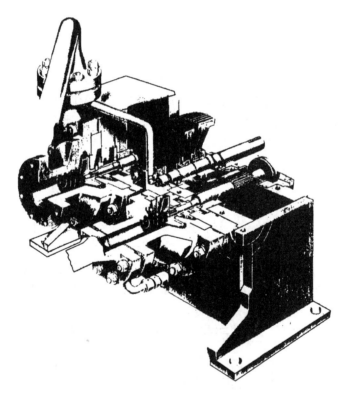

图 3-21 双级高压甲铵泵结构

① 叶轮 叶片为直线辐射状,比后弯式叶片离心泵叶轮可产生更高的扬程。叶轮无前后盖板,在高压下的轴向力也很小。这种泵无密封环,不会出现因密封环磨损而引起的泵性能逐年下降的现象。与常规开式叶轮有本质的不同,泵体内旋转液流与叶轮之间基本上无相对流动,没有密封环处的回流损失,而且叶片与泵体之间有较大间隙,对泵性能的影响也很

小。因此，它与那些比转数越小、因泄漏损失造成的效率降低越严重的常规离心泵相比，具有较高的效率。

② 泵体　为同心圆柱形。与常规离心泵借助于蜗形壳体或导叶实现动能转换为静压能的原理相反，是靠泵体切线上的圆锥形扩散器将部分回转流体的能量进行转换，故该泵也称为部分流泵。

③ 优良的抗汽蚀性能　泵高速化的难点是汽蚀性能恶化。从图 3-21 中可见，该泵解决汽蚀的措施是在第一级和第二级叶轮入口处设螺距递增式诱导轮（指用于此两级并联，高压甲铵泵的两级叶轮是串联，第二级入口压力已远高于甲铵液汽化压力，故不装诱导轮）。这种诱导轮与一般的诱导轮相比，在较宽的转速和流量范围内的性能很好。该泵在 14000r/min 高速下的 $NPSH_r$ 为 8m。诱导轮与叶轮铸为一体。

近年来，高速高压甲铵泵开始取消诱导轮，采用入口串联同流量的增压泵以加大 $NPSH_a$。

④ 改变泵性能容易　只要改变扩散器喷嘴直径、齿轮直径、叶轮直径、诱导轮这四项中的任一项或几项即可使泵性能大幅度变化。

⑤ 轴封结构　泵高速化的另一难题是轴封可靠性。该泵的特点是无论泵排出压力多高，轴封压力总是接近泵的入口压力。第一级轴封用单端面平衡型机械密封，第二级机械密封为串联式平衡型。该泵叶轮为悬臂式支撑，叶轮轻，流体的径向力也小，叶轮的悬臂又很小，因此泵轴较细，减小了密封面的 pV 值。为避免高速回转离心力对机械密封的不利影响，只有动环是回转的。机械密封的冲洗液用冷凝水，冲洗系统中设置压差调节阀，自动控制泵开停车和运行中，冷凝水压力和轴封腔压力的差值稳定。

⑥ 轴承　径向轴承用滑动轴承，推力轴承用可倾瓦型，附设润滑油系统、轴振动和轴位移监测系统和轴承温度监测系统，确保高速机械运转的可靠性。

第六节　烧碱和纯碱装置用泵

一、工艺流程及装置用泵概要

氯碱工业和纯碱工业是基本化学工业的重要组成部分，电解食盐水溶液生产的烧碱和氯气都是基本化工原料。

烧碱生产工艺流程方框图见图 3-22。离子膜法和隔膜法烧碱装置用泵一览表见表 3-17、表 3-18。

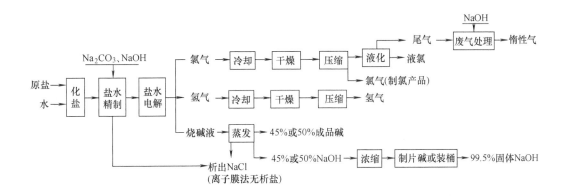

图 3-22　烧碱生产工艺流程方框图

表 3-17 年产 20 万吨离子膜法烧碱装置用泵一览表

泵名称	泵型式	输送介质	流量/(m³/h)	扬程/m	过流件材料	轴封型式	电机功率/kW	台数
化工流程泵	OH1 OH2	盐水、氯水、NaClO	<360	<66	Ti	机械密封	<110	28
化工流程泵	OH1 OH2	烧碱、盐水、工艺冷凝液	<220	<60	CF-8、CF-8M	机械密封	<75	20
化工流程泵	OH1 OH2	浓碱、稀硫酸	<320	<40	Ni、HAS-C276	机械密封	<110	6
磁力泵	OH1	盐酸、NaClO	<100	<60	氟塑料	无	<37	10
液氯泵	屏蔽泵 液下泵	−20℃液氯	<10	<90	CF-8M	无	<22	2
耐腐蚀液下泵	VS5	废液	60	26	氟塑料	无	11	2
液环式压缩机机组	液环式	氢气	4800	压差 1.3bar	CI	机械密封	250	3
脱氯真空泵机组	液环式	氯气	160	进口压力 0.2bar(A)	Ti	机械密封	30	2
水环真空泵	液环式	空气	<550	进口压力 0.1bar(A)	SS	机械密封	<15	4
熔盐液下泵	VS5	440℃熔盐	380	57	耐热钢	填料密封	200	2
计量泵	隔膜式	糖液	0.05	压差 5.5bar	CF-8	填料密封	0.2	2
螺杆泵		重油	2	压差 5bar	SS		1.5	4

表 3-18 年产 5 万吨隔膜法烧碱装置用泵一览表

泵名称	泵型式	输送介质	流量/(m³/h)	扬程/m	过流件材料	轴封型式	电机功率/kW	台数
烧碱蒸发循环泵	轴流式	NaOH 24%～44%、NaCl 8%～11% NaCl 结晶约 7%	4000～4600	4	CF-8	机械密封	110～132	2～3
液环式氯气泵机组	液环式	氯气	1500	压差 1.5bar	CI	机械密封	132	3
液环式氢压缩机机组	液环式	氢气	1500	压差 1bar	CI	机械密封	75	3
化工流程泵	OH1 OH2	氯水、NaClO	<120	<66	Ti	机械密封	<75	9
化工流程泵	OH1 OH2	烧碱、盐水、工艺冷凝液	<100	<60	CF-8、CI	无	<75	20

续表

泵名称	泵型式	输送介质	流量/(m³/h)	扬程/m	过流件材料	轴封型式	电机功率/kW	台数
化工流程泵	OH1 OH2	浓碱、稀硫酸	<90	<40	Ni、Monel、HAS-C276	机械密封	<30	7
磁力泵	OH1	盐酸、NaClO	<50	<38	氟塑料	无	<11	8
熔盐液下泵	VS5	440℃熔盐	260	40	耐热钢	填料密封	90	2
耐腐蚀液下泵	VS5	烧碱母液、废液	<100	<35	CF-8	填料密封	<22	4
计量泵	隔膜式	糖液	0.05	压差5.5bar	CF-8	填料密封	0.2	2

纯碱生产工艺主要为氨碱法和联合制碱法。前者用原盐、石灰石和煤为原料（氨封闭循环利用，只补充损耗量），生产纯碱一种产品，同时有废液渣排放。联碱法用原盐和合成氨厂的氨气和CO_2气，同时生产出纯碱和氯化铵两种产品。两种工艺流程方框图见图3-23、图3-24。氨碱法和联碱法制纯碱装置用泵一览表见表3-19、表3-20。

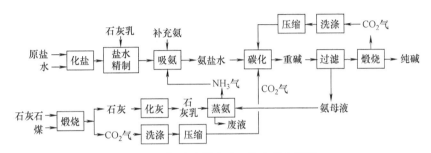

图3-23 氨碱法制纯碱工艺流程方框图

表3-19 年产60万吨氨碱法纯碱装置用泵一览表

泵名称	泵型式	输送介质	流量/(m³/h)	扬程/m	过流件材料	轴封型式	电机/kW	台数
化工流程泵	OH1	氨盐水、氨母液等	<420	<62	CF-8M、Ti	机械密封	<160	11
化工流程泵	OH1	石灰乳、盐泥	<310	<54	耐磨铸铁	机械密封	<90	9
化工流程泵	OH1	盐水等	<430	<58	CI	机械密封	<110	23
碳化塔外冷器高压清洗泵	立式轴流泵	氨母液Ⅱ	<1200	<2.5	CF-8M	机械密封	<15	6~8
耐腐蚀液下泵	VS5	废液	<400	<50	耐磨铸铁	填料密封	<75	4
水环真空泵	液环式	空气	<530	进口压力0.2bar(A)	CI	机械密封	37	2

碱工业用泵绝大部分是耐腐蚀卧式离心泵，其次是化工轴流泵、液下泵、液环式真空泵和压缩机、磁力泵、计量泵。本节对碱工业的专用泵的工况特点和选型要求、结构特点进行叙述。

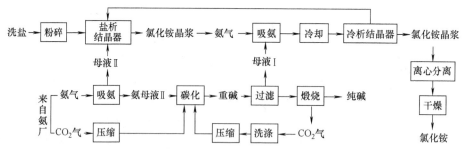

图 3-24 联碱法制纯碱和氯化铵工艺流程框图

表 3-20 年产 60 万吨联碱法纯碱和氯化铵装置用泵一览表

泵名称	泵型式	输送介质	流量/(m³/h)	扬程/m	过流件材料	轴封型式	电机/kW	台数
冷析轴流泵	立式轴流泵	氨母液	5000	3	CF-8M	副叶轮密封	110	9
盐析轴流泵	立式轴流泵	氨母液、盐粉	8000	1.3	CF-8M	无密封	75	3
碳化塔外冷器高压清洗泵	立式轴流泵	氨母液Ⅱ	<1200	<2.5	CF-8M	机械密封	<15	6~8
清洗轴流泵	立式轴流泵	氨母液Ⅰ	600	3	CF-8M	副叶轮密封	<110	3
化工流程泵	OH1 OH2	氨母液、盐水、工艺冷凝液	<450	<60	CF-8M CF-3M	机械密封	<132	32

二、蒸发循环泵

隔膜法烧碱蒸发的特点是在烧碱液蒸发过程中有氯化钠晶体析出，对于这种有晶体析出的浓缩，普遍使用强制循环蒸发器。烧碱蒸发器内的碱液循环选用轴流式或混流式循环泵。

1. 工况特点和选型要求

（1）采用慢速泵 烧碱蒸发器可列为蒸发式晶浆循环型结晶器。流经循环泵的料浆中含有 6%~10%（质量分数），甚至更高的盐晶体。旋转叶轮对晶体有破碎作用，并诱导二次晶核的生成。按照晶体非弹性碰撞理论，使晶体破碎的能量与晶体相对于叶轮速度的 m 次方成正比，指数 m 与晶体的特性、晶体的粒度分布和晶浆浓度有关。另外，从轴流泵流量 Q 与叶轮外径和转速 n 的关系式，即 $Q=KD^3n$ 可知，在流量不变的前提下，如叶轮外径加大为两倍，则泵转速可下降为 1/8，叶尖圆周速度降为 1/4。因此，按结晶过程的要求，应采用慢速型循环泵。此外，慢速泵还可减轻叶轮的磨损，延长使用寿命。慢速泵的必需汽蚀余量小，抗汽蚀性能好。

（2）要求陡降的扬程-流量特性曲线 当蒸发器操作后期因结盐使循环阻力增加时，陡降的扬程特性曲线可使流量的减小幅度小，即传热系数的下降速度慢，对蒸发过程有利。

（3）蒸发器与循环泵的合理匹配 蒸发器设计者应正确计算蒸发器碱液循环阻力，提出准确的扬程,以保证循环泵长期在高效区运行;而循环泵也应有流量调节手段(变转速、变轴流泵的叶片安装角),以适应不同用户要求,便于生产中调整运行参数。

要求在设计蒸发器时,应避免有害的漩涡进入泵;切向循环进料的蒸发室宜改为轴向正中进料;纯切向式应改造为部分切向式;蒸发器锥底设消涡器或导流器;正循环蒸发器改为反循环式。

为减小作用于循环泵进出口管上的热膨胀力,应考虑蒸发器的热补偿措施。传统的热补偿方式是在循环泵进出口设波形膨胀节。先进的热补偿结构是选用悬挂式循环泵或弹簧支座式循环泵,这两种循环泵在国外大型强制循环蒸发器上均已采用。

(4) 泵的可靠性要求高 蒸发循环泵无法设置备用泵,要求循环泵单机连续运行,如出故障将导致整个蒸发器停产。因此,要求其整机可靠性好。

2. 结构特点

(1) 悬臂型 与一般清水轴流泵不同,输送的料浆中不能有轴承。我国制盐蒸发行业早期的循环泵绝大部分为双支撑型轴流泵,泵体为 U 形弯管式;而悬臂式轴流泵的泵体为 90°弯管式,前者的耐腐蚀材料量是后者的 1.5~1.7 倍,且轴封数量是后者的 2 部。目前,国内蒸发循环泵已普遍用悬臂式结构。

(2) 轴封 针对烧碱蒸发循环泵轴封的苛刻工作条件,设计轴封的思想是将密封介质条件从温度较高又含有固体颗粒的强腐蚀性悬浮液转化为温度低的清液。为此,在轴封腔底部设置环形内隔离室,用不含盐晶体的电解液(一效进料的稀碱液)进行内冲洗,并设迷宫式节流套,提高内冲洗效果,减少冲洗液流量。在双端面机械密封中部,用温度<50℃的冷凝水作为封液。装设流量计和压力表,对内冲洗液和冷凝水的流量和压力进行监测,使冷凝水压力>电解液压力>密封碱液压力。蒸发装置各台循环泵专用一台小型冷凝水泵供水,供水泵电机与事故电源相连,供水管线上设蓄压器,可完全避免封液的中断和压力下降,机械密封寿命已达一年以上。先进的轴封结构还能实现蒸发器不放料就能安全地更换填料,减少装置停产时间。

(3) 热补偿方式 把循环泵悬挂在蒸发器上,随蒸发器一起伸缩,取消了昂贵的波形膨胀节,消除了作用于循环泵进出口接管上的热膨胀力。图 3-25 为无锡电化厂烧碱蒸发器上的悬挂式慢速循环泵,已使用二十多年。

(4) 泵体中心线支撑(非悬挂式采用) 由于蒸发循环泵直径大,介质温度达 100~165℃,泵体中心支撑与底脚支撑相比,可避免泵体轴心线与转子轴心线的热偏移,减小叶轮与泵体之间的径向间隙,提高泵的容积效率。

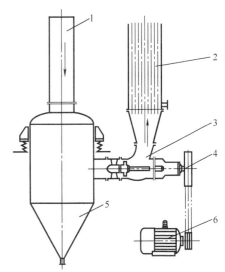

图 3-25 悬挂式循环泵
1—循环管;2—加热室;3—循环泵;4—带轮;
5—结晶器;6—电动机

(5) 性能参数可调节 轴流泵的高效区较窄,如果要求采用同一种规格的泵能满足不同用户的要求,使泵在高效区运行,则要求泵参数应能调节。另外,蒸发器的操作条件常有变化,或泵叶轮磨损时也要求能调节其性能。常用的性能调节方法是改变泵的转速和叶片安装角。

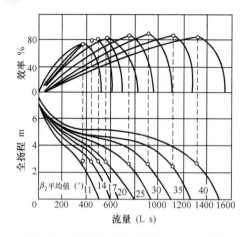

图 3-26 轴流泵叶片安装角 β_2 改变时的特性曲线

泵转速改变时,其性能参数可按流量与转速的一次方成正比,扬程与转速的二次方成正比,轴功率与转速的三次方成正比进行换算。对一次性的性能改变,可用更换不同极数的电动机,或更换带轮或减速器的办法来解决;如使用时要经常改变泵的参数,可用汽轮机驱动或变频电机或增加调速型液力偶合器。

叶片安装角改变时,泵的最高效率值变化很小,最高效率点的扬程和关闭扬程变化也很小,图 3-26 为某轴流泵叶片安装角改变时的特性曲线,用这种变工况方法能实现较大幅度的流量改变,泵仍能经济地运行。

叶片安装角加大时,流量和轴功率均增加,流量变化幅度与轴流泵的规格和冲角有关,一般为 3%~5%。图 3-27 为叶片安装角改变时的性能变化,图 3-27(c)是扬程不变条件下的流量变化百分比。

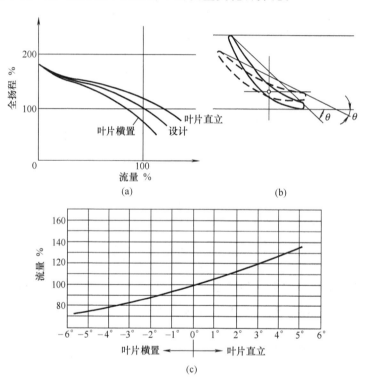

图 3-27 轴流泵叶轮叶片安装角改变时扬程曲线的变化

3. 蒸发循环泵的选型计算

确定泵转速 n:泵转速受汽蚀性能和结晶过程要求的叶尖圆周速度的限制(一般要求 <20m/s)。工艺专业应给出蒸发器的有效汽蚀余量 $NPSH_a$,考虑到轴流泵在非设计工况时的必需汽蚀余量 $NPSH_r$ 要增大的特点,为安全要求,$NPSH_r \leqslant NPSH_a - 1m$。按轴流泵的汽蚀比转数计算出泵的转速 n。当叶轮外径确定后再校核叶尖圆周速度。

$$n = \frac{C \cdot \text{NPSH}_r^{0.75}}{5.62\sqrt{Q}} \quad \text{r/min}$$

式中 C——汽蚀比转数，一般为 800~950r/min；

Q——泵设计点流量，m³/s。

叶轮外径 D 可根据轴面速度 C_m 和叶轮的轮毂比 $\frac{d_h}{D}$ 计算。轴面速度按下式计算

$$C_m = (0.06 \sim 0.08)\sqrt[3]{Qn^2} \quad \text{m/s}$$

式中 Q——泵设计流量，m³/s。

轴流泵叶轮的轮毂比 $\frac{d_h}{D}$ 与比转数 n_s 有关。表 3-21 为优秀轴流泵的轮毂比与比转数两者关系的统计数据。轮毂比按表 3-21 中的上限选择，可减小叶片扭曲程度，扩大高效区范围。

表 3-21 轴流泵的轮毂比与比转数关系

n_s	500	600	700	800	900	1000	1100
d_h/D	0.5~0.53	0.46~0.59	0.44~0.56	0.40~0.53	0.37~0.5	0.35~0.48	0.33~0.46

叶轮外径

$$D = \sqrt{\frac{4Q}{\pi C_m [1 - (d_h/D)^2]\eta_V}}$$

式中 η_V——泵的容积效率，0.94~0.98。

电动机配用功率 P 按 $P = K\frac{P_a}{\eta_t}$ 求取，考虑到蒸发器结盐时循环阻力增大，轴功率上升幅度较大，K 常取为 1.3~1.5。

例 年产 3 万吨烧碱蒸发器的碱液循环量为 2650m³/h，循环系统阻力为 4m 液柱，碱液密度为 1460kg/m³，蒸发器的有效汽蚀余量为 8m，要求叶尖圆周速度<20m/s，试初选蒸发循环泵。

解： ① 确定泵转速 n。

泵的必需汽蚀余量 $\text{NPSH}_r = \text{NPSH}_a - 1 = 8 - 1 = 7\text{m}$，泵的汽蚀比转数取为 900r/min，则泵的转速为：

$$n = \frac{C \cdot \text{NPSH}_r^{0.75}}{5.62\sqrt{Q}} = \frac{900 \times 7^{0.75}}{5.62 \times \sqrt{2650 \div 3600}} = 803 \text{ (r/min)}$$

泵与电动机直连，取 $n = 740\text{r/min}$。

② 计算叶轮外径 D。

叶轮的轴面速度

$$\begin{aligned} C_m &= (0.06 \sim 0.08)\sqrt[3]{Qn^2} \\ &= (0.06 \sim 0.08)\sqrt[3]{(2650 \div 3600) \times 740^2} \\ &= 4.43 \sim 5.91 \text{ (m/s)} \end{aligned}$$

选取 $C_m = 5.2\text{m/s}$。

比转数

$$n_s = \frac{3.65n\sqrt{Q}}{H^{0.75}} = \frac{3.65 \times 740 \times \sqrt{2650 \div 3600}}{4^{0.75}} = 819 \text{ (r/min)}$$

取轮毂比 $d_h/D = 0.5$，容积效率 $\eta_V = 0.95$，按下式计算叶轮外径

$$D = \sqrt{\frac{4Q}{\pi C_m[1-(d_h/D)^2]\eta_V}} = \sqrt{\frac{4 \times 2650 \div 3600}{\pi \times 5.2 \times (1-0.5^2) \times 0.95}} = 0.503 \text{ (m)}$$

取叶轮外径 $D=0.5\text{m}$，则叶尖圆周速度
$$u=\pi Dn/60=\pi\times0.5\times740\div60=19.4\text{ (m/s)}$$

③ 确定电动机功率

轴功率 $$P_a=\frac{HQ\rho}{102\eta}=\frac{2650\times4\times1460}{3600\times102\times0.72}=58.5\text{ (kW)}$$

电动机功率富裕系数 K 取为 1.3，则电动机额定功率
$$P=1.3P_a=1.3\times58.5=76\text{ (kW)}$$

电动机额定功率取为 75kW。

三、液环式氯气泵和氢气泵

在氯碱工业中，氯气和氢气的输送或加压主要用离心式和液环式两种机型。离心式氯压机的输气量大，效率较高，但要求将湿氯气干燥到含水量小于 50×10^{-6}（质量分数），需增加氯气干燥装置的投资，如进气量小于 $1400\text{m}^3/\text{h}$ 时，效率较低。目前国内已开发出高速型多轴离心式氯压机，单台能力可用于年产 3 万~7 万吨烧碱规模的氯气输送。我国氯碱行业中，中小氯碱厂数量占多数，液环式氯气泵使用量仍较大。国内外高压法液氯工序中，排气压力 14bar 左右的氯气加压，使用双级式氯气泵。氯气泵应与气液分离器、硫酸冷却器、循环泵、阀门、管线、仪表等集装在一个公用底座上成套供货。

对氢气的输送或加压，不管装置的规模，普遍用液环式氢压缩机组，氢气泵与气液分离器、水冷却器、阀门、管线、仪表等集装在一个公用底座上成套供货。从安全角度考虑，液环泵也广泛用于乙炔、氯乙烯等危险性气体的输送或加压。

1. 工况特点和选型要求

(1) 氯气为有毒气体，氢气为易燃易爆气体，不允许泄漏，对轴封的可靠性要求严格，应采用机械密封。

(2) 氯气泵用浓硫酸作为工作液，氯气压缩的热量被浓硫酸吸收，要求浓硫酸进行封闭循环，应设置气液分离器、硫酸冷却器、循环量调节阀门和液流视镜。对强制循环式还要加硫酸循环泵。对氢气泵，为避免液环泵内结水垢，通常用软水作为工作液，也应用封闭循环。冷却器的热负荷按国外资料介绍，可取为轴功率的 90%。

(3) 氯气泵用价廉的铸铁制造，铸铁材料在氯气饱和的浓硫酸中的耐腐蚀性毕竟有限。配气面腐蚀后间隙增大，出现内回流，使容积效率降低。要求氯气泵能实现不拆泵就能检查并调节配气面的间隙，以防止泵性能下降。国外的氯气泵大多采用奥氏体不锈钢。

2. 结构特点

分析对比国内外各种液环式氯气泵的技术性能和结构设计之后，现以获中国专利的 YL 型氯气泵为例（见图 3-28），说明氯气泵的结构特点。

① 双作用式。泵体横截面近似于椭圆，叶轮与泵体呈双偏心，叶轮旋转一周完成两次吸气和排气，叶轮受到的径向力可自动得到平衡，这对于密度大的浓硫酸液环泵是很重要的。

② 悬臂式。与转子双支撑结构相比，便于设计成配气面间隙可以调节的结构，轴封数也从两处减为一处，轴封故障率减半。

③ 锥形配气面。对于圆柱形配气面，当叶轮与配气器的间隙变大后不易恢复。而轴向进排气的配气面间隙的调整要拆泵才能实现。意大利 GARO 公司和我国的氯气泵都采用圆锥形配气面，且能从外部移动转子，不必拆泵就能间接测量并调节配气面间隙。

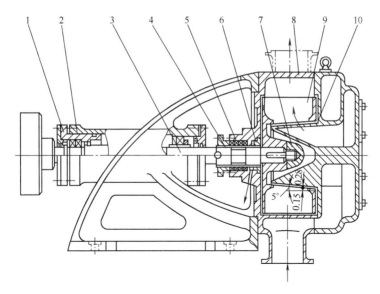

图 3-28　YL 型液环式氯气泵结构简图
1—轴承套筒；2—轴承座；3—轴；4—轴套；5—轴封；6—节流环；7—叶轮螺母；
8—泵体（进出口呈水平位置）；9—叶轮；10—大盖

④ 减小余隙容积，减少氯气内泄漏，提高容积效率。在循环硫酸进入压缩终点附近，合理确定轮毂比和叶轮与泵体的偏心距，以便减小余隙容积。为消除大盖锥孔与配气器之间的间隙处的内泄漏，将两件铸为一体。

⑤ 用硫酸回流降压措施取代背叶片降压方式。大盖和配气器的气体流道按等气速原则设计。

⑥ 用外装式聚四氟乙烯波纹管机械密封，辅以内回流降压措施，延长轴封寿命。

⑦ 进排气接管从大盖移至泵体上，维修时不必拆进排气管道。

四、熔盐液下泵

1. 工况特点和选型要求

在薄膜浓缩法固体烧碱生产中，高浓度高沸点烧碱的浓缩采用熔盐作为加热介质。采用熔盐的优点是，在常压下即可获得 300~500℃ 的高温，这比用高压蒸汽加热经济、安全，也比用直接火加热容易控制，能保证产品质量。熔盐液下泵的工况特点和选型要求如下。

① 熔盐的组成为 KNO_3 53%，$NaNO_2$ 40%，$NaNO_3$ 7%，在此比例下熔盐的黏度最小，480℃ 时的黏度为 1.5cP，因此流动性好。泵清水测试性能可作为输送熔盐时的性能，对流量、扬程和效率均不修正，但轴功率为原清水泵的 1.73 倍。

② 用氮气保护。空气中的氧气会使高温熔盐中的 $NaNO_2$ 氧化为 $NaNO_3$，使其黏度急剧增加。为此，应在熔盐储槽液面上方用 0.05MPa（G）压力的氮气进行保护。液下泵轴封应防止空气漏入，又要减少氮气耗量。

③ 高温熔盐有很强的氧化性，要避免接触有还原性的铝、纸等物质，避免润滑油漏入储槽。泵出口法兰处要严防泄漏，防止烧伤人员。

④ 由于卧式熔盐泵轴封难度大，熔盐泄漏有危险性，故一般采用液下泵。

⑤ 为缩短熔盐液下泵的长度，提高其使用可靠性，熔盐储槽宜设计成卧式圆筒，或高径比小的立式圆筒。

2. 结构特点

高温液下泵与常温液下泵的主要区别是要着重解决与热膨胀、高温机械强度和刚度有关的一系列结构设计问题。

① 结构上的热对中性　某些高温液下泵采用常规液下泵结构，即用一根出液管。泵运行时，出液管内充满高温熔盐，而中央支撑管仅下部接触熔盐，出液管的温度比支撑管的高，由于热膨胀量不同，产生的热膨胀力很大，易使泵体偏斜，缩短底轴承寿命，或使叶轮与泵体密封环相碰，密封环偏磨，内泄漏增大。某泵厂的熔盐液下泵用双出液管结构，消除了轴向的不均匀膨胀（见图3-29）。

② 悬臂式　某些熔盐液下泵有液下底轴承，因熔盐的润滑性不好，且高温下滑动轴承的间隙值难选得合适，下轴承寿命不长。轴套有磨损使叶轮偏斜，径向离心力增大，进一步加剧轴套和叶轮密封环磨损。因此，这种有底轴承结构的液下泵检修频繁，合理的结构是采用悬臂式结构。

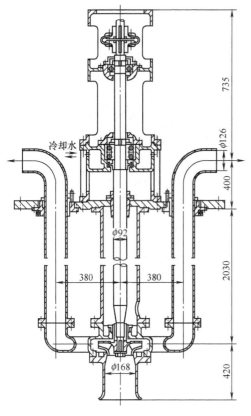

图 3-29　熔盐液下泵

③ 双蜗壳泵体　可大幅度减小泵在非设计工况下运行时的径向力，减小悬臂端挠度。双蜗壳泵体与双出液管结合，取消了单出液管双蜗壳泵体中180°的隔板，简化铸造。

④ 加强轴承冷却措施　大多数高温液下泵底座上方的下轴承处有水冷夹套。德国KSB公司的熔盐液下泵用轴上自带的风扇进行风冷，效果不如水冷夹套好。某泵公司的高温液下泵的轴承用稀油强制循环润滑。润滑油是利用轴承下方的小叶轮进行循环，轴承座侧面设置油箱，内有冷却盘管。轴承的密封用非接触式折流罩密封，解决了高温液下泵漏油问题。

⑤ 泵轴封方式要考虑高温下的寿命问题和便于更换。熔盐液下泵的轴封是针对氮气的密封，各泵厂都采用填料密封，向填料腔中部的灯笼环处通入氮气。填料腔四周设水冷夹套，延长填料寿命。

⑥ 各零件材料的线胀系数应尽量相同或接近。

五、离心式晶浆泵

隔膜法烧碱和天然碱的蒸发工序，氨碱法的碳化和过滤工序以及联碱法的氯化铵结晶工序，都需要离心式晶浆泵，用于输送含有晶体的腐蚀性介质。

1. 工况特点和选型要求

① 采用慢速型　结晶和固液分离过程都要求减轻叶轮引起的晶体破碎作用，宜按慢速方式选泵。

② 防止叶轮流道堵塞　对于晶浆浓度较高的介质，或运行工况为小流量高扬程，如用闭式叶轮，流道部分堵塞将造成转子不平衡，这是晶浆泵常见的轴封和轴承过早失效的主要原因。为此，应改用半开式、开式、少叶片宽流道闭式叶轮或旋流式叶轮。后两种效率较

低，应首先考虑前两种叶轮形式。

③ 应考虑输送悬浮液时泵性能的下降，应按第二篇第六章第四节的图表，根据固相浓度和晶体平均粒度，查出流量、扬程和效率的修正系数。

④ 机械强度和刚度应比清液泵大。由于叶轮磨蚀不均匀，转子不平衡度增加，故要求用加粗轴。选泵时注意比较各泵厂的轴径和轴承设计。

⑤ 选材和结构上要适应耐腐蚀和耐磨蚀的要求。泵应有叶轮间隙外部调节结构，以长期维持泵高效运行、防止泵性能下降。

2. 结构特点

① 后开式叶轮。某公司独特的后开式叶轮泵（图 3-30）适用于输送腐蚀性晶浆。该泵的特点是叶轮后部为开式，不用背叶片就能降低轴封腔压力，防止晶体进入轴封部位。由于叶轮无后盖板和背叶片，与普通形式叶轮的泵相比，叶轮悬臂小，能减小轴的挠度和轴承负

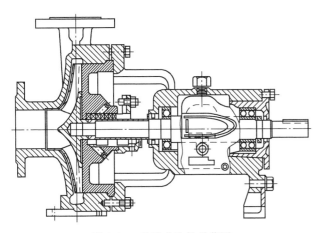

图 3-30 后开式叶轮晶浆泵

荷。叶轮用螺纹与轴连接，消除了常规的叶轮螺母对进液的干扰，叶轮入口流动条件好，提高了泵的抗汽蚀能力。此种后开式叶轮泵也大量用于清液，效率与闭式叶轮泵相当。

② 有泵外叶轮间隙调整机构，以长期维持泵性能。

③ 轴封结构要适用于易堵塞、有磨蚀的晶浆。可以使用副叶轮轴封带离心式停车密封的泵，可靠性好，少维护，但要注意允许的泵进口压力不能超过泵的限度。也可用料浆专用机械密封，国内外的发展趋势是将轴封腔空隙扩大，比 ISO 机械密封标准的腔大幅度增加，避免了固体的聚集，改善了冷却和冲洗效果。机械密封的弹簧尽量不接触介质，摩擦副用硬对硬配合。

④ 选用耐腐蚀耐磨材料。对于磨损性不强的晶浆，可选用一般耐腐蚀不锈钢，对有磨蚀性的腐蚀性晶浆，推荐用 CD-4MCu 双相不锈钢，硬度高，其耐磨耐蚀性均佳，化学成分、力学性能和热处理等技术要求见美国 ASTM-A744

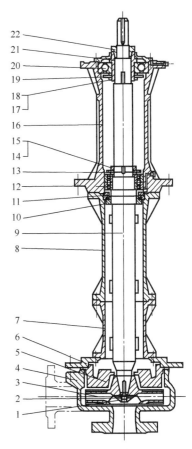

图 3-31 悬臂式液下泵
1—叶轮螺栓；2—叶轮螺母；3—叶轮；
4—泵体；5—泵盖；6,22—调节螺母；
7,8—支承管；9—轴；10,11—密封环；
12,20—滚动轴承；13,19—挡油环；
14,17—圆螺母；15,18—锁紧垫片；
16—轴承箱；21—自锁轴承调节轴套

标准。我国主要的泵厂可生产此材料。

⑤ 晶浆液下泵应选用悬臂式结构。常规化工液下泵用于晶浆介质时,液下轴承的磨损是泵故障的根源。合理的结构是转子用泵底板之上的两处轴承支撑,取消液下轴承,并有叶轮轴向间隙调节机构。图 3-31 为悬臂式液下泵的结构。

六、结晶器循环泵

1. 工况特点和选型要求

在联合制碱法生产中,氯化铵工序的冷析结晶器和盐析结晶器是关键设备。图 3-32 所示的冷析结晶器为 OSLO 型结晶器。用安装在器顶的立式冷析轴流泵,把挟带有少量氯化铵细晶的半Ⅰ母液抽出,送至列管式外冷器进行循环冷却,以形成过饱和度。然后经分配箱自流入结晶器的中心管内。母液下行至器底,然后向上流动,使晶体在晶浆区中悬浮。过饱和母液经过晶床时解除其过饱和度,而使晶体成长。冷析轴流泵的流量直接决定了外冷器的传热效率、结晶器的生产能力和晶体的粒度。因此,要求轴流泵流量应准确,有时要求用变频电动机驱动。

图 3-33 所示的盐析结晶器也为 OSLO 型结晶器,在其中央循环管的上端插入无泵体的盐析轴流泵的叶轮,使循环母液混入新加进的半Ⅱ母液、滤液和细盐,因盐析作用而形成的过饱和料液到达器底后,转而向上流动,通过流化床时过饱和度消失,使晶体长大,母液再回到轴流泵的吸入口。工艺要求盐析轴流泵的流量准确或可调。

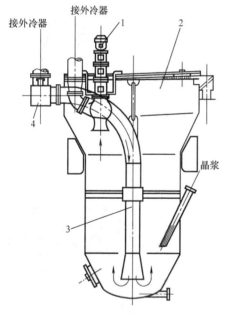

图 3-32 冷析结晶器
1—冷析轴流泵;2—结晶器;3—中心管;
4—分配箱

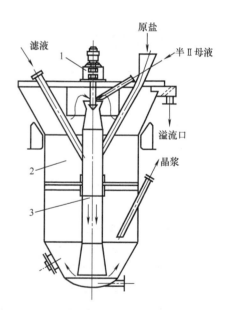

图 3-33 盐析结晶器
1—盐析轴流泵;2—结晶器;3—中央循环管

轴流泵入口的淹没深度:当泵入口淹没深度不够时,会出现局部旋涡,将挟带空气进入泵内,使泵流量减小,并引起振动。淹没深度与吸入口直径和吸入口流速有关(见表 3-22)。将吸入口做成喇叭形,或入口处加消涡挡板,均可减小淹没深度。

表3-22 最小淹没深度与泵吸入口直径   mm

泵吸入口直径	200	250	300	350	400	450	500	600
最小淹没深度	500	550	600	700	800	850	900	1000

2. 结构特点

① 悬臂式 冷析泵和盐析泵均为悬臂式结构，无液下轴承。

② 重型轴 由于悬臂长度大，采用加粗轴，提高使用可靠性。

③ 对焊泵轴 接触母液的下段轴用316不锈钢，上段轴用45钢，两段轴对焊，可同时满足耐蚀和强度、硬度的要求，降低造价。

④ 冷析轴流泵的轴封用副叶轮加聚四氟乙烯填料密封，也可用机械密封。盐析轴流泵无轴封。

纯碱和氯化铵装置用立式轴流泵的性能参数和特点见表3-23。

表3-23 纯碱和氯化铵装置用立式轴流泵的性能参数和特点

泵名称		冷析轴流泵	盐析轴流泵	洗涤器轴流泵	碳化塔外冷器 高压清洗泵
工作介质	名称	氨母液	氨母液	氨母液 I	氨母液 II
	密度/(g/cm³)	1.153	1.203	1.172	1.164
	温度/℃	10～15	10～15	10～18	40
流量/(m³/h)		2500～5000	3000～8000	600～1000	700～2000
扬程/m		3～4	1.2～2.5	2～2.5	1.5～2.5
转速/(r/min)		740～580	580～180	970～740	730～580
电机功率/kW		<200	<90	<15	<22
过流件材料		CF-8M,铝铸铁	CF-8M,铝铸铁	CF-8M,铝铸铁	CF-8M
泵的特点		1. 低速型,叶轮对晶体的破坏轻 2. 叶轮用可调式叶片,使泵在高效区运行 3. 不锈钢与高碳钢对焊泵轴 4. 有泵体	1. 超低速,消除中央循环管旋涡带气,使扬程降低而节能 2. 超低速,晶体粒度明显增大,晶浆分离后含湿量降低,减少了干铵工序的汽耗 3. 叶轮用可调式叶片,使泵在高效区运行 4. 不锈钢与高碳钢对焊泵轴	1. 工作介质为清液,用常规立式轴流泵 2. 有泵体	1. 20bar高压下在线清洗,清洗快,节能 2. 高压机械密封

第七节 高密度聚乙烯装置用泵

一、工艺流程

国内的聚乙烯和聚丙烯装置发展很快，特别是近五年来，聚乙烯聚丙烯形成联合装置，并向大型化方向发展，其单套反应装置的基本规模都达到年产30万吨以上。

按聚合物反应机理和催化反应的不同，聚合反应分液相、气相和液气相反应三种，其中最常用的是液相反应和气相反应方式，液相反应如：环管反应法、浆料法等；气相反应则采用气相反应器。

高密度聚乙烯（HDPE）的环管反应法是将原料乙烯、溶剂和催化剂注入一个管道式的反应器中，在管道式轴流泵的带动下进行混合与循环；由于聚合反应是放热过程，所以管道式反应器外带冷却水夹套，由外部循环泵供给冷却水。反应后的聚合物由浆料泵送往下游进行固液分离和溶剂回收；聚合物在经过离心干燥后形成的粉料就是最初的聚乙烯产品了。如果对于聚乙烯产品要增加它的附加性能或以市场上颗粒料的形式出售，还需向粉料中添加部分添加剂，并通过挤出机使其熔融后通过模板造粒才成为最终的产品。高密度聚乙烯的基本工艺流程见图 3-34。

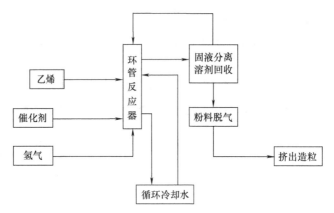

图 3-34　HDPE 装置工艺流程简图

二、装置用泵概要

聚乙烯和聚丙烯装置的用泵量与乙烯装置或炼油装置相比，要少得多，但型式分布较广。以高密度聚乙烯（HDPE）为例，其中普通单级悬臂式离心泵 5 台，多级离心泵 2 台，浆料泵（OH2 型）7 台，水平中开离心水泵（BB1 型）2 台，高速泵 5 台，轴流泵 2 台，双隔膜计量泵 5 台，齿轮泵 1 台，气动隔膜泵 2 台。详见表 3-24。

表 3-24　HDPE 装置用泵一览表

泵名称	泵形式	输送介质	流量 /(m³/h)	扬程 /m	最高压力 /MPa (G)	泵转速 /(r/min)	轴封型式	材质 泵体/叶轮	电机功率 /kW	台数
化工泵	单级卧式悬臂离心泵	脱盐水、冷却水、工艺冷凝液	<80	<150	<1.6	2950	单机械密封	304SS 12%Cr	<75	5
溶剂循环泵	多级卧式双支承离心泵	碳氢化合物	110	920	7	2950	双机械密封	低温碳钢 304SS	280	2
浆料泵	单级卧式悬臂离心泵(OH2 型)	PE+异丁烷+乙烯，含固量 45%（质量分数）	<120	<150	8	2780	双机械密封	316L	≤132	7
循环水泵	单级卧式水平中开离心泵（BB1 型）	工厂循环冷却水	2400	35	2	750	单机械密封	碳钢	315	2
高速泵	立式离心泵	碳氢化合物	<50	500～700	7.6	15300	双机械密封	碳钢/316SS	≤75	5

续表

泵名称	泵形式	输送介质	流量 /(m³/h)	扬程 /m	最高压力 /MPa (G)	泵转速 /(r/min)	轴封型式	材质 泵体/叶轮	电机功率 /kW	台数
轴流泵	特殊90°弯头壳体结构	PE反应物料	10400	20	5.8	1450	多重串联式机械密封	低温碳钢铸铝	700	2
计量泵	双隔膜	催化剂	<0.02	<400	5	变频电机	填料密封	316SS PTFE	≤0.37	5
熔融泵	外啮合齿轮泵	熔融态PE			34	3~30	熔体密封	碳钢渗氮	1300	1

三、关键泵

1. 环管反应器循环泵

环管反应器循环泵是高密度聚乙烯（HDPE）装置中的关键类泵。当乙烯在环管中进行驻留聚合反应时，该泵将促进整个环管内反应物介质的流动、混合和循环。环管反应器和它的循环泵的整体布置如图3-35所示。

（1）工况特点　泵送介质为聚乙烯浆料（含固量40%~55%）、异丁烷、乙烯及催化剂等，颗粒最大直径约2000μmm。流量范围7500~10000m³/h，扬程25m，黏度0.15~0.24cP（1cP＝10^{-3}Pa·s），介质操作温度105℃。

（2）选型和结构特点　循环泵采用轴流泵，由于是作为环管反应器的一部分，泵壳结构采用与反应器同等材质的等径大弯头结构，进出口采用标准法兰，便于与反应器的连接，管道尺寸按装置的反应规模大小有20in、24in、28in等规格。

轴流泵的结构如图3-36所示。按泵壳的尺寸大小，有时需要增设中间轴承。由于中间轴承已浸入泵送介质中，所以它的选材和润滑相当重要。中间轴承座的材料需与壳体一致，

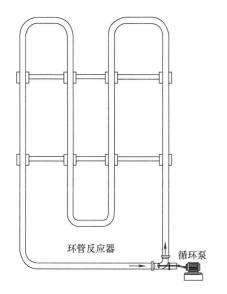

图3-35　环管反应器及其循环泵典型布置

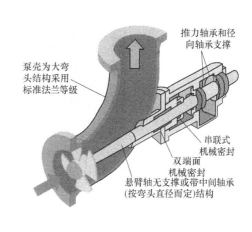

图3-36　轴流泵结构

通常采用不锈钢;轴承座内装滑动轴承,采用压力强制润滑,通常是注入与反应物兼容的介质如异丁烷;同时由于泵送介质中含有聚乙烯颗粒(最大直径约 2000μm),所以异丁烷在进行轴承强制润滑的同时又作为冲洗液,将介质中的颗粒冲向叶轮侧,防止进入轴承中,详见图 3-37。

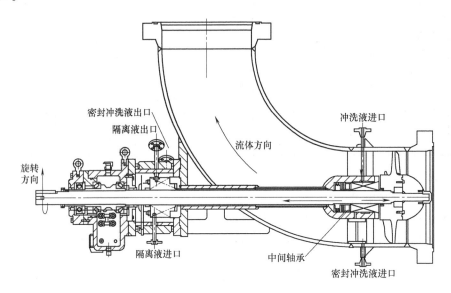

图 3-37 轴流泵剖面图

环管反应器循环泵驱动设备与泵体的连接有其特殊的型式。由于整个金属环管在反应过程中会产生热膨胀,因此作为反应器一部分的泵体也将产生位移。为保证泵与驱动设备的转矩转递,同时缓解膨胀位移量,需采用如图 3-38 所示的特殊万向节联轴器。

图 3-39 所示结构也经常用到环管反应器循环泵的底座安装上,泵体和驱动设备有一公用底座,底座下部设有弹簧支撑,也能有效地缓解反应器的膨胀量。

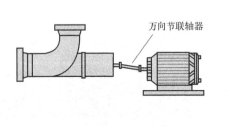

图 3-38 万向节联轴器

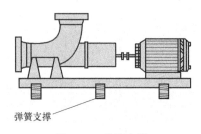

图 3-39 弹簧支撑

(3)机械密封(见图 3-37 和图 3-40)

机械密封根据泵送物料的特点以及泵体自身的结构特征,需采用多级密封的串联形式。

① 叶轮背部中间轴承处的外部冲洗要求(plan 32 方案):外部冲洗一般采用异丁烷,其压力应至少高于环管最高工作压力 0.35bar,以保证能将 PE 颗粒冲走。

② 中间轴承前后的第一级有压密封(plan 53C 方案),该密封为两级串联的密封结构,又称主密封。密封冲洗液进入前级密封后经泵送环沿泵轴方向流向后级密封(沿泵轴流向驱动端),这样在将前级密封产生的热量带走的同时又润滑了泵轴。采用 plan 53C 方案的目的是保证没有任何环管内的介质可能泄漏出来。53C 密封辅助系统中的活塞平衡压力同样取自

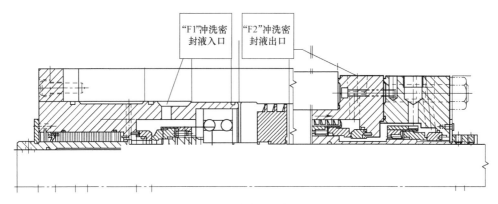

图 3-40 密封配置装配图

32方案的外部冲洗源（异丁烷）。

③ 最后是采用plan52方案的单级密封与主密封串联，作为隔离密封（又称辅助密封）。通过以上的三个密封串联以及辅助冲洗隔离液的循环，将有效保证泵安全可靠地运行。

(4) 材料选择　环管循环泵的材料选择原则：泵壳应采用与反应器相同的材料；叶轮一般为铝制或316SS；轴为A4340。机封材料的选择：主密封中前级密封由于介质中含有PE颗粒，动环采用碳化硅，静环采用碳化钨；后面几级密封，其辅助系统的缓冲液和隔离液都使用矿物油，无颗粒存在，所以动静环可采用相同材料，如碳化硅；O形圈材料采用氟橡胶。

(5) 制造商的选择　环管反应器循环泵属于特殊设计用途的专用泵，制造商选择时需要充分考虑它的设计、工程成套化能力、制造能力和生产业绩。目前国内采用环管反应的聚烯烃装置中，使用的轴流泵主要制造商是两家：Lawrence 和 Ensival-Moret Belgium S.A.。其技术性能比较见表3-25。

表 3-25　环管反应器循环泵制造商比较

制造商	型号	最大泵口径/in	结构特征
美国 Lawrence	LPI series	28	(1) 挺进式叶轮，大口径泵叶轮材料采用铝制，叶轮端盖采用螺栓紧固 (2) 泵壳为铸件或焊接结构 (3) 中间轴承为双列径向球轴承；外部轴承包括两个推力滚柱轴承和一个径向球轴承 (4) 外部轴承采用油环润滑，内置冷却盘管，可通冷却水加强冷却。轴承油封采用唇封 (5) 密封配置采用3级密封串联，前两级采用有压双封(53C方案)，第三级无压双封带plan52(52方案)辅助密封方案。前级密封可配plan32冲洗，防止介质中带颗粒的物料进入密封系统和中间轴承。整个密封配置较为复杂，但能保证完全无泵送物泄漏
比利时 Ensival-Moret Belgium S.A.	AH	30	(1) 挺进式叶轮，所有口径系列泵叶轮材料都为钢制，叶轮端盖采用特殊液压剪切环固定，拆装方便 (2) 泵壳为铸件或焊接结构 (3) 中间轴承采用轴套式滑动轴承，利用外部冲洗液润滑 (4) 外部轴承为液压式滑动轴承，采用压力油强制润滑；冷却采用外部一体式冷却器。轴承油封采用Inpro迷宫环密封，可靠性高 (5) 密封配置采用3级密封串联，第一级为单端面机械密封，配外部冲洗口，冲洗液同时润滑动静环和中间滑动轴承；前端还可配合Plan32外部冲洗方案，可防止介质中带颗粒的物料进入密封系统和中间轴承。第二、三级采用无压双封(配plan52冲洗方案)辅助密封方案。配置简单可靠

2. Teal 计量泵

Teal 指化工介质三乙基铝,是聚合反应中重要的催化剂之一。在聚烯烃装置中,基本上都要用到该种催化剂。用于泵送三乙基铝介质的泵一般都选择采用往复式计量泵,根据反应条件,其泵送量需要计量控制,在作为催化剂使用时,其最大流量约为 0.02L/h,排出压力为 4.0MPa(G)。

三乙基铝是极度易燃易爆介质,当它与空气和水接触时,会发生剧烈的化学反应,产生高温和燃烧,因此该物料在储运过程中需要严格地隔绝与空气和水的接触。

三乙基铝计量泵一般都选择液压双隔膜计量泵,变频电机驱动,流量调节通过行程调节和泵转速调节组合进行。基于三乙基铝介质的危险特性,在该计量泵的选择时还有一些特殊的要求。

(1) 材料选择 泵体(指与介质接触的部分)和隔膜材料均为 316L;其他非金属材料部分可选用 PTFE 或氟橡胶。

(2) 隔膜选择和泵体结构 隔膜采用双隔膜结构,两个膜片之间需填充矿物白油。采用双隔膜的目的是严格隔绝泵送介质与外界的接触,两片隔膜能防止隔膜破裂发生的频度;另外即使一层膜片破裂时,还有一层隔膜能起到一定的保护,所以两片隔膜间必须填充不会与介质发生任何化学反应的矿物油。

泵的进出口阀门一般要求采用双球阀结构,保证在泵运行中能较好地关闭。同时三乙基铝介质中由于用于聚合反应,通常会伴有微量的颗粒存在,所以进出口阀体在结构上不允许有使颗粒聚集造成阀门关不严的情况。

泵的液压油室和润滑油室必须是独立的隔离腔体,使液压油和润滑油分开。

(3) 辅助保护措施 由于三乙基铝的危险性,在泵的配置上还有一些特殊的辅助保护措施。

① 隔膜破裂检测。需配备隔膜破裂检测仪表,如现场压力表和远程压力传感器,便于工厂 DCS 监控,一旦隔膜破裂,马上可以报警。

② 氮气覆盖保护。即使液压油室和润滑油室已经在结构上分开,但为进一步保护系统,可向润滑油腔注入氮气进行氮气覆盖保护。由于计量泵的润滑油腔通常是常压的,与大气通过透气阀接触;所以当泵的密封填料一旦损坏时,液压油室与润滑油室还是会相通的,这时如果隔膜发生破裂,三乙基铝还是会流到润滑油室与空气接触,发生危险。所以采用氮气覆盖来隔绝空气能进一步保证安全性。近年来很多国外的装置已增加了这种充氮保护设施,我们国内的聚烯烃新建装置也采用了这种设计。

③ 双隔膜间的清洗与矿物油填充装置。对于双隔膜计量泵而言,隔膜的更换是现场用户经常遇到的问题,特别是双隔膜间的清洗与矿物油填充是比较复杂和困难的事情。为了解决这一问题,很多计量泵生产商能提供一套简单的装置使它变得容易,见图 3-41,现在很多新的计量泵上已经广泛采用。

3. 熔融泵

在聚烯烃装置中,熔融泵是比较特殊的泵设备,通常包含在造粒挤出机组中,位于挤出机的下游和造粒机的上游,它的功能主要是控制挤出机聚合物(即聚乙烯或聚丙烯)的出料产量,将经挤出机塑化挤出的熔融态聚合物增压后送往下游的造粒设备进行造粒;有时熔融泵也有调节熔融态聚合物塑化混炼度的功能。由于熔融态的聚合物一般都处于 200~250℃ 的高温,同时泵送压力也较高,所以该泵的设计和制造都有较高的要求。

熔融态的聚合物,属于非牛顿流体。对于非牛顿流体,在温度不变的条件下,液体如受

图 3-41　三乙基铝计量泵现场实物照片

到扰动,黏度也会发生变化。如果使用离心泵,当黏度变大时,流量、扬程就不能满足需要,电机也要超载。因此输送非牛顿液体,宜选用转子泵。聚烯烃装置中的熔融泵一般采用外啮合式齿轮泵,其吸入压力 0.4MPa(G),排除压力 24MPa(G),操作温度 250℃左右,如图 3-42 所示。

熔融泵的转速通常在 3~30r/min,采用变频电机驱动,并通过齿轮减速机减速。

熔融泵的两个外啮合齿轮是非接触的,有一定间隙,两个转子通过外部的定时齿轮驱动。为防止熔融物过度加热转子引起齿轮膨胀后相互咬死,转子轴为中空并通冷却介质来控制温度。轴承采用滑动轴承,利用熔化的聚合物作为润滑剂。轴封采用特殊的迷宫环,内通冷却介质,使熔融态的聚合物冷却逐渐凝固从而起到密封作用,通常还在轴端带氮气吹扫阻止熔融物外漏。

熔融泵通常作为挤出机组的专用设备,由挤出机组供货商一起供货。熔融泵的知名供货商是 Maag(见图 3-43)。

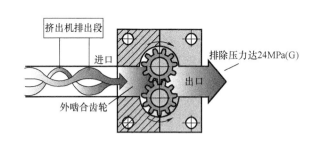

图 3-42　熔融泵的结构示意图

图 3-43　MAAG 熔融泵

第八节　丙烯腈装置用泵

一、丙烯腈性质、用途及其生产工艺流程

(1) 丙烯腈性质　丙烯腈在常温下是无色透明液体,味甜,微臭,可溶于有机溶剂,其蒸气与空气可形成爆炸混合物,丙烯腈有剧毒。

(2) 丙烯腈用途　丙烯腈是三大合成的重要单体,目前主要用它生产聚丙烯腈纤维(商品名称"腈纶"),其次用于生产 ABS 树脂和合成橡胶。

丙烯腈水解所得的丙烯酸是合成丙烯酸树脂的单体。丙烯腈电解加氢,偶联制得的己二腈是生产尼龙-66 的原料。

(3) 生产工艺流程　丙烯腈的生产方法有环氧乙烷法、乙醛法、乙炔法和丙烯氨氧化法。除丙烯氨氧化法外,均需用剧毒的氢氰酸(HCN)为原料引进-CN 基,生产原料贵,成本高。目前丙烯氨氧化法成为世界各国生产丙烯腈的主要方法,其主要原料为丙烯、氨和氧气,副产品有氢氰酸、乙腈、丙烯醛和硫铵,其中副产品氢氰酸可用于生产氰化钠或丙酮氰醇,副产品硫铵可用于生产硫酸。

我国现有的丙烯腈装置都是采用 BP 公司的丙烯氨氧化法专利技术。主装置是丙烯腈装置,相应的副产品装置有乙腈精制装置、硫铵回收装置、氰化钠装置和丙酮氰醇装置。丙烯氨氧化法丙烯腈装置的特点是工艺流程短、设备结构合理、投资低、能耗低、有环保措施。利用本装置副产的高压蒸汽的汽轮机驱动空压机和丙烯制冷机。废水处理采用回收蒸发技术,可使大部分水循环使用,蒸发器釜底浓缩废水送废水焚烧炉焚烧,吸收塔废气送废气焚烧炉焚烧,废水和废气经过焚烧既副产高压蒸汽又大大减少废水和废气排放量,减少对环境的污染。丙烯腈装置工艺流程框图见图 3-44。

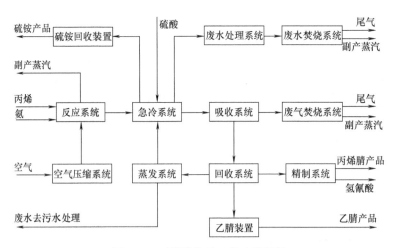

图 3-44　丙烯腈装置工艺流程框图

二、装置用泵概要

1. 概述

本装置特点之一是工艺流程中的工艺介质,如丙烯腈、丙烯醛、氢氰酸等是有腐蚀性、易爆或可燃的剧毒物质,安全问题非常重要,不允许泄漏。按我国卫生部 GBZ 2.1—2007 《工业场所有害因素职业接触限值　第 1 部分　化学有害因素》的规定,丙烯腈(皮)时间加权平均容许浓度不得超过 $1mg/m^3$,丙烯醛最高容许浓度不得超过 $0.3mg/m^3$,氰化氢及氰氢酸盐(皮)最高容许浓度不得超过 $1mg/m^3$。

对泵的材质和轴封结构的要求较其他石油化工用泵要高得多,丙烯腈装置用泵的泵壳和内件的材质多为 304SS 或 316SS,氰化氢、丙烯腈等剧毒介质含量较多的泵采用无轴封泵,如磁力泵或屏蔽泵,氰化氢、丙烯腈等剧毒介质含量较少的泵采用双端面干气密封泵,或采用双端面机械密封泵,且冲洗方式为 API PLAN54 外冲洗。

丙烯腈装置介质还有易燃、易爆的特点，防爆区域等级按美国 NEMA 标准应为 Class I Group D Division 1（相当于 IEC 的 I 类 II 区 II A）。

重载荷离心泵按 API 610 第 8 版及以上版本的标准设计和制造，中轻载荷离心泵按 API 610 第 7 版或 ASME B73.1 标准设计和制造。

本装置使用量最大的是 3196 型化工泵（GOULDS 泵）。符合 ANSI/ASME B73.1 规范。其特点如下：

(1) 采用后开门结构，便于维修和更换零件。
(2) 开式叶轮，可实现叶轮轴向间隙的外部调节，能长期维持泵的效率。
(3) 双列向心推力轴承，转子无轴向窜动。
(4) 叶轮与轴螺纹连接，泵入口条件好，$NPSH_r$ 小，无叶轮螺母松脱危险。
(5) 重型轴，刚性大，在密封面处挠度小于 0.05mm，可靠性高。

2. 主要装置用泵一览表

仅以 26 万吨/年丙烯腈装置为例。

丙烯腈装置（包括辅助装置）共有泵 178 台。按介质和工艺参数，选用了不同类型的泵，其中磁力泵 20 台，重型化工离心泵 20 台，轻型化工离心泵 73 台，自吸泵 17 台，水环真空泵 8 台，计量泵 24 台，螺杆泵 4 台，轴流泵 1 台，液下泵 2 台。详见表 3-26。

表 3-26　丙烯腈装置用泵一览表

泵类型	台数	介质	流量/(m³/h)	扬程/m	操作温度/℃	轴封型式	电机功率/kW
磁力泵	20	丙烯腈、氢氰酸、有机物溶液	2.4～106.38	35～119.5	7.6～97.4	无密封	5.5～45
重载荷离心泵	20	有机物、锅炉水、乙二醇等	640～1422	55～150	10～257	干气密封或机械密封	200～400
中轻载荷离心泵	73	有机物溶液、硫铵等	1～747.5	15～136	-5～127	干气密封或机械密封	3～55
自吸泵	17	有机物溶液、凝液、废水等	4.32～79	25～66	25～148	干气密封或机械密封	5.5～22
真空泵	8	氢氰酸、丙烯腈、乙腈、蒸汽等	300～390		-8～33	机械密封	15～22
计量泵	24	醋酸、消泡剂等化学品	0.037～2.2	15～582	5～33	无密封	0.55～7.5
螺杆泵	4	含催化剂泥浆	3	16～20	82	填料密封	5.5
轴流泵	1	硫铵溶液	2150	6.5	95	机械密封	75
液下泵	2	工业水	130	30	65	填料密封	22
其他类型泵	9	废水	1.44～35	7～46	5～81.4	填料密封	11～15

三、关键泵

反应器冷却水泵、急冷塔循环泵、吸收塔釜液泵、吸收塔侧线循环泵和贫水/溶剂水泵均为本装置关键泵。

1. 工况特点

这些泵流量大，扬程高，轴功率大，有些泵物料中含有易黏结的不稳定的有机物或催化剂颗粒，操作条件苛刻，故采用符合 API 610 第 8 版及以上标准的两端支撑 BB2 型式的泵。

如急冷塔循环泵，流量为正常 1185m³/h，额定 1420m³/h，扬程为 72m，$NPSH_a$ 为 7.8m，物料含反应后的有机物和少量固体催化剂，选用 GOULDS 泵 3620 系列 14×16-23B 泵，泵壳和叶轮材料为 316 不锈钢。配 400kW、1491r/min、6kV、ExnA 无火花型防爆电机。

2. 结构特点

根据以上特点，关键泵选用了壳体径向剖分、双吸叶轮、两端支撑的 BB2 型离心泵，详见图 3-45。

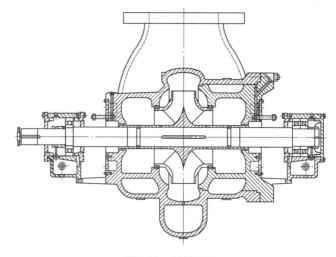

图 3-45 泵剖面图

3. 干气密封

除反应器冷却水泵采用机械密封外，其他关键泵采用干气密封。详见第一篇第二章第三节。

需要注意的是，干气密封泵在开车前需要把密封面吹干，并调节好 N_2 的压力，使 N_2 的压力高于密封腔压力 0.15～0.3MPa。

另外 N_2 进入泵内影响泵的汽蚀性能也是要注意的。

第九节　环氧乙烷和乙二醇装置用泵

乙二醇又名甘醇，是一种重要的石油化工基础有机原料，主要用于生产聚酯纤维、防冻剂、不饱和聚酯树脂、润滑剂、增塑剂、非离子表面活性剂以及炸药等。

工业生产乙二醇（EG）通常分为两步，第一步通过乙烯氧化反应生成环氧乙烷（EO），第二步将环氧乙烷提纯后与水按比例混合在反应器中于特定温度和压力下反应，环氧乙烷全部转化为混合醇，然后经过多效蒸发器脱水提浓和减压精馏分离得到乙二醇及副产物二乙二醇（DEG）和三乙二醇（TEG）等。

作为乙二醇的基本原料，环氧乙烷主要采用氧气氧化法、空气氧化法和氯醇法三种方法生产。由于氧气氧化法选择性好，催化剂的生产能力大，故新建大规模装置都采用氧气氧化法。目前世界上有多家专利商拥有生产环氧乙烷和乙二醇的专利工艺技术。各种环氧乙烷/

乙二醇装置工艺技术主流程基本近似，不同专利商在环氧乙烷反应器结构形式、热能回收、环氧乙烷提浓和精制采取的方法和一些支线流程上有各自特点。本文以典型的 30 万～60 万吨/年规模环氧乙烷/乙二醇工艺流程为例介绍装置用泵情况。

一、环氧乙烷/乙二醇工艺流程及用泵概要

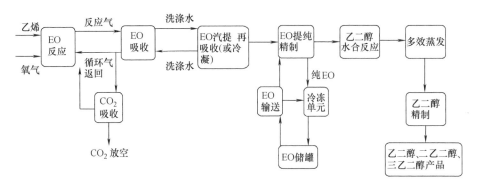

图 3-46　工艺流程

1. 工艺流程简介

如图 3-46 所示，EO/EG 装置工艺流程主要包括 EO 反应单元、二氧化碳脱除单元、EO 回收/精制单元、乙二醇反应、蒸发和精制单元及 EO 储罐、装车站等。各单元流程简要叙述如下：

（1）EO 反应单元　来自外界的乙烯和氧气，进入到循环气系统，作为反应的进料经混合加热后进入到 EO 反应器中反应生成环氧乙烷。反应器排出富含 EO 的循环气经冷却后进入水洗塔回收 EO。水洗塔顶部气相经二氧化碳脱除处理后进入循环气压缩机循环利用。

（2）EO 回收/精制单元　吸收了 EO 的洗涤水通过汽提塔提浓，塔顶的 EO 蒸汽经冷凝回收或用水再吸收。汽提塔底的脱去 EO 的洗涤水经由汽提塔底泵送往冷却器回收热能后再经主水洗塔输水泵送回水洗塔；冷凝或再吸收得到的增浓 EO 水溶液由增浓 EO 水输送泵送往精制段脱除杂质组分，精制处理后通过乙二醇反应器进料泵送往乙二醇反应器进行水合反应，精制处理过程中得到的部分纯 EO 经冷却后作为产品送往 EO 储罐储存。

（3）EO 储存和槽车装料单元　纯 EO 产品被储存在 $-5℃$ 的储罐中。储罐出来的产品，用泵输送到槽车装料部分，或泵送回工艺系统中改变环氧乙烷和乙二醇产品比例。储罐配有 EO 储罐急冷器，通过泵送产品循环，保持储罐的温度不变。

（4）二氧化碳脱除单元　为保持 EO 反应器中的 CO_2 浓度，从水洗塔塔顶出来的混合气一部分进入二氧化碳脱除单元经 CO_2 脱除处理后再送往循环气压缩机。二氧化碳脱除单元包括一个二氧化碳吸收塔，利用贫碳酸盐溶液吸收循环气中的二氧化碳；一个二氧化碳再生塔，塔内解吸出二氧化碳，放空至大气，解吸后的碳酸盐溶液经贫碳酸盐输送泵送往二氧化碳吸收塔循环使用。

（5）乙二醇反应、蒸发和精制单元　由乙二醇反应器进料泵送来的 EO 水溶液在乙二醇反应器中于一定温度、压力和催化剂条件下反应生成乙二醇（MEG）、二乙二醇（DEG）和三乙二醇（TEG）。反应得到的混合醇水溶液经过多效减压蒸发除去大部分水后进入浓缩塔进一步精馏分离出高纯度的乙二醇、二乙二醇和三乙二醇产品。

2. 泵概要：数量、标准规范、总体要求

本装置总计有泵 118 台，种类有轴封离心泵、无密封离心泵和计量泵。关键用途的离心泵采用 API 610 及 SH/T 3139 标准，无密封离心泵（屏蔽泵或磁力泵）按 API 685 及 SH/T 3148 标准，其余输送无危险介质的离心泵采用 ISO-5199、ASME B73.1 或 SH/T 3140 中轻载荷泵标准。环氧乙烷/乙二醇装置泵类汇总见表 3-27。

表 3-27 环氧乙烷/乙二醇装置泵类汇总

泵类型	台数	标准	过流部件材质	轴封形式
离心泵	19	API 610，SH/T3139	316 或 304	机械密封
离心泵	67	ISO5199，ASME B73.1，SH/T3140	316 或 304	机械密封
屏蔽泵或磁力泵	12	API 685，SH/T3148	316 或 304	无
计量泵	20	API 675	316 或 304	—
合计	118	—	—	—

二、关键泵特点

环氧乙烷/乙二醇装置中主流程关键泵见表 3-28。

表 3-28 环氧乙烷/乙二醇装置关键泵汇总

设备名称	台数	泵型	标准	流量/(m³/h)	扬程/m	操作温度/℃	过流材质	轴封形式
汽提塔底泵	2	离心泵	API 610，SH/T 3139	1500～3500	250～300	约 100	316	单端面机械密封或有压双重机械密封
增浓 EO 水输送泵	2	离心泵或无密封离心泵	API 610 或 API 685	500～1000	50	约 100	316	无密封或有压双重机械密封
乙二醇反应器进料泵	2	离心泵	API 610，SH/T 3139	500～1000	250～350	约 100	316	有压双重机械密封
纯 EO 输送泵	3	无密封离心泵	API 685，SH/T 3148	150	50	-5	316	无密封（屏蔽泵或磁力泵）
EO 洗涤塔底泵	2	无密封离心泵	API 685，SH/T 3148	150	100	常温	316	无密封（屏蔽泵或磁力泵）
贫碳酸盐输送泵	2	离心泵	API 610，SH/T 3139	1000～1500	250	120	316 或 304	单端面机械密封
EO 洗涤水液力透平	2	反转离心泵	API 610，SH/T 3139	1500～3500	250～300	常温	316	有压双重机械密封
富碳酸盐液力透平	2	反转离心泵	API 610，SH/T 3139	1000～1500	250	120	316 或 304	单端面机械密封

1. 汽提塔底泵

30 万～60 万吨/年规模的环氧乙烷/乙二醇装置的汽提塔底泵流量一般在 1500～3500m³/h。根据水洗塔操作压力的差别，泵扬程基本在 250～350m。由于汽提塔采用蒸汽汽提法分离洗涤水中的环氧乙烷，塔底釜液基本接近饱和态，釜液压力一般近似大气压，温度接近大气压下水的沸点 100℃，装置汽蚀余量 $NPSH_a$ 根据塔底液位高度确定。因此在兼

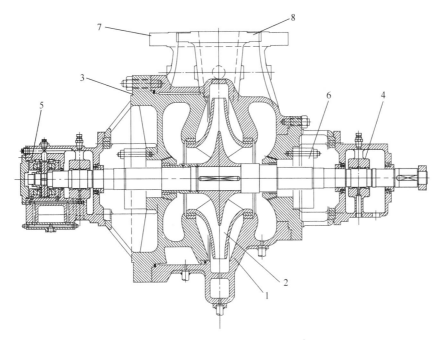

图 3-47 两端支撑式径向剖分离心泵
1—泵体；2—叶轮；3—泵体压盖；4—径向滑动轴承；5—推力滑动轴承；
6—轴封；7—吸入口法兰；8—排出口法兰

顾效率的前提下，选用 $NPSH_r$ 较小的泵型作为汽提塔底泵有利于汽提塔的结构布置和液位控制。该工况下适合采用单级两端支撑式径向剖分泵型（API 610 BB2），如图 3-47 所示。泵送介质温度较高，机械密封的选择需多重考虑，考虑到极端情况下介质中会含有少量环氧乙烷，因此不宜选用 21 或 23 方案的单端面机械密封，32 方案的外接冲洗液单端面机械密封或 53 方案的有压双重机械密封较适合该场合，由于双吸式泵机械密封腔压力与压力较低的泵入口压力接近，对外冲洗液压力要求不高，易于配置，故从可靠性和经济性两方面综合考虑采用 32 冲洗方式的单端面机械密封优于 53 方案双重机械密封。环氧乙烷具有强氧化性，同时乙烯氧化反应制环氧乙烷会副反应生成少量酸和醛，积聚在洗涤水中这些酸和醛也具有一定腐蚀性，因此泵过流材质应选用不锈钢。该泵流量大，扬程高，目前国内厂家泵型谱图未能覆盖该流量扬程范围，国外 SULZER、FLOWSERVE、GOULDS、EBARA、DAVID BROWN UNION、RUHR 等厂家泵型较齐全，可提供满足该工况的泵型。

2. 增浓 EO 水输送泵

增浓 EO 水输送泵用于将汽提塔顶冷凝或再吸收下来的增浓 EO 水溶液送到下游精制工艺系统脱除杂质组分。该泵输送介质为一定浓度的 EO 水溶液，密封要求高，推荐采用屏蔽泵或磁力泵。对于流量、扬程超出屏蔽泵或磁力泵型谱范围的场合，可采用 OH2 悬臂式离心泵配有压双重机械密封，机械密封辅助密封圈的材质应能够适用于该场合的 EO 水溶液。

3. 乙二醇反应器进料泵

该泵流量、扬程超出了目前屏蔽泵和磁力泵的型谱范围，需采用径向剖分两端支撑式离心泵（BB2 结构），配用有压双重机械密封，采取乙二醇水溶液作为隔离液。环氧乙烷具有强氧化性，泵过流部件需采用不锈钢制。

4. 纯 EO 输送泵

用于将 EO 循环至冷冻单元冷却以保持 EO 储罐中的低温条件，也用于将 EO 储罐中的纯 EO 产品送回工艺系统中作为原料参加水合反应制乙二醇产品，从而调节 EO 和乙二醇产品的比例。

EO 属于易燃易爆、毒性极度危害的介质，泵的密封性能极为重要。当采用离心泵配置有压双重机械密封会导致对环氧乙烷产品污染，配无压双重机械密封会造成环氧乙烷向环境中的泄漏。由于上述缺点，离心泵配置机械密封的方案不太适用于输送纯环氧乙烷场合。

无密封的屏蔽泵或磁力泵用于该场合尤为合适。用于输送 EO 的屏蔽泵或磁力泵要求高。对于输送 EO 的屏蔽泵，电机外壳体应按照压力容器设计，定子屏蔽套与外壳体构成的腔体中充氮或充硅油以防止屏蔽套泄漏后 EO 进入定子内部与空气混合，同时必须在电机定子中设泄漏监测探头用于报警联锁。输送 EO 的磁力泵需在内、外磁缸之间的隔离套上设测温探头监测隔离套磨损情况，同时在外磁缸周边设泄漏探头监测 EO 有无泄漏，与外磁缸连接轴的轴封也应考虑特殊设计以保证长期可靠运行。另外 EO 极易发生自聚反应温度升高，因此需监测 EO 温度，温度监测点可设在泵体上或泵进出口管道上。泵周围还应设 EO 检测仪和喷淋设施用于检测 EO 泄漏以及处理泄漏出的 EO 介质。目前在输送 EO 场合有业绩的屏蔽泵厂家有海密梯克、日机装和帝国等厂家（均需整机进口，国内暂时不能配套），磁力泵有 HMD 等厂家。屏蔽泵、磁力泵如图 3-48、图 3-49 所示。

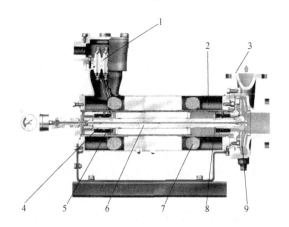 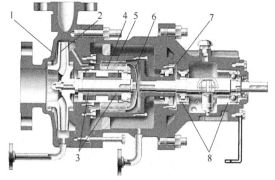

图 3-48　屏蔽泵
1—电机接线盒；2—定子屏蔽套腔体；3—泵体；
4—轴套；5—滑动轴承；6—中空轴；7—定子；
8—推力板；9—叶轮

图 3-49　磁力泵
1—泵体；2—叶轮；3—滑动轴承；4—内磁缸；
5—外磁缸；6—隔离套；7—二次密封；
8—滚动轴承

5. EO 洗涤塔底泵

EO 爆炸极限范围很大，因此不适合送往火炬气系统焚烧处理。通常将来自装置中各处的 EO 或 EO 混合气送往一个洗涤塔水洗回收，如输送含 EO 介质的管线上安全阀开启排放出的气体，吸收了 EO 气的洗涤水通过 EO 洗涤塔底泵送回工艺系统中。EO 洗涤水中含有微量 EO，因此应采用有压双重机械密封的离心泵或者无密封的屏蔽泵、磁力泵。如采用配置有压双重机械密封的离心泵，可采用乙二醇水溶液作为密封隔离液，同时应考虑机械密封 O 形圈材质对泵送 EO 水溶液的适用性。

6. 贫碳酸盐输送泵

该泵流量大,扬程高,需选用两端支撑径向剖分式离心泵(BB2)。泵送介质温度高,应考虑对轴承箱和泵支座通冷却水进行冷却。泵送碳酸盐容易结晶析出晶体,叶轮口环与泵口环间隙应考虑取大值。轴封采用外冲洗式单端面机械密封,利用外接冲洗液带走机械密封动环、静环摩擦产生的热量,并防止泵送碳酸盐溶液在密封腔内积聚结晶影响机械密封弹簧性能。

7. 液力透平

环氧乙烷/乙二醇装置中有两处可设液力透平回收高压流体能量。一处是从 EO 水洗塔流向 EO 汽提塔的洗涤水,吸收了 EO 的洗涤水在压力差作用下从水洗塔流往汽提塔通过蒸汽汽提析出洗涤水中的 EO 气,由于水洗塔与汽提塔之间存在较大压差,因此从水洗塔流往汽提塔的洗涤水存在压力能可回收。另一处是由二氧化碳吸收塔流向二氧化碳再生塔的高压富碳酸盐溶液压力能可通过液力透平回收。EO 洗涤水液力透平流量、进出口压差分别与汽提塔底泵扬程相当,回收的高压洗涤水能量用于驱动汽提塔底泵,降低电机功耗。由于液力透平仅在流量超过额定流量一定比值时才能向外输出功率,在流量较小时反而成为耗功设备,因此液力透平应布置在泵组两端采用超速离合器与泵组连接,不能布置在泵与电机中间,以免引起电机超载。为适应不同工况下泵组均能正常运转,电机额定功率应足以单独驱动泵组运行。富碳酸盐液力透平用于驱动贫碳酸盐输送泵,情况与 EO 洗涤水液力透平相似。液力透平有多种形式,最常用的是采用离心泵反转作为回收能量的液力透平。环氧乙烷/乙二醇装置中的 EO 洗涤水液力透平和富碳酸盐液力透平流量大,可采用单级两端支撑径向剖分离心泵(BB2)反转作为液力能量回收透平。目前生产液力透平的国外厂家主要有 Sulzer、Flowserve 和 Ebara 等。液力透平回收能量驱动泵,降低了电机功耗,提高了装置运行的经济效益,但设液力透平本身提高了装置初次投资成本,因此需根据装置规模综合考虑初次投资成本与长期运行产生的经济效益之间的利弊关系确定是否设液力透平。

三、结语

① 环氧乙烷/乙二醇装置中介质危险性高,对泵型和密封形式的选择应联系工艺流程作详细分析。

② 由于环氧乙烷具有强氧化性,因此输送含有环氧乙烷介质的泵过流部件应采用不锈钢,相应地,应注意高压工况对不锈钢泵壳耐压等级的要求,以及不锈钢泵壳耐压等级在高温下的弱化。

③ 输送环氧乙烷水溶液场合宜选用屏蔽泵或磁力泵。如需选用有轴封的离心泵,应采用有压双重机械密封,并按照 API 682 要求在机械密封隔离液储罐上设置压力报警和液位报警。

④ 输送纯环氧乙烷产品场合应采用屏蔽泵或磁力泵。

⑤ 用于输送环氧乙烷等危险介质的泵应采用钢制轴承座,以避免火灾状况下轴承座变形引起泵密封失效造成二次火源。

第十节 PTA 装置用泵

一、工艺流程及装置用泵概要

PTA(精对苯二甲酸)一般都是以 PX(对二甲苯)为原料,在溶剂存在条件下液相氧化生成CTA（粗对苯二甲酸），CTA经加氢精制生成PTA。PTA工艺流程主要包括两个单元——氧化单元和精制单元。

氧化单元由以下四个部分组成：反应、CTA结晶、分离和干燥。在氧化单元中，原料PX与溶剂、催化剂溶液混合后送入氧化反应器，与空气中的氧气进行反应，生成CTA。CTA在氧化反应器中大部分结晶析出形成料浆，料浆通过三级结晶器连续降压、降温后析出粗CTA产品。然后用料浆泵把料浆送入带溶剂洗涤的真空过滤机进行过滤，滤饼送入干燥机进行干燥，经洗涤、干燥好的CTA进入加氢精制单元。真空过滤的大部分母液返回到氧化反应器，另外一部分母液按比例进入催化剂回收系统。在氧化单元中催化剂、溶剂都可以回收重复利用。

加氢单元主要由进料准备和预热、溶解与反应、结晶、过滤和再打浆、分离和干燥、排放气处理和工艺水补充、母液处理七部分组成。在加氢精制单元中，由于从氧化单元来的CTA含有少量杂质，这些杂质在生产聚酯之前必须除去。CTA中的主要杂质为4-羧基苯甲醛（4-CBA），经过加氢还原成对甲基苯甲酸，对甲基苯甲酸在水中的溶解度远大于PTA。精制单元就是在高温高压的条件下，通过CTA在水溶液中与氢气接触发生的催化加氢来实现的。然后依次经过结晶和固液分离干燥等步骤即可得到PTA。PTA装置流程框图见图3-50。

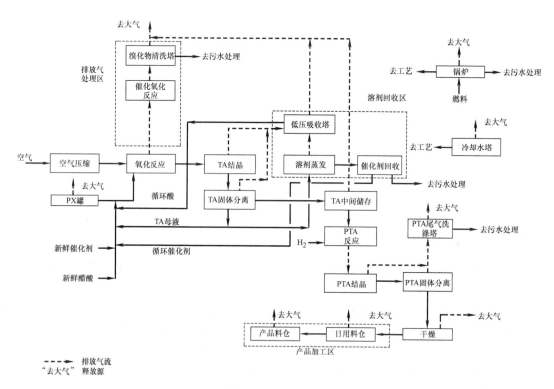

图3-50 PTA工艺流程框图

45万吨/年PTA装置主要泵一览表见表3-29。

PTA装置泵所输送的介质多种多样，泵类型主要有离心泵、计量泵、真空泵、轴流泵等；就离心泵而言，还有开式叶轮浆料泵、高速泵、带衬里磁力驱动泵、一般闭式叶轮离心泵等。现就几个典型的特色泵进行简单介绍。

表 3-29 装置主要泵一览表

序号	名称	泵型式	材料	能力（流量，扬程）	估算功率/kW
1	尾气洗涤塔再循环泵	离心泵	316L SS	110～150m³/h 30～45m	37～55
2	高压吸收塔循环泵	离心泵	316L SS 或 2205 DSS	100～120m³/h 20～28m	15～22
3	第三CTA结晶器输送泵	开式离心泵	2205 DSS	300～400m³/h 30～45m	55～90
4	过滤机进料泵	开式离心泵	2205 DSS	260～310m³/h 15～20m	22～37
5	滤液泵	开式离心泵	316L SS	135～170m³/h 43～50m	45～75
6	氧化循环泵	开式离心泵	CASE:2205 DSS IMP:2205 DSS	100～120m³/h 220～250m	280～350
7	真空泵	真空泵	316L SS	1300～1500m³/h	400～500
8	密封液泵	离心泵	316L SS	30～40m³/h 28～35m	5.5～11
9	CTA干燥机洗涤塔泵	离心泵	316L SS	140～160m³/h 150～170m	110～150
10	母液泵	开式离心泵	316L SS	260～300m³/h 180～200m	300～350
11	常压洗涤塔水溶液泵	离心泵	316L SS	3～5m³/h 13～18m	2.2～4.5
12	汽提塔循环泵	开式离心泵	2205 DSS	930～1000m³/h 65～70m	315～355
13	常压洗涤塔塔底泵	离心泵	316L SS	70～78m³/h 25～30m	18.5～22
14	汽提塔混合泵	开式离心泵	2205 DSS	130～150m³/h 25～30m	37～45
15	残渣浆料泵	开式离心泵	316L SS	13～18m³/h 30～40m	22～37
16	脱水溶剂泵	离心泵	316L SS	55～70m³/h 45～55m	18.5～37
17	高压溶剂泵	离心泵	316L SS	130～150m³/h 200～250m	225～280
18	回流泵	离心泵	304L SS	350～4500m³/h 45～55m	55～90
19	回收塔塔底泵	离心泵	304L SS	45～55m³/h 120～145m	37～55

续表

序号	名　称	泵型式	材料	能力（流量，扬程）	估算功率/kW
20	采出塔塔底泵	离心泵	2205 DSS	7～10m³/h 18～22m	3.7～7.5
21	母液输送泵	离心泵	316L SS	50～55m³/h 45～50m	18.5～37
22	草酸进料泵	离心泵	316L SS	1～3m³/h 45～50m	5.5～11
23	回收催化剂罐进料泵	离心泵	316L SS	23～30m³/h 45～55m	5.5～11
24	汽提塔进料泵	离心泵	316L SS	33～40m³/h 35～40m	11～18.5
25	HBr卸料泵	衬里磁力泵	PTFE/ETFE衬里 304L/316L SS	55～70m³/h 8～11m	5.5～11
26	HBr进料泵	衬里磁力泵	PTFE/ETFE衬里 304L/316L SS	1～2m³/h 10～13m	3～4.5
27	醋酸锰进料泵	离心泵	316L SS	1.5～2m³/h 22～25m	4.5～5.5
28	醋酸钴进料泵	离心泵	316L SS	1.5～2m³/h 22～25m	4.5～5.5
29	醋酸锰卸料泵	离心泵	316L SS	35～45m³/h 10～15m	5.5～7.5
30	醋酸钴卸料泵	离心泵	316L SS	35～45m³/h 10～15m	5.5～7.5
31	泄压洗涤池泵	自吸离心泵	316L SS	55～65m³/h 60～70m	22～37
32	精制区污水池泵	自吸离心泵	316L SS	100～120m³/h 65～75m	55～75
33	尾气干燥器洗涤器一级循环泵	离心泵	316L SS	55～65m³/h 30～35m	11～18.5
34	尾气干燥器洗涤器二级循环泵	离心泵	316L SS	35～45m³/h 15～20m	7.5～15
35	加氢反应器低压进料泵	开式离心泵	316L SS	260～300m³/h 120～145m	220～280
36	加氢反应器进料增压泵	卧式高速泵	DUPLEX SS 2507 和DUPLEX SS 2205	260～300m³/h 900～1000m	450～550
37	浆料循环泵	开式离心泵	316L SS	250～300m³/h 30～35m	55～90

续表

序号	名称	泵型式	材料	能力（流量，扬程）	估算功率/kW
38	缓冲罐输送泵	开式离心泵	304L SS	280~320m³/h 30~40m	55~90
39	RPF 分液罐循环泵	离心泵	316L SS	25~35m³/h 40~50m	3~5.5
40	RPF 进料泵	开式离心泵	316L SS	250~300m³/h 20~25m	11~18.5
41	PTA 过滤机进料泵	开式离心泵	304L SS	280~310m³/h 17~22m	11~18.5
42	PTA 滤液泵	离心泵	304L SS	250~280m³/h 55~65m	22~45
43	PTA 真空泵	真空泵	304L SS	15000~17000m³/h	160~200
44	PTA 密封液泵	离心泵	304L SS	30~40m³/h 30~40m	4~5.5
45	PTA 母液过滤器进料泵	开式离心泵	316L SS	600~700m³/h 75~85m	137~180
46	PTA 母液浆料泵	高速离心泵	316L SS	15~20m³/h 190~200m	22~45
47	PTA 母液输送泵	离心泵	316L SS	280~320m³/h 30~40m	75~90
48	循环溶剂泵	离心泵	316L SS	300~350m³/h 75~85m	150~180
49	高压冲洗水泵	离心泵	316L SS	150~200m³/h 150~200m	150~180
50	高压密封水泵	高速泵	304L SS	40~50m³/h 650~700m	150~200
51	低压密封水泵	离心泵	304L SS	110~130m³/h 100~130m	90~132
52	反应器冷凝器进料泵	离心泵	CS	300~330m³/h 65~75m	110~150
53	凝液闪蒸罐泵	离心泵	CS	250~300m³/h 35~45m	45~75
54	高压蒸汽减温器泵	高速泵	CS	40~50m³/h 1000~1100m	220~280
55	冷却水增压泵	轴流泵	CS	3000~3200m³/h 7~9m	55~90

续表

序号	名称	泵型式	材料	能力（流量，扬程）	估算功率/kW
56	对二甲苯输送泵	离心泵	CS	$250\sim300m^3/h$ $250\sim300m$	$150\sim180$
57	醋酸输送泵	离心泵	316L SS	$7\sim10m^3/h$ $45\sim55m$	$5.5\sim11$
59	醋酸开车泵	离心泵	316L SS	$90\sim110m^3/h$ $25\sim35m$	$18.5\sim37$
51	醋酸储罐洗涤器泵	离心泵	316L SS	$2\sim3m^3/h$ $20\sim30m$	$3\sim4.5$
60	母液储罐混合泵	开式离心泵	316L SS	$750\sim850m^3/h$ $35\sim45m$	$75\sim110$
61	母液储罐洗涤器泵	离心泵	316L SS	$2\sim3m^3/h$ $20\sim30m$	$3\sim4.5$
62	助燃剂注入泵	计量泵	316L SS	$2.5\sim3m^3/h$ $300\sim350m$	$4.5\sim7.5$

对于输送纯醋酸等介质的泵，由于介质的强腐蚀性，应选用屏蔽泵或磁力泵，以保证介质不泄漏。在本装置中，有许多输送浆料的离心泵，为保证密封的可靠性和寿命，应采用双端面机械密封。由于本装置的工艺介质中含有醋酸等强腐蚀性组分，因此除水泵外，大部分泵的主要过流材料为304、316L及DSS（双相钢）等，一些磁力泵采用内衬聚四氟乙烯层。输送含醋酸液体泵的机械密封，金属部分也应采用不锈钢。

装置内工艺生产的介质多为易燃、易爆物质，故泵设备的驱动电机按危险区域划分，在防爆区内需要采用防爆电机。

输送含有颗粒液体的浆液泵，其叶轮应采用开式叶轮。

PTA装置是石油化工生产中对设备要求高的装置之一，介质有很强的腐蚀性；另外PTA产品有洁净度要求，对金属杂质，特别是对铁离子含量有严格的控制要求。本装置设备的选材，除了考虑满足工艺要求即考虑介质的操作温度和操作压力外，主要考虑醋酸、溴化物的影响。随着醋酸浓度、操作温度的升高，醋酸对钢铁的腐蚀性越来越强，所以设备材料的抗腐蚀性能也应相应加强。据此本装置所选材料有：304L、316、316L、Ti、DSS（双相钢）等。

二、PTA装置中主要泵的特点

1. 含醋酸浆料泵

用于CTA浆料介质输送，是装置的关键用泵之一，采用卧式安装。

（1）工况特点　输送介质：含醋酸浆料；含固量大于0.5%；黏度1.8mPa·s左右；介质温度100℃左右。

（2）选型要求　含醋酸料浆泵的选型要求主要是根据介质条件，选择兼有耐腐和耐磨性能的泵。对于浆料泵，考虑到黏度和含有固体颗粒的原因，要求额定叶轮直径必须小于90%最大直径；对于浆料泵不能采取用贯通压力壳体的螺栓固定壳体耐磨环的方式。PTA装置中不允许使用排净丝堵，必须焊接短管加法兰。对于并联操作的泵，必须满足关死点扬程制造偏差在0%～+2%，从额定点到关死点必须有20%稳定的扬程增加。具体选型特点如下：

① 泵过流部件材料的选择　在高温醋酸介质条件下，应选用UNS31803（2205SS）或2257 SS双相不锈钢。

泵过流部件腐蚀速度随温度升高而加剧。例如温度上升到80℃时，腐蚀速度增加。因此，选材时要注意介质温度。

② 泵转速的选择　泵转速提高，会加速叶轮和蜗壳等过流部件的磨蚀腐蚀。因此，在满足流量、扬程的前提下，尽量选择低转速的泵。

③ 泵叶轮型式的选择　由于醋酸浆料中均含有固体颗粒，经验证明须采用适合输送浆料的开式叶轮设计。

④ 泵的其他设计特点　对于热醋酸工况（醋酸含量大于1%，温度高于80℃）的泵，壳体材料须进行射线探伤；浆料泵为防止细小管口堵塞，一般不设排净、放空口。泵的排净、放空工作在管线上进行。机封采用单、双端面密封以洁净的外冲洗密封水冲洗（图3-51、图3-52）。

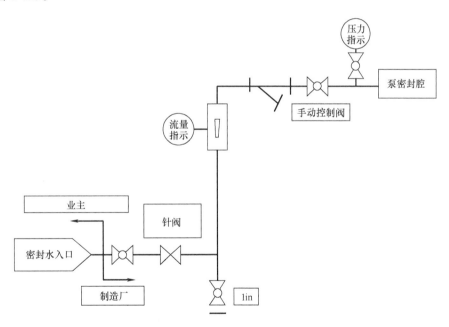

图3-51　单端面机械密封冲洗方案

（3）醋酸料浆泵结构特点及国内外产品现状　醋酸料浆泵一般为卧式、单级、单吸悬臂泵，国内泵厂应尽快在材料和工况适应性上替代进口泵。

2. 加氢反应器进料增压泵

该泵流量为260～300m³/h，扬程为900～1000m，最高操作温度为150～170℃，介质为TA浆料，材质选用2205或2507双相不锈钢。根据工艺条件及国内制造水平，一般采用进口设备。

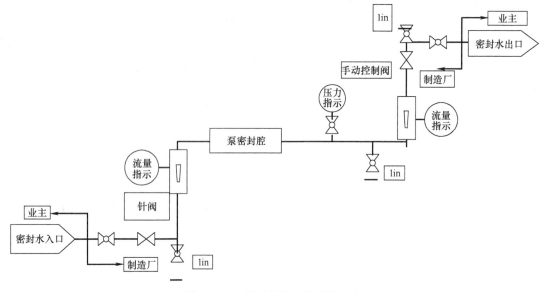

图 3-52 双端面机械密封冲洗方案

3. 公用底板采用滑动底板的泵

由于 PTA 中作用在部分泵管口的力和力矩较大,个别泵采用滑动底板,参见图 3-53。

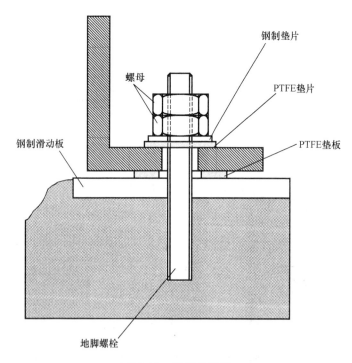

图 3-53 泵滑动底板

4. 助燃剂注入泵(变频调速计量泵)

鉴于该泵作为甲醇燃料输送泵,从工艺的角度有最大流量上限要求且流量须按照工艺要求调节,故该泵采取控制室远程变频调节流量或远程通过调冲程来调节流量;同时出于工艺操作安全的考虑,该泵在选泵时流量有最大上限的要求。

5. 带衬里磁力驱动离心泵或非金属磁力驱动离心泵

对于输送 HBr 的泵（如卸料泵和进料泵），鉴于介质的腐蚀，一般采用带衬里磁力驱动离心泵或非金属磁力驱动离心泵。

第十一节 LNG 接收站用泵

一、工艺流程及装置用泵概要

LNG（液化天然气）作为一种低排放的清洁能源，近年来相关的工业设施得到了迅速的发展，LNG 接收站作为接收海运 LNG 的工业设施（或称接收终端），也得到了迅速的发展。从 2006 年我国第一个 LNG 接收站，广东大鹏 LNG 接收站投入商业运行开始，国内 LNG 接收站的建设步入一个高峰期。

LNG 接收站一般由接收站码头和站场两部分组成，其主要功能是 LNG 接收和储存、蒸发气（BOG）处理、LNG 汽化及 NG 输出、LNG 槽车输出。LNG 接收站工艺技术路线分为两种：即直接输出工艺和再冷凝工艺，主要区别在于根据终端用户压力要求不同，在流程中是否设有再冷凝器等设备。两种工艺并无本质上的区别，仅在蒸发气（BOG）的处理上有所不同。

对于直接输出再汽化工艺流程，将 LNG 在运输、装卸、储存、管道输送等工艺处理过程中产生的蒸发气，采用压缩机增压后，直接输送至外输管网或稳定的中低压气体用户。这种工艺流程适合外输管网压力不高或接收站周边存在稳定的中低压用户的场合。同时，由于接收站在卸船工况下将产生大量的蒸发气（BOG），因此要求用户能够适应 BOG 气量的较大变化范围并能够接收此工况下的大量蒸发气，避免蒸发气体的放空燃烧，造成经济损失和环境污染。

对于再冷凝工艺流程，将 LNG 在运输、装卸、储存、管道输送等工艺过程中产生的蒸发气，经过 BOG 压缩机压缩后，进入再冷凝器与由 LNG 低压泵输送的过冷 LNG 进行接触，蒸发气被 LNG 冷凝至液化，然后再经 LNG 高压输出泵增压后，进入汽化器汽化成天

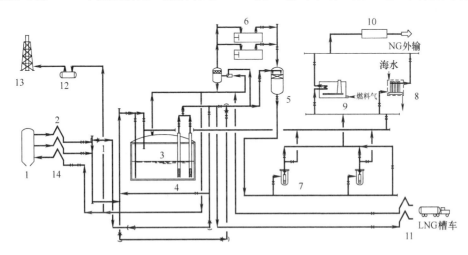

图 3-54 再冷凝汽化工艺流程示意图

1—LNG 运输船；2—LNG 卸船臂；3—LNG 储罐；4—低压输送泵；5—再冷凝器；6—BOG 压缩机；
7—高压输出泵；8—开架式汽化器；9—浸没燃烧式汽化器；10—天然气计量；
11—槽车装车系统；12—火炬分液罐；13—火炬；14—气相返回臂

然气后通过管网送至用户。再冷凝工艺不需要将蒸发气压缩到外输压力，利用 LNG 的冷量将蒸发气冷凝，减少了 BOG 压缩功的消耗，从而节省能量。目前国内已经建成和在建的 LNG 接收站大都采用再冷凝工艺。典型的工艺流程见图 3-54。

LNG 接收站的设计理念区别于传统的石油化工工艺装置和储存罐区的设计，因其原料都来自海运，而且由于 LNG 贸易的特点，因此对于 LNG 接收站的可靠性要求极高，通常要求其工艺设计、设备配置等必须满足不间断运行 25 年。因此对其站内的转动设备的可靠性要求极高。

LNG 接收站的典型用泵一览表见表 3-30。LNG 接收站用泵种类较少，主要是低压输送泵、高压输出泵、海水泵、海水消防泵以及公用工程系统用泵。因海水泵、海水消防泵以及公用工程系统用泵不具特殊性，将不予讨论。

表 3-30　LNG 接收站典型用泵一览表

泵种类	流量范围 /(m³/h)	扬程范围 /m	温度范围 /℃	进口压力范围/kPa(G)	功率范围 /kW	过流部件材料	轴封
低压输送泵	90～800	120～600	-162	2.5～25	25～850	铝合金、不锈钢	无
高压输出泵	120～800	900～2500	-158	250～850	200～2200	铝合金、不锈钢	无
LNG 排液泵	5～50	5～50	-162	2.5～10	10～100	铝合金、不锈钢	无

二、低压输送泵

LNG 接收站中，低压输送泵通常安装在 LNG 储罐的泵井中，因接收站功能不同，承担着不同的功能，主要包括以下几项：向下游再冷凝器输送物料；承担倒罐功能；罐内物料分层时混合物料功能；灌装槽车功能（该接收站设置槽车站）；向 LNG 运输船输送物料。低压输送泵的安装及结构简图见图 3-55。

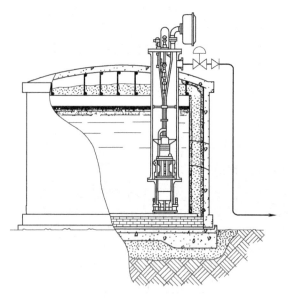

图 3-55　低压输送泵的安装及结构简图

1. 工况特点和选型要求

（1）介质温度低　介质温度一般在 -156℃ 以下，最低到 -162℃。普通的材质已无法满足该温度，通常选用低温不锈钢和低温铝合金。由于工作温度极低，因此在选择材料时应考虑到不同材料膨胀系数的不同，在低温下配合间隙会因不同的膨胀系数而产生较大差异。

（2）装置汽蚀余量低　由于低压输送泵安装在 LNG 储罐的泵井中，罐内液位较低时，该泵可利用的装置汽蚀余量极低，极端情况下低压输送泵的启动液位不足 1m，为了改善低压输送泵的汽蚀性能，该泵配装进口诱导轮，而且配装进口诱导轮已经成为低压输送泵的标准配置。

2. 结构特点

（1）立式结构　低压输送泵属于立式罐内潜液泵（可移动式），采用潜液电机，电机和泵共轴，没有联轴器。泵安装在泵井内，底部配有专用底阀，作为泵的吸入口，由低压输送泵的自重实现进口底阀的开启和关闭。

(2) 电机　电机在泵运行工作中，利用泵送介质及低温 LNG 进行润滑。电机工作中产生的热量，依靠低温 LNG 在电机内部的冷却通道中的循环，将电机工作中的热量带入系统。

(3) 轴向平衡方式　多级低压输送泵轴向平衡力的方法，通常采用平衡鼓或特殊设计的平衡盘。采用特殊设计的平衡盘系统，不仅可以减轻整个泵体的重量，而且较传统的平衡鼓结构更简单，可以实现轴向力在低压输送泵全流量条件下的自平衡。

(4) 进口诱导轮型式　为了保证选用的诱导轮，满足整个系统较低 $NPSH_r$ 的要求，并尽可能改善入口流体性能，通常要求具备较高的吸入比转数。目前低压输送泵选配的诱导轮型式主要有两种，一种是径向螺旋型，另外一种是轴流螺旋型。而轴流螺旋型式的诱导轮，整体刚度好，避免了使用径向螺旋型诱导轮经常出现的紊流和振动。

3. 供货范围和试验检验

由于低压输送泵通常安装在 LNG 储罐的泵井内，而且工作条件极其苛刻，因此在供货范围和试验检验方面与传统的石油化工流程泵略有不同。

(1) 供货范围　除了泵体（包括共轴的潜液电机）外，低压输送泵通常的供货范围还包括：底阀（进口吸入阀）、顶板、三索（两根吊装用和一根支撑用）、导向轮、三索紧固件、绕线轮、仪表和电气接线端子、低温电缆等。以上各项中，有时因采用不同的 LNG 储罐设计理念，在泵井底部不设置底阀。低压输送泵的电气和仪表接线端子都比较特殊，因此一定要制造商供货，而且由于介质温度低，低温电缆也应该由制造商供货，通常接线端子一端是低温电缆，而另一端则是传统的常温电缆。

(2) 试验检验　低压输送泵必须进行性能试验和 NPSH 试验，而且在同系列低压输送泵中，可以根据低压输送泵配用原则，选择一定数量的低压输送泵进行泵停试验。除此之外，如选择配装底阀，那么必须对底阀进行相关的关停及泄漏试验检验，低温的动力电缆还必须进行相关的弯曲和电压试验，三索也必须进行抗拉试验。由于低压输送泵的工作温度极低，因此选用合适的试验介质十分重要，早期的国外相关标准通常接受的试验介质为液化天然气和液氮，但近年来已经修订了相关条款的描述，推荐试验介质为液化天然气。由于低压输送泵使用共轴的潜液电机，如选用液氮作为试验介质，液氮的密度比较大，而且温度也有差异，因此选用液氮作为试验介质不能得到全载荷和全速下的真实的试验结果，从而会影响到泵和电机以后的使用可靠性。为了保证低压输送泵的长期运行的安全性和可靠性，建议选用液化天然气作为试验介质。

4. 低压输送泵产品情况

目前国内还没有生产该产品的制造商。低压输送泵的国外制造商主要包括 J.C Carter、Ebara、Hitachi、Nikkiso 和 Shinko 等。在国外的几家制造商中 J.C Carter 是低压输送泵的发明者，而目前的市场中，无论是 LNG 接收站或者是 LNG 运输船，Ebara 均占主导地位。

三、高压输出泵

高压输出泵是 LNG 接收站实现外输功能的主要设备，高压输出泵将低温液化天然气送至下游的汽化器中，经加热汽化送至下游用户。

1. 工况特点和选型要求

(1) 介质温度低　介质温度一般在 $-130 \sim -162$℃。通常选用耐低温的不锈钢和铝合金。由于工作温度极低，因此在选择材料时应考虑到不同材料膨胀系数的不同，在低温下配合间隙会因不同的膨胀系数而产生较大差异。

（2）装置汽蚀余量低　高压输出泵的介质通常来自蒸发气再凝器，液面上的压力接近饱和蒸汽压，装置汽蚀余量很低。

（3）扬程较高　通常高压输出泵的扬程都在2000m以上。

2. 泵型的选择

接收站的高压输出泵的泵型主要有两种，一种是传统的立式筒袋泵，配装机械密封，早期的接收站选用此种泵型较多，另外一种是目前的主流泵型，立式罐内潜液泵（非移动式），由于采用了潜液电机，所以整个电机和泵体安装在泵罐内，没有动密封，避免因机械密封失效而带来的诸多问题，安全性和可靠性更高，是目前接收站高压输出泵的主要型式。本节主要介绍立式罐内潜液泵（非移动式）。

3. 结构特点

（1）立式结构　高压输出泵属于立式罐内潜液泵（非移动式），采用潜液电机，电机和泵共轴，没有联轴器（避免了安装时的对中问题），整体安装在泵罐内。

（2）电机　电机在泵运行工作中，利用泵送介质及低温LNG进行润滑。电机工作中产生的热量，依靠低温LNG在电机内部的冷却通道中的循环，将电机工作中的热量带入系统。

（3）叶轮和扩流器　高压输出泵的叶轮级数较多，都选用单吸、闭式叶轮，材质以耐低温铝合金为主，而且由于高压输送泵是选定泵轴（电机轴）后才选配叶轮，一般不用键安装方式。叶轮的型式以径向叶轮为主，有时也可选用混流型叶轮。为了保证高压输出泵有稳定的流体和力学性能，通常也选用与叶轮型式相匹配径向或混流型扩流器。由于轴流扩流器会导致失速和不稳定的曲线，一般在LNG接收站的高压输出泵的选型中不选用。

（4）排气口　由于高压输出泵在正常工作过程中，电机以及轴承等发热部件会产生较多热量，从而产生较多的气体，在低流量条件下运行时更为严重，因此，在早期设计阶段必须考虑此部分气体对下游工艺设备选型的影响。

4. 高压输出泵电机电压的确定

如果高压输出泵选择传统的立式筒袋泵，那么电机就是较普通的立式防爆电机，该电机的电压可根据当地电源条件，从优选择10kV或6kV。如果选择的泵型是立式潜液泵，由于目前潜液电机生产技术等原因，高压输出泵的电机只能选择6kV的电机，而且高压输出泵是LNG接收站的主要耗电设备，因此，整个接收站通常都会选用6kV。目前国内投入商业运行和在建的LNG接收站都选用的是6kV，所以在项目的早期就需要统筹考虑整个接收站的电压等级选定。

5. 高压输出泵产品情况

目前国内还没有生产该产品的制造商。泵型为立式筒袋泵的高压输出泵的国外制造商主要有Flowserve、Sulzer、David Brown等。泵型为立式罐内潜液泵（非移动式）的高压输出泵的国外制造商有J.C Carter、Ebara、Hitachi、Nikkiso和Shinko。其中高压输出泵流量在450m³/h以上、扬程在2300m以上的制造商，目前只有J.C Carter和Ebara。

四、低压输送泵和高压输出泵相关的其他问题

在LNG接收站中，低压输送泵和高压输出泵属于关键转动设备，对上下游工艺及设备设计影响很大，因此必须在选型过程中充分考虑上下游设备的选型和设计。

低压输送泵和高压输出泵内部结构相似,均属潜液电泵。低压输送泵和高压输出泵的内部轴承都利用介质进行润滑和冷却。

由于结构设计和实际工况条件,低压输送泵和高压输出泵一般只在泵体设置振动探测设施,通常为加速度型。

第十二节 煤制甲醇装置用泵

一、煤制甲醇工艺流程

煤制甲醇装置是以固体原料煤经气化制得合成气,并合成生产甲醇的一种现代煤化工装置。本节主要以现代美国 GE 德士古水煤浆加压气化、国内多元料浆加压气化和四喷嘴煤浆加压气化为原料,先制取合成气,再合成生产甲醇的工艺流程为例,其完整的甲醇生产装置主要包括:大型空分(和空压站)装置、固体煤输送,水煤(料)浆制备、煤(料)浆气化、灰水处理、部分变换、低温甲醇洗、硫回收(液氮洗)、甲醇合成、甲醇精馏、丙烯或氨制冷装置、甲醇储运等主要生产单元装置,见图 3-56。

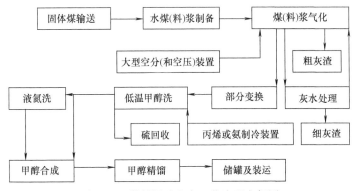

图 3-56 煤制甲醇生产工艺流程方框图

二、煤制甲醇装置用泵概要

煤制甲醇装置需要配套相应规模的空分(和空压站)装置,通常 60 万吨/年甲醇装置根据煤种不同需要配套引进 8 万~8.5 万 m^3/h(标准状态)O_2 空分装置,在国内需要配套 2 套 4.2 万~4.5 万 m^3/h(标准状态)O_2 空分装置。空分装置主要有高压液氧泵、液氮泵、液氩泵、冷却水泵、冷冻水泵等。

固体煤输送工段配套有少量的普通水泵用于煤仓消防用补水和煤运场系统清洁使用。

水煤(料)浆制备工段主要配套有煤浆卸料泵、添加剂制备泵、添加剂计量泵、磨煤机给水泵和水煤(料)浆 pH 值调节用的碱液计量泵或氨水计量泵以及地下废煤浆槽泵等。

水煤(料)浆气化装置根据生产能力负荷大小和后续装置需要,单台炉可配套 15 万吨/年、20 万吨/年或 30 万吨/年甲醇规模,气化压力可选择 4.0~4.5MPa、6.5MPa、8.7MPa 等,主要配套有高压煤浆给料泵、烧嘴冷却水泵、激冷水泵或黑水循环泵、锁渣罐循环泵、渣池泵、预热水泵等。

灰水处理工段主要配套的泵有脱氧水泵、真空泵(系统)、真空凝液泵、絮凝剂泵、分散剂泵、低压灰水泵、澄清槽进料泵、澄清槽底泵、过滤机进料泵、地面冲洗液下泵、真空过滤机真空泵、滤液泵等。

合成甲醇需要的变换通常采用部分变换,主要配套的泵有工艺热凝液泵、高压闪蒸罐给水泵、低温冷凝液泵、脱氧槽给水泵等。

低温甲醇洗通常有德国的林德工艺流程（与国内大连理工大学和其他公司的工艺流程类似），配套的泵有 H_2S 浓缩塔上塔出料泵、H_2S 浓缩塔给料泵、甲醇再生塔给料泵、贫甲醇泵、甲醇/水分离塔给料泵、甲醇再生塔回流泵、地下污甲醇泵、尾气水洗塔底泵等；如采用德国的鲁奇工艺流程，配套的泵有主洗涤泵、尾气再吸收塔进料泵 1、尾气再吸收塔进料泵 2、再吸收塔循环泵、热再生塔进料泵、精洗涤泵、甲醇水分离塔进料泵、热再生塔回流泵、废水泵、地下排污泵、补充甲醇泵等。

液氮洗装置通常没有配套泵，有些液氮洗装置仅为生产合成氨装置配套。

甲醇合成装置仅有为合成气及循环气压缩机组成套的透平冷凝液泵、润滑油站用主、辅油泵和事故油泵等，或有热水循环泵等。

丙烯或氨制冷装置仅有为丙烯或氨制冷压缩机组成套的透平冷凝液泵、润滑油站用主、辅油泵和事故油泵等。

甲醇精馏装置如采用德国的鲁奇工艺流程，配套的泵有稳定甲醇泵、预精馏塔回流泵、加压塔回流泵、常压塔回流泵、工艺水泵、液下泵、碱液泵、侧线出料泵、粗甲醇泵、精甲醇泵、洗涤塔底泵、循环洗涤水泵等；如采用国内流程，配套的泵有加压塔进料泵、预精馏塔回流泵、加压塔回流泵、汽体塔进料泵、汽体塔废水泵、事故甲醇泵、精甲醇泵、常压塔回流泵、汽提塔回流泵、废液泵、粗甲醇进料泵、甲醇油输送泵、废液坑潜水泵等。

甲醇储运装置配套的泵有甲醇火车或汽车装车泵、甲醇底下槽泵、甲醇给料泵等。

硫回收装置根据流程的不同配套的泵有液硫泵、酸水泵等。

表 3-31 是以美国 GE 德士古公司水煤浆加压 6.5MPa 气化，采用德国鲁奇（lurgi）公司低温甲醇洗工艺，鲁奇公司甲醇合成和精馏工艺，生产 60 万吨/年甲醇装置为例的各主要装置用泵一览表。

表 3-31 煤制甲醇各主要装置用泵一览表

泵名称	流量/(m³/h)	扬程/m	操作温度/℃	操作压力/MPa(G)	电机功率/kW	泵体/叶轮材料	密封型式	数量	备注
烧嘴冷却水泵	136	176	59	1.7	160	CS/CS	机封	2	API610
锁渣罐循环泵	48	31	90	6.9	18.5	Ni-Hard/Ni-Hard	机封	6	API610
激冷水泵	505	157	240	7.54	315	06Cr13Ni/Ni-Hard	机封	6	API610
除氧水泵	480	788	110	7.51	1600	316L/316L	机封	2	API610
工艺热凝液泵	282	115	184	6.9	132	304SS/304SS	机封	2	API610
离心泵	355~887	33~707	−57.1~−40.3	0.56~6.5	75~1000	LTCS/LTCS SS304/SS304	机封	10	API610
精洗涤泵	853	1040	98	7.7	2200	SS316/SS316	机封	2	API610
离心泵	1.25~269	27~123	30~128	0.25~1.29	3~90	CS/CS	机封	25	ISO2858
离心泵	4.8~60	7.5~86	−40~153	0.37~1.6	3~37	SS304/SS304	机封	14	ISO2858
滤液泵	45	27	41	0.26	11	CS 硬化/Ni-Hard	机封	2	ISO2858
离心泵	16~255	24~69	40~45	0.25~0.65	7.5~90	CS+内衬/Ni-Hard	机封	17	ISO2858
真空凝液泵	17	67	40	0.6	7.5	Ni-resist	机封	6	ISO2858
预热水泵	154	109	90	1.1	90	CS 硬化/Ni-Hard	机封	3	ISO2858
渣池泵	110	42	48	0.42	30	Ni-Hard	机封	6	ISO2858
活塞隔膜泵	65~74	100~782	50	1.33~9.6	45~315	CS/特种橡胶	填料	6	
隔膜泵	0.2~3	30~71	30~40	0.33~0.7	0.55~4	SS/PTFE	填料	7	
柱塞计量泵	0.3~0.9	30~60	30~40	0.42~0.8	0.55~0.75	CS/CS	填料	4	

三、煤制甲醇装置关键用泵

以美国 GE 德士古公司水煤浆加压 6.5MPa 气化工艺，采用德国鲁奇公司低温甲醇洗工艺，鲁奇公司甲醇合成和精馏工艺，生产 60 万吨/年甲醇装置为例，阐述主要装置用泵的现状和选型。

1. 大型空分装置用泵国内外现状及选型说明

(1) 高压液氧泵　配套 6.5MPa 水煤浆气化用的高压液氧泵，其出口压力达 8.9～9.2MPa。对于小流量高压液氧泵宜采用林德的 3 或 5 个柱塞的卧式往复泵，对大流量高压液氧泵，宜采用多级立式离心泵。该类泵用材特殊，清洁度要求非常严格，解冻（预冷）不易，检修耗时费工，并且供氧与气化炉安全生产密切相关，宜采用 1 开 1 备，并且全套从国外引进方案。由国内研制存在极大的工程风险。如采用 1 台国外 1 台国内方案会给操作管理、备件准备带来麻烦。

(2) 液氮泵、液体产品泵和其他水泵　相对液氧泵而言，液氮泵和其他液体产品泵采用 1 开 1 备离心泵，只要解决超低温润滑和材料技术难题，国内生产的这类泵已在一些中小型空分或其他相应领域中有应用，对大型空分使用风险不大。因此由国内采购配套 4.2 万～4.3 万 m^3/h（标准状态）O_2 或更大空分的液氮泵或直接购买国外产品或国内生产均可。其他配套水泵完全可国产化。

2. 煤气化和变换装置使用机泵国内外现状及选型说明

(1) 低压煤浆泵　低压煤浆泵宜采用双缸双作用活塞隔膜泵、曲杆泵或软管泵。在煤浆加压气化装置中多采用荷兰 GEHO 公司的活塞隔膜泵，德国 FELUWA 公司的双软管隔膜泵也成功用在这一领域。国内中色沈阳泵业有限公司（原沈阳矿山机械厂）为原鲁南化肥厂研制的低压煤浆泵也成功使用，并在后来的煤制甲醇装置中应用。上海电气压缩机公司（原上海大隆机器厂）研制的低压煤浆泵也已通过专家鉴定，并在后来的煤制甲醇装置中应用。重庆水泵厂研制的低压煤浆泵在后来的煤制甲醇装置中也成功应用。由于低压煤浆泵操作压力低，且有煤浆储槽与水煤浆连续气化工艺有缓冲隔离，因此该泵工艺连续性要求低一些，可考虑采用国产研制的泵，但目前宜采用 1 开 1 备泵配置一台磨煤机。此外，在我国采用水煤浆为燃料的热电厂中，有采用曲杆泵（或称单螺杆泵）作为煤浆输送泵，国内也有成熟的制造厂，但连续运转周期尚短。国外的软管泵亦能应用在该领域。目前的项目多按国内国产化供货或国外引进两种配置方案。

(2) 高压煤浆给料泵　高压煤浆给料泵与气化炉一一对应，连续运转要求特别高，多采用荷兰 GEHO 公司 3 缸单作用活塞隔膜泵，使介质脉动减小。在早期国内外的德士古水煤浆加压气化装置中多采用荷兰 GEHO 公司的泵。德国的 FELUWA 公司的双软管隔膜泵在后来的煤气化装置中也成功应用。中色沈阳泵业有限公司也有一些应用业绩。特别是由于该泵与气化炉一一对应，通常不设单独备用泵，且工艺要求特别高，目前的项目仍以国外引进为主。

(3) 锁渣斗循环泵　该泵为卧式单级离心泵，选材既要耐磨，又要有一定的耐腐蚀性能，且操作温度高，介质中含有一些特硬的气化炉灰渣，密封压力高，工艺条件十分苛刻。在陕西渭化大化肥项目的煤浆气化装置中，该泵尽管为引进，但叶轮和泵体流道磨损严重。北京航天十一所石化泵公司为上海焦化厂三联供和鲁南化肥厂，以及在为陕西渭河化肥厂研制的泵也成功使用，并应用在后来的煤气化装置中。江苏双达泵阀有限公司专门研制的锁渣斗循环泵也已成功应用在德州大化肥项目和以后的大型煤气化装置中。在后来的煤化工项目中亦采用国内其他厂商研制的泵。现在的项目多按国内国产化供货。

(4) 灰水循环泵或激冷水泵　该泵为卧式单级离心泵,流量大、操作压力高、单级扬程高,选材既要耐磨,又要在高温操作下有一定的耐腐蚀性能,介质含有一定量特硬的气化炉灰渣,因此工艺条件特别苛刻。该泵是气化炉周围难度最大的一台泵,在陕西渭化大化肥项目的煤浆气化装置中,该泵尽管为引进,但叶轮和泵体流道磨蚀严重。国内航天十一所等单位为上海焦化厂三联供、鲁南化肥厂,以及为陕西渭河化肥厂研制的泵也成功使用,并应用在后来的煤气化装置中。江苏双达泵阀有限公司专门研制的灰水循环泵或激冷水泵已成功应用在德州大化肥项目和以后的大型煤气化装置中。在后来的煤化工项目中亦采用国内其他厂商研制的泵,因此目前的项目多按国内国产化供货。

(5) 渣池泵　该泵原为立式单级离心泵,泵轴长度达3m左右,由于介质中含有一定量特硬的气化炉灰渣,使叶轮和泵壳体磨损严重,下轴承的磨损使叶轮摆动加大。在陕西渭化大化肥项目的煤浆气化装置中,该泵尽管为引进,但叶轮和泵体流道磨蚀严重,检修频繁。国内原靖江飞跃机泵阀门总厂为陕西渭化大化肥研制的泵也使用尚可。在后来的煤化工装置中多采用单级卧式泵,并且采用1开1备配置,使该泵的技术难度大大降低,国内完全可以供货。目前的项目多按国内国产化供货。

(6) 除氧水泵或碳洗塔给料泵　该泵为卧式多级离心泵,流量大,操作压力高,扬程高达数百米,且入口汽蚀余量小,介质中含有灰渣,操作温度高。无论是德士古渣油气化,还是水煤浆加压气化,该泵均被认为是难度最大、最易出现问题的一台泵。陕西渭化大化肥引进的是水平剖分,背靠背叶轮布置,以减少轴向推力,且认为机壳径向不对称引起热变形不均匀,使用不太好。在借鉴原沈阳水泵厂给上海焦化厂三联供项目提供该泵的经验,为陕西渭化化肥厂研制了环断面多级离心泵,使用尚可。此外重庆水泵厂为大型钢铁厂水力除渣设计的大流量、高扬程泵使用条件类似,在后来的煤化工装置中也多有应用。大连深蓝泵业公司为山东德州大化肥研制的泵也成功应用,并在后来的煤气化装置中有所应用。目前的项目多按国内国产化供货。

(7) 真空泵和真空过滤机真空泵　真空泵用来维持真空闪蒸需要的真空度,并处理闪蒸出来的惰性不凝气体(包括蒸汽和空气)。该泵采用1级或2级液环泵,轴封采用填料密封或机械密封。根据工艺参数,并结合国内制造能力分析,该类真空泵系统可在国内合资厂或国内制造厂采购。

(8) 渣浆泵类　在灰水处理工段还有7个位号13台渣浆泵,这些渣浆泵处理的介质含固量从0.5%~65%。要求泵的过流材质既要耐磨又要耐腐蚀,轴封可采用填料密封或机械密封,但需要有好的外冲洗方案。这些渣浆泵有些已在后来的项目中实现了国产化,有的也在国内找到了代用机型,因此目前完全可以在国内采购。

(9) 计量泵　水煤浆气化装置部分有3个位号6台计量泵,该类泵没有什么特别要求,只是国外的泵比国内的泵计量精度高一些,工艺如无特殊要求,可在国内采购。

(10) 变换装置用泵　生产合成氨要采用两级完全的一氧化碳变换装置,而生产甲醇仅采用部分一氧化碳变换装置。

在两套变换工段中,工艺热凝液泵:温度高,介质有腐蚀,进出口压力高,需采用耐腐蚀单级或多级离心泵;汽提塔底泵:温度不高,介质有腐蚀,进出口压力高,采用耐腐蚀单级离心泵;低温冷凝液泵:介质有腐蚀,进出口压力低,采用耐腐蚀单级离心泵;高温热水塔给料泵:温度高,介质有腐蚀,进出口压力高,需采用耐腐蚀多级离心泵。

对于这些泵，机械密封和材料均有较高的要求，泵的结构应采用 API610 标准的中心支撑以防止温差变形，主要材料应采用 304SS 不锈钢，对于高进出口压力泵的机械密封和结构需采用质量可靠有业绩的产品，同时对于关键泵的机械密封和轴承选用进口轴承和质量可靠的进口（或合资）机械密封。

3. 低温甲醇洗、液氮洗装置以及硫回收使用机泵国内外现状及选型说明

酸性气体脱除多采用德国林德公司、鲁奇公司或国内大连理工大学的低温甲醇洗工艺流程。林德公司工艺流程使用的主要离心泵的特点为：

(1) H_2S 浓缩塔上塔出料泵：温度约 $-70℃$，介质为甲醇，特点为进口压力高，低温，介质有毒性，可采用耐腐蚀低温单级离心泵。

(2) CO_2 产品塔下塔进料泵：温度约 $-60℃$，介质为甲醇溶液，特点为流量大，低温，介质有毒性，耐腐蚀，可采用耐腐蚀低温单级离心泵。

(3) 甲醇再生塔进料泵：温度 $-50℃$，介质为甲醇，特点为流量大，低温，介质有毒性，可采用耐腐蚀低温单级离心泵。

(4) 贫液甲醇泵：该泵流量大，扬程高，排出压力高，密封困难，电动机功率大，拟采用多级离心泵，高压电动机驱动。该泵有一定技术难度，目前大多项目仍采用进口产品为主。

(5) 甲醇/水分离塔回流泵，介质为含甲醇溶液，介质有毒性，可采用耐腐蚀单级离心泵。

(6) 热再生塔回流泵：温度高，介质为甲醇，特点为流量大，低温，介质有毒性，可采用耐腐蚀高温单级离心泵。

(7) 地下槽泵，温度 $-60\sim50℃$，介质为甲醇，可采用耐腐蚀低温单级立式液下离心泵等。

(8) 尾气洗涤泵，可采用耐腐蚀单级离心泵。

装置中关键离心泵的主要特点：一类为介质温度低（$-70\sim-50℃$），泵输送的介质甲醇有毒；另一类为泵的介质有腐蚀性，或泵进口压力高，或为耐腐蚀多级离心泵。

这些泵机械密封和材料均有较高的要求，泵的结构应采用 API610 标准的中心支撑（OH2）以防止温差变形，低温泵的材料应采用 316 SS 或 304 SS 奥氏体不锈钢，泵密封应采用双端面串联机械密封和合适的密封冲洗方式，高进口压力泵的机械密封和结构需采用质量可靠、有业绩的产品，同时对于关键泵的机械密封和轴承选用进口轴承和质量可靠的进口（或合资）机械密封。

其中装置中的贫液甲醇泵需要采用进口产品，耐腐蚀单级泵如 CO_2 产品塔下塔进料泵、H_2S 浓缩塔上塔出料泵等，产品制造难度高，且国内产品质量不稳定，可采用国内合资或独资泵。其他低温甲醇泵在陕西渭河引进大化肥装置和山东德州华鲁恒升国产大化肥装置中等已成功实现了国产化。

甲醇装置配套的贫液甲醇泵按要求在国外成套采购，其他泵采用国内合资厂商产品，也可从国内有成功运行业绩厂商处采购成套。或征得设计同意，对于进口泵，可采用泵部分国外采购，高压驱动电机等在国内成套以降低工程费用。

其他甲醇洗配套泵采用国内、合资、独资有成功运行业绩厂商的产品。

(9) 硫回收用泵。煤制甲醇装置配套的硫回收有 3~4 种规格 6~8 台泵，可采用国内有

4. 大型甲醇合成和精馏装置用泵国内外现状及选型说明

(1) 甲醇合成装置用泵　甲醇合成装置仅有为合成气及循环气压缩机组成套的透平冷凝液泵、润滑油站用主、辅油泵和事故油泵等。

(2) 甲醇精馏和甲醇罐区用泵　甲醇精馏和甲醇罐区中使用的该类甲醇泵，流量、扬程适中，易于选型，只是甲醇属危险介质，对密封要求高，可选用国内有成功运行业绩的轴封、离心泵配双端面密封，或无密封泵，如屏蔽泵、磁力泵等。

5. 大型罐区和其他辅助装置使用机泵国内外现状及选型说明

(1) 高压锅炉给水泵　通常高压锅炉给水泵采用1开1备，备用机由电机驱动，主机由蒸汽透平驱动，考虑引进是因为大型化工装置长周期连续运行的需要。在大型电站高压锅炉给水泵多由国内制造，技术比较成熟。

(2) 其他辅助装置用泵　在以上没有描述的其他泵，有的已经在大型装置中实现了国产化，有的因为没有特别的技术难度，完全可在国内制造解决，在此不再详述。

第十三节　磷酸磷铵装置用泵

一、工艺流程及装置用泵概要

磷酸磷铵生产可分为传统法与料浆法，其流程框图见图3-57。

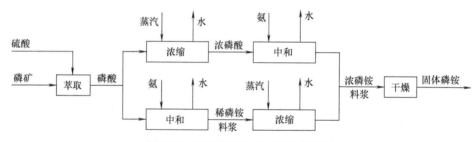

图3-57　磷酸磷铵生产工艺流程框图

硫酸分解磷矿制得的磷酸，由于浓度较低，须先送入浓缩系统以蒸汽为热源进行浓缩，然后进行氨中和，所得浓磷铵料浆送去干燥系统而得固体磷铵，此法即为"传统法"（图3-57上方流程）；如果稀磷酸先用氨中和得稀磷铵料浆，再送入浓缩系统以蒸汽为热源进行浓缩，制得浓磷铵料浆，再去干燥得固体磷铵，即为"料浆法"（图3-57下方流程）。传统法用于高品位磷矿，料浆法适用于杂质含量高的中品位磷矿。如果要求制得粒状固体磷铵，则应在加工干燥过程前或在干燥同时造粒制得粒状磷铵。

上述方法中的磷酸是二水物法磷酸，所得磷酸浓度较低。如果是采用半水物法即可制得$P_2O_5>40\%$的磷酸，此时可不必浓缩，在氨中和后就可直接生产固体磷铵。

磷酸和磷铵生产，国内已建设有200多套大中型装置。绝大部分是二水物磷酸，其中料浆法近100套，大多为年产3万～6万吨粒状磷铵，其生产能力占全国磷铵总能力的40%。本节以年产10万吨料浆法磷铵装置为重点介绍该装置的用泵情况。

料浆法磷酸磷铵生产流程见图3-58。硫酸与磷矿或矿浆分别计量后加入反应槽（又称萃取槽）生成磷酸和二水物磷石膏料浆，再由料浆泵将其送入过滤机进行液固相分离，滤液磷酸在真空状态下流入气液分离器，再依靠其液位压差流入滤洗液中间槽或滤液泵入口。经过滤后的滤饼用洗涤水三次逆流洗涤，一洗液与部分滤液返回反应槽，其余部分滤液用泵送入磷酸储槽储存,即为磷酸装置的产品,磷铵装置的原料。

过滤机的真空由真空泵产生,另一台真空泵作为过滤机吸干和反吹倒渣用。

磷酸储槽内的磷酸由泵先送入磷铵造粒干燥尾气洗涤塔,吸氨后由泵送入中和槽与气氨反应生成稀磷铵料浆。然后用泵送入浓缩蒸发系统,以蒸汽为热源对磷铵料浆进行浓缩。浓缩系统由浓缩循环泵进行循环。

浓缩后料浆由泵送入喷浆造粒干燥机,以炉气为热源进行造粒和干燥。干燥后的颗粒磷铵经筛选1~4mm粒子即为成品磷铵,大于4mm颗粒经破碎后与细粉和除尘器吸下的粉尘作造粒返粒用。造粒干燥的尾气经除尘送尾气洗涤塔处理后放空。

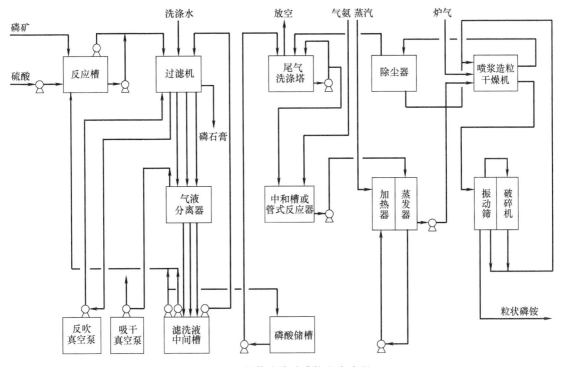

图 3-58 料浆法磷酸磷铵生产流程

年产10万吨料浆法磷铵装置共用泵56台。按泵类型分为:混流或轴流式浓缩循环泵2台,流量2400m³/h,扬程8~9m,介质温度80~110℃。立式离心泵22台,输送55~110℃的磷酸或磷铵,流量30~150m³/h,扬程18~40m;卧式离心泵30台,输送30~100℃的磷酸、磷铵、氟硅酸等,流量30~140m³/h,扬程24~40m;水环真空泵2台。本装置的主要用泵一览表见表3-32。

表 3-32 (5万吨/年 P_2O_5, 10万吨/年 MAP) 磷酸、磷铵装置主要用泵

序号	名称	型号	性能参数		过流部件材料	轴封	输送介质	主要制造厂
			流量/(m³/h)	扬程/m				
1	立式闪冷泵		2500	3	CD4MCu,904L	在槽盖上填料密封	磷酸料浆	襄樊525泵业有限公司、靖江金麟机械厂
	立式料浆泵		30~150	18~40	CD4MCu			

续表

序号	名称	型号	性能参数 流量/(m³/h)	性能参数 扬程/m	过流部件材料	轴封	输送介质	主要制造厂
2	浓缩循环泵 SPP混流泵 或混流泵		2400	8～10	CD4MCu 或 0Cr20Ni25Mo3Cu2	双端面机械密封或副叶轮加填料密封	磷铵料浆	大连耐酸泵厂、襄樊525泵业有限公司
3	卧式离心泵		30～140	24～40	0Cr18Ni12Mo2Ti CD4MCu	副叶轮填料密封	磷铵料浆	襄樊525泵业有限公司、靖江金麟机械厂
4	水环真空泵	SK-85	气量 120 m³/min	极限真空度 650mmHg	组合			佶缔纳士机械有限公司、佛山水泵厂有限公司、淄博水环真空设备有限公司

二、磷酸料浆泵

用于输送磷酸料浆介质,是装置的关键用泵之一,可用立式或卧式,立式泵安装于地坑或萃取槽的上面。

1. 工况特点

(1) 二水物磷酸装置。

输送介质:二水物磷酸料浆。

含固量:磷石膏(主要成分为 $CaSO_4·2H_2O$ 和未分解的磷矿及酸不溶物)25%～32%。

液相:磷酸(P_2O_5)20%～30%;游离硫酸 H_2SO_4 1%～4%;氟硅酸 H_2SiF_6 1%～3%;Cl^- 微量($<800×10^{-6}$)。

黏度:5～15mPa·s。

密度(料浆):1.3～1.5t/m³。

介质温度:70～85℃。

(2) 半水物磷酸装置。

半水物磷酸装置的工况条件与二水物磷酸装置的主要区别是液相磷酸浓度和反应温度均较高,具体数据如下:液相磷酸 P_2O_5 40%～48%;反应温度 95～105℃。上述介质均处于剧烈的搅拌条件下。

2. 选型要求

磷酸料浆泵的选型要求主要是根据介质和反应槽中搅拌条件,选择兼有耐腐和耐磨性能的过流部件材料以及结构合理的立式泵。

(1) 泵过流部件材料的选择 在磷酸介质(含固量小于3%)条件下,超低碳钼二钛和钼三钛的耐腐蚀性能良好,但在磷酸料浆(含固量25%～35%)条件下,磨损严重,使用寿命缩短。因此,在选择泵过流部件材料时尤其要注意介质和工况条件。

① 介质温度:泵过流部件腐蚀速度随温度升高而加剧。例如萃取磷酸温度从70℃上升到85℃时,腐蚀速度增加一倍。因此,选材时要注意介质温度。

② 磷酸浓度:磷酸浓度增加,腐蚀加剧。例如钼三钛不锈钢在二水物磷酸生产中能抗蚀,但在半水物磷酸中,当用于反应槽搅拌轴衬套时,仅使用一个月就有85%被腐蚀,呈

蜂窝状麻点。因此，二水物磷酸反应槽上立式泵过流部件推荐用 CD4MCu、Z3CNUD26-05、铬 30（F30%CrMo 和 FCr30）合金、904L 等，半水物磷酸生产中泵过流部件推荐用铬 30（F30%CrMo 和 FCr30）合金、J-1 合金、F5 合金、SaniCrO28、Hastelloy C、904L。

（2）泵转速的选择　泵转速提高，会加速叶轮和蜗壳等过流部件的磨蚀腐蚀。根据国外磷酸磷铵装置用泵和我国引进的磷酸装置用泵的转速，绝大部分是 960r/min 和 1460r/min（前者更多），而没有高达 2900r/min 的转速。因此，在满足流量、扬程的前提下，尽量选择低转速的泵。

（3）立式泵和卧式泵的选择　20 世纪 80 年代前，我国磷酸磷铵装置用泵，几乎全部为立式泵。由于当时条件下，国内卧式泵的轴封泄漏严重。目前，国内不少卧式泵的密封技术有了很大改进，根据介质含固量的多少，密封型式有双端面机械密封、单端面机械密封、填料密封、填料密封+副叶轮密封等多种型式。卧式泵所用的填料密封，一致认为以碳素纤维填料使用效果较为可靠。与立式泵相比，卧式泵还具有以下优点：

① 卧式泵的价格低，一般是相同流量、扬程条件下立式泵的 1/2~1/3，甚至 1/4。

② 立式泵支承架下悬臂轴长度有限，往往给生产上控制液位带来麻烦。

③ 如果立式泵不能直接安装在一个大槽子上（如磷酸成品储槽），则必须由大槽下部侧面开孔将介质引至架设立式泵的小槽上，这增加了投资，有时为了防止"打空"或"满槽"，还要多一位操作工人。

（4）泵叶轮型式的选择　由于磷酸、磷酸料浆和磷铵料浆中均含有固体颗粒，加之由磷矿石带入的钠、钾及铁、铝、镁等杂质（尤其是钠、钾），在磷酸生产过程中会产生氟硅酸钠和氟硅酸钾盐，溶解于磷酸中。当温度下降时，溶解度降低而析出，很容易在泵的叶轮尤其是蜗壳上结成坚硬的垢层（这些结垢物还夹杂如硫酸钙等其他固相物）。因此，在磷酸磷铵装置中，一般要选用开式叶轮，尤其在磷酸装置反应槽及磷酸过滤系统中，一定要选用开式叶轮；磷铵料浆泵也选用开式叶轮或半开式叶轮。例如靖江金麟机械厂制造的立式泵中，LJYA 型的开式叶轮适用于磷酸料浆介质；而闭式叶轮不能用于磷酸料浆介质。再者，经验证明，用于料浆的立式泵下部不能设下轴承。

3. 立式磷酸料浆泵结构特点及国内外产品现状

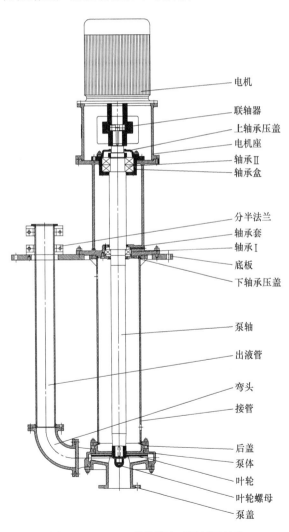

图 3-59　LJYA 型悬臂液下泵剖面结构

立式磷酸料浆泵为立式、单级、单吸悬臂式液下泵，底座、出液管同圆柱管分开，不需要轴封。泵轴在液下部位不设轴承，以适应输送含固体颗粒的介质。泵浸入介质的深度可为700～2000mm，需要时还可在泵吸入口处装设吸入管。LJYA型悬臂液下泵结构见图3-59。国内其他厂的立式泵如525厂PLC及昆明嘉和泵业的JCF立式泵结构与LJYA相近，不再叙述。LJYA立式磷酸料浆泵的性能参数见表3-33。

表3-33 LJYA立式磷酸料浆泵的性能参数

产品型号	流量 /(m³/h)	扬程 /m	转速 /(r/min)	电机功率 /kW	产品型号	流量 /(m³/h)	扬程 /m	转速 /(r/min)	电机功率 /kW
7LJYA30	7	30	1450	4	90LJYA25	90	25	1450	30
7LJYA40	7	40	1450	5.5	110LJYA25	110	25	1450	30
15LJYA18	15	18	1450	5.5	100LJYA38	100	38	1450	30
10LJYA30	10	30	1450	4	150LJYA25	150	25	1450	45
15LJYA30	15	30	1450	7.5	200LJYA25	200	25	1450	55
30LJYA30	30	30	1450	11	200LJYA30	200	30	1450	55
25LJYA20	25	20	1450	7.5	150LJYA50	150	50	1450	75
27LJYA20	27	20	1450	7.5	60LJYA60	60	60	1450	37
20LJYA45	25	45	1450	18.5	60LJYA80	60	80	1450	55
30LJYA40	30	40	1450	18.5	80LJYA110	80	110	1450	132
45LJYA20	45	20	1450	15	240LJYA50	240	50	1450	110
60LJYA20	60	20	1450	15	350LJYA50	350	50	1450	110
65LJYA26	65	26	1450	18.5	450LJYA30	450	30	980	110
74LJYA26	74	26	1450	22					

LJYA型磷酸料浆泵简述：LJYA型磷酸料浆泵系单级、单吸、悬臂式液下泵，其轴承不和液体接触，适合输送含有40%以下，小于0.3mm固体颗粒的磷酸料浆，也可用于冶金、化肥、造纸等工业部门。

泵结构特点：

① 由于磷酸料浆中含有固体颗粒，且有结晶物，将叶轮设计成开式叶轮，以防止叶轮堵塞。

② 针对磷酸料浆中含有固体颗粒，因此，该泵不设液下轴承，而采用悬臂式结构，避免因液下轴承磨损而产生故障。

③ 泵轴采用粗大型刚性轴，而不像普通液下泵采用柔性轴，从而避免因叶轮磨损不均匀而引起的振动、噪声等现象。

④ 为提高泵的可靠性、减小过流件的磨损，将泵的转速选定为1450r/min和960r/min。

⑤ 为了提高泵壳、叶轮的使用寿命，泵过流件的材质选用既耐腐蚀，又耐磨蚀的JL-1、JL-2合金、CD4MCu、Cr30等。

4. 卧式磷酸料浆泵结构特点及国内外产品现状

国内生产卧式磷酸料浆泵的制造厂有靖江金麟机械厂、襄樊525泵业有限公司、四川成都永益泵业有限公司、大连耐酸泵厂，各厂卧式离心泵的结构形式基本相同。本节以靖江金麟机械厂HJK型泵为代表作一简要介绍。HJK型卧式磷酸料浆泵结构见图3-60。HJK型卧式磷酸料浆泵的性能参数见表3-34。

表 3-34　HJK 型卧式磷酸料浆泵的性能参数

产品型号	流量/(m³/h)	扬程/m	转速/(r/min)	电机功率/kW	产品型号	流量/(m³/h)	扬程/m	转速/(r/min)	电机功率/kW
HJK50-32-125	6.3	5.0	1450	1.1	HJK100-80-160	50	8	1450	4
HJK50-32-160	6.3	8.0	1450	1.1	HJK100-65-200	50	12.5	1450	7.5
HJK50-32-200	6.3	12.5	1450	1.5	HJK100-65-250	50	20	1450	11
HJK50-32-250	6.3	20	1450	3	HJK100-65-315	50	32	1450	18.5
HJK65-50-125	12.5	5	1450	1.1	HJK125-100-200	100	12.5	1450	11
HJK65-50-160	12.5	8	1450	1.5	HJK125-100-250	100	20	1450	15
HJK65-50-200	12.5	12.5	1450	2.2	HJK125-100-315	100	32	1450	22
HJK65-40-250	12.5	20	1450	4	HJK125-100-400	100	50	1450	37
HJK65-40-315	12.5	32	1450	7.5	HJK150-125-250	200	20	1450	30
HJK80-65-125	25	5	1450	1.5	HJK150-125-315	200	32	1450	45
HJK80-65-160	25	8	1450	3	HJK150-125-400	200	50	1450	75
HJK80-50-200	25	12.5	1450	4	HJK200-150-250	400	20	1450	75
HJK80-50-250	25	20	1450	5.5	HJK200-125-315	400	32	1450	90
HJK80-50-315	25	32	1450	11	HJK200-150-400	400	50	1450	132
HJK100-80-125	50	5.0	1450	2.2					

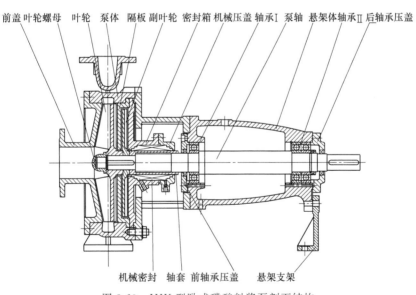

图 3-60　HJK 型卧式磷酸料浆泵剖面结构

HJK 型卧式磷酸料浆泵简述：HJK 型泵系单级单吸化工泵，适用于输送含有 40% 以下的固体颗粒、粒径小于 2mm 的磷酸料浆，广泛用于磷酸、磷铵、化肥、冶金、造纸等工业部门。

HJK 型化工泵的结构特点：

① 叶轮形式采用开式叶轮，确保泵运转时，叶轮不堵塞。

② 采用后开门结构，在检修泵时，不需拆卸泵体、前盖及管道，就可将转子卸出。

③ 泵的轴封采用副叶轮动力密封和双端面机械密封组合形式,确保泵运转时轴封不泄漏。

④ 泵的转速采用 1450r/min,减少叶轮、泵壳的磨损,提高叶轮、泵壳的使用寿命。

⑤ 泵过流部分材质采用既耐腐蚀、又耐磨损的 JL-1、JL-2、CD4MCu、Cr30 等。

三、浓缩循环泵

浓缩循环泵是使磷酸或磷铵料浆在加热蒸发浓缩过程中进行强制循环的设备,要求泵的参数为大流量、低扬程,一般选用混流泵或轴流泵。

1. 工况特点

磷酸浓缩循环泵所输送磷酸成分为 $40\%\sim54\%P_2O_5$,$1\%\sim5\%H_2SO_4$,$1\%\sim3\%$氟硅酸,磷石膏(固体)$2\%\sim6\%$,其余为水,黏度 $0.05\sim0.1Pa\cdot s$,温度 $70\sim110$℃,密度 $1600\sim1700kg/m^3$。

磷铵料浆浓缩循环泵所输送的磷铵料浆,含水率 $25\%\sim40\%$,黏度 $0.05\sim0.2Pa\cdot s$,温度 $80\sim110$℃,密度 $1400\sim1600kg/m^3$。

2. 选型要求

泵过流部件材料可参照或稍低于磷酸料浆过流部件对材料的要求,磷铵料浆循环泵多选用 0Cr18Ni12Mo2Ti 或 CD4MCu,但以 CD4MCu 为好,磷酸循环泵也可用 0Cr18Ni12Mo2Ti,但以选用 CD4MCu 为好。循环泵的选用着重注意下列问题:

(1) 由于循环泵是大流量、低扬程的卧式泵,轴封处普遍采用冷却水,既要注意轴封处无料浆泄漏,又要防止冷却水进入介质系统。

(2) 当系统紧急停车时,泵也随之停车,要注意在蒸发系统不排料时,泵轴封处无料浆泄漏。

(3) 在浓缩蒸发系统处于不利条件,如加热蒸汽压力高、料浆浓度高或液位低的情况下,循环泵实际运行的流量远低于泵额定流量,这就要求泵有良好的抗汽蚀性能。

(4) 根据工艺计算的流量和扬程,选择恰当流量、扬程的泵。例如 10 万吨/年料浆法磷铵装置对含水 $25\%\sim40\%$磷铵料浆介质选用流量 $2400m^3/h$、扬程 8m 的混流泵或轴流泵。泵制造厂提供的泵流量、扬程是以水为介质进行性能试验得到的数据,选用泵时,应根据工艺介质的黏度和含固量,进行性能换算。因此,实际选用泵厂样本上参数流量 $2200\sim2400m^3/h$,扬程 $8\sim9m$ 的循环泵为宜。流量选择也不必要过大,这会增加能耗并会加速介质对换热管壁的磨损。

3. 料浆浓缩循环泵结构特点及国内产品情况

为了适应我国料浆法磷铵装置建设发展的需要,20 世纪 80 年代末,四川自贡工业泵厂、四川新达水泵厂、大连耐酸泵厂、大连工业泵厂研制了料浆循环泵,在装置上运行后,相继通过化工部鉴定;研制类似料浆循环泵的还有靖江机泵阀门总厂(靖江金麟机械厂的前身)和 525 厂,后者并作了改进,这些厂生产的循环泵的结构型式基本相同。目前国内磷铵料浆浓缩装置料浆循环泵采用靖江金麟机械厂和湖北襄樊 525 泵业有限公司的为多,本节以靖江金麟机械厂 FLX 型泵为代表作一简要介绍。FLX 型磷酸料浆循环泵结构见图 3-61。FLX 型磷酸料浆循环泵的性能参数见表 3-35。

FLX 型磷酸料浆循环泵简述:FLX 型磷酸料浆循环泵是大流量、低扬程卧式混流泵,适用于输送含有 30%以下固体颗粒的磷酸料浆浆液,也可用于输送其他腐蚀性的液体。

表 3-35　FLX 型磷酸料浆泵的性能参数

型　号	流量 /(m³/h)	扬程 /m	转速 /(r/min)	电机功率 /kW	型　号	流量 /(m³/h)	扬程 /m	转速 /(r/min)	电机功率 /kW
FLX350A	1000	8	980	55	FLX550	2800	10～12	740	200
FLX350B	1100	10～12	980	75	FLX650	3500	10～12	580	280
FLX400	1600	10～12	980	110	FLX750	5200	10～12	480	400
FLX500	2200	10～12	740	160					

FLX 型磷酸料浆泵结构特点如下：

① 由于该系列泵用于磷酸料浆的蒸发循环，输送介质的温度较高，且流量大、扬程低，因此对泵的性能具有较高要求，该泵采用效率高、性能稳定、汽蚀性能好的水力模型，使泵具有好的性能。

② 该泵采用后开门结构，维修方便，在检修拆卸泵时，不需拆卸泵体及与管道的连接，就可将转子拆下。

③ 泵的轴封采用副叶轮动力密封和双端面机械密封，即泵运转时，泵的轴封由副叶轮承受，在开、停车时由机械密封密封。

④ 针对磷酸料浆的特点，将泵的转速选定在 980r/min 以下，以确保泵运转的可靠性。

⑤ 泵和电机采用直联形式，也可采用皮带传动。

⑥ 泵过流部分材质选用 JL-1、JL-2、CD4MCu 等。

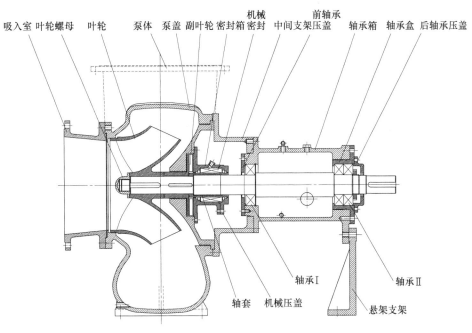

图 3-61　FLX 型磷酸料浆泵剖面结构

四、磷酸低位闪冷立式泵的应用情况简介

1. 引进国外闪冷泵的情况简介

从 20 世纪 80 年代以来，我国先后引进了十多套大中型湿法磷酸生产装置。引进装置采用的工艺有二水法工艺、半水法工艺和半水-二水法工艺。引进的磷酸装置生产规模为500～

$1000t/dP_2O_5$。

多套磷酸装置技术及设备引进和合作，促进了我国磷酸行业设计、设备制造、施工、开车及生产操作的发展，推动了我国磷酸行业的技术进步，带动了新设备、新材料的开发与成功运用，为我国磷酸装置的自行设计及装置设备国产化奠定了基础。

2. 国产化现状

随着多套磷酸装置技术和设备的引进，促进了国内设备制造水平的提高，同时也带动了新材料的开发和成功运用。国内设备和材料制造厂与磷肥生产企业、设计单位共同合作，成功开发了适用于大型磷酸装置的设备，如：国产 $Q=13500m^3/h$ 磷酸料浆冷却循环泵（亦称磷酸低位闪冷泵）已成功应用于磷酸装置，该泵首先由襄樊525泵业有限公司开发成功，目前国内30万吨/年 P_2O_5 磷酸装置（如云南三环、富瑞、贵州、开阳、瓮福）均采用该厂产品，为我国磷肥企业节约了不少外汇。国内具备该泵制造能力的厂为襄樊525泵业有限公司和靖江金麟机械厂，其中靖江金麟机械厂制造泵的最大流量为 $9000m^3/h$。磷酸低位闪冷泵的结构见图3-62，磷酸低位闪冷泵的性能参数见表3-36。该泵具有以下结构特点：

① 针对其输送介质的温度较高，因此对该泵的汽蚀性能有较高要求，且具有磨蚀性，因此选用效率高、抗汽蚀性能好的水力模型，确保满足其性能要求。

表3-36 磷酸低位闪冷泵性能参数

流量/(m³/h)	扬程/m	转速/(r/min)	电机功率/kW	流量/(m³/h)	扬程/m	转速/(r/min)	电机功率/kW
1800	4	580	55	5200	3	480	160
2200	3	580	75	6500	3	260	200
2800	3	580	90	9000	3	180	280
3800	3	480	132	13500	3	~145	~375

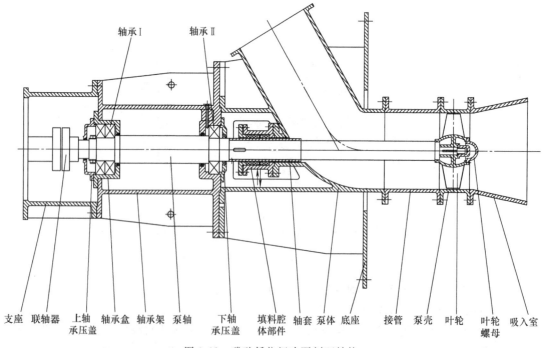

图3-62 磷酸低位闪冷泵剖面结构

② 由于输送的介质中含有固体颗粒,该泵轴承不与液体接触,也就是不设下轴承,避免了下轴承的磨损、产生振动等故障。

③ 泵轴采用粗大刚性轴,而不采用普通液下泵的柔性轴,提高泵的稳定性。

④ 泵的轴封采用机械密封或填料密封。

⑤ 泵过流部分材质选用既耐腐蚀又耐磨蚀的 JL-1、JL-2、CD4MCu、Cr30、DF-3 等。

第十四节 硫酸装置用泵

硫酸作为重要的基本化工原料,主要用于磷肥、复肥行业,其次用于有色冶炼、石油化工、纺织印染、国防军工以及农药、医药、制革、炼焦、钢铁等工业部门,用途极为广泛。

硫酸的生产原料主要有硫黄、硫铁矿、含 SO_2 的冶炼烟气以及石膏(天然石膏和磷石膏)。由于硫铁矿(包括有色金属伴生副产的硫铁矿)是我国的主要硫资源,我国的硫酸生产原料过去一直以硫铁矿为主。进入 21 世纪以来,我国硫黄制酸和冶炼烟气制酸得到了空前的发展,硫酸生产的原料结构发生了很大的变化,形成了以硫黄制酸为主,硫黄制酸、硫铁矿制酸和冶炼烟气制酸多元化并存的结构布局。

由于制酸原料的不同,硫酸工艺用泵的选型有所不同。在硫黄制酸工艺中主要涉及硫黄泵和高温浓硫酸泵;在硫铁矿、冶炼烟气以及石膏制酸装置中,因炉气的净化过程中有稀酸产生,其用泵主要涉及稀酸泵和高温浓硫酸泵。

一、工艺流程和装置用泵概要

1. 硫黄制酸装置

(1) 工艺流程简介　硫黄制酸装置一般以固体硫黄为原料,固体硫黄经熔化、过滤后储存在液体硫黄储罐内。液体硫黄经高压硫黄泵喷入硫黄焚烧炉内与经过干燥的空气焚烧,产生含 9%~11.5% SO_2 的高温气体。该气体经废热锅炉回收热量后直接进入转化工序,经两次转化、两次吸收后生产硫酸。因此,硫黄制酸生产工艺一般可分为三个主要工序,即熔硫工序、焚硫转化工序和干燥吸收工序。生产中工艺用泵主要集中在熔硫工序和干燥吸收工序。

① 熔硫工序工艺流程简介　熔硫工序的目的主要是将固体硫黄在快速熔硫槽中进行熔化,并将熔化后的液态硫黄过滤后储存在液硫储罐内,供硫黄焚烧使用。典型的熔硫工序的工艺过程如图 3-63 所示。

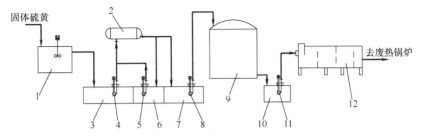

图 3-63　典型的熔硫工序的工艺流程简图

1—快速熔硫槽;2—液硫过滤器;3—过滤槽;4—过滤泵;5—助滤泵;6—助滤槽;
7—中间槽;8—中间泵;9—液硫储罐;10—精滤槽;11—精硫泵;12—焚硫炉

固体硫黄经胶带输送机送入快速熔硫槽内,熔化后的液体硫黄溢流至过滤槽,由过滤泵送入叶片式过滤器过滤,经过过滤后的精制液硫回到中间槽,由中间泵送到液硫储罐储存待用。正式过滤前,向助滤槽中加助滤剂,用助滤泵将含有助滤剂硅藻土的液体硫黄送入叶片式过滤器中,使液硫过滤器形成有效的过滤层。液硫自液硫储罐自流至精硫槽,再由精硫泵送入焚硫炉内燃烧。快速熔硫槽、过滤槽、中间槽、液硫过滤器、液硫储罐、精硫槽等设备内均设有蒸汽加热管,用低压蒸汽间接加热或保温,使硫黄始终保持液态。

② 干燥吸收工序工艺流程简介 由于硫黄制酸干燥塔中干燥的是空气,而不是湿度很高的含二氧化硫气体,因此,在干吸工序不存在干吸工序水平衡的问题,也不存在因二氧化硫溶解在干燥塔循环酸中并在吸收塔中解吸的情况,因此,可以使用98%硫酸干燥空气,干燥塔和吸收塔的循环酸既可以交叉循环,也可以共用循环槽。正因为如此,使得硫黄制酸的干燥与吸收工艺显得多样化。应用得较为广泛的两种干吸工艺流程简图如图 3-64、图 3-65 所示。

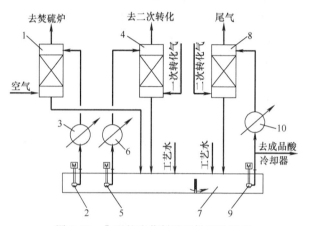

图 3-64 典型的硫黄制酸干燥吸收工艺流程简图(一)

1—干燥塔;2—干燥塔酸循环泵;3—干燥塔酸冷却器;4—第一吸收塔;5—一吸塔酸循环泵;6—一吸塔酸冷却器;7—酸循环槽;8—第二吸收塔;9—二吸塔酸循环泵;10—二吸塔酸冷却器

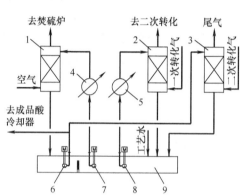

图 3-65 典型的硫黄制酸干燥吸收工艺流程简图(二)

1—干燥塔;2—第一吸收塔;3—第二吸收塔;4—干燥塔酸冷却器;5—一吸塔酸冷却器;6—二吸塔酸循环泵;7—干燥塔酸循环泵;8—一吸塔酸循环泵;9—酸循环槽

图 3-64 所示的是干燥塔和第一吸收塔循环酸混合工艺流程。整个干吸酸循环系统采用 98% 酸干燥和吸收。干燥塔和第一吸收塔合用一个槽,第二吸收塔单独使用另一个槽。干燥塔和第一吸收塔出塔酸混合后,通过向共用的槽内加水,来调节干燥塔和第一吸收塔循环酸的浓度(达98%),多余的酸通过隔墙下部的开孔流向第二吸收塔循环酸槽,产品酸从第二吸收塔酸循环泵出口产出。通过向第二吸收塔循环酸槽内适当加水,将产品酸浓度维持在 98%。

图 3-65 所示的是干燥塔和第二吸收塔交叉循环工艺流程。两台吸收塔的出塔酸混酸后,分别由各自的循环酸泵送入酸冷却器冷却后,再送入干燥塔和第一吸收塔内。干燥塔出塔酸无需冷却,由循环酸泵送往第二吸收塔。通过加水控制吸收塔出塔酸混酸槽内的酸浓度来控制干燥塔出塔酸浓度,亦即进第二吸收塔循环酸和成品酸的浓度,产品酸从第二吸收塔酸循环泵出口产出。

(2) 工艺用泵简介 硫黄制酸生产中工艺用泵主要集中在熔硫工序和干燥吸收工序。熔硫工序用泵为硫黄泵,主要涉及过滤泵、助滤泵、中间泵和精硫泵等;干燥吸收工序为高温浓硫酸泵,主要涉及干燥塔酸循环泵和吸收塔酸循环泵。国内部分硫黄制酸装置用泵一览表见表 3-37。

表 3-37 部分硫黄制酸装置用泵一览表

某 20 万吨/年硫黄制酸装置主要用泵

序号	名称规格	扬程/m	流量/(m³/h)	台数	材料	介质	配套电机	备注
1	过滤泵 YS50-50	45	8.5	2	304及碳钢	液态硫黄 135~145℃	$N=15$kW $n=2960$r/min	液下泵, 一台备用
2	助滤泵 YS65-25	25	18	1	304及碳钢	液态硫黄 135~145℃	$N=11$kW $n=2960$r/min	液下泵
3	中间泵 YS50-25	25	10	2	304及碳钢	液态硫黄 135~145℃	$N=7.5$kW $n=2960$r/min	液下泵, 一台备用
4	精硫泵 YS50-80	80	6	2	304及碳钢	液态硫黄 135~145℃	$N=18.5$kW $n=2960$r/min	液下泵, 一台备用
5	干燥和吸收塔酸循环泵 LSB360-30	30	360	4	LEWMET合金	98%H_2SO_4 70~110℃	$N=75$kW $n=1450$r/min	一台备用

某 40 万吨/年硫黄制酸装置主要用泵

序号	名称规格	扬程/m	流量/(m³/h)	台数	材料	介质	配套电机	备注
1	过滤泵 YS65-40	40	15	2	304及碳钢	液态硫黄 135~145℃	$N=15$kW $n=2960$r/min	液下泵, 一台备用
2	助滤泵 YS65-25	25	25	1	304及碳钢	液态硫黄 135~145℃	$N=11$kW $n=2960$r/min	液下泵
3	中间泵 YS65-25	25	25	2	304及碳钢	液态硫黄 135~145℃	$N=11$kW $n=2960$r/min	液下泵, 一台备用
4	精硫泵 YS50-80	80	13	2	304及碳钢	液态硫黄 135~145℃	$N=22$kW $n=2960$r/min	液下泵, 一台备用
5	干燥和吸收塔酸循环泵 LSB600-30	30	600	4	LEWMET合金	98%H_2SO_4 70~110℃	$N=132$kW $n=1450$r/min	一台备用

某 80 万吨/年硫黄制酸装置主要用泵

序号	名称规格	扬程/m	流量/(m³/h)	台数	材料	介质	配套电机	备注
1	过滤泵 YS50-40	40	12	4	304及碳钢	液态硫黄 135~145℃	$N=11$kW $n=2960$r/min	液下泵, 一台备用
2	助滤泵 YS65-25	25	25	2	304及碳钢	液态硫黄 135~145℃	$N=11$kW $n=2960$r/min	液下泵
3	精硫泵 YS65-80	80	22	2	304及碳钢	液态硫黄 135~145℃	$N=30$kW $n=2900$r/min	液下泵, 一台备用
4	干燥和吸收塔酸循环泵 JHB1300-25	25	1300	4	合金球墨铸铁等	98%H_2SO_4 70~110℃	$N=280$kW $n=1480$r/min	一台备用

2. 硫铁矿、冶炼烟气以及石膏制酸装置

(1) 工艺流程简介 硫铁矿、冶炼烟气以及石膏制酸工艺中,硫铁矿焙烧产生的炉气、其他原料焚烧产生的窑气中均含有 SO_2、大量的尘及其他有害杂质,一般都经锅炉回收热量后再经旋风除尘器和电除尘器除去绝大部分灰尘。由于电除尘器出口的气体中仍然含有灰尘和其他有害杂质,需要净化处理后才能进入后续的制酸工序。硫铁矿、冶炼烟气以及石膏制酸装置在电除尘器之后的净化和制酸工艺是类似的,一般可分为三个主要工序,即净化工序、干燥吸收工序和转化工序。生产中工艺用泵主要集中在净化工序和干燥吸收工序。

① 净化工序工艺流程简介　净化工序一般采用封闭酸洗净化工艺,即采用含 H_2SO_4 8%~30%的稀酸作为循环吸收液对含有杂质的炉气进行净化。典型的酸洗净化工艺流程如图3-66所示。

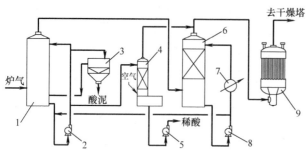

图 3-66　典型的净化工序的工艺流程简图
1—增湿塔；2—增湿塔酸循环泵；3—沉降器；4—脱气塔；
5—稀酸泵；6—冷却塔；7—冷却塔酸冷却器；
8—冷却塔酸循环泵；9—电除雾器

高温、含尘的 SO_2 炉气进入增湿塔,经绝热增湿后使炉气冷却至约70℃进入冷却塔。增湿塔采用绝热蒸发冷却,循环酸系统不设酸冷却器,部分下塔酸经沉降器除去矿尘后返回循环酸系统。冷却塔为填料塔,使用温度为38℃、浓度为1%~2%的稀酸洗涤冷却。冷却塔下塔酸经酸冷却器冷却至38℃后循环喷淋。增多的循环酸串至增湿塔循环酸系统。出冷却塔的炉气温度降至~40℃后依次进入第一级和第二级电除雾器除去酸雾及其他杂质,出口气体酸雾含量≤0.005g/m³(标准状态)送入干吸工序。

② 干燥吸收工序工艺流程简介　硫铁矿、冶炼烟气以及石膏制酸装置干燥吸收工序过程是相同的,即经过净化后被水饱和的含 SO_2 气体在干燥塔内用浓硫酸干燥后再经两次转化、两次吸收产生硫酸产品。典型的干燥吸收工艺流程如图3-67所示。

来自净化工序的炉气,经补充适量的空气后进入干燥塔。干燥后气体含水分≤0.1g/m³(标准状态)进入 SO_2 鼓风机。干燥塔内用浓度为93%~96%的硫酸喷淋,干燥酸吸收进入的空气中所含水分后自塔底排至循环槽,在槽内与从第一吸收塔串入的98%硫酸混合,以维持循环酸浓度,再经干燥塔酸循环泵送出,经干燥塔酸冷却器冷却后进入干燥塔循环。增多的硫酸串入第一吸收塔酸循环槽中。由转化器第三段出来的转化气经换热冷却后,进入第一吸收塔,塔顶用浓度为

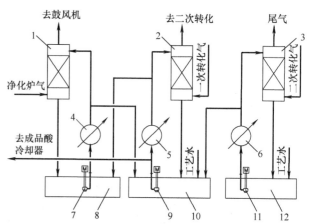

图 3-67　典型干燥吸收工艺流程简图
1—干燥塔；2—第一吸收塔；3—第二吸收塔；4—干燥塔酸冷却器；
5——吸塔酸冷却器；6—二吸塔酸冷却器；7—干燥塔酸循环泵；
8—干燥塔酸循环槽；9——吸塔酸循环泵；10——吸塔酸循环槽；11—二吸塔酸循环泵；12—二吸塔酸循环槽

98%硫酸喷淋,吸收 SO_3 后的酸自塔底流出进入一吸塔酸循环槽,用工艺水调节循环槽浓度至98%,再由一吸塔酸循环泵送入一吸塔酸冷却器,多余的98%硫酸作为产品酸产出。由转化器第四段出来的转化气经换热冷却后,进入第二吸收塔,塔顶用浓度为98%硫酸喷淋,吸收 SO_3 后的酸自塔底流出进入二吸塔酸循环槽,用工艺水调节循环槽浓度至98%,再由二吸塔酸循环泵送入二吸塔酸冷却器,增多的98%硫酸串入一吸塔酸循环槽。98%成

品酸自一吸塔酸循环泵出口引出，经成品酸冷却器冷却至40℃后储存或外送。

（2）工艺用泵简介 硫铁矿、冶炼烟气以及石膏制酸装置净化工序和干燥吸收工序的工艺过程是类似的，工艺用泵主要分为稀酸泵和浓硫酸泵。稀酸泵集中在净化工序，主要涉及增湿塔酸循环泵、冷却塔酸循环泵和稀酸外送泵。浓硫酸泵主要用作干燥吸收工序的循环泵，主要涉及干燥塔酸循环泵和吸收塔酸循环泵。以硫铁矿制酸为例，国内部分硫酸装置用泵一览表见表3-38。

表3-38 部分硫铁矿制酸装置用泵一览表

某20万吨/年硫铁矿制酸装置主要用泵

序号	名称规格	扬程/m	流量/(m³/h)	台数	材料	介质	配套电机	备注
1	增湿塔酸循环泵 200FUH-27	40	400	2	超高分子量聚乙烯	8%H_2SO_4 60~65℃	$N=90kW$ $n=2900r/min$	卧式泵，一台备用
2	冷却塔酸循环泵 200FUH-27	30	40	2	超高分子量聚乙烯	8%H_2SO_4 50~55℃	$N=75kW$ $n=2900r/min$	卧式泵，一台备用
3	稀酸泵 50FUH-30	25	5	2	超高分子量聚乙烯	8%H_2SO_4 50~65℃	$N=2.2kW$ $n=2900r/min$	卧式泵，一台备用
4	干燥塔酸循环泵 LSB600-30	30	500	2	LEWMET合金	98%H_2SO_4 50~70℃	$N=132kW$ $n=1450r/min$	液下泵，一台备用
5	吸收塔酸循环泵 LSB780-30	30	830	2	LEWMET合金	98%H_2SO_4 80~110℃	$N=220kW$ $n=1450r/min$	液下泵，两塔共用一台泵，一台备用

某40万吨/年硫铁矿制酸装置主要用泵

序号	名称规格	扬程/m	流量/(m³/h)	台数	材料	介质	配套电机	备注
1	增湿塔酸循环泵 250FUH-48-750/40-C3	40	750	2	超高分子量聚乙烯	10%H_2SO_4 60~65℃	$N=160kW$ $n=2900r/min$	卧式泵，一台备用
2	冷却塔酸循环泵 250FUH-45-730/28-C3	28	730	2	超高分子量聚乙烯	2%H_2SO_4 50~55℃	$N=132kW$ $n=2900r/min$	卧式泵，一台备用
3	稀酸泵 50FUH-30	30	6	2	超高分子量聚乙烯	10%H_2SO_4 50~65℃	$N=5.5kW$ $n=2900r/min$	卧式泵，一台备用
4	干燥、吸收塔酸循环泵 LSB900-30	25	900	4	LEWMET合金	95~98%H_2SO_4 50~110℃	$N=185kW$ $n=1450r/min$	液下泵，一台备用

二、硫酸装置用泵

1. 硫黄泵

（1）工况条件 固体硫黄通过蒸汽盘管间接加热后形成液态硫黄，由于液态硫黄的黏度随温度的变化很大，因此一般控制液态硫黄的温度在135~145℃，在此温度范围内硫黄的黏度最小，适合储存和输送。

由于固体硫黄在运输、储存过程中混入了较多的杂物，因此经熔硫槽熔融的液态硫黄中也存在一定量的固体杂质。熔硫过程中的硫黄过滤泵用于将含有固体杂质的熔融粗硫输送至液硫过滤器进行过滤。因此在选用过滤泵时应避免液下滑动轴承（轴套、衬套）磨损、卡死、甚至叶轮流道堵塞等现象发生。

经过液硫过滤器过滤以后的清洁硫黄，其灰分含量可小于20×10^{-6}，并且腐蚀性很小，一般用于输送硫黄的泵的压头不高，但对于焚硫炉前的精硫泵，为使喷出的液态硫黄燃烧充分，要求液态硫黄呈雾状喷入，要求炉前精硫泵必须具有 60~100m 的压头。

（2）选型要求　由于所输送的液硫中含有大小不等、形状各异的杂物或悬浮物，运行中常常出现过流部件及液下滑动轴承磨损过快、滤管（网）堵塞、叶轮流道堵塞等故障。因此，对于含有磨蚀颗粒的硫黄，应使用立式悬臂轴泵，这种形式的泵取消了紧密配合的液下套筒轴承。轴向和径向的液体压力通过大直径轴传输至外部润滑的滚珠轴承。该泵型在制酸装置上常用于过滤泵、助滤泵等。

对于经过液硫过滤器过滤以后的清洁硫黄，可选用封闭式叶轮和可置换的耐磨环，以获得较高的水力效率。设计合理的耐磨环可以平衡叶轮表面的轴向推力，从而延长止推轴承的寿命。这适用于炉前精硫泵、中间泵等。对于炉前精硫泵，一般选用小流量、高扬程的低比转数泵，并且要求当流量有所改变时，焚硫炉炉头喷嘴前的压力变化小，以保持液态硫黄的雾化效果。

由于硫黄的凝固点较高，所以轴套和排液管采用夹套式设计，夹套内通入蒸汽保温，以防在操作时液面以上的泵体内硫黄的凝固。

（3）硫黄泵结构特点及产品介绍　洁净的硫黄腐蚀性很小，一般选择具有合适强度和延展性的钢和铸铁作为泵的结构材料。叶轮和耐磨件可采用铸铁制作，泵轴、轴套和排液管采用不同的碳钢制造。对于有少量固体杂质、腐蚀性较小的液体硫黄，其转动零部件如叶轮等可选用经热处理的马氏体不锈钢，对腐蚀性较大的硫黄，可采用 LEWMET 合金和 316L 不锈钢材料。

硫黄泵可采用昆明嘉和泵业有限公司的 JHL/JHXL 型、中美合资泰州康乔机电有限公司的 LGY 型系列高温硫黄液下泵及旅顺长城化工泵厂的 YS 系列硫黄泵。高温硫黄液下泵流量 $Q=1\sim50\mathrm{m}^3/\mathrm{h}$，扬程 $H=15\sim100\mathrm{m}$。

硫黄泵的结构特点以 JHL、JHXL 及 LGY 系列高温硫黄液下泵为例介绍，JHL 系列泵是专门为输送液硫（含固量<1%）的一种新型高温硫黄液下泵。该系列泵采用双轴承结构，即液上部分采用两列角接触球轴承，液下设有滑动轴承，起承受径向载荷的作用，并依靠熔融液态硫黄润滑。该系列泵大多采用二级电机（转速为 2900r/min）。叶轮采用闭式或半开式设计，泵流量 $Q<10\mathrm{m}^3/\mathrm{h}$ 通常采用半开式叶轮，流量 $Q>10\mathrm{m}^3/\mathrm{h}$ 通常采用闭式叶轮。该系列泵主要由吸入管、泵盖、泵体、叶轮、叶轮螺母、泵轴、轴套、衬套、接管、出液管、底座、密封部件、轴承座、电机座、联轴器、轴承等零部件和标准件组成。其结构简单，体积小，泵运行平稳可靠，操作维护方便。

JHXL 系列高温硫黄液下泵是专门为输送液态粗硫（含固量>1%）设计的一种新型悬臂式高温硫黄液下泵。泵采用四级电机（转速为 1450r/min）。泵吸入口无需设置吸入滤网，液下无滑动轴承，不会由于液态硫黄中含有杂质颗粒而使流道堵塞出现流量、扬程不足和滑动轴承磨损、抱死现象。叶轮采用半开式设计，通过能力强（最大通过固体颗粒直径为 $\phi18\sim30\mathrm{mm}$，流量 $Q<20\mathrm{m}^3/\mathrm{h}$ 可通过颗粒直径达 $\phi18\mathrm{mm}$；流量 $Q>25\mathrm{m}^3/\mathrm{h}$ 可通过颗粒直径达 $\phi30\mathrm{mm}$）。泵及泵轴为刚性设计，运行平稳可靠，操作维护方便。该系列泵主要由吸入管、泵盖、泵体、叶轮、叶轮螺母、泵轴、接管、出液管、底座、密封部件、轴承座、电机座、联轴器、轴承等零部件和标准件组成。

LGY 型立式硫黄泵采用的叶轮为开式，对硫黄等易结晶的介质流动顺畅，不易堵塞。泵的蜗壳为对称型双蜗壳，较好地平衡了径向力，使泵运行平稳。

配备蒸汽保温系统，确保硫黄等易结晶介质不易结晶。当液下深度＞2m 时，采用多级支承，泵轴的滑动轴承支承。采用介质自冲洗、润滑（或外冲洗），同时滑动轴承是优质浸铜石墨材质，确保泵的运行平稳，降低了泵的维修率，对硫黄等易结晶的介质输送流畅，不堵塞，确保泵的运行正常。

硫黄液下泵结构简图详见图 3-68。

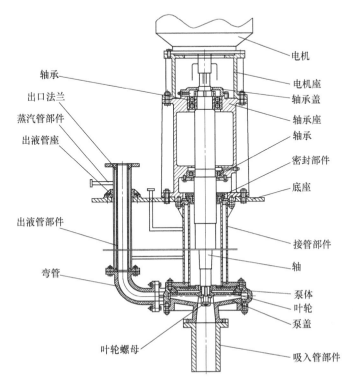

图 3-68 硫黄液下泵结构简图

2. 稀硫酸泵

（1）工况条件　实现稀酸循环的关键设备之一就是稀酸循环泵。稀酸在整个净化流程中循环使用，酸浓度、酸温度以及酸中所含的杂质成分和固体颗粒对循环泵的结构、材料的设计和选择都十分重要。根据产酸原料的不同，原料气中所含的杂质不同，造成稀酸中的杂质成分和含量也有所不同。稀酸中不仅含有氯离子，还有砷、氟及其化合物，另外稀酸中还含有一定量的被冲洗下来的固体颗粒。稀酸浓度一般不超过 30%（H_2SO_4），酸温度在 40～60℃。因此要求稀酸循环泵采用既耐腐蚀又耐磨蚀的泵。

（2）选型要求

① 过流部件材料　净化工序的稀酸对金属的腐蚀主要是水合氢离子的作用，但氟、氯离子与之形成的混合腐蚀，其损害行为要更为严重。特别是氟离子不仅对金属，而且对某些非金属材料也有很强的腐蚀性，如陶瓷、橡胶等。所以，在选择接触介质的过流部件材料时，要求材料能同时耐多种介质的腐蚀。目前常用的金属材料有：K 合金、L904 合金、RS-2 合金、S801 合金等。非金属材料有：高铝陶瓷、氟塑料、工程塑料、橡胶衬里、玻璃纤维增强聚丙烯等。国内的硫酸生产厂大多采用塑料泵或塑料衬里泵。有关材料对稀酸的耐腐蚀等级见表 3-39。

表 3-39 稀酸泵常用材料的耐腐蚀等级

材料	稀硫酸浓度/%	温度/℃			
		25	50	80	100
碳钢和铸铁	<65	×	×		
高硅铸铁	10～30	☆	☆	√	√
1Cr18Ni9Ti	5～60	×	×		
铅及铅合金	10～30	√	○	×	×
10Ni12Mo3Ti	<50	√	√	√	√
聚乙烯	0～50	√	√	√	
聚丙烯	<30	√	√	√	
聚偏氟乙烯	0～50	√	√	√	√
聚四氟乙烯	0～100	√	√	√	√

注：表中腐蚀等级符号含义：
金属：☆—优良，腐蚀率<0.05mm/a；　　√—良好，腐蚀率<0.05～0.5mm/a；
　　　○—可用，腐蚀率<0.5～1.5mm/a；　×—不可用，腐蚀率>1.5mm/a。
非金属：√—良好，腐蚀轻或无；　　○—可用，腐蚀率<0.5～1.5mm/a；
　　　　×—不可用，变形、失强严重或破坏。

② 温度和流速对泵腐蚀的影响　介质的温度和流速对材料的腐蚀有较大的影响，稀酸的温度一般不高，但不能忽视流速对泵腐蚀的影响。例如铅在 20% H_2SO_4 中，温度 20℃、流速 0.49m/s 时的腐蚀速率为 0.05mm/a。当流速为 1.5m/s 时，腐蚀速率剧增为 0.26mm/a。所以，在设计或选用泵时应综合考虑这些因素。

③ 介质对泵叶轮磨损的影响　原料气中除含有杂质气体外，还带有部分固体颗粒，特别是当净化工序前的除尘器工作不稳定时，会带入大量的粗颗粒固体。这对泵类设备，特别是泵叶轮会造成一定的磨损。所以，叶轮设计和选材或泵的选型中，应考虑介质磨损对泵使用寿命和轴封效果的影响。

④ 轴封　稀酸泵的轴封要求高。一般可选用动力密封（副叶轮＋停车密封）或机械密封。在选择密封型式、结构、材料时应充分考虑稀酸的腐蚀性、磨蚀性和成分等。

(3) 稀酸泵结构特点及产品介绍　以前，国内使用较多的稀酸泵是衬胶泵和陶瓷泵，但由于衬胶质量问题及陶瓷较差的耐氟性能，现已经淘汰。对于金属泵，高硅铸铁和硬铅泵也已淘汰，904 合金泵价格昂贵，也存在合金质量不稳定的问题。稀酸泵目前国内使用较为广泛的主要有工程塑料卧式泵和钢衬塑卧式泵。

工程塑料卧式泵过流部件采用超高分子量聚乙烯（UHMWPE）制作，其耐腐蚀性能优良、耐磨蚀性能优异、耐冲击性能强。该泵为卧式、单级、单吸、托架式离心泵，适用温度 －50～100℃。泵的密封分别采用机械密封、动力密封和填料密封等多种密封形式，既可以输送稀酸清液，也可以输送含固体颗粒的料浆和含各种杂质的废水。其中动力密封采用 2～3 个氟橡胶油封作为密封件，结构简单，适用于清液或含固量≤10% 的料浆等介质。动力密封主要由副叶轮（或副叶片）与停车密封（橡胶油封）组成。工作时由于副叶轮（或副叶片）旋转产生的离心力使密封腔处于负压状态，从而阻止液体向外泄漏，此时，停车密封不起作用，橡胶油封的唇口因负压而松开，与轴套产生一定间隙，减小其之间的磨损，延长了使用寿命；停机时，由于副叶轮（或副叶片）停止旋转，密封腔由负压转为正压，停车密封开始工作，橡胶油封的唇口在压力下紧紧包住轴套，从而达到密封目的。动力密封还可添加冷却水装置，延长油封的使用寿命，动力密封示意图详见图 3-69。宜兴市灵谷塑料设备有限公司（原宜兴市工程塑料设备厂）生产的 FUH 系列工程塑料卧式泵，其流量 $Q=5\sim 2800\text{m}^3/\text{h}$，扬程 $H=8\sim 60\text{m}$。

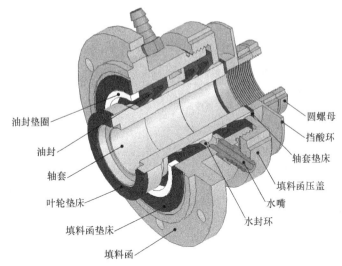

图 3-69　工程塑料卧式泵动力密封示意图

钢衬塑结构卧式泵主要采用钢衬超高分子量聚乙烯（UHMWPE）结构，其材料也有采用聚丙烯（PP）或 PO 等。泵的其他结构形式同工程塑料卧式泵。宜兴市宙斯泵业有限公司生产的 UHB 和 FXB 系列钢衬塑卧式泵采用一种不收缩、不开裂的"龟网甲"衬里技术，克服了衬里泵金属外壳与内衬塑料热胀冷缩变形不同步的问题，防止内衬开裂、变形或脱落。其叶轮为半开式，密封可采用机械密封、动力密封和填料密封等多种密封形式。FXB 系列泵适用温度 $-20\sim 90\text{℃}$，含固量 20% 以内的料浆或清液，流量 $10\sim 3600\text{m}^3/\text{h}$，扬程 60m 以内。UHB 系列泵使用温度 $-20\sim 80\text{℃}$，液体含固量 30% 以内，流量 $5\sim 2000\text{m}^3/\text{h}$，扬程 50m 以内。

3. 浓硫酸泵

（1）工况条件　浓硫酸泵一般用在干燥吸收工序。对于硫黄制酸装置，干燥塔内干燥的是空气，而对于其他原料制酸装置，干燥塔内干燥的是被水饱和的含 SO_2 的气体。对于硫黄制酸装置，由于不存在因二氧化硫溶解在干燥塔循环酸中并在吸收塔中解吸的情况，因此，一般使用 98%~98.5% 硫酸作为干燥酸。对于采用其他原料的制酸装置，则只能采用 93%~96% 硫酸作为干燥酸。除了干燥酸浓度有些差别外，对于干燥吸收工序，浓硫酸泵的其他操作环境没有太大的区别。浓酸由循环泵在干燥塔与循环槽和吸收塔与循环槽间实现循环操作。浓酸相对杂质含量较低，但酸浓度、酸温度较高。浓硫酸是一种强氧化性和强腐蚀性酸，在循环酸泵操作条件下的酸温一般在 60℃ 以上，最高可超过 110℃。

（2）选型要求　由于浓酸属于强氧化腐蚀性介质，对设备的密封安全性要求较高，采用卧式泵时，轴封的结构和材料问题难以解决，维护也比较困难。目前多选用立式液下离心泵。其特点是泵的主体处于液相中，无泄漏、不占地、安装维修简便，轴封的结构、选材都比较容易解决。浓硫酸泵对材料的耐腐蚀性能要求极高，并能承受高温和高流速，同时必须控制严格的尺寸公差，以达到优良的流体力学性能和效率。因此制作泵的材料必须具有很强的耐腐蚀和耐磨蚀性。关键部件的材料可选用耐强酸腐蚀的含铬铸铁、合金、特殊不锈钢等。干吸工序的酸温度较高，因此，选泵时还需要注意温差产生的热膨胀对泵结构的影响。

泵主轴、轴套、密封环等应有消除热应力设计。

干吸工序的循环酸都为93%以上的强氧化性浓酸，铁与浓酸在表面生成一层硫酸铁的保护层，且不易溶解，所以一般的钢铁就可以耐浓酸。但这种保护层的可靠性受硫酸中的氯化物浓度和酸流速及温度的影响很大。据有关资料介绍，温度升高10℃，腐蚀速率增加1～3倍。所以，一般浓酸泵的过流部件都选用耐氯离子腐蚀的材料，详见表3-40。

表3-40 浓酸泵常用材料浓酸腐蚀等级

材　料	浓硫酸浓度/%	温度/℃					
		25	50	80	100	120	140
碳钢	>93	√	○	×	×	×	×
高硅铸铁	>93	☆	☆	√	√	√	√
高铬镍奥氏体不锈钢	>93	√	○	○	×	×	×
LEWMET合金	>93	☆	☆	☆	☆	☆	☆

注：表中腐蚀等级符号含义：
☆—优良，腐蚀率<0.05mm/a；　√—良好，腐蚀率<0.05～0.5mm/a；
○—可用，腐蚀率<0.5～1.5mm/a；　×—不可用，腐蚀率>1.5mm/a。

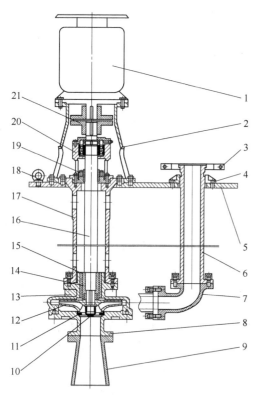

图3-70　高温浓硫酸液下泵结构简图
1—电机；2—电机座；3—出口法兰；4—出口管座；
5—底座；6—出口管；7—弯管；8—泵盖；9—吸入管；10—叶轮螺母；11—密封环；12—叶轮；
13—泵体；14—轴套；15—衬套；16—轴；
17—接管；18—吊环螺钉；19—密封部件；
20—轴承座；21—联轴器

（3）浓酸泵结构特点及产品介绍　浓硫酸液下泵一般采用双支承结构，即液上部分采用两列角接触球轴承，液下部分设有一对滑动轴承（即轴套、衬套），承受径向载荷。液下滑动轴承采用具有优良抗热膨胀特性的高镍合金材料，通过泵输送的浓硫酸的润滑，具有良好的润滑性。该泵主要由吸入管、泵盖、泵体、叶轮、叶轮螺母、泵轴、轴套、衬套、接管、出液管、底座、密封部件、轴承座、电机座、联轴器、轴承等零部件和标准件组成。高温浓硫酸液下泵结构简图见图3-70。

泵可充分利用自身吸上高度，增加吸入管可增加泵机组的插入深度。但启动前，液面必须高于叶轮中心线以上，运行过程中酸罐中液面必须高于吸入管吸入面300mm以上。

国内一些厂商的高温浓硫酸液下泵采用新型合金球墨铸铁，由于在其中加入合金成分，提高了耐腐蚀性，改善了金相结构，具有良好的力学性能、耐冲刷磨蚀及耐腐蚀性能，在高温浓硫酸环境中的腐蚀速度在0.1～0.3mm/a，用于制造泵轴、叶轮、螺母、中间接管、泵体、泵盖、弯管、出液管、吸入管等；采用以奥氏体为基体的含钼和硅的合金，经特殊热处理后使其洛氏硬度达 50 以上，等同于美国路易斯泵的 LEWMET-55 合金，具有较好的抗热膨胀特性、较强的抗磨蚀和耐冲刷性能，在低于 140℃ 的浓硫酸环境中静态腐蚀速度小于 0.025mm/a，用于制造泵的叶轮、轴套、衬套、密封环等。

浓酸泵可采用昆明嘉和泵业有限公司的 JHB 系列耐腐蚀液下泵和大连旅顺长城不锈钢有限公司 LSB 系列耐腐蚀液下泵。JHB 和 LSB 系列耐腐蚀浓酸液下泵流量 $Q=10\sim 2000\text{m}^3/\text{h}$，扬程 $H=15\sim50\text{m}$，适用温度 $t<110℃$。

第十五节　钛白粉装置用泵

钛白粉学名称为二氧化钛（分子式为 TiO_2），由于具有稳定的物理、化学性质，优良的光学、电化学性质以及特有的不透明性，优异的遮盖、消色特性和耐光、耐候等特性，被广泛地应用于涂料、塑料、造纸、印刷油墨、化纤、橡胶、电焊条、陶瓷、化妆品及食品添加和医药等工业，在国民经济的发展中有着极其广阔的应用领域和发展前景。

世界上钛白粉的商业生产已有 90 多年的历史，我国的钛白粉生产装置始建于 20 世纪 50 年代，进入 20 世纪 90 年代，钛白粉装置的建设得到了快速发展，到 2007 年年底，钛白粉的年总产能已达到近 130 万吨，成为世界上第二大生产国。

一、工艺流程介绍

钛白粉的生产工艺主要有硫酸法和氯化法，硫酸法和氯化法生产典型工艺流程见图 3-71。

按晶型的不同，钛白粉分锐钛型和金红石型。硫酸法工艺两种都可以生产；氯化法工艺仅能生产金红石型。

硫酸法生产工艺多采用钛精矿或高钛渣为原料，与浓硫酸反应并经过二十多道工序后制得。硫酸在其中是一个载体，通过它与富钛原料反应制取可溶性钛化合物后并最终获取二氧化钛产品。

以钛精矿为原料生产金红石型和高档锐钛型钛白粉为例，具体生产工艺是将进一步干燥和磨碎的钛精矿与浓硫酸反应，之后加水将反应物浸出和加铁屑还原后制得可溶性钛化合物（称为钛液）。钛液经过澄清去除杂质后被送去结晶，分离出 $FeSO_4·7H_2O$ 以去除铁。分离后的钛液再经浓缩、水解后生成不溶于水的水合 TiO_2 的沉淀物（称为偏钛酸）；偏钛酸经过一次水洗和过滤、漂白后的水洗和过滤，以去除偏钛酸中的硫酸、铁离子和其他金属离子；一次水洗产生的滤液，称为"浓废酸"，漂后水洗产生的滤液，称为"稀废酸"。合格的偏钛酸进入盐处理工序；加入不同的抑制剂或促进剂以控制煅烧晶粒的生长和晶型的转化。之后的偏钛酸以固含量 35%～50% 的浆料形式进入煅烧窑煅烧，目的是去除水分和残留的 SO_3 并获得希望晶型的钛白粉。煅烧后得到的二氧化钛颗粒料经过粉碎即得到钛白粉的初级产品。

氯化法钛白粉生产，按粗 $TiCl_4$ 制备技术的不同分沸腾氯化技术和熔盐氯化技术。采用沸腾氯化法生产钛白粉的典型工艺流程简述如下：

（1）配料　高品位富钛料或天然金红石与破碎、干燥后的石油焦按一定配料比送入混合料仓，供氯化炉使用。

（2）氯化　来自混合料仓的混合料连续加入氯化炉，与氧化工段返回氯气和补充的新鲜氯气在高温下通过加碳氯化反应，生成含 $TiCl_4$ 的混合气体。通过向混合气体中喷入精制返

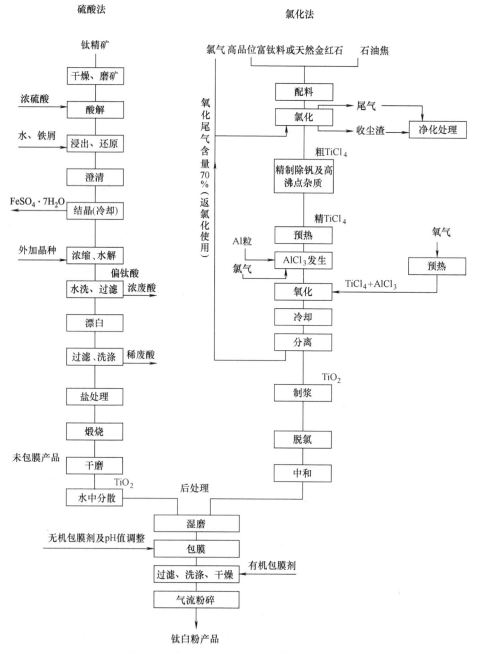

图 3-71 硫酸法和氯化法生产典型工艺流程

回钒渣泥浆和粗四氯化钛泥浆,使热气流急剧冷却。经过进一步的淋洗和冷凝,得到粗 $TiCl_4$。

(3) 精制　精制的目的是除去溶于 $TiCl_4$ 中的 $VOCl_3$ 和 VCl_4 以及其他高沸点的杂质,得到精 $TiCl_4$。

(4) 氧化　从精制工段来的精 $TiCl_4$ 用泵连续送入预热器,预热后的 $TiCl_4$ 气体进入 $AlCl_3$ 发生器。$AlCl_3$ 发生器中,不断加入的铝粉与氯气反应生成了 $AlCl_3$ 并利用反应热进一步预热了 $TiCl_4$,$TiCl_4$ 和 $AlCl_3$ 混合物进入氧化反应器。

经预热器预热的热氧进入氧化反应器与热 TiCl$_4$ 和 AlCl$_3$ 混合，反应生成 TiO$_2$ 和氯气。经过冷却和分离，含氯尾气返回氯化工段，收集得到的 TiO$_2$ 进入打浆槽，经过制浆、脱氯后送至后处理工段。

不论是硫酸法或氯化法生产工艺获得的钛白粉的初级产品，要想具备更加优良的使用性能，都需要通过后处理工艺，进一步改善其特性，如应用于各种制品时的耐候特性和抗老化性、用于涂料时的遮盖和着色特性以及用于造纸时的不透明性等。

后处理的工艺流程可简述为：将钛白粉初级产品分散制浆、湿磨和分级处理后，得到的粒度细而均匀的浆料送入表面处理罐进行包膜处理。包膜是后处理的核心技术，通过往包膜罐添无机包膜剂和随后添加有机包膜剂的方式以获得不同特性需求的钛白粉。包膜后的钛白浆料经过过滤水洗、干燥、粉碎和包装后就成为了最终产品。

二、钛白粉装置用泵概述

1. 硫酸法钛白装置

硫酸法钛白的生产过程中，硫酸作为一个主要原料和载体，从酸解到水洗、漂白、盐处理等工序始终存在于整个工艺流程的介质中，甚至在三废（废气、废水、废渣）中也含有大量的稀硫酸。浓硫酸作为主要原料参与酸解反应后，从产出物钛液开始，介质中均有浓度不等的稀硫酸，直至水洗工序才逐渐从物料中被洗出，由此也就产生了大量的稀废酸；另外介质中或多或少含有一些固体颗粒：既有含固量较少的清钛液、浓钛液，也有含固量较多的钛液料浆、偏钛酸料浆，所含的颗粒既有较硬的 FeSO$_4$·7H$_2$O 晶体、钛铁矿等，又有较软的水合二氧化钛。这就要求输送用泵既能耐腐，又要能耐磨。

早期的硫酸法钛白装置多采用玻璃钢、陶瓷、橡胶材质的泵；20 世纪 90 年代初期，国内几套大型硫酸法钛白装置使用的泵以耐蚀金属泵为主。有随引进技术进口的，也有国产的，但在使用过程中均不理想，维修频率高，维修成本大，整泵寿命短。当国内工程塑料泵在其他行业使用成功后，部分钛白生产厂开始了工程塑料泵在钛白行业的应用实践。和金属泵相比，应当说是相当成功的，不仅初始投资远低于金属泵，而且寿命远远超过金属泵。从此开始，工程塑料泵在钛白行业逐渐替代了金属泵和其他材质的泵，新上项目均用工程塑料泵，制造商国内主要有宜兴市灵谷塑料设备有限公司、宜兴市宙斯泵业有限公司等，国外主要有德国费亚泰克等。

国内硫酸法年产 4 万吨金红石钛白装置工程塑料泵使用情况见表 3-41。

表 3-41　国内硫酸法年产 4 万吨金红石钛白装置主要用泵一览表

主项或工序	介质	流量/(m^3/h)	扬程/m	操作温度/℃	轴封型式	电动机功率/kW	台数
酸解-澄清	浓钛液（含钛铁矿颗粒）、清钛液	≤650	≤40	≤100	C3 机械密封、K1 动力密封	≤132	25（液下泵 4 台）
结晶-水解	钛液（含 FeSO$_4$·7H$_2$O 晶体）、偏钛酸料浆	≤700	≤42	≤100	C3 机械密封、K1 动力密封	≤110	27（液下泵 3 台）
水洗-盐处理	偏钛酸料浆、各种浓度稀废酸、化学盐处理剂	≤250	≤50	≤60	C3 机械密封、K1 动力密封	≤45	60（液下泵 2 台）
煅烧-中间粉碎	偏钛酸料浆、酸性水	≤150	≤35	≤60	C3 机械密封、K1 动力密封	≤37	13（液下泵 2 台）
后处理	钛白粉浆料、酸、碱及盐类溶液	≤100	≤70	≤60	C3 机械密封、K1 动力密封	≤45	36（液下泵 1 台）

2. 氯化法钛白装置

与硫酸法生产工艺相比,氯化法具有产品质量高、工艺流程短、效率高、设备数量少、装置占地面积省、系统可以实现自动控制、密闭连续化操作、氯气可以闭路循环利用、"三废"排放量少等优点。因此,世界各国都大力研究开发氯化法钛白生产技术。但由于氯化法钛白技术难度大,特别是关键设备结构复杂且要求使用耐高温、耐腐蚀、抗氧化的材料,设计制造难度高且耗资巨大,因此已研究成功的各生产商对我国一直实行严格的技术封锁和垄断。我国的攀钢集团锦州钛业有限公司,经过多年的攻关,成功地建成了国内第一套年产1.5万吨熔盐氯化法生产钛白粉的工厂,并已在2001年达产。

氯化法生产工艺中泵的数量要远少于硫酸法。但由于流程中的主要泵送介质粗 $TiCl_4$ 泥浆、精 $TiCl_4$ 溶液中均含有剧毒介质氯气,以及 $TiCl_4$ 接触空气会汽化等特性,从氯化到氧化流程中泵型多为立式液下泵和卧式无密封屏蔽泵或磁力驱动泵等。

国外年产10万吨金红石钛白典型流程主要用泵一览表(供参考)见表3-42。

表3-42 氯化法年产10万吨金红石钛白装置主要用泵一览表(供参考)

主项或工序	介质	流量/(m³/h)	扬程/m	操作温度/℃	泵型	电动机功率/kW	过流部件材料	台数
氯化	粗 $TiCl_4$、氯化渣浆等	≤500	≤100	≤150	填料密封立式液下泵、屏蔽泵	≤150	特殊耐蚀合金	18
精制	精 $TiCl_4$	≤300	≤100	≤100	填料密封立式液下泵、屏蔽泵	≤100	特殊耐蚀合金	10
渣处理	氯化渣浆、废水等	≤100	≤60	≤80	工程塑料泵、渣浆泵等	≤50	工程塑料	50
氧化	水、TiO_2 浆料等	≤800	≤100	≤80	不锈钢、工程塑料泵等	≤90	不锈钢、工程塑料	10
后处理	白粉浆料、酸、碱及盐类溶液	≤200	≤70	≤100	不锈钢、工程塑料泵等	≤110	不锈钢、工程塑料	95

三、装置主要用泵

1. 硫酸法钛白装置

硫酸法钛白装置用泵主要是卧式离心泵。由于输送的介质具有腐蚀性强、含有固体颗粒、易结晶等特性,解决好泵的耐腐蚀性、耐磨蚀性以及密封性能是泵选型和设计的关键。近几年来,工程塑料泵在硫酸法钛白行业获得了广泛的应用。所谓工程塑料泵,主要是过流部件采用超高分子量聚乙烯(UHMWPE)衬里或整体超高分子量聚乙烯的离心泵。

超高分子量聚乙烯集中了其他工程塑料的所有优点,其中优异的抗冲击性、耐腐蚀性、耐磨耗性、低温性能、自润滑性和不粘性等尤为突出。对平均相对分子质量为150万~300万的超高分子量聚乙烯,可以做成衬塑泵的衬里;当平均相对分子量到450万左右时,其耐磨性有质的变化,但成形难度加大,一般采用整体压制加工出的泵过流部件,以获得优异的耐磨性能。表3-43为超高分子量聚乙烯的耐磨性。

表3-43 超高分子量聚乙烯的耐磨性

泵用材质	不锈钢	氟塑料(F4)	超高分子量聚乙烯
磨损率/%	3.16	2.56	0.35

注:该数据由上海化工研究院提供,它是采用相对分子质量为450万左右的UHMWPE,把试样制成60×40×3在砂浆中(砂:水=1:1,砂粒度:20~55目)以1400r/min的转速旋转20h后测出的。

UHMWPE 的耐腐蚀性能优良,仅次于氟塑料,超过现有的金属材料。除氧化性酸(如浓硫酸、浓硝酸)及含氯有机溶剂外,能耐强酸、弱酸、强碱、弱碱和大多数有机溶剂。

泵的典型结构如图 3-72 所示。

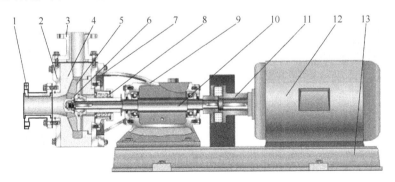

图 3-72 泵的典型结构

1—进口管;2—前夹板 3—出口管;4—泵体;5—叶轮;6—叶轮端部组合件;
7—后夹板;8—密封组合件;9—轴承座组合件;10—主轴;
11—联轴器;12—电机;13—底板

依据输送介质的不同,选择合适的密封型式显得十分重要。针对输送含有硬质颗粒及易结晶的介质的特点,宜兴市灵谷塑料设备有限公司设计研发了硫酸法钛白专用的 C2、C3 型机械密封,见图 3-73 和图 3-74。

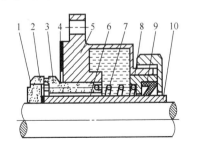 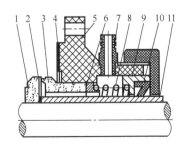

图 3-73 C2 型机械密封(不需加冷却水)

1—动环组件;2—轴套垫床;3—静环;
4—垫床;5—冷却罩组件;6—静环座;
7—弹簧;8—弹簧座;9—油封;
10—轴套

图 3-74 C3 型机械密封(需加冷却水)

1—动环组件;2—轴套垫床;3—静环;
4—垫床;5—冷却罩组件;6—静环座;
7—冷却水接口;8—弹簧;9—弹簧座;
10—油封;11—轴套

该密封通过以下措施提高密封的使用寿命。

① 采用带背叶片的叶轮,泵运转时可以阻止介质中的颗粒进入密封腔。

② 采用静环的弹簧补偿及动环的浮动式结构来消除动静环的端面跳动,从而确保动静环不管是在泵运转状况下还是静止状态下始终保持紧密接触,而不致有颗粒、介质进入密封端面。

③ 采用内装、内流式结构,一方面可以使介质泄漏方向为逆离心力方向,从而进一步阻止介质进入密封端面,另一方面也可以避免因介质阻塞静环的轴向补偿而引起的密封失效,同时也避免了介质对轴套及弹簧的腐蚀,延长了使用寿命。

④ 动静环采用 SiC-SiC 硬对硬的材料配置,在保证其耐腐蚀性能的同时提高了耐磨性。

⑤ 采用平衡型结构，使动静环端面比压不至于随介质压力的波动而变化，在确保不泄漏的同时，减少了磨损。

上述特殊设计的机械密封已在输送酸解后钛液料浆较为恶劣的工况下得到了满意的应用。对于经过精滤后的清钛液等介质，由于含固量较少且所含颗粒较软，一般采用K型动力密封，该密封主要由副叶轮及停车密封（橡胶油封）组成，见图3-75。

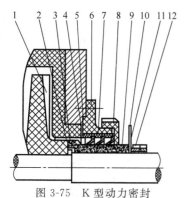

图 3-75　K 型动力密封
1—叶轮副叶片；2—叶轮垫圈；3—叶轮垫床；
4—油封垫圈；5—填料函垫床；6—填料函；
7—填料函压盖；8—油封；9—轴套；
10—轴套垫床；11—挡酸环；
12—圆螺母

工程塑料泵的选型还应针对不同的介质和操作工况，合理地选材和改变配置。如：水解工段偏钛酸输送泵，输送水解反应生成的偏钛酸浆料，介质温度较高，一般在80～100℃，由于工程塑料泵对温度较为敏感，建议使用PVDF叶轮；水洗供料泵是输送介质进入压滤机的，其介质特点是含固量高，工艺特点是扬程高。压滤机布料时开始流量大，后期流量接近零，此点如能对泵进行变频调节最好。否则，会出现当后期流量较小时，泵工作状态基本处于关死点，对泵的寿命影响较大，对滤布寿命也有一定影响。

2. 氯化法钛白装置

立式 $TiCl_4$ 液下泵是氯化法钛白装置中的主要用泵之一（外形见图3-76），美国劳伦斯公司是该类泵的主要制造商。

立式 $TiCl_4$ 液下泵具有如下特点：

① 泵轴采用双支点支撑刚性轴设计的结构，减少填料函处泵轴的跳动量。

② 轴封采用填料密封，并增加向填料函注入氮气，维持一定压力的措施，杜绝内部气体外漏。

③ 设置紧急密封系统：其结构是一个内凹的环状空心气囊，需要时，可以注入氮气，起密封作用。其主要用于：

当需要停泵维护和更换填料时，罐中物料允许不放出，可实现在线维护；

当填料函注气保护故障时，可投入紧急密封，起到保护作用；

当长期停机时，投入紧急密封，可以节约密封气。

图 3-76　外形

第十六节　多晶硅工业装置用泵

一、多晶硅材料简介及其工艺流程

1. 多晶硅材料

多晶硅材料作为制造集成电路硅衬底、太阳能电池等产品的主要原料，是发展信息产业和新能源产业的重要基石。

多晶硅是单晶硅的主要原料，其深加工产品被广泛应用于半导体工业，是当代人工智能、自动控制、信息处理、光电转换等半导体器件和集成电路的基础材料。全球95%以上的集成电路芯片及各类半导体器件均为硅材料制造。

伴随世界发展中国家的工业进程的加快，能源消耗持续呈现增长趋势。据估计，目前全球已探明的一次能源的储量会在百年内消耗殆尽。为此，可再生能源的开发利用为全球所关注，绿色环保、资源丰富的太阳能得到人类的高度青睐。目前，太阳能光伏产业已成为世界上发展最快的高新技术产业之一，过去十年的增速已达39%的态势。太阳能电池是太阳能光伏产业链上游的主要产品，而多晶硅材料正是太阳能电池的核心原料。

2. 多晶硅生产工艺

多晶硅生产有多种工艺方法，如改良西门子法、硅烷热分解法、硫化床法、冶金法、气液沉积法、区域熔化提纯法、无氯技术、碳热还原反应法、铝热还原法以及常压碘化学气相传输净化法等。主要是将固态工业硅转化成在允许温度范围内存在的液态化合物，然后用高效的精馏方法进行深度提纯以除去其中的杂质，使元素硅以多晶硅棒的形式沉淀出来。

目前，国内外普遍采用技术成熟、投资风险最小、产品质量稳定并且易于扩建的改良西门子工艺，即经过精馏提纯的三氯氢硅在纯氢气环境下，在高温的硅芯表面沉积生成棒状多晶硅。三氯氢硅还原与四氯化硅转化后的尾气通过加压并低温分离回收，分离出的氯硅烷至精馏提纯工段，氢气回还原炉和转化炉循环使用，氯化氢返回到三氯氢硅工段合成三氯氢硅。精馏工段分离出的四氯化硅至转化炉转化为三氯氢硅，精馏的三氯氢硅则到还原炉生成多晶硅。

多晶硅棒出炉后，被输送到硅棒切断机上，经去头、取样、指标分析并根据与用户需要的几何形状、技术参数将产品进行分档切断、滚磨、打尖、清洗、干燥、检验。合格产品由输送机送至包装岗位进行包装。其生产工艺路线见图3-77。

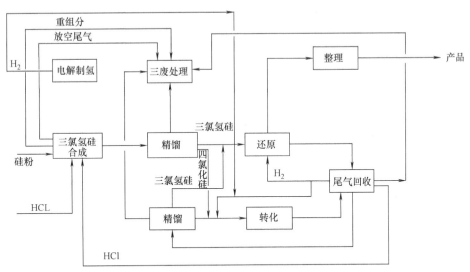

图3-77 生产工艺路线示意框图

3. 多晶硅装置主要工段

多晶硅装置可主要分为三氯氢硅合成、精馏、还原、尾气回收四个工段。

① 三氯氢硅合成工段 在三氯氢硅合成炉内，硅粉和氯化氢发生反应，生成三氯氢硅，同时生成四氯化硅、二氯氢硅、金属氯化物、聚氯硅烷等副产物。主要反应式如下：

$$Si + 3HCl \Longrightarrow SiHCl_3 + H_2 + Q$$

$$Si + 2HCl \Longrightarrow SiH_2Cl_2 + Q$$

$$Si + 4HCl \Longrightarrow SiCl_4 + 2H_2 + Q$$

反应产物以汽气混合气的形式出合成炉顶，去"干法"除尘系统。在反应过程中生成大量的热，用蒸发反应炉夹套内的水移出。本工段用泵见表3-44。

② 三氯氢硅精馏工段　三氯氢硅的精馏原理为：利用原料各种组分或成分在一定压力、温度下挥发度不同的特点，采用高效筛板塔进行有效分离，最终得到产品纯度满足一般电路级要求的三氯氢硅产品。

三氯氢硅的精馏，是保障生产出的多晶硅内部质量的最重要环节，只有在此环节对三氯氢硅中的杂质进行了有效、彻底的分离提纯，才能保证还原多晶硅的内在质量。三氯氢硅的精馏技术在国内已有多年成功的生产运行经验，技术成熟可靠。本工段用泵见表3-45。

③ 三氯氢硅还原工段　三氯氢硅还原制备多晶硅的统计方程式如下：

$$SiHCl_3 + H_2 \Longrightarrow Si + SiCl_4 + HCl + SiH_2Cl_2 + H_2$$

三氯氢硅性质不稳定，在加热情况下分解生成硅等物质，三氯氢硅制备多晶硅即利用三氯氢硅的热稳定性差的特点，在氢气气氛下使三氯氢硅在加热到高温的硅棒表面发生沉积反应，析出多晶硅。该反应过程复杂，同时有多种副反应发生，上述方程式中的产物为回收料的分析统计结果。

为了保证多晶硅的产品质量，三氯氢硅首先需要在专用的汽化器中汽化，并使气相中三氯氢硅和氢气的体积比达到规定要求。本工段用泵见表3-46。

④ 三氯氢硅尾气回收　三氯氢硅制备多晶硅的过程中，有60%的三氯氢硅没有参与反应，过程中氢气的供应主要是保护作用，该反应为释放氢气，以及反应产生的氯化氢、四氯化硅都是重要的原料或工业产品，无论从环保还是从降低物耗的角度出发，均需要对尾气中各组分进行回收利用。本工段用泵见表3-47。

⑤ 工艺废气、废液处理　对于干法回收系统，还原产生的尾气通过一些列管冷凝器、压缩、吸收、解吸和吸附设备，分离出产品质量满足多晶硅厂可回收利用的产品。本工段用泵见表3-48。

二、装置用泵概要

本装置的泵可以分为两类。

一类是易燃、易爆、腐蚀性、毒性的化工物料，以及导热油等，主要采用无密封泵（国内多以屏蔽电泵为主）；对于强腐蚀物料的输送，则采用衬塑磁力驱动泵。详见第二篇第一章第五节无密封离心泵。

一类是冷却水、软水、普通碱液等，采用金属轴封离心泵。详见第二篇第一章第三节轴封离心泵。

选型和选材时，所有泵都应能够满足介质对材质的要求和相应的泵标准、规范和规定的要求，还应是技术成熟、有运行业绩及成功经验的机型。

所采用的机泵应结构合理、振动及噪声小、机械效率高、平衡性好、密封性能优良、能耗低、易损件寿命长和维修方便。

还原工段的炉体冷却水泵，其流量为600m³/h，最高工作温度150℃，$NPSH_a$仅为1.14m，采用立式筒袋泵（VS6或VS7）。该泵作为关键设备还原炉冷却之用，应选择类似业绩良好的制造厂商。立式筒袋泵可参考第二篇第一章第三节及第六章第三节。

下面以年产1500t多晶硅装置为例，介绍各工段泵的选型（表3-44～表3-48）。

表 3-44 三氯氢硅（TCS）合成工段泵一览表

序号	名称	台数	流量/(m³/h)	扬程/m	NPSHₐ/m	材料	类型
1	重组分回收泵	1	0.5	40	3	CS	屏蔽泵
2	三氯氢硅输送泵	1	10	35	1.5	CS	屏蔽泵
3	导热油泵	2	100	60	5	CS	屏蔽泵
4	软水泵	2	2	85	5	CS	离心泵

表 3-45 三氯氢硅精馏工段泵一览表

序号	名称	台数	流量/(m³/h)	扬程/m	NPSHₐ/m	材料	类型
1	1#塔回流泵	2	16	55	3	304	屏蔽泵
2	1#塔釜液泵	2	1.6	40	3	304	屏蔽泵
3	2#塔回流泵	2	18	55	3	304	屏蔽泵
4	2#塔釜液泵	2	1	40	3	304	屏蔽泵
5	3#塔回流泵	2	18	55	3	304	屏蔽泵
6	4#塔回流泵	2	18	55	5	316L	屏蔽泵
7	5#塔回流泵	2	65	55	3	304	屏蔽泵
8	5#塔釜液泵	2	15	40	3	304	屏蔽泵
9	6#塔回流泵	2	65	55	3	304	屏蔽泵
10	7#塔回流泵	2	65	55	5	316L	屏蔽泵
11	8#塔回流泵	2	85	55	5	304	屏蔽泵
12	尾气冷凝液泵	1	6	20	1.5	304	屏蔽泵
13	1#塔进料泵	2	3	55	3	304	屏蔽泵
14	4#塔冷凝液泵	2	3	95	3	316L	屏蔽泵
15	7#塔冷凝液泵	2	13	95	3.1	316L	屏蔽泵
16	四氯化硅泵	2	14	85	5	304	屏蔽泵
17	5#塔进料泵	2	24	55	5	304	屏蔽泵
18	高沸点杂质输送泵	1	6	20	5	304	屏蔽泵

表 3-46 三氯氢硅还原工段泵一览表

序号	名称	台数	流量/(m³/h)	扬程/m	NPSHₐ/m	材料	类型
1	停炉水泵	2	40	60	4.39	CS	离心泵
2	炉体冷却水泵	4	600	60	1.14	CS	立式筒袋泵
3	电极冷却水泵	2	400	43	9.89	CS	离心泵
4	碱液泵	1	3	33.3	5.85	CS	离心泵

表 3-47 三氯氢硅尾气回收工段泵一览表

序号	名称	台数	流量/(m³/h)	扬程/m	NPSHₐ/m	材料	类型
1	氯硅烷泵	2	21	62	1.14	304	屏蔽泵
2	釜液泵	2	113	79.7	4.2	304	屏蔽泵
3	热媒泵	3	18	27.24	2	CS+316	屏蔽泵
4	氯硅烷废液泵	2	0.8	50	1	304	屏蔽泵

表 3-48 工艺废气、废液处理工段泵一览表

序号	名称	台数	流量 /(m³/h)	扬程 /m	$NPSH_a$ /m	材料	类型
1	洗涤液循环泵	4	110	55	4.7	衬塑	磁力泵
2	废液输送泵	2	2.5	35	5.5	CS	屏蔽泵
3	碱液泵	2	6	41	5.5	衬塑	磁力泵

第二章　医药工业中泵的应用

一、医药工业概述及其对泵的需求

医药行业是一个多学科先进技术和手段高度融合的高科技产业群体，涉及国民健康、社会稳定和经济发展。从1978~2007年，医药工业产值年均递增16.8%，是国民经济中发展最快的行业之一。

在制药、制剂生产中有大量的原料、半成品是液体。为了保证制药、制剂生产过程连续地进行，就要用泵将这些液体物料从一处沿管道输送到另一处。例如化学制药过程中的进料、出料要用泵输送；制剂厂的针剂在生产过程中的装药要用泵输送；在生产中都要用到各种水泵、酸碱泵等。泵作为一种通用设备，在生产中起着重要作用。

泵的种类很多，按照工作原理的不同，可以分为离心泵、往复泵、转子泵与旋涡泵等几种。其中，离心泵的构造比较简单，价格便宜，安装使用也方便，在生产上应用最为广泛，占制药化工用泵的80%~90%。本章将结合制药行业的特点及相关法规针对此行业的泵的特点和选用作重点介绍。

二、医药管理法规及设备验证

1. 《药品生产质量管理规范》

药品生产企业必须对所生产的药品质量负责，以保证药品安全有效。《药品生产质量管理规范》（Good Manufacturing Practice for Drug，以下简称GMP）是规范药品生产和管理的重要技术法规和标准。当前，国际现行的GMP标准有三种：美国标准、欧盟标准和WHO（国际）标准，其中美国GMP标准是世界上迄今为止较为完善、内容详细、标准最高的GMP。

美国FDA于1963年首先颁布了世界上第一部GMP，但只作为FDA内部参考用。1969年，WHO建议各成员国的药品生产采用药品GMP制度，并规定出口药品必须按照GMP要求进行。并于1975年正式颁布实施GMP。由于国家对药品质量的重视和国内外交流的增加，我国于20世纪80年代，开始引入GMP概念。1982年，中国医药工业公司编写了《药品生产管理规范》试行版，于1985年正式出版；1988年，卫生部制定并颁布了我国第一部GMP法规——《药品生产质量管理规范》；1995年，卫生部、中医药管理局、医药管理局和总后卫生部联合成立了GMP认证委员会，随后成立了认证办公室，我国GMP认证工作正式开始。1998年，国家药品监督管理局成立后，对GMP进行了修正，《药品生产质量管理规范》1998修订版成为我国目前在用的最新GMP规范。

在GMP实施过程中，美国FDA经过数次修订，成为现今较为完善、内容较详细、标准最高的GMP。美国现行的GMP，简称为CGMP，也叫动态药品生产管理规范。

我国GMP规范和美国GMP法规涉及的内容大体一致，都针对药品生产过程中的三要素——硬件系统、软件系统和人员管理进行规范，但两者仍有不小的区别，主要表现在以下几个方面：

（1）侧重点不同　我国现行的GMP规范是由WHO制定的适用于发展中国家的规范，我国GMP对硬件要求较多，如企业的厂房设备，强调应避免污染和交叉污染，要求设备与产品生产相适应。而美国 GMP 更注重软件管理,对生产过程中的软件和人员要求较多。

(2) 检查方式不同　我国 GMP 规范中要求检查员检查的覆盖面广,对药品生产企业的很多具体操作,如设备确认和验证、工艺验证、分析方法验证、无菌工艺验证等影响产品质量的关键工艺没有制定详细的操作规范。美国 GMP 规定的检查突出重点,对工艺过程中的一些关键步骤的操作条件、方法及设备验证的结果都提出了明确的要求。

(3) 时效性不同　美国 GMP 注重时效性,采用动态性检查,每隔两年要对申请企业进行复查。FDA 注重 GMP 条款修改的创新,并规定每 3 年修订一次。我国自 1988 年制定第一部 GMP 之后,直到 1998 年,10 年时间才进行第一修订,并且目前仍在使用。

(4) 对特定药品生产的指导不同　一要产品多种多样,工艺特点不同,生产质量控制点也不相同,我国 GMP 规范是参照固体口服制剂的生产标准制订的,因此并不完全适合所有类型的医药产品。因此,针对不同类型医药产品的工艺特点,制订相应的规范非常必要,如无菌制剂强调环境的洁净度;植物药需要关注原药材的鉴别和质量;原料药需要考虑通过稳定的工艺过程保证产品的纯度等。而美国 FDA 在 GMP 主体章节的基础上,根据不同类型医药产品的特点和生产工艺制订了多项专门的规范或指南。如专门针对生物制品的 cGMP,通过灭菌工艺生产的无菌制剂的 cGMP 等 20 多项单独规范或指南。

2. 设备验证

GMP 始终把药品生产验证(包括工艺性验证、质量分析验证、洁净度验证等)作为重要的工作内容,且无论从什么方面验证,设备都无一例外地成为验证过程中主要受检的硬件,因为制药机械的性能等对改变和优化药品生产的工艺流程和药品质量有直接的作用,这是 GMP 验证程序的标准做法。

对于设备的验证,有两种方法,一种是药品生产 GMP 中对设备的验证;一种是产品开发验证,在此只讨论后一种。药机企业在新产品或新功能开发调研、拟定设计产品功能方案时,设备的 GMP 属性的建立和认定,实际上就已经开始了,以后则是对制造结构、工艺性能达到设计规定的确认。实施设备 GMP 最关键的是在于开发前就建立 GMP 的设计思想。

以上表述了 GMP 与标准及标准化之间的相互关系,说明通过产品标准的制定、修订、吸收、运用 GMP 的理念及要求是提高药机整体 GMP 设计水平的途径,认为制药机械产品在实施 GMP 中标准化的作用是不可忽视的。

3. GMP 对设备的要求

药品生产中的质量问题,大多出自于人为差错及生产中药品受到的污染和交叉污染。在学习领会 GMP 时,应该理解 GMP 的基本要素是:将人为差错控制到最低限度;有效地防止药品受到污染和质量下降;建立健全的生产质量保证体系。

我国 GMP 对设备要求专设一章,单独提出了要求,在领会 GMP 基本要素的基础上,应用于医药工业的设备(包含泵)的设计、制造和安装应满足以下几点要求:

① 设备的设计、选型、安装应符合生产要求,易于清洗、消毒或灭菌,便于生产操作和维修、保养,并能防止差错和减少污染。

② 与药品直接接触的设备表面应光洁、平整、易清洗或消毒、耐磨腐蚀,不与药品发生化学变化或吸附药品。设备所用的润滑剂、冷却剂等不得对药品或容器造成污染。

③ 与设备连接的主要固定管道应标明管内物料名称、流向。

④ 纯化水、注射用水的制备、储存和分配应能防止微生物的滋生和污染。储罐和输送管道所用材料应无毒、耐腐蚀。管道的设计和安装应避免死角、盲管。储罐和管道要规定清洗、灭菌周期。注射用水储罐的通气口应安装不脱落纤维的疏水性除菌滤器。注射用水的储存可采用80℃以上保温、65℃以上保温循环或4℃以下存放。

⑤ 用于生产和检验的仪器、仪表、量具、衡器等,其适用范围和精密度应符合生产和检验要求,有明显的合格标志,并定期校验。

⑥ 生产设备应有明显的状态标志,并定期维修、保养和验证。设备安装、维修、保养的操作不得影响产品的质量。不合格的设备如有可能应搬出生产区,未搬出前应有明显标志。

⑦ 生产、检验设备均应有使用、维修、保养记录,并由专人管理。

三、医药工程简介

1. 概述

从药物使用和制备技术发展上看,制药技术应包括化学合成制药、生化制药和中药制药三个方面。化学合成药物生产的特点有:品种多,更新快,生产工艺复杂;需用原辅材料繁多,而产量一般不太大;产品质量要求严格;基本采用间歇生产方式;其原辅材料和中间体不少是易燃、易爆、有毒性的;"三废"(废渣、废气、废水)多,且成分复杂,严重危害环境。生物制药是指利用生物体或生物过程生产药物的技术。中药制药是药材经炮制加工成饮片、再依处方制成制剂而生产药物的技术。本章内容主要针对化学合成制药。

2. 车间洁净区域的划分

按照洁净等级的不同,车间可分为一般生产区、控制区和洁净区。其中一般生产区对洁净等级不做要求,如原料药生产、化验室、药品的外包装工段等;控制区的洁净等级为10万级或低于1万级,如非无菌原药料的"精烘包"工序、片剂或胶囊生产的全过程等;洁净区的洁净等级为1万级或局部100级,如无菌原料药的"精烘包"工序、粉针剂的分装等。

因此根据制药生产车间的洁净区域划分,原料药生产车间用泵可选择普通化工泵,但与物料直接或者间接接触的泵应符合医药工业对泵的要求;而具有洁净度要求的车间应选择符合"GMP"要求的泵或具有卫生要求的卫生泵。

3. 典型医药工艺及用泵

(1) 原料药车间典型工艺及用泵 根据《中国药典》的收录,中国药业的原料药和中间体的品种有上千种,制药生产的特点是多品种、多批次,为适应多品种、多产量生产,模块化生产方式将被采用,包括不同规模的反应单元和干燥单元将组合到一套生产装置中,通过合理的控制和设备的选用来适应制药生产的特点。下面以某合成药生产装置为例,

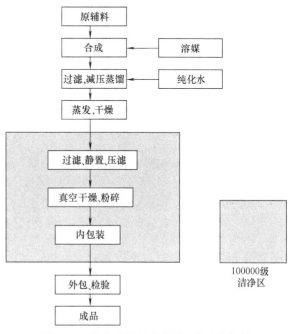

图3-78 某合成原料药车间工艺流程框图

具体介绍医药用泵的选用,此装置可用于生产六种原料药和中间体,年产量可达到5630kg。其典型的生产过程包括:合成、减压蒸馏、过滤、真空干燥、包装等。

从图3-78可以看出,原料药的精烘包步序是要在洁净区环境下操作的,因此需要用满足GMP要求的设备。其余合成等步序可按一般化工工艺处理,具体用泵见表3-49。

表3-49 某合成原料药车间主要用泵

单元	泵类型	型号	流量/(m³/h)	扬程/m	温度/℃	电机功率/kW	过流件材料	密封型式	数量
反应	原料输送隔膜泵	QBY-25	2.4	50	AMT	0.5	SUS 321	无密封	38
	液环真空泵	2BV2~5	80~230	-0.098MPa	AMT	2.2~5.5	CS	机械密封	10
	废水输送液下泵	65FY-25	12.5	50	AMT	7.5	SUS	无密封	1
	纯化水输送泵	CRN 4-40	4	30	AMT	0.75	SUS 304	机械密封	1
精烘包	药液输送隔膜泵	QBY-25	2.4	50	AMT	0.5	SUS 321	无密封	5
	液环真空泵	2BV5	165	-0.098MPa	AMT	4	SUS 304	机械密封	4
	注射用水输送泵	CHI 2-60	2	50	AMT	1	SUS 316L	机械密封	1
公用工程	热水泵	IH 100-80-250	50	20	AMT	5.5	CS	机械密封	2
纯化水	原水离心泵	CR8-40	6	30	AMT	1.5	SUS 304	机械密封	1
	过滤水泵	CR16-120	14	150	AMT	11	SUS 304	机械密封	1
	纯化水输送泵	CHI 2-20	12	50	AMT	4	SUS 316L	机械密封	2

从表3-49可知,原料药制备所用泵的特点是:泵的能力较小,过流部件采用适用于输送介质的材料。作为原料之一的纯化水,其原水泵和过滤水泵的材料均应采用304或316奥氏体不锈钢,而制备出来的符合要求的纯化水的输送则需要采用316L不锈钢。除公用工程外,对于原料药制备过程中使用的泵同样应符合GMP的要求。

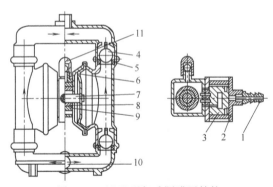

图3-79 QBY型气动隔膜泵结构
1—进气口;2—配气阀体;3—配气阀;4—圆球;5—球座;
6—隔膜;7—连杆;8—连杆钢套;9—中间支架;
10—泵进口;11—排气口

① QBY型气动隔膜泵 QBY型气动隔膜泵(图3-79)是目前国内最新的一种泵类,结构简单、拆修方便、送液稳定、振动小、噪声低、自吸能力强、输送液体黏度高,气动隔膜泵具有自吸泵、潜水泵、屏蔽泵、泥浆泵和杂质泵等输送机械的许多优点。采用压缩空气为动力源,对于各种腐蚀性液体,带颗粒的液体,高黏度、易挥发、易燃、剧毒的液体,不易流动的液体均能予以抽光吸尽。其性能参数与联邦德国的WLLDENPVMPS、美国的MARIOWPUMPS相近。已被国内数万家石油、化工、食品、医药、电子、陶瓷、纺织、酿造、造纸系统单位采用,安置在各种特殊场合,用来抽送常规泵不能抽吸的介质,均取得了满意的效果。

隔膜是气动隔膜泵的核心部件,根据不同介质,可选用氯丁橡胶、四氟橡胶、丁腈橡胶等,以满足不同用户的要求。泵体过流部分,可根据用户要求,选用铸铁、铝合金、不锈钢和衬胶等不同材质。

QBY型隔膜泵主要特点：不需灌引水，吸程高达7m，扬程达50m，出口压力≥6kgf/cm^2；流动宽敞，通过性能好，允许通过最大颗粒直径达10mm。抽送泥浆、杂质时，对泵磨损甚微；扬程、流量可通过气阀开度实现无级调节（气压调节在1～7kgf/cm^2）；该泵无旋转部件，没有轴封，隔膜将抽送的介质与泵的运动部件、工作介质完全隔开，所输送的介质不会向外泄漏。所以抽送有毒、易发挥或腐蚀性介质时，不会造成环境污染和危害人身安全；不必用电，在易燃、易爆场所使用安全可靠；可以浸没在介质中工作；使用方便、工作可靠、开停只需简单地打开和关闭气体阀门，即使由于意外情况而长时间无介质运行或突然停机，泵也不会因此而损坏，超负荷，泵会自动地停机，具有自我保护性能，当负荷恢复正常后，又会自动启动运行；结构简单、易损件少，该泵结构简单，安装、维修方便，泵输送的介质不会接触到配气阀、连杆等运动部件，不像其他类型的泵因转子、活塞、齿轮、叶片等部件的磨损而使性能逐步下降；可输送较黏的液体（黏度在1万厘泊以下）；本泵无需用油润滑，即使空转，对泵也无任何影响，这是该泵一大特点。

② 2BV系列水环真空泵　2BV系列真空泵（图3-80）适用于抽除气体和水蒸气，吸气压力可以达到33mbar绝压（97%真空度）。当真空泵在吸气压力低于80mbar的状态下长期工作时，应连接汽蚀保护管，以对泵进行保护。如配大气喷射器，吸气压力可达10mbar，喷射器可直接安装在真空泵吸气口上。作为压缩机用时，其压力最大至0.26MPa（绝压）。2BV系列水环真空泵为整体结构——机泵同轴的单级泵。轴封采用机械密封，具有结构简单、安装简捷、无油、安全可靠等特点。

2BV系列水环真空泵及压缩机被广泛用于石油、化工、制药、食品、制糖工业等领域。由于在工作过程中，气体的压缩过程是等温的，所以在压缩和抽吸易燃易爆气体时，不易发生爆炸，所以其应用更加广泛。

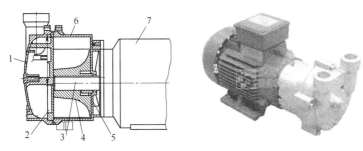

图3-80　2BV水环真空泵结构
1—泵盖；2—圆盘；3—平键；4—叶轮；5—机械密封；6—泵体；7—电机

泵由泵盖、泵体、圆盘、叶轮、机械密封、电动机等零部件组成。进气管、排气管通过安装在泵盖上的圆盘上的吸气孔和排气孔与泵腔相连，轴偏心地安装在泵体中，叶轮用平键固定在轴上，泵两端面的间隙由泵体和圆盘之间的垫来调整，叶轮与泵盖上的圆盘之间的间隙由圆盘和泵体之间的垫来调整，叶轮两端面与泵盖上圆盘之间的间隙决定气体在泵腔内由进气口至排气口流动中损失的大小及其极限压力。

泵的密封采用机械密封，机械密封安装在叶轮和泵体间。由机械密封定出叶轮与泵体之间的间隙。

在泵盖上安装有圆盘，圆盘上设有吸、排气孔和柔性排气阀片，柔性阀片的作用是当叶轮叶片间的气体压力达到排气压力时，在排气口以前就将气体排出，减少了因气体压力过大而消耗的功率，从而降低功率消耗。

③ CR、CRN 系列离心泵　CR、CRN 系列泵为非自吸、立式多级离心泵（图 3-81）。其可以设计成管道泵，泵进出口为水平布置且具有相同的尺寸。此系列泵结构紧凑，CR 泵可以根据流量、压力等参数调节尺寸和级数。CR 泵适用于多种水处理领域和化工领域，具有较宽的适用范围，可以应对多种材料和特殊的要求。CR 泵主要由两部分组成：电机和泵体。格兰富 CR 泵电机按照 EN 标准设计，泵体采用最优化的水力模型，适用于各种类型的接口、套筒、泵头和其他部件。其中泵体和基座的连接采用螺栓，以便快速维修。机械密封可快速拆开维修。CR 泵可根据流体特性选择相应材料。

CR 系列离心泵用于医药工业，采用不锈钢 304 或 316L 材质制作，内外抛光，无残留死角。特殊的结构设计便于拆装检查及清洗。此泵特别适用于低流量流体输送，特殊的螺旋结构使得该泵输送精确，

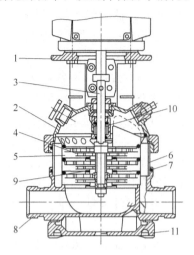

图 3-81　CR、CRN 系列离心泵结构
1—基板；2—泵盖；3—泵轴；4—叶轮；
5—中间腔；6—套筒；7—套筒 O 环；
8—泵头；9—颈环；10—轴封；11—基板

同时也使得该泵具备输送黏度较高及含固体颗粒的流体。连接方式采用国际通用的 DIN11851 标准，是流体输送的理想选择。应用范围：食品加工部门的最佳选择：水果、蔬菜清洗；谷类食品；鱼类输送；食用油类等。化工生产：涂料-黏合剂；化工/混凝土；污水-废渣处理等。液体温度：-20~120℃，最大运行压力：16bar。

④ CHI 系列多用途不锈钢离心泵　CHI 系列泵（图 3-82）主要为各种工业用途设计，典型的处理领域包括：水处理、工业清洗机和洗碟机、流程水增压、工业流程的供热和冷却、空调系统、空气清新加湿设备（软水）、给水和增压（饮用水及轻微含氯水）、施肥/计量系统、水产养殖业等。另外 CHI 泵还可适用其他多种特定用途。

适用介质：稀薄、清洁、不含固体颗粒或纤维的非易燃易爆液体。泵可以输送诸如矿泉水、软化水、纯水、轻油和其他轻化工介质。当输送液体的密度和/或黏度

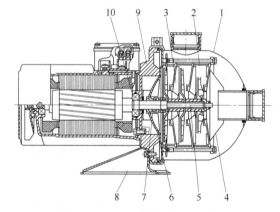

图 3-82　CHI 不锈钢离心泵结构
1—泵套；2—中间腔/导叶；3—叶轮；4—吸入口连接器；
5—花键轴；6—盖板；7—轴封；8—基板；
9—电机法兰；10—球轴承

大于水，如需要，必须配用大功率电机。泵是否适用于某一特定液体由多种因素决定，其中最重要的是氯含量、pH 值、温度和溶剂、油的含量等。

运行条件：液体温度：CHI 2、4、8 和 12：-15~110℃；CHI 15 和 20：-15~+70℃。

最大环境温度：+40℃。

最大运行压力：10bar。

最大进口压力受最大运行压力限制。

卧式多级非自吸离心泵，配加长轴电机。泵配用免维护机械轴封，尺寸符合 DIN 24960。紧凑式结构使泵体积较小，轴向入口和径向出口。整个泵密封在外壳内，泵套与电机法兰采用卡箍或螺栓连接。叶轮设计简单，泵头采用螺栓连接，具有快开功能。轴封为集装式机械密封，采用弹性盖板与泵头连接，拆卸方便。支座简单，可移动。

（2）制剂车间典型工艺及用泵　制剂分为片剂、丸剂、胶囊剂、注射剂等。为了说明制剂用泵的特点，这里特举例某中药制剂的用泵。此车间可用于生产片剂、胶囊、颗粒、软胶囊、滴丸、外用膏剂、冻干剂、贴剂 8 种剂型。本节列出滴丸剂和冻干剂的工艺流程简图，以便说明泵的选用原则。见图 3-83、图 3-84。

此车间设备均选用国内技术先进、符合"GMP"要求的制药机械或设备，

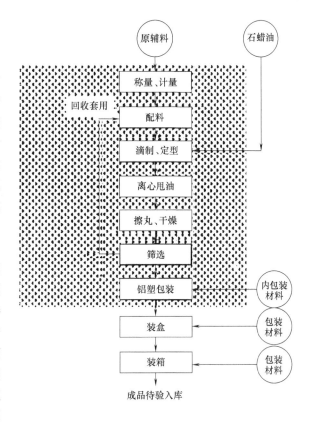

图 3-83　中药制滴丸剂工艺流程框图

均为就地安装的定型设备。工艺设备均为单机设备，除固体制剂生产区的烘箱、总混合机、沸腾干燥器、一步制粒机、铝塑包装线、冻干生产区的冻干机、洗瓶机等为外形较大设备外，其余设备均可通过走道进入各自位置。此外还规定接触工艺管道、纯化水管道及注射用水管道为内外抛光低碳不锈钢薄壁管，且要求采用氩弧焊工艺。洁净区内的设备及明敷管道需配置不锈钢外套。

从图 3-83、图 3-84 可以看出，中药制滴丸剂和中药制冻干剂的关键步序是要在洁净区环境下操作，因此需要用符合"GMP"要求的设备，对于洁净要求较高的冻干剂还需要卫生级的设备。因为药品制剂都直接作用于人体，所以制剂所选的泵除了在结构上要符合 GMP 的要求外，其材料通常选用对物料影响较小的 304 或 316L 不锈钢。见表 3-50。

由表 3-50 可知，用于输液制剂的泵主要用于输送药液，其操作条件要求较低，功率较小，其主要特点为其结构和材料要符合 GMP 要求，对药品质量要求较高的产品或纯水、注射用水制备应选用卫生级泵。下面就上述几台比较特殊的泵作简单介绍。

① BAW 不锈钢卫生泵　BAW 系列不锈钢泵（图 3-85）为卫生泵的一种典型型号。卫生级离心泵属单吸、单级、离心式卫生泵，适合输送牛奶、饮料、酒等各种液体，是食品、化工、医药等行业不可缺少的输送设备。其中高扬程泵特别适用于管式杀菌、酸奶持温设备、CIP 清洗等阻力较大的系统。

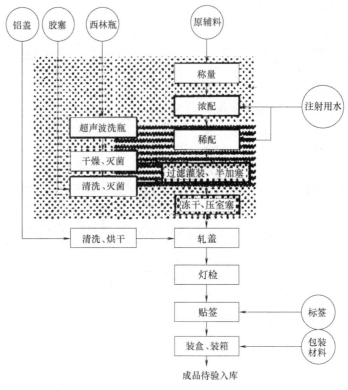

图 3-84 中药制冻干剂工艺流程框图

表 3-50 中药制剂用泵

单元	泵类型	型号	流量/(m³/h)	扬程/m	温度/℃	电机功率/kW	过流件材料	密封型式	数量
冻干剂	输液离心泵	BAW 1-8	1	8	AMT	0.37	SUS 316L	机械密封	2
	输液离心泵	BAW 3-15	3	15	AMT	0.75	SUS 316L	机械密封	2
外用软膏及贴剂	输送泵	蠕动泵	0.1～1000mL/次	0.1	AMT	0.1	SUS 316L	无密封	1
软胶囊及滴丸	油品输送隔膜泵	DBY-25	2.5	30	AMT	1.5	SUS 316	无密封	1
	药液输送齿轮泵	KCB18.3	18.3L/min		AMT	1.5	SUS 316	填料密封	1
纯水制备	原水泵	CR8-40	11	30	AMT	1.5	SUS 304	机械密封	1
	过滤水加压泵	CR16-120	14	150	AMT	11	SUS 304	机械密封	1
	淡水加压泵	CR8-180	10	150	AMT	7.5	SUS 304	机械密封	1
	纯水输送泵	CHI4-40	4	30	AMT	1	SUS 316L	机械密封	1
	注射用水输送泵	CHI2-40	2	40	AMT	1	SUS 316L	机械密封	1
	回收纯水输送泵	CHI2-20	2	25	AMT	0.5	SUS 316L	机械密封	1

卫生泵主要由泵体、泵座、电动机组成。各部分分别由螺栓连接。底板下的支撑脚可任意调节，便于安装，无需固定的安装基础。安装时可根据不同需要把出口管安装成垂直方向或水平方向。卫生泵设计时采用圆滑过渡、刚性结构、厚壁设计。在材料的选用上，泵体、泵盖、叶轮等大凡与物料接触的零件全由 316 或 304 不锈钢制造。机械轴封采用高质量的不锈钢和碳化硅定制而成，大大提高了耐磨性，延长了使用寿命。电机选用国际著名"ABB"电机，防护等级 IP55．F 级绝缘、宽电压结构。制作时泵体、叶

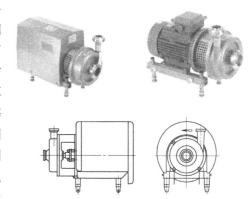

图 3-85　BAW 型不锈钢卫生泵示意图

轮采用整体精密浇铸，所有零件表面处理。安装时由专用工装夹具保证尺寸间隙。轴封处采用开启式结构，故即使轴封处有少量泄漏，亦可及时观察。即使短时间内未察觉也不会满溢到电动机，从而保证了电动机的使用寿命。

卫生泵制作精细，不易结垢，特别适用于 CIP 清洗。卫生泵结构简单、拆卸方便，噪声低，效率高，对物料处理平缓柔和。

② 蠕动泵　蠕动泵是一种新型的工业用泵，它是现代工业发展的产物，广泛应用于制药、食品、化工等行业，输送一些带有敏感性的、黏稠的、强腐蚀性的、具有磨削作用的、纯度要求高的以及含有一定颗粒状物料的介质。医药装置的包衣机经常以蠕动泵作为输送装置。

蠕动泵见图 3-86，流量一般在 $0.15\sim40\text{m}^3/\text{h}$，它的流量和转速是一个线性的恒定关系，即驱动装置输出的转速是一个确定值。由于该泵在结构和材料上的限制，泵的转速不宜太高，压力也不宜太大，一般在 $2\sim4\text{bar}$（特殊的设计可达到 15bar）。因此，根据不同的工艺要求，配置不同型号的软管泵就尤为重要。

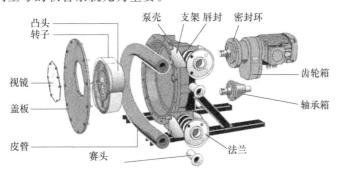

图 3-86　蠕动泵

蠕动泵的工作原理（图 3-87）是通过对泵的弹性输送软管交替进行挤压和释放来泵送流体。就像用两根手指夹挤软管一样，随着手指的移动，管内形成负压，液体随之流动，蠕动泵就是在两个旋转辊子之间的一段泵管形成"枕"形流体。"枕"的体积取决于泵管的内径和转子的几何特征。流量取决于泵头的转速与"枕"的尺寸、转子每转一圈产生的"枕"的个数这三项参数之乘积。"枕"的尺寸一般为常量（泵送黏性特别大的流体时除外）。拿转子直径相同的泵相比较，产生较大"枕"体积的泵，其转子每转一圈所输送的流体体积较大，但产生的脉动度也较大。这与膜阀的情形相似。而产生较小"枕"体积的泵，其转子每

图 3-87 蠕动泵的工作原理

转一圈所输送的流体体积较小,而且快速、连续地形成的小"枕"使流体的流动较为平稳。这与齿轮泵的情形相似。

蠕动泵的优越性体现在具有双向同等流量输送能力;无液体空运转情况下不会对泵的任何部件造成损害;能产生达98%的真空度;没有阀、机械密封和填料密封装置,也就没有这些产生泄漏和维护的因素;能轻松输送固液或气液混合相流体,允许流体内所含固体直径达到管状元件内径40%;可输送各种具有研磨、腐蚀、氧敏感特性的物料及各种食品等;仅软管为需要替换的部件,更换操作极为简单;除软管外,所输送产品不与任何部件接触。

蠕动泵具有两个局限性:压力局限,用柔性管会使承受压力受到限制;泵在运作时会产生一个脉冲流。解决上述局限性的方法是使用脉冲抑制器。脉冲抑制器是一个简单的定位容器,工作原理是由于空气比液体更具有可压缩性,脉冲流进入容器、液体上的气袋下陷吸收脉冲进而平缓流出脉冲抑制器。

③ KCB系列齿轮泵　KCB系列齿轮泵(图3-88)适用于输送不含固体颗粒和纤维,无腐蚀性、温度不高于80℃、黏度为$5\times10^{-6}\sim1.5\times10^{-3}m^2/s$($5\sim1500cSt$)的润滑油或性质类似润滑油的其他液体。KCB不锈钢齿轮泵适用于输送不含固体颗粒和纤维,有腐蚀性、温度不高于200℃、黏度为$5\sim1500cSt$的润滑油或性质类似润滑油的其他液体。不锈钢齿轮泵主要用于各种机械设备中的润滑系统中输送润滑油,适用于输送黏度为$5\times10^{-6}\sim1.5\times10^{-3}m^2/s$($5\sim1500cSt$),温度在300℃以下的具有润滑性的油料。可输送无润滑性的油料、饮料、低腐蚀性的液体。配用铜齿轮可输送低闪点液体,如汽油、苯等。材质:304、316、316L不锈钢。

图 3-88 KCB齿轮泵示意图

适用于在卫生条件要求较高的场合,如医药、食品等行业;在有弱腐蚀性的场合,如精细化工、化妆品、印染、酿造行业。

本系列齿轮泵主要由齿轮、轴、泵体、安全阀、轴端密封所组成。齿轮经热处理有较高的硬度和强度,与轴一同安装在可更换的轴套内运转。泵内全部零件的润滑均在泵工作时利用输出介质而自动达到。泵内有设计合理的泄油和回油槽,使齿轮在工作中承受的转矩力最小,因此轴承负荷小,磨损小,泵效率高。

泵设有安全阀作为超载保护,安全阀的全回流压力为泵额定排除压力的1.5倍,也可在允许排出压力范围内根据实际需要另外调整。但注意本安全阀不能作减压阀长期工作,需要时可在管路上另行安装。从主轴外伸端向泵看,为顺时针旋转。KCB系列齿轮油泵由泵体、前后泵盖、齿轮、主被动轴、轴承、安全阀和轴端密封等零件组成。KCB18.3-83.3主传动齿轮是一对斜齿圆柱齿轮,直动式安全阀。KCB200-960主传动齿轮是四个斜齿轮组成的人字形齿轮组,差压式安全阀。全系列齿轮油泵是三爪式弹性联轴器与电动机组成的热油泵机组。本系列齿轮油泵结构简单紧凑,使用维护方便,运转平稳,使用安全可靠。

④ DBY 系列隔膜泵　电动隔膜泵（图3-89）是一种新的泵类，近年来，由于在隔膜材质上取得了突破性的发展，使得该种类泵的应用越来越广泛，许多工业化国家在一些重要领域采用此类泵以取代部分离心泵、螺杆泵、屏蔽泵。

DBY 隔膜泵是参照美国 ABEL 公司样机、结合同类产品之优点，优化设计而成的，其性能参数经权威检测全部符合要求。现已普遍应用于石化、医药、陶瓷、冶金、化工、造纸、食品制造等行业。

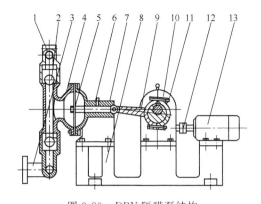

图 3-89　DBY 隔膜泵结构
1—出口管；2—单向阀；3—进口管；4—泵体；5—隔膜；
6—滑杆座；7—滑座；8—底座；9—连杆；10—减速箱；
11—转动杆；12—联轴器；13—电机

DBY 型系列电动隔膜泵在流量 $0.5\sim 20m^3/h$、扬程 $0\sim 30m$ 范围内均可调节大小，口径 $\phi 10\sim 100mm$。根据所抽送的介质，过流部件可选用铸铁、不锈钢、衬胶等。隔膜分为氯丁橡胶、氟橡胶、丁腈橡胶、聚四氟乙烯等，可以满足不同用户的要求。

DBY 隔膜泵具有以下特点：

能抽送流动的液体，又能输送一些不易流动的介质，输送可靠。

不需引灌水，有自吸功能，自吸能力可达 7m，所以安装时无需底阀，只要进口管直接伸入介质中，便可使用，安装方便。

泵流动通过性能好，且流动平稳。允许有颗粒介质通过，最大通过颗粒直径可达 10mm，这是一般泵类所无法达到的。

无泄漏。由于隔膜将输送的介质和传动机械件分开，使得介质绝对不会泄漏，此性能可被广泛应用于抽送有毒、易挥发或腐蚀性介质的场合，且不会造成环境污染和人身安全。

适用寿命长。因泵本身无轴封，在运行过程中磨损相对减少，使得整机使用寿命大大增加。

由于该结构紧凑，而且将转动变为滑动，使得整机运行噪声低、振动小。

可输送较高黏度的介质而不影响泵的性能。

四、医药工业对泵的要求

根据 GMP，食品、医药工业对泵的要求主要有以下几点：

1. 功能要求

(1) 净化功能　洁净是 GMP 的要点之一，对泵来讲，包含两层意思，即：泵自身不对环境造成污染以及不对药物产生污染。要达到这一标准，就须在药品加工中，凡对药物（药品）暴露的，室区一般洁净度达不到或有人机污染可能的，原则上均应设计净化功能。就净化问题，美国 FDA 在 CGMP 中建议为防止意外污染，应尽可能考虑设备上实现在密闭系统中进行。洁净区内的泵，一般不宜设置地脚螺栓，无菌室内的泵还应满足消毒和灭菌的需要。

(2) 清洗功能　清洗功能主要是要求泵的结构设计具有易清洗的特点，比如内外壁光滑、无死角等。GMP 提倡设备具有就地清洗（CIP）功能。就地清洗（Clean in place）是包括设备、管道、操作规程、清洁剂配方、有自动控制和监控要求的一整套技术系统，能在不拆卸、不挪动设备、管线的情况下，根据流体力学的分析，利用受控的清洗液的循环流动,洗净污垢。就地清洗要求设备具有清洁要求,除保证内部光洁度外,必须排除滞留区域,所有管线都向低点倾斜,以保证每个阶段的 CIP 溶液完成排放,减少内部构件及接头,重视排下水,合理布置泵、阀及仪表。

(3) 安全保护功能 药物有热敏、吸湿、挥发、反应等不同性质,因此产生了诸如防尘、防水、防过热、防爆、防渗入、防静电、防过载等保护功能。泵轴密封不得向药物方面泄漏。

2. 结构设计要求

根据 GMP 要求,泵的结构要求主要有以下几个方面:

(1) 与药物和清洗有关的结构。制药用泵几乎都与药物(药品)有直接、间接的接触,粉体、液体、颗粒、膏体等性状多样,在药物制备中结构应有利于物料的流动、位移、反应、交换及清洗等。泵应尽量消除凹凸、槽、台、棱角等不利物料清除、清洗的结构,因此要求这些部位的结构应尽可能采用大的圆角、斜面、锥角等以免挂带和阻滞物料,以使泵具有良好的自卸性和易清洗性。现在卫生泵的结构采用特殊工艺冲压泵壳、圆角、易清洗的圆螺纹、卡箍式快开管件连接等。

(2) 与药物接触部分的构件,均应具有不附着物料的低表面粗糙度值,采用抛光处理。对不易抛光的构件,外部轮廓结构应力求简洁,尽量为连续回转体。

(3) 润滑结构要求。GMP 规定无论何种润滑剂、清洗剂都不得与药物相接触,包括掉入、渗入的可能,这就给泵的润滑与密封设计提出了苛刻的要求。一般采用隔离润滑油的方式和采用特殊结构的机械密封等满足此方面的要求。

(4) 制药过程中存在着不同程度的散尘,散热,散水、汽等,而对药品生产构成威胁。要消除它,主要应从设备本身加以解决。对于不同的环境,应采用不同的防尘结构,如对散尘的应有捕尘机构;发热散湿的应有排风通风装置;散热的应有保温结构。当泵具有预防尘、水、汽、油、噪声、振动等结构,无论是单台运转还是移动、组合、联动都能符合 GMP 规定的使用要求。

3. 材料选用

GMP 规定制造设备的材料不得对药品性质、纯度、质量产生影响,其所用材料需具有安全性、辨别性及使用强度。因而材料的选用应考虑在药物等介质的腐蚀性、接触性、气味性的环境条件下不发生反应,不释放微粒,不易附着或吸湿等特性。

(1) 金属材料 凡与药物及腐蚀性介质接触的以及潮湿环境下工作的均应选用低含碳量的不锈钢材料、钛及钛复合材料或铁基涂覆耐腐蚀、耐热、耐磨等涂层的材料制造。非上述使用的部位可设计选择其他金属材料,原则上用这些材料的零件均作表面处理,其次须注意的是,同一部位(部件)所用材料的一致性,不应出现不锈钢件配用普通螺栓的情况。

(2) 非金属材料 主要用于如保温、密封及垫圈等橡胶制品,选用这类材料的原则是无毒性、不污染,即:不应是松散状的、掉渣、掉毛的,特殊用途的还应结合材料的耐热、耐油、不吸附、不吸湿等性质考虑选用,密封填料和过滤材料尤应注意卫生性能的要求。

4. 自控要求

泵上的仪表、计量装置要计数准确,调节控制稳定可靠。需要重点控制计数部位出现不合格或性能故障时,应有调整和显示功能。

5. 外观设计及要求

制药设备使用中牵涉品种、换批,且很频繁,为避免物料的交叉污染、成分改变和发生反应，消除泵内部、外部的粉尘，清洗黏附物等成为操作中必不可少、且极为严格的操作与检查程序。GMP要求设备外形整洁就是为达到易彻底清洁而规定的。

（1）强调对凹凸形体的简化，这是对设备整体以及必须暴露的局部来讲的，也包括某些直观可见的零件。GMP要求减少设计中的凹凸、坑、台，使之变得平整简洁，减少死角，以便最大限度地减少藏尘积污，最主要的是易于清洗。

（2）对于药品生产操作无直接关系的结构尽可能设计成内置、内藏式。只要有可能内置的绝不外置，设备外形就会简洁和紧凑，如：泵外部、台面设计安排操作的部分，传动等部分均可内置，如电机、联轴器适用防护罩，外观只有进口和出口。在采用这种结构时，还应考虑是否易于检修、润滑和更换备件。

（3）包覆式结构是药机中最多见的，也是最简便的手段。将复杂的机体、本体、管线、装置用板材包覆起来，以达到简洁的目的。在进行包覆处理时还应考虑防水密封、散热通风、便于拆卸、便于检修等因素。对经常开启和需经常清洗的应设计成易拆快装的包层结构。

6. 接口设计及要求

按照GMP要求，泵与其他管线或设备的接口应考虑以下因素。

（1）泵进出口接管。对于与药物接触或纯水生产用的泵用接管应采用卫生级管道，国内标准按照QB/T 2467执行。

（2）泵接管与主管线的连接。根据GMP要求，便于安装、拆卸及清洗，管道连接应采用圆螺纹、卡箍等方式。

五、医药用卫生泵

1. 简介

卫生泵用于流体的输送和计量，物料为制药或食品工业的原料浆料和胶体，要求具有一定的洁净度及操作环境。如很多制药厂和食品厂使用卫生泵。因为操作工艺的复杂以及卫生泵型式的多样，选择合适的卫生泵是一件困难的事情。本节主要介绍卫生泵的结构特点。

强制性卫生标准是基于不同的产品、根据管理机构不同的职能以及对当地或现场验证程序的要求制定的。更多的其他机构制定了推荐性标准。美国食品和医药管理局（FDA）结合其制定的标准管理食品、医药及化妆品工业。药品生产质量管理规范（GMP）和其他FDA标准一起用来规范和管理食品、医药及化妆品工业的生产，尤其对"卫生"和"非卫生"的鉴定。但是GMP对于设备的描述语言较少，包括卫生泵。这个缺口允许对于不同的时间和地点进行解释并允许检验员考虑时间和地点的影响因素。

国际食品工业供应商协会（IAFIS）位于美国弗吉尼亚的Mclean，制定了3A卫生标准。这个被广泛应用的标准对乳制品工业设备的卫生结构及安装进行了规定。3A卫生标准实际已经广泛应用于除乳制品行业外其他具有卫生要求的工业。

我国目前的卫生泵标准有中华人民共和国轻工业部1993年编制的QB/T 1826—1993《离心式卫生泵》。制药用泵还应符合我国GMP关于设备章节的描述。对于泵等制药用设备的卫生可参照GB 12073—89《乳品设备安全卫生》标准的要求，对于具有卫生要求的不锈钢管道的卫生要求可参照QB/T 2467—1999《食品工业用不锈钢管》。

2. 卫生泵的分类

卫生泵按结构型式分为离心式泵、容积式泵（蠕动泵和转子泵）、喷射泵、空气提升泵等。

（1）离心式卫生泵　离心泵的两个主要部件为壳体和叶轮（图3-90）。叶轮使流体加

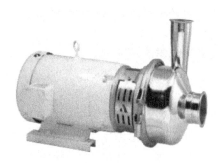

图 3-90　卫生级离心泵示意图

速，壳体用于排液并把速度转变为压力。离心泵还适用于变流量要求。可以采用节流或变转速调节。节流需要一个排液管上设置可调阀门，这是一种昂贵的流量调节方式，缺点是需要提高系统压力，浪费能量。

（2）容积式卫生泵　容积式泵采用膨胀的泵腔在进口端，渐缩的排气腔。流体在进汽口吸入膨胀，然后在排出口增压。容积式卫生泵有如下几种型式：蠕动式、转子式、凸轮式、内齿式、膜片式和活塞式、螺杆式（图 3-91）。容积式泵的流量随转速恒定，与出口压力无关。

图 3-91　卫生级容积泵示意图

（3）喷射泵和空气提升泵　喷射泵和空气提升泵不如离心式和容积式泵使用频繁。喷射泵（图 3-92）是速度能转换为压力能的装置。采用喷射器或喷嘴实现。喷射泵主要用于处理污水或含有固体或化学活性物的流体。

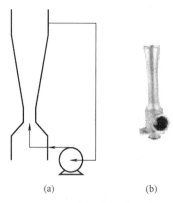 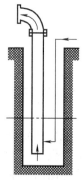

图 3-92　卫生级喷射泵示意图　　　　图 3-93　卫生级空气提升泵示意图

空气提升泵（图 3-93）严格意义上来说并不是一种泵，因为其并没有实现任何程度的速度和压力的转换。空气或其他气体通入提升管底端并与液体混合，因气液混合物密度小于液体，所以在管道中上升，并在液位之上排出。这种泵可以提升含有杂质或腐蚀性介质的流体。

3. 卫生离心泵的结构与防护

（1）泵壳　卫生泵泵壳为了满足 GMP 中易于清洗和拆卸的要求，一般采用径向剖分嵌入式，采用卡箍螺纹或螺栓连接。壳体采用特殊的工艺冲压而成，无死角、裂缝等缺陷，表面光滑。多级泵采用长螺柱连接。泵壳采用特殊工艺冲压形成，转角采用较大直径的圆弧过渡以便清洗，泵壳与叶轮之间留有较大间隙以保证流体正常流动和清洗。

图 3-94 卫生级离心泵

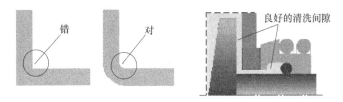

图 3-95 卫生级离心泵泵壳结构示意图

(2) 叶轮　卫生泵叶轮一般为开式或半开式叶轮，特殊结构的卫生离心泵采用圆盘式（DISC）叶轮，如图 3-96 所示。此叶轮的特点是结构简单，与泵壳一起易于拆卸、清洗。叶轮应无死角、裂缝等缺陷，与泵壳保持一定间距。

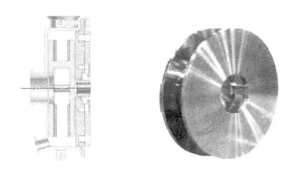

图 3-96 卫生级离心泵叶轮示意图

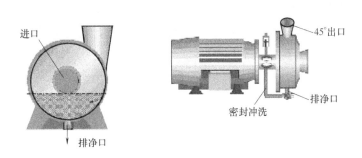

图 3-97 卫生级离心泵接口示意图

(3) 接口　卫生级离心泵接口示意图如图 3-97 所示。

① 排污口　卫生泵的排污口一般布置在泵壳最下端或者可通过旋转泵壳使排污口朝下，

以保证排放时不残留工艺液体和清洗剂。

② 特殊接口　对于制药工业或食品工业,要求泵具有良好的清洗性能,因此可针对出料口、排污口以及密封冲洗口采用45°结构,管口内壁应打磨以便物料流动。

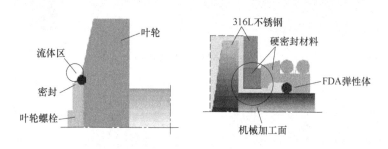

图 3-98　卫生级离心泵材料示意图

(4) 材料　如图 3-98 所示,卫生泵要尽量少用弹性体等非金属材料,因为其容易疲劳磨损产生杂物,并且保证尽量不与物料接触。密封用弹性非金属材料应尽量采用固定式,防止其与物料接触产生膨胀、卷曲、变形等。

卫生泵的壳体、叶轮等材料一般选 316L,密封一般选用不同等级的弹性材料。弹性材料必须满足 GMP 的要求。

图 3-99　卫生级离心泵底座示意图

(5) 底座　如图 3-99 所示,卫生泵的底座可以固定,也可采用可移动式(便携式,采用支脚加橡胶垫)。可移动式可满足工艺的多样性要求,并且易于布置排放,可满足不同的操作线路的要求,前提是这些工艺不同时运行。可移动式泵的另一大优点是便于维护和清洗。但无论卫生泵底座是固定式还是可移动式,都要保证其坚固耐用(便于多次清洗)和满足卫生要求。卫生泵设计要求底座要易清洗,不存在可积聚尘埃碎片的棱角、裂缝、缺口等结构。

(6) 保护　卫生泵的安全保护是极其重要的,因为泵的事故将导致停车和费用的增加。卫生泵的防护包括超压、流量过大、轴承磨损、干运转以及污染物的防护等。可在泵下游管道(或电机上)设置压力传感器和控制器用于防护超压和干运转。电流传感器还可用于监测如轴承、密封以及驱动部件(联轴器)等的事故状态。振动传感器用于监测泵的机械故障,有些泵的配置较容易出现事故。

卫生泵的防尘设施对于具有卫生要求的操作场合尤其重要。防护方法有在泵前设置过滤器、金属探测器或管道磁体(line magnets)用于吸尘。过滤器和管道磁体可并联布置,一是为了操作的方便,二可定期清洗,用两台并联还可以进行在线检查。

有些泵在设计时考虑了防尘的需要,可防止多种粉尘杂质,则此类泵不需要采用特殊防护措施,如隔膜泵。

对于电机一般采用封闭式结构,采用统一的一个外壳罩在整个电机及联轴器上,联轴器护罩也采用全封闭式结构,留有窗格散热。

(7) 管道连接　如图 3-100 所示,泵壳接管与主管道的连接可采用卡箍、圆螺纹、螺栓等。

图 3-100　卫生级离心泵连接方式示意图

六、医药用泵的选型

根据泵的输送介质，将公用工程使用的普通水泵、热水泵、凝水泵及废水处理系统的泵和原料药制备用泵与输送药液、中间体、纯水、酸碱等工艺介质的泵区分开来。前者可按一般化工装置用泵处理，但对轴封要求适当提高，以满足医药装置对环境的高要求。输送药液、中间体、纯水、酸碱等工艺介质的泵应选择符合 GMP 要求的化工流程泵或卫生泵。按制药过程分，原料药制备过程中结晶（精烘包）阶段的泵可按一般化工流程泵的选用原则选取，此时的泵应根据工艺要求满足 GMP 的要求；原料药结晶（精烘包）制成品阶段和制剂过程需要选用符合 GMP 要求的泵或卫生级泵。按车间布置分，具有洁净度要求的厂区需要选用符合 GMP 要求的泵或卫生泵，其他区域按照一般化工流程泵或公用工程用泵选取。本节主要介绍医药工业中具有特殊结构的卫生泵的选用原则。

卫生泵的选型需要考虑四个方面：工艺要求、物性、操作条件、造价。工艺方面除了考虑满足工艺的操作工况外，还要考虑卫生管道设计，一般选用管道等级为"schedule 5"，连接方式为直接与泵焊在一起或采用卡箍连接，便于拆卸清洗。卫生泵同样要考虑输送物料的压力、温度、黏度、汽蚀压力等物料特性的影响。输送高酸性或腐蚀性介质或需要清洗环境，需要用超低碳不锈钢材料（如 316L）。操作要求要考虑泵的安装位置和周围环境，操作周期、清洁方式（手动还是 CIP）、清洗的频度（每年清洗几次），控制要求（手动还是自动）以及转速要求等。对于洁净厂房要求或无菌制剂要求的泵，还需要考虑泵的防护要求。泵为便于清洗可以采用两台并联等方式，采用底脚支撑带橡胶垫等。泵基座应易清洗，并不存在可积聚尘埃碎片的棱角、裂缝、缺口。造价要考虑材料及清洗要求，防腐蚀要求，表面光洁度要求，快开要求，结构简单要求，材料要足够坚固耐用。另外维修和操作的费用也应在考虑之列。

一般对于黏度＞500cP 或有颗粒或有较强的流体剪切力或高压低流量或需要计量低流量的条件，一般都选用容积式卫生泵。上述条件都不符合的则选用卫生级离心泵。

第三章 公用工程用泵

一、工艺流程和装置用泵概要

公用工程系统为石化工艺装置提供各种公用工程,例如循环冷却水、消防水和压缩空气等,此外,雨水和污水收集及处理场也归为公用工程系统的一个组成部分。近年来,随着石化工艺装置规模的不断扩大,公用工程系统的规模也不断扩大,集中化程度越来越高。

较为典型的公用工程系统由以下子系统组成:

① 循环水场;
② 全厂给排水管网及雨水提升泵站;
③ 污水处理场;
④ 消防水系统;
⑤ 取水设施及净水场;
⑥ 其他。

公用工程系统部分关键泵参数见表 3-51。

表 3-51 公用工程部分关键泵参数

输送介质	额定流量 /(m³/h)	额定扬程 /m	效率 /%	泵转速 /(r/min)	$NPSH_a$ /m	密封形式	材质 泵体	材质 叶轮	驱动机类型	驱动机功率 /kW	台数
冷却水	12000~14500	66	90	735	9.4	填料密封	铸铁	锡青铜	非防爆电机 蒸汽透平	2500~3000	16
冷却水	2200	66~74	84	1450	9.4	单端面机械密封	球墨铸铁	不锈钢	非防爆电机	560	4
含油污水、废水等	45~300	10.5~76	42~56	1450	4.6~6.9	背叶轮动力密封及填料密封	球墨铸铁	不锈钢	防爆电机	5.5~160	35
消防水	600~1135	122	79~81	1485	4.97	填料密封	铸铁	锡青铜	非防爆电机	315~560	4
消防水	1135~1200	122	85	1450	4.97	填料密封	铸铁	锡青铜	柴油机	615	4
消防水	60	78.6	64	2960	7.14	单端面机械密封	铸铁	锡青铜	非防爆电机	30	4

注:资料取自某百万吨/年乙烯及配套装置公用工程系统。

二、循环水泵

1. 工况特点

在循环水场中,循环水泵从水池提升冷却水,冷却水经加压后,通过循环水管网,向各个装置需要冷却的设备和部位输送,之后再通过回水管网返回水池,这样就形成一个完整的循环水系统。

作为循环水场的关键用泵,循环水泵的主要工况特点如下:

(1) 单台循环水泵流量大,泵尺寸大型化。
(2) 多台相同型号的循环水泵并联运行,同时向一套或多套装置提供冷却水。
(3) 不同装置的冷却水水质不同,选型时需要考虑水质情况,例如污垢、颗粒含量以及氯离子含量等。

(4) 由于水池高度和水位的限制，循环水泵通常是单层布置，或放置在泵坑中。

(5) 采用多种驱动方式，除电动机驱动外，还采用汽轮机作为驱动机。

(6) 可靠性要求高，循环水泵出现故障，将会影响相关工艺装置的运行，循环水泵需设置必要的轴承振动和温度监测保护，进行实时监测。

(7) 泵的备用率为 20%～30%。

2. 泵型的选择

循环水泵的流量在 3500～20000m³/h，扬程多为 40～60m，通常选用两端支撑单级双吸水平中开泵。为保证循环水泵具有较好的抗汽蚀性能，泵的转速不宜过高，应将泵的转速控制在 590～750r/min。泵的性能曲线应平稳，关闭点扬程不应超过额定点扬程的 110%，且在 102%额定流量时，装置汽蚀余量 $NPSH_a$ 与泵的必需汽蚀余量 $NPSH_r$ 之间的差值不应小于 1m。

3. 结构特点

典型的循环水泵的结构如图 3-101 所示。

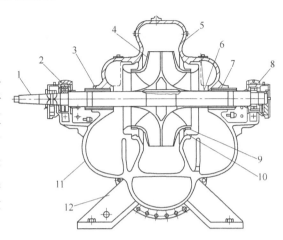

图 3-101 循环水泵剖面结构
1—轴；2—轴承；3—轴密封；4—叶轮；5—上壳体；
6—轴套；7—轴密封；8—轴承；9—叶轮耐磨环；
10—壳体耐磨环；11—下壳体；12—支脚

(1) 泵体 壳体为水平中开式双蜗壳设计。上下壳体通过螺柱和螺母固定在一起，泵的吸入口和出口法兰连接，位于壳体上，上壳体有排气口、灌水口和与密封腔接口相连的支管，支管上配有调节水量的调节阀，下壳体带有排水口；壳体由整体铸造的支脚支撑，轴承箱直接安装在泵的两端；泵壳体通常为球墨铸铁或铸钢。

图 3-102 闭式叶轮结构示意图

(2) 叶轮 叶轮为闭式双吸叶轮，如图 3-102 所示。叶轮在制造完成后进行动平衡测试。根据近年来的工程经验，根据冷却水中氯离子含量的不同，可用不同材质的叶轮，如碳钢、不锈钢、青铜、双相不锈钢等。

(3) 耐磨环 泵体和叶轮上均配有耐磨环，以维持适当的运行间隙，减少吸入室和排水室间的泄漏。

(4) 轴套 轴套通过键连接在叶轮的轴上，用轴套螺母固定。

(5) 轴承 配置滚柱轴承，轴承采用油环式润滑油润滑，并配带恒定油位的油杯。对于大型循环水泵通常应在轴承上设置有振动监测仪表，用来监测轴承的振动情况。

(6) 轴封 优先采用集装式单端面平衡性机械密封，采用自冲洗方案；也可采用填料密封。

4. 驱动机的选取及其他配置

由于循环水泵通常所需驱动功率较大，通常在 1000～3000kW，因此通常配置 6kV·A 高压电机，电机铭牌功率要覆盖泵的整条性能曲线，并有适当的功率裕量，方便泵的运行操作，避免频繁联锁停车的情况出现。在实际工程中，为了满足装置噪声的限定要求，可考虑配置水冷式高压电机。

此外，也可采用蒸汽汽轮机驱动，汽轮机应为单层布置，以避免提高泵轴中心线的水平高度，保证装置的汽蚀余量。为避免形成密闭空间，汽轮机通常是不要求安装隔音罩的。室外布置的汽轮机需安装顶棚，以保护随机仪表、现场操作盘等。

三、雨水和污水提升泵

1. 工况特点和泵型选择

雨水和污水收集池的池深通常在 5～7m，主要用途是集中收集雨水和各类污水，并通过提升泵，将其输送到污水处理场进行处理。通常，提升泵的工况为：流量 $Q50\sim300\mathrm{m}^3/\mathrm{h}$，扬程 $H20\sim50\mathrm{m}$。容积小的收集池设置两台提升泵（一开一备），容积较大的收集池采用数台提升泵（多台并联操作，且至少有一台备用）。提升泵通常间歇操作，当收集池液位达到设定的开泵液位时，某台（或某几台）提升泵联锁自动开始工作；如液位继续升高，又有几台提升泵自动投入运行。随着液位的下降，到达原先设定的停泵液位时，提升泵联锁停止运行。

提升泵可以采用三种类型：潜水泵、长轴液下泵、自吸泵等。

2. 潜水泵

QW 型潜水排污泵的结构如图 3-103 所示，该泵是一种污水处理用泵，具有效率高、节省能源、无堵塞、防缠绕等特点，主要输送带固体颗粒及各种长纤维的 pH 值为 4～10 的浑浊性污水、淤泥、雨水等，输送介质温度不超过 60℃。QW 型潜水排污泵为立式、单级、单吸离心式水泵，具有结构紧凑、体积小、噪声低、运转平稳等特点。其安装形式可分为固定式和移动式两种，维修方便。

电机和泵共轴，两者通过油隔离室和机械密封隔开电机完全密封，防护等级为 IP68。在泵的入口可根据实际要求配置额外的长方孔形过滤网或搅拌浆叶。

移动式安装采用泵底盘支承，出口弯管直接与软管连接，安装方便。提取泵时，只需提起预先放置好的连泵链锁即可。该安装型式通常仅限于电机功率 11kW 以下的潜水排污泵。

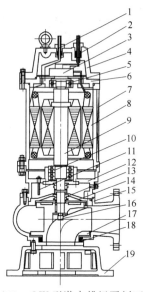

图 3-103　QW 型潜水排污泵剖面结构

1—信号线；2—电机接线；3—接线盒；4—电机盖；5—轴承；6—上轴座；7—电机壳；8—定子；9—轴（转子）；10—轴承；11—油水探头；12—油隔离室；13—机械密封；14—后盖板；15—泵体；16—叶轮螺栓；17—叶轮；18—密封环；19—底盘

固定式自动安装采用泵与耦合装置相连。耦合装置由底座、固定于底座上的转接管道、垂直固定于底座上的双导轨、连接转接管道与潜水泵的自动耦合器等组成。耦合底座固定在泵坑底部（在建造污水坑时，预先安装好地脚螺栓，使用时将耦合底座固定），在潜水泵的底端面固定设置两侧带有凹槽的定位架板，底座延伸至潜水泵下方，垂直固定于底座上的双导轨设置为分别嵌装入定位架板两侧凹槽内并与凹槽滑动配合的支柱导轨，两支柱导轨上端固定设置安装起重吊具的承重横梁支架。在承重横梁上附加起重吊具，如电动葫芦，即可方便地进行潜水泵的上提及下送，免去了手工操作的高强度消耗及安装吊装架等设施的复杂过程，使潜水泵的维修、更换作业简便，节省人力，提高效率，降低作业成本。泵在导轨上移动，放下泵时，耦合装置自动地与耦合底座耦合；提取泵时，泵与耦合底座会自动脱落。图

3-104为潜水泵固定式安装示意图。

3. 长轴液下泵

长轴液下泵属于单级单吸立式泵，直接安装在收集池盖板上，泵体部分浸在液位之下，用于输送中性或有腐蚀性的液体，清洁或内含固体颗粒的液体。其结构特点如下：

（1）叶轮结构　采用开式叶轮结构，当输送含有纤维类的污水时，为解决物料堵塞，可设置额外的切割装置，旋转刀与叶轮同步转动，固定刀可以防止进入叶轮前的物料转动，两种切割刀相互作用，对进入叶轮的纤维有强烈的撕裂作用。

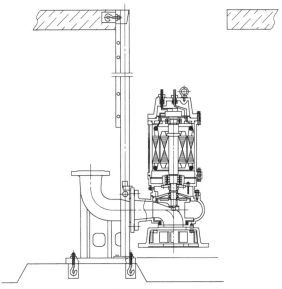

图 3-104　QW 型潜水排污泵固定式安装示意图

（2）填料密封　为防止支承管内的冲洗液压力过高，造成从底板溅入大气，埋在底板处的轴处设置填料密封是必要的。

（3）接轴方式　长轴分成两节或多节加工，采用一根轴一端车螺纹杆，另外一根轴一端车内螺纹，通过螺纹连接，外面通过接轴套筒及连接固定其位置。这样长轴靠连接键传递转矩，螺纹杆传递轴向力。增强了泵轴的同轴度，降低长轴的加工难度。

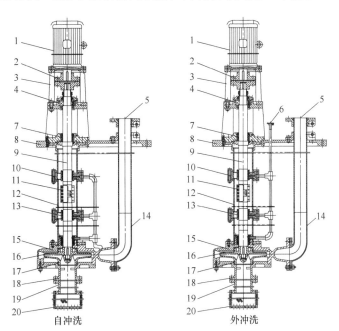

图 3-105　长轴液下泵剖面结构

1—电机；2—联轴器；3—电机座；4—轴承；5—出口半法兰；6—外冲洗管口；
7—填料密封；8—底板；9—轴；10—中间轴承支架；11—接轴套筒；
12—支承管；13—滑动轴承；14—出液管；15—泵体；
16—叶轮；17—密封环；18—泵盖；
19—吸管；20—入口滤网

(4) 支承方式　采用多点支承方式，液面之上采用角接触球轴承，液面每根短轴都有滑动轴承支承，滑动轴承固定在中间轴承支架上，中间轴承支架与支承管连接。

(5) 平衡腔结构　泵盖与中间支承架构成平衡腔，在腔体底部设有与大气相通的平衡管，起到卸压的作用，降低整机的轴向力。同时使颗粒介质从该平衡管流走，减少颗粒介质向上泄漏进入滑动轴承的可能。在下滑动轴承的下面设有填料密封，进一步降低颗粒介质向上泄漏的可能。

(6) 冲洗方式　引入清洁的液体冲洗滑动轴承，可以保证泵的安全运转。对于不同介质，可以选择不同的冲洗方式。长轴液下泵剖面结构如图3-105所示。

自冲洗：当泵送介质为清洁介质时，采用自冲洗方式，从泵出口法兰引一管路，使冲洗液流向各个滑动轴承，润滑轴承，带走摩擦副产生的热量，起到降温的作用。

外冲洗：当泵送介质为内含较小颗粒介质时，从外界接一管路，引入清洁的冲洗液冲洗润滑各个轴承，带走摩擦副产生的热量，起到降温的作用。同时避免固体颗粒进入摩擦副中。在污水处理系统中，外冲洗方式较为常见。

4. 自吸泵

由于自吸泵安装简便，布置基础简单，检修维护便利、设备结构易于维护、故障率低，近年来自吸泵的工程应用较多，自吸泵的工作原理和结构特点详见第二篇第一章第五节。目前在公用工程系统中，较少采用卧式结构的自吸泵，多是采用立式结构的自吸泵，其典型安装布置如图3-106所示。

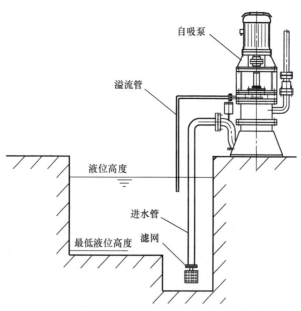

图3-106　立式自吸泵典型安装布置图

5. 三种泵型选用比较

表3-52　潜水泵、长轴液下泵、立式自吸泵的特性比较

项　目	潜水泵	长轴液下泵	立式自吸泵
成本	包含耦合装置，成本较高	泵的采购费用最高	较低
安装	安装精度要求不高；耦合装置需特殊安装	安装精度要求高底板需牢靠固定	安装精度要求一般底座可不用固定
泵效率/%	40~70	30~70	20~50

续表

项目	潜水泵	长轴液下泵	立式自吸泵
防护等级	IP68 电机/电缆密封要求高	IP54 或 IP55 常规防爆或非防爆	IP54 或 IP55 常规防爆或非防爆
检修/维护	需特殊耦合装置,维护成本高;当电机密封失效时,需更换电机	维护成本较高,检修不便	维护成本较低检修方便
安装材料	需要安装耦合装置的钢构支架	基本不需要	除吸入口管道外,无需额外的安装材料
适用范围	主要输送带固体颗粒及各种长纤维的 pH 值为 4～10 的浑浊性污水、淤泥、雨水等,输送介质温度不超过 60℃	用于输送中性或有腐蚀性的液体,清洁或内含固体颗粒的液体,操作温度 −20～+125℃,颗粒直径不能过大	适用于多种介质工况,对于酸性/碱性较强的情况,可采用非金属材质的结构,颗粒含量可以较高,粒径在 2mm 以上可使用,颗粒可以不溶于液体

综上所述,自吸泵可用于不同工况,是一种很好的选择,液下泵可根据工况要求选用,潜水泵应选用适用于连续操作且能长期固定安装在污水中的产品。

四、消防泵

消防泵(消防泵组)与消防水管网一起形成为装置提供消防用水的系统,在管网上安装压力探测控制器和传感器,通过中央控制系统控制触发,当管网压力下降至设定值时,稳压消防泵会自动启动,从而维持管网中的压力,当出现紧急情况需大量消耗消防水时,需要自动启动供水消防泵,以保证消防水量。消防泵及消防泵组分类见表 3-53、表 3-54。

表 3-53 消防泵分类

按使用场合	车用消防泵 船用消防泵 工程用消防泵 其他消防泵	按用途	供水消防泵 稳压消防泵 供泡沫液消防泵
按出口压力等级	低压消防泵,泵出口额定压力不大于 1.6MPa(G) 中压消防泵,泵出口额定压力在 1.8～3.0MPa(G) 中低压消防泵 高压消防泵,泵出口额定压力不大于 4.0MPa(G) 高低压消防泵	按结构特性	普通消防泵 深井消防泵 潜水消防泵

表 3-54 消防泵组分类

按驱动机形式	柴油机消防泵组 电动机消防泵组 汽油机消防泵组	按用途	供水消防泵组 稳压消防泵组 手抬机动消防泵组
按结构特性	普通消防泵组 深井消防泵组 潜水消防泵组		

典型的消防水站通常包括:

① 两台或三台供水消防泵组成的消防泵组,其中至少一台为柴油机或汽油机驱动的备用泵;
② 两台稳压消防泵组,一用一备;
③ 一台供泡沫液消防泵。

1. 工况特点和泵型的选择

消防泵的设计参照"NFPA 20 美国离心消防泵安装标准"和"GB 6245 消防泵性能要求和试验方法"等标准。作为特殊用途的设备,消防泵的制造厂或供应商应具备合格的资质,对于国外制造的消防泵,如果需要,应具备 UL 认证或 FM 认证。

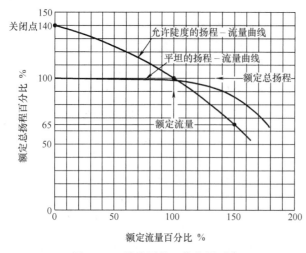

图 3-107 消防泵的工作范围要求

消防泵应有较广的允许工作范围,满足以下工况要求(图 3-107):

工况 A:应满足 100% 额定流量 Q_n 和 100% 额定扬程 H_n,且工作压力不超过额定压力的 1.05 倍;

工况 B:在额定流量 Q_n 的 150% 下运行,且工作压力不应超过额定扬程 H_n 的 65%;

工况 C:关闭点扬程不超过额定扬程 H_n 的 140%。

为保证消防泵能在 150% 的额定流量时也能平稳运行,不出现汽蚀问题,要求消防泵在 150% 的额定流量时的装置汽蚀余量 $NPSH_a$ 与必需汽蚀余量 $NPSH_r$ 之间的差值不小于 1m。

当消防泵的进口为正压时,应选择水平布置的消防泵,例如 OH1/OH2 卧式悬臂离心泵、BB1/BB2 两端支撑水平中开泵;当消防泵的进口为吸上时,则选择垂直涡轮泵更为合适,例如潜水泵、液下泵。本节着重介绍工程用供水普通消防泵组,且以 BB1 两端支撑水平中开离心消防泵为例。

每台消防泵设有独立的吸水管从消防水池的吸水井吸水,每台消防泵出口设旁通测试管道接回消防水池。为防止消防水管网超压,消防泵出水主管上设置泄压阀。图 3-108 为典型的消防泵和进出口管道配置和布置形式。

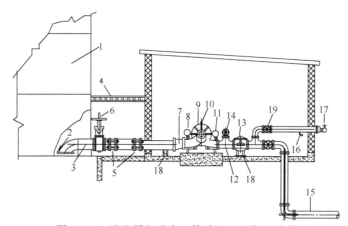

图 3-108 消防泵和进出口管道配置和布置形式

1—地上吸入罐;2—进口弯头和涡流板;3—进口管道;4—防冻管;5—膨胀节;6—OS&Y 闸阀;7—偏心异径管接;8—进口仪表;9—卧式中间剖分消防泵;10—自动放气阀;11—出口仪表;12—变径出口弯头;13—出口单向阀;14—安全阀(如果需要);15—消防系统供水管;16—排凝阀;17—软管阀组;18—管道支架;19—指示式闸阀或蝶阀

2. 结构特点

以 BB1 两端支撑水平中开离心消防泵为例,其泵的剖面图如图 3-109 所示。

(1) 泵壳体 为水平轴向剖分,进出口接管铸在下壳体上,泵体为双蜗壳结构,双吸进口,球墨铸铁材质。

(2) 叶轮　单级闭式叶轮,根据氯离子含量的不同,可以有多种选择,例如可以选用碳钢、不锈钢、青铜、双相不锈钢等。

(3) 轴承　径向轴承为球轴承,采用润滑脂润滑。

(4) 填料密封　消防泵一般采用填料密封。采用填料密封的好处在于,可以及时进行维护和更换,特别是在紧急情况下,填料密封的现场维护性远优于机械密封。

(5) 联轴器　应采用弹性联轴器。

3. 驱动机、控制柜及辅助装置

除电动机作为驱动机之外,为保证消防系统的可靠性,消防水系统中还需配置至少一台套柴油机驱动的消防泵组,典型的柴油机驱动消防泵及泵房结构如图3-110所示。

由于柴油机运行时会产生大量的热量,因此泵房需要保持良好的通风,必要时需要采取强制通风措施;柴油机的废气排出口应引到泵房外面的安全区域;如果柴油机消防泵是露天放置,则必须配顶棚;柴油机12h功率不宜小于工况A下泵轴功率的1.1倍,柴油机1h功率不宜小于工况B下泵轴功率的1.1倍。

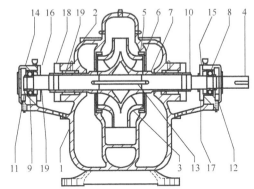

图 3-109　水平中开离心消防泵结构示意图

1—下壳体;2—上壳体;3—叶轮;4—轴;5—壳体耐磨环;6—叶轮耐磨环;7—轴套;8—内端轴承;9—外端轴承;10—轴轮螺母;11—锁紧螺母;12—内端轴承室;13—键;14—外端轴承室;15—内端轴承盖;16—外端轴承盖;17—挡板;18—填料密封;19—填料密封压盖

柴油驱动泵除了电池启动外,应该还有一个依靠压缩空气来进行的备用启动方式,通常压缩空气存储在一个带有手工充气装置的压力舱中。

发动机应有良好的常温启动性能,应保证5s内顺利启动。引上水后20s内,应能使消防泵达到额定工况。

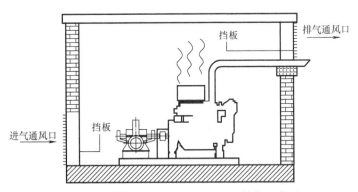

图 3-110　柴油机驱动消防泵及泵房结构示意图

消防泵控制器应位于靠近每个消防泵的消防泵房内,并具有以下基本控制功能:

(1) 电力驱动消防泵　启动,停机,主要/备用模式,供水正常,泵运转中,泵启动失败,每分钟转数,报警信号面板。

(2) 柴油驱动消防泵　启动,停机,主要/备用模式,供水正常,泵运转中,泵启动失败,每分钟转数,温度,A或B蓄电池(配有安培/小时指示器),报警信号面板。

报警信号面板安装在消防泵房内,用来显示消防泵状态、所有常规故障及泵启动失灵。

参 考 文 献

[1] 全国化工设备设计技术中心站机泵专业委员会. 工业泵选用手册. 北京：化学工业出版社，1998.
[2] 中国石化集团上海工程有限公司. 化工工艺设计手册. 北京：化学工业出版社，2003.
[3] 关醒凡. 现代泵技术手册. 北京：宇航出版社，1995.
[4] 江善襄等. 磷酸、磷肥和复混肥料. 北京：化学工业出版社，1993.
[5] 姚永发，方天翰. 磷酸磷铵重钙技术与设计手册. 北京：化学工业出版社，1997.
[6] Igor J. Karassik, Joseph P. Messina, etc., Pump handbook, third edition, Mc graw-Hill Inc., 2001.
[7] Sulzer pumps, centrifugal pump handbook, second edition.
[8] SH/T 3139—2004. 石油化工重载荷离心泵工程技术规定.
[9] SH/T 3140—2004. 石油化工中轻载荷离心泵工程技术规定.
[10] SH/T 3141—2004. 石油化工往复泵工程技术规定.
[11] SH/T 3142—2004. 石油化工计量泵工程技术规定.
[12] SH/T 3148—2007. 石油化工无密封离心泵工程技术规定.
[13] SH/T 3151—2007. 石油化工转子泵工程技术规定.
[14] SH/T 3149—2007. 石油化工一般用途汽轮机工程技术规定.
[15] API 610, 10th, 2004 Centrifugal Pumps for Petroleum, Petrochemical and Natural Gas Industries.
[16] API 611, 4th, 1997 General-Purpose Steam Turbines for Petroleum, Chemical, and Gas Industry Services.
[17] API 613, Special Purpose Gear Units for Petroleum, Chemical and Gas Industry Services.
[18] API 614, 4th, 1999 Lubrication, Shaft-Sealing, and Control-Oil Systems and Auxiliaries for Petroleum, Chemical and Gas Industry Services.
[19] API 671, 3rd, 1998 Special-Purpose Couplings for Petroleum, Chemical, and Gas Industry Services.
[20] API677, General-Purpose Gear Units for Petroleum, Chemical and Gas Industry Services.
[21] API 682, 3rd, 2004 Pumps—Shaft Sealing Systems for Centrifugal and Rotary Pumps.
[22] API 685, 1st, 2000 Sealless Centrifugal Pumps For Petroleum, Heavy Duty Chemical, And Gas Industry Service.
[23] ISO 5199—2002 Technical specifications for centrifugal pumps—Class Ⅱ.
[24] ASME B73. 2M—2003 Specification for Vertical In-line Centrifugal Pumps for Chemical Process.
[25] NFPA 20, 2007 Standard for the Installation of Stationary Pumps for Fire Protection.
[26] 张建芳，山红红. 炼油工艺基础知识. 北京：中国石化出版社，1994.

第四篇　泵的采购、检验、安装和试运行

第一章　泵 的 采 购

第一节　泵的采购程序

工程项目中，泵的采购程序通常由下列各步骤组成：

（1）编制询价文件。询价文件分技术和商务两部分。技术文件的内容有：泵工程技术规定、设备采购书和数据表等。商务文件的内容有：投标邀请函、投标者须知和合同基本条款等。

（2）筛选合格厂商，向合格厂商发出询价。

（3）初步审查各厂商技术和商务报价，确认报价资料是否满足询价文件中的各项规定。淘汰文件完整性太差或存在重大不可接受技术方案或商务方面偏离过大的报价。

（4）对初评基本合格厂商进行书面澄清或必要时进行面对面的技术澄清，填写厂商评比表，对各厂商报价进行评比，最终填写评比意见书，技术部门确定可选厂商名单及排序。

（5）确定中标厂商，发放订单。

一、编制询价文件

1. 工程技术规定

在项目基础设计阶段，机泵专业人员首先应根据工艺系统条件对所有的泵进行分类，编写"各类泵工程技术规定"。该规定是根据不同的项目以及用户对泵的具体要求编制的，通常应包含下列内容。

（1）设计要求　包括：泵的选型原则和适用标准，应规定哪些设备位号的泵执行哪种标准（如 GB、API、ISO 或 ANSI 等）。对泵壳、叶轮、轴及轴套的设计、制造上的特殊要求，对密封部件的具体要求，对驱动机的选配原则，联轴器的选配要求，对底座及辅助接管（包括放空管、排放管、冲洗及冷却水管等）的要求，对所选用材料的特别要求和出厂铭牌的要求等。

（2）试验与检验要求　包括试验与检验的原则，所采用标准规范，试验结果的偏差范围及修正方法等。按所选用的标准执行，并在"工程技术规定"中对该特定标准有关的条款作必要的说明。

（3）泵性能保证值的允许偏差　按所选用的标准执行，并在"工程技术规定"中对该特定标准有关的条款作必要的说明。

2. 设备采购书及数据表

工艺、系统专业完成系统计算后，即可确定泵的流量、泵进出口压力、扬程、$NPSH_a$等数据，并着手编制、填写设备采购书和数据表。设备采购书应包括下列内容：

① 采购设备/材料清单；

② 询价技术文件清单；

③ 供货范围及工作范围；

④ 供货状态；

⑤ 备品备件清单；

⑥ 试验和检验项目要求；

⑦ 投标文件要求；

⑧ 对厂商图纸资料的要求，包括应提交资料的清单、格式与内容、提交时间、份数等。数据表见本章第三节。

3. 商务条款

（1）投标邀请书：包括买方的主要信息，如买方名称、项目名称、设备位号、设备名称和数量、所需设备的使用场合，以及投标地址和截止时间等。

（2）投标者须知：主要包括对投标文件的要求、投标形式、语言和评标原则等。

（3）合同基本条款：包括付款形式、交货地点、包装、运输、保险等一系列商务方面的说明与解释。

上述各项资料编制完成后，即可寄发给各厂商进行询价。

二、审查厂商报价

收到报价后，首先应确认厂商报价文件是否完整，是否符合询价书的要求。除了泵的性能必须符合数据表中的规定外，厂商的报价文件还应遵守"泵工程技术规定"及"设备请购书"中的各项条款。厂商对上述文件中的条款如有任何异议应在报价文件中提出偏离表，说明原因并提出建议，供买方确认。厂商还应对"泵工程技术规定"中规定的产品须遵守的一系列相关标准规范提出偏离表，供买方确认。

如果报价文件不完整，文件中有不明确的条款或者买方对厂商偏离表中的某些条款不接受时，应及时与厂商联系，详细指明其报价文件中不符合询价文件要求的条款，并要求对其报价文件进行补充、澄清或修改。如果厂商不及时回复，可认为该厂商已自动放弃该项报价。

如果是公开招标，厂商报价文件不完整或报价方案存在重大不可接受的偏离，在初评后该厂商将被淘汰，不需要做澄清。

三、厂商报价评比及编制评比意见书

1. 厂商报价技术评比

各厂商的报价经初评审查后，对基本合格的厂商将进行详细的技术评比，填写厂商报价技术评比表。

技术评比的内容主要分以下几个大项：基本要求，性能，结构，材料，密封冲洗方案，驱动机，供货范围，检验试验等。

技术评比表按位号填写，将不同厂商对该位号泵的报价参数列在同一表格内，可直观显示各报价技术参数是否符合询价要求，各厂商报价的技术差异。如果某些参数在报价文件中没有明确给出，应要求厂商补充提供。

在评比过程中，必要时可以召集厂商开技术澄清会，对厂商的技术方案做进一步的说明、澄清和补充。对于不需要当面澄清的，也可进行书面澄清。

2. 编制评比意见书

技术评比意见书包括以下内容：

询价/报价基本情况说明：询价厂商名单，报价厂商名单，放弃报价厂商名单及原因，被初评淘汰的厂商名单及原因。列明请购设备及材料清单。

详细的技术对比说明：从泵型及结构，泵水力性能，选材，轴封选型及辅助系统，轴承、联轴器及驱动机选型、合格厂商，供货范围及交货状态，图纸资料，售后服务等方面分别说明差异及优缺点。

综合说明各厂商报价的特点、优缺点，确认各厂商的技术报价是否可以接受。如果技术报价存在较大的差异，从技术角度提出选择最终厂商的建议，必要时对合格厂商进行排序，对不合格厂商说明原因。

技术评比表和技术澄清函或技术澄清会议纪要将作为技术评比说明书的附件一起提交。

四、签定技术附件

经过技术澄清合格的厂商，应按买方的统一格式，起草并签署技术附件，为商务谈判做好准备。

五、采购过程的要求

（1）编制询价文件时应详细说明对卖方的各项技术要求，各项条款的阐述应明确，绝对避免出现含糊或可能产生双重解释的条款，应特别注意对所引用的标准中加黑点需买方作出决定的条款加以澄清及说明。

（2）评比工作应客观、公正。首先将各厂商的报价置于同一水平上，然后再进行评比。因为不同的厂商有各自不同的习惯做法，如不将所有报价置于同等水平上，就很难保证各厂商之间的公平竞争。

（3）要求厂商对泵、驱动机、密封系统、附件、备品备件和满足询价特殊要求的费用等各项目做分项独立的价格清单，以便买方可以根据具体情况，灵活选择。

泵的采购工作通常由技术部门的机泵专业人员与采购部共同协作完成。机泵专业人员的责任是：编制全部技术文件，审查并评比厂商的报价文件，填写报价技术评比表和评比意见书，向采购部门提出在技术上可以接受的厂商名单，并对厂商各阶段提供的图纸和文件进行审查并予以确认。

采购部门的责任通常是：编制询价文件中的商务文件，合并询价技术文件后向拟定的合格厂商发询价文件，收集投标书，并负责对外联络和催交。根据机泵专业提供的评定意见及技术上可以接受的厂商名单，结合价格和付款条件、交货进度、运输等条件，会同机泵专业人员最终确定中标厂商并发出订单。

第二节 泵工程技术规定

泵的工程技术规定一般应包括以下内容：

① 泵的性能设计、结构设计、材料选用以及重要零部件的合理设计、配置等方面应遵循的原则；

② 辅助设备、辅助管道系统、控制和仪表等方面应遵守的准则；

③ 检验和试验、包装、运输及资料等方面的要求。

一、石油化工离心泵工程技术规定

1. SH/T 3139 石油化工重载荷离心泵工程技术规定

SH/T 3139 基于国内外泵厂的实际，以及石油化工工程建设对重载荷离心泵的具体要求编写而成。编写中参考了国际标准 ISO 13709—2003（API std 610—2004）和 ISO 21049—2003（API std 682—2004），并引用了其中的某些条款。SH/T 3139 的主要内容如下：

范围

1.1 本规定规定了石油化工重载荷离心泵及其驱动机、辅助设备在设计、制造、检测和试验等方面的要求。

本规定适用于石油化工行业重载荷离心泵的工程设计及设备采购。超出重载荷参数范围的离心泵也可参照执行。

1.2 石油化工重载荷离心泵是指符合以下任一条件的离心泵：

(1) 除另有规定外，用于输送易燃的和/或危险的介质。

(2) 用于输送非易燃的和无危险的介质，但操作条件超出下列任何限制：

① 额定排出压力大于1.9MPa（G）；

② 操作温度（介质温度）大于或等于225℃；

③ 额定转速大于3000r/min；

④ 额定扬程大于120m；

⑤ 最高吸入压力大于0.5MPa（G）；

⑥ 悬臂泵的最大叶轮直径大于330mm。

(3) 泵反转运行，用作液力回收透平。

注：本规定涉及的泵型和分类引用 API Std 610—2004 第4条。

规范性引用文件（略）

替代设计（略）

术语和定义（略）

基本设计

5.1 一般要求

5.1.1 重载荷离心泵（包括辅助设备）应按照使用寿命至少为20年（不包括正常易损件），预期不间断连续运行至少为3年进行设计和制造，这是机组的设计准则。除买方书面批准外，卖方提供的机器规格应在卖方的设计和制造经验范围内，并且至少应有同样或相似型号的产品在相同或相似操作条件下成功运行两年以上的业绩。

5.1.2 除另有规定外，卖方应对整个机组包括泵、齿轮变速器（如果需要）、驱动机、油系统、控制及仪表、联轴器、相关的辅助设备和管道系统等负全部责任，并负责它们之间的合理匹配。

5.1.3 除数据表上另有规定外，泵、驱动机及其辅助设备应在规定的环境条件下适用于户外启动和连续运行。

5.1.4 通过更换较大直径，或不同水力模型设计的叶轮，泵应有能力在额定条件下至少增加5%的扬程。

5.1.5 对于变速泵，应符合ISO 13709—2003（API Std 610—2004）第5.1.7和5.1.8条的规定。

5.1.6 在额定叶轮下，为保证运行时有较高的效率和较低的振动值，泵的工作点宜落在优先工作范围（最佳效率点流量的70%~120%）内，其正常工作点宜落在最佳效率点的左侧，且宜选择最佳效率点靠近正常工作点的泵。

5.1.7 泵应具有到关闭点为止连续上升的扬程-流量曲线，且扬程上升量至少应是额定扬程的5%。如果规定并联操作，则至关闭点扬程上升量应大于或等于额定扬程的10%。

5.1.8 除买方书面批准外，泵的关闭点扬程应小于或等于额定扬程的120%。

5.1.9 泵在额定点的必需汽蚀余量$NPSH_r$应至少比有效汽蚀余量$NPSH_a$小0.6m，且不应考虑对烃类液体的修正系数。而对于立式筒袋泵及液下泵来说，此限制可以用0.1m

代替 0.6m。对于卧式泵，其基准面为轴中心线；对于立式悬吊泵，其基准面为泵基础的顶部；对于立式管道泵，其基准面为吸入口的中心线。

5.1.10 对于不带诱导轮的泵，其汽蚀比转数 S 应小于或等于 12780。当 S 大于 12780 时，如果卖方有足够数据证明其可靠性，可提供替代设计，但应经买方批准。S 值按下式计算：

$$S = NQ^{0.5}/\mathrm{NPSH_r}^{0.75}$$

式中　N——泵每分钟转速，r/min；
　　　Q——叶轮每侧进口的流量，对单吸叶轮为总流量，对双吸叶轮为总流量的一半，m³/h；
$\mathrm{NPSH_r}$——泵的必需汽蚀余量，m。

5.1.11 除齿轮增速一体式离心泵（高速泵）外，不宜采用诱导轮结构。如果采用诱导轮结构，应同时满足以下要求：

① 汽蚀比转数 S 值应在卖方的经验范围内；
② 诱导轮的设计流量应在泵的额定点附近；
③ 诱导轮在振动方面应有稳定的机械性能，且耐冲蚀和其他任何机械损害；
④ 数据表上规定的最小稳定连续流量应考虑到诱导轮的稳定操作范围。

5.1.12 对于单级扬程大于 200m 和单级功率大于 225kW 的泵，其叶轮出口处与蜗壳的间隙控制应符合 ISO 13709—2003（API Std 610—2004）第 5.1.17 条的要求。

5.1.13 除另有规定外，泵冷却系统的有关设计应符合 ISO 13709—2003（API Std 610—2004）第 5.1.19～5.1.22 条的规定。

5.1.14 对设备布置要求及设备结构的维护应符合 ISO 13709—2003（API Std 610—2004）第 5.1.23 和 5.1.26、5.1.27 条的规定。

5.1.15 除非买方特别批准，下列泵型不应选用悬臂式结构：

① 二级泵；
② 双吸泵；
③ 超出悬臂泵设计经验的大直径叶轮的单级泵。

5.1.16 泵出口直径小于 DN100（4in）时，可以采用单蜗壳泵；当单蜗壳泵用于出口直径大于或等于 DN100（4in）时，应经买方书面批准。卖方应提交相关的业绩单来证明其使用经验。

5.1.17 立式管道泵的使用应限制在以下范围：

① 叶轮顶端线速度小于 50m/s；
② 泵最高操作温度小于 150℃。

5.1.18 除另有规定外，卧式泵、立式管道泵应采用带中间轴的加长联轴器，且应设计成后开门结构。

5.1.19 对于立式齿轮增速一体式离心泵（高速泵），当电机驱动泵的额定功率大于或等于 150kW 或电机质量大于或等于 1600 kg 时，应设置一钢结构支架以支撑电机。

5.1.20 对于液下泵，卖方应提供过滤精度（网目数）合适的过滤器。

5.2 泵型

离心泵的泵型分类及其特殊设计特征应符合 ISO 13709—2003（API Std 610—2004）第 5.2 条的规定。

5.3 泵壳

5.3.1 压力泵壳的基本设计要求应符合 ISO 13709—2003（API Std 610—2004）第 5.3 的规定。

5.3.2 通用紧固件螺纹宜采用公制（ISO/M 制）螺纹，如果采用英制（UN/UNC 制）螺纹，应经买方认可。

5.3.3 对轴向剖分泵壳，其吸入口和/或排出口为侧向进出时，泵宜采用中心线支承。

5.3.4 对于操作温度大于 0℃ 的泵，应比较最大预期操作温度，额定操作温度加 10℃，按两者中较高的温度设计；操作温度在 0℃ 及 0℃ 以下的泵，应按最小操作温度设计。

5.4 泵进出口和泵壳上的其他接口

5.4.1 泵进出口和泵壳上其他接口应符合 ISO 13709—2003（API Std 610—2004）第 5.4 条的规定。

5.4.2 法兰标准、压力等级应符合数据表中规定的要求。经买方书面批准，也可采用对应的其他法兰标准。

5.4.3 除买方书面批准外，泵进出口在额定流量时的流速应小于或等于表 1 规定的限值。

表 1 泵进出口流速限值　　　　　　　　　　　　　　　m/s

用 途	进 口	出 口
碳氢化合物(烃类)和冷却水	7	14
热水	5	10
磨蚀或腐蚀液体	4	8

5.5 作用在泵进出口上的外力和外力矩

5.5.1 除另有规定外，泵进出口法兰上允许承受的外力和外力矩应大于或等于 ISO 13709—2003（API Std 610—2004）中的 2 倍，且应保证在可用范围内的壳体变形对泵的密封和机械性能（如对中、振动等）不产生任何影响。

5.5.2 卖方在报价中应提出泵进出口法兰上允许承受的外力和外力矩。

5.6 转子

5.6.1 转子的基本设计应符合 ISO 13709—2003（API Std 610—2004）第 5.6 条的规定。

5.6.2 当叶轮顶端线速度超过表 2 的限值时，卖方应提交设计参数、材料和卖方的设计标准等资料，供买方审阅。

表 2 叶轮顶端线速度的限值

材 料	线速度/(m/s)	材 料	线速度/(m/s)
铸铁	35	奥氏体不锈钢	65
铜	45	碳钢	70
可锻铸铁	50	12%铬钢	80

5.7 耐磨环和运转间隙

耐磨环和运转间隙应符合 ISO 13709—2003（API Std 610—2004）第 5.7 条的规定。

5.8 轴封

5.8.1 机械密封的基本设计要求应符合 ISO 13709—2003（API Std 610—2004）第 5.8

条的规定。

5.8.2 泵应配备集装式机械密封，密封及其密封系统的选用准则应符合 SH/T 3156—2009 第 5.2 条的规定。

5.8.3 除另有规定外，宜选用 ISO 21049—2004（API Std 682—2004）规定的第二类密封（Category 2）。

5.8.4 为保证密封性能和寿命，密封压盖和密封室应准确对中，压盖与密封室内外止口的同心度应≤125μm；轴和轴套的间隙配合采用 G7/h6，轴向剖分的泵另加 75μm。具体数值可参阅 ISO 21049—2004（API Std 682—2004）的表 6。

5.8.5 买方应在数据表上规定机械密封的基本要求。买方应规定机械密封的冲洗方式和材料分类代号；卖方应在数据表上确定其最终选择，并标明制造商型号、材料牌号和辅助管道布置方案。

5.8.6 密封制造商应由买方和卖方一起协商确定。

5.9 动力学

5.9.1 除买方书面批准外，转子应采用刚性轴设计。刚性轴转子的一阶临界转速应大于或等于最高连续转速的 120%。

5.9.2 对于多级泵（三级或三级以上），如果其转子为挠性转子，卖方应对进行转子横向临界转速分析和阻尼不平衡响应分析。如果卖方有相同规格泵的成功运转经验，可不进行转子的动力学分析。

5.9.3 扭转振动分析应符合 ISO 13709—2003（API Std 610—2004）第 5.9.2 条的规定。

5.9.4 振动应符合 ISO 13709—2003（API Std 610—2004）第 5.9.3 条的规定。

5.9.5 转子的每一个主要零部件（如叶轮、轴、联轴器等）应按 ISO 1940 标准 G 2.5 级进行动平衡试验。并应符合 ISO 13709—2003（API Std 610—2004）第 5.9.4.2 及 5.9.4.3 条中对转子平衡的相关规定。

5.10 轴承和轴承箱

5.10.1 轴承应符合 ISO 13709—2003（API Std 610—2004）第 5.10.1 条的规定。

5.10.2 除另有规定外，立式泵的导向衬套应由石墨制成，并且适用于操作条件。

5.10.3 对于周向速度大于 15m/s 的滑动轴承，如果不采用强制润滑系统，应经买方批准。

5.10.4 轴承箱应符合 ISO 13709—2003（API Std 610—2004）第 5.10.2 条的要求。

5.11 润滑

5.11.1 润滑应符合 ISO 13709—2003（API Std 610—2004）第 5.11 条的规定。

5.11.2 当轴承要求采用强制供油润滑时，卖方应提供压力润滑油系统。

5.11.3 当采用压力润滑系统时，对于重要使用场合，其润滑油系统应符合 ISO 10438（API Std 614）的 Part 1 和 Part 3 的规定。

5.11.4 对于不符合 ISO 10438（API Std 614）标准的压力润滑油系统，其配置至少应包括下列内容：

(1) 带吸入滤网的轴头驱动或电机驱动的主油泵。

(2) 一台电机驱动的辅助油泵，当系统油压低时，辅助油泵应能自动启动。

(3) 带在线清洗功能和配压差计的全流量双（一对）油滤器，过滤精度至少应为 25μm。

(4) 一台油冷却器。

(5) 一台具有最小滞留时间为 3min 的奥氏体不锈钢油箱。如有必要,要有一个清洗孔和一个加热装置。

(6) 必要的控制和仪器仪表,包括:

① 低油压报警和停机开关;

② 每个轴承排放管道中设置一个流量视镜;

③ 一个供油总管压力表和过滤器差压指示器。

(7) 系统设备安装在一个底座上,且应尽可能同泵(含驱动机)安装在同一底座内。

5.12 材料

5.12.1 除另有规定外,泵材料应按 ISO 13709—2003 (API Std 610—2004) 附录 G 及附录 H 的规定,也可用同等或较高性能的材料来替代,并经买方确认。卖方的报价书中应明确标明所有关键零部件材料的冶金状态,如锻造、铸造等。

5.12.2 卖方应根据规定的材料等级及规定的操作条件负责最终的材料选择,并在数据表上标明主要零部件的具体牌号。

5.12.3 泵用材料的一般要求应符合 ISO 13709—2003 (API Std 610—2004) 第 5.12.1.3~5.12.1.14 条的规定。

5.12.4 铸件的要求应符合 ISO 13709—2003 (API Std 610—2004) 第 5.12.2.1~5.12.2.4 和 5.12.2.6 条的规定。

5.12.5 铸件的修复方法应该提交买方批准。

5.12.6 焊接和焊缝返修应符合 ISO 13709—2003 (API Std 610—2004) 第 5.12.3.1 和 5.12.3.2 条的规定。

5.12.7 由锻材或铸材和锻材组合制造的承压泵壳应符合 ISO 13709—2003 (API Std 610—2004) 第 5.12.3.3 条的规定。这些要求不适用于泵进出口和泵壳上其他接口(头)。

5.12.8 泵进出口和泵壳上其他接口(头)应符合 ISO 13709—2003 (API Std 610—2004) 第 5.12.3.4 的规定。

5.12.9 低温材料应符合 ISO 13709—2003 (API Std 610—2004) 第 5.12.4 条的规定。

5.12.10 在规定的最低设计金属温度低于 -20℃ 下使用的所有承受内压力的钢材(奥氏体不锈钢除外),要求对母体金属和焊接处作 V 形切口的摆锤式冲击试验。

5.12.11 除另有规定外,碳钢和低合金钢制泵壳的腐蚀裕量最小为 3.0mm,高合金钢和有色金属材料可不考虑腐蚀裕量。

5.13 噪声

除另有规定外,根据日接触噪声时间的不同,离机器 1m 处测定的泵机组的总体噪声(声压级)应小于或等于表 3 规定的限值。当此值超过表 3 规定的限值时,卖方应提交机组的频带声压级[按 1/1 频程的中心频率(Hz)来测定],供买方批准。

表 3 工作地点噪声声级的卫生限值

日接触噪声时间/h	卫生限值/dB(A)	日接触噪声时间/h	卫生限值/dB(A)
8	85	1/2	97
4	88	1/4	100
2	91	1/8	103
1	94		

注:本表摘自 GBZ1—2002。

辅助设备

6.1 驱动机

6.1.1 驱动机的选用要求应符合 ISO 13709—2003（API Std 610—2004）第 6.1 条的规定。

6.1.2 任何功率传动设备，如齿轮变速器、液力耦合器，其额定功率应大于或等于驱动机的额定输出功率。

6.1.3 对于变速原动机，应设计成在调速器调节范围内（调速器的调节范围根据主机来确定）的任何转速下都能连续运转。

6.1.4 当采用变频器调速时，应满足以下要求：

① 除另有规定外，变频器应采用恒转矩输出；

② 变频器的适用功率应大于或等于电动机额定输出功率的 1.1 倍。

6.1.5 如果采用汽轮机驱动，汽轮机应按 SH/T 3149。

6.2 联轴器和护罩

6.2.1 联轴器和护罩应符合 ISO 13709—2003（API Std 610—2004）第 6.2 条的规定。

6.2.2 联轴器和联轴器与轴的连接至少应按最大驱动机功率的 125% 来确定。

6.2.3 安装滑动轴承的电机应使用能限制一端浮动的联轴器。

6.2.4 卖方应提供和安装由不产生火花材料制成的可拆式联轴器护罩。

6.3 底座

6.3.1 除另有规定外，卧式泵和驱动机应安装在一个公用底座上。

6.3.2 底座应符合 ISO 13709—2003（API Std 610—2004）第 6.3 条的规定（6.3.2、6.3.13、6.3.19 条除外），并应设接地耳。

6.3.3 除另有规定外，底座应延伸至泵和驱动系统组成件之下，使得任何泄漏液都收集在底座范围内。为了尽可能减少偶然的碰撞和损伤组成件，所有的管路接头和管路法兰面，包括泵的吸入口和排出口法兰都应处在集液盘或集液盆的收集范围内。所供应设备（指泵机组）的所有其他接头，应落在底座的最大周边范围内。但下列零部件可除外：

① 电动机的接线盒；

② 油脂润滑轴承的电机的机架端。

6.3.4 卧式泵底座应有足够的刚度，以使泵在不考虑灌浆因素下就能满足本规定第 5.5 条的要求。

6.3.5 卖方应提供安装螺栓、螺母和垫片以及必要的调隙垫。

6.3.6 对输送低温介质的立式筒袋泵，安装底板的尺寸应考虑圆筒周围保温材料的厚度。

6.3.7 当立式泵采用钢结构支架支撑驱动机时，其支架应设计成在操作转速范围内不与设备产生共振。如果数据表中有规定，卖方报价时应提供支架的自振频率等数据资料。

6.4 控制和仪表（略）

6.5 辅助管道及其附件

6.5.1 辅助管道应符合 ISO 10438（API std 614）的 Part 1 和 Part 3 的规定。

6.5.2 冷却水、排气、放空、放净和其他辅助管道系统，包括所有的附件如仪表、阀门等，应完全装配好，并彻底清洗和经液压试验合格后，整齐地安装在泵上或在泵的底座范围内。管道和设备的设计和布置应便于拆卸和维护。

6.5.3 除买方书面批准外，与用户连接的同一类辅助管道应只设一个进口和一个出口，并应布置在底座的边缘。

6.5.4 除另有规定外，冷却水管路系统总管的进出口管道和每一支管的进出口管道均应设截止阀，且每一支管的出口管道上应设流量视镜。

6.5.5 管道系统的所有管子、管件和接头的公称直径应大于或等于 $DN15$（$1/2in$），壁厚应大于或等于 $1.6mm$（$1/16in$）。

6.5.6 $DN25$（$1in$）以下的冷却水（含排净和放空）管道，以及采用无危害、非易燃介质进行密封隔离、液体排净和放空的辅助管道，可采用管螺纹连接，其他辅助管道系统的接口均应为法兰连接。

6.5.7 辅助管道系统所选材料应符合 ISO 13709—2003（API Std 610—2004）附录表 H5 的规定。

6.5.8 除买方书面批准外，辅助管道尺寸不应采用 $DN32$、65、90、125、175 和 225（$NPS\ 1\frac{1}{4}$、$2\frac{1}{2}$、$3\frac{1}{2}$、5、7 和 9）。

6.5.9 碳钢和低合金钢管道的腐蚀裕量应至少为 $1mm$，高合金钢、奥氏体不锈钢和有色金属管道可不考虑腐蚀裕量。

6.5.10 除另有规定外，辅助管道系统的进、出口法兰应取相同压力等级。

6.6 专用工具

6.6.1 如果需要，卖方应提供一套安装、组装和维修用专用工具。

6.6.2 有关专用工具按 ISO 13709—2003（API Std 610—2004）第 6.6 条的规定。

检验和试验（略）

各种特定泵型（略）

各种特定泵型，如立式管道泵、齿轮增速一体式高速泵（OH6 型）、双支撑泵（BB1～BB5 型）等，应符合 ISO 13709—2003（API Std 610—2004）第 8 条的规定。

涂漆、标志、包装和运输

9.1 油漆和防锈处理

9.1.1 除另有规定外，设备外表面应按照买方的要求或制造厂的标准，完成底漆和面漆。面漆的颜色由买方规定。

9.1.2 机加工的外表面应涂以适当的防锈涂层。

9.1.3 设备内部应用合适的防锈液喷涂或涂刷，防锈液应能用溶剂清除。防锈液应在设备缓慢转动时注入。

9.1.4 除不锈钢材质外，与油接触的轴承座内件，以及润滑油系统零部件均应涂以合适的油溶性防锈涂层。

9.2 铭牌和转向箭头

9.2.1 泵、驱动机以及其他主要辅助设备上均应设铭牌。铭牌应采用奥氏体不锈钢材料制成，并牢固地固定在设备的醒目之处。

9.2.2 泵的铭牌上至少应包含以下内容：

① 制造厂名称；

② 位号及名称；

③ 机器型号和规格；

④ 出厂编号；

⑤ 额定流量；
⑥ 额定扬程；
⑦ 必需汽蚀余量 $NPSH_r$；
⑧ 额定转速；
⑨ 泵效率；
⑩ 最大允许工作压力；
⑪ 最高允许操作温度；
⑫ 制造日期。

9.2.3 电动机以及其他电气设备的铭牌上除表明主要电气技术参数外，还应明确地打上防爆标志以及认证机构的认证标志。

9.2.4 除另有规定外，铭牌上的文字，国内制造的设备应采用中文；国外制造的设备应采用英文。计量单位应采用国际（SI）单位。

9.2.5 除另有规定外，离心泵、驱动机等主要设备应设转向箭头。转向箭头可以铸出，或用奥氏体不锈钢制作，并牢固地固定在设备的醒目之处。

9.3 标志

9.3.1 需精确复位和易装错的可拆卸部件应配对做好标记。

9.3.2 所有单独发运的零部件以及备品备件均应带有相应的标牌或作上相应的标记。

9.4 包装和运输

9.4.1 离心泵（包括驱动机和辅助设备）的包装应能保证运输过程中产品不受损、不遗失，并能保证露天放置不受损，且放置时间不少于半年。

9.4.2 泵的进、出口应设置金属封口板，并带有橡胶垫和至少四个螺栓。

9.4.3 所有不带法兰的开口均应用相应的堵头加以封闭。

9.4.4 卖方对各项设备或材料都应妥当包装，可靠固定，并提供防潮保护。

9.4.5 卖方应提供用于设备运输、装卸的托架、支架、索具等。临时托架、支架应被注明或涂成黄色以表明在永久安装后拆除。

保证

10.1 机械保证

机械保证期内确因产品质量不良而发生不应有的损坏时，卖方应无偿地及时为用户更换或修理损坏的零部件。

10.2 性能保证

10.2.1 卖方应保证泵的性能，即在规定的额定条件下的效率、流量、扬程、功耗和必需汽蚀余量（$NPSH_r$），其性能允差应符合 ISO 13709—2003（API Std 610—2004）表 14 的规定。

10.2.2 在任何规定工况下，机组任一设备的振动和噪声值应符合买卖双方按 5.9.4 和 5.13 条确定的振动和噪声限值。

卖方的资料 (略)

2. SH/T 3140 石油化工中轻载荷离心泵工程技术规定

SH/T 3140 基于国内外泵厂的实际，以及石油化工工程建设对中、轻载荷离心泵的具体要求编写而成。编写中参考了国际标准 ISO 5199—2002、ISO 13709—2003（API Std 610—2004）和 ISO 21049—2003（API Std 682—2004），并引用了其中的某些条款。其主要

内容如下:

范围

1.1 本规定规定了石油化工中、轻载荷离心泵及其驱动机、辅助设备在设计、制造、检测和试验等方面的要求。

本规定适用于石油化工行业中、轻载荷离心泵的工程设计及设备采购。超出中、轻载荷参数范围的离心泵也可参照执行。

1.2 中、轻载荷离心泵应同时符合以下条件:

(1) 非易燃和/或危险的介质。

(2) 参数范围应同时满足:

① 额定排出压力小于或等于1.9MPa (G);

② 泵送温度(介质温度)小于225℃;

③ 额定转速小于或等于3000r/min (汽轮机驱动时可提高5%);

④ 额定扬程小于或等于120m;

⑤ 最高吸入压力小于或等于0.5MPa (G);

⑥ 悬臂泵的最大叶轮直径小于或等于330mm。

(3) 采用下列标准之一制造的离心泵:

① ISO 5199;

② GB/T 5656;

③ ASME B73.1 或 ASME B73.2M。

1.3 本规定不适用于无密封离心泵。

规范性引用文件 (略)

替代设计 (略)

术语和定义 (略)

基本设计

5.1 一般要求

5.1.1 中、轻载荷离心泵(包括辅助设备)应按照使用寿命至少为20年(不包括正常的易损件),预期不间断连续运行至少为3年进行设计和制造,这是机组的设计准则。除买方书面批准外,卖方提供的机器规格应在卖方的设计和制造经验范围内,并且至少应有同样或相似型号的产品在相同或相似操作条件下成功运行两年以上的业绩。

5.1.2 除另有规定外,卖方应对整个机组包括泵、齿轮变速器(如果需要)、驱动机、油系统、控制及仪表、联轴器、相关的辅助设备和管道系统等负全部责任,并负责它们之间的合理匹配。

5.1.3 除数据表上另有规定外,泵、驱动机及其辅助设备应在规定的环境条件下适用于户外启动和连续运行。

5.1.4 通过更换较大直径,或不同水力模型设计的叶轮,泵应有能力在额定条件下至少增加5%的扬程。

5.1.5 在额定叶轮下,为保证运行时有较高的效率和较低的振动值,泵的工作点最好应落在优先工作范围(最佳效率点流量的70%~120%)内,其正常工作点宜应落在最佳效率点的左侧,且宜选择最佳效率点靠近正常工作点的泵。

5.1.6 泵应具有到关闭点为止连续上升的扬程-流量曲线,且扬程上升量至少应是额定扬程的5%。如果规定并联操作,则至关闭点扬程上升量应大于或等于额定扬程的10%。

5.1.7 除买方书面批准外,泵的关闭点扬程应小于或等于额定扬程的120%。

5.1.8 泵在额定点的必需汽蚀余量$NPSH_r$应至少比有效汽蚀余量$NPSH_a$小0.6m,且不应考虑对烃类液体的修正系数。对于卧式泵,其基准面为轴中心线;对于立式悬吊泵,其基准面为泵基础的顶部;对于立式管道泵,其基准面为吸入口的中心线。

5.1.9 对于不带诱导轮的泵,其汽蚀比转数S应小于或等于12780。当S大于12780时,如果卖方有足够数据证明其可靠性,可提供替代设计,但应经买方批准。S值按下式计算:

$$S=NQ^{0.5}/NPSH_r^{0.75}$$

式中 N——泵每分钟转速,r/min;

Q——叶轮每侧进口的流量,对单吸叶轮为总流量,对双吸叶轮为总流量的一半,m^3/h;

$NPSH_r$——泵的必需汽蚀余量,m。

5.1.10 当泵带诱导轮时,应同时满足以下要求:

① 汽蚀比转数S值应在卖方的经验范围内;

② 诱导轮的设计流量应在泵的额定点附近;

③ 诱导轮在振动方面应有稳定的机械性能,且耐冲蚀和其他任何机械损害;

④ 数据表上规定的最小稳定连续流量应考虑到诱导轮的稳定操作范围。

5.1.11 除非买方特别批准,下列泵型不应选用悬臂式结构:

① 二级泵;

② 双吸泵;

③ 超出悬臂泵设计经验的大直径叶轮的单级泵。

5.1.12 泵出口直径小于$DN100$(4in)时,可以采用单蜗壳泵;当单蜗壳泵用于出口直径大于或等于$DN100$(4in)时,应经买方书面批准。

5.1.13 除另有规定外,卧式泵、立式管道泵应采用带中间轴的加长联轴器,且应设计成后开门结构。

5.1.14 对于液下泵,卖方应提供过滤精度(网目数)的过滤罩。

5.2 泵壳

5.2.1 泵壳的设计压力应大于或等于最高进口压力和泵所能达到的最大压差之和。如果最高进口压力低于大气压力,按大气压力计算。

5.2.2 除另有规定外,应采用同泵壳一样的温度和压力来设计密封腔和密封压盖,并应考虑足够的刚度,以避免可能对密封产生不利影响的任何变形。

5.2.3 对于操作温度大于0℃的泵,应比较最高预期操作温度,额定操作温度加10℃,按两者中较高的温度设计;操作温度在0℃及以下的泵,应按最低操作温度设计。

5.2.4 制造厂报价时明确操作温度下的泵壳设计压力。泵壳最低设计压力应满足以下条件:

① 泵壳最低设计压力应大于或等于1.6MPa(G)(20℃时);

② 实际操作温度下,允许制造厂根据温度-许用应力表,对①条进行修正。

5.2.5 蒸汽夹套和水夹套的设计压力应大于或等于外供系统的设计压力。

5.2.6 泵的最高操作温度大于175℃时,应选用中心线支承的泵壳。

5.2.7 通用紧固件螺纹宜采用公制（ISO/M制）螺纹，如果采用英制（UN/UNC制）螺纹，应经买方认可。

5.2.8 泵体和泵体，以及泵体和泵盖之间，应采用双头螺柱连接。在结构上，应考虑拆卸这些部件时不用拆卸螺柱，并应在螺栓连接处预留有足够的空间以便螺母的拆卸。

5.3 泵进出口和压力泵壳上的其他接口

5.3.1 法兰标准、压力等级应符合数据表中规定的要求。经买方书面批准，也可采用对应的其他法兰标准。

5.3.2 除数据表上另有规定外，泵壳上所有接口均应大于或等于DN15（1/2in），与用户连接的接口应为法兰连接。

5.3.3 单级和二级泵的吸入口和排出口法兰应为相同压力等级。

5.3.4 除买方书面批准外，泵进出口在额定流量时的流速应小于或等于表1规定的限值。

表1 吸入口和排出口的流速限值　　　　　　　　　　　　　　　　　m/s

用　　途	吸　入　口	排　出　口
碳氢化合物（烃类）和冷却水	7	14
热水	5	10
磨蚀或腐蚀液体	4	8

5.3.5 铸铁材料的泵，其法兰密封面可为全平面（FF）；其他材料的泵，其法兰密封面应为突面（RF）。

5.3.6 法兰螺栓孔宜为全通孔结构。

5.3.7 除泵通过配管布置具有自排气功能外，泵应设置放空口。

5.3.8 除另有规定外，泵体应设置排净口等辅助接口。

5.3.9 除另有规定外，泵体上不应设置压力表接口。

5.4 作用在管口上的外力和外力矩

泵（包括泵壳支承和底座）应能承受一定的管道载荷和热膨胀引起的外力和外力矩。泵进出口法兰应能够承受 API Std 610—2004 表4的外力和外力矩，而不会降低泵的机械性能和密封性能。

5.5 叶轮

5.5.1 泵宜采用闭式叶轮。如果卖方有经验，经买方同意，也可采用开式或半开式叶轮。

5.5.2 除叶轮耐磨环外，叶轮应为整体铸件。

5.5.3 当叶轮顶端线速度超过表2的限值时，卖方应提交设计参数、材料和卖方的设计标准等资料，供买方审阅。

表2 叶轮顶端线速度的限值

材　　料	线速度/(m/s)	材　　料	线速度/(m/s)
铸铁	35	奥氏体不锈钢	65
铜	45	碳钢	70
可锻铸铁	50	12%铬钢	80

5.5.4 叶轮和轴之间应当采用键连接，不得采用销连接。叶轮应采用帽形螺钉或螺母紧固在轴上，并采用可靠的机械防松措施。帽形螺钉或螺母应完全盖住螺纹。正常转向时，液体对叶轮的作用力应使螺纹趋于拧紧，且帽形螺钉或螺母与叶轮和轴应有一定的硬度差。

5.6 耐磨环和运转间隙

5.6.1 叶轮和泵体应安装可更换的耐磨环，且耐磨环之间应至少有50HB的硬度差。

5.6.2 静止部件和运动部件之间的运转间隙允许按制造厂标准。

5.7 轴和轴套

5.7.1 泵轴应机械加工。轴封处的轴应精磨，$Ra<0.8\mu m$。轴的径向跳动量（TIR）应小于或等于0.025mm。

5.7.2 轴在轴封处的挠度应小于或等于0.05mm。

5.8 轴承和轴承箱

5.8.1 额定工况下，轴承L_{10}寿命应大于或等于25000h；最大负荷下轴承L_{10}寿命应大于或等于16000h。

5.8.2 轴承应采用油或油脂润滑，具体形式在数据表上规定。

5.8.3 轴承的润滑系统和冷却系统应根据使用条件进行选择，且能够在任何规定的操作条件下保证轴承箱的最高温度不超过82℃或环境温度加40℃（两者取低值）。

5.8.4 除另有规定外，立式泵的导向轴承应具有一定的耐磨性和耐蚀性，且适用于使用条件和温度。

5.9 轴封

5.9.1 密封型式

5.9.1.1 除另有规定外，泵应配备机械密封。

5.9.1.2 如果配备填料密封，应符合5.9.2的要求。

5.9.2 填料密封

5.9.2.1 对填料密封，以下情况下填料函外应设置水冷夹套，或注水冷却：

① 泵的操作温度大于或等于150℃；

② 泵操作温度下液体的汽化压力大于0.069MPa（A）。

5.9.2.2 如果配备填料密封，应设置封液环，以便对填料进行冲洗和冷却。填料函应提供足够大的空间，以便不用移动或拆开任何其他部件，只需拆下填料压盖，就能更换填料。

5.9.3 机械密封

5.9.3.1 机械密封应为集装式密封，并符合ISO 21049—2004（API Std 682—2004）第一类密封（Category 1）的要求。

5.9.3.2 为保证密封性能和寿命，密封压盖和密封室应准确对中，压盖与密封室内外止口的同心度应≤125μm；轴和轴套的间隙配合采用G7/h6。

5.9.3.3 密封制造商应由买方和卖方一起协商确定。

5.10 动力学

5.10.1 除买方书面批准外，转子应采用刚性轴设计。刚性轴转子的一阶临界转速应大于或等于最高连续转速的120%。

5.10.2 支承系统（底座、机身及轴承箱），在操作速度范围的90%～110%内不应产生共振。

5.10.3 叶轮、联轴器等应按 ISO 1940 标准 G 2.5 级进行动平衡试验。

5.10.4 在泵额定工作点下，对于卧式泵，轴承箱的任何平面上测得的振动速度（均方根，未滤波）应小于或等于 4.5mm/s；对于立式泵，在电动机安装法兰的任何平面上测得的振动速度（均方根，未滤波）应小于或等于 7.1mm/s。

注：对立式泵，振动速度的限制值（7.1mm/s）是基于弹性支承系统，即机器支承和基础的复合系统的最低自然频率不高于主要激振频率的 1.25 倍。如果能证明机器支承和基础的复合系统的最低自然频率高于上述的值（也就是说为刚性支承系统），则限制值应用 4.5mm/s 来代替。

5.11 材料

5.11.1 除另有规定外，材料应符合买方数据表上的要求。具体材料可选用同等或较高性能的制造厂所在国材料来替代，卖方也可以根据经验提出建议的其他材料，但均需得到买方的书面确认。卖方的报价技术文件中应明确标明所有关键部件材料的冶金状态，如锻造、铸造等。

5.11.2 卖方应负责最终的材料选择，并应根据规定的材料等级及规定的操作条件，选择每一个零部件的材料，且在数据表上标明主要零部件材料的具体牌号。

5.11.3 除另有规定外，碳钢和低合金钢制泵壳的腐蚀裕量最小为 3mm，高合金钢、奥氏体不锈钢和有色金属材料可不考虑腐蚀裕量。

5.11.4 如果介质中含有会引起应力腐蚀的成分；或可能与铜或铜合金起反应的成分，买方应在数据表或询价资料中说明，卖方所提供的设备和选材应适应这些介质的要求。

5.11.5 在规定的最低设计金属温度低于 −20℃ 下使用的所有承受内压力的钢材（奥氏体不锈钢除外），要求对母体金属和焊接处作 V 形切口的摆锤式冲击试验。

5.11.6 铸件应完好无疵，无疏松、热裂、缩孔、气孔、裂纹、砂眼和其他类似的有害缺陷。铸件可用焊接进行修补，焊后应进行热处理。禁止采用堵塞、锤击、烧熔、涂漆和浸渍等方式进行修补。

5.11.7 如果存在制造过程中或制造完成后无法检测的焊缝，卖方应该预先提出要采取的质量控制办法，由卖方和买方协商确认。

5.12 噪声

除另有规定外，根据日接触噪声时间的不同，离机器 1m 处测定的泵机组的总体噪声（声压级）应小于或等于表 3 规定的限值。当此值超过表 3 规定的限值时，卖方应提交机组的频带声压级［按 1/1 频程的中心频率（Hz）来测定］，供买方批准。

表 3 工作地点噪声声级的卫生限值

日接触噪声时间/h	卫生限值/dB(A)	日接触噪声时间/h	卫生限值/dB(A)
8	85	1/2	97
4	88	1/4	100
2	91	1/8	103
1	94		

注：本表摘自 GBZ1—2002。

辅助设备

6.1 驱动机

6.1.1 驱动机及功率传动设备应由卖方成套提供。驱动机的规格应满足最大指定操作条件（包括传动损失）。所有的驱动设备均应在规定的公用工程条件和现场条件下正常稳定运行。

6.1.2 电动机的额定功率至少应为泵额定轴功率（包括传动损失）乘以表4规定的功率裕量系数 K。

表4 离心泵功率裕量系数 K

泵的额定轴功率 P_a/kW	功率裕量系数 K	泵的额定轴功率 P_a/kW	功率裕量系数 K
≤15	125%	>55	110%
15＜P_a≤55	115%		

6.1.3 对于汽轮机驱动的机组，驱动机的额定功率应大于或等于泵额定轴功率（包括传动损失）的110%。

6.1.4 任何功率传动设备，如齿轮变速器，其额定功率应大于或等于驱动机的额定输出功率。

6.1.5 对于变速原动机，应设计成在调速器调节范围内（调速器的调节范围根据主机来确定）的任何转速下都能连续运转。

6.1.6 当采用变频器调速时，应满足以下要求：

① 除另有规定外，变频器应采用恒转矩输出；

② 变频器的适用功率应大于或等于电动机额定输出功率的1.1倍。

6.2 联轴器和护罩

6.2.1 卧式泵与驱动机的连接应采用挠性联轴器，如无润滑弹性耐蚀膜片联轴器、弹性柱销联轴器等，具体形式由买方在数据表上指定。

6.2.2 对机械密封泵应采用带中间轴加长联轴器。

6.2.3 卖方应提供和安装由不产生火花材料制成的可拆式联轴器护罩。

6.2.4 联轴器和联轴器与轴的连接至少应按最大驱动机功率的125%来确定。

6.3 底座

6.3.1 除另有规定外，卧式泵和驱动机应安装在一个公用底座上。

6.3.2 卧式泵底座应为整体铸铁或钢板焊接结构，安装泵及驱动机的接触表面应进行机加工，加工面的水平度应小于或等于0.15mm/m。

6.3.3 卧式泵底座上应设置灌浆孔和地脚螺栓孔。

6.3.4 卧式泵底座应有足够的刚度，以使泵在不考虑灌浆因素下就能满足本规定第5.4条的要求。

6.3.5 除另有规定外，对于卧式泵，卖方应提供地脚螺栓、螺母、垫片和必要的调隙片。

6.3.6 质量大于200kg的驱动机，应提供横向和轴向对中顶丝，以便横向和轴向调整。

6.3.7 除另有规定外，对于立式泵，卖方应提供安装底板，安装（地脚）螺栓、螺母、垫片，以及必要的调隙片等。

6.4 辅助管道和设备

6.4.1 冷却水、排气、放空、放净和其他辅助管道系统，包括所有的附件如仪表、阀门等，应完全装配好，并彻底清洗和经压力试验后，整齐地安装在泵上或在泵的底座范围内。管道和设备的设计和布置应便于拆卸和维护。

6.4.2 除买方书面批准外,与用户连接的同一类辅助管道应只设一个进口和一个出口,并应布置在底座的边缘。

6.4.3 除另有规定外,冷却水管路系统总管的进出口管道和每一支管的进出口管道均应设截止阀,且每一支管的出口管道上应设流量视镜。

6.4.4 管道系统的所有管子、管件和接头的公称直径应大于或等于 DN15 (1/2in),壁厚应大于或等于 1.6mm (1/16in)。

6.4.5 DN25 (1in) 以下的冷却水(含排净和放空)管道,以及采用无危害、非易燃介质进行密封隔离、液体排净和放空的辅助管道,可采用管螺纹连接,其他辅助管道系统的接口均应为法兰连接。

6.4.6 辅助管道系统所选材料应符合 ISO 13709—2003(API Std 610—2004)附录表 H5 的规定。

6.4.7 除买方书面批准外,辅助管道尺寸不应采用 DN32、65、90、125、175 和 225(NPS $1\frac{1}{4}$、$2\frac{1}{2}$、$3\frac{1}{2}$、5、7 和 9)。

6.4.8 碳钢和低合金钢管道的腐蚀裕量应至少为 1mm,高合金钢、奥氏体不锈钢和有色金属管道可不考虑腐蚀裕量。

6.4.9 除另有规定外,辅助管道系统的进、出口法兰应取相同压力等级。

6.5 专用工具

如果需要,卖方应提供一套安装、组装和维修用专用工具。

检验和试验 (略)

涂漆、标志、包装和运输 (基本同　　　　　,略)

保证 (基本同　　　　　,略)

卖方的资料 (略)

3. SH/T 3148 石油化工无密封离心泵工程技术规定

SH/T 3148 主要引用美国石油学会标准 API Std 685—2000,并结合中国石油化工行业的特点编制而成。其主要内容如下:

范围

本规定规定了石油化工无密封离心泵及其驱动机、辅助设备在设计、制造、检验和试验等方面的最低要求。

本规定适用于石油化工行业无密封离心泵的工程设计及设备采购,其他行业可参照执行。

无密封离心泵(也称无泄漏离心泵)包括磁力驱动离心泵和屏蔽泵。

按参数范围的不同,无密封离心泵可分为中、轻载荷无密封离心泵和重载荷无密封离心泵。

中、轻载荷无密封离心泵的参数范围应同时满足以下条件:

① 额定排出压力小于或等于 1.9MPa(G);
② 泵送温度(介质温度)小于或等于 150℃;
③ 额定转速小于或等于 3000r/min(汽轮机驱动时转速可提高 5%);
④ 额定扬程小于或等于 120m;
⑤ 最高吸入压力小于或等于 0.5MPa(G);
⑥ 悬臂泵的最大叶轮直径小于或等于 330mm;

⑦ 驱动机最大功率小于或等于110kW。

超出上述参数范围，归入重载荷无密封离心泵。

本规定未涉及的条款，中、轻载荷无密封离心泵可按 ISO5199、ISO15783、ASME B73.3M 或制造厂标准制造，重载荷无密封离心泵可按 API610、API685 等标准制造。

本规定不适用于有轴封的离心泵。

规范性引用文件 (略)

替代设计 (略)

术语和定义 (略)

基本设计

5.1 一般要求

5.1.1 无密封离心泵（包括辅助设备）应按照使用寿命至少为 20 年，预期不间断连续操作至少为 3 年进行设计和制造，这是机组的设计准则。除买方书面批准外，卖方提供的机器规格应在卖方的设计和制造经验范围内，并且经验证明在相似工况下使用是可靠的。

注：至少应有同样或相似型号的产品在相同或相似操作条件下积累两年以上的成功运行业绩，该产品方可被认为是可靠的。

5.1.2 除另有规定外，卖方应对整个机组包括无密封离心泵、齿轮变速器（如果需要）、驱动机、油系统、控制及仪表、联轴器、相关的辅助设备和管道系统等负全部责任，并负责它们之间的合理匹配。

5.1.3 除数据表上另有规定外，无密封离心泵、驱动机及其辅助设备应在规定的环境条件下适用于户外启动和连续操作。

5.1.4 通过更换较大直径，或不同水力模型设计的叶轮，无密封离心泵应有能力在额定条件下至少增加 5% 的扬程。

5.1.5 屏蔽电机功率的确定或磁力耦合器转矩的确定也应符合本规定第 5.1.4 条的要求。

5.1.6 除买方书面批准外，重载荷无密封离心泵应为自排气型；中、轻载荷无密封离心泵也宜为自排气型。如果卖方有经验，经买方同意，允许采用手动排气型。对于手动排气型无密封离心泵，卖方必须在泵的醒目之处悬挂"警示"标志，以提醒买方在开车前及维修前后手动排气。

5.1.7 在额定叶轮下，为保证运行时有较高的效率和较低的振动值，无密封离心泵的工作点最好应落在优先工作范围（最佳效率点流量的 70%～120%）内，且其正常工作点最好应落在最佳效率点的左侧，并应尽量选择最佳效率点最靠近正常工作点的泵。

5.1.8 无密封离心泵应具有到关闭点为止连续上升的扬程-流量曲线，且扬程上升量至少应是额定扬程的 5%。如果规定并联操作，则至关闭点扬程上升量至少应是额定扬程的 10%。

5.1.9 除买方书面批准外，无密封离心泵关闭点扬程不应大于 120% 的额定扬程。

5.1.10 无密封离心泵在额定点的必需汽蚀余量 $NPSH_r$ 应至少比有效汽蚀余量 $NPSH_a$ 小 0.6m，且不应考虑对烃类液体的修正系数。对于卧式泵，其基准面为轴中心线；对于立式管道泵，其基准面为吸入口的中心线。

5.1.11 对于不带诱导轮的无密封离心泵，其汽蚀比转数 S（r/min、m^3/h、m）不宜大于 13800。当 S 大于 13800 时，应经买方批准。S 值按下式计算：

$$S = NQ^{0.5}/\text{NPSH}_r^{0.75}$$

式中　N——泵每分钟转速，r/min；

　　　Q——叶轮每侧进口的流量，对单吸叶轮为总流量，对双吸叶轮为总流量的一半，m^3/h；

　NPSH_r——泵的必需汽蚀余量，m。

5.1.12　当无密封离心泵带诱导轮时，应同时满足以下要求：

① 汽蚀比转数 S 值应在卖方的经验范围内；

② 诱导轮的设计流量应在泵的额定点附近；

③ 诱导轮在振动方面应有稳定的机械性能，且耐冲蚀和其他任何机械损害；

④ 数据表上规定的最小稳定连续流量应考虑到诱导轮的稳定操作范围。

5.1.13　为使无密封离心泵在极限工作范围（最小连续流量至最大许用流量的区域范围）内可靠运行，应采取合理措施平衡轴向力，以便使止推轴承的受力最小。

5.1.14　无密封离心泵还应符合 API Std 685—2000 第 6.1.16～6.1.29 条（相当于 API Std 610—1995 第 2.1.15～2.1.22，2.1.24 及 2.1.26～2.1.29 条）的规定。

5.1.15　立式管道无密封离心泵应符合 API Std 685—2000 第 6.1.30 条的规定，且其使用应限制在以下范围：

① 驱动机额定输出功率小于 110kW；

② 叶轮顶端线速度小于 50m/s；

③ 泵最高操作温度小于 150℃。

5.2　压力泵壳

5.2.1　泵壳的设计压力应大于最高进口压力和泵所能达到的最大压差之和。如果最高进口压力低于大气压力，按大气压力计算。

5.2.2　对于操作温度大于 0℃ 的泵，应比较最高预期操作温度，额定操作温度加 10℃，按两者中较高的温度设计；操作温度在 0℃ 及以下的泵，应按最低操作温度设计。

5.2.3　对于中、轻载荷无密封离心泵，其泵壳最低设计压力应大于或等于 1.6MPa（G）（20℃时）；对于重载荷无密封离心泵，其泵壳最低设计压力应取①和②的较小值：

① 与泵壳材料相当的 ISO7005-1PN50（ASME B16.5，Class 300）法兰所对应的许用压力；

② 4MPa（G）（38℃时）。

5.2.4　通用螺栓螺纹宜采用公制（ISO/M 制）螺纹，如果采用英制（UN/UNC 制）螺纹，应经买方书面批准。

5.2.5　无密封离心泵应采用径向剖分结构的泵壳，不得采用轴向剖分泵壳。

5.2.6　重载荷磁力驱动泵的泵壳应为中心线支承；介质温度大于 175℃ 的屏蔽泵的泵壳也应为中心线支承。

5.2.7　无密封离心泵出口直径小于 DN100（4in）时，可以采用单蜗壳泵；当单蜗壳泵用于出口直径大于或等于 DN100（4in）时，应经买方书面批准。

5.2.8　泵壳设计还应符合 API Std 685—2000 第 6.3.9～6.3.11 条（相当于 API Std 610—1995 第 2.2.10、2.2.12 和 2.2.13 条）的规定。

5.2.9　第二层保护

5.2.9.1　屏蔽泵的定子外壳属第二层保护，当屏蔽套损坏时可阻止介质漏向大气。其设计和试验压力值应和泵壳相同。

5.2.9.2 输送剧毒或极易燃介质时，磁力驱动泵也应采用第二层保护。

① 当采用磁力耦合器箱体作为第二层保护时，箱体应按承压密闭容器设计，其设计和试验压力值应和泵壳相同，且其外轴和磁力耦合器箱体间应设节流衬套和机械密封（也称二次密封）；

② 当采用双隔离套结构时，其外隔离套的设计和试验压力值应和泵壳相同。

5.3 泵进出口和压力泵壳上的其他接口

5.3.1 法兰标准、压力等级应符合数据表中规定的要求。经买方书面批准，也可采用对应的其他法兰标准。GB/T 9115、SH 3406、HG 20592、HG20615 和 ASME B16.5 标准的对应情况参见本规定附录 C。

5.3.2 除非数据表（参见本规定附录 B）上规定，泵壳上所有接口均应大于或等于 DN15（1/2in），与用户连接的接口且应为法兰连接。

5.3.3 除买方书面批准外，吸入口和排出口在额定流量时的流速应小于或等于表 1 规定的限值。

表 1 泵进出口流速限值　　　　　　　　　　　　　　　　m/s

用　　途	进　　口	出　　口
碳氢化合物(烃类)和冷却水	7	14
热水	5	10
磨蚀或腐蚀液体	4	8

5.3.4 无密封离心泵的法兰密封面应为突面（RF）。

5.3.5 法兰螺栓孔宜为全通孔结构。

5.3.6 除另有规定外，泵体应设置排净口等辅助接口。

5.3.7 除另有规定外，泵体上不应设置压力表接口。

5.4 作用在管口上的外力和外力矩

5.4.1 无密封离心泵（包括泵壳支承和底座）应能承受一定的管道载荷和热膨胀引起的外力和外力矩。

5.4.2 对于中、轻载荷无密封离心泵，其法兰允许承受的外力和外力矩应符合制造厂标准。

5.4.3 对于重载荷无密封离心泵，其法兰允许承受的外力和外力矩应符合 API Std 685—2000 第 6.5 条（相当于 API Std 610—1995 第 2.4 条）。

5.5 转子

5.5.1 无密封离心泵宜采用闭式叶轮。如果卖方有经验，经买方同意，也可采用开式或半开式叶轮。

5.5.2 除叶轮耐磨环外，叶轮应为整体铸件。

5.5.3 叶轮和轴之间应当采用键连接，不得采用销连接。叶轮应采用帽形螺钉或螺母紧固在轴上，并采用可靠的机械防松措施。帽形螺钉或螺母应完全盖住螺纹。正常转向时，液体对叶轮的作用力应使螺纹趋于拧紧。

5.5.4 泵轴应机械加工。对于中、轻载荷无密封离心泵，轴的径向跳动量（TIR）应小于或等于 0.03mm；对于重载荷无密封离心泵，轴的径向跳动量（TIR）应小于或等于 0.025mm。

5.5.5 对叶轮轮毂形式应符合 API Std 685—2000 第 6.6.3 条（相当于 API Std 610—1995 的 2.5.3 条）的规定。

当叶轮顶端线速度超过表 2 的限值时，卖方应提交设计参数、材料和卖方的设计标准等资料，供买方审阅。

表 2 叶轮顶端线速度的限值

材 料	线速度/(m/s)	材 料	线速度/(m/s)
铸铁	35	奥氏体不锈钢	65
铜	45	碳钢	70
可锻铸铁	50	12%铬钢	80

5.6 耐磨环（口环）和运转间隙

耐磨环（口环）和运转间隙应符合 API Std 685—2000 第 6.7 条（相当于 API Std 610—1995 第 2.6 条）的规定。

5.7 动力学

5.7.1 除买方书面批准外，转子应采用刚性轴设计。刚性轴转子的一阶临界转速至少应大于最高连续转速的 20% 以上。

5.7.2 卖方提供的支承系统（底座、机身及轴承箱），在 ±10% 操作转速范围以内不应产生共振。

5.7.3 对于中、轻载荷无密封离心泵，叶轮以及类似的主要转动部件应按 ISO 1940 标准 G 6.3 级进行动平衡试验。

5.7.4 对于重载荷无密封离心泵，其转子的每一个主要零部件（包括磁力驱动泵的联轴器）都应进行动平衡，并符合 ISO 1940 标准 G 2.5 级的要求。

5.7.5 无密封离心泵在优先工作范围内运行时，在每一轴承支承点测得的振动速度（均方根，未过滤）应小于或等于 3.0mm/s；在优先工作范围以外运行时，振动限值可提高至上述值的 130%。

5.8 磁力耦合器（磁力驱动泵）

5.8.1 除另有规定外，磁力耦合器应在规定的环境条件下适用于户外启动和连续操作，不得出现退耦和退磁现象。

5.8.2 磁力耦合器可采用同步或异步设计（转矩环传动）。

5.8.3 内磁缸应用恰当的胶黏剂牢固地固定在导环上，并用包套将内磁缸和介质隔离。包套最小厚度应为 0.4mm，其材料应选用非磁性的材料，并适用于输送的介质。

5.8.4 外磁缸应用恰当的胶黏剂牢固地固定在外磁缸环上。为防止装配时外磁缸的损坏，外磁缸内表面最好应覆以包套。

5.8.5 外磁缸环和磁力驱动泵外轴之间宜采用键连接。如果卖方有经验，经买方同意，可使用螺柱连接。

5.8.6 磁力耦合器的转矩服务系数应符合 API Std 685—2000 第 9.1.3.7 条的规定。

5.9 轴承和轴承箱

5.9.1 滑动轴承

5.9.1.1 对于磁力驱动泵，允许只配备一个滑动轴承座，但其轴承座不得支承在隔离套上。

5.9.1.2 对于屏蔽泵，应配备两个滑动轴承座，且应精确对中。

5.9.2 外部滚动轴承及其轴承箱（磁力驱动泵）

5.9.2.1 对于中、轻载荷无密封离心泵，可采用油润滑或脂润滑；对于重载荷无密封离心泵，应采用油润滑。具体形式在数据表上指定。

5.9.2.2 轴承的润滑系统和冷却系统应根据使用条件进行选择，且能够在任何轴承箱的温度小于或等于82℃或周围环境温度加40℃时（两者取低值）的条件下连续运转。

5.9.2.3 重载荷无密封离心泵还应符合 API Std 685—2000 第9.1.4条（除9.1.4.2.2条外）的规定。

5.10 材料

5.10.1 除另有规定外，材料应符合 API Std 685—2000 附录 G 的规定。但具体材料可选用同等或较高性能的制造厂所在国材料来替代。卖方可以根据经验提出建议，采用比买方在数据表规定或 API Std 685—2000 附录 G 要求更好的材料，并经买方确认。卖方的报价技术文件中应明确标明所有关键部件材料的冶金状态，如锻造、铸造等。

5.10.2 卖方应根据规定的材料等级及规定的操作条件负责最终的材料选择，并在数据表上标明主要零部件材料的具体牌号。

5.10.3 铸铁材料不得用于无密封离心泵的承压部件。

5.10.4 磁力驱动泵的滑动轴承宜采用无游离硅离子析出的纯烧结α级碳化硅材质。如果卖方有经验，经买方书面批准，也可以使用石墨滑动轴承。

5.10.5 屏蔽泵的滑动轴承可以采用石墨材质或无游离硅离子析出的纯烧结α级碳化硅材质。

5.10.6 对于屏蔽泵，其屏蔽套应选用耐腐蚀性好、强度高的非导磁材料，定子屏蔽套优先选用哈氏合金，其腐蚀裕量应为0.15mm，最小厚度应为0.4mm。

5.10.7 对于磁力驱动泵，其隔离套应选用高电阻率的材料，优先选用哈氏合金、钛合金，其腐蚀裕量应为0.4mm，最小厚度应为1.0mm。对于介质温度<120℃的中、轻载荷磁力驱动泵，如果卖方有经验，并经买方同意，隔离套也可采用非金属材料，如塑料或陶瓷等。

5.10.8 除屏蔽套和隔离套外，碳钢和低合金钢泵壳的腐蚀裕量最小应为3mm，不锈钢和有色金属材料的腐蚀裕量可为0mm。

5.10.9 对于磁力驱动泵的磁缸材料，同步磁力耦合器应选用钐钴、钕铁硼等稀土型磁性材料；转矩环传动器可选用钐钴、钕铁硼等稀土磁性材料，或铝镍钴磁性材料。卖方应在无密封离心泵数据表上明确磁缸的具体材料等级。磁缸材料的相关数据和温度极限应符合 API Std 685—2000 表 I-1 的规定。

5.10.10 如果介质中含有硫化氢、氯化物或其他会引起应力腐蚀的成分；或可能与铜或铜合金起反应的成分，买方应在数据表或询价资料中说明，卖方所提供的设备和选材应适应这些介质的要求。

5.10.11 铸件应完好无疵，无疏松、热裂、缩孔、气孔、裂纹、砂眼和其他类似的有害缺陷。如需补焊，其主要焊缝应进行焊后热处理。

5.10.12 如果存在制造过程中或制造完成后无法检测的焊缝，卖方应该预先提出要采取的质量控制办法，由卖方和买方协商确认。

5.10.13 低温材料和试验要求应符合 API Std 685—2000 第 6.14 条（相当于 API Std 610—1995 第 2.11.4 条）的规定，或 GB 150—1998 附录 C 的规定。

5.11 噪声

除另有规定外，根据日接触噪声时间的不同，离机器 1m 处测定的泵机组的总体噪声（声压级）应小于或等于表 3 规定的限值。当此值超过表 3 规定的限值时，卖方应提交机组的频带声压级［按 1/1 频程的中心频率（Hz）来测定］，供买方批准。

表 3　工作地点噪声声级的卫生限值

日接触噪声时间/h	卫生限值/dB(A)	日接触噪声时间/h	卫生限值/dB(A)
8	85	1/2	97
4	88	1/4	100
2	91	1/8	103
1	94		

注：本表摘自 GBZ1—2002。

辅助设备

6.1 驱动机

6.1.1 驱动机及功率传动设备应由卖方成套提供。驱动机的规格应满足最大指定操作条件（包括传动损失）。所有的驱动设备均应在规定的公用工程条件和现场条件下正常稳定运行。

6.1.2 电动机的额定功率至少应为无密封离心泵额定轴功率（包括传动损失）乘以表 4 规定的功率裕量系数 K。

表 4　无密封离心泵功率裕量系数 K

泵的额定轴功率 P_a/kW	功率裕量系数 K	泵的额定轴功率 P_a/kW	功率裕量系数 K
≤15	125%	>55	110%
15<P_a≤55	115%		

6.1.3 对于汽轮机驱动的机组，驱动机的铭牌额定值至少应为无密封离心泵额定轴功率（包括传动损失）的 110%。

6.1.4 由变速驱动机驱动的无密封离心泵，应设计成在调速器调节范围内的任何转速下都能连续运转。

6.1.5 任何功率传动设备，如齿轮变速器，其额定功率应至少等于驱动机的额定输出功率。

6.1.6 除另有规定外，电动机应适合于全电压直接启动。

6.1.7 无密封离心泵的电动机尚应符合 API Std 685—2000 第 7.1.5～7.1.7 条的规定。

6.1.8 对于屏蔽泵，其绝缘等级至少应为 F 级。

6.1.9 对于重载荷屏蔽泵，其电动机还应符合 API Std 685—2000 第 9.2.2.1～9.2.2.7 条的规定。

6.2 联轴器和联轴器护罩（磁力驱动泵）

6.2.1 除另有规定外，磁力驱动泵与驱动机的连接应采用无润滑弹性耐蚀膜片联轴器。

6.2.2 除买方书面批准外，联轴器应带中间节，其长度应能保证无需拆除隔离套，就可以移出外磁缸。

6.2.3 卖方应提供和安装由不产生火花材料制成的可拆式联轴器护罩。

6.2.4 联轴器以及联轴器与轴的连接等至少应按电动机的最大功率乘以电动机服务系数来设计。

6.2.5 安装滑动轴承的电动机应使用能限制一端浮动的联轴器。

6.2.6 对于重载荷磁力驱动泵，其联轴器还应符合本规定5.7.4条的要求。

6.3 底座

6.3.1 除另有规定外，磁力驱动泵和驱动机应安装在一个公用底座上。

6.3.2 卧式无密封离心泵底座应为整体铸铁或钢板焊接结构，安装泵及驱动机的接触表面应进行机加工，加工面的水平度应小于或等于0.15mm/m。

6.3.3 除另有规定外，卧式无密封离心泵底座上应设置灌浆孔和地脚螺栓孔。

6.3.4 卧式无密封离心泵底座应有足够的刚度，以使泵在不考虑灌浆因素下就能满足本规定第5.4条的要求。

6.3.5 除另有规定外，对于卧式无密封离心泵，卖方应提供地脚螺栓、螺母、垫片和必要的调隙片及垫铁。

6.3.6 立式无密封离心泵驱动机支架应设计成在操作转速范围内不产生共振。如果数据表中有规定，卖方应证明支架的自振频率不应落在操作转速范围内。

6.3.7 除另有规定外，对于立式无密封离心泵，卖方应提供安装底板，安装（地脚）螺栓、螺母、垫片，以及必要的调隙片及垫铁等。

6.3.8 对于磁力驱动泵，还应符合以下要求：

（1）除另有规定外，底座应延伸至泵和驱动系统组成件之下，使得任何泄漏液都收集在底座范围内。为了尽可能减少偶然的碰撞和损伤组成件，所有的管道接头和管道法兰面，包括泵的吸入口和排出口法兰都应该处在集液盘或集液盆的收集范围内。所供设备（指泵机组）的其他所有接头，应落在底座的最大周边范围内；但电动机接线盒端部、油脂润滑轴承的电动机机架端可以落在底座范围之外。

（2）卧式磁力驱动泵底座上应设汇集和排放泄漏液体的集液盘或集液槽，排放区域应以至少1:100的斜度朝排出口方向倾斜，并应提供带螺塞的NPT排净口。对于中、轻载荷磁力驱动泵，最小排净口应为DN25（1in）；对于重载荷磁力驱动泵，最小排净口应为DN50（2in）。

6.4 控制和仪表（除6.4.6外略）

6.4.6 控制和监测要求

6.4.6.1 为避免干运转，必要时应配置保护装置。

6.4.6.2 对于滑动轴承为石墨材质的屏蔽泵，应设轴承磨损监测仪表。监测仪表的具体形式（机械式、电气式、机械电气式等）由买卖双方共同商定。

6.4.6.3 当输送剧毒或极易燃介质时，为提高使用寿命和运转的安全性，磁力驱动泵应设以下安全控制仪表：

① 在隔离套上设测温仪表（RTD）；

② 采用承压密闭的磁力耦合器箱体（参见本规定第5.2.9.2条）或双隔离套结构时，均应设液体泄漏探头。

6.5 辅助管道和设备（基本同SH/T 3139，略）

6.6 专用工具

如果需要,卖方应提供一套安装、组装和维修用专用工具。

检验和试验(略)

涂漆、标志、包装和运输(基本同　　　　,略)

保证(基本同　　　　,略)

卖方的资料(略)

二、容积式泵工程技术规定

1. SH/T 3141 石油化工往复泵工程技术规定

SH/T 3141 主要引用美国石油学会标准 API Std 674—1995,并结合中国石油化工行业的特点,补充或制定了一些新的规定。其主要内容如下:

范围

本规定规定了石油化工往复泵及其驱动机、辅助设备在设计、制造、检验和试验等方面的要求。

本规定适用于石油化工往复泵的工程设计及设备采购,其他行业可参照执行。

规范性引用文件(略)

替代设计(略)

术语和定义(略)

基本设计

5.1 一般要求

5.1.1 往复泵机组(包括辅助设备)应按照使用寿命至少为 20 年、预期不间断连续操作至少为 3 年进行设计和制造。这是机组的设计准则。除买方作出书面认可外,卖方所提供的机器规格应在卖方的设计和制造经验范围内,并且经验证明在相似的使用场合下使用是可靠的。至少有两台同样型号的机组在相同或相似工艺操作条件下积累了两年的成功运行经验,则可以认为该型号的机组是可靠的。

5.1.2 除另有规定外,卖方应对整个机组包括往复泵、驱动机、油系统、控制及仪表、联轴器、相关的辅助设备和管道系统等供货范围内的产品负全部责任,并负责他们之间的合理匹配。

5.1.3 除另有规定外,往复泵、驱动机及其辅助设备应在规定的环境条件下适用于户外启动和连续操作。

5.1.4 冷却水系统应按买方提供的公用工程条件设计,系统应设有能全部放空和排净的措施。

5.1.5 冷却系统水侧的最小温升应充分考虑买方提供的公用工程条件,无具体规定时,油冷却器的温升应不小于 4℃,其他数据参照 API Std 674—1995 第 2.1.5 条。

5.1.6 机组应能在跳闸转速,及安全阀设定压力下安全运转。

5.1.7 往复泵机组中的设备布置及设计还应符合 API Std 674—1995 第 2.1.7 条、2.1.9～2.1.11 条的规定。

5.1.8 机组的操作条件及现场条件由买方在数据表上指定。

5.1.9 机组、辅助系统的备品备件也应符合本规定的要求。

5.2 型式选择

引用 API Std 674—1995 第 2.2 条的规定。

5.3 额定值

5.3.1 连续运转的机动往复泵和直接作用往复泵最高许用速度不得超过表1和表2的规定值。

5.3.2 当$NPSH_a$（包括预计的加速度头）与$NPSH_r$之差在1.5m以内时，其最高许用速度不得超过表1和表2规定值的0.8倍。

5.3.3 当液体的黏度大于$65mm^2/s$时，其最高许用速度不得超过表1和表2规定值的K倍。K值按下式计算。

$$K=1.02-0.0003\upsilon$$

式中 K——表1和表2规定值的倍数；
υ——运动黏度，mm^2/s。

表1 连续运转的机动往复泵最高许用速度

行程/mm	单作用、柱塞式泵		双作用、活塞式泵		行程/mm	单作用、柱塞式泵		双作用、活塞式泵	
	转速/(r/min)	线速度/(m/min)	转速/(r/min)	线速度/(m/min)		转速/(r/min)	线速度/(m/min)	转速/(r/min)	线速度/(m/min)
50	450	45	140	14	200	210	85	—	—
75	400	60	—	—	250	—	—	83	42
100	350	71	116	23	300	—	—	78	48
125	310	73	—	—	350	—	—	74	53
150	270	82	100	30	400	—	—	70	57
175	240	85	—	—					

表2 连续运转的直接作用式往复泵最高许用速度

行程/mm	往复次数/(次/min)	线速度/(m/min)	行程/mm	往复次数/(次/min)	线速度/(m/min)
100	52	10.7	350	28	19.8
150	44	13.4	400	26	21.0
200	38	15.5	450	24	22.0
250	34	17.1	500	22	22.9
300	30	18.6	600	20	24.4

注：直接作用式往复泵指由蒸汽或仪表空气、尾气等直接作用驱动的往复泵。

5.3.4 轴功率应按输送液体的最大黏度来考虑。

5.3.5 柱塞或活塞的许用载荷力应大于安全阀设定压力下的载荷力。

5.3.6 对于清洁的液体，液力端进口管道（包括进口集中管）的流速应控制在0.9~1.5m/s。液力端出口管道（包括出口集中管）的流速应控制在1.4~2.2m/s。对于含固率大于3%的浆料，液力端管道（包括进出口集中管）的流速应大于临界输送速度（平均在1.2~1.8m/s），但最大不得超过3.6m/s。

5.3.7 往复泵的容积效率、所需功率等应符合API Std 674—1995第2.3.4条、2.3.6~2.3.11条的规定。

5.4 液力端缸体及其他承压件

5.4.1 液力端缸体以及脉动抑制装置应符合API Std 674—1995第2.4.2~2.4.4条、

2.4.6 条、2.4.7 条的规定。

5.4.2 所有承压零件（包括进口压力影响区域）应按泵的最高允许操作压力设计。所取的材料在最高操作温度下的应力值应不大于 ASME Section Ⅷ 或相应标准规定的许用应力值。

5.4.3 液力端缸体以及脉动抑制装置应考虑至少有 3mm 腐蚀裕量。

5.4.4 通用紧固件螺纹宜采用公制（ISO/M 制）螺纹，如果采用英制（UN/UNC 制）螺纹，应经买方认可。

5.4.5 液力端缸盖、填料盒以及阀盖等，均应采用双头螺柱上紧。

5.5 缸体接口

5.5.1 除数据表上另有规定外，缸体上所有接口均应大于 DN15（1/2in），且应为法兰连接。所有与用户管线连接的法兰应符合 API Std 674—1995 第 2.5.6~2.5.9 条的规定。

5.5.2 除另有规定外，进出口法兰应为相同压力等级。

5.5.3 铸铁材料的泵，其法兰密封面可以为全平面（FF）；其他材料的泵，其法兰密封面应为突面（RF）。

5.5.4 除另有规定外，法兰应采用 ASME B16.1、B16.5、B16.42 或 ASME B16.47，也可对应采用 GB/T 9115、SH 3406 或 HG 20615 标准。具体法兰标准、等级和密封面形式应符合数据表中规定的要求。

5.6 液力端附件

5.6.1 缸套

除另有规定外，活塞型液力端缸体应设有缸套。缸套应为可拆卸的。详细要求应符合 API Std 674—1995 第 2.6.1.1~2.6.1.4 条的规定。

5.6.2 活塞、柱塞和柱塞杆

5.6.2.1 活塞、柱塞和柱塞杆应符合 API Std 674—1995 第 2.6.2.2~2.6.2.3 条和 2.6.2.5 条的规定。

5.6.2.2 与填料接触部分的活塞杆或柱塞段表面应硬化处理，并磨光。其硬度应不低于 33HRC，表面粗糙度 Ra 值应为 $0.2 \sim 0.4 \mu m$。

5.6.2.3 除非得到买方同意，不应采用空心的活塞或柱塞。

5.6.2.4 柱塞杆侧面滑道应设可更换带润滑的衬套。

5.6.3 阀和阀座

5.6.3.1 阀座应可拆卸。阀座应采用锥形压入阀孔的方式固定。阀座的更换应设计成只需拆除阀盖就能进行。

5.6.3.2 Cr13 型阀门密封面的硬度应不低于 250HB，2 个密封面的硬度差应不小于 50HB。

5.6.3.3 进液阀液体的平均流速应不大于 1.1m/s。泵进口温度大于 175℃，或黏度大于 $65mm^2/s$，或 $NPSH_a$ 与 $NPSH_r$ 差值 1m 以内时，进液阀液体的平均流速应不大于 0.7m/s。排液阀液体的平均流速应不大于进液阀流速的 2 倍。

5.6.4 垫片

当往复泵的额定压力大于 2.4MPa（G），或温度大于 175℃时，液力端缸体以及阀的垫片应为整体型。

5.6.5 冷却和加热

如果液力端需要冷却或加热系统,系统应设有能全部放空和排净的措施。

5.6.6 填料箱、填料和压盖

5.6.6.1 填料箱、填料和压盖应符合 API Std 674—1995 第 2.6.6.2 条、2.6.6.4～2.6.6.8 条的规定。

5.6.6.2 填料箱应设有填料环以便对填料进行冲洗或润滑。

5.6.6.3 输送温度大于150℃的工艺介质或大于120℃的水或常温下液体的汽化压力大于 0.1MPa（G）时,液力端填料箱应设冷却夹套。冷却水夹套应按操作压力 0.5MPa（G）,试验压力 0.8MPa（G）来设计。

5.6.6.4 所有填料压盖应设有无火花的金属衬套。

5.6.6.5 输送毒性为极度和高度危害介质或爆炸危险性介质的泵,其填料压盖应为急冷型。

5.7 动力端（机动往复泵）

5.7.1 动力端应符合 API Std 674—1995 第 2.7.2～2.7.10 条、2.7.12～2.7.14 条的规定。

5.7.2 曲轴应整体锻造。曲轴内强制润滑的通道应为钻孔。

5.7.3 每一液压缸的额定功率大于525kW时,机动往复泵的十字头应设有可更换和可调节的滑履。

5.7.4 动力端应配备油加热器。油加热器的具体形式应在询价文件或数据表上规定。

5.7.5 隔离室应配置整体金属盖板。

5.8 气力端（直接作用式往复泵）

5.8.1 气力端应符合 API Std 674—1995 第 2.8.1 条、2.8.3～2.8.7 条的规定。

5.8.2 当蒸汽汽缸不配备缸套时,汽缸的腐蚀裕量至少应为 3mm。

5.8.3 汽缸两端均应配备排液阀。

5.8.4 蒸汽活塞至少应有两个可更换的活塞环。

5.9 润滑

5.9.1 机动往复泵动力端的润滑

5.9.1.1 机动往复泵动力端的润滑应符合 API Std 674—1995 第 2.9.1.3 条、2.9.1.5～2.9.1.12 条的规定。

5.9.1.2 动力端的润滑可以采用飞溅润滑,但应配齐视镜（或液位计）等。

5.9.1.3 当采用强制压力润滑时,系统应至少包括一台带吸入过滤器的油泵、一套供、回油系统、一台油冷却器、一套双联油过滤器、一个温控阀以及其他必要的检测控制仪表。

5.9.1.4 强制润滑系统用的油泵应为转子泵,由曲轴或电机驱动,并配备压力表。

5.9.1.5 当采用双联过滤器时,应配备带压力平衡线的可切换的调节系统。

5.9.1.6 油箱应配备带有不锈钢外套的恒温控制浸入式电加热器。

5.9.2 液力端和直接作用式往复泵汽缸的润滑

5.9.2.1 采用单点单柱塞油量可调的强制注入式注油器,注油器的每个润滑点均应有一个可观察的流动指示器。

5.9.2.2 额定功率大于或等于200kW的往复泵,其注油器应配备低油位及驱动失败的报警开关。

5.9.2.3 不同的润滑油应配不同的注油器,每一注油器应有满足24h正常流量的储油量。

5.9.2.4 注油器供给系统的其他要求应符合 API Std 674—1995 第 2.9.2.2 条、2.9.2.4～2.9.2.7 条的规定。

5.10 材料

5.10.1 除另有规定外，材料应符合 API Std 674—1995 附录 B 的规定。但具体材料可以用同等或较高性能的所在国材料来替代。卖方可以根据经验提出建议，采用比买方在数据表规定或 API Std 674—1995 附录 B 要求更好的材料，并经买方确认。卖方的报价书中应明确标明所有关键部件材料的冶金状态，如锻造、铸造等。

5.10.2 引用 API Std 674—1995 第 2.10.1.2～2.14.1.5 条。

5.10.3 卖方应根据规定的材料等级及规定的操作条件，负责最终的材料选择，并在往复泵数据表上标明主要零部件的具体牌号。

5.10.4 如果介质中含有硫化氢、氯化物或其他会引起应力腐蚀的成分；或可能与铜或铜合金起反应的成分，均应在往复泵数据表或询价技术资料中说明，卖方所提供的设备和选材应适应这些介质的要求。

5.10.5 输送毒性为极度和高度危害介质或爆炸危险性介质时，铸铁不能用作承压件。

5.10.6 对于蒸汽直接作用式往复泵，当蒸汽压力大于 1.7MPa（G），或温度大于 260℃时，汽缸应是钢制的。

5.10.7 除本规定 5.10.4～5.10.6 条的规定外，材料的选用、鉴定试验等尚应符合 API Std 674—1995 第 2.10.1.7～2.10.1.13 条的规定。

5.10.8 承压件、铸件、锻造和焊接应符合 API Std 674—1995 第 2.10.2～2.10.4 条的规定。

5.10.9 如果存在制造过程中或制造完成后无法检测的焊缝，卖方应该预先提出要采取的质量控制办法，由卖方和买方协商确认。

5.10.10 低温材料和试验要求应符合 API Std 674—1995 第 2.14.6～2.14.8 条的规定，或 GB150—1998 附录 C 的规定。

5.11 噪声

除另有规定外，根据日接触噪声时间的不同，离机器 1m 处测定的泵机组的总体噪声（声压级）应小于或等于表 3 规定的限值。当此值超过表 3 规定的限值时，卖方应提交机组的频带声压级［按 1/1 频程的中心频率（Hz）来测定］，供买方批准。

表 3 工作地点噪声声级的卫生限值

日接触噪声时间/h	卫生限值/dB(A)	日接触噪声时间/h	卫生限值/dB(A)
8	85	1/2	97
4	88	1/4	100
2	91	1/8	103
1	94		

注：本表摘自 GBZ1—2002。

辅助设备

6.1 驱动机

6.1.1 应优先采用低速电动机与往复泵直联驱动。驱动机及功率传动设备应由卖方成套提供。驱动机的规格应满足最大指定操作条件（包括传动损失），并应考虑全流量、正常吸入条件以及排出压力达安全阀设定压力的工况。所有的驱动设备均应在规定的公用工程条件和现场条件下正常稳定运行。

6.1.2 驱动机的启动转矩应大于泵所需的启动转矩。

6.1.3 对于电动机驱动的机组，当泵的额定轴功率小于或等于22kW时，驱动机的铭牌额定值至少应为泵额定轴功率（包括传动损失）的120%；当泵的额定轴功率大于22kW时，驱动机的铭牌额定值至少应为泵额定轴功率（包括传动损失）的110%。对于汽轮机驱动的机组，驱动机的铭牌额定值至少应为泵额定轴功率（包括传动损失）的110%。

6.1.4 买方应在订货合同的技术附件中提出电动机的型式、电气特性、启动条件（包括启动电压降值要求）、防护等级、声压级、绝缘形式、所需的使用系数、传动损失、环境温度、安装所在地海拔高度以及危险场所分类。

6.1.5 额定功率大于或等于150kW，或额定电压为6000V电动机的每相定子绕组，及每个径向滑动轴承均应设置两只Pt100测温铂热电阻，并接至独立的测温接线盒，接线盒的防爆等级应至少等同于电动机的防爆等级。

6.1.6 额定电压为6000V及其以上的电动机，应设空间加热器，空间加热器设独立的接线盒，防爆等级应至少等同于电动机的防爆等级。

6.1.7 驱动机尚应符合 API Std 674—1995 第 3.1.6 条、3.1.7 条、3.1.9～3.1.16 条的规定。

6.2 联轴器和护罩

6.2.1 联轴器和护罩应符合 API Std 674—1995 第 3.2 条的规定。

6.2.2 卖方应提供由不产生火花材料制成的可拆式联轴器护罩。

6.3 底座

往复泵底座应符合 API Std 674—1995 第 3.3.1 条、3.3.2 条（3.3.1.1 条和 3.3.1.2 条除外）的规定，且机组所有设备的底座和地脚螺栓、螺母、垫片等连接件均应由机组卖方提供。

6.4 控制和仪表

6.4.1 通则（略）

6.4.2 控制系统

6.4.2.1 控制系统应符合 API Std 674—1995 第 3.4.2.1～3.4.2.5 条的规定。

6.4.2.2 流量调节通常采用旁路或变速，但无论采用哪种方法，宜再设置一附加的旁路系统。

6.4.3 就地仪表及控制盘（略）

6.4.4 仪表（略）

6.4.5 轴振动、轴位移和轴承温度检测器（略）

轴振动、轴位移和轴承温度检测器应由卖方提供。制造和安装应符合 API Std 670 的规定。

6.4.6 报警与停车

6.4.6.1 报警与停车应符合 API Std 674—1995 第 3.4.5.2～3.4.5.5 条的规定。

6.4.6.2 除另有规定外，作为最低要求，额定功率大于或等于150kW的机组应按表4要求设计报警和联锁停车系统。小于150kW的机组的报警与停车由买方与卖方协商确定。

表 4　往复泵机组的报警与停车

内　容	报　警	联锁停车	内　容	报　警	联锁停车
超速	—	×	活塞杆填料温度高	×	×
系统停车	—	×	油过滤器压降大	×	—
辅油泵运转	×	—	润滑油温度高或低	×	—
注油器故障	×	—	油箱液位高或低	×	—
主电机绕组温度高(≥150kW)	×	×	润滑油压力低	—	×
轴承温度高	×	×	机身注油系统压力低	—	×

6.4.7　仪表接线箱

卖方应为所有监控仪表提供一个或多个仪表接线箱，以便以集中布线方式将监控信号引入控制盘或控制室。

6.4.8　安全阀

6.4.8.1　为了保护机组设备本身而在设备上或在管道上设置的安全阀及安全阀组中的所有其他阀门，均应由机组卖方提供。安全阀应符合 GB 12241、GB 12242 和 GB 12243，或 API Std RP 520—PartⅠ、API Std RP 520—PartⅡ 和 API Std 526 的要求以及买方对安全阀的其他要求。卖方应提供安全阀的规格尺寸和选型时用的流量、设定压力和温度，供买方确认。卖方的技术报价文件中应详细列出所有的安全阀清单（包括设定值）。安全阀的设定值应不大于相关设备和相关管道的最高允许操作压力。

6.4.8.2　安全阀阀体以及阀内件、连接件均应采用钢或不锈钢制造。安全阀的进出口均应采用法兰连接。法兰面的公称压力等级和密封面形式应根据操作条件按买方在询价文件上要求的标准选择，并且应由买方确认。

6.5　管道系统（基本同 SH/T 3139，略）

6.6　脉动和机组振动控制要求

6.6.1　脉动和机组振动控制要求应符合 API Std 674—1995 第 3.6 条的规定。

6.6.2　如果采用脉动控制措施，具体措施应由买卖双方协商确定。

6.7　专用工具（略）

检测和试验（略）

涂漆、标志、包装和运输（略）

保证

9.1　机械保证

9.1.1　在用户遵守产品使用说明书所规定的条件下，压缩机组运转 12 个月或交货后 18 个月内，确因产品质量不良而发生不应有的损坏时（不包括易损件），卖方应无偿地及时为用户修理或更换损坏的零件。

9.1.2　易损件的寿命由买卖双方共同商定，但不宜低于下述规定：

① 缸体衬套 30000h；

② 活塞杆 30000h；

③ 活塞支承环 8000h；

④ 活塞杆填料 8000h；

⑤ 活塞环 8000h；

⑥ 阀片、缓冲片 8000h；

⑦ 阀弹簧 8000h。

9.2 性能保证

9.2.1 基于现场全负荷性能试验的往复泵性能应有如下的保证值：

① 机动往复泵和直接作用式往复泵的额定流量应无负偏差，且正偏差小于或等于 3%；

② 额定压力和流量下，机动往复泵的额定轴功率偏差小于或等于 +4%；

③ 机动往复泵和直接作用式往复泵的 $NPSH_r$ 应无正偏差。

9.2.2 在任何规定工况下，机组任一设备的噪声值均应小于或等于本规定表 3 的卫生限值。

卖方的资料 (略)

2. SH/T 3142 石油化工计量泵工程技术规定

SH/T 3142 主要引用美国石油学会标准 API Std 675—1994，并结合中国石油化工行业的特点，补充或制定了一些新的规定。其主要内容如下：

范围

本规定规定了石油化工用柱塞式计量泵和液压隔膜式计量泵及其驱动机、辅助设备在设计、制造、检测和试验等方面的要求。

本规定适用于石油化工行业计量泵的工程设计及设备采购。其他行业可参照执行。

规范性引用文件 (略)

替代设计 (略)

术语和定义 (略)

基本设计

5.1 一般要求

5.1.1 计量泵（包括辅助设备）应按照使用寿命至少为 20 年、预期不间断连续操作至少为 3 年进行设计和制造。这是机组的设计准则。除买方作出书面认可外，卖方所提供的设备规格应在卖方的设计制造经验范围内，并且经验证明在相似的使用场合下的使用是可靠的。至少应有两台同型号的机组在相同或相似工艺操作条件下积累了两年的成功运行经验，则可认为该型号的机组是可靠的。

5.1.2 除另有规定外，卖方应对整个机组包括泵、齿轮变速器（如果需要）、驱动机、油系统、控制及仪表、联轴器、相关的辅助设备和管道系统等负全部责任，并负责他们之间的合理匹配。

5.1.3 引用 API Std 675—1994 第 2.1.3～2.1.11 条、2.1.13～2.1.14 条、2.1.16～2.1.20 条。

5.1.4 除另有规定外，泵、驱动机及其辅助设备应在规定的环境条件下适用于户外启动和连续操作。

5.1.5 泵的额定流量应考虑工艺平衡所要求的最大工作流量的裕量。泵的额定流量应大于或等于 110% 工艺要求的最大流量。

5.1.6 调节比（指工艺要求的最大流量相对能维持规定的稳定性精度和线性度的最小流量的比例）至少应为 10∶2。若以泵的额定流量计算调节比时，则应为 10∶1。

5.1.7 泵的远程控制或自动控制，应符合数据表（参见附录 B）中规定的要求。

5.1.8 当卖方有要求，计量泵应配置背压阀。背压阀的形式、参数由卖方提供，供货范围由买卖双方协商决定。

5.2 承压零部件

5.2.1 卖方应规定所有承压零部件在规定的最高及最低液体温度下的设计压力。

5.2.2 承压零部件应符合 API Std 675—1994 第 2.2 条的规定。

5.2.3 通用螺栓（紧固件）螺纹宜采用公制（ISO/M 制）螺纹，如果采用英制（UN/UNC 制）螺纹，应经买方认可。

5.2.4 对于操作温度大于 0℃ 的泵，应比较最高预期操作温度与额定操作温度加 10℃，按两者中较高的温度设计；操作温度在 0℃ 及以下的泵，应按最低操作温度设计。

5.3 液力端管口

5.3.1 除另有规定外，法兰应采用 ASME B16.1，或 B16.5，或 B16.42，或 B16.47 标准，也可对应采用 GB/T 9115，或 SH 3406，或 HG 20615 标准。具体法兰标准、等级和密封面形式应满足数据表中规定的要求。

5.3.2 液力端管口应符合 API Std 675—1994 第 2.3 条的规定。

5.4 泵进、出口止回阀

5.4.1 泵吸入口、排出口的止回阀可以选择弹簧止回阀或单/双止回阀。止回阀形式可为球阀、板式阀或锥形阀。阀球的硬度应大于或等于 400HB，阀座的硬度应大于 200HB。

5.4.2 如果液体含有磨蚀性的固体颗粒，卖方应提供技术资料以证明止回阀选择的合理性。

5.4.3 螺纹阀座不能用于腐蚀性液体。

5.4.4 引用 API Std 675—1994 第 2.4 条。

5.5 隔膜

5.5.1 隔膜应符合 API Std 675—1994 第 2.5 条的规定。

5.5.2 毒性为极度或高度危害的介质、爆炸危险性介质或介质与液压油会发生反应的场合应使用双隔膜。除另有规定外，其他场合也宜使用双隔膜。

5.5.3 除另有规定外，双隔膜计量泵应提供隔膜破损报警装置。

5.5.4 输送液体温度大于 150℃ 时，采用 PTFE 材料的隔膜应得到买方的批准。

5.6 填料柱塞

填料柱塞应符合 API Std 675—1994 第 2.6 条的规定。

5.7 安全阀

5.7.1 引用 API Std 675—1994 第 2.7.1 条。

5.7.2 隔膜式计量泵应有内置的并可调节的液压安全阀，柱塞式计量泵应在买方的管道上安装外置安全阀。外置安全阀可由买方提供，应具有与缸体相同或等同的材料牌号。

5.7.3 除另有规定外，外置安全阀的进、出口应为法兰连接。

5.8 齿轮变速器

齿轮变速器应符合 API Std 675—1994 第 2.8 条的规定。

5.9 隔离罩

隔离罩应符合 API Std 675—1994 第 2.9 条的规定。

5.10 轴承

5.10.1 轴承应符合 API Std 675—1994 第 2.10 条的规定。

5.10.2 所有轴承零部件应采用金属材料。

5.11 润滑

润滑应符合 API Std 675—1994 第 2.11 条的规定。

5.12 流量调节

5.12.1 泵应能在工作时通过改变冲程或转速来调节泵的流量。

5.12.2 引用 API Std 675—1994 第 2.12.2～2.12.4 条。

5.12.3 流量调节范围应为最大流量至零流量。

5.13 材料

5.13.1 除另有规定外,泵液力端的材料等级应参照本规定附录C的规定。但具体材料可选用同等或较高性能的所在国材料来替代。

5.13.2 卖方的报价书中应明确标明所有关键零部件材料的冶金状态,如锻造、铸造等。

5.13.3 卖方应根据规定的材料等级及规定的操作条件负责最终的材料选择,并在数据表上标明主要零部件的具体牌号。

5.13.4 引用 API Std 675—1994 第 2.13.1 条。

5.13.5 铸件应符合 API Std 675—1994 第 2.13.2 条的规定。

5.13.6 锻件应符合 API Std 675—1994 第 2.13.3 条的规定。

5.13.7 焊接应符合 API Std 675—1994 第 2.13.4 条的规定。

5.13.8 冲击试验应符合 API Std 675—1994 第 2.13.5 条的规定。

5.14 噪声

除另有规定外,根据日接触噪声时间的不同,离机器 1m 处测定的泵机组的总体噪声(声压级)应小于或等于表1规定的限值。当此值超过表1规定的限值时,卖方应提交机组的频带声压级[按1/1频程的中心频率(Hz)来测定],供买方批准。

表 1 工作地点噪声声级的卫生限值

日接触噪声时间/h	卫生限值/dB(A)	日接触噪声时间/h	卫生限值/dB(A)
8	85	1/2	97
4	88	1/4	100
2	91	1/8	103
1	94		

注:本表摘自 GBZ1—2002。

辅助设备

6.1 驱动机

6.1.1 引用 API Std 675—1994 第 3.1 条。

6.1.2 电机的额定功率最小为 0.25 kW。

6.2 联轴器和联轴器护罩

6.2.1 驱动机侧半联轴器应完全加工好,一般由卖方安装在驱动机上。如果不要求卖方提供驱动机,卖方应该随泵一起提供完全加工好的半联轴器,以及安装说明书。

6.2.2 引用 API Std 675—1994 第 3.2.2～3.2.3 条。

6.2.3 如果使用联轴器,联轴器应是弹性联轴器。

6.2.4 卖方应提供和安装由不产生火花的材料制成的可拆式联轴器护罩。

6.3 底座

6.3.1 引用 API Std 675—1994 第 3.3.1 条。

6.3.2 驱动机应安装在泵的公用底座上或泵的安装法兰上。

6.3.3 引用 API Std 675—1994 第 3.3.3～3.3.6 条。

6.3.4 卖方应提供地脚螺栓、螺母和垫片以及必要的调隙垫。

6.3.5 引用 API Std 675—1994 第 3.3.8～3.3.10 条。

6.4 控制和仪表（略）

6.5 辅助管道和设备（略）

6.6 缓冲罐

6.6.1 当数据表中规定时，应与泵一起提供一套缓冲装置。缓冲装置应为蓄能器式，通过弹性隔膜或皮囊，使用充气腔来隔离泵送液体。

6.6.2 引用 API Std 675—1994 第 3.6.2 条。

6.7 专用工具（略）

检测和试验（略）

涂漆、标志、包装和运输（基本同　　　，略）

保证

9.1 机械保证

在用户遵守产品使用说明书所规定的条件下，计量泵机组运转12个月或交货后18个月内，确因产品质量不良而发生不应有的损坏时（不包括易损件），卖方应无偿地及时为用户修理或更换损坏的零部件。

9.2 性能保证

9.2.1 卖方应按下列要求保证泵的性能：

① 在额定吸入压力和排出压力时额定流量应没有负偏差；

② 在规定的调节比下，流量稳定性精度应在额定流量±1%的范围内；

③ 在规定的调节比下，流量复现性精度应在额定流量±3%的范围内；

④ 在规定的调节比下，线性度的偏差应在额定流量±3%的范围内。

9.2.2 在任何规定工况下，机组任一设备的噪声值应小于或等于本规定表1的卫生限值。

卖方的资料（略）

3. SH/T 3151 石油化工转子泵工程技术规定

SH/T 3151 主要引用美国石油学会标准 API Std 676—1994，并结合中国石油化工行业的特点编制而成。其主要内容如下。

范围

本规定规定了石油化工转子泵及其驱动机、辅助设备在设计、制造、检验和试验等方面的最低要求。

本规定涉及的转子泵类型主要有：齿轮泵、螺杆泵、凸轮泵、滑片泵、挠性叶轮泵、软管泵等。

本规定适用于石油化工行业转子泵的工程设计及设备采购，其他行业可参照执行。

规范性引用文件（略）

替代设计（略）

术语和定义（略）

基本设计

5.1 一般要求

5.1.1 转子泵（包括辅助设备）应按照使用寿命至少为 20 年（不包括易损件），预期不间断连续操作至少为 3 年进行设计和制造，这是机组的设计准则。除买方书面批准外，卖方提供的机器规格应在卖方的设计和制造经验范围内，并且经验证明在相似工况下使用是可靠的。

注：至少应有同样或相似型号的产品在相同或相似操作条件下积累两年以上的成功运行业绩，该产品方可被认为是可靠的。

5.1.2 除另有规定外，卖方应对整个机组（包括泵、齿轮变速器、驱动机、油系统、控制及仪表、联轴器、相关的辅助设备和管道系统等）负全部责任，并负责它们之间的合理匹配。

5.1.3 除另有规定外，泵、驱动机及其辅助设备应在规定的操作和环境条件下适用于户外启动和连续操作。

5.1.4 除另有规定外，转子泵的规格应按输送介质的最小黏度以及规定的压差下的额定流量来确定；泵的额定轴功率应按输送介质的最大黏度以及最大压差下的所需功率来确定。

5.1.5 转子泵及其辅助设备应能在变速驱动机的脱扣速度和安全阀设定压力下，连续操作。

5.1.6 泵在额定点的必需汽蚀余量 $NPSH_r$ 应至少比有效汽蚀余量 $NPSH_a$ 小 0.3m，且不应考虑对烃类液体的修正系数。

5.1.7 润滑油箱和内装需润滑运动零部件（如轴承、轴封、抛光的零部件、测量仪表和控制元件）的腔体都应设计成在泵运行或停机闲置期间尽量少受潮湿、灰（粉）尘，以及其他外界杂质的玷污。

5.1.8 转子泵的所有部件（尤其是轴封部分）应设计成能快速和经济地维护。主要零部件应设有止口配合或圆柱形定位销，以便于拆卸和重新装配。

5.1.9 卖方应综合考虑汽蚀余量、液体最大黏度、固体颗粒及磨蚀性杂质含量、磨损允量等情况后，向买方推荐合适的泵转速。

5.2 压力泵壳

5.2.1 泵壳的设计压力应大于最高进口压力和规定的最大压差之和，并大于或等于安全阀的最大设定压力。如果最高进口压力低于大气压力，进口压力按大气压力计算。

5.2.2 泵壳设计时应保证泵的吸入口区域也能承受液压试验压力。

5.2.3 泵壳的最大允许操作压力应大于或等于安全阀的设定压力。安全阀的设定压力值应大于或等于额定出口压力的 1.1 倍，且应大于或等于 0.17MPa（G）。

5.2.4 对于操作温度 0℃ 以上的泵，应比较预期的最高操作温度与额定操作温度加 10℃，按两者中较高的温度设计；操作温度在 0℃ 及以下的泵，应按最低操作温度设计。

5.2.5 通用螺栓螺纹宜采用公制（ISO/M 制）螺纹，如果采用英制（UN/UNC 制）螺纹，应得到买方书面批准。

5.2.6 为便于拆卸和重新装配泵壳，应配备顶丝。顶丝直径应尽量接近螺栓直径，顶丝应进行调质处理，提高螺纹的表面硬度。两个接触面中有一个应当加工出凹陷部位（平底埋头孔或凹陷槽），以防密封面损伤而引起的泄漏，或密封面间结合不紧密。

5.2.7 应在设备合适的部位配备起吊构件（如吊耳等），以便于用常规的吊环或吊钩进行现场安装而不会损伤设备。

5.2.8 如果泵需要冷却或加热夹套,则应严防工艺流体泄漏到夹套中。当泵体需要冷却时,壳体和端盖应采用内部不联通的分体式冷却腔。

5.2.9 除非另有规定,夹套的设计压力应大于或等于0.52MPa(G),水压试验压力应大于或等于0.8MPa(G)。

5.3 壳体上的管接口

5.3.1 法兰标准、压力等级应符合数据表中规定的要求。经买方书面批准,也可采用对应的其他法兰标准。

5.3.2 除数据表上另有规定外,泵壳上所有接口均应大于或等于DN15(1/2in),与用户连接的接口应为法兰连接。

5.3.3 铸铁材料的泵,其法兰密封面应为全平面(FF)。

5.3.4 法兰螺栓孔宜为全通孔结构。

5.3.5 除另有规定外,泵体应设置排净口等辅助接口。

5.3.6 除另有规定外,泵体上不应设置压力表接口。

5.3.7 除另有规定外,泵的吸入口和排出口法兰应采用相同的法兰标准和压力等级。

5.4 作用在管口上的外力和外力矩

转子泵(包括泵壳支承和底座)应能承受一定的管道载荷和热膨胀引起的外力和外力矩。转子泵的进出口法兰允许承受的外力和外力矩分别按公式(1)、公式(2)计算。

$$F_x = F_y = F_z = 13D \tag{1}$$

式中 F_x、F_y、F_z——泵进出口法兰x、y、z方向(见图1)允许承受的外力,N;
D——管口公称直径,mm。

$$M_x = M_y = M_z = 7D \tag{2}$$

式中 M_x、M_y、M_z——泵进出口法兰x、y、z方向(见图1)允许承受的外力矩,N·m;
D——管口公称直径,mm。

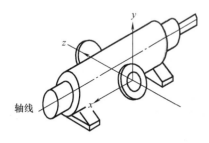

图1 泵进出口法兰力和力矩的坐标系

5.5 转子

5.5.1 为避免规定工况(包括110%安全阀设定压力)下,转子与泵壳之间,以及由同步齿轮传动的转子之间发生磨损,转动部件和轴应有足够的刚度,材料选择时应考虑避免有咬合趋势的材料。

5.5.2 对于非整体结构的转子,转动部件和轴之间应采用紧固连接,以避免转动部件和轴之间的相对滑动。

5.5.3 转动部件和轴应机械加工。其径向跳动量(TIR)应小于或等于0.05mm。

5.5.4 同步齿轮应符合API Std 676—1994第2.5.3条的要求。

5.6 动力学

5.6.1 除买方书面批准外,转子应采用刚性轴设计。刚性轴转子的一阶临界转速应大于或等于120%的最高连续转速。

5.6.2 卖方提供的支承系统（底座、机身及轴承箱），在额定转速 90%～110% 范围内不应产生共振。

5.6.3 如无特殊规定，转子泵的主要转动部件应按 ISO 1940 标准 G 6.3 级进行动平衡试验。

5.6.4 转子泵在额定工况运行时，在每一轴承支承点测得的振动速度（均方根，未过滤）应小于或等于 3.0mm/s；在其他工况运行时，振动限值可提高至上述值的 130%。

5.7 轴封

5.7.1 密封型式

泵的密封型式可由买方在数据表上规定，卖方根据规定的工况负责最终选择，并标明 API 的分类代号、卖方代号、材料牌号和辅助管道布置方案。

5.7.2 机械密封

5.7.2.1 除数据表上另有规定外，轴封应为集装式机械密封，轴封和轴封系统应符合 API Std 682。只要所选的轴封型式是经过实践证明过的，可不进行 API Std 682 规定的认定试验。

5.7.2.2 如果已做出规定，密封不执行 API Std 682 时，则应符合 API Std 676—1994 第 2.6.1.2 条至 2.6.1.9 条的规定。

5.7.2.3 在液压试验时，不应使用机械密封和密封压盖。

5.7.2.4 在车间进行机械运转和性能试验时，应安装合同机械密封。试验合格后，机械密封不应拆下，应与泵一起运输。

5.7.2.5 当吸入压力为负压时，转子的布置应使密封腔的压力为正。否则，密封腔要采用负压有效密封。

5.7.2.6 所有密封部件应按最高预期的密封压力和最宽温度范围进行设计。

5.7.2.7 当规定选用双机械密封时，可不提供节流衬套。

5.7.3 填料密封

5.7.3.1 填料的型式和材料可由买方在数据表上规定，卖方根据规定的工况负责最终选择填料的型式和材料。

5.7.3.2 如果配备填料密封，应设置封液环，以便对填料进行冲洗和冷却。

5.7.3.3 对填料密封，以下情况下填料函外应设置冷却夹套：

a) 泵的操作温度大于或等于 150℃；

b) 泵操作温度下液体的汽化压力大于 0.069MPa（A）。

5.7.3.4 设计时应考虑留有足够空间，以便不用移动或拆开任何其他部件，只需拆下填料压盖，就能更换填料。

5.8 轴承

5.8.1 转子泵宜采用油润滑轴承。

5.8.2 轴承的润滑系统和冷却系统应根据使用条件进行选择，且能够在任何规定的操作条件下保证轴承箱的最高温度不超过 82℃ 或环境温度加 40℃（两者取低值）。

5.8.3 对于双转子泵，当输送润滑性很差或含颗粒介质时，宜采用外轴承和同步齿轮。

5.8.4 轴承箱的设计，宜保证在无需移动泵和驱动机的条件下，就可更换轴承。

5.8.5 滚动轴承的部件均应采用金属件。

5.8.6 轴承还应满足 API Std 676—1994 第 2.7 条的规定。

5.9 润滑

5.9.1 轴承宜采用烃类油润滑。

5.9.2 对于外置油润滑轴承室应配备容积大于或等于0.12L的可视恒液位给油器，盛油器应由耐热玻璃制成并配有金属保护罩，且配有防止轴承室过度加油的措施。

5.9.3 卖方应注明轴承和同步齿轮所需润滑油类型、物性、用量及更换周期。

5.9.4 当采用油脂润滑时，每一润滑部位均应实现在线油脂加注。

5.10 材料

5.10.1 除另有规定外，所选用材料应符合数据表的规定。但具体材料可选用同等或较高性能的制造厂所在国材料来替代。卖方可以根据经验提出建议，采用比买方在数据表规定的更好的材料，并经买方确认。卖方的报价技术文件中应明确标明所有关键部件材料的冶金状态，如锻造、铸造等。

5.10.2 卖方应根据规定的材料等级及规定的操作条件负责最终的材料选择，并在数据表上标明主要零部件材料的具体牌号。

5.10.3 转子和定子设计和制造时应注意材料的硬度差，以防咬死。

5.10.4 除另有规定外，碳钢和低合金钢制泵壳的腐蚀裕量应大于或等于3mm，高合金钢和有色金属材料可不考虑腐蚀裕量。

5.10.5 如果介质中含有硫化氢、氯化物、或其他会引起应力腐蚀的成分；或可能与铜或铜合金起反应的成分，买方应在数据表或询价资料中说明，卖方所提供的设备和选材应适应这些介质的要求。

5.10.6 输送毒性为极度或高度危害介质以及爆炸危险性介质时，铸铁不应用作承压件。

5.10.7 铸件应完好无疵，无疏松、热裂、缩孔、气孔、裂纹、砂眼和其他类似的缺陷。没有买方的特别批准，铸铁件不得进行焊接修补。

5.10.8 如果存在制造过程中或制造完成后无法检测的焊缝，卖方应该预先提出要采取的质量控制办法，由卖方和买方协商确认。

5.10.9 对泵送介质温度低于−20℃的泵，承压泵壳应采用适合低温用途的合金钢或特殊碳钢。并且应在最低操作温度下，按适用的规范作冲击韧性试验。

5.11 噪声

除另有规定外，根据日接触噪声时间的不同，离机器1m处测定的泵机组的总体噪声（声压级）应小于或等于表1规定的限值。当此值超过表1规定的限值时，卖方应提交机组的频带声压级［按1/1频程的中心频率（Hz）来测定］，供买方批准。

表1 工作地点噪声声级的卫生限值

日接触噪声时间/h	卫生限值/dB(A)	日接触噪声时间/h	卫生限值/dB(A)
8	85	1/2	97
4	88	1/4	100
2	91	1/8	103
1	94		

注：本表摘自GBZ1—2002。

辅助设备

6.1 驱动机

6.1.1 驱动机及功率传动设备应由卖方成套提供。驱动机的规格应满足最大规定操作条件（包括传动损失）。所有的驱动设备均应在规定的公用工程条件和现场条件下正常稳定运行。

6.1.2 电动机的铭牌额定值至少应为泵额定轴功率（包括传动损失）乘以表2规定的功率裕量系数K。

表2 转子泵功率裕量系数K

泵的额定轴功率P_a/kW	功率裕量系数K	泵的额定轴功率P_a/kW	功率裕量系数K
≤15	125%	>55	110%
15<P_a≤55	115%		

6.1.3 对于汽轮机驱动的机组，驱动机铭牌额定值至少应为泵额定轴功率（包括传动损失）的110%。

6.1.4 任何功率传动设备，如齿轮变速器，其额定功率应大于或等于驱动机的额定输出功率。

6.1.5 对于变速驱动机，应设计成在调速器调节范围内（调速器的调节范围根据主机来确定）的任何转速下都能连续运转。

6.1.6 当采用变频器调速时，应满足以下要求：

① 除另有规定外，变频器应采用恒转矩输出；

② 变频器的适用功率应大于或等于电动机额定输出功率的1.1倍；

③ 当使用频率小于20Hz时，电机必须采用变频电机。

6.2 联轴器和联轴器护罩

6.2.1 除另有规定外，泵与驱动机的联接应采用无润滑的挠性联轴器。

6.2.2 除买方书面批准外，联轴器应带中间轴，其长度应能保证无需拆除电机和管道，就可以移出转子、轴、轴封和轴承组件。

6.2.3 卖方应提供和安装由不产生火花材料制成的可拆式联轴器护罩。

6.3 底座

6.3.1 除另有规定外，泵、齿轮箱和驱动机应安装在同一个公用底座上。

6.3.2 泵底座应为整体铸铁或钢板与型钢焊接结构，安装泵、齿轮箱及驱动机的接触表面应进行机加工。

6.3.3 除另有规定外，泵底座上应设置灌浆孔和地脚螺栓孔。

6.3.4 泵底座应有足够的刚度，以使转子泵在不考虑灌浆时就能满足本规定中5.4的规定，并且联轴器处的对中偏差应小于0.05mm，或根据联轴器制造厂的标准执行。

6.3.5 除另有规定外，卖方应提供地脚螺栓、螺母、垫片和必要的调隙片。

6.3.6 底座上应设汇集和排放泄漏液体的集液盘或集液槽，排放区域应以至少1∶100的斜度朝排出口方向倾斜，并应提供带螺塞的最小尺寸为DN25（1in）的NPT的排净口。

6.3.7 除另有规定外，底座应延伸至泵和驱动系统组成件之下，使得任何泄漏液都收集在底座范围内。为了尽可能减少偶然的碰撞和损伤组成件，所有的管道接头和管道法兰面，包括泵的吸入口和排出口法兰都应处在集液盘或集液槽的收集范围内。除电动机接线盒端部、油脂润滑轴承的电动机机架端外，所供设备（指泵机组）的投影均应落在底座范围内。

6.4 安全阀

6.4.1 转子泵自备的安全阀只用于泵的保护。

6.4.2 无论转子泵是否自备安全阀，其出口管道与第一个阀门之间均应设安全阀。除非数据表上另有规定，该安全阀应由买方提供。

6.5 控制和仪表（略）

6.6 辅助管道和设备（略）

6.7 专用工具

如果需要，卖方应提供一套安装、组装和维修用专用工具。

检验和试验（略）

涂漆、标志、包装和运输（基本同　　　　，略）

保证（基本同　　　　，略）

卖方的资料（略）

第三节　泵的数据表

泵的数据表汇总了每个位号泵的操作条件、性能参数、结构特征、材料、公用工程条件、试验和检验要求，以及供货范围等内容，是询价、报价、签订合同的重要技术条件之一。

一、离心泵数据表的填写说明

根据离心泵的分类，有3种数据表：重载荷离心泵数据表、中轻载荷离心泵数据表和无密封离心泵数据表。

重载荷离心泵数据表见表4-1。

第1页第1～13行：总则，填写该位号泵的一般信息。

第1页第14～24行：操作条件，由工艺专业和系统专业提出，是机泵选型的依据。

第1页第18～32行：液体，是输送介质的物性数据，由工艺专业提出，是机泵选型的依据。

第1页第14～50行：现场和公用条件，安装位置由工艺或管道/布置专业确定，防爆区域划分由电气专业确定，现场条件和水电气/汽条件来自项目统一规定，买方应对这些条件和其他异常条件填写清楚，以便卖方选型。买方在技术评审时应注意卖方的选型是否完全符合规定条件。

第1页第34～50行：性能，是厂商根据泵操作条件选择的泵的性能参数。机泵专业人员在填写数据表前应初步选型，对轴功率，以及其他消耗指标提出概算条件，对该位号泵的市场可获得性有个了解。

第2页第1～50行：结构，买方应根据泵的重要性和操作条件选定适用标准和泵的类型，卖方则应提供相关的结构参数，供买方技术比较使用。

第2页第25～36行：材料，买方根据工艺条件规定材料等级，由厂商结合自身制造经验选择推荐各部件材料，供买方审查确认。

第2页第37～47行、第3页第1～6行：轴承和润滑，买方应规定或审查滚动轴承的品牌，轴承型号，强制润滑系统执行标准，油加热方式。

第3页第1~46行：机械密封和填料，对于成熟工艺泵，买方应明确密封选型、选材及冲洗方案，冲洗液和隔离液/缓冲液选择，卖方需要确认冲洗液的名称、用量，压力和温度条件。对于不成熟的工艺泵，买方卖方和密封厂商共同探讨后确定密封选型等比较合适。

第3页第36~46行：蒸汽和冷却水管道系统，买方应规定对于成套范围的蒸汽和冷却水管道系统配置要求，卖方应提出机组需要的冷却水和蒸汽的流量及压力。

第4页第1~10行：仪表，按仪表专业编写的"成套设计仪表统一规定"执行。

第4页第27~47行：电动机，通常由卖方成套供货，买方应明确规定其使用条件，在审查技术报价或厂商资料时应从逐项确认是否满足设计要求。对于高压电动机要求带电加热器，配带轴承温度和绕组温度监测热电阻或热电偶，明确加热器控制方式，温度检测输出信号应按仪表专业规定。对大型电动机可另附电动机数据表。

第4页第5~24行：表面准备和涂漆，涂漆通常按制造厂标准执行，面漆色标可由买方指定。

第4页第25~39行：重量，要求制造厂填写各部件的重量，基础设计需要，也便于在技术评审时参考。

第4页第40~47行、第5页第1~13行：买方的其他要求，转子动平衡是必选项，其他项对于大型复杂机组可结合项目特点或按标准规定选择执行。

第5页第1~46行：质量检查和试验，质量检查项目为常规检查项目，一般按制造厂质量保证体系必做；性能试验和机械运转试验，$NPSH_r$试验（当$NPSH_a-NPSH_r \leqslant 1m$时才要求）等根据泵的重要性应选择作为见证试验。

中、轻载荷离心泵数据表见表4-2。

该表比重载荷离心泵数据表简略些，版块划分与无密封泵数据表相同，可比照处理不再赘述。

无密封离心泵数据表见表4-3。

这里只谈无密封泵独特的方面，其他可比照离心泵数据表处理。

第1页第14~26行：液体，需要特别关注介质的汽化压力特性、黏度、颗粒含量/尺寸/硬度。一般来讲，颗粒浓度高、尺寸大、硬度高的介质，不宜选用普通结构无密封泵，否则应选用渣浆型结构的泵。选用磁力泵还是屏蔽泵，有些场合都可以，但有些场合又各有优缺点，应合理选用。

第1页第33~54行、第2页第1~24行：结构，特别应要求厂商填写磁缸耐热极限温度，泵所需转矩，磁力耦合器额定转矩，实际转矩服务系数。对于危险性高的介质选用磁力泵应考虑第二层保护。18.5kW以上的磁力泵不宜选直联结构。对于易汽化介质，宜选用立式安装方式或带反向环流。

第1页第35~43行：材料，内部滑动轴承一般有石墨、PTFE、SiC或其他耐磨材料，具体选择时应结合物料特点，操作特点综合考虑耐磨性和耐冲击能力后而定。屏蔽套/隔离套材料宜选磁损小的材料。磁缸材料应结合使用温度而定，选择磁性稳定耐温范围合理的材料。

第2页第14~23行：仪表和控制，无密封泵要求配低功率保护，防止空运转和汽蚀，可以由电气专业在电动机保护装置中涵盖此功能，不必单独设置。屏蔽泵轴承磨损监测器建议选配,方便对轴承磨损状态监控,及时检修防止屏蔽电机的重大损坏。高温介质输送泵还应配电动机过热保护。其他保护可视具体情况而酌情选用。

第2页第8~12行:立式泵,应表示出泵入口至底板和容器侧壁离泵中心线的距离。

二、往复泵和计量泵数据表

往复泵和计量泵数据表见表4-4和表4-5。

第1页第1~13行:**总则**,该位号泵的一般信息。

第1页第14~24行:**操作条件**,由工艺专业和系统专业提出,是机泵选型的依据。

第1页第14~25行:**液体**,是输送介质的物性数据,由工艺专业提出,是机泵选型的依据。

第1页第26~47行:**现场和公用条件**,安装位置由工艺或管道专业确定,防爆区域划分由电气专业确定,现场条件和水电气/汽条件来自项目统一规定,买方应对这些条件和其他异常条件填写清楚,以便卖方选型。买方在技术评审时应注意卖方的选型是否完全符合规定条件。

第1页第25~38行:**性能**,是厂商根据泵操作条件选择的泵的性能参数。机泵专业人员在填写数据表前应初步选型,对轴功率,以及其他消耗指标提出概算条件,对该位号泵的市场可获得性有个了解。

第1页第39~51行、第2页第1~23行:**结构**,买方应根据泵的重要性和操作条件选定适用标准和泵的类型,卖方则应提供相关的结构参数,供买方技术比较使用。

第1页第48~51行:**应用的技术规范**,买方应明确规定泵应执行标准号。

第2页第1~13行:**材料**,买方根据工艺条件规定材料等级,由厂商结合自身制造经验选择推荐各部件材料,供买方审查确认。

第2页第24~38行:**辅助设备**,买方应规定减速装置的型式,对于大型减速装置或有独立强制润滑油站时应另附单独数据表。有内置安全阀的计量泵可不设外置安全阀。为减轻往复泵和计量泵排液量的脉动,泵的进出口通常设置缓冲器,规格大的泵一般配气液接触式缓冲器,小型计量泵一般配隔膜式缓冲器。缓冲器的规格应根据允许的脉动量,缓冲器的型式查缓冲器的性能曲线来确定。对双隔膜计量泵,应配置隔膜破裂报警装置,以保证泵的安全运行。表格中没有的项目,可以在备注栏说明。

第2页第14~29行:**驱动机**,通常由卖方成套供货,买方应明确规定其使用条件,在审查技术报价或厂商资料时应从逐项确认是否满足设计要求。对于高压电动机要求带电加热器,配带轴承温度和绕组温度监测热电阻或热电偶,明确加热器控制方式,温度检测输出信号应按仪表专业规定。

第2页第30~38行:**检验和试验**,质量检查项目为常规检查项目,一般按制造厂质量保证体系必做;性能试验和机械运转试验,NPSH$_r$试验(当NPSH$_a$-NPSH$_r$≤1m时)等根据泵的重要性应选择作为见证试验。

第2页第39~43行:**装运前的准备**,表面准备和涂漆,涂漆通常按制造厂标准执行,面漆颜色可由买方指定。

第2页第39~43行:**重量**,要求制造厂填写各部件的重量,基础设计需要,也便于在技术评审时参考。

三、转子泵数据表

转子泵数据表见表4-6,其填写方法与往复泵类似。

表 4-1 重载荷离心泵数据表

重载荷离心泵数据表

工程号 _____ 设备位号 _____
采购单号 _____
询价书编号 _____
版次 _____ 日期 _____
第 1 页共 5 编制 _____

1	适用于： ○询价　　○采购　　○供制造用
2	客户 _____ 地点 _____ 装置 _____
3	操作方式 _____ 需要台数 _____
4	制造厂 _____ 型号 _____ 系列号 _____
5	注：以下资料的填写由　○买方　□制造厂　△制造厂或买方
6	○数据表　　　　　　　　　　　修改版次

7	位号	附上	位号	附上	位号	附上	编号	日期	修改者
8	泵	○		○		○	1		
9	电机	○		○		○	2		
10	齿轮箱	○		○		○	3		
11	透平	○		○		○	4		

12	○操作条件	○流体
13	流量，正常 _____ m³/h　额定 _____ m³/h	流体特征或名称 _____
14	其他 _____	○危险的　　○易燃的　　○
15	吸入压力最大/额定 _____ / _____ MPa(G)	
16	排出压力 _____ MPa(G)	
17	压差 _____ MPa	
18	扬程 _____ m　有效汽蚀余量 _____ m	
19	工况变化 _____	
20	启动工况 _____	
21	操作方式：○连续　○间歇(启动次数/天) _____	
22	○要求并联操作	
23	○现场数据	

	最小	正常	最大
泵送温度(℃)			
蒸汽压(MPa)			
相对密度			
黏度(mPa·s)			
比热容，c_p _____ kJ/(kg·K)			
○氯化物浓度 _____ mg/kg			
○H_2S浓度 _____ (摩尔数)　　湿			
腐蚀/腐蚀剂 _____			

24	安装位置	材　料
25	○室内　○采暖　○室外　○无采暖	○附录D中的材料等级 _____
26	○电气危险区域等级	○最低设计金属温度 _____ ℃
27	级 _____ 组 _____ 区域 _____	○要求降低材料硬度
28	○要求防冻　　○要求适应湿热气候	□筒体/壳体 _____ 叶轮 _____
29	现场数据	壳体/叶轮耐磨环 _____
30	○海拔 _____ m　大气压 _____ kPa	□轴 _____
31	○环境温度范围:最低/最高 _____ / _____ ℃	□导流壳 _____
32	_____	△性能：
33	○相对湿度:最低/最高 _____ / _____ %	报价的性能曲线号 _____ □ _____ r/min
34	异常条件：　　○粉尘　　○化学气体	□叶轮直径　额定 _____ 最大 _____ 最小 _____ mm
35	○其他 _____	□叶轮型式 _____
36		□额定功率 _____ kW　效率 _____ %
37	○驱动机类型	□最小连续流量：
38	○感应电动机　○汽轮机　○齿轮箱	热控的 _____ m³/h　稳定的 _____ m³/h
39	○其他 _____	□优先工作区 _____ ～ _____ m³/h
40		□允许工作区 _____ ～ _____ m³/h
41	○电动机	□额定叶轮的最大扬程 _____ m
42	△制造厂 _____	□额定叶轮的最大功率 _____ kW
43	□ _____ kW　　□ _____ r/min	□额定流量时的必须汽蚀余量 _____ m
44	□机座 _____ △防护等级 _____	△最大汽蚀比转速 _____
45	△卧式　/　△立式　/　△服务系数	△要求的最大声压级 _____ dB(A)
46	△电压(V)/相(ph)/频率(Hz) _____ / _____ / _____	△预期的最大声压级 _____ dB(A)
47	△型号 _____	△预期的最大声功率级 _____ dB(A)
48	○最小启动电压 _____	△公用工程条件

49	△绝缘等级 _____ ○温升 _____	电	电压/V	相	频率/Hz
50	△满载电流(A) _____	驱动机			
51	△堵转电流(A) _____	加热器			
52	△启动方式 _____	系统电压压降　○80%　○其他			

53	△润滑 _____	蒸汽	最高压力	最高温度	最低压力	最低温度
54		驱动机				
55	轴承(型号/数量)：	加热器				
56	□径向 _____ / _____	冷却水　来源 _____
57	□推力 _____ / _____	供水温度 _____ ℃　最大回水温度 _____ ℃
58	□垂直推力能力	正常压力 _____ MPa　设计压力 _____ MPa
59	向上 _____ N　向下 _____ N	最小回水压力 _____ MPa　最大允许设计压力 _____ MPa
60		氯化物浓度： _____ mg/kg

续表

	工程号 _____ 设备位号 _____
重载荷离心泵数据表	采购单号 _____ 询价书编号 _____ 版次 _____ 日期 _____ 第 __2__ 页共 __5__ 编制 _____

	备 注
1	
2	
3	
4	
5	
6	
7	
8	
9	
10	
11	
12	
13	
14	
15	
16	
17	
18	
19	
20	
21	
22	
23	
24	
25	
26	
27	
28	
29	
30	
31	
32	
33	
34	
35	
36	
37	
38	
39	
40	
41	
42	
43	
44	
45	
46	
47	
48	
49	
50	
51	
52	
53	
54	
55	
56	
57	
58	
59	

续表

重载荷离心泵数据表 **单级悬臂式（OH 型）**	工程号 _____ 设备位号 _____ 采购单号 _____ 询价书编号 _____ 版次 _____ 日期 _____ 第　3　页共　5　编制 _____	

行	结　构	表面处理及喷漆	
1			
2	转向：　　（从联轴器端看）　□ 顺时针　□ 逆时针	○ 制造厂标准　　○ 其他（见下文）	
3	泵型式：	○ 规范号 _____	
4	△ OH2　△ OH3　△ OH6　□ 其他_____	泵：	
5	壳体安装方式	○ 底漆 _____	
6	△ 中心线　　　△ 管道　□ 其他_____	○ 表面涂层 _____	
7	壳体型式：	底座：	
8		○ 底漆 _____	
9	□ 单涡壳式　　□ 双涡壳式　　□ 导流壳式	○ 表面涂层 _____	
10	壳体的额定压力：	○ 起吊装置的详细资料 _____	
11	○ OH6 型泵吸入段按最大允许工作压力设计	储运	
12	□ 最大允许工作压力 _____ MPa	○ 国内　　○ 出口　　○ 出口装箱要求	
13	@ _____ ℃	○ 户外存放 6 个月以上	
14	□ 水压试验压力 _____ MPa	备用转子组件包装，用于	
15	□ 主要管口连接	○ 水平存放　　○ 垂直存放	
16		○ 发运准备型式 _____	
17		尺寸	法兰等级	密封面	位置	加热和冷却	
18	吸入口					○ 要求加热套	
19	排出口					△ 要求冷却	
20		△ 冷却水管路的平面布置图 _____	
21	辅助接头：	冷却水管路	
22		数量	尺寸	类型	△ pipe 管　△ tubing 管　管配件 _____	
23	△ 排净口				冷却水管路材料	
24	△ 放空口				△ 不锈钢　　△ 碳钢　　△ 镀锌	
25	△ 加热口				冷却水要求：	
26		□ 轴承箱 _____ m³/h	
27	△ 机加工和双头螺柱的连接接头	换热器 _____ m³/h	
28	○ 要求圆柱管螺纹	冷却水用量总计 _____ m³/h	
29	转子：	热介质　○ 蒸汽　　○ 其他	
30	○ 部件进行 ISO 1940-1 G1 级动平衡	换热管　○ tubing 管　　○ pipe 管	
31	联轴器	轴承和润滑	
32	○ 制造厂 _____　△ 型式 _____	轴承（型式/数量）：	
33	□ 额定（kW 每 100r/min）	□ 径向轴承 _____ / _____	
34	△ 加长段长度 _____ mm　△ 服务系数 _____	□ 推力轴承 _____ / _____	
35	○ 联轴器平衡符合 ISO 1994-1 G6.3 级的要求	润滑	
36	○ 专用的加紧装置	△ 脂润滑　　　△ 油润滑	
37	○ 联轴器应符合 ISO 14691 的规定	○ 吹洗油雾润滑　　○ 完全油雾润滑	
38	○ 联轴器应符合 ISO 10441 的规定	○ 恒液位油杯	
39	○ 联轴器应符合 API 671 的规定　　○ ASME B15.1	△ ISO 级油黏度	
40	○ 无火花联轴器护罩	仪　表	
41	○ 联轴器护罩标准 _____	○ 加速度计	
42	底座	○ 仅提供安装用的接口（螺纹）	
43	□ API 底座号 _____（附录 D）	○ 要求放置振动仪表处加工有平坦的表面	
44	○ 无灌浆结构	○ 温度计（配有热电偶套管）_____	
45	○ 其他	○ 压力表型式 _____	
46	机械密封		
47	○ 见所附的 ISO 21049/API 682 的数据表		
48			
49		备注：_____	
50			
51		质量（kg）	
52		泵 _____	
53		底座 _____	
54		驱动机 _____	
55		总重 _____	

续表

	重载荷离心泵数据表 单级悬臂式（OH 型）	工程号_____ 设备位号_____ 采购单号_____ 询价书编号_____ 版次_____ 日期_____ 第 4 页 共 5 编制_____			
1	备件	检测和试验（续）			
2	○ 开车　　　　○ 正常维护	试验	不见证	见证	观察
3	○	○ 水压试验	○	○	○
4	买方的其他要求	○ 性能试验	○	○	○
5	○ 要求召开协调会	○ 发生密封泄漏重新进行试验	○	○	○
6	○ 最大排出压力涵盖以下工况				
7	○ 最大相对密度	○ 必须汽蚀余量的检测	○	○	○
8	○ 最大叶轮直径和/或级数	○ 轴承座未滤波振动速度峰值	○	○	○
9	○ 运行到脱扣转速				
10	○ OH3 轴承箱吊耳	○ 整机试验	○	○	○
11	○ 接头设计方案的确认	○ 噪声试验	○	○	○
12	△ 需要扭转分析	○ 装配前清洁度检查	○	○	○
13	○ 扭转分析报告				
14	○ 进度报告	○ 管口负载试验	○	○	○
15	○ 选择性试验程序提纲	○ 检查安装垫是否共面	○	○	○
16	○ 要求存放 20 年的附加资料				
17	管道及附件	○ 机械运转到油温稳定	○	○	○
18	○ 汇总管道至单一的接口				
19	△ 放空□　　△ 排净□　　△ 冷却水□	○ 油温稳定后，进行 4 小时机械运转试验	○	○	○
20	△ 机械密封隔离液/缓冲液储罐安装在泵底座外				
21	△ 要求法兰代替承插焊接头	○ 4 小时的机械运转试验	○	○	○
22	△ 报价包括已安装的业绩清单	○ 轴承箱共振试验	○	○	○
23	螺栓连接接头				
24	○ 聚四氟乙烯涂层　　○ ASTM A153 镀锌	○ 辅助设备试验	○	○	○
25	○ 涂漆　　　　　　　○ 不锈钢				
26	检测与试验	△ 冲击试验	○	○	○
27	○ 车间检测	○符合 EN 13445 的规定			
28	○ 性能曲线的确认	○符合 ASME Ⅷ 的规定			
29	△ 试验时用代用密封	○_____	○	○	○
30	○ 要求材料合格证部件	○ 卖方应保留修复和热处理的记录			
31	○ 壳体　　○ 叶轮　　○ 轴	○ 卖方提供试验的程序			
32	○ 其他_____	○ 卖方在 24 小时之内提供试验数据			
33	○ 要求铸件的修复程序确认	○ 包含振动频谱图			
34	○ 要求对焊接接头检测	○ 提供核查清单			
35	△ 磁粉检测　　　△ 渗透检测				
36	△ 射线检测　　　△ 超声波检测				
37	△ 铸件要求检测				
38	△ 磁粉检测　　　△ 渗透检测				
39	△ 射线检测　　　△ 超声波检测				
40	○ 要求硬度检测：_____				
41	○ 附加的表面检查				
42	用于				
43	方法				
44	备注				
45					
46					
47					
48					
49					
50					
51					
52					
53					
54					
55					
56					
57					
58					
59					

续表

	重载荷离心泵数据表 两端支承式(BB型)	工程号_____ 设备位号_____ 采购单号_____ 询价书编号_____ 版次_____ 日期_____ 第 4 页 共 5 编制_____			
			不见证	见证	观察
1	备件	检测和试验(续)			
2	○ 开车　　　　○ 正常维护	试验			
3	○ 指定_____	○ 水压试验	○	○	○
4		○ 性能试验	○	○	○
5	买方的其他要求	○ 发生密封泄漏重新进行试验	○	○	○
6	○ 要求召开协调会				
7	○ 最大排出压力涵盖以下工况	○ 必须汽蚀余量的检测	○	○	○
8	○ 最大相对密度	○ 在最终的扬程调整之后要求重新试验	○	○	○
9	○ 最大叶轮直径和/或级数				
10	○ 运行到脱扣转速	○ 整机试验	○	○	○
11	○ 接头设计方案的确认	○ 噪声试验	○	○	○
12	○ 储存期间允许惰性气体的保护-备用集装式	○ 装配前清洁度检查	○	○	○
13	△ 要求扭转分析				
14	○ 扭转分析报告	管道负载试验	○	○	○
15	○ 进度报告	○ 检查安装垫是否共面	○	○	○
16	○ 选择性试验程序提纲				
17	○ 要求存放20年的附加资料	○ 机械运转到油温稳定	○	○	○
18	△ 要求横向分析				
19	△ 动平衡报告	○ 油温稳定后,进行4小时的机械运转试验	○	○	○
20	汇总管道至单一的接口				
21	△ 放空口　△ 排净口　△ 冷却水口	○ 4小时的机械运转试验	○	○	○
22	△ 机械密封隔离液/缓冲液储罐安装在泵底座外	○ 轴承箱共振试验	○	○	○
23	△ 要求法兰代替承插焊接头				
24	△ 报价包括已安装的业绩清单	○ 轴承座未滤波振动速度峰值	○	○	○
25	螺栓连接接头				
26	○ 聚四氟乙烯涂层　○ ASTM A153 镀锌	○ 拆卸/检查流体动压轴承,	○	○	○
27	○ 涂漆　　　　　　○ 不锈钢	并在性能试验后对流体动压轴承重新装配			
28	检测与试验				
29	○ 车间检测	○ 辅助设备试验	○	○	○
30	○ 性能曲线的确认				
31	△ 试验时用代用密封	△ 冲击试验(EN 13445/ASME Ⅷ)	○	○	○
32	○ 要求材料合格证的部件	○ _____	○	○	○
33	○ 壳体　　○ 叶轮　　○ 轴				
34	○ 其他_____	○ _____	○	○	○
35	○ 要求铸件修复程序的确认	○ 卖方应保留修复和热处理的记录			
36	△ 要求对焊接接头检测	○ 卖方应提供试验程序			
37	△ 磁粉检测　　△ 渗透检测	○ 卖方在24小时之内提供试验数据			
38	△ 射线检测　　△ 超声波检测	○ 包含振动频谱图			
39	△ 铸件要求检测	○ 提供核查清单			
40	△ 磁粉检测　　△ 渗透检测				
41	△ 射线检测　　△ 超声波检测				
42	○ 要求硬度检测:_____				
43	○ 附加的表面检测				
44	用于_____				
45	方法				
46	备注				
47					
48					
49					
50					
51					
52					
53					
54					
55					
56					
57					
58					
59					

续表

重载荷离心泵数据表 两端支承式（BB 型）

工程号		设备位号	
采购单号			
询价书编号			
版次		日期	
第 3 页共 5 页 编制			

	结构	表面处理及喷漆
1		
2	转向： 从联轴器端看 □顺时针 □逆时针	○制造厂标准 ○其他
3	泵型式：	○规范号
4	△BB1 △BB2 △BB3 △BB5	泵：
5	壳体安装方式：	○泵的表面处理
6	□中心线 □靠近中心线	○底漆
7	□底脚	○表面涂层
8	壳体剖分型式：	底座：
9	△轴向 △径向	○底座的表面处理
10	壳体型式：	○底漆
11	□单涡壳式 □双涡壳式 □导流壳式	○表面涂层
12	□两端支承式 △筒式	○起吊装置的详细资料
13	壳体额定压力：	储运：
14	□最大允许工作压力 _____ MPa	○国内 ○出口 ○出口装箱要求
15	@ _____ ℃	○户外存放 6 个月以上
16	□水压试验压力 _____ MPa	备用转子的组件包装，用于
17	○吸入部位设计成	○运输包装箱 ○垂直存放
18	最大允许工作压力	○发运准备型式 ○氮气保护
19	□主要管口连接：	加热及冷却
20		○要求加热套 △要求冷却
21	尺寸 / 法兰等级 / 密封面 / 位置	△冷却水管路的平面布置图
22	吸入口	冷却水管路
23	排出口	△pipe 管 △tubing 管 管配件
24	平衡鼓	冷却水管路材料：
25	辅助接头	△不锈钢 △碳钢 △镀锌
26	数量 / 尺寸 / 类型	冷却水的要求：
27	△排净口	□轴承箱 _____ m³/h @ _____ MPa
28	△放空口	□换热器 _____ m³/h @ _____ MPa
29	△压力计口	蒸汽管路： ○tubing 管 ○pipe 管
30	△温度计口	轴承和润滑
31	△加热口	轴承（类型/数量）：
32	△平衡/泄放口	□径向轴承 _____ / _____
33	△机加工和双头螺柱的连接接头	□推力轴承 _____ / _____
34	○要求圆柱管螺纹	润滑：
35	转子：	△油环 △液压 ○吹洗油雾润滑 ○完全油雾润滑
36	○部件进行 ISO 1994 G1.0 级动平衡	○恒液位油杯
37	○热套配合，以限制叶轮移动	○强制润滑系统符合 ISO 10438-3 ○ISO 10438-2
38	联轴器：	△ISO 级油黏度
39	制造厂_____ △型式_____	○油压高于冷却液的压力
40	□额定（kW 每 100r/min） _____	○审查和确定推力轴承的尺寸
41	△加长段长度_____ mm △服务系数	△要求油加热器： ○蒸汽 ○电
42	驱动机搬联轴器的安装由：	仪表
43	○泵厂 ○驱动机厂 ○买方	○见附上的 API 670 数据表
44	○联轴器用液压方法安装	○加速度计
45	○联轴器的平衡符合 ISO 1994-1 G6.3 级的要求	○提供振动探头
46	○联轴器符合 ISO 14691 的规定	○径向 _____ 每个轴承 ○轴向 _____ 每个轴承
47	○联轴器符合 ISO 10441 的规定	○仅提供安装用的接口（螺纹）
48	○联轴器符合 API 671 的规定	○要求放置振动仪表处加工有平坦的表面
49	○无火花联轴器护罩	○径向轴承的金属温度 ○推力轴承的金属温度
50	○联轴器护罩标准	○温度计（配有热电偶套管）
51	底座：	○监视器和电缆的提供由
52	□API 底座号 _____	备注：
53	□无灌浆结构	
54	○其他	
55	机械密封：	质量(kg)
56	○见 ISO 21049/API 682 的数据表	泵 _____ 底座 _____
57		驱动机 _____ 总重 _____
58		齿轮 _____
59		

续表

重载荷离心泵数据表 立式悬吊式（VS型）					工程号 _____ 设备位号 _____ 采购单号 _____ 询价书编号 _____ 版次 _____ 日期 _____ 第 3 页 共 5 编制 _____

行	结构	表面处理及喷漆
1		
2	转向：（从联轴器端看） □ 顺时针 □ 逆时针	○ 制造厂标准 ○ 其他
3	泵型式：	泵：
4	△ VS1 △ VS2 △ VS3 △ VS4	○ 泵的表面处理 _____
5	△ VS5 △ VS6 △ VS7	○ 底漆 _____
6	壳体安装方式： □ 油池盖板	○ 表面涂层 _____
7	△ 共轴的 □ 独立的安装板	底座/排液管：
8	□ 独立的基础板	○ 底座的表面处理 _____
9	壳体剖分型式：	○ 底漆 _____
10	△ 轴向 △ 径向	○ 表面涂层 _____
11	壳体型式：	
12	□ 单涡壳式 □ 双涡壳式 □ 导流壳式	
13	壳体额定压力：	储运：
14	□ 最大允许工作压力 _____ MPa	○ 国内 ○ 出口 ○ 出口装箱要求
15	@ _____ ℃	○ 户外存放超过6个月
16	□ 水压试验压力 _____ MPa	备用转子组件包装用于：
17	○ 吸入段设计成最大允许工作压力	○ 水平存放 ○ 垂直存放
18	□ 主要管口连接：	○ 发运准备型式
19		加热及冷却
20	尺寸 | 法兰等级 | 密封面 | 位置	○ 要求加热夹套 △ 要求冷却
21	吸入口	△ 冷却水管路的平面布置图 _____
22	排出口	冷却水管路：
23	平衡鼓	△ pipe管 △ tubing管 管配件
24	辅助接头：	冷却水管路材料：
25	数量 | 尺寸 | 型式	△ 不锈钢 △ 碳钢 △ 镀锌
26	△ 排净口	冷却水要求：
27	△ 放空口	□ 轴承箱 _____ m³/h @ _____ MPa
28	△ 加热口	□ 换热器 _____ m³/h @ _____ MPa
29	△ 平衡/泄放口	蒸汽管路： ○ tubing管 ○ pipe管
30	△ 机加工和双头螺柱的连接接头	轴承和润滑
31	○ 要求圆柱管螺纹	轴承(型式/数量)：
32	转子：	□ 径向轴承 _____ / _____
33	○ 部件进行ISO 1994 G1.0级动平衡	□ 推力轴承 _____ / _____
34	○ 热套配合，以限制叶轮的移动	润滑：
35	联轴器：	△ 油脂润滑 △ 浸没 ○ 吹洗油雾润滑
36	○ 制造厂 _____ △ 型式 _____	△ 甩油环 ○ 完全油雾润滑
37	□ 额定(kW每100r/min) _____	○ 恒位油杯
38	△ 加长段长度 _____ mm △ 服务系数 _____	△ ISO级油黏度
39	△ 刚性	○ 审查及确认推力轴承尺寸
40	刚性驱动机半联轴器	油加热器的要求： ○ 蒸汽 ○ 电
41	○ 制造厂 _____ △ 型式 _____	仪表
42	□ 额定(kW每100r/min) _____ ○ 润滑 _____	○ 加速度计
43	△ 加长段长度 _____ mm △ 服务系数 _____	○ 仅提供安装用的接口（螺纹）
44	△ 刚性	○ 要求放置振动仪表处加工有平坦的表面
45	驱动机半联轴器的安装由：	○ 压力表的型式
46	○ 泵厂 ○ 驱动机厂 ○ 买方	
47	○ 联轴器的平衡符合ISO 1994-1 G6.3级的要求	
48	○ 联轴器符合ISO 14691的规定	
49	○ 联轴器符合ISO 10441的规定	备注：_____
50	○ 联轴器符合API 671的规定	
51	○ 无火花联轴器护罩	
52	○ 联轴器护罩标准	
53		质量(kg)
54	机械密封	泵 _____
55	○ 见附上的ISO 21049/API 682数据表	驱动机 _____
56		齿轮 _____
57		底座 _____
		总重 _____

续表

	重载荷离心泵数据表 立式悬吊式（VS型）		工程号_____ 设备位号_____ 采购单号_____ 询价书编号_____ 版次_____ 日期_____ 第 4 页 共 5 编制_____			
1	备件		立式泵（续）			
2	○开车 ○正常维护		○泵及其结构的动态分析			
3	○指定_____		○排液管通往地面			
4						
5	买方的其他要求		检测和试验			
6	○要求召开协调会		○车间检测 ○性能曲线的确认			
7	○最大排出压力涵盖以下工况		△试验时用代用密封			
8	○最大相对密度		试验	不见证	见证	观察
9	○最大叶轮直径和/或级数		○碗形导流壳和排液管的水压试验	○	○	○
10	○运转到脱扣转速					
11	○接头设计方案的确定		○水压试验	○	○	○
12	○需要扭转分析		○性能试验	○	○	○
13	○扭转分析报告		○发生密封泄漏重新进行试验	○	○	○
14	○进度报告		○必须汽蚀余量的检测	○	○	○
15	○选择性试验程序提纲		○整机试验	○	○	○
16	○要求存放20年的附加资料		○噪声试验	○	○	○
17	汇总管路到单一的接头		○装配前的清洁度检测	○	○	○
18	△放空口 △排净口 △冷却水口					
19	△机械密封隔离液/缓冲液储罐安装在泵底座外		○管道负载试验	○	○	○
20	△要求法兰代替承插焊接头		○机械运转到油温稳定	○	○	○
21	△报价包括已安装的业绩清单					
22	螺栓连接接头		○油温稳定后,进行4小时的	○	○	○
23	○聚四氟乙烯涂层 ○ASTM A153镀锌		机械运转试验			
24	○涂漆 ○不锈钢		○4小时的机械运转试验	○	○	○
25	立式泵		○轴承座未滤波振动速度峰值	○	○	○
26	□泵推力： （+）向上 （-）向下					
27	在最小流量时_____N _____N		○共振试验	○	○	○
28	在额定流量时_____N _____N		○辅助设备试验	○	○	○
29	最大推力_____N _____N		△冲击试验	○	○	○
30	△要求基础板(8.3.8.3.3)_____m X _____m		○符合EN 13445 ○符合ASME Ⅷ			
31	△要求独立的安装板(8.3.8.3.1)		○卖方保留修复和热处理的记录			
32	□基础板的厚度_____m		○卖方提供试验程序			
33	排液管： □法兰连接 □螺纹连接		○卖方在24小时之内提供试验数据			
34	□直径_____mm 长度_____mm		○包含振动频谱图			
35	导向轴承衬套 □ □		○提供核查清单			
36	□数量		○记录最终装配的运转间隙			
37	□长轴轴承间隙_____mm		○要求材料合格证的部件			
38	导向轴承衬套润滑：		○壳体 ○叶轮 ○轴			
39	□水 □油 □油脂 □泵送液体		○其他_____			
40	长轴： △开式 △闭式		○要求铸件的修复程序确认			
41	□长轴直径_____mm		△要求对焊接接头进行检测			
42	□tubing管直径_____mm		△磁粉检测 △渗透检测			
43	长轴联轴器		△射线检测 △超声波检测			
44	□总轴直径： □轴套&键 □螺纹		△要求对铸件进行检测			
45	□吸入端筒体厚度_____		△磁粉检测 △渗透检测			
46	□长度_____m □直径_____m		△射线检测 △超声波检测			
47	□吸入口过滤器型式		○要求硬度检测			
48	○浮子液位计 ○浮子液位开关		○附加的表面检测			
49	○叶轮可以采用夹紧套筒固定		用于_____			
50	○轴承处装有硬化处理的轴套		方法_____			
51	湿坑的布置					
52	图解					
53	1—地平面；2—低液位；3—排出口中心线；L_1—湿坑深度；					
54	L_2—泵长；L_3—排出口中心线高度；					
55	L_4—地平面与低液位的高度差；L_6—需要浸没的高度；					
56	L_5—第一级叶轮的基准高度；ϕ_d—泵坑的直径					
57	以上定义参照美国水力协会标准					
58	○L_1_____m ○ϕ_d_____m ○L_4_____m					
59	□L_2_____m □L_6_____m □L_3_____m □L_5_____m					

续表

	重载荷离心泵 参考标准	工程号_____ 设备位号_____ 采购单号_____ 询价书编号_____ 版次_____ 日期_____ 第 5 页 共 5 编制_____		
1	适用于： ○询价 ○采购 ○供制造用			
2	客户_____ 地点_____ 装置_____			
3	操作方式_____ 需要台数_____			
4	制造厂_____ 型号_____ 系列号_____			
5	注：以下资料的填写由 ○买方 □制造厂 △由制造厂或买方			
6				
7	压力容器设计规范参考文献			
8	□由制造厂列出这些参考文献			
9	设计中的铸件系数	□		
10	材料特性来源	□		
11				
12	焊接与修复			
13	买方必列出这些参考目录（如果买方没有列出，则默认 API 610 表 10 的适用规范或标准）			
14	○焊接规范和标准的替代			
15	焊接要求（适用的规范或标准）		买方-规定	默认表 10
16	焊工/操作员的作业资格		○	○
17	焊接工艺条件		○	○
18	非承压构件的焊接（如底板或支架）		○	○
19	板边缘的磁粉检测或渗透检测		○	○
20	焊后热处理		○	○
21	铸件焊缝的焊后热处理		○	○
22				
23	材料检测			
24	买方必须列出这些参考目录（如果没有列出，则默认 API610 表 13 中的内容）			
25	○可替代的材料检测和验收标准（见 API610 表 13）			
26	检测型式	方法	用于焊接件	用于铸件
27	射线检测	○	○	○
28	超声波检测	○	○	○
29	磁粉检测	○	○	○
30	渗透检测	○	○	○
31	备注			
32				
33				
34				
35				
36				
37				
38				
39				
40				
41				
42				
43				
44				
45				
46				
47				
48				
49				
50				
51				
52				
53				
54				
55				
56				
57				
58				
59				

表 4-2　中、轻载荷离心泵数据表格式

离心泵(中、轻载荷)数据表

文件号 _____　　页码 第 1 页 共 2 页
工程号 _____　　设备位号 _____
采购单号 _____　技术规范号 _____
采购单号 _____　询价单号 _____
版次 _____　　　日期 _____
编制 _____

序号	项目		
1	下列标记适用于　　○询价　　●采购　　○制造		
2	客户 _____		装置 _____
3	地点 _____		设备名称 _____
4	需要台数 _____　规格 _____		型式 _____　级数 _____
5	制造厂 _____		泵型号 _____　出厂编号 _____
6	注：○ 此标记表示该项由买方填写　□ 此标记表示该项由制造厂填写　◇ 此标记表示该项由买方或制造厂填写		
7	总则		
8	泵与 _____	电动机台数 _____	汽轮机台数 _____
9	(并联)(串联)运行	泵位号 _____	泵位号 _____
10	齿轮装置位号 _____	电动机位号 _____	汽轮机位号 _____
11	齿轮装置供货者 _____	电动机供货者 _____	汽轮机供货者 _____
12	齿轮装置安装者 _____	电动机安装者 _____	汽轮机安装者 _____
13	齿轮装置数据表编号 _____	电动机数据表编号 _____	汽轮机数据表编号 _____
14	操作条件		液体
15	● 流量：最小 ___ 正常 ___ 额定 ___ m^3/h		液体的类型或名称 _____
16	○ 入口压力：最高 ___ 额定 ___ kPa(G)		○ 泵送温度：正常 ___ 最高 ___ 最低 ___ ℃
17	○ 出口压力： ___ kPa(G)		○ 汽化压力 ___ kPa(G)@ ___ ℃
18	○ 压差： ___ kPa		○ 相对密度(比重)：
19	○ 扬程： ___ m　$NPSH_a$ ___ m		正常 ___ 最大 ___ 最小 ___
20	○ 操作状态　○连续　○间断		○ 比热容，c_p ___ kJ/(kg·℃)
21	性能		○ 黏度 ___ cP@ ___ ℃
22	预期的性能曲线号 ___ □转速(最小) ___		○ 腐蚀/冲蚀剂 ___
23	□ 叶轮直径：额定 ___ 最大 ___ 最小 ___ mm		○ 氯离子浓度(g/m^3) ___
24	□ 最大扬程(额定叶轮下) ___ m		○ H_2S(硫化氢)浓度(g/m^3) ___
25	□ 额定功率： ___ kW　效率 ___ %		现场条件
26	□ 最大功率(额定叶轮下) ___ kW		位置　○室内　○室外
27	□ 最小连续流量：热控 ___ 稳定 ___ m^3/h		○ 有采暖　○无采暖　○有遮篷
28	□ $NPSH_r$(额定流量下) ___ m		○ 电气危险场所分类 ___
29	□ 汽蚀比转速 ___		○ 环境温度范围　最大/最小 ___ /___ ℃
30	结构		○ 相对湿度　最大/最小 ___ /___ %
31	管口　　口径　法兰压力等级　密封面　位置		
32	入口		材料
33	出口		□ 泵体 ___ 叶轮 ___
34	泵体		□ 轴 ___ □ 轴套 ___
35	支撑方式　□底脚　□中心线　□近中心线		□ 耐磨环(泵体/叶轮) ___
36	□托架　□立式管道　□立式		□ ___
37	剖分型式　□径向剖分　　□轴向中开		机械密封
38	耐磨环　□有　　　　　□无		□ 动环 ___ □ 静环 ___
39	最大允许工作压力 ___ 试验压力 ___ kPa(G)		□ 辅助密封圈 ___ □ 弹簧 ___
40	叶轮		□ ___
41	型式　□开式　□半开式　□闭式		填料密封
42	□单吸　□双吸　□导流壳(导叶)		□ 填料 ___ □ 封液环 ___
43	耐磨环　□有　　　　　□无		□ ___
44	支承　□两端支承　□悬臂		辅助管道
45	传动方式　□直联　□三角皮带　□齿轮变速器		密封冲洗管道
46	轴承		代号 ___ (按 ___) 材料 ___
47	轴承类型：□径向 ___ □推力 ___		外冲洗液
48	润滑类型：		○ 名称 ___ 温度(℃) ___
49	□油脂　　□油浴　　□油环		○ 压力[kPa(G)] ___ □ 流量(m^3/h) ___
50	□甩油环　□油雾　　□强制润滑		急冷液
51	泵转向(从联轴器端看)　□顺时针　□逆时针		辅助冲洗管道方案 ___

离心泵(中、轻载荷)数据表

文件号 _____ 页码 第 _2_ 页 共 _2_ 页
工程号 _____ 设备位号 _____
采购单号 _____ 技术规范号 _____
采购单号 _____ 询价单号 _____
版次 _____ 日期 _____
编制 _____

	结构(续)	辅助管道(续)
1		
2	联轴器	冷却
3	☐ 弹性柱销 ☐ 膜片式 ☐ 加长段	冷却部位 ☐ 填料函 ☐ 夹套 ☐ 轴承箱
4	夹套	冷却水: ○ 温度(℃) 进口_____ 出口_____
5	☐ 蒸汽 ☐ 导热油 ☐ 冷却水	○ 压力[kPa(G)]:进水_____ 出水_____
6	压力[kPa(G)]_____ 温度(℃)_____	☐ 流量(m³/h)_____ 材料_____
7	机械密封	立式泵
8	型号_____ 轴套外径_____ mm	○ 槽深_____ mm ○ 最低液位_____ mm
9	制造厂_____	☐ 最小必需浸深_____ mm ☐ 泵底部至底板_____ mm
10	☐ 单端面 ☐ 双端面 ☐ 串联式	☐ 驱动机顶部至底板_____ mm
11	☐ 非平衡型 ☐ 平衡型 ☐ 内装式 ☐ 外装式	☐
12	制造厂_____	试验和检验
13	☐ 制造编号_____	试验 要求 目睹 观察
14	填料密封	水压试验 ○ ○ ○
15	型号_____ 填料圈数_____	机械运转 ○ ○ ○
16	☐ 制造厂_____	性能试验 ○ ○ ○
17	☐ 有副叶轮 ☐ 无副叶轮	NPSH 试验 ○ ○ ○
18	☐ ____密封 ☐ 停车密封	○ 特殊要求_____
19	底座	供货范围
20	○ 泵、驱动机公用 ○ 泵、驱动机分离	☐ 泵 ☐ 驱动机 ☐ 联轴器和护罩 ☐ 底座
21	○	☐ 带轮、带和护罩 ☐ 润滑油系统 ☐ 地脚螺栓
22	驱动机	☐ 辅助管道系统 ☐ 专用工具
23	○ 电动机:_____	☐ 随机备件(附清单)
24	☐ 制造厂_____	☐ 二年操作备件(附清单)
25	☐ 型号_____ 机座号_____	其他
26	☐ 功率(kW)_____ 转速(最小)_____	质量(kg)
27	○ 电压(V)_____ 相_____	☐ 泵_____ ☐ 驱动机_____ ☐ 底座_____
28	○ 赫兹(Hz)_____ 使用系数_____	☐ 传动装置_____ ☐ 最大维修件_____
29	○ 防护等级_____ 绝缘等级_____	☐ 总计_____
30	○	外形尺寸(mm)
31	○ 汽轮机(参见独立的数据表)_____	长_____ 宽_____ 高_____
32	○ 其他(参见独立的数据表)_____	

33 注:
34 _____
35 _____
36 _____
37 _____
38 _____
39 _____
40 _____
41 _____
42 _____
43 _____
44 _____
45 _____
46 _____
47 _____
48 _____
49 _____
50 _____
51 _____

表 4-3 无密封离心泵数据表格式

无密封离心泵数据表

文件号 _____ 页码 第 _1_ 页 共 _2_ 页
工程号 _____ 设备位号 _____
采购单号 _____ 技术规范号 _____
询价单号 _____
版次 _____ 日期 _____
编制 _____ 校核 _____ 审核 _____

1	适用于 ○ 询价 ○ 采购 ○ 供制造用
2	客户 _____ 装置 _____
3	地点 _____ 设备名称 _____
4	需要台数 _____ 规格 _____ 型式 _____ 级数 _____
5	制造厂 _____ 泵型号 _____ 出厂编号 _____
6	注:○ 此标记表示该项由买方填写 □ 此标记表示该项由制造厂填写
7	总则
8	泵与 _____ 电动机台数 _____ 汽轮机台数 _____
9	(并联)(串联)运行 泵位号 _____ 泵位号 _____
10	齿轮装置位号 _____ 电动机位号 _____ 汽轮机位号 _____
11	齿轮装置供货者 _____ 电动机供货者 _____ 汽轮机供货者 _____
12	齿轮装置安装者 _____ 电动机安装者 _____ 汽轮机安装者 _____
13	齿轮装置数据表编号 _____ 电动机数据表编号 _____ 汽轮机数据表编号 _____
14	操作条件 | 液体
15	○ 流量:最小 ____ 正常 ____ 额定 ____ m³/h | 液体的类型或名称 _____
16	○ 入口压力:最高 ____ 额定 ____ kPa(G) | ○ 泵送温度:正常 ____ 最高 ____ 最低 ____ ℃
17	○ 出口压力: ____ kPa(G) ○ 压差 ____ kPa | ○ 汽化压力 ____ kPa(G) @ ____ ℃
18	○ 扬程 ____ m NPSH$_a$ ____ m | ○ 密度(kg/m³):
19	泵的启动方式 ○ 零流量 ○ 全流量 | 正常 ____ 最大 ____ 最小 ____
20	操作状态 ○ 连续 ○ 间歇 | ○ 比热容 ____ kJ/(kg·℃)
21	排气方式 ○ 自排气 ○ 手动排气 | ○ 黏度 ____ mPa·s @ ____ ℃
22	| ○ 腐蚀/冲蚀剂 _____
23	性能 | ○ 氯离子浓度(mg/m³) _____
24	预期的性能曲线号 ____ □ 转速(r/min) ____ | ○ H$_2$S(硫化氢)浓度(mg/m³) _____
25	□ 叶轮直径:额定 ____ 最大 ____ 最小 ____ mm | ○ 颗粒含量/尺寸/硬度 _____
26	□ 最大扬程(额定叶轮下) ____ m |
27	□ 额定功率: ____ kW 效率 ____ % | 现场条件
28	□ 最大功率(额定叶轮下) ____ kW | 位置 ○ 室内 ○ 室外
29	□ 最小连续流量:热控 ____ 稳定 ____ m³/h | ○ 有采暖 ○ 无采暖 ○ 有顶篷
30	□ NPSH$_r$(额定流量下) ____ m | ○ 电气危险场所分类 _____
31	□ 汽蚀比转速 ____ | ○ 环境温度范围 最大/最小 ____/____ ℃
32	| ○ 相对湿度 最大/最小 ____/____ %
33	结构 | ○ _____
34	管口 | 口径 | 法兰压力等级 | 密封面 | 位置
35	入口
36	出口 | 材料
37	泵体 | □ 泵体 _____ □ 叶轮 _____
38	支撑方式 □ 底脚 □ 中心线 □ 近中心线 | □ 轴 _____ □ 轴套 _____
39	□ 托架 □ 立式管道 | □ 耐磨环(泵体/叶轮) _____
40	壳体形式 □ 单蜗壳 □ 双蜗壳 □ 导流壳 | □ 滑动轴承 _____
41	耐磨环 □ 有 □ 无 | □ 屏蔽套(屏蔽泵) 定子/转子 _____
42	最大允许工作压力 ____ 试验压力 ____ kPa(G) | □ 隔离套(磁力驱动泵) _____
43	叶轮 | □ 磁缸(磁力驱动泵) 内磁缸/外磁缸 _____
44	型式 □ 开式 □ 半开式 □ 闭式 | □ _____
45	耐磨环 □ 有 □ 无 | 辅助管道
46	支承 □ 两端支承 □ 悬臂 | 辅助管道: _____
47	磁力耦合器(磁力驱动泵) ○ 同步 ○ 异步 | 循环管道
48	□ 磁缸 | 外磁缸 | 内磁缸 | ○□ 钢管(TUBING) ○□ 碳钢
49	固定方式 | ○□ 钢管(PIPE) ○□ 不锈钢
50	极限温度(℃) | 管道装配
51	是否全封闭 | ○□ 螺纹连接 ○□ 活接头 ○□ 承插焊
52	磁条数量 | ○□ 法兰连接 ○□ 管式接头
53	□ 泵所需转矩 | 启动 | 额定工况 | 最大工况 | 蒸汽管道 ○ 钢管(TUBING) ○ 钢管(PIPE)
54	(N·m) | ○ 其他

续表

无密封离心泵数据表

文件号 _____ 页码 第 _2_ 页 共 _2_ 页
工程号 _____ 设备位号 _____
采购单号 _____ 技术规范号 _____
询价单号 _____
版次 _____ 日期 _____
编制 _____ 校核 _____ 审核 _____

1	**结构(续)**
2	□ 磁力耦合器额定转矩 _____ N·m
3	□ 实际转矩服务系数 _____
4	泵转向(从电机接线盒侧看) □ 顺时针 □ 逆时针
5	联轴器(磁力驱动泵)
6	□ 弹性柱销 □ 膜片式 □ 带加长段
7	夹套
8	□ 蒸汽 □ 导热油 □ 冷却水
9	压力[kPa(G)]_____ 温度(℃)_____
10	外部轴承(磁力驱动泵)
11	轴承类型: □ 径向_____ □ 推力_____
12	润滑类型:
13	□ 油脂 □ 油浴 □ 油环
14	□ 甩油环 □ 油雾 □ 强制润滑
15	第二层保护
16	○ 定子外壳(屏蔽泵)
17	最大允许工作压力_____ 试验压力_____ kPa(G)
18	○ 磁力耦合器箱体(磁力驱动泵)
19	○ 按承压密闭容器设计
20	最大允许工作压力_____ 试验压力_____ kPa(G)
21	○ 泵外轴和磁力耦合器箱体间应设节流衬套和机械密封
22	底座
23	○ 泵、驱动机公用 ○ 泵、驱动机分离
24	○
25	**驱动机**
26	○ 电动机:
27	□ 制造厂_____
28	□ 型号_____ 机座号_____
29	□ 功率(kW)_____ 转速(r/min)_____
30	○ 电压(V)_____ 相_____
31	○ 赫兹(Hz)_____ 使用系数_____
32	○ 防护等级_____ 绝缘等级_____
33	
34	□ 汽轮机(参见独立的数据表)_____
35	□ 其他(参见独立的数据表)_____
36	
37	**供货范围**
38	□○ 泵 □○ 驱动机 □○ 联轴器和护罩 □○ 底座
39	□○ 辅助管道系统 □○ 润滑油系统 □○ 地脚螺栓
40	□○ 专用工具 □○ 随机备件(附清单)
41	□○ 二年操作备件(附清单) □○
42	备注:

	辅助管道(续)
	冷却管道
	冷却部位 □ 夹套 □ 轴承箱 □
	冷却水: ○ 温度(℃) 进口____ 出口____
	○ 压力[kPa(G)] 进水____ 出水____
	□ 流量(m³/h)_____ 材料_____
	立式泵
	○ 槽深____ mm ○ 最低液位____ mm
	□ 最小必需浸深____ mm □ 泵底部至底板____ mm
	□ 驱动机顶部至底板____ mm
	□
	仪表和控制
	○□ 仪表盘 ○ 卖方提供 ○ 买方提供 型式_____
	○□ 低功率保护 型式_____
	轴承磨损监测器(屏蔽泵) ○□ 有 ○□ 无
	○□ 机械式 ○□ 电气式 ○□ 机械电气式
	○□ 隔离套(磁力驱动泵)上设 RTD
	○□ 第二层保护设液体泄漏探头 型式_____
	○□ 振动探头 ○ 卖方提供 ○ 买方提供
	位置_____ 型式_____ 数量_____
	○□
	试验和检验
	试验 要求 目睹 观察
	水压试验 ○ ○ ○
	机械运转 ○ ○ ○
	性能试验 ○ ○ ○
	NPSH 试验 ○ ○ ○
	○特殊要求_____
	其他
	质量(kg)
	□ 泵_____ □ 驱动机_____
	□ 传动装置_____ □ 最大维修件_____
	□ 底座_____
	□ 总计_____
	外形尺寸(mm)
	长_____ 宽_____ 高_____

表 4-4 往复泵数据表格式

		文件号_____ 页码 第_1_页 共_2_页
	往复泵数据表 **国际单位制**	工程号_____ 设备位号_____ 采购单号_____ 技术规范号_____ 询价单号_____ 版次_____ 日期_____ 编制_____

1	下列标记适用于 ○询价 ○采购 ○制造	
2	客户_____	装置_____
3	地点_____	需要台数_____
4	设备名称_____	型号_____
5	制造厂_____	出厂编号_____
6	注:○此标记表示该项由买方填写	□此标记表示该项由制造厂填写
7	○ 总则	
8	驱动电动机的台数_____	其他驱动机类型_____
9	泵位号_____	泵位号_____
10	电动机位号_____	驱动机位号_____
11	电动机供货者_____	驱动机供货者_____
12	电动机安装者_____	驱动机安装者_____
13	电动机数据表编号_____	驱动机数据表编号_____
14	○ 操作条件	○ 液体
15	○流量 最小_____ 正常_____ 最大_____ m³/h	○液体的类型或名称_____
16	○出口压力[kPa(G)]:	○泵送温度
17	最大_____ 最小_____ 额定_____	正常_____℃ 最高_____℃ 最低_____℃
18	○入口压力[kPa(G)]:	○相对密度(比重) 正常_____ 最大_____ 最小_____
19	最大_____ 最小_____ 额定_____	○比热容 c_p _____ kJ/(kg·℃)
20	○压差(kPa):	○黏度(cP) 正常_____ 最大_____ 最小_____
21	最大_____ 最小_____ 额定_____	○腐蚀/冲蚀剂_____
22	○NPSH$_a$(m) _____	○氯离子浓度(g/m³) _____
23	○	○H$_2$S(硫化氢)浓度(g/m³) _____
24	○	液体 ○危险 ○易燃
25	□ 泵性能	○其他
26	□额定流量(m³/h)_____ 头数_____	○ 现场和公用条件
27	□NPSH$_r$(m) _____	位置 ○室内 ○室外
28	□轴功率:额定_____ 安全阀设定压力下_____ kW	○有采暖 ○无采暖 ○有顶棚
29	□柱塞(活塞)	○电器危险区域:_____
30	□ 直径(mm)_____ □ 行程(mm)_____	○防寒冬要求 ○热带要求
31	□ 往复次数(次/min)_____	现场条件
32	□ 计量精度(%)_____	○环境温度范围(最大/最小)_____/_____(℃)
33	□	非常条件
34	流量调节	○粉尘 ○烟雾 ○盐类环境
35	○变速 ○调行程 ○旁路	○其他
36	范围,自_____ 到_____ %	公用工程条件
37	○电动 ○气动 ○手动	电 驱动机 加热 控制 停车
38	○ ○	电压
39	□ 结构	赫兹
40	口径 | 压力等级 | 密封面 | 位置	相
41	管口	冷却水 进水 回水 设计 最大△
42	入口	温度(℃)_____ 最大_____
43	出口	压力[kPa(G)]_____ 最小_____
44	压盖冲洗	水源
45	排液口	仪表空气 最大_____ 最小_____
46	排气口	压力[kPa(G)] _____
47	夹套	应用的技术规范
48		
49		
50		采用的技术规定(如果不同)_____
51		

续表

往复泵数据表
国际单位制

文件号 _____ 页码 第 _2_ 页 共 _2_ 页
工程号 _____ 设备位号 _____
采购单号 _____ 技术规范号 _____
询价单号 _____
修订版次 _____ 日期 _____
修订者 _____

	结构(续)	材料
1		
2	液力端	□ 缸体_____
3	型式：○ 隔膜泵　○ 柱塞泵　○ 活塞泵	□ 缸套_____
4	○	□ 柱塞或活塞_____
5	○ 单作用　○ 双作用	□ 活塞环_____
6	隔膜，直径：_____ mm，数量：_____	□ 活塞杆_____
7	缸体，数量_____	□ 隔膜_____
8	最大许用压力：_____ kPa(G)@_____ ℃	□ 阀体/阀座_____
9	水压试验压力：_____ kPa(G)@	□ 阀限程器_____
10	阀　　　　进口　　　　出口	□ 阀弹簧_____
11	型式/数量_____　_____	□ 曲轴_____
12	润滑	□ 填料_____
13	曲轴箱　　○ 飞溅　○ 压力　○	□
14	缸体　　　○ 有油　○ 无油	驱动机
15	填料	○ 电动机：_____
16	型式_____冲洗液_____	□ 制造厂_____
17	流量_____ m³/h 压力_____ kPa(G)	□ 型号_____
18	填料环　内径_____外径_____ mm	□ 机座号_____
19	冷却水	○ 固定速_____
20	□ 缸体　　□ 轴承箱　　□ 密封腔	○ 变速_____
21	流量_____ m³/h 温度，进_____出_____ ℃	□ 功率(kW)_____ 转速(r/min)_____
22	压力，进_____出_____ kPa(G)	○ 电压(V)_____ 相_____
23		○ 赫兹(Hz)_____ 使用系数_____
24	辅助设备	○ 防护等级_____ 绝缘等级_____
25	减速装置　型式：○ 齿轮　○ 液力　○ 皮带	○
26	○ 一体　○ 独立	○ 汽轮机_____
27	速比_____	○ 其他(参见独立的数据表)_____
28	制造厂_____	
29	联轴器	检验和试验
30	□ 弹性　　□　　　□	试验　　要求　　目睹　　观察
31	制造厂_____	液压试验　○　　○　　○
32	底座	机械运转　○　　○　　○
33	○ 泵和驱动机共用　○ 独立	性能试验　○　　○　　○
34	○	NPSHR　　○　　○　　○
35	安全阀	
36	○ 泵厂提供　○ 内部　○ 外部	
37	设定压力[kPa(G)]_____	
38	○	
39	装运前的准备	质量(kg)
40	○ 国内　　○ 出口　　○ 要求出口包装	□ 泵____ □ 底座____ □ 驱动机____
41	○ 户外存放6个月以上	□　　　□　　　□
42	○	
43		
44	备注：_____	
45		
46		
47		
48		
49		
50		
51		

表 4-5 计量泵数据表格式

计量泵数据表 **国际单位制**	文件号 _____ 页码 第 _1_ 页 共 _2_ 页 工程号 _____ 设备位号 _____ 采购单号 _____ 技术规范号 _____ 询价单号 _____ 版次 _____ 日期 _____ 编制 _____

行号	内容
1	下列标记适用于　○询价　○采购　○制造
2	客户 _____　　　　　　　　　　　装置 _____
3	地点 _____　　　　　　　　　　　需要台数 _____
4	设备名称 _____　　　　　　　　　型号 _____
5	制造厂 _____　　　　　　　　　　出厂编号 _____
6	注：○ 此标记表示该项由买方填写　　□ 此标记表示该项由制造厂填写
7	○ 总则
8	驱动电动机的台数 _____　其他驱动机类型 _____
9	泵位号 _____　　　　　　泵位号 _____
10	电动机位号 _____　　　　驱动机位号 _____
11	电动机供货者 _____　　　驱动机供货者 _____
12	电动机安装者 _____　　　驱动机安装者 _____
13	电动机数据表编号 _____　驱动机数据表编号 _____
14	○ 操作条件　　　　　　　　　　　　○ 液体
15	○ 流量 ____ 最小 ____ 正常 ____ 最大 ____ m^3/h　　○ 液体的类型或名称 _____
16	○ 出口压力[kPa(G)]：　　　　　　　○ 泵送温度
17	最大 ____ 最小 ____ 额定 ____　　正常 ____ ℃ 最高 ____ ℃ 最高 ____ ℃
18	○ 入口压力[kPa(G)]：　　　　　　　○ 相对密度(比重)　正常 ____ 最大 ____ 最小 ____
19	最大 ____ 最小 ____ 额定 ____　　○ 比热容,c_p ____ kJ/(kg·℃)
20	○ 压差(kPa)：　　　　　　　　　　○ 黏度(cP)　正常 ____ 最大 ____ 最小 ____
21	最大 ____ 最小 ____ 额定 ____　　○ 腐蚀/冲蚀剂 _____
22	○ $NPSH_a$(m) _____　　　　　　○ 氯离子浓度(g/m^3) _____
23	○ _____　　　　　　　　　　　○ H_2S(硫化氢)浓度(g/m^3) _____
24	○ _____　　　　　　　　　　　液体　○ 危险　○ 易燃
25	□ 泵性能　　　　　　　　　　　　　　○ 其他
26	□ 额定流量(m^3/h) _____ 头数 _____　　○ 现场和公用条件
27	□ $NPSH_r$(m) _____　　　　　　位置　　○ 室内　　○ 室外
28	□ 轴功率：额定 ____ 安全阀设定压力下 ____ kW　○ 有采暖　○ 无采暖　○ 有顶篷
29	□ 柱塞(活塞)　　　　　　　　　　　○ 电器危险区域：_____
30	□ 直径(mm) ____ □ 行程(mm) ____　○ 防寒冬要求　　○ 热带要求
31	□ 往复次数(次/min) _____　　　现场条件
32	□ 计量精度(%) _____　　　　　　○ 环境温度范围(最大/最小) ____ / ____ ℃
33	□ _____　　　　　　　　　　　非常条件
34	流量调节　　　　　　　　　　　　　　○ 粉尘　　○ 烟雾　　○ 盐类环境
35	○ 变速　　○ 调行程　　○ 旁路　　○ 其他
36	○ 范围,自 ____ 到 ____ %　　　　公用工程条件
37	○ 电动　　○ 气动　　○ 手动　　电　　驱动机　加热　控制　停车
38	○ _____　　○ _____　　　　电压 _____
39	□ 结构　　　　　　　　　　　　　　赫兹 _____
40		口径	压力等级	密封面	位置	相 _____
41	管口　　　　　　　　　　　　　　　冷却水　　进口　　回水　　设计　　最大△
42	入口　　　　　　　　　　　　　　　温度(℃) _____ 最大 ____
43	出口　　　　　　　　　　　　　　　压力[kPa(G)] ____ 最小 ____
44	压盖冲洗　　　　　　　　　　　　　水源 _____
45	排液口　　　　　　　　　　　　　　仪表空气　　　　最大 ____ 最小 ____
46	排气口　　　　　　　　　　　　　　压力[kPa(G)] _____
47	夹套　　　　　　　　　　　　　　　应用的技术规范
48	○ _____
49	○ 采用的技术规定(如果不同) _____
50	
51	

续表

| 文件号 _____ 页码 第 2 页 共 2 页 |
| 工程号 _____ 设备位号 _____ |
| 采购单号 _____ 技术规范号 _____ |
| 询价单号 _____ |
| 修订版次 _____ 日期 _____ |
| 修订者 _____ |

计量泵数据表
国际单位制

#	结构(续)	材料
1		
2	液力端 _____	□ 缸体 _____
3	型式: ○ 隔膜泵 _____ ○ 柱塞泵 _____ ○ 活塞泵 _____	□ 缸套 _____
4	○	□ 柱塞或活塞 _____
5	○ 单作用 _____ ○ 双作用 _____	□ 活塞环 _____
6	隔膜,直径: _____ mm, 数量: _____	□ 活塞杆 _____
7	缸体,数量 _____	□ 隔膜 _____
8	最大许用压力: _____ kPa(G)@ _____ ℃	□ 阀体/阀座 _____
9	水压试验压力: _____ kPa(G)@ _____	□ 阀限程器 _____
10	阀 _____ 进口 _____ 出口 _____	□ 阀弹簧 _____
11	型式/数量 _____	□ 曲轴 _____
12	润滑 _____	□ 填料 _____
13	曲轴箱 _____ ○ 飞溅 _____ ○ 压力 _____ ○ _____	□ _____
14	缸体 _____ ○ 有油 _____ ○ 无油 _____	驱动机 _____
15	填料 _____	○ 电动机: _____
16	型式 _____ 冲洗液 _____	□ 制造厂 _____
17	流量 _____ m³/h 压力 _____ kPa(G)	□ 型号 _____
18	填料环 _____ 内径 _____ 外径 _____ mm	□ 机座号 _____
19	冷却水 _____	○ 固定速 _____
20	□ 缸体 _____ □ 轴承箱 _____ □ 密封腔 _____	○ 变速 _____
21	流量 _____ m³/h 温度,进 _____ 出 _____ ℃	□ 功率(kW) _____ 转速(r/min) _____
22	压力,进 _____ 出 _____ kPa(G)	○ 电压(V) _____ 相 _____
23		○ 赫兹(Hz) _____ 使用系数 _____
24	辅助设备 _____	○ 防护等级 _____ 绝缘等级 _____
25	减速装置 _____ 型式: ○ 齿轮 _____ ○ 液力 _____ ○ 皮带 _____	○ _____
26	○ 一体 _____ ○ 独立 _____	○ 汽轮机 _____
27	速比 _____	○ 其他(参见独立的数据表) _____
28	制造厂 _____	
29	联轴器 _____	检验和试验 _____
30	□ 弹性 _____ □ _____ □ _____	试验　　　　要求　目睹　观察
31	制造厂 _____	液压试验　　○　　○　　○
32	底座 _____	机械运转　　○　　○　　○
33	○ 泵和驱动机共用 _____ ○ 独立 _____	性能试验　　○　　○　　○
34	○ _____	NPSHR　　　○　　○　　○
35	安全阀 _____	
36	○ 泵厂提供 _____ ○ 内部 _____ ○ 外部 _____	
37	设定压力[kPa(G)] _____	
38		
39	装运前的准备 _____	质量(kg)
40	○ 国内 _____ ○ 出口 _____ ○ 要求出口包装 _____	□ 泵 _____ □ 底座 _____ □ 驱动机 _____
41	○ 户外存放6个月以上 _____	□ _____ □ _____ □ _____
42	○ _____	
43		
44	备注:	
45		
46		
47		
48		
49		
50		
51		

表 4-6 转子泵数据表格式

转子泵数据表

文件号 _____ 页码 第 _1_ 页 共 _2_ 页
工程号 _____ 设备位号 _____
采购单号 _____ 技术规范号 _____
询价单号 _____
版次 _____ 日期 _____
编制 _____

1	下列标记适用于　○询价　○采购　○制造
2	客户 _____　装置 _____
3	地点 _____　需要台数 _____
4	设备名称 _____　型号 _____
5	制造厂 _____　出厂编号 _____
6	注：○ 此标记表示该项由买方填写　　□ 此标记表示该项由制造厂填写
7	○ 总则
8	驱动电动机的台数 _____　其他驱动机类型 _____
9	泵位号 _____　泵位号 _____
10	电动机位号 _____　驱动机位号 _____　齿轮装置位号 _____
11	电动机供货者 _____　驱动机供货者 _____　齿轮装置供货者 _____
12	电动机安装者 _____　驱动机安装者 _____　齿轮装置安装者 _____
13	电动机数据表编号 _____　驱动机数据表编号 _____　齿轮装置数据表编号 _____
14	操作条件　　　　　　　　　　　　　　液体
15	
16	○ 流量(泵送温度下)(m^3/h)　　　　　○ 液体的类型或名称 _____
17	(最大黏度下)_____　(最小黏度下)_____　○ 泵送温度
18	○ 出口压力[kPa(G)]：　　正常 _____ ℃　最高 _____ ℃　最低 _____ ℃
19	最高 _____　最低 _____　○ 相对密度(比重)　正常 ____　最大 ____　最小 ____
20	○ 入口压力[kPa(G)]：　○ 比热容 _____ kJ/(kg·℃)
21	最高 _____　最低 _____　○ 黏度(mPa·s)　正常 ____　最大 ____　最小 ____
22	○ 压差(MPa)；　○ 腐蚀/冲蚀剂
23	最高 _____　最低 _____　○ 氯离子浓度(mg/m^3)
24	○ $NPSH_a$(m) _____　○ H_2S(硫化氢)浓度(mg/m^3)
25	○ 水力功率(kW) _____　液体　○危险　○易燃
26	性能　　　　　　　　　　　　　　　　○其他
27	□ 额定流量(m^3/h) _____　现场和公用条件
28	□ $NPSH_r$(m) _____　位置　○室内　室外
29	□ 额定转速(r/min) _____　○有采暖　○无采暖　○有遮蓬
30	□ 正排量(m^3/h) _____　○电气危险区域： _____
31	□ 容积效率(%) _____　○防寒冬要求　　　○热带要求
32	□ 机械效率(%) _____　现场条件
33	□ 功率(kW)(最大黏度下) _____　○环境温度范围　最大/最小 _____/_____ ℃
34	□ 功率(kW)(在安全阀设定压力下) _____　非常条件
35	□ 最大许用转速(r/min) _____　○粉尘　　○烟雾　　○盐类环境
	□ 最小许用转速(r/min) _____　○其他
36	结构　　　　　　　　　　　　　　公用工程条件

行	管口	口径	等级压力	密封面	朝向位置	电　驱动机　加热　控制　停车
37						
38	入口					电压 _____
39	出口					赫兹 _____
40	压盖冲洗					相 _____
41	排液口					冷却水　进口　回水　设计　压差
42	排气口					温度(℃) _____ 最大 _____
43	夹套					压力[kPa(G)] _____ 最小 _____
44						水源 _____
45						仪表空气　　　　最大　　　　最小
46	泵类型					压力[kPa(G)] _____
47	□ 内啮合齿轮泵　□ 双螺杆泵　□ 叶片泵					应用的技术规范
48	□ 外啮合齿轮泵　□ 三螺杆泵　□ 单螺杆泵					○ API 676 转子泵标准
49	□ 凸轮泵　　　　□ 滑片泵　　□ 其他					○ 采用的本技术规定
50	齿轮装置					备注： _____
51	□ 正齿轮　　　　□ 螺旋齿轮　□ 其他					

续表

转子泵数据表

文件号 _____ 页码 第 _2_ 页 共 _2_ 页
工程号 _____ 设备位号 _____
采购单号 _____ 技术规范号 _____
询价单号 _____
版次 _____ 日期 _____
编制 _____

	结构（续）	材料
1		
2	泵壳	□ 泵壳 _____
3	□ 最大许用压力：_____ kPa(G)@_____ ℃	□ 静子 _____
4	□ 水压试验压力：_____ kPa(G)@_____ ℃	□ 端盖 _____
5	□ 蒸汽夹套压力：_____ kPa(G)@_____ ℃	□ 转子 _____
6	转子支承： □ 轴承之间 □ 悬臂	□ 叶片 _____
7	同步传动齿轮： □ 有 □ 没有	□ 轴 _____
8	轴承类型： □ 径向_____ □ 推力_____	□ 轴套 _____
9	润滑类型： ○ 恒位油杯	□ 压盖 _____
10	□ 泵送液体 □ 油环 □ 油雾	□ 轴承座 _____
11	□ 外部 □ 浸没 □ 脂	□ 同步传动齿轮 _____
12	□ 润滑油类型 _____	○ 特殊材料试验
13	○ 机械密封	○ 低温试验
14	□ 制造厂和型号 _____	质量检查和试验
15	□ 制造编号 _____	○ 按检查者的检查一览表
16	○ API 密封冲洗方案 _____	○ 材料证明书
17	○ API 密封编号 _____	○ 最终装配运转间隙
18	○ 填料密封： ○ 填料环	○ 表面和内部的检查
19	○ 制造厂和型号 _____ □○ 填料圈数 _____	○ X 射线检测 _____
20	传动装置	○ 超声波检测 _____
21	○ 直接传动 ○ V 带轮 ○ 齿轮	○ 磁粉检测 _____
22	○ 联轴器制造厂 _____	● 液体着色渗透检测 _____
23	驱动机	● 最终装配前的清洁
24	○ 电动机： _____	○ 零部件，焊接区及其热影响区的硬度
25	□ 制造厂 _____	● 提供可选择试验的程序
26	□ 型号 _____	试验　　　要求　　目睹　　观察
27	□ 机座号 _____	水压试验　　○　　　○　　　○
28	□ 固定速 _____	机械运转　　○　　　○　　　○
29	○ 变速 _____	性能　　　　○　　　○　　　○
30	□ 功率(kW)_____ 转速(r/min)_____	NPSH　　　○　　　○　　　○
31	□ 电压(V)_____ 相_____	装运前的准备
32	□ 赫兹(Hz)_____ 使用系数_____	○ 国内　　　○ 出口　　　○ 要求出口包装
33	□ 防护等级 _____	○ 户外存放 6 个月以上
34	□ 绝缘等级 _____	质量(kg)
35	○ 汽轮机(参见独立的数据表) _____	□ 泵____ □ 底座____ □ 齿轮箱____ □ 驱动机____
36	○ 其他(参见独立的数据表) _____	外形尺寸(mm)
37	买方其他要求	长　　　　宽　　　　高
38	铭牌单位 ○ 美制 ○ SI 制	底座
39	○ 安全阀由泵厂提供 ○ 内部 ○ 外部	○ 泵厂提供　　　　○ 适用环氧灌浆
40	密封冲洗管路系统由以下提供：	○ 延伸至 _____
41	○ 泵厂 ○ 其他	○ 辅助安装垫板由泵厂提供
42	冷却、加热管路系统由以下提供：	○ 集液盆
43	○ 泵厂 ○ 其他	
44	○ 提供技术数据表	
45		
46	注：	
47		
48		
49		
50		
51		

续表

			业主： 项目名称： 项目号：		厂商报价技术评比表 离心泵								位号： 数量： 请购文件号：	
		Description	要求	厂商名称	Y/N	厂商名称	Y/N	厂商名称	Y/N	厂商名称	Y/N	泵的操作数据		
一		基本要求										设备名称：		
	1	执行标准（询价时规定）										输送介质：		
	2	型号和规格	厂商确定									流量：最小/正常/额定）		m³/h;
	3	卧式/立式安装										输送介质温度（正常/最高）：		℃;
二		泵的性能										输送压力温度下介质密度：		kg/m³
	1	叶轮级数	厂商确定									输送压力温度下介质黏度：		cP
	2	转速/效率	厂商确定									输送压力温度下汽化压力：		MPa(A)
	3	轴功率 额定/最大 kW	厂商确定									有效汽蚀余量		m;
	4	最小连续流量 m³/h	厂商确定									进口压力：		MPa(A)
	5	最高效率点流量 m³/h	厂商确定									最高进口压力：		MPa(A)
	6	工作点流量与最高效率点流量之比 %	70%~120%									出口压力：		MPa(A)
	7	关闭扬程 m	厂商确定									额定压差：		MPa;
	8	关闭扬程与额定点扬程的超出比 %	<120%									扬程：		m;
	9	必需汽蚀余量 NPSH,（额定流量时） m	厂商确定											
	10	汽蚀余量富裕量(NPSH$_a$-NPSH$_r$) m	≥0.6											
	11	最大允许噪声值	85dB(A) at 1m									备	注	
三.		泵的结构												
	1	叶轮安装/叶轮型式												
	2	叶轮直径 额定/最大 mm	厂商确定											
	3	额定与最大直径之比 %	厂商确定											
	4	泵体支承方式/泵体剖分形式												
	5	蜗壳型式	厂商确定											
	6	泵进口压力/出口压力												
	7	泵体设计压力/水压试验压力 MPa(G)												
	8	泵体设计温度 ℃	厂商确定											
	9	转子平衡等级(ISO 1940)												
	10	进口接管（规格/压力等级/法兰面型式/方位）												
	11	出口接管（规格/压力等级/法兰面型式/方位）												
	12	轴承类型 径向/止推												
	13	轴承润滑方式												
	14	轴承冷却方式	厂商确定											
	15	轴承磨损检测（屏蔽泵）												
四		轴封型式												
	1	填料密封/机械密封/干气密封 代号												
	2	规格型号												
	3	制造厂												
	4	冲洗方案												
	5	冲洗液名称	厂商确定											
	6	冲洗液流量 m³/h	厂商确定											
	7	冲洗液压力 MPa(G)	厂商确定											
五		材料												
	1	壳体												
	2	叶轮												
	3	轴												
	4	轴承												
	5	承磨环（泵体/叶轮）												
	6	隔离套（磁力泵）												
	7	定子屏蔽套/转子屏蔽套（屏蔽泵）												
	8	滑动轴承（无密封泵）												
	9	密封												
六		电动机（汽轮机另附对比表）												
	1	制造厂	厂商确定											
	2	电机型号	厂商确定											
	3	电机功率/电压 kW/V	厂商确定/											
	4	转速 r/min	厂商确定											
	5	防护等级												
	6	防爆等级												
	7	绝缘等级												
	8	防腐等级												
	9	冷却方式												
	10	电机轴承温度/绕组温度检测												
	11	电机空间加热器												
七		供货范围及其他												
	1	泵/驱动机/联轴器及护罩/底座/地脚螺栓螺母	按询价文件要求											
	2	所有接管的配对法兰/螺栓/螺母/垫片	按询价文件要求											
	3	密封配套系统/辅助管路	按询价文件要求											
	4	辅助设备	按询价文件要求											
	5	仪表	按询价文件要求											
	6	安装、开车、试车备品备件	按询价文件要求											
	7	专用工具	按询价文件要求											
	8	两年操作用备品备件（单独报价）	按询价文件要求											
	9	询价文件所规定提交厂商资料	按询价文件要求											
	10	整套设备总重 kg	厂商确定											
	11	机组外形尺寸 mm L×W×H	厂商确定											
	12	检验和试验	按询价文件要求											
八		技术可行性												

说明：Y：与要求一致 N：不满足要求 N.S：报价没有明确说明，需厂商澄清 N/A：不适用

签署	编制	校核	审核						
名字（打印）									
签名									
日期									

续表

业主： 项目名称： 项目号：		厂商报价技术评比表 转子泵								位号： 数量： 请购文件号：	
	Description	要求	厂商名称	Y/N	厂商名称	Y/N	厂商名称	Y/N	厂商名称	Y/N	泵的操作数据	
一	基本要求										设备名称：	
1	执行标准(询价时规定)										输送介质：	
2	型号和规格	厂商确定									流量(最小/正常/额定)	m³/h；
3	卧式/立式安装										输送介质温度(正常/最高)：	℃；
二	泵的性能										输送压力温度下介质密度：	kg/m³
1	额定流量	厂商确定									输送压力温度下介质黏度：	cP
2	转速/效率										输送压力温度下汽化压力：	MPa(A)
3	轴功率 额定/最大 kW	厂商确定									有效汽蚀余量	m；
4	必需汽蚀余量 NPSH$_r$(额定流量时) m	厂商确定									进口压力：	MPa(A)
5	汽蚀余量富裕量(NPSH$_a$-NPSH$_r$) m	≥0.6										
6	最大允许噪声值	85 dB(A)at 1 m									备 注	
三	泵的结构											
1	转子数目											
2	转子支撑方式											
3	同步齿轮											
4	轴承类型 径向/止推											
5	润滑方式											
6	泵体设计压力/水压试验压力 MPa(G)	厂商确定										
7	泵体设计温度 ℃	厂商确定										
8	转子平衡等级(ISO 1940)											
9	进口接管(规格/压力等级/法兰面型式/方位)											
10	出口接管(规格/压力等级/法兰面型式/方位)											
11	流量调节方式/范围											
四	轴封型式											
1	填料密封/机械密封 代号											
2	规格代号											
3	制造厂											
4	冲洗方案											
5	密封(冲洗)液名称/压力/温度 MPa(G)/℃											
五	材料											
1	壳体/端盖											
2	转子/静子											
3	同步齿轮											
4	轴/轴套											
5	密封											
六	电动机(汽轮机另附对比表)											
1	制造厂	厂商确定										
2	电机型号	厂商确定										
3	电机功率/电压 kW/V	厂商确定/										
4	转速 r/min	厂商确定										
5	防护等级											
6	防爆等级											
7	绝缘等级											
8	防腐等级											
9	冷却方式											
10	电机轴承温度/绕组温度检测											
11	电机空间加热器											
七	供货范围及其他											
1	泵/驱动机/联轴器及护罩/底座/地脚螺栓螺母	按询价文件要求										
2	所有接管的配对法兰/螺栓/螺母/垫片	按询价文件要求										
3	密封配套系统、辅助管路	按询价文件要求										
4	仪表	按询价文件要求										
5	安装、操作、维护手册	按询价文件要求										
6	安装、开车、试车备品备件	按询价文件要求										
7	专用工具	按询价文件要求										
8	两年操作用备品备件(单独报价)	按询价文件要求										
9	询价文件所规定提交厂商资料											
10	整套设备总重 kg	厂商确定										
11	机组外形尺寸 mm L×W×H	厂商确定										
12	检验和试验	按询价文件要求										
八	技术可行性：											

说明：Y：与要求一致　N：不满足要求　N.S：报价没有明确说明，需厂商澄清　N/A：不适用

签署	编制	校核	审核
名字(打印)			
签名			
日期			

续表

业主：			厂商报价技术评比表							位号：	
项目名称：										数量：	
项目号：		往复泵和计量泵								请购文件号：	
Description		要求	厂商名称	Y/N	厂商名称	Y/N	厂商名称	Y/N	厂商名称	Y/N	泵的操作数据
一	基本要求									设备名称：	
1	执行标准（询价时规定）									输送介质：	
2	泵型式									流量：（最小/正常/额定）	m³/h;
3	型号和规格	厂商确定								输送介质温度（正常/最高）：	℃;
二	泵的数据									输送温度下介质密度：	kg/m³;
1	柱塞（活塞）直径/行程 mm									输送温度下介质黏度：	cP
2	柱塞（活塞）往复次速 次/min									输送压力温度下汽化压力：	MPa(A)
3	柱塞（活塞）平均速度 m/s									有效汽蚀余量	m;
4	最大流量 m³/h									进口压力：	MPa(A)
5	转速	厂商确定								最高进口压力：	MPa(A)
6	效率 %									出口压力：	MPa(A)
7	轴功率 额定/最大 kW	厂商确定								额定压差：	MPa;
8	必需汽蚀余量 NPSH_r（额定流量时）	厂商确定									
9	汽蚀余量富裕量（NPSH_a-NPSH_r） m	≥0.6									
10	液力端设计压力										
	液力端最大允许工作压力										
11	液力端设计温度										
12	最大允许噪声值	85dB(A) at 1m								备 注	
三	泵的结构										
	液力端 型式/作用数/缸数										
	阀型式/数量										
	动力端 型式										
	内置安全阀										
	流量调节方式/调节范围/调节精度										
	进口接管（规格/压力等级/法兰面型式/方位）										
	出口接管（规格/压力等级/法兰面型式/方位）										
四	轴封										
1	型式										
2	密封（冲洗）液名称/压力/温度 MPa(G)/℃										
五	辅助设备										
	溶解箱 数量/容积										
	搅拌器 数量/转速/型号/功率										
	进口/出口缓冲罐型式/容积/数量										
	变速器 型式/速比										
	外置安全阀 型式/数量/设定压力										
六	材料										
1	缸体/缸套										
2	阀座/阀球（阀板）/弹簧										
3	柱塞（活塞）/活塞环										
4	填料环										
5	泵隔膜										
6	缓冲器隔膜										
7	溶解箱										
8	搅拌器										
9	进口/出口缓冲罐										
七	电动机										
1	制造厂										
2	搅拌器驱动电机型号/功率/转速	厂商确定									
3	泵驱动电机型号/功率/转速	厂商确定									
4	防护等级										
5	防爆等级										
6	绝缘等级										
7	防腐等级										
8	冷却方式										
9	电机轴承温度/绕组温度检测										
10	电机空间加热器										
八	供货范围及其他										
	泵/驱动机/联轴器及护罩/底座/地脚螺栓螺母	按询价文件要求									
	所有接管的配制法兰/螺栓/螺母/垫片	按询价文件要求									
	密封配套系统/辅助管路	按询价文件要求									
	辅助设备	按询价文件要求									
	仪表	按询价文件要求									
	安装、操作、维护手册	按询价文件要求									
	安装、开车、试车备品备件	按询价文件要求									
	专用工具	按询价文件要求									
	两年操作用备品备件（单独报价）	按询价文件要求									
	询价文件所规定提交厂商资料	按询价文件要求									
	整套设备总重 kg	厂商确定									
	机组外形尺寸 mm L×W×H	厂商确定									
	检验和试验	按询价文件要求									
九	技术可行性：										

说明：Y：与要求一致 N：不满足要求 N.S：报价没有明确说明，需厂商澄清 N/A：不适用

签署		编制		校核		审核					
名字（打印）											
签名											
日期											

第二章 泵的检验与试验

第一节 离心泵的检验与试验

一、GB/T 3215—2007、GB/T 3216—2005 标准规定

表 4-7　GB/T 3215—2007（石油、重化学和天然气工业用离心泵）、GB/T 3216—2005（回转动力泵 水力性能验收试验 1 级和 2 级）标准规定

项目	内　　容			
一、检查				
概述	(1)卖方应当将下列资料至少保留 20 年： ①必要的或规定的材料证明书,例如材料制造厂的试验报告 ②证明已经达到技术规范要求的试验数据和试验结果 ③如果有规定,所有维修的详细情况和作为维修的一部分而进行的所有热处理的记录 ④质量检查试验和检查结果 ⑤装配完的运转间隙 ⑥买方规定的或应用规范和规定所要求的其他资料 (2)承压零件在完成其规定检查项目之前不得涂漆 (3)卖方应当规定除为保证材料满足使用条件所必需的自选的试验方法和检查方法。如果要求做额外的试验和检查,特别是对重要零部件的检查,则买方应当加以说明。买方规定的试验和检查要求应记录在数据表"备注"栏内。除此之外买方还可以规定下列内容： ①部件须经表面检查和近表面检查 ②要求检查的形式诸如磁粉探伤、液体着色渗透、X 射线照相探伤和超声波探伤 (4)在买方检查之前,所有的初步运转试验和机械的检查均由卖方来完成			
材料检查	(1)泵的材料应根据材料规范的要求做无损探伤检验。如果对焊缝或买方规定的材料做附加的 X 射线照相探伤、超声波探伤、磁粉探伤或液体着色探伤,检查的方法和验收标准应符合下表所列标准内容。替代的标准可由卖方推荐或买方规定			
	检查形式	方　　法	验　收　标　准	
	X 射线照相检查	ASME 规范,第 V 卷,第 2 章和第 22 章	ASME 规范,第Ⅷ卷,第 1 册,UW-51(100% X 射线照相)和 UW-52(抽样 X 射线照相)	ASME 规范,第Ⅷ卷,第 1 册,附录 7
	超声波检查	ASME 规范,第 V 卷,第 5 章和第 23 章	ASME 规范,第Ⅷ卷,第 1 册,附录 12	ASME 规范,第Ⅷ卷,第 1 册,附录 7
	磁粉探伤检查	ASME 规范,第 V 卷,第 7 章和第 25 章	ASME 规范,第Ⅷ卷,第 1 册,附录 6	ASME 规范,第Ⅷ卷,第 1 册,附录 7
	液体着色渗透检查	ASME 规范,第 V 卷,第 6 章和第 24 章	ASME 规范,第Ⅷ卷,第 1 册,附录 8	ASME 规范,第Ⅷ卷,第 1 册,附录 7
	对应的标准是 JB/T 4730(所有部分) (2)如果有规定,在装配之前买方可以检查由卖方提供的或通过卖方提供的设备和管路及附件的清洁度（JB/T 6880.1 和 JB/T 6880.2 是可参照的标准） (3)如果有规定,应当通过试验来证明零件的硬度、焊缝的硬度以及热效应区的硬度是在允许的范围。其试验的方法、范围、文件和试验的见证应当由买方和卖方共同商定			

续表

项目	内 容

二、试验

项目	内 容
概述	(1)性能试验和汽蚀余量试验应按照 GB/T 3216 1级、HI 1.6(用于离心泵)或 H2.6(用于立式泵)标准的规定进行,但效率除外,效率只作为参考值而不作为额定值用。性能允差应按照下表中的规定 注:本标准规定的允差与 GB/T 3216 标准规定的不相同 | 工况	额定点/%	关死点/% | |---|---|---| | 额定的扬程允差 | | | | 0～150m | −2 / +5 | +10 / −10① | | 151～300m | −2 / +3 | +8 / −8① | | >300m | −2 / +2 | +5 / −5① | | 额定功率允差 | +4② | — | | 额定汽蚀余量允差 | 0 | — | 注:效率不是额定值。 ① 如果规定扬程流量曲线是上升型,只有当试验曲线仍呈上升型特性曲线时才允许使用此表中规定的负允差。 ② 在上述任何组合下均为此值(累积允差是不允许的)。 (2)如果有规定,在计划排定的第一次运转试验之前至少 6 周,卖方应向买方提交所有运转试验和所有规定的可自由选择的试验项目的详细说明,包括对所有监测参数的验收准则,以供买方审查和提出意见 (3)在水静压试验期间不应当使用机械密封,而在所有运转试验或性能试验期间应该使用机械密封
水静压试验	(1)所有压力泵壳组件,应进行至少为 1.5 倍的最大允许工作压力的水静压试验,试验可按下列规定的特殊条款进行: ① 双层壳体泵、卧式多级泵、整体齿轮箱驱动泵以及其他经买方同意特殊设计的泵壳可以分段地进行试验 ② 冷却水管路和组件,包括轴承冷却水套、密封室、油冷却期和密封冷却器应以 1000kPa(10bar)的最低表压进行试验 ③ 蒸汽、冷却水和润滑油管路,如果是通过焊接焊合的,应以 1.5 倍最大工作表压或 1000kPa(10bar)压力进行试验,两者中取较大者 ④ 试验液体的温度应高出正在被试材料的韧性-脆性转变点温度 ⑤ 装配好的压力泵壳在做水静压试验过程中所用的垫圈,不包括密封压盖的、应用设计规定的泵供货时所配带的相同的垫圈 ⑥ 水压试验可以不安装密封压盖或密封室。如果使用铸造材料的压盖或密封室,可以分别地做水压试验达到与压力泵壳一致的压力要求 (2)如果被试零件必须在这样一个温度下运转,在此温度下材料的强度低于该材料在试验温度下的强度,则水静压试验压力应当乘上一个系数,把试验温度下该材料的允许工作应力除以运转温度下该材料的允许工作应力即可获得此系数,使用的应力值应按 GB/T 3215—2007 的 5.3.4 的规定来确定。对于管路,应力值应符合 GB/T 20801.1～20801.6 标准的规定。由此获得的压力应当是进行水静压试验的最小压力。数据表上应当列出真实的水静压试验压力 (3)用于试验奥氏体不锈钢材料的液体的氯化物含量不应超过 50mg/kg。为了防止氯化物因蒸发干燥而沉淀,在试验结束时应把残余液体从被试零件中排除掉 注:为防止应力腐蚀裂纹应当限制氯化物的含量 (4)水静压试验应维持足够长一段时间,以便在压力作用下对零件作全面彻底的检验,在历时至少30min内,如果发现泵壳或泵壳密封面既无泄漏也无渗漏现象,则应认为水静压试验合格。大型和重型承内压部件可以要求更长的试验时间,这需要买、卖双方共同商定。经过内部隔板(这种隔板是供试验分段的泵壳和试验泵为了维持试验压力用的)的渗漏是可以允许的

项目		内　容
水静压试验		通过焊接焊合的管路应按照 GB/T 20801.1～20801.6 的规定进行水压试验。装配好的压力泵壳在做水压试验期间使用的垫圈应当与随泵一起供货的垫圈有同样的设计型式 注:对此条款,ASME B31.3 等同于 ISO 15649 (5)如果存在下列情况中的一种或多种情况时,水静压试验的液体中应当包括一种润湿剂以减小表面张力: ①抽送的液体在抽送温度下相对密度(比重)小于 0.7 ②抽送温度高于 260℃(500°F) ③泵壳是从新模型或修改的模型铸出的 ④众所周知,此种材料的铸造流动性不良 (6)奥氏体或双相不锈钢压力泵壳组件,对那些要求机械加工到至关重要的尺寸和重要公差的区域(部位),可以用额外增加一定量的材料厚度后再做水静压试验。额外增加的(材料)厚度值不应当超过 1mm 或者 5% 的最小允许壁厚,两者中取较小者 (7)对于在水静压试验之后再做机械加工的任何部位,都应当在水静压试验报告中作出标记 注:由于因最后淬火引起的残余应力和此类材料固有的相对较低的屈服强度,在水静压试验过程中的一些至关重要的尺寸上可能产生少量的永久变形。在水静压试验过程中的这些至关重要部位允许保留少量加工余量,以避免在水静压试验后,需要利用焊接来增加厚度,以恢复到公差要求很严的尺寸
性能试验	概述	(1)除非另有规定,每台泵都要用低于 65℃ 的清水做性能试验 (2)卖方应测取至少 5 个点的试验数据包括扬程、流量、功率、适当的轴承温度及振动。正常情况下这 5 个点应当是:关死点(不需要振动数据),最小连续稳定流量点,最小与额定流量之间的中间点,额定流量点,最大允许测量点(至少为最佳效率点的 120%) (3)额定流量的试验点应在额定流量 ±5% 公差范围之内 对于高能泵、整体齿轮箱驱动泵以及多级泵,在关死点进行试验可能是不行的。某些低比转速的泵不能达到 120% 的最佳效率点的流量 (4)除非双方另有商定,试验转速应在泵数据表中所列的额定转速的 3% 以内。试验结果应当换算成额定转速的结果
	水力性能	(1)应按 GB/T 3216—2005,6.1.2 将测量结果换算到规定的转速(或频率)下,然后绘制它们对流量 Q 的关系曲线。与各测量点拟合最佳的曲线代表泵的性能曲线 通过保证点 Q_G、H_G 以水平线段 $\pm t_Q Q_G$ 和垂直线段 $\pm t_H H_G$ 作出容差的十字线 如果 $H(Q)$ 曲线与垂直线段和/或水平线段(见下图)相交或至少相切,则对扬程和流量的保证即可到满足 效率值应由通过规定的工作点 Q_G、H_G 和 QH 坐标轴的原点的直线与测得的 $H(Q)$ 曲线的交点作一条垂直线与 $\eta(Q)$ 曲线相交得到 如果该交点的效率值高于或至少等于 $\eta_G(1-t_\eta)$(见下图),则对效率的保证条件的满足是在容差范围内 注:如果测得的 Q 和 H 值大于保证值 Q_G 和 H_G,但仍在容差 $Q_G+(t_Q Q_G)$ 和 $(t_H H_G)$ 范围内,且效率也在容差范围内,则实际的输入功率可能要大于数据表中记载的值

续表

项目	内容
水力性能	(2) 在没有关于应适用何种容差系数值的专门协议的情况下,应适用下表给出的数值 | 量	符号	1级 /%	2级 /% | |---|---|---|---|
流量	t_Q	±4.5	±8
扬程	t_H	±3	±5
泵效率	t_η	±3	±5	 $±t_Q$、$±t_H$、$±t_\eta$ 分别为流量、扬程、和泵效率的容差系数,应适用于保证点 Q_G、H_G 其他的容差范围(例如只给出正的容差系数)可以在合同中商定
汽蚀余量试验	(1) 试验类型: ① 在规定的 $NPSH_a$ 下保证的特性证实 ② 在规定的 $NPSH_a$ 下性能没有受到汽蚀影响的证实 ③ 确定 NPSH3,取逐渐降低 NPSH 直至恒定流量下的(第一级)扬程的下降达到 3%时的 NPSH 值为 NPSH3 ④ 其他汽蚀试验(例如以噪声增大为汽蚀判定准则) (2) $NPSH_r$ 的容差系数 测得的 $NPSH_r$ 与保证的 $NPSH_r$ 之间的最大容许差值为 对 1 级: $t_{NPSH_r}=+3\%$ 或 $t_{NPSH_r}=+0.15m$ 对 2 级: $t_{NPSH_r}=+6\%$ 或 $t_{NPSH_r}=+0.3m$ 取两者的较大值 利用下面的判别式,如果成立则保证得到满足: $(NPSH_r)_G + t_{NPSH_r}(NPSH_r)_G \geq (NPSH_r)_{测得的}$,或者 $(NPSH_r)_G + (0.15m 或 +0.30m) \geq (NPSH_r)_{测得的}$
性能试验 运转试验	(1) 如果有规定,泵应在试验台上运转直至达到油温稳定 (2) 如果有规定,泵应当进行 4h 的机械运转试验。除非另有规定或商定,这种机械运转试验应在额定流量下进行 (3) 如果有规定,在油温稳定之前不能开始做机械运转试验 (4) 轴承温度: ① 对于强制润滑系统,回油温度应低于 70℃,轴承金属的温度(如果提供轴承温度监测),应小于 93℃。在工厂试验时,在最不利的工况下,轴承的油温升不应超过 28K(50°R) ② 对于油环润滑或油雾润滑系统,油池温度应低于 82℃,在工厂试验时油池的油温升不应超过 40K(70°R),(如果提供轴承温度传感器),轴承外环温度不应超过 93℃ (5) 振动: ① 在性能试验过程中,在除了关死点之外的每个试验点上进行超过 5~1000Hz 范围的全振动测量和快速傅里叶变换(FFT)测量。应在各种泵的轴承箱或相应部位测量。对于规定用传感器装置的泵,传感器应装在流体动压轴承的泵轴上 ② 轴承箱的总振动测量应该用均方根(RMS)速度,测量单位为 mm/s ③ 轴振动测量的单位应是峰对峰值位移,单位是 μm ④ 在性能试验过程中测得的振动值不应超过下表所列数值 悬臂泵和两端支撑泵的振动极限 | 项目	测量振动的部位	| |---|---|---|
	轴承箱	泵轴
	泵轴承型式	
	全部	流体动压支撑轴承
	在泵优选工作区内任意流量点的振动	
全部	对于转速低于 3600r/min 和单级轴功率低于 300kW 的泵,$v_u<3.0mm/s$(RMS)。对于转速超过 3600r/min 和单级轴功率超过 300kW 的泵按下图计算	$A_u<(5.2×10^6/n)^{0.5}\mu m$ 峰对峰值 $A_u<50\mu m$ 峰对峰值
互不相关的频率	$v_f<0.67v_u$	$f<n; A_f<0.33A_u$
在优先工作区之外,而在允许工作区之内的各流量点的允许振动增量	30%	30%	 注: 单级轴功率是指液体的相对密度(比重)为 1.0 时,额定叶轮在最佳效率点的计算功率,其中:v_u——未滤波速度;v_f——滤波速度;A_u——未滤波的位移振幅;A_f——滤波的位移振幅;f——频率;n——转速,用 r/min 表示,从基本极限值中算出的真功速度和振幅应四舍五入到两位有效数字。

续表

项目		内　　容	
性能试验	运转试验	立式悬吊泵的振动极限	

<table>
<tr><td rowspan="2">项目</td><td colspan="2">测量振动的部位</td></tr>
<tr><td>泵推力轴承箱或电机安装法兰</td><td>泵轴(靠近轴承)</td></tr>
<tr><td colspan="3">在泵优选工作区内任意流量点的振动</td></tr>
<tr><td>全部</td><td>对于转速低于3600r/min和单级轴功率低于300kW的泵，$v_u<5.0$mm/s(RMS)。对于转速超过3600r/min和单级轴功率超过300kW的泵按下图计算</td><td>$A_u<(6.2\times10^6/n)^{0.5}$ μm 峰对峰值
$A_u<100$μm 峰对峰值</td></tr>
<tr><td>互不相关的频率</td><td>$v_f<0.67v_u$</td><td>$A_f<0.75A_u$</td></tr>
<tr><td>在优先工作区之外,而在允许工作区之内的各流量点的允许振动增量</td><td>30%</td><td>30%</td></tr>
</table>

注:其中:v_u——未滤波速度;v_f——滤波速度;A_u——未滤波的位移振幅;A_f——滤波的位移振幅;f——频率;n——转速,用 r/min 表示,从基本极限值中算出的真功速度和振幅应四舍五入到两位有效数字。

转速超过3600r/min或单级轴功率大于300kW(400hp)卧式泵的振动极限
1——$P\geqslant3000$kW/级;2——$P=2000$kW/级;3——$P=1500$kW/级;4——$P=1000$kW/级;
5——$P=700$kW/级;6——$P=500$kW/级;7——$P\leqslant300$kW/级

(6)噪声:如果有规定,应按买、卖双方间的协议进行声功率级试验

注:1.试验精度分1级和2级,分别对应原标准的B级和C级。1级用于精度较高的试验,2级用于一般试验。
2.GB/T 3216—2005等效采用国际标准ISO 9903—1999《回转动力泵水力性能验收试验1级和2级》。
3.对水压试验、水力性能试验、汽蚀余量试验的检验方式（是否需要进行目睹检验），需要在数据表中说明。

二、GB/T 5656—2008 标准规定

表 4-8　GB/T 5656—2008［离心泵 技术条件（Ⅱ类）］标准规定

项目	内　　容
材料的试验	如果购货询价单和订单上有要求,则应提供如下试验证书: ①化学成分:根据制造商的标准规范,或以每批熔料的试样为准 ②力学性能:根据制造商的标准规范,或以每批熔料的热处理的试样为准 ③对晶间腐蚀的敏感性(如可适用的话) ④无损检测(泄漏、超声波、染色渗透、磁粉、X射线照相、光谱鉴别等)

续表

项目	内 容
水压试验	(1)所有的承压零件(例如泵体、泵盖和密封端盖),包括它们的紧固件在内,均应进行试验压力为基本设计压力1.5倍的水压试验。试验应适用冷清水进行(试验碳钢材料时的最低温度为15℃),保持压力的时间至少为10min,无可见的泄漏。在临时隔板处通过垫片的泄漏是允许的,只要泄漏不遮蔽对其他泄漏的观察 (2)选择隔板装置应小心,以避免在试验时对零件由增加应力及由试验压力引起变形时产生附加载荷或制约。隔板装置不应遮蔽住任何泄漏。除非穿透螺栓是正常结构组成部分,不应使用连接 (3)包括①类辅助管路在内的所有接触输送液体中的承压零件的试验压力至少应为泵最大允许工作压力的1.5倍。符合②类的加套和辅助管路的试验压力至少应为它们最大允许工作压力的1.5倍 　①类管路是指涉及流程液体或能够进入流程的液体,包括:循环,如果不经由内部通道的话;注入(冲洗);阻隔;密封 　②类管路是指液体不进入流程,包括:加热;冷却;缓冲;遏制 (4)如果试验的零件,在工作温度时其材料强度比在室温时的材料强度低,则该零件的水压试验压力应该用其压力温度特性曲线调整到室温时的最大允许工作压力的1.5倍,除非其水压试验是在高温下进行的。数据表应该列出实际的水压试验压力 (5)如果规定对整台装配好的泵进行水压试验,则应避免诸如填料或机械密封这类辅助配件过度应变。经由软填料或临时机械密封的泄漏是允许的
性能试验	(1)对于非清洁冷水的试验液体及对不同运行条件下(例如高入口压力),其换算方法应该由采购方和制造商/供货商共同商定 (2)水力性能试验应该按照 GB/T 3216 进行。采购商和制造商/供货商应就所需的试验等级进行商定 (3)如果需要汽蚀试验应按 GB/T 3216 进行 (4)在性能试验中,可对振动、轴承温度、密封泄漏等附加情况进行检查 最大允许振动烈度 | 泵的结构	泵的型式	最大均方根振动速度值	| |---|---|---|---| | | | $h \leqslant 225$mm | $h > 225$mm | | 刚性支承的泵 | 卧式泵 | 3.0 | 4.5 | | 柔性支承的泵 | 卧式泵 | 4.5 | 7.1 | | 所有支承形式 | 立式泵 | 7.1 | | 注:h 为泵的中心高,刚性支承是机组和支承系统在测量方向上的最低自然频率比旋转频率至少高出25%时所采用的一种支承。任何其他支承被看做是柔性支承。 (5)如果要求作噪声试验,则应按照 GB/T 3767 和 GB/T 16404 由采购商和制造商/供货商间的协议进行由泵辐射的空中噪声测定试验

三、SH/T 3139—2004 标准规定

表 4-9　SH/T 3139—2004(石油化工重载荷离心泵工程技术规定)标准规定

项目	内 容
一般规定	(1)在水压试验时,不应使用机械密封和密封压盖。但在车间里进行运转试验和性能试验时,应安装合同指定的机械密封,并且在试验成功后不要拆下,而填料在试验后应从填料箱中取出以便运输 (2)水压试验应符合 API 610 规定 (3)如果齿轮装置没有与泵一起试验,齿轮装置供货商应在其车间进行机械运转试验。试验期间,在规定的最高连续转速下,应检测齿轮装置的振动、轴承温度、噪声等级、齿轮触以及总体机械检测 (4)强制润滑系统应进行清洁检测
性能试验	(1)性能试验应符合 API 610 规定 (2)性能试验包括1h运行的机械检测。机械检测应在轴承温度基本稳定后再进行 (3)当 $NPSH_a$ 和 $NPSH_r$ 的差值小于 1.0m 或询价文件/数据表上有要求时,应进行 $NPSH_r$ 试验 (4)$NPSH_r$ 试验应符合 API 610 规定
选择试验	(1)如果要求选择性试验,应在询价文件中规定 (2)选择试验的内容和要求应符合 API 610 规定

续表

项目	内　　容
检测和试验记录	卖方应提交给买方每台泵的检测和试验记录,包括以下内容: ①材料试验合格证书 ②无损检测 ③外观检测和尺寸检测 ④动平衡试验 ⑤液压试验 ⑥性能试验,包括机械检测 ⑦如果必要,汽蚀余量试验 ⑧其他检测和试验(如果规定)
材料证书	(1)应检测下列零部件的材料质量证明文件或材料试验合格证书: ①泵壳 ②轴 ③叶轮 ④合金钢导叶 ⑤最高排出压力大于9MPa(G)的泵壳螺栓和螺母 (2)质量证明文件或材料试验合格证书上应包括化学成分(铸铁材料除外)、力学性能和热处理状态等内容,其特性数据应符合材料标准的规定
无损检测	零部件应按下表要求进行无损检测(NDE)试验。 | 零部件名称	适用条件	RT	MT or PT	UT
---	---	---	---	---
铸造泵壳	MAWP≥6.2MPa(G)	—	MT or PT	—
	特殊合金,如有另外规定	—	MT or PT	—
	MAWT≥177℃	—	MT or PT	—
	MAWP<6.2MPa(G) MAWT<177℃ 且材料为碳钢或奥氏体不锈钢	—	—	—
铸造泵壳修补	表面缺陷去除	—	MT or PT	—
	主要缺陷表面焊缝修补	RT	MT or PT	—
	对于其他缺陷表面焊缝修补	—	MT or PT	—
承压泵壳的对接焊接接头	全部	RT	MT or PT	—
其他焊接接头	全部	—	MT or PT	—
锻造泵壳	全部	—	—	UT
轴	轴直径大于或等于80mm	—	—	UT	 注:RT——射线检测;MT——磁粉检测;PT——着色深透检测;UT——超声检测。 MAWP——最高允许操作压力;MAWT——最高允许操作温度。 "泵壳"包括泵壳、泵壳盖及吸入/排出法兰接管。
承压铸件修补要求	(1)铸件修补前,卖方应提交修补的标准程序,供买方批准 (2)除钢铸件外,承压铸件不得补焊 (3)检查发现的一般表面缺陷应予以清除,重要缺陷应修补,并重新检测以证明该缺陷已经完全排除 (4)属于下列任何一种情况的缺陷,认为是重要缺陷: ①在水压试验时引起渗漏的缺陷 ②凹坑深度大于壁厚的20%或25mm的缺陷 ③任何面积大于6500mm²(10in²)的缺陷 (5)重要缺陷修补前卖方应绘一简图,清楚地标明需要修补的缺陷范围和位置,说明缺陷的详细修补程序,并将该简图提交买方确认 (6)缺陷修补后,所有补焊焊缝经加工后的表面应进行磁粉检测或渗透检测,对承压铸件的重要缺陷焊接修补部位应进行应力释放、焊后热处理和射线检测

四、SH/T 3140—2004 标准规定

表 4-10　SH/T 3140—2004（石油化工中、轻载荷离心泵工程技术规定）标准规定

项目	内　　容
检测	泵在出厂前应做最终检查,内容包括: ①转动方向 ②铭牌内容 ③清洁度 ④辅助管线的装配 ⑤附件、备品备件等 ⑥涂漆
液压试验	(1)承压部件应进行液压试验,试验压力应为最高允许操作压力的1.5倍。应至少维持30min,且无泄漏迹象 (2)通过液压试验后的部件,应有记录并打上标记 (3)承压部件经试压合格后再油漆 (4)液压试验还应符合 ISO 5199—1986 第 6.3.1.1 条、6.3.1.2 条的规定
性能试验	(1)泵在进行性能试验时应使用合同规定的密封和轴承 (2)性能试验应包括1h的机械运转试验,并符合下列要求: ①任一轴承室上测量的轴承温度不应超过82℃或环境温度加40℃(两者取低值) ②在轴承温度基本稳定后,应再进行振动和密封泄漏等机械检查 (3)卖方应记录以下五个点的试验数据,这些数据包括扬程、流量以及功率:关闭点、最小连续稳定流量点、最小连续稳定流量与额定流量之间的中间流量点、额定流量点、最大允许流量点(至少为最佳效率点流量的120%) (4)在额定转速和额定流量下,泵的性能允差应符合下表的规定 | 工　况		允许偏差值/%
---	---	---
额定扬程	$H \leqslant 150m$	+5 −0
	$150m < H \leqslant 300m$	+3 −0
	$H > 300m$	+2 −0
额定功率		+4
$NPSH_r$		+0	 (5)卖方应记录最小连续稳定流量点、最小连续稳定流量与额定流量之间的中间流量点、额定流量点等几个工作点的振动数据。额定流量点的振动水平应符合下列要求: ①对于卧式泵,轴承箱的任何平面上侧的振动数据(均方根,未过滤)不应超过 4.5mm/s ②对于立式泵,在电动机安装法兰的任何平面上测得的振动速度(均方根,未过滤)不应超过 7.1mm/s ③对于立式泵,7.1mm/s 的要求是基于弹性支承系统,即机器支承和基础的复合系统的最低自然频率不高于主要激振频率的1.25倍;如果能证明机器支承和基础的复合系统的最低自然频率高于上述的值(也就是说为刚性支承系统),则限制值应用 4.5mm/s 来代替

五、SH/T 3148—2007 标准规定

表 4-11　SH/T 3148—2007（石油化工无密封离心泵工程技术规定）标准规定

项目	内　　容
检验	(1)卖方应对承压零件,如泵壳、泵盖、隔离套(或屏蔽套)、进出口法兰,以及叶轮、泵轴进行材料、铸件和焊接缺陷等方面的检验,并提供这些零件的材料质量证明文件,其内容应包括材料的化学成分、力学性能以及热处理状态等 (2)卖方还应提供滑动轴承的化学成分、力学性能,以及内外磁缸的退磁特性等质量证明文件 (3)对承压零件及其焊接接头、铸件缺陷修补等进行无损检测,应符合卖方的质量标准。如需补焊,其主要焊缝应进行焊后热处理 (4)泵在出厂前应做最终检查,内容包括: ①转动方向 ②铭牌内容 ③清洁度 ④辅助管线的装配 ⑤附件、备品备件等 ⑥涂漆 (5)重载荷无密封离心泵的检测还应符合 API 685—2000 第 8.2 条的规定

续表

项目	内　　容
液压试验	(1)承压部件应进行液压试验,试验压力应为最高允许工作压力的1.5倍。应至少维持30min。液压试验还应符合API 685—2000 第8.3.2条的规定 (2)通过液压试验后的部件,应有记录并打上标记 (3)承压部件经液压试验合格后再涂漆
性能试验	(1)对于带二次密封的磁力泵,或带机械密封的立式泥浆型屏蔽泵,性能试验时应使用合同规定的机械密封 (2)卖方应至少记录五个点的试验数据,这些数据包括扬程、流量以及功率。这五个点一般是:关闭点、最小连续稳定流量点、最小连续稳定流量与额定流量之间的中间流量点、额定流量点、最大允许流量点(至少为最佳效率点流量的120%) (3)在额定转速和额定流量下,无密封离心泵的性能允差应符合下表规定 | 工　况		允许偏差值/%
---	---	---
额定扬程	$H \leqslant 150m$	+5 −0
	$150m < H \leqslant 300m$	+3 −0
	$H > 300m$	+2 −0
额定功率		+4
$NPSH_r$		+0	 (4)为使转子在可靠的轴向位置工作,每台磁力驱动泵在出厂前应进行轴向力平衡检测
机械运转试验	如果买方有要求,应进行至少1h的机械运转试验,具体运行时间由买卖双方协商确定。并进行以下检测: ①测量任一轴承室的轴承温度,不应超过82℃或环境温度加40℃(两者取低值) ②在轴承温度基本稳定后,应再进行振动和密封泄漏等机械检查。卖方应记录最小连续稳定流量点、最小连续稳定流量与额定流量之间的中间流量点、额定流量点等几个工作点的振动数据。额定流量点的振动水平应小于或等于30mm/s,在优先工作范围以外的点,振动极限可提高至上述值的130%
汽蚀余量试验	当$NPSH_a$与$NPSH_r$的差值小于1.0m,或询价技术文件有要求时,应进行汽蚀余量试验
其他	(1)卖方应完整保存所有最终试验的记录,并将试验报告提交给买方 (2)若由于机械和性能特性方面的某些缺陷,应对无密封离心泵进行解体并进行修理,修理后应重做试验

六、API 610—2004 标准规定

表 4-12　API 610—2004(石油、重化学和天然气工业用离心泵)标准规定

项目	内　　容
检验方式	规定有观察、目睹和非目睹三种检验方式,用户可以任意选定其中一种: ①观察试验:在试验(或检查)之前,制造厂需事先通知用户具体试验日期,用户如果未按指定时间到达现场。制造厂可以不等候用户代表,照常进行试验 ②见证试验:卖方应提前通知买方检查或试验的时间安排,只有买方或其代理人出席才能进行检查或试验 ③非目睹试验:指用户代表可以不在现场的情况下,制造厂自行试验或检查
检查	(1)卖方应当将下列资料至少保留20年: ①必要的材料证明书,例如工厂试验报告 ②证明技术规范的要求已经达到的试验数据和试验结果 ③如果有规定,所有维修的详细情况和作为维修的一部分而进行的所有热处理的记录 ④质量检察试验和检查结果 ⑤装配完的运转间隙 ⑥买方规定的或应用规范和规定所要求的其他资料 (2)材料检查:

续表

项目	内容			
检查	①应根据材料规范的要求作无损探伤检验。如果对焊缝或买方规定的材料作附加的 X 射线照相探伤、超声波探伤、磁粉探伤或液体着色探伤，检查的方法和验收标准应符合下表要求，替代的标准可由卖方推荐或由买方规定 ②如果有规定，在装配之前买方可以检查由卖方提供的或通过卖方提供的设备和所有管路及附件的清洁度 ③如果有规定，应当通过试验来证实零件的硬度、焊缝的硬度以及在热效应区的硬度是在允许值的范围内。其试验的方法、范围、文件和见证试验应当由卖方和买方共同商定			

检查形式	方法	验收标准	
		用于焊合件	用于铸件
X 射线照相检查	ASME 规范，第Ⅴ卷，第 2 章和第 22 章	ASME 规范，第Ⅷ卷，第 1 册，UW-51（100％ X 射线照相）和 UW-52（抽样 X 射线照相）	ASME 规范，第Ⅷ卷，第 1 册，附录 7
超声波探伤检查	ASME 规范，第Ⅴ卷，第 5 章和第 23 章	ASME 规范，第Ⅷ卷，第 1 册，附录 12	ASME 规范，第Ⅷ卷，第 1 册，附录 7
磁粉探伤检查	ASME 规范，第Ⅴ卷，第 7 章和第 25 章	ASME 规范，第Ⅷ卷，第 1 册，附录 6	ASME 规范，第Ⅷ卷，第 1 册，附录 7
液体着色渗透检查	ASME 规范，第Ⅴ卷，第 6 章和第 24 章	ASME 规范，第Ⅷ卷，第 1 册，附录 8	ASME 规范，第Ⅷ卷，第 1 册，附录 7

项目	内容		
试验 概述	(1)性能试验和汽蚀余量试验应按照 ISO 9906 1 级、HI 1.6（用于离心泵）或 HI 2.6（立式泵）标准的规定进行，但效率除外，效率只作为参考资料而不作为额定值用。性能允差应按照下表中的规定		

工况	额定点/%	关死点
0～150m(0～500ft)	−2 +5	+10 −10①
151～300m(501～1000ft)	−2 +3	+8 −8①
>300m(1000ft)	−2 +2	+5 −5①
额定功率	+4②	—
额定汽蚀余量	0	—

注：效率不是额定值。
①如果规定扬程流量是上升型，只有当试验曲线仍然呈上升型特性曲线时才允许使用本表中规定的负允差。
②在上述任何组合中均为此值（累积允差是不允许的）。
(2)如果有规定，在计划排定的第一次运转试验前至少 6 周，卖方应向买方提交所有运转试验的详细程序和所有规定的自由选择试验项目的详细程序，包括对所有监测参数的验收准则，以供买方审查和提出意见
(3)在水静压试验期间不应当使用机械密封，而在所有运转试验或性能试验期间应该使用机械密封

水静压试验：
(4)所有压力泵壳组件，使用至少为 1.5 倍的最大允许工作压力的液体，结合下列规定的特殊条款进行水静压试验：
①双层壳体泵、卧式多级泵、整体齿轮箱驱动泵以及其他经买方同意特殊设计的泵可以分段地进行试验
②冷却水通道和组件，包括轴承冷却水套、密封室、油冷却器应以 1000kPa（10bar）（150lbf/ft²）的最低表压进行试验
③蒸汽、冷却水和润滑油管路，如果是通过焊接焊合的，应以 1.5 倍最大工作表压或 1000kPa（10bar）（150lbf/ft²）压力进行试验，两者中取较大者
④试验液体的温度应高出正在被试材料的零塑性转换温度（nil-ductility transition temperature）
⑤装配好的压力泵壳（不包括密封压盖）在做水静压试验过程中所用的垫片应与泵出厂时所用的垫片具有同样的设计

续表

项目		内　　容
试验	水静压试验	⑥水压试验可以不使用密封压盖板或不安装密封室。如果使用铸造材料的压盖板或密封室,可以分别地做水压试验达到与压力泵壳一致的压力要求 (5)如果被试零件必须在这样一个温度下运转,在此温度下的材料的强度低于该材料在室温下的强度,则水压试验压力应当乘上一个系数,把室温下该材料的允许工作应力除以运转温度下该材料的允许工作应力即可获得此系数。使用的应力值应按 5.3.4(API 610—2004)中的规定。由此获得的压力应当是进行水静压试验的最小压力。数据表上应当列出真实的水静压试验压力 (6)用于试验奥氏体不锈钢材料的液体的氯化物含量不应超过 50mg/kg。为了防止氯化物因蒸发干燥而沉淀,在试验结束后应把所有残余液体从被试零件中清除掉 (7)水静压试验应维持足够长的一段时间,以便在压力作用下对零件作全面彻底的检验。在历时至少 30min 时间内,如果发现泵壳或泵壳密封面既无泄漏也无渗漏现象,则应认为水静压试验合格。大型和重型承内压部件可以要求更长的试验周期,这需要买、卖双方共同商定。经过内部隔板(这种隔板是供试验分段的泵壳和试验泵为了维持试验压力用的)的渗漏是可以允许的。通过焊接接合的管路系统应按照 ISO 15649 的规定进行水压试验。装配好的压力泵壳在做水压试验期间使用的垫片应当与随泵一起供货的垫片有同样的设计型式 (8)水静压试验液体应当含有一种润湿剂以减小表面张力。如果存在下列情况中的一种或多种,就应考虑采用这种润湿剂: ①抽送的液体在抽送温度下相对密度(比重)小于 0.7 ②抽送温度高于 260℃ ③泵壳是从新模型或修改模型铸出的 ④众所周此种材料的铸造流动性不良 (9)奥氏体或双向不锈钢压力泵壳组件,对那些要求机械加工到至关重要的尺寸和重要公差的区域(部位),可以用额外增加一定量的材料厚度后再做水静压试验。额外增加的材料厚度值不应当超过 1mm(0.040in)的材料毛坯或者 5% 的最小允许壁厚,两者中取较小者 注:由于最后淬火引起的残余应力和此类材料固有的相对较低的比例极限,在水静压试验过程中的一些至关重要的尺寸上可能产生少量的永久变形。在水静压试验过程中的这些至关重要的部位允许保留少量加工余量,以避免在水压试验后,需要利用焊接来增加厚度,以便恢复到公差要求很严的尺寸
	性能试验	(1)除非另有规定,每台泵都要做性能试验。性能试验应当使用水在低于 65℃ 的温度下进行 (2)在进行性能试验之前,当泵在试验台上运转时应当达到下列要求: ①在做性能试验是泵内应使用合同规定的密封和轴承 ②如果经买方批准,为了防止损坏合同规定的密封或者合同规定的密封与试验液体不相容,则在性能试验过程中可以使用代用密封 ③在泵进行性能试验的任何阶段,密封不应当有超过 ISO 21049 的规定或买方与卖方协商范围之外的泄漏率。在泵进行性能试验期间出现任何不允许的泄漏都需要拆卸和维修密封。如果拆开或者卸下密封,则应按照规定采用对泵进行的空气试验的方式重新进行密封试验。当泵在试验台上用水作为试验液体时,适合于以水做试验的液态密封没有出现泄漏迹象。应根据 ISO 21049—2004,附录 A1.3 的规定来审核确定零可见泄漏标准适合于正在做试验的密封 注:对于此项条款,API 682 等同于 ISO 21049 ④如果有规定,在试验期间密封泄漏应要求组装好的泵和密封再运转,以其证明良好的密封性能 ⑤所有的润滑油压力、黏度和温度应当在卖方使用说明书中对规定的被试机组推荐的运转值范围内 ⑥规定正常需用纯油雾系统润滑的轴承在进行性能试验之前应当用一种合适的烃类油来进行预润滑 ⑦所有密封面和接头应检查其严密性,应当消除任何泄漏 ⑧对在试验期间使用的所有报警装置、保护装置和控制装置进行检查,并应根据要求做好调整 (3)除非另有规定,性能试验应按下列规定进行: ①卖方应测取至少 5 个点的试验数据,包括扬程、流量、功率、适当的轴承温度和振动。正常情况下这 5 个点应当是:关死点(不需要振动数据)、最小连续稳定流量、最小与额定流量之间的中间点、额定流量点、最大允许流量点(至少为最佳效率点的 120%) ②额定流量的试验点应在额定流量±5%公差范围之内。对于高能泵,整体齿轮箱驱动泵以及多级泵,在关死点进行试验是不可能的。某些低比转速的泵不能达到 120% 的最佳效率点流量 ③除非双方另有商定,试验转速是泵数据表中所列额定转速的 3% 以内。试验结果应当换算成额定转速下预先估计的结果 ④卖方应保留一套包括所有最终试验的完整详尽的记录,并应准备好必需份数的经认可正确无误的复印件。资料应当包括试验曲线和一份试验性能数据与保证点比较的一览图表 ⑤如果有规定,除了正式提交最终资料外,在发货之前,在完成性能试验的 24h 之内,把曲线和试验数据(修正的转速、相对密度和黏度)提交买方做技术审查和验收 (4)在性能试验期间应能达到以下要求: ①在试验过程中应当按照规定记录振动值。振动值不应超过 5.9.3.6(API610—2004)的给定值

续表

项目		内 容
试验	性能试验	②泵应在 5.10.2.4(API610—2004)限定的轴承温度限定值内工作,不应显示出不良运转的迹象,例如汽蚀引起的噪声 ③当泵在额定转速下运转时,泵性能应当在规定的性能允差范围内 ④如果有规定,也应该记录下轴承箱的真实峰值作为参考资料用 (5)完成性能试验之后应达到下列要求: ①如果在性能试验之后必须拆卸泵,目的是车削叶轮以达到扬程允差,则不需要重新再试,除非叶轮切削量超过原来直径的5%。在工厂试验时的叶轮直径,以及叶轮的最后直径,都应记录在工厂试验曲线证明单上,证明单上应示出叶轮直径切割后的运转特性曲线 ②如果有规定,在试验之后由于某些扬程的调整(包括5%以下的直径变化),应当拆下多级泵重新试验 ③如果由于某些其他修正项目,例如改善功率、改善汽蚀余量或改善机械运转情况而必须拆卸泵,则最初的试验不能用于验收,而必须在完成这些修正项目之后再进行最后的性能试验 ④如果在性能试验之后必须改换机械密封部件或者如果要用工作密封副来代替试验密封副,则最后的密封部件应按下列规定进行空气试验: 对每个密封部分独立地用清洁的空气加压到175kPa的试验表压 把试验装置与压力源隔离开,并且保持压力至少5min,或者试验容积5L/min。两者中取大者。 试验期间的最大允许压降是15kPa
可自由选择的试验	必需汽蚀余量试验	(1)如果有规定应该对除了关死点以外的每个试验点测取其必须的汽蚀余量 (2)应该把扬程(对多级泵为第一级扬程)下降3%看做是性能断裂的标志。两级或多级泵第一级扬程只要有可能都应当从第一级吐出口利用一独立的接头来测量。如果这样做不到,应该考虑只试验第一级 (3)额定点的必需汽蚀余量不应超过限定值。为修正汽蚀余量拆卸的泵需要重新做试验
	整台机组试验	如果有规定,泵和驱动机组,与机组配套的所有辅助设备应当一起进行试验。如果有规定,应当做扭振测量来验证卖方的分析。应当做配套机组试验以代替各个单机的单独试验,或按买方规定对单个构件分开进行试验
	声压级试验	如果有规定,应按买、卖双方之间的协议进行声压级试验。ISO3740、ISO3744、ISO3746 标准可作为协商的指导依据
	辅助设备试验	如果有规定,诸如润滑油系统、齿轮箱、控制系统的辅助设备都应当在卖方工厂内进行试验。辅助设备试验的细节应当由买卖双方共同制定
	轴承箱共振试验	如果规定作共振试验,在泵未接管路的情况下,应当利用冲击或其他适当的方法来激振轴承箱,并由响应来确定固有频率。在固有频率和下列激振频率之间应该存在一个安全的间隔范围: ①转速的倍数(r/min):1.0、2.0、3.0 ②叶片通过频率的倍数:1.0、2.0 试验验收标准应在买卖双方之间共同协商
	机械运转试验	(1)如果有规定,泵应在试验台上运转直至达到油温稳定 (2)如果有规定,泵应当进行4h的机械运转试验。除非另有规定或商定,这种机械运转试验应在额定流量下进行 (3)如果有规定,在油温稳定之前不能开始做机械运转试验

第二节　计量泵的检验与试验

一、GB/T 7782—2008、GB/T 7784—2006 标准规定

表 4-13　GB/T 7782—2008（计量泵）、GB/T 7784—2006（机动往复泵试验方法）标准规定

项目	内　容
试验装置	(1)试验装置的一般要求： ①泵的排出管路上应设置安全阀或其他超压保护装置 ②排出管路允许承受的压力与被试泵的最大排出压力相适应 ③吸入管路的各连接处不应泄漏，以防外界空气进入管路 ④为保证压力表和流量测量仪表的指示值的变化范围符合测量要求，管路上可设置足够大的空气室或其他脉动吸收装置 ⑤汽蚀性能试验时，当吸入压力低于大气压时，吸入管路上应设置足够大的真空容器或在指定的吸入高度下进行试验。若采用单纯调节吸入阻力的方法进行试验，则入口节流装置后的等径直管段长度应不少于吸入管路通径的 12 倍 ⑥在不宜用水或乳化液作试验介质时，可按设计要求采用相应的介质或矿物油。如对试验介质有明确要求时，按协议进行 ⑦在进行高压泵试验时，应配备必要的安全设施以保证试验人员人身安全 (2)试验介质应为 0～40℃ 的常温清水。同一台泵的同一组性能试验过程中的水温差为 ±2℃，此时，清水的密度为平均温度时的值 (3)试验系统管件、阀门等的通径均应等于或大于试验泵的进、出口通径，但不应大于试验泵口径的 1.25 倍 (4)泵的汽蚀试验采用真空容器法或深井法，其试验装置示意图如下： 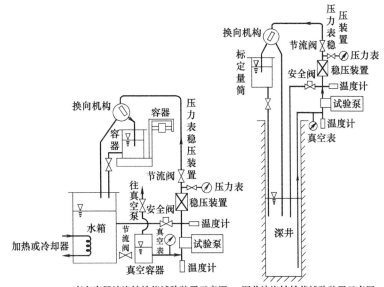 真空容器法汽蚀性能试验装置示意图　　深井法汽蚀性能试验装置示意图 (5)真空容器法：在泵的进口管路设置真空容器，用节流阀和真空泵来改变进口真空度试验时调节节流阀和真空泵，保证泵进口真空度稳定 (6)深井法：泵的进口管路安装在深度超过 10m 的与地下水隔绝的深井内，用改变深井液位高度来调节泵进口的真空度。在测量同一组试验点时，井内液位应保持近似不变 (7)在试验带有强制开启补油机构的隔膜泵时，泵的进口需要 0.015～0.02MPa 的静吸入压头 (8)泵的排出管路应设置管路安全阀，安全阀的开启压力按下表规定： | 泵额定排出压力 p_{dr}/MPa | 0.2～5.0 | 5.0～20 | 20～50 | |---|---|---|---| | 管路安全阀开启压力 p_k/MPa | $1.2p_{dr}$ | $1.15p_{dr}$ | $1.1p_{dr}$ | (9)测量的不确定度应符合 GB/T 7784—2006 标准的要求

续表

项目	内　容
运转试验	运转试验包括空载试验、升载试验和连续运转试验。试验过程中泵的噪声、振动、润滑、温升、泄漏和所有保护装置应正常
空载试验	(1)空载试验包括零流量试验和调量试验 (2)运行前应将进、出口管路阀门全开，调量表(或调节手轮刻度)对准零，零流量运转试验不少于0.5h，检查调量表(或调节手轮刻度)应在零点 (3)调量试验应在进、出口管路阀门全开时进行，逐渐增大行程长度(或减小行程长度)，直至调到100%的相对行程长度后，运转不少于0.5h，应无异常声响和振动，行程调节应平稳，调节手轮应牢固
升载试验	(1)升载试验应在额定转速、最大行程长度下进行，排出压力从常压逐渐上升到额定排出压力。根据额定排出压力的不同，有如下几种升压情形： ①额定排出压力超过5MPa的泵，应将压力分为25%、50%、75%、100%四个等级逐渐加大，每个压力工况均应运转不少于15min，满载时运转不少于2h ②额定排出压力范围在1~5MPa内的泵，在1MPa时运转不少于0.5h后，即可升压至额定排出压力，运转不少于2h ③额定排出压力低于1MPa的泵，常压运行不少于0.5h后，可直接升压至额定排出压力运转不少于2h (2)隔膜计量泵应在额定排出压力下对三阀组进行动作调试，安全阀、补偿阀等的动作合格后方可进行性能试验
连续运转试验	(1)连续运转试验应在试运转后，在额定工况下累计运转500h。试验期间允许中途停机，以便检查运行情况，如遇有主要零部件损坏需要更换时，则已完成的试验无效 (2)试验中应定时(一般为4~8h)记录流量、压力、泵速、功率、润滑油温度、介质温度和填料函的泄漏量 (3)试验中应记录易损件的寿命、修复次数和停车时间，试验后应对泵解体、检查，并记录泵零部件的磨损和损坏情况
隔膜泵安全阀开启试验	隔膜泵在额定条件运行时，关闭出口管路阀门，提高排出压力，在下表规定的开启压力下，安全阀应正确动作。开启后，再调节出口管路阀门，观察其回座动作的灵敏度。试验应不少于三次 | 隔膜泵额定排出压力 p_{dr}/MPa	0.2~1.2	1.2~4.5	4.5~9.0	9.0~20
---	---	---	---	---
液压腔安全阀开启压力 p_k/MPa	$p_{dr}+0.3$	$1.3p_{dr}$	$1.2p_{dr}$	$1.15p_{dr}$	
性能试验	(1)性能试验应确定流量、功率、泵效率、泵速与压差的关系，并绘出性能曲线 (2)性能试验应在额定吸入压力(如果额定吸入压力不能保证泵内不发生汽蚀，或额定吸入压力远远大于试验液体的汽化压力，或试验装置不能适应额定吸入压力的要求时，允许提高或降低吸入压力进行性能试验，但此时排出压力应作相应变化，以保证压差为额定值)和最大泵速下进行，排出压力从最小值(排出管路阀门全开时，为克服试验系统阻力而必需的排出压力)开始，然后按压差值的25%、50%、75%、100%升压，在每一排出压力下，同时测量和记录介质温度、泵速、流量、功率、吸入压力、排出压力的值。每个被测参数的测量次数应不少于3次，取算数平均值为测量值 (3)试验结果应满足以下要求： ①额定条件下的实际流量值应不低于泵的额定流量值 ②泵在额定排出压力并输送常温清水的条件下，柱塞(活塞杆)填料密封的泄漏(柱塞泵为水，隔膜泵为油)量不应超过下表规定的值(填料可多次调整) 	泵额定流量 Q_r/(L/h)	泄漏量/(L/h)≤
≤1	$0.1\%Q_r$
>1~10	$0.05\%Q_r$
>10	$0.01\%Q_r$ | ③容积系数由合同或协议规定，也可参考GB/T 9234有关要求

续表

项目	内容
流量标定试验和计量精度试验	(1)流量稳定性精度试验应在额定条件下测定,相对行程长度在 100%、75%、50%、30%、10%处,依次测定五组流量数据,各相对行程长度处取单个流量测量值应不小于三个 (2)复线性精度试验还应分别在以下行程长度时非连续抽取流量值: ①在行程长度的100%处,测量不少于三个流量值 ②在行程长度的75%和50%处,测量不少于两个流量值 ③在行程长度的30%和10%处,测量不少于一个流量值 (3)流量标定和线性度是将稳定性精度试验和复线性精度试验中测取的所有数据进行数理统计和计算得出 (4)当泵在小的相对行程长度处无流量或流量不正常时,则应从开始有正常流量的相对行程长度下依次测定若干组测量数据 (5)流量计量精度应符合泵在额定条件下和最大相对行程长度处流量计量精度不低于1%的要求
汽蚀性能试验	(1)汽蚀性能试验应在额定条件及最大行程长度下进行 (2)在保持压差不低于额定压差的情况下,逐渐降低泵吸入压力(增加泵的吸上真空高度)至流量比正常流量低 5%～10%为止,试验点应不少于8点,在泵接近汽蚀时,试验点的间隔应适当减小。在每个吸入压力试验点,同时测量并记录介质温度、泵速、流量、吸入压力、排出压力的值 (3)泵的流量下降3%时为临界汽蚀工况点,此刻的 NPSH 值确定为泵的 $NPSH_r$ 值
特殊试验	通常是指超压试验、实际介质试验和实际温度试验。可根据要求选做一种或全部

二、API 675—1994 标准规定

表 4-14 API 675—1994 (容积泵-计量泵) 标准规定

项目	内容
检查	(1)根据规定,卖方应保存下述资料至少20年,以供买方或代表试验或再生产用: ①当有规定时,必要的材料合格证,例如工厂试验报告 ②检查符合规范要求的试验数据 ③备有证明文件的试验及检查结果,包括全部的热处理和X射线的鉴别报告 ④当有规定时,最终的组装维护与运转间隙 (2)直到完成规定的部件检查之前,承压部件不应涂漆 (3)买方可以做下述规定: ①规定哪些部件须经表面或子表面检查 ②要求检验的形式,例如磁粉、液体渗透、X射线及超声波检验
材料检查	(1)X射线检查 ①X射线检查应符合 ASTM E94 和 ASTME142 的要求 ②用于焊接制造的验收标准应是 ASME 规范第8章的第1部分 UW-51(100%)和 UW-52(焊点)。用于铸件的验收标准应是 ASME 规范的第8章的第1部分中的附录7 (2)超声波检查: ①超声波试验应按照 ASME 规范的第5章的第5节和23节的规定 ②用于焊接制造的验收标准应是 ASME 规范的第8章的第1部分中的附录12。用于铸件的验收标准应是 ASME 规范的第8章的第1部分中的附录7 (3)磁粉检查: ①干法及湿法磁粉检验的方法应按 ASTME709 的规定 ②用于焊接制造的验收标准应是 ASME 规范的第8章的第1部分中的附录6和第5章的第25节。铸件缺陷的可验收性应根据 ASTME125 中的照片比较。对于缺陷的各种型式,其严重程度不应超过下表中规定的限定值 | 型式 | 缺陷 | 最大严重程度 | 型式 | 缺陷 | 最大严重程度 | |---|---|---|---|---|---| | Ⅰ | 线性间断性 | 1 | Ⅳ | 冷硬和串珠 | 1 | | Ⅱ | 收缩 | 2 | Ⅴ | 多孔性 | 1 | | Ⅲ | 夹渣 | 2 | Ⅵ | 焊缝 | 1 | (4)液体渗透检查: ① 液体渗透检查应按照 ASME 规范第5章的第6节的规定 ② 用于焊接制造的验收标准应是 ASME 规范第8章的第1部分中的附录4和第5章的第24节。用于铸件的验收标准应是 ASME 规范的第8章的第1部分中的附录7和24

续表

项目	内容
机械检查	(1)在设备组装期间和试验之前,每个组件(包括这些组件的铸件)和所有管道及附属设备应使用化学剂或其他适当的方式进行清理,以消除杂质、腐蚀性介质以及热轧钢锭表面的氧化皮 (2)提供的油系统的任何部分应符合 API 标准 614 要求的清洁度 (3)当有规定时,在封头焊到容器上、容器和换热器的孔封闭,或管道最终组装完毕之前,买方可以检查卖方提供的设备和所有管道以及附属设备的清洁度 (4)当有规定时,可以通过对部件、焊缝或区域的试验来检查部件,焊缝和热影响区的硬度是否在允许值的范围之内。买方和卖方之间应就试验的方法、范围、资料以及证明达成协议
试验 水压试验	(1)承压部件(包括辅助设备)应以 1.5 倍最大允许工作压力的最低限量,但不能低于 1.5bar 表压(20lbf/in),用液体进行水压试验。试验液体温度应在高于正在试验材料的零可锻过渡温度 (2)如果被试验的部件在材料强度低于室温材料强度的温度下工作,则应用水压试验压力乘以一个在室温下材料的允许工作应力,再除以工作温度下材料的允许工作应力得出的系数。使用的应力值应与 ASME B31.3 中所列的用于管道或在 ASME 规范的第 8 章的第 1 部分中列出的用于容器的值一致。因此,买方得到的应是应进行水压试验的最低压力。数据表中应列出实际的水压试验压力 (3)在应用之处,试验应符合 ASME 规范的要求。在规范试验压力和本标准的试验压力之间存在分歧的情况下,应限制较高的压力 (4)用于试验奥氏体不锈钢材质的液体中氯化物含量应不超过百万分之五十。为了防止由于蒸发干燥所造成的氯化物沉积,在试验终止时,应清除试验部件上全部的残留液体 试验应保持足够的时间周期,以允许对承压部件做全面检查。当通过至少 30min 的观测,承压部件既不泄漏又不渗漏时,应认为水压试验是合格的。大的重型铸件可以要求较长的试验周期,应由买卖双方协商确定。用于分段试验的内挡板渗漏以及用加压泵保持一定压力来工作是允许的
试验 性能试验	(1)除非有其他规定,否则,试验流体应是水,并从进口注入 (2)泵应符合额定的流量和压力,并应说明额定流量的稳态精确度和两次连续的容量试验之间的出口压力。压力变化不应超过额定容量值的±1%。单一的试运转周期不应超过 5min (3)自动计量泵应通过合同控制装置进行试验 (4)当规定流量反复性和线性试验时,按照升幂和降幂的顺序,它们应使用额定容量点的 100%、75%、50%、25% 和 10% 进行工作。流量变量应不超过额定容量值的±3% 在为改进机械运转或补救性能缺陷而需要进行部件的更换或改造中,如果初次试验没有合格,应在进行这种更换或修整之后进行最终的车间试验

三、SH/T 3142 标准规定

表 4-15 SH/T 3142(石油化工计量泵工程技术规定)标准规定

项目	内容
概述	材料检查、机械检查、水压试验要求与 API 675 要求一致
性能试验	(1)性能试验期间卖方应按下列要求演示泵的额定流量和稳定流量的精度: ①在额定吸入压力 和排出压力时额定流量应没有负偏差 ②在规定的调节比下,流量稳定性精度应在额定流量的±1%的范围内 ③在规定的调节比下,流量复线形精度应在额定流量±3%的范围内 ④在规定的调节比下,线性度的偏差应在额定流量±3%的范围内 (2)性能试验其他要求应符合 API 675 的规定
检测和试验的记录	卖方应提交给买方每台泵的记录包括:材料试验合格证书;无损检测;外观检测和尺寸检测;液压试验;性能试验,包括机械检测;其他检测和试验(如果有规定)
材料证书	(1)应检测下列零部件的材料质量证明文件或材料试验合格证书: ①隔膜头(或液力端泵头) ②隔膜 ③阀球/阀座 ④柱塞 (2)质量证明文件或材料试验合格证书上应有化学成分(铸铁材料除外)、力学性能和热处理状态等内容,其特性数据应符合材料标准的规定

项目	内 容			
无损检测	(1)零部件应按下表所列要求进行无损检测(NDE)试验			
	零件名称	RT	MT 或 PT	UT
	缸体和缸盖(锻件)	—	—	UT
	缸体和缸盖(铸件)	—	MT 或 PT	—
	承压泵壳的对接焊缝	RT	MT 或 PT	—
	活塞杆或柱塞	—	MT 或 PT	—
	蜗轮蜗杆	—	MT 或 PT	UT
	注:RT——射线检测;M——磁粉检测;P——着色渗透检测;U——超声检测。 (2)承压铸件的修补应按如下要求进行: ①在开始铸件修补前,应提交铸件修补的标准程序,供买方批准 ②对一般缺陷应予以清除。清除后,应按本规定进行检测 ③所有缺陷修补后,应按照检测铸件同样的质量标准进行检测			

第三节 往复泵的检验与试验

一、API 674—1995 标准规定

表 4-16 API 674—1995(容积泵-往复泵)标准规定

项目	内 容		
概述	材料检查、机械检查、水压试验要求与 API 675 要求一致		
性能试验	(1)性能试验—直接作用泵: ①除非另有规定,应按水力学会标准进行性能试验。制造厂应在其工厂内运行泵足够长的时间以得到完整的试验数据,包括速度、排出压力、入口压力和流量等 ②泵应在 5 种转速(25%、50%、75%、100%、125%的额定转速)下运行 ③泵应在试验装置允许的情况下尽量按接近额定压力的条件运行 ④在工厂试验期间,在规定的工作范围内,泵应运行平稳。但是 NPSH 试验时泵运行在汽蚀条件的情况除外 ⑤在额定转速下,泵的效率应等于或大于报价时预期的效率 (2)性能试验—动力泵: ①除非另有规定,应按水力学会标准进行性能试验。制造厂应在其工厂内运行泵足够长的时间以得到完整的试验数据,包括速度、排出压力、入口压力和流量等 ②上述规定仅适用于泵本身,还应取得功率值和效率值作为与泵相关的参考数据。而记录的数据和最终的报告还应包括整个装置的信息,包括驱动机和其他辅助设备 ③当试验装置不具备额定工况试验的条件,试验可以在减速或减压条件下进行。当有规定时,在额定排出压力下减速运行或/在额定转速下减压运行两种试验都需要做 ④如果为了修正泵的缺陷而需要拆卸,则因修正而影响的泵的特性应通过重新试验来证实 (3)试验允许偏差: 当在试验台架上运行时,泵应在额定条件或试验当量的下列允许偏差之内		
	特性参数	允许偏差/%	
		动力泵	直接作用泵
	额定流量	+3 0	+3 0
	额定功率(在额定压力和流量下)	+4	—
	$NPSH_r$	+0	+0
	(4)NPSH 试验: 当有规定时,泵应作 NPSH 试验,在额定转速和 $NPSH_a$ 与报价单上的 $NPSH_r$ 相同时,泵的流量与不汽蚀时的流量的差额应小于 3% 注:不可以将泵在汽蚀状态下运行		

二、SH/T 3141—2004 标准规定

表 4-17　SH/T 3141—2004（石油化工往复泵工程技术规定）标准规定

项目	内　容
检测	(1) 缸体、柱塞、活塞杆，以及缓冲器和安全阀的承压件等，卖方应提供材料质量证明文件，其内容应包括该材料的化学成分、力学性能以及热处理（若进行状态）等 (2) 下表中的关键零件应按制造厂商的质量标准，进行磁粉（MT）或着色（PT）和超声波（UT）等无损检测 | 零件名称	MT 或 PT	UT	零件名称	MT 或 PT	UT | |---|---|---|---|---|---| | 缸体和缸盖（锻件） | — | √ | 曲轴 | √ | √ | | 活塞杆或柱塞 | √ | √ | 十字头销 | √ | √ | | 连杆 | √ | √ | | | | (3) 在油系统的装配过程中和试验之前，油系统的每一组建和全部管道应进行清洗，去除异物、腐蚀性杂物和氧化皮 (4) 油系统应按 API614 的要求进行工厂运转试验，检验其运转性能和清洁度 (5) 往复泵出厂前应做最终检验，内容包括：转动方向、铭牌内容、清洁度、辅助管线的装配、附件、备品备件等、涂漆
液压试验	(1) 如果适用，液压试验应采用 GB150 或 ASME Section Ⅷ 规范 (2) 承压部件应进行液压试验，试验压力应为最高允许操作压力的 1.5 倍。应至少维持 60min，且无泄漏迹象 (3) 通过液压试验后的部件，应有记录并打上标记 (4) 液压试验还应符合 API674 的相关规定
性能试验	性能试验及其允差按 API674 规定
机械运转试验	(1) 往复泵在机械运转试验时，不应出现由于汽蚀引起的异常振动和噪声。如果有要求，振动的测量应在往复泵试验时完成（在额定的条件下记录结果） (2) 应在轴承室上测量曲轴轴承温度直到运行试验期间达到恒定值，轴承温度应不超过环境温度加 40℃ (3) 设备发运前，润滑油站等有独立底座的辅助设备应做 4h 的机械运转试验 (4) 齿轮变速器应按 API 677 或 AGMA6010-E89 的要求在齿轮变速器制造厂进行机械运转试验 (5) 若由于机械和性能特性方面的某些缺陷，对泵进行解体并进行修理。修理后应重新试验

第四节　转子泵的检验与试验

一、API 676—2009 标准规定

表 4-18　API 676—2009（容积泵-转子泵）标准规定

项目	内　容
概述	材料检查、机械检查、水压试验要求与 API 675 要求一致
机械运转试验	卖方应对所有泵进行标准的机械运转试验以保证在规定工况下泵的正常运转。机械运转试验既可以不使用规定介质也可以不按规定工况条件
可自由选择的试验	(1) 性能试验：当有规定时，卖方应在其工厂内运行泵足够长的时间以得到完整的试验数据，包括速度、排出压力、入口压力、效率、流量和功率等。上述试验仅适用于泵本身，功率和效率的记录仅作为泵的相关参考数据。记录的数据和最终的报告应包括整个机组的信息，包括驱动机和其他辅助设备 　注：如因修正泵特性而必须拆卸泵，则泵的特性应通过重做试验来验证 (2) 试验允许偏差： 当在试验台架上运行时，泵应在额定条件或试验当量的下列允许偏差之内

续表

项目	内 容
可自由选择的试验	<table><tr><td colspan="2">特 性 参 数</td><td>允许偏差/%</td></tr><tr><td colspan="3">流量</td></tr><tr><td></td><td>100%转速</td><td>$^{+3}_{0}$的额定流量</td></tr><tr><td></td><td>90%转速</td><td>$^{+3}_{0}$的额定流量</td></tr><tr><td></td><td>60%转速</td><td>$^{+5.0}_{0}$的额定流量</td></tr><tr><td></td><td>30%转速</td><td>$^{+10.0}_{0}$的额定流量</td></tr><tr><td colspan="2">额定功率(在额定压力和流量时)</td><td>+4</td></tr><tr><td colspan="2">$NPSH_r$(在额定流量时)</td><td>+0</td></tr></table> (3)NPSH试验： 当有规定时，泵应作 NPSH 试验，在额定转速和 $NPSH_a$ 与报价单上的 $NPSH_r$ 相同时，泵的流量与不汽蚀时的流量的差额应小于 3%

二、SH/T 3151—2007 标准规定

表 4-19 SH/T 3151—2007（石油化工转子泵工程技术规定）标准规定

项目	内 容
液压试验	(1)承压部件应进行液压试验，试验压力应为最高允许操作压力的 1.5 倍，夹套的设计压力大于或等于 0.52MPa(G)，水压试验压力应大于或等于 0.8MPa(G)。压力应至少维持 30min，且无泄漏迹象 (2)通过液压试验后的部件，应有记录并打上标记 (3)液压试验还应符合 API676—1994 的其他规定
机械运转试验	(1)转子泵应至少进行 2h 的机械运转试验，并进行以下检测： 测量任一轴承室的轴承温度，其值应符合在任何规定的操作条件下轴承最高温度不超过 82℃或环境温度加 40℃（两者取低值）的要求 如果买方有要求，在轴承温度稳定后，应再进行振动等机械检查。额定点的振动值应符合下列规定：在额定工况运行时，在每一轴承支承点测得的振动速度(均方根，未过滤)应小于或等于 3.0mm/s；在其他工况运行时，振动极限可提高至上述值的 130% (2)齿轮变速器在齿轮变速器厂按其标准进行机械运转试验
性能试验	如买方有要求时，应进行性能试验。试验应有足够的时间，以获得包括速度、出口压力、入口压力、效率、流量和功率在内的全部试验数据 转子泵的性能允差应符合下表规定： <table><tr><td colspan="2">工况</td><td>允差/%</td></tr><tr><td rowspan="4">额定流量</td><td>100%转速</td><td>$^{+3.0}_{0}$</td></tr><tr><td>90%转速</td><td>$^{+3.3}_{0}$</td></tr><tr><td>60%转速</td><td>$^{+5.0}_{0}$</td></tr><tr><td>30%转速</td><td>$^{+10.0}_{0}$</td></tr><tr><td colspan="2">轴功率(额定流量和压力下)</td><td>+0</td></tr><tr><td colspan="2">$NPSH_r$(额定流量下)</td><td>+0</td></tr></table>当 $NPSH_a$ 与 $NPSH_r$ 的差值小于 0.5m，或询价技术文件有要求时，应进行汽蚀余量试验 卖方应完整保存所有最终试验的记录，并将试验报告提交给买方 若由于机械和性能特性方面的某些缺陷，应对泵进行解体并进行修理或更换相关零部件，然后再按上述所有要求重新进行试验

第三章 泵的安装、验收和试运行

第一节 泵组的安装

一、安装前的准备

1. 开箱检验及管理

(1) 泵组开箱检验应有采购单位、建设单位/监理单位参加，按照装箱清单进行下列项目检查，检验后应保存有各方签字的检验记录。

① 核对箱号、箱数并检查包装状况；

② 核对机器的名称、型号、规格、数量；

③ 对交货设备进行外观质量检查；

④ 检查随机产品技术文件、备品备件及专用工具等是否齐全。

(2) 泵组和各零部件若暂不安装，应采取适当的防护措施，妥善保管；防止损坏、锈蚀、老化、变形、错乱或丢失等现象。若存放时间超过 12 个月，则泵的各零部件应涂以防锈油进行保存，正式安装时再将防锈油清洗掉，换上润滑油。或者按供货商的储存要求保管。

(3) 对与泵组配套的电气、仪表等精密仪器件，可由相关专业人员检查验收。并按要求进行储存、保管。

2. 安装前的技术准备

(1) 泵组正式安装前，应具备下列技术文件：

① 设计文件，包括泵组安装平面布置图、泵组基础图及相关专业的施工图等；

② 产品技术文件，包括泵组出厂合格证书、质量证明文件和质量检查记录、泵组试验报告、泵组总装配图、主要零部件图、易损件图及安装使用说明书等；

③ 应执行的相关技术标准、规范。

(2) 安装前应编制安装技术文件。

3. 施工现场条件、基础验收与处理

(1) 泵组安装前，现场应具备下列条件：

① 土建工程已基本结束；基础具备安装条件，与泵组相关的地下工程已完成，场地平整，道路畅通；

② 吊装设备具备使用条件；

③ 零部件、工具等的储存设施、安全防护设施等可以使用。

(2) 基础移交时，土建单位应提供基础质量合格证明文件及测量记录。基础上应明显标出标高基准线、中心线，参照物坐标点和标高基准点。重要泵组的基础应有沉降观测点。

(3) 对基础进行外观检查，混凝土基础不得有裂纹、蜂窝、空洞、漏筋等缺陷。

(4) 按照基础设计文件和泵组产品技术文件，对泵基础尺寸及位置进行复测检查，基础的允许偏差应符合标准规定要求。

(5) 基础应做如下处理：

① 基础表面应铲出麻面，麻点深度宜不小于 10mm，密度以每平方分米内有 3~5 个点为宜，表面不应有油污或疏松层；

② 放置垫铁或支持调整螺钉用的支撑板处（至周边约 50mm）的基础表面应铲平；

③ 地脚螺栓孔内的碎石、泥土等杂物和积水，必须清除干净。

(6) 预埋地脚螺栓的螺纹和螺母表面的灌浆料应清理干净，并对螺纹进行妥善保护。

4. 泵组安装前的检查

(1) 核对即将安装的泵的规格型号是否符合泵位所需，以免返工。

(2) 检查泵在运输、储存期间有无损伤，零部件是否缺损；检查有无异物进入泵中，卸下盲法兰并清洁管路。

(3) 在按泵使用说明书进行了处理后，用手盘动泵轴，转动几次检查转子的运转情况。如果盘车不灵活或有异常声音时，应解体检查。

(4) 整体出厂的泵在防锈保证期内，内部零件不宜拆卸。当超过防锈保证期或有明显缺陷需要解体检查时，除进行各零部件的外观检查外，应重点检查以下部位：

① 密封环（口环）间隙；

② 密封环和轴套外圆径向跳动；

③ 轴承及轴承室；

④ 轴封检查：机械密封型式和型号是否符合合同要求，机封的冲洗、过滤和冷却管线安装是否正确，如果是填料密封，填料应单独包装，在现场进行装填。

⑤ 检查冷却水管路是否堵塞，应清洗洁净，保持畅通。

二、泵组安装要求

1. 泵组安装找正技术要求

(1) 泵组安装施工，应按 GB 50231、GB 50275 或 SH/T 3538、SH/T 3541 等相关标准要求执行。当产品技术文件另有要求时，应按产品技术文件的要求安装和验收。

(2) 泵组就位找正找平应符合下列要求：

① 纵向和横向中心线允许偏差为 5mm；

② 标高允许偏差为 ±5mm，与其他设备相连接的，其标高允许偏差为 ±2mm；

③ 水平度允许偏差：纵向为 0.05mm/m，横向为 0.10mm/m。

(3) 安装基准测量点应在下列部位中选择：

① 整体安装的泵，应以进口法兰面或其他水平加工基准面为基准；

② 解体安装的泵，以泵体加工面为基准；

③ 立式泵，以联轴器或电机座为基准；

④ 往复泵，以机身滑道、轴承座、轴外露部分或其他加工面为基准。

(4) 泵组初找正合格后，宜在 24h 内进行地脚螺栓孔的灌浆；灌浆时，地脚螺栓垂直度应不大于 0.15/1000mm；灌浆料应比泵组基础混凝土标号高一等级，且应连续进行。

(5) 地脚螺栓预留孔内的灌浆混凝土强度达到设计强度的 75% 以上时，方可进行地脚螺栓的紧固。

(6) 泵组找平找正合格后，紧固地脚螺栓，拧紧力矩和螺栓轴向拉应力符合标准或规定要求。

(7) 泵组用垫铁找平找正，应符合以下要求：

① 垫铁应靠近地脚螺栓的两侧，如果地脚螺栓间的中心距超过 1m 时，应在地脚螺栓

间增设垫铁，垫铁总高度一般应控制在 20～40mm；

② 用小锤敲击检查垫铁组的松紧程度，应无松动现象；

③ 用 0.05mm 的塞尺检查垫铁间、垫铁与底座间的间隙，同一间隙面从两侧塞入的长度之和应不超过垫铁长（宽）度的 1/3；

④ 合格后及时进行垫铁组层间的定位焊。

(8) 轴对中应在地脚螺栓紧固后进行。虽然在出厂前泵厂已完成了其组装及校准，但由于运输及安装过程的影响，联轴器应重新校正。通常用千分表检测联轴器的端跳及径跳量。对中偏差应符合：

① 凸缘联轴器装配时，两半联轴器端面应紧密接触，两轴的对中偏差径向位移应小于 0.03mm，轴向倾斜应小于 0.05/1000，或按泵产品技术文件的要求；

② 弹性套柱销联轴器装配时，两轴的对中偏差及联轴器的端面间隙，应符合泵产品技术文件或相关标准中的规定；

③ 叠片挠性联轴器装配时，对中偏差应符合泵产品技术文件或相关标准中的规定。

(9) 驱动机与泵采用皮带传动时，两轴的平行度、两轮的偏移应符合泵产品技术文件或相关标准中的规定。

(10) 弹性支座的泵组安装应符合泵产品技术文件规定。

(11) 对于高温泵或原动机为汽轮机泵组，应考虑工作时的热膨胀因素，在冷态安装时，应将高温运行设备一侧的标高按泵产品技术文件要求予以调整或进行热态找正，即泵在操作温度下运行一段时间后，如果发现机组振动过大，可在停泵后切断电源，脱开联轴器螺栓重新进行对中找正。对低温泵或其他工作时的温度与安装时的温度差异较大的泵，如果运行一段时间后发现机组振动变大，也应对找正值作适当调整。

2. 二次灌浆

(1) 二次灌浆应在泵组的最终找正找平后 24h 内进行。否则，在灌浆前应重新对泵的找正找平数据进行复核。

(2) 二次灌浆前应将基础表面清理干净，用水浸润后方可进行。

(3) 二次灌浆可采用碎石混凝土或专用灌浆料，二次灌浆混凝土标号应比基础混凝土标号高一等级。

(4) 二次灌浆前应敷设模板，外模板至设备底座面外缘的距离不宜小于 60mm，模板拆除后应进行抹面处理。

(5) 二次灌浆应连续进行，一次完成，不得分次浇灌。

(6) 对于空心的设备底座，应注意通过底座上的开孔，将砂浆填满。

(7) 二次灌浆抹面层外表面应平整，上表面略有向外的坡度，高度略低于设备底座外缘上表面。

3. 泵组与管道的连接

(1) 管道安装前应逐件清除管道内部的砂土铁屑熔渣及其他杂物，设计文件有特殊要求的管道应按设计文件要求进行处理。

(2) 管道上的开孔应在管道安装前完成，当在已安装的管道上开孔时，管内因切割而产生的异物应设法清除干净，防止进入泵内。

(3) 与泵组连接的管道，应从泵组侧开始安装，并应先安装管支架，管道和阀门等的重量和附加力矩不得作用在泵组上。如果输送的是与环境温度差异大的介质，管道应设置伸缩节。

（4）与泵组连接的管道及支、吊架安装完成后，应卸下接管上的法兰螺栓，在自由状态下所有螺栓应能在螺栓孔中顺利通过；法兰密封面间的平行度允许偏差，同轴度允许偏差按设计文件或产品技术文件规定；配对法兰面在自由状态下的间距，以能顺利插入垫片且距离最小为宜。

（5）管道与泵组连接后，应复检泵的原找正精度，当发现管道连接引起偏差时，应调整管道及其支架等。

三、泵组的解体检查与组装

1. 一般规定

（1）拆检前的准备工作：

① 查阅泵组产品技术文件，了解泵组的结构、工作原理及旋转方向；

② 泵组与系统隔离；

③ 电机处于断电状态；

④ 排空泵中存有介质、轴承箱的润滑油及密封冷却水；

⑤ 拆除泵体本体仪表，附属设备及管道。

（2）整体供货的泵组在防锈保证期内可不拆洗，超过防锈保证期或安装后有明显缺陷时，需进行拆解检查和清洗。

（3）拆解时，应及时对拆下的零部件进行标识、保管。拆卸的零部件经清洗、检查合格后，才允许进行装配；组装时必须达到泵产品技术文件的要求。

（4）零部件的加工面如有锈蚀，应进行除锈。

（5）组合式底座的各个接合面应平整、清洁及无翘曲、铁锈、毛刺等，组合后，各接合面用 0.05mm 的塞尺检查，应不能塞入。

（6）安装后不易拆卸、检查、修理的油箱或水箱，装配前应做渗漏检查。

（7）凡要求在禁油条件下工作的零部件、管道及附件，必须进行脱脂。

（8）泵组上较精密的螺纹连接或高于 200℃ 条件下工作的连接件及配合件等，装配时应在其配合表面涂防咬合剂。

（9）管道泵和共轴式泵不宜拆卸。

（10）对解体出厂的泵的主要零部件和附属设备、中分面和套装零部件的端面不得有擦伤和划痕；轴的表面不得有裂纹、压伤及其他缺陷；其泵壳垂直中分面不宜拆卸和清洗。

2. 离心泵

（1）离心泵解体与组装步骤如下：

① 拆卸联轴器防护罩；

② 在联轴器上做好标记，拆卸联轴器中间短节；

③ 松开密封压盖螺栓，拆卸泵体连接螺栓，吊出泵体及端盖；

④ 拆卸各级密封，吊出泵转子；

⑤ 检查和清洗各零件，测量各级配合间隙；

⑥ 组装应按解体的相反步骤进行。

（2）离心泵的解体检查和组装应符合下列要求：

① 各部件无锈蚀、污物；

② 轴、叶轮、密封环、平键、轴套无裂纹及严重磨损；

③ 叶轮流道、盖板应完整、光滑、口环处应完好，各泵壳结合面应平整、光滑；

④ 检查转子各部件与主轴配合均无松动现象；

⑤ 测量转子叶轮、轴套、密封环、平衡盘、轴颈等主要部位的径向和端面跳动值，测量泵体内各部位配合间隙，应符合设备技术文件的规定，并作记录；

⑥ 测量滑动轴承的径向间隙，滑动轴承轴瓦背面与轴瓦座应紧密贴合，其过盈值应在 0.02～0.04mm 范围内，轴瓦与轴颈的顶间隙和侧间隙均应符合设备技术文件的规定，并作记录；

⑦ 检查滚动轴承滚珠、滚架无裂纹、麻点，应转动灵活、不松动，滚动轴承与轴和轴承座的配合公差、滚动轴承与端盖间的轴向间隙以及介质温度引起的轴向膨胀间隙、向心推力轴承的径向游隙及其预紧力，均应按设备技术文件的要求进行检查和调整，若无规定，应参照相关标准。

（3）机械密封、浮动环密封、迷宫密封、干气密封等其他型式的轴密封件的各部间隙和接触要求均应符合设备技术文件的规定，当无规定时，应符合现行国家标准《机械设备安装工程施工及验收通用规范》的规定。

（4）组装填料密封时，其径向间隙应符合产品技术文件的要求或相关标准规定，填料压紧后，填料环进液口与液封管对准或填料环稍偏外侧。

（5）轴密封件组装后，盘动转子转动应灵活，转子的轴向窜动量应符合设备技术文件的规定。

（6）有衬里的泵，衬里层应完好；陶瓷、玻璃、硅铁等脆性材料的泵，宜使用专用转矩扳手拧紧螺栓，拧紧力应按产品技术文件的要求进行。

（7）对屏蔽泵、磁力泵等无密封泵只有接受过相关培训的人员或制造厂专业技术人员进行现场拆检。

3. 往复泵

（1）泵的清洗和检查应符合下列要求：

① 泵组需拆卸和清洗时，应拆卸后盖、进液阀、排液阀、填料等，并应将设备表面和拆卸下的零部件清洗洁净；

② 解体出厂的往复泵应检查零部件的同组标记，不得互换，出厂已装配完善的组合件不得拆卸，各装配部位传动副的间隙和接触情况应符合设备技术文件的规定；

③ 清洗主机零部件和设备表面及接合面以后，应将清洗剂和水分除净，并应涂上一薄层润滑油，进液阀、排液阀、填料和其他密封面不得用蒸汽清洗。

（2）解体出厂的往复泵组装时应符合产品技术文件或 GB 50275、SH/T 3541 等标准相关要求。

（3）柱塞泵的拆解一般分别按照液力端、动力端，参照如下步骤进行，若产品技术文件有详细规定则应按产品技术文件。

液力端拆解步骤：

① 移动柱塞至死点，拆卸十字头连杆螺母；

② 拆卸与传动箱连接的螺栓，将液缸部件从传动箱上拆下；

③ 将柱塞从十字头连杆上拆出，拆卸填料压盖，取下密封填料和柱塞衬套；

④ 拆卸吸、排管法兰，依次取下衬套、限位器、弹簧和阀；

⑤ 按解体检查的相反步骤进行回装。

动力端拆解步骤：
① 放掉传动箱内的润滑油，拆卸箱体盖板；
② 拆卸连杆螺栓，将连杆拆出；
③ 拆卸十字头销及十字头；
④ 拆卸曲轴；
⑤ 按解体检查的相反步骤进行回装。

柱塞泵的解体检查和组装应符合下列要求：
① 对传动箱进行渗漏试验，试验时间应不少于8h，无泄漏现象；
② 对于采用水冷却的泵缸，其水套应进行强度和严密性试验；
③ 检查各部件无锈蚀、污物；
④ 检查曲轴、十字头、连杆无裂纹及严重磨损；
⑤ 测量曲轴的轴向窜动量，应符合产品技术文件的要求，并做记录；
⑥ 着色检查填料环，其平面及径向密封面均匀接触，接触面积应不小于70%；
⑦ 测量填料函盖与柱塞之间的间隙，径向间隙应均匀，其允许偏差为0.10mm；
⑧ 检查各部件配合均无松动现象；
⑨ 测量滑动轴承的径向间隙，应符合产品技术文件的要求，并做记录。

4. 计量泵

(1) 柱塞式计量泵解体检查应符合下列要求：
① 带有行程调节传动机构的柱塞式计量泵，应先进行调节试验，确认调节动作灵敏可靠；
② 泵的卸荷装置安装时，应按产品技术文件的规定进行清洗、调压试验；
③ 泵体（包括夹套）应有液压试验记录；
④ 泵的液体流道应仔细清洗干净；
⑤ 泵所带有的行程计数器和转数发送器等自动控制元器件，应进行安装调校。

(2) 隔膜式计量泵解体检查应符合下列要求：
① 泵体应有液压试验记录，安装前应按设计文件规定进行隔膜的密封检查；
② 泵体的过滤器应仔细清洗干净；
③ 排气阀的排气通道应进行清洗，自动排气阀或溢流阀应进行动作试验；
④ 安装时应对隔膜破裂信号装置进行调整试验，观察隔膜破裂的视孔应清洁；
⑤ 液压隔膜泵应按产品技术文件的规定加注液压油，液压腔内不含气体。

5. 螺杆泵

(1) 螺杆泵解体与组装的一般步骤：
① 拆卸联轴器防护罩的固定螺栓，取下联轴器防护罩；
② 在联轴器上作好标记，拆卸联轴器螺栓；
③ 松开密封压盖螺栓，取出机械密封；
④ 松开轴承压盖，拆卸轴承；
⑤ 松开泵体连接螺栓，拆卸主动螺杆、从动螺杆；
⑥ 检查和清洗各零件，测量各级配合间隙；
⑦ 组装按解体的相反步骤进行。

(2) 螺杆泵解体检查应符合下列要求：

① 测量螺杆齿形部分的外圆及其与对应缸体的内圆之间的间隙，其径向间隙应大于螺杆轴承处轴颈与轴瓦之间的间隙，并做记录；

② 测量滑动轴承的间隙，其值应符合 SH/T 3538 的规定；

③ 清洗液体流道；

④ 用着色法检查螺杆齿形部位的接触面，同步齿轮（限位齿轮）的接触面，螺杆轴端面与止推垫的接触面等的接触情况，并做记录；

⑤ 测量螺杆啮合时齿顶与齿根间隙，法向界面侧间隙，并记录；

⑥ 测量泵的轴向窜动量，应符合产品技术文件的规定，并记录。

6. 齿轮泵

(1) 齿轮泵的解体与组装的一般步骤：

① 拆卸联轴器防护罩的固定螺栓，取下防护罩；

② 拆下联轴器；

③ 在泵盖和泵壳进行标记，确保能够重新正确安装，拆下泵盖；

④ 拆除惰轮和轴套组件；

⑤ 固定转子齿，确保转子轴不会转动，将锁紧螺母和锁紧垫圈从轴上拆除，松开轴承座表面的定位螺钉，将轴承从支架上拆除；

⑥ 拆下填料压盖螺钉和填料压盖，然后将填料拆下（如是机械密封，取出机械密封）；

⑦ 拆下转子和轴；

⑧ 彻底清洁并检查所有部件，测量各级配合间隙；

⑨ 组装按解体的相反步骤进行。

(2) 齿轮泵的解体检查应符合下列要求：

① 用着色法检查齿轮泵齿轮啮合面的接触情况，其接触面积沿齿长不少于70%，沿齿高不少于50%；

② 轴瓦和轴颈的径向间隙应符合产品技术文件规定；

③ 齿顶和泵体内壁的径向间隙符合产品技术文件规定，并应大于轴颈与轴瓦的径向间隙；

④ 检查、调整泵盖与齿轮两端面的轴向间隙，每侧宜为 0.04～0.10mm；

⑤ 齿轮的啮合间隙应符合产品技术文件规定；

⑥ 采用滚动轴承的泵，应检查滚动轴承的轴向游隙、径向游隙和轴向膨胀间隙。

第二节　泵组的试运行与验收

1. 一般规定

(1) 泵组的单机试运行，应具备下列条件：

① 泵组及附属设备、管道等安装工作应全部完毕，施工记录及资料应齐全；

② 与试运转有关的工艺管道及设备减压、吹扫、清洗完成；

③ 与试运转有关的水、气、汽等公用工程及电气、仪表控制系统施工结束，各指示仪表应灵敏、准确；

④ 冷却、冲洗、润滑、液封等系统具备使用条件；

⑤ 保温、保冷及防腐等工作基本结束（有碍试运行检查的部位除外）；

⑥ 各润滑部位应加入符合产品技术文件规定的润滑剂；
⑦ 泵入口应加临时过滤网，临时过滤网有效面积应不小于泵入口截面积的两倍；
⑧ 两轴的对中偏差应符合产品技术文件规定；
⑨ 参加试运转的人，应熟知试运转工艺，掌握操作规程。
（2）手动盘车应灵活，无异常现象。
（3）脱开泵组联轴器，先进行驱动机的试运转。
（4）驱动机试运转合格后，应复查泵组的轴对中，安装联轴器。
（5）泵组的试运转应在其各附属系统单独试运转正常后进行。
（6）泵组宜采用清水作为试运转的介质，当工艺条件不允许采用清水作试运转介质，现场无法实现闭合回路时，单机试运转宜与联动试车同时进行。

2. 驱动机及附属系统的单机试运转

（1）电机的单机试运转：
① 瞬间点动电机，检查电机的转向是否正确；
② 启动电机，连续运转 2h，检查轴承温升，温度应符合产品技术文件的规定。
（2）汽轮机的试运转：
① 打开主汽阀，进行手动跳闸试验，确认主汽阀应处于关闭状态；
② 系统暖管至主汽阀前，当排凝阀无凝液排放后，逐步关闭排凝阀；
③ 打开调速启动手柄，冲动汽轮机转子，并确认转子的转向，进行低速暖机；
④ 在低速暖机下进行手动跳闸试验，主汽阀应迅速关闭；
⑤ 调节调速器，将转速升至额定跳闸转数，进行三次主汽阀跳闸试验，主汽阀应迅速关闭，记录跳闸转速和复位转速，三次超速跳闸动作速度差应符合产品技术文件的要求；
⑥ 升速，将转速逐渐升至额定转速运行 1h；
⑦ 汽轮机的振动、机体温度、轴承温度符合机器技术文件规定；
⑧ 汽轮机停车后，应按产品技术文件要求进行盘车。
（3）附属系统试验包括泵组的仪表控制及监视系统、电气及操作控制系统的调整试验，以及水、气、汽油等系统的检查等，应按照产品技术文件的规定进行。

3. 离心泵

（1）泵组试运转应按下列要求进行：
① 离心泵在打开吸入管路阀门，关闭排出管路阀门后方允许启动，待泵出口压力稳定后，缓慢打开出口阀门，调节到泵所需要的流量和出口压力，注意，当泵出口阀门关闭条件下，泵连续运转时间不宜超过 3min，且不得在性能曲线驼峰处运转，如果是大型高压泵，必须保持最小流量回路畅通；
② 对高温泵（或低温泵），在常温状态开泵时，应按技术文件的规定进行预热（或预冷），达到要求后方可启泵；
③ 泵的平衡盘冷却水管路应畅通，吸入管路应充满输送液体，并排尽空气，不得在无液体情况下启动，如果进口管路有临时过滤器，应检查无堵塞物，并保证畅通，试运转过程中应注意过滤器的压差，不允许超过规定值；
④ 泵启动后应快速通过喘振区；
⑤ 对于工作介质相对密度小于 1 的离心泵，在用水进行试运转时，应控制电动机的运行电流不得超过额定值，泵流量不得小于最小连续流量。

(2) 泵试运转时应符合下列要求：

① 各固定连接部位不应有松动；

② 转子及各运动部件运转应正常，不得有异常声响和摩擦现象；

③ 附属系统的运转应正常，管道连接应牢固无渗漏；

④ 滑动轴承的温度不应超过 70℃，滚动轴承的温度不应超过 80℃，特殊轴承的温度应符合产品技术文件的规定；

⑤ 各润滑点的润滑油温度，密封液和冷却水的温度均要符合产品技术文件的规定，润滑油不得有渗漏和雾状喷油现象；

⑥ 泵的安全保护和电控装置及各部分仪表均应灵敏、正确、可靠；

⑦ 泵在额定工况点连续试运转时间不应小于 2h，高速泵及特殊要求的泵试运转应符合产品技术文件规定。

(3) 泵试运转停止后，应符合下列要求：

① 离心泵应关闭泵的入口阀门，待泵冷却后应再依次关闭附属系统的阀门；

② 高温泵停车应按产品技术文件规定执行，停车后应每隔 20～30min 盘车半圈，直到泵体温度降至 50℃为止；

③ 低温泵停车时，当无特殊要求时，泵内应经常充满液体，吸入阀和排除阀应保持常开状态，采用双端面机械密封的低温泵，液位控制器和泵密封腔内的密封液应保持泵的灌泵压力；

④ 输送易结晶、凝固、沉淀等介质的泵，停泵后，应防止堵塞，及时用清水或其他介质冲洗泵和管道，特别是须将密封腔冲洗干净，当泵腔排空或置换时，也必须将密封腔冲洗干净，并用不结晶、不凝固、不沉淀的介质置换；

⑤ 应放净泵内积存的液体，防止锈蚀和冻裂。

4. 往复泵

(1) 泵组试运转应按下列要求进行：

① 空负荷（进、出口阀门全开）试运转应不少于 15min；

② 在工作压力的 25%、50%、75%的条件下分段运转，各段运转时间均应不少于 30min，前一压力级试运转未合格前，不应进行后一压力级试运转，对可连续调节流量的计量泵，应分别在额定流量的 25%、50%、75%、100%条件下试运转；

③ 在工作压力下应连续试运转 2h；

④ 输送高温液体的泵应按技术文件的规定进行预热；

⑤ 高压泵应先启动润滑油泵和高压注油器电机，正常后方可启动主机。

(2) 泵试运转应符合下列要求：

① 泵组试运转参数应符合设计文件要求；

② 滑动轴承及往复运动部件的温升不得超过 35℃，最高温度不得超过 70℃，滚动轴承的温升不得超过 40℃，最高温度不得超过 80℃；

③ 对填料函、电动机的温升，以及泵的振动值等，应不超过产品技术文件的规定；

④ 各润滑点润滑油温度、密封液、冷却水的温度不得超过产品技术文件的规定；

⑤ 溢流阀、补油阀、放气阀等工作应灵敏、可靠；

⑥ 安全阀应在逐渐关闭排出管路阀门、提高排出压力情况下，试验阀的启跳压力，其试验不应少于 3 次，动作应正确、无误；

⑦ 吸液和排液压力正常，泵的出口压力应无异常脉动；
⑧ 泵组运行应平稳，运转中应无异常声响和振动；
⑨ 软填料密封允许有 5~20 滴/min 的均匀成滴泄漏；
⑩ 停车应将泵的负荷卸载后进行。

5. 计量泵

计量泵试运转前应符合下列要求：

① 驱动机的转向应与泵的转向相同；

② 各连接螺栓不得有松动现象；

③ 在调节机座内、安全补油阀组、泵缸腔内或液压隔膜腔内加入润滑油，均应符合技术文件的规定，液压隔膜式计量泵的液压腔内不得存有气体；

④ 移动柱塞式计量泵的柱塞往复数次，不得有卡住现象，隔膜式计量泵的隔膜应密封良好；

⑤ 柱塞式计量泵的行程调节机构动作应灵敏、可靠，卸荷装置应按技术文件的规定进行调压试验；

⑥ 行程计数器和转速发送器等自动控制元件的动作应调整正确，调量表刻度、调节手轮刻度与柱塞行程长度应做对零或 100% 调整和测量；

⑦ 计量泵试运转时应注意的事项和应符合的要求与往复泵类似。

6. 螺杆泵

启动前，应向泵内灌注输送液体，并应在进口阀门和出口阀门全开的情况下启动。

泵试运转时应符合下列要求：

① 泵在规定转速下，应逐次升压到规定压力进行试运转，规定压力点的试运转时间不应少于 30min；

② 运转中应无异常声响和振动，各结合面应无泄漏；

③ 轴承温升不应高于 35℃ 或不应比油温高 20℃；

④ 填料密封和机械密封的泄漏量应符合产品技术文件规定；

⑤ 安全阀工作应灵敏、可靠；

⑥ 停泵后应清洗泵和管道，防止堵塞。

7. 齿轮泵

齿轮泵的试运转要求和螺杆泵类似。

第三节 故障分析与处理

工业泵运行中故障分为腐蚀和磨损、机械故障、性能故障和轴封故障四类，这四类故障往往相互影响，难以分开。如叶轮的腐蚀和磨损会引起性能故障和机械故障，轴封的损坏也会引起性能故障和机械故障。

（1）腐蚀和磨损　腐蚀的主要原因是选材不当，发生腐蚀故障时应从介质和材料两方面入手解决。

磨损常发生在输送浆液时，主要原因是介质中含有固体颗粒。对输送浆液的泵，除泵的过流部件应采用耐蚀耐磨材料外，轴封应选用合适的型式。对机械密封、填料密封等接触式密封应采用清洁液体冲洗以免杂质侵入，并在泵内采取冲洗设施以免流道堵塞。此外，对于易损件，在磨损量一定时应予以更换。

(2) 机械故障　振动和噪声是主要的机械故障。振动的主要原因是轴承损坏、出现汽蚀或装配不良，如泵轴与原动机轴不同心、基础刚度不够或基础下沉、配管憋劲等。

(3) 性能故障　性能故障主要指流量、扬程不足，泵汽蚀和驱动机超载等意外事故。

(4) 轴封故障　轴封故障主要指密封处出现泄漏。填料密封泄漏的主要原因是填料选用不当、轴套磨损。机械密封泄漏的主要原因是端面损坏或辅助密封圈被划伤、折皱或损坏。

1. 离心泵常见故障及处理方法

表 4-20　离心泵常见故障及处理方法

序号	故障现象	原因	处理方法
1	轴承发热	(1) 润滑油过多 (2) 润滑油过少 (3) 润滑油变质 (4) 机组不同心 (5) 振动	(1) 减油 (2) 加油 (3) 排去并清洗油池再加新油 (4) 检查并调整泵和原动机的对中 (5) 检查转子的平衡度或在较小流量处运转
2	泵不输出液体	(1) 吸入管路或泵内留有空气 (2) 进口或出口侧管道阀门关闭或未移去盲板 (3) 使用扬程高于泵的最大扬程 (4) 泵吸入管漏气 (5) 错误的叶轮旋转方向 (6) 吸上高度太高 (7) 吸入管路过小或杂物堵塞 (8) 转速不符	(1) 注满液体，排出空气 (2) 开启阀门或移去盲板 (3) 更换扬程高的泵 (4) 杜绝进侧的泄漏 (5) 纠正电机转向 (6) 降低泵安装高度，增加进口处压力 (7) 加大吸入管径，消除堵塞物 (8) 使电机转速符合要求
3	流量、扬程不足	(1) 叶轮损坏 (2) 密封环磨损过多 (3) 转数不足 (4) 进口或出口阀未充分打开 (5) 在吸入管路中漏入空气 (6) 吸入端的过滤器堵塞 (7) 介质密度与泵要求不符 (8) 装置扬程与泵扬程不符 (9) 泵旋转方向错误	(1) 更换新叶轮 (2) 更换密封环 (3) 按要求增加转速 (4) 充分开启阀门 (5) 把泄漏处堵死 (6) 清理过滤器 (7) 重新核算或更换合适功率的电动机 (8) 改变叶轮直径或更换(检查电机额定功率是否满足) (9) 检查、调整泵旋转方向
4	密封泄漏严重	(1) 密封元件材料选用不当 (2) 摩擦副严重磨损 (3) 动静环吻合不匀 (4) 摩擦副过大，静环破裂 (5) O 形圈损坏	(1) 重新选择更换合适的密封件 (2) 更换磨损部件，并调整弹簧压力 (3) 重新调整密封组合件 (4) 更换静环，按要求装密封组合件 (5) 更换 O 形圈
5	泵发生振动及杂音	(1) 泵轴与电机轴中心线不对中 (2) 轴弯曲 (3) 泵或电机滚动轴承磨损 (4) 泵产生汽蚀 (5) 转动部分与固定部分有磨损 (6) 转动部分失去平衡 (7) 管路或泵内有杂物堵塞 (8) 关小了进口阀 (9) 底座刚性不够或地脚螺栓松动	(1) 校正对中 (2) 更换新轴 (3) 更换轴承 (4) 增加吸入端的压力或降低泵的安装高度 (5) 检修泵或改善使用情况 (6) 检查原因，设法消除 (7) 检查排污 (8) 打开进口阀，调节出口阀 (9) 加固底座或紧固地脚螺栓
6	电机过载	(1) 泵和原动机不对中 (2) 介质相对密度变大 (3) 转动部分发生摩擦 (4) 装置阻力变低，偏向大流量	(1) 调整泵与原动机的对中性 (2) 改变操作工况或更换合适功率的电动机 (3) 修复摩擦部位 (4) 关小排出阀以获得标牌上指定的流量

2. 计量泵常见故障及处理方法

表 4-21　计量泵常见故障及处理方法

序号	故障现象	原　因	处 理 方 法
1	不能排液或排液不足	(1)吸入管路堵塞或吸入管路阀门未打开 (2)吸入管路漏气 (3)吸入管太长,急转弯多 (4)吸入阀或排出阀阀门损坏或落入外来杂物,使阀面密封不严 (5)隔膜腔内残存气体 (6)补油阀组或隔膜腔等处漏气、漏油 (7)安全阀、补偿阀动作不正常 (8)补油系统的油有杂质,阀被垫上,密封不严 (9)柱塞密封处泄漏严重 (10)电机转速不足或不稳定 (11)吸入液面太低 (12)过滤器堵塞 (13)物料黏度高 (14)校准系统有误 (15)电机不转	(1)检查吸入管,过滤器,打开阀门 (2)将漏气部位封严 (3)加粗吸入管,减少急转弯 (4)检查阀的密封性,必要时更换阀、阀座 (5)重新灌油,排除气体 (6)找出泄漏部位并封严 (7)重新调节 (8)更换干净的油 (9)更换柱塞密封 (10)稳定电机转速 (11)调整吸入液面高度 (12)疏通过滤器 (13)液体升温,降低物料黏度,增大管径,减小管长 (14)重新校准 (15)检查电源供电情况,检查保险丝及接点是否良好
2	泵的压力达不到性能参数	(1)吸入、排出阀损坏 (2)柱塞密封处泄漏严重 (3)隔膜处或排出管接头密封不严	(1)更换新阀 (2)更换柱塞密封 (3)找出漏气部位并封严
3	计量精度降低	(1)与序号 1 中(4)～(11)条相同 (2)柱塞零点漂移	(1)与序号 1 中(4)～(11)条相同 (2)重新调整柱塞零点
4	零件过热	(1)传动机构油箱的油量过多或不足,油有杂质 (2)各运动副润滑情况不好 (3)填料压得过紧	(1)更换新油,使油量适宜 (2)检查清洗各油孔 (3)调整填料压盖
5	泵内有冲击响声	(1)各运动副摩擦严重 (2)阀升程太高	(1)调节或更换零件 (2)调节升程高度,避免阀的滞后

注:电动往复泵的主要故障及排除办法基本与计量泵相同。

3. 蒸汽往复泵常见故障及处理方法

表 4-22　蒸汽往复泵常见故障及处理方法

序号	故障现象	原　因	处 理 方 法
1	泵开不动	(1)进汽阀阀芯折断,使阀门打不开 (2)汽缸内有积水 (3)摇臂销脱落或圆锥销切断 (4)汽、油缸活塞环损坏 (5)汽缸磨损间隙过大 (6)汽门阀板、阀座接触不良 (7)蒸汽压力不足 (8)活塞杆处于中间位置,致使汽门关闭 (9)排除阀阀板装反,使出口关死	(1)更换阀门或阀芯 (2)打开放水阀,排除缸内积水 (3)装好摇臂销和更换圆锥销 (4)更换汽油缸活塞环 (5)更换汽缸或活塞环 (6)刮研阀板及阀座 (7)调节蒸汽压力 (8)调整活塞杆位置 (9)重新将排出阀安装正确

续表

序号	故障现象	原因	处理方法
2	泵抽空	(1)进口温度太高产生汽化,或液面过低吸入气体 (2)进口阀未开或开得小 (3)活塞螺母松动 (4)由于进口阀垫片吹坏使进出口被连通 (5)油缸套磨损,活塞环失灵	(1)降低进口温度,保证一定液面或调节往复次数 (2)打开进口阀至一定开度或调节往复次数 (3)上紧活塞螺母 (4)更换进口阀垫片 (5)更换缸套或活塞环
3	产生响声或振动	(1)活塞冲程过大或汽化抽空 (2)活塞螺母或活塞杆螺母松动 (3)缸套松动 (4)阀敲碎后,碎片落入缸内 (5)地脚螺栓松动 (6)十字头中心架连接处松动	(1)调节活塞冲程和往复次数 (2)并紧活塞螺母和活塞杆螺母 (3)并紧缸套螺钉 (4)扫除缸内碎片,更换阀 (5)固定地脚螺栓 (6)修理或更换十字头
4	压盖漏油、漏气	(1)活塞杆磨损或表面不光滑 (2)填料损坏 (3)填料压盖未上紧或填料不足	(1)更换活塞环 (2)更换填料 (3)加填料或上紧压盖
5	汽缸活塞杆过热	(1)注油器单向阀失灵 (2)润滑不足 (3)填料过紧	(1)更换单向阀 (2)加足润滑油 (3)松填料压盖
6	压力不稳	(1)阀关不严或弹簧弹力不均匀 (2)活塞环在槽内不灵活	(1)研磨阀或更换弹簧 (2)调整活塞环与槽的配合
7	流量不足	(1)阀不严 (2)活塞环与缸套间隙过大 (3)冲程次数太少 (4)冲程太短	(1)研磨或更换阀门,调节弹簧 (2)更换活塞环或缸套 (3)调节冲程数 (4)调节冲程

4. 螺杆泵常见故障及处理方法

表 4-23　螺杆泵常见故障及处理方法

序号	故障现象	原因	处理方法
1	泵不吸料	(1)吸入管路堵塞或漏气 (2)吸入高度超过允许吸入真空高度 (3)电动机反转 (4)介质黏度过大	(1)检修吸入管路 (2)降低吸入高度 (3)改变电机转向 (4)将介质加温
2	压力表指针波动大	(1)吸入管路漏气 (2)安全阀没有调好或工作压力过大,使安全阀时开时闭	(1)检修吸入管路 (2)调整安全阀或降低工作压力
3	流量下降	(1)吸入管路堵塞或漏气 (2)螺杆与泵套磨损 (3)安全阀弹簧太松或阀瓣与阀座接触不严 (4)电动机转速不够	(1)检修吸入管路 (2)磨损严重时更换零件 (3)调整弹簧,研磨阀瓣与阀座 (4)修理或更换电机
4	轴功率急剧增大	(1)排出管路堵塞 (2)螺杆与泵套严重摩擦 (3)介质黏度太大	(1)停泵清洗管路 (2)检修或更换有关零件 (3)将介质升温
5	泵振动大	(1)泵与电动机不同心 (2)螺杆与泵套不同心或间隙大 (3)泵内有气 (4)安装高度过大,泵内产生汽蚀	(1)调整同心度 (2)检修调整 (3)检修吸入管路,排除漏气部位 (4)降低安装高度或降低转速
6	泵发热	(1)泵内严重摩擦 (2)机械密封回油孔堵塞 (3)油温过高	(1)检查调整螺杆和泵套 (2)疏通回油孔 (3)适当降低油温
7	机械密封大量漏油	(1)装配位置不对 (2)密封压盖未压平 (3)动环或静环密封面碰伤 (4)动环或静环密封圈损坏	(1)重新按要求安装 (2)调整密封压盖 (3)研磨密封面或更换新件 (4)更换密封圈

5. 齿轮泵常见故障及处理方法

表 4-24　齿轮泵常见故障及处理方法

序号	故障现象	原因	处理方法
1	泵不排液	(1)吸入管路漏气 (2)供料罐液位低 (3)底阀被卡住 (4)自吸高度太高 (5)电机反转 (6)电机未达到额定速度 (7)入口和出口阀未打开 (8)过滤器发生堵塞 (9)卸压阀设定太低,卸压阀打开 (10)泵发生磨损 (11)端面间隙太小 (12)泵头位置不正确	(1)将漏气部位封严 (2)提高供料罐液位 (3)疏通底阀 (4)提高供料罐液位 (5)改变电机转向 (6)提高电机速度 (7)打开入口和出口阀 (8)疏通过滤器 (9)调高卸压阀设定压力,确保正常工况下卸压阀不会打开 (10)更换磨损部件 (11)减小端面间隙 (12)调整泵头位置至正确位置
2	泵启动,随后不排液	(1)供料罐没有液体 (2)液体在入口管路中汽化 (3)吸入管路漏气 (4)泵发生磨损	(1)供料罐中加料 (2)提升供料罐液位,增大入口管径或减小长度 (3)将漏气部位封严 (4)更换磨损部件
3	泵有噪声	(1)供料不足(高密度液体无法以足够的速度进入泵) (2)泵发生汽蚀(液体在入口管路中汽化) (3)未对中 (4)轴或转子齿发生弯曲 (5)卸压阀震颤 (6)底座或管道引起共振 (7)可能有异物试图通过吸入端口进入泵	(1)增大入口管道尺寸或减小长度 (2)增大入口管道尺寸或减小长度;提升供料罐液位 (3)重新对中 (4)进行矫直或更换 (5)增大压力设定值 (6)固定底座或管道 (7)检查吸入管路,或在入口管路中增加过滤器
4	泵未达到额定流量	(1)供料不足或发生汽蚀现象 (2)过滤器部分阻塞 (3)吸入管路漏气 (4)电机未达到额定速度 (5)卸压阀设定过低或被打开 (6)泵发生磨损 (7)端面间隙太大 (8)泵头位置不正确	(1)增大入口管道尺寸或减小长度 (2)疏通过滤器 (3)将漏气部位封严 (4)提高电机速度 (5)调高卸压阀设定压力,确保正常工况下卸压阀不会打开 (6)更换磨损部件 (7)降低端面间隙 (8)调整泵头位置至正确位置
5	泵消耗功率过大	(1)转速太高 (2)液体黏度过大 (3)出口压力高于计算值,检查压力表 (4)填料函压盖过紧 (5)泵未对中 (6)额外间隙不够	(1)检查电机速度、减速器速比以及皮带轮尺寸是否正确 (2)加热液体,增大管道尺寸,降低转速,或采用更大功率电机 (3)增大出口管道尺寸或减小长度,降低转速,或采用更大功率电机 (4)稍松填料压盖 (5)重新对中 (6)检查零件是否存在阻力或接触的迹象,如需要则增大间隙

续表

序号	故障现象	原　因	处 理 方 法
6	泵快速磨损	(1)磨蚀——硬质大颗粒造成 (2)腐蚀—铁锈、锈斑或金属侵蚀 (3)超出工作范围 (4)附加间隙不足,泵可能卡住 (5)润滑不足,轴承发出噪声 (6)未对中 (7)干运转	(1)拆下泵对系统进行冲洗,在入口管路安装过滤器 (2)检查泵的结构及材料是否抵抗液体腐蚀 (3)查看特定型号泵的工作范围 (4)增大端面间隙 (5)确保所有润滑油嘴在启动前润滑,考虑使用辅助的润滑设备 (6)对驱动设备和管道进行检查,尽量在接近工作条件下检查是否对中 (7)确保启动时系统中存在液体,在供给罐空运行时提供警报或关闭
7	入口端真空表读数过大	(1)入口管路被堵塞,底阀被卡住,闸阀关闭,过滤器堵塞 (2)液体黏度太大 (3)自吸高度太高 (4)管径太小	(1)疏通底阀,打开闸阀,疏通过滤器,检查排除导致堵的原因 (2)加热液体,增大管道尺寸 (3)提高供料罐液位 (4)增大管径
8	入口端真空表读数过小	(1)入口管路漏气 (2)管道端部不在液体中 (3)泵已磨损 (4)泵处于干运转状态	(1)将漏气部位封严 (2)将管道端置于液体中 (3)更换磨损部件 (4)需灌泵
9	出口端压力表过大	(1)液体黏度高,出口管径小或管路长 (2)闸阀部分闭合 (3)过滤器阻塞 (4)垂直压头未考虑大密度液体 (5)管道内部有部分阻塞 (6)管道中液体未达到温度 (7)管道中液体发生化学反应并固化 (8)卸压阀设定压力太高	(1)加热液体,增大出口管径减小管长 (2)打开闸阀 (3)疏通过滤器 (4)实际要求的出口压力大,根据实际压力确定原泵是否合适 (5)清理阻塞部分 (6)加热液体 (7)清理管道,防止液体发生化学反应 (8)调低卸压阀设定压力
10	出口端压力表过小	(1)卸压阀设定太低 (2)卸压阀阀芯未正确就位 (3)额外间隙过大 (4)泵发生磨损	(1)提高卸压阀设定压力 (2)将卸压阀阀芯归位 (3)减小额外间隙 (4)更换磨损部件
11	入口端真空表或出口端压力表有波动、跳动或不规则读数	(1)汽蚀 (2)进入泵的液体迟滞流动,可能存在漏气 (3)汽蚀、未对中或零件损坏造成的振动	(1)提升供料罐液位,增大入口管径或减小长度 (2)提升供料罐液位,将漏气部位封严 (3)重新对中

参 考 文 献

[1] 全国化工设备设计技术中心站机泵专业委员会. 工业泵选用手册. 北京：化学工业出版社，1998.
[2] 中国石化集团上海工程有限公司. 化工工艺设计手册. 北京：化学工业出版社，2003.
[3] 关醒凡. 现代泵技术手册. 北京：宇航出版社，1995.
[4] Igor J. Karassik, Joseph P. Messina, etc., Pump handbook, third edition, Mc graw-Hill Inc., 2001.
[5] Sulzer pumps, centrifugal pump handbook, second edition.
[6] SH/T 3139—2004. 石油化工重载荷离心泵工程技术规定.
[7] SH/T 3140—2004. 石油化工中轻载荷离心泵工程技术规定.
[8] SH/T 3141—2004. 石油化工往复泵工程技术规定.
[9] SH/T 3142—2004. 石油化工计量泵工程技术规定.
[10] SH/T 3148—2007. 石油化工无密封离心泵工程技术规定.
[11] SH/T 3151—2007. 石油化工转子泵工程技术规定.
[12] SH/T 3149—2007. 石油化工一般用途汽轮机工程技术规定.
[13] GB/T 3215—2007. 石油、重化学和天然气工业用离心泵.
[14] API 610, 10th, 2004 Centrifugal Pumps for Petroleum, Petrochemical and Natural Gas Industries.
[15] API 611, 4th, 1997 General-Purpose Steam Turbines for Petroleum, Chemical, and Gas Industry Services.
[16] API 612, 6th, 2005 Petroleum, Petrochemical and Natural Gas Industries—Steam Turbines—Special-purpose Applications.
[17] API613, Special Purpose Gear Units for Petroleum, Chemical and Gas Industry Services.
[18] API 614, 4th, 1999 Lubrication, Shaft-Sealing, and Control-Oil Systems and Auxiliaries for Petroleum, Chemical and Gas Industry Services.
[19] API670, Machinery Protection Systems.
[20] API 671, 3rd, 1998 Special-Purpose Couplings for Petroleum, Chemical, and Gas Industry Services.
[21] API677, General-Purpose Gear Units for Petroleum, Chemical and Gas Industry Services.
[22] API 682, 3rd, 2004 Pumps—Shaft Sealing Systems for Centrifugal and Rotary Pumps.
[23] API 685, 1st, 2000 Sealless Centrifugal Pumps For Petroleum, Heavy Duty Chemical, And Gas Industry Service.
[24] ISO 5199—2002 Technical specifications for centrifugal pumps—Class Ⅱ.
[25] ASME B73.2M-2003 Specification for Vertical In-line Centrifugal Pumps for Chemical Process.

附 录

附录一 单位换算

1 长度单位换算

米(m)	厘米(cm)	英尺(ft)	英寸(in)	备 注
1	100	3.280840	39.37008	1ft＝12in＝30.48cm
10^{-2}	1	$3.280840×10^{-2}$	0.3937008	1m＝100cm＝39.37008in
0.304800	30.48000	1	12	1in＝25.4mm＝2.54cm
$2.540000×10^{-2}$	2.540000	$8.333333×10^{-2}$	1	

2 面积单位换算

米²(m²)	厘米²(cm²)	毫米²(mm²)	英尺²(ft²)	英寸²(in²)	备 注
1	10^4	10^6	10.76391	155.003	$1m^2＝10^4cm^2＝10^6mm^2$
10^{-4}	1	100	$1.076391×10^{-3}$	0.1550003	$＝1550.003in^2$
10^{-6}	10^{-2}	1	$1.076391×10^{-5}$	$1.550003×10^{-3}$	$1ft^2＝144in^2$
$9.290304×10^{-2}$	929.0304	$929.0304×10^2$	1	144	$＝929.0304cm^2$
$6.451600×10^{-4}$	6.451600	645.1600	$6.944444×10^{-3}$	1	$1in^2＝6.4516cm^2$

3 容积单位换算

米³(m³)	升(L)	厘米³(cm³)	英尺³(ft³)	加仑(英)(gal)	加仑(美)(gal)	备 注
1	10^3	10^6	35.31467	219.9694	264.1720	$1m^3＝10^3L＝10^6cm^3$
10^{-3}	1	10^3	$3.531467×10^{-2}$	0.2199694	0.2641720	＝219.9694gal(英)
10^{-6}	10^{-3}	1	$3.531467×10^{-5}$	$2.199694×10^{-4}$	$2.64720×10^{-4}$	＝264.1720gal(美)
$2.831685×10^{-2}$	28.31685	$28.31685×10^3$	1	6.228839	7.480517	$＝35.31467ft^3$
$4.546087×10^{-3}$	4.546087	$4.546087×10^3$	0.1605436	1	1.200949	1ft³＝7.480517gal
$3.785412×10^{-3}$	3.785412	$3.785412×10^3$	0.1336806	0.8326748	1	1ft³(美)＝5.228839gal
						1ft³(英)＝$2.831685×10^2m^3$

4 流量单位换算

米³/秒 (m³/s)	米³/时 (m³/h)	英尺³/分 (ft³/min)	英尺³/时 (ft³/h)	加仑/分(英) (gal/min)	加仑/分(美) (gal/min)	(公制)升/秒 (L/s)
1	3600	$2.118880×10^3$	$1.271328×10^5$	$1.319816×10^4$	$1.585032×10^4$	1600
$2.777778×10^{-4}$	1	0.5885778	35.31467	3.666157	4.402867	0.2777778
$4.719475×10^{-4}$	1.699011	1	60	6.228839	7.480517	0.4719475
$7.865792×10^{-6}$	$2.831685×10^{-2}$	$1.666667×10^{-2}$	1	0.1038140	0.1246753	$7.865792×10^{-3}$
$7.576812×10^{-5}$	0.2727652	0.1605436	9.632614	1	1.200949	$7.576812×10^{-2}$
$6.309020×10^{-5}$	0.2271247	0.1336806	8.020836	0.8326748	1	$6.309020×10^{-2}$
10^{-3}	3.600000	2.118880	127.1328	13.19816	15.85032	1

5　重量或力单位换算

牛(顿) (N)	达因 (dyn)	千克力 (kgf)	(公)吨 (ton)	磅 (lb)	(英)吨 (long ton)	(美)吨 (short ton)
1	10^5	0.1019716	1019716×10^{-5}	0.2248066	100.3616×10^{-6}	112.4050×10^{-6}
10^{-5}	1	1.019716×10^{-6}	1.019716×10^{-9}	2.248066×10^{-6}	1.003616×10^{-9}	1.124050×10^{-9}
9.80665	9.80665×10^5	1	10^{-3}	2.2046	984.211×10^{-6}	1.10232×10^{-3}
9.80665×10^3	980.665×10^6	10^3	1	2.2046×10^3	0.984211	1.10232
4.44822	444.822×10^3	0.453600	0.453600×10^{-3}	1	446.438×10^{-6}	500.011×10^{-6}
9.96397×10^3	996.397×10^6	1.01604×10^3	1.01604	2.23997×10^3	1	1.12000
8.89640×10^3	889.640×10^6	907.180	0.907180	2000	0.892857	1

注：1N=10^3dyn=0.101972kgf=0.224807lb；
1kgf=980.665×10^3dyn=9.80665N=2.20460lb；
1lb=0.453600kgf=444.822×10^3dyn=4.44822N。

6　压力单位换算

帕斯卡(Pa) 或牛顿/米² (N/m²)	公斤力 /厘米² (kgf/cm²)	吨/米² (ton/m²)	标准 大气压 (atm)	磅/英寸² (lb/in²)	巴 (bar)	汞柱(0℃)		水柱(15℃)	
						毫米(mm)	英寸(in)	米(m)	英尺(ft)
1	10.1972×10^{-6}	101.972×10^{-6}	9.86923×10^{-6}	145.036×10^{-6}	10×10^{-6}	7.50062×10^{-3}	295.300×10^{-6}	102.074×10^{-6}	334.887×10^{-6}
98.0665×10^3	1	10	0.967492	14.2230	0.980665	735.560	28.9592	10.0090	32.8380
9.80665×10^3	0.1	1	9.67492	1.42230	9.80665×10^{-2}	73.5560	2.89592	1.00090	3.28380
101.325×10^3	1.03320	10.3320	1	14.6958	1.01325	760.000	29.9213	10.3322	33.8983
6.89476×10^3	7.03077×10^{-2}	0.703077	6.80467×10^{-2}	1	6.89476×10^{-2}	51.7155	2.03604	0.703780	2.30899
10^5	1.01972	10.1972	0.986923	14.5036	1	750.062	29.5300	10.2074	33.4887
133.322	1.35951×10^{-3}	1.35951×10^{-2}	1.31579×10^{-3}	1.93366×10^{-2}	1.33322×10^{-3}	1	3.93700×10^{-2}	1.36087×10^{-2}	4.46480×10^{-2}
3.38639×10^3	3.45316×10^{-2}	0.345316	3.34211×10^{-2}	0.491149	3.38639×10^{-2}	25.4000	1	0.345661	1.13406
9.79685×10^3	9.99000×10^{-2}	0.999000	9.66874×10^{-2}	1.42090	9.79685×10^{-2}	73.4824	2.89301	1	3.28084
2.98608×10^3	3.04496×10^{-2}	0.304496	2.94703×10^{-2}	0.433090	2.98608×10^{-2}	22.3974	0.881789	0.304800	1

注：1Pa=1N/m²=10^{-5}bar=1.01972×10^{-5}kgf/cm²=9.86923×10^{-6}atm=7.50062×10^{-3}mmHg (0℃)=145.036×10^{-6}lb/in²=295.300×10^{-6}inHg (0℃)=10dyn/cm²=334.887×10^{-6}ftH₂O (15℃)；
1bar=10^6dyn/cm²=10^3Pa；
1atm=760mmHg (0℃)=101.325×10^3Pa。

7　温度单位换算

(1) $t°F = 32 + 1.8 t°C$

(2) $tK = 273.16 + t°C = \frac{5}{9}(459.67 + t°F) = \frac{5}{9} t°R$

℃—摄氏温标
°F—华氏温标
K—凯尔文温标
°R—朗肯温标

8　比转数 n 的换算

$\dfrac{3.65n\sqrt{Q}}{H^{0.75}}$		$\dfrac{n\sqrt{Q}}{H^{0.75}}$	
中国 (m³/s,m,r/min)	日本 (m³/min,m,r/min)	英国 (gal/min,ft,r/min)	美国 (gal/min,ft,r/min)
1	2.12218	12.9115	14.1494
0.471213	1	6.08404	6.66737
0.077451	0.164364	1	1.09588
0.070675	0.149984	0.912510	1

9 汽蚀比转数 c 的换算

$\dfrac{5.62n\sqrt{Q}}{\text{NPSH}_r^{0.75}}$		$\dfrac{n\sqrt{Q}}{\text{NPSH}_r^{0.75}}$	
中国	日本	英国	美国
(m³/s,m,r/min)	(m³/min,m,r/min)	(gal/min,ft,r/min)	(gal/min,ft,r/min)
1	1.37829	6.38555	9.18954
0.725539	1	6.08404	6.66737
0.119253	0.164364	1	1.09588
0.108819	0.149984	0.912510	1

10 功单位换算

焦耳(J) 牛顿·米(N·m)	尔格 (erg)	公斤力·米 (kgf·m)	磅·英尺 (ft·lb)	千瓦·时 (kW·h)	法马力·时 (PS)·h	英热单位 (Btu)
1	10^7	0.101972	0.737562	2.77778×10^{-7}	3.77673×10^{-7}	947.817×10^{-6}
10^{-7}	1	10.1972×10^{-9}	73.7562×10^{-9}	27.7778×10^{-15}	37.7673×10^{-15}	94.7817×10^{-12}
9.80665	98.0665×10^6	1	7.23301	2.72407×10^{-6}	3.70370×10^{-6}	9.29491×10^{-3}
1.35582	13.5582×10^6	0.138255	1	376.616×10^{-9}	512.055×10^{-9}	1.28507×10^{-3}
3.60000×10^6	36.0000×10^{12}	367.098×10^3	2.65522×10^6	1	1.35962	3.41214×10^3
2.64780×10^6	26.4780×10^{12}	270.000×10^3	1.95291×10^6	0.735499	1	2.50963×10^3
1.05506×10^3	10.5506×10^9	107.586	778.169	293.071×10^{-6}	398.466×10^{-6}	1

11 功率单位换算

千瓦 kW	公斤(力)·米/秒 kgf·m/s	磅(力)·英尺/秒 lb·ft/s	法马力 (PS)	千卡/时 (kcal$_{\text{IT}}$/h)①	英热单位/时 (Btu/h)
1	101.972	737.562	1.35962	860.000	3.41214×10^{-3}
9.80665×10^{-3}	1	7.23301	1.33333×10^{-2}	8.43372	33.4617×10^{-6}
1.35581×10^{-3}	0.138255	1	1.843398×10^{-3}	1.16600	4.62624×10^{-6}
0.735499	75.0000	542.477	1	632.630	2.50963×10^{-3}
1.16279×10^{-3}	0.118572	0.857630	1.58095×10^{-3}	1	3.96760×10^{-6}
293.071	29.8849×10^3	216.158×10^3	398.465	252.041×10^3	1

① 860kcal$_{\text{IT}}$=1kW·h；1W=1J/s；1kW=860kcal$_{\text{IT}}$/h=1.35962hp=101.972kgf·m/s=737.562lb·ft/s。

附录二 常见液体的密度

名称		温度/℃	密度/(kg/dm³)	名称		温度/℃	密度/(kg/dm³)	名称		温度/℃	密度/(kg/dm³)
汽油	航空油	15	0.72	机油	轻质油	15	0.88~0.90	硅油		20	0.94
	轻油	15	0.68~0.72		中质油	15	0.91~0.935	柏油		25	1.22~1.24
	普通油	15	0.72~0.74	海水		15	1.02~1.03	焦油	褐煤	20	0.88~0.92
	重油	15	0.75	牛奶		15	1.02~1.05		沥青煤	20	0.9~1.1
	高级汽油	15	0.75~0.78	矿物润滑油		20	0.88~0.96	葡萄酒		15	0.99~1.0
啤酒		15	1.02~1.04	萘		19	0.76	糖溶液	10%	20	1.04
发动机燃料油		15	0.82~0.84			20	0.90~1.02		20%	20	1.08
柴油		15	0.85~0.89	石油		15	0.79~0.82		40%	20	1.18
齿轮油		15	0.92	菜油		15	0.90~0.97		60%	20	1.28
燃料油	特轻油	15	0.83~0.85	原油	(范围)	20	0.7~1.04	糖浆	成品浆	80	1.3~1.4
	轻油	15	0.86~0.91		阿拉伯	—	0.85		浓浆	80	1.3
	中量油	15	0.92~0.99		伊朗	—	0.835		薄浆	20	1.08
	重油	15	0.95~1.0		科威特	—	0.87		粗浆	20	1.05
	渣油	20	0.89~0.98		利比亚	—	0.83		浊浆	80	1.1~1.2
液压油		20	0.875		罗马尼亚	—	0.854				
煤油		15	0.78~0.82		特立尼达	—	0.885				
					委内瑞拉	—	0.935				

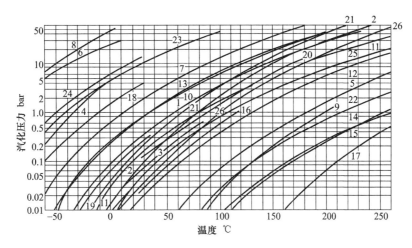

液体的汽化压力（1bar＝10^5Pa）

1—丙酮；2—乙醇；3—甲酸；4—氨水；5—苯胺；6—乙烷；7—氯乙烯；8—乙烯；9—乙二醇；10—汽油；
11—苯；12—氯苯；13—二乙醚；14—二苯基；15—Dowtherm A 导热剂；16—醋酸；17—甘油；
18—异丁烷；19—己烷；20—煤油；21—甲醇；22—萘；23—丙烷；24—丙烯；25—甲苯；26—水

附录三 国内部分城市海拔高度和大气压力

地名	海拔高度/m	大气压力/mH₂O	地名	海拔高度/m	大气压力/mH₂O
黑龙江省			广西壮族自治区		
齐齐哈尔	147	10.15	桂林	167	10.11
安达	151	10.16	南宁	123	10.21
哈尔滨	146	10.17	辽宁省		
鸡西	233	10.07	阜新	188	10.19
牡丹江	240	10.06	抚顺	82	10.25
嫩江	222	10.06	沈阳	42	10.31
海伦	240	10.04	锦州	66	10.30
绥芬河	512	9.71	鞍山	22	10.32
鹤岗	228	10.04	营口	4	10.36
海拉尔	613	9.55	丹东	15	10.34
博克图	739	9.44	大连	62	10.27
吉林省			赤峰	571	9.67
长春	237	10.07	内蒙古自治区		
吉林	184	10.13	呼和浩特	1063	9.19
四平	164	10.15	锡林浩特	990	9.18
通化	403	9.8	新疆维吾尔自治区		
通辽	180	10.15	乌鲁木齐	654	9.33
浙江省			哈密	738	9.43
杭州	7	10.35	和田	1382	8.76
温州	6	10.34	伊宁	670	9.59
宁波	4	10.35	吐鲁番	35	10.34
金华	64	10.27	克拉玛依	433	9.87
福建省			甘肃省		
福州	88	10.24	酒泉	1477	8.65
厦门	23	10.31	张掖	1469	8.64
河南省			兰州	1517	8.68
安阳	76	10.27	玉门	1526	8.68
开封	70	10.27	敦煌	1139	9.00
洛阳	138	10.19	天水	1192	9.05
郑州	109	10.25	宁夏回族自治区		
许昌	72	10.26	中宁	1185	9.00
湖北省			银州	1112	9.08
汉口	23	10.32	青海省		
宜昌	70	10.24	西宁	2261	7.91
湖南省			陕西省		
长沙	81	10.28	西安	397	9.87
衡阳	103	10.25	宝鸡	616	9.58
湘潭	86		延安	958	9.25
江西省			河北省		
南昌	49	10.30	承德	375	9.91
景德镇	46	10.30	张家口	712	9.53
九江	32	10.32	保定	17	10.33

续表

地　名	海拔高度/m	大气压力/mH₂O	地　名	海拔高度/m	大气压力/mH₂O
河北省			贵州省		
石家庄	82	10.27	贵阳	1071	9.11
山西省			遵义	844	9.35
大同	1068	9.12	江苏省		
太原	784	9.44	徐州	34	10.32
阳泉	691	9.53	南京	9	10.31
广东省			南通	6	10.35
广州	6	10.32	常州	9	10.35
汕头	4	10.32	安徽省		
湛江	26	10.29	合肥	24	10.32
海口	18	10.28	芜湖	15	10.33
四川省			安庆	41	10.31
成都	506	9.74	蚌埠	21	10.32
甘孜	3326	6.86	山东省		
内江	352	9.93	济南	55	10.32
宜宾	341	9.97	青岛	17	10.30
泸州	335	9.98	西藏自治区		
康定	2616	7.55	拉萨	3958	6.62
重庆市	261	10.00	北京市	52	10.30
云南省			天津市	3	10.35
昆明	1891	9.11	上海市	5	10.35
蒙自	1301	8.85			
大理	1991	8.14			

注：大气压力为对应常温清水的米水柱。1mH₂O＝10kPa。

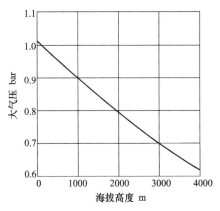

大气压与海拔高度的关系（1bar＝10⁵Pa）

附录四 法兰标准和公称压力等级对照

1 钢制管法兰标准和压力等级对照

项目		公称压力等级						标准
美洲体系	中国	PN	20	50	110	150	260	420	GB/T 9112,HG20615,SH3406
	美国	Class	150	300	600	900	1500	2500	ASME B16.5(DN15～600) ASME B16.47(DN650～1500)A、B系列[①]
欧洲体系	中国	PN6、10、16、25、40、63、100、160、250						GB/T 9112,HG20592
	欧洲								EN1092-1

① ASME B16.47(DN650～1500)A、B系列,对应的中国标准为HG20623(DN650～1500)A、B系列。

2 灰铸铁管法兰标准和压力等级对照

项目		公称压力等级				标准
美洲体系	中国	PN	20	50	—	GB/T 17241
	美国	Class	125	250	800	ASME B16.1
欧洲体系	中国	PN2.5、6、10、16、25、40				GB/T 17241
	欧洲					EN1092-2

3 球墨铸铁管法兰标准和压力等级对照

项目		公称压力等级			标准
美洲体系	中国	PN	20	50	GB/T 17241
	美国	Class	150	300	ASME B16.42
欧洲体系	中国	PN6、10、16、25、40			GB/T 17241
	欧洲				EN1092-2

注:表中PN(公称压力)后的数值单位为巴(bar)。

附录五 泵常用材料牌号对照

材料等级	类型	ASTM 牌号 标准号	ASTM 牌号 牌号	欧盟	日本	中国 GB、JB 牌号 标准号	中国 GB、JB 牌号 牌号
灰铸铁	铸件	A 278	Class 30	JL1040	FC250	GB 9439	HT250
灰铸铁	铸件	A 48	Class 25/30	JL1040 JL1050	FC300	GB 9439	HT300
球墨铸铁	铸件	A 536	60-45-12	0.7050	FCD450	GB 1348	QT450-10
碳钢	铸件	A 216	Gr. WCB	1.0619	CI SCPH 2	GB 16253	ZG240-450AG
碳钢	锻件	A 266	Class 2	1.0426	CI SFVC 2A	JB 4726	16Mn
碳钢	棒料	A 696	Gr. B	1.0481	CI S25C	GB 699	25、30
碳钢	棒料	A 576	Gr. 1045	1.0503	CI S45C	GB 699	45
12%铬钢	铸件	A 217	Gr. CA15	1.4107	CI SCS 1	GB 2100	ZG15Cr 12
12%铬钢	铸件	A 487	Gr. CA6NM	1.4317	CI SCS 6	GB 2100	ZG06Cr12Ni4
12%铬钢	锻件	A 182	Gr. F6a Class1	1.4006	Gr. SUS 410-A CI SUS F6NM	GB 1220	12Cr13
12%铬钢	锻件	A 182	Gr. F6NM	1.4313	Gr. SUS 403 or 410	按 ASTM 牌号	按 ASTM 牌号
12%铬钢	棒料	A 479 A 276	Type 410 Type 410	1.4006 1.4006	Gr. SUS 403 or 410	GB 1220	12Cr13
304 不锈钢	铸件	A 351	Gr. CF8	1.4301	CI SCS 13A	GB 2100	ZG07Cr19Ni9
304 不锈钢	锻件	A 182	Gr. F304	1.4301	SUS F 304	JB 4728	0Cr18Ni9
304 不锈钢	棒料	A 276	304	1.4301	SUS 304	GB 1220	06Cr19Ni10
304L 不锈钢	铸件	A 351	Gr. CF3	1.4309	CI SCS 19A	GB 2100	ZF03Cr18Ni10
304L 不锈钢	铸件	A 743	Gr. CF3	1.4309	CI SCS 19A	GB 2100	ZG03Cr18Ni10
304L 不锈钢	锻件	A 182	Gr. F304L	1.4306	Gr. SUS F 304L	JB 4728	00Cr19Ni10
304L 不锈钢	棒料	A 479	304L	1.4306	Gr. SUS 304L	GB 1220	022Cr19Ni10
304L 不锈钢	板	A 240	Gr. F304L	1.4306	Gr. SUS 304L	GB 4237	022Cr19Ni10
316 不锈钢	铸件	A 743	Gr. CF8M	1.4401	CI SCS 14A	GB 2100	ZG07Cr19Ni11Mo2
316 不锈钢	锻件	A 182	Gr. F316	1.4401	SUS F 316	JB 4728	0Cr17Ni12Mo2
316 不锈钢	棒料	A 276	316	1.4401	SUS 316	GB 1220	06Cr17Ni12Mo2
316L 不锈钢	铸件	A 351	Gr. CF3M	1.4409	CI SCS 16A	GB 2100	ZG03Cr19Ni11Mo2
316L 不锈钢	铸件	A 743	Gr. CF3M	1.4408	CI SCS 16A	GB 2100	ZG03Cr19Ni11Mo2
316L 不锈钢	锻件	A 182	Gr. F316L	1.4404 1.4571	Gr. SUS F 316L	JB 4728	00Cr17Ni14Mo2
316L 不锈钢	棒料	A 479	316L	1.4404 1.4571	Gr. SUS 316L	GB 1220	022Cr17Ni12Mo2
316L 不锈钢	板	A 240	Gr. F316L	1.4404 1.4571	Gr. SUS 316L	GB 4237	022Cr17Ni12Mo2
AISI 4140 钢	棒料	A 434	Class BB/BC	1.7225	CI SCM 440	GB 3077	42CrMo
双相钢	铸件	A 890	Gr. 3	1.4468	Gr. SCS 11	GB 2100	ZG03Cr26Ni5Mo3N
双相钢	铸件	A 351	Gr. CD4MCu	1.4517		GB 2100	ZG03Cr26Ni5Cu3Mo3

续表

材料等级	类型	ASTM 牌号 标准号	ASTM 牌号 牌号	欧盟	日本	中国 GB、JB 牌号 标准号	中国 GB、JB 牌号 牌号
双相钢	锻件	A 182	Gr. F51	1.4462		JB 4728	00Cr22Ni5Mo3N
双相钢	棒料	A 276	S31803	1.4462	Gr. SUS 329 J3L	GB 1220	022Cr22Ni5Mo3N
双相钢	板	A 240	S31803	1.4462	Gr. SUS 329 J3L	GB 4237	022Cr22Ni5Mo3N
哈氏 B	铸件	A 494	Gr. N-12MV 或 Gr. N-12M	2.4810		按 ASTM 牌号	
哈氏 B	铸件	A 743	Gr. N-12M			按 ASTM 牌号	
哈氏 B	板	B 333	Gr. N 10665	—		GB 1500	NS322
哈氏 C (C-276)	铸件	A 494	Gr. N-12MW 或 Gr. CW-7M	2.4686		按 ASTM 牌号	
哈氏 C (C-276)	铸件	A 743	Gr. CW-7M	2.4610		按 ASTM 牌号	
哈氏 C (C-276)	板	B 564	Gr. N10276	—		GB1500	NS334
青铜	铸件	B584	—	—		GB 1176	ZCuPb10Sn10
青铜	棒料	B 139	—	—		GB 4432	QSn7-0.2

附录六 配管材料对照

组成件	中国 GB	美国 ASTM	日本 JIS
法兰用紧固件	GB 3077　35CrMo GB 699　45	ASTM A 193 Gr. B7 ASTM A 194 Gr. 2H	G4107　SNB7 G4051　S45C
管件、阀和法兰用 碳钢锻件	JB 4726　16Mn GB 12228　A105	ASTM A 105 或 A181	G4051　S25C
管件、管接头用 可锻铸铁(镀锌)	GB 9440 KTH300-06	ASTM A 338 和 A197 Class 150 可锻铸铁 (镀锌按 A153)	—
管件、管接头用 不锈钢锻件	JB 4728 00Cr17Ni14Mo2	ASTM A 182 F316L	G3214 SUS F316L
垫片	0Cr17Ni12Mo2/ 石墨缠绕垫	316 不锈钢缠绕垫	SUS 316 缠绕垫
碳钢管(Pipe)	GB 8163　20 或 GB 9711.1　L245	ASTM A 106，Gr. B 或 ASTM A 524 或 API 5L，Gr. B	G3456 STPT 370 或 STPT 410
镀锌碳钢管(Pipe)	GB3091　Q235A (ERW),镀锌	ASTM A53 Gr. B(E) (镀锌按 A 153)	—
不锈钢管(Pipe)	GB 14976 00Cr17Ni14Mo2	ASTM A 312　TP316L	G3459 SUS 316LTP
不锈钢管(Tube)	GB 13296 0Cr17Ni12Mo2	ASTM A269 TP316	G3463 SUS 316TB

附录七 国内部分泵产品一览表

1. 重载荷化工流程离心泵

型号	流量 /(m³/h)	扬程 /m	温度 /℃	用　　途	生产厂
AY 单两级 AY 多级	2.5~600 6.25~155	30~330 70~603	−45~420 −20~300	AY单两级泵用于石油精制、石油化工和化学工业输送不含固体颗粒的石油、液化石油气和其他易燃易爆或有毒介质;AY多级泵用于更高压力的上述介质	沈阳水泵厂、沈阳市工业泵厂有限公司、沈阳第二水泵厂等
HP 流程泵	5~740	17~330	−45~450	输送不含固体颗粒的高温高压、易爆易燃或有毒液体	沈阳市工业泵厂有限公司等
DSJH 石油化工流程泵	95~1740	38~280	−45~450 特殊可到 −196	用于输送高温高压以及易燃易爆或有毒的液体	沈阳水泵厂等
GSJH 石油化工流程泵	7.5~280	80~330	−45~450 特殊可到 −196	用于输送高温高压以及易燃易爆或有毒的液体	沈阳水泵厂等
MY 多级离心油泵	6.25~155	70~603	−20~300	用于石油精制、石油化工和化学工业输送不含固体颗粒的石油、液化石油气和其他易燃易爆或剧毒的高温高压液体	大连深蓝泵业有限公司等
ZGP 石油化工流程泵	≤2600	≤300	−80~450	输送清洁或含有颗粒的、低温或高温中性或有腐蚀性的液体，各种酸、碱、盐溶液	天津市耐酸泵总厂等
LC型小流量化工流程泵	0.8~12 1.6~6.3	20~125 64~400	≤400 ≤400	输送水、酸、碱、盐、有机溶液或其他液态化学介质 LC（中轻型）、LC-1（重型）	张家港市威尔化工机械设备有限公司
AYP AYQ 单、多级离心油泵	2.5~350 3.5~15	24~250 100~500	−45~420 −20~300	输送不含固体颗粒的石油产品及其他介质,多级泵更适合于小流量高扬程工况	沈阳市工业泵厂有限公司等
SJA-P 石油化工流程泵	5~900	17~220	−45~450 特殊可到−196	用于石油精制、石油化工和化学工业输送不含固体颗粒的腐蚀性介质	沈阳水泵厂等
EDS 轴向剖分双吸流程泵	100~11000	10~200	−20~160	输送各种清洁或带有微量颗粒的中型或有腐蚀性的液体	大连深蓝泵业有限公司等
EAP 石油化工流程泵	2~2600	≤240	−80~450	输送各种清洁或带有稍量颗粒、低温或高温、中型或有腐蚀性的液体	大连深蓝泵业有限公司等
AYG 离心式油泵	2.5~600	25~670	−45~420 −20~300	输送不含固体颗粒的石油及其产品,也可输送其他介质	沈阳市工业泵厂有限公司等
DM TDM 高压除焦泵	120~220	1000~2200	≤80	用于各炼油厂、炼钢厂供除焦、除磷或用于油田注水及相似用途,焦粉、磷粉杂质粒度应小于3.5mm,含量小于3000×10^{-6}	沈阳水泵厂等
DY 多级离心油泵	8.4~350	400~1560	−45~200	输送不含固体颗粒的石油产品	沈阳水泵厂等

续表

型号	流量 /(m³/h)	扬程 /m	温度 /℃	用 途	生产厂
EMC 多级泵	≤600	≤1200	80~180	输送纯净、稍有腐蚀性的液体	大连深蓝泵业有限公司等
GSG 多级筒式卧式泵	≤1000	≤2500	−80~450	适合于清洁或轻度污染,冷或热、化学中性或侵蚀性液体	大连苏尔寿泵及压缩机有限公司等
HKL 小流量离心泵	0.5~30	≤200	−120~450	输送清洁或含有微量颗粒的中性或有腐蚀性的液体,压力可达32MPa无泄漏泵	大连海密梯克密封泵有限公司
TD TDY 高压多级泵	30~750	600~2850	0~210	用于输送不含固体颗粒的石油产品、液化石油气和其他易燃易爆或有毒介质	沈阳水泵厂、沈阳市工业泵厂有限公司等
Y 单吸 YS 双吸 离心油泵	6.25~500	60~603	−20~400	输送不含固体颗粒的石油产品	沈阳水泵厂等
Y、YS 离心冷油泵	7.52~288	20~120	−20~150 −20~80	输送不含固体颗粒、黏度小于120厘泊的无腐蚀类和石油产品	长沙水泵厂有限公司
Y、YS 离心热油泵	130~850	63~120	−45~400	输送不含固体颗粒油类和石油产品	长沙水泵厂有限公司
ZA ZAS EZA 化工流程泵	≤2600	≤250	−80~450	输送清洁或含有固体颗粒的低温或高温、中性或有腐蚀性的液体	大连苏尔寿泵及压缩机有限公司、沈阳市工业泵厂有限公司等
ZE 石油化工流程泵	≤2600	≤300	−80~450	适合输送清洁或有颗粒的低温或高温、中型或有腐蚀性的液体	大连苏尔寿泵及压缩机有限公司等

2. 中、轻载荷化工流程离心泵

型号	流量 /(m³/h)	扬程 /m	温度 /℃	用 途	生产厂
IH、IHE 单级单吸化工离心泵	3.4~460	3.6~132	−20~105	输送不含固体颗粒的硝酸、硫酸、磷酸、碱等腐蚀性介质	襄樊五二五泵业有限公司等
CZ CZS 化工流程泵	3.6~2000	≤160	−80~300	输送清洁或含有固体颗粒的酸、碱、液态石油化工产品及腐蚀性介质	大连苏尔寿泵及压缩机有限公司、沈阳市工业泵厂有限公司等
SES型 单级单吸化工泵	5~2000	3.8~176	≤110~250(有冷却)	输送化学介质及其他腐蚀性液体	亿志机械设备无锡有限公司等
MPH 流程泵	0.5~7.8	15~138	−20~400	用于石油化工、化学工业及其他部门输送石油及其产品,也可输送清水和沸水	沈阳市工业泵厂有限公司等
XL、DXL 小流量化工流程泵	0.5~6 0.5~4	16~125 144~440	−45~450	小流量化工流程泵,输送不含颗粒(或≤2%)的腐蚀性介质	沈阳第二水泵厂、大连深蓝泵业有限公司等

续表

型号	流量 /(m³/h)	扬程 /m	温度 /℃	用　途	生产厂
ZXA 石油化工流程泵	≤1050	≤200	−80～450	输送清洁或含有颗粒的、低温或高温中性或有腐蚀性的液体，各种酸、碱、盐溶液	天津市耐酸泵总厂等
MFR 标准化工泵	0.5～2500	2～150	−30～350	输送清洁或含有颗粒、结晶物或黏性物质的各种液体和过热水	磨锐泵上海有限公司
AF 耐腐蚀泵	12.5～400	20～125	−20～105	输送不含固体颗粒的硝酸、硫酸、磷酸、碱等腐蚀性介质	沈阳水泵厂等
ECZ 化工流程泵	≤2000	≤160	−80～300	输送清洁或含有颗粒的、低温或高温、中性或有腐蚀性的液体	沈阳第二水泵厂等
F 耐腐蚀泵	3.6～360	3.8～103	−20～105	用于石油化工、化工、合成纤维、化肥、冶金、电站、食品及制药等部门输送不含悬浮颗粒的腐蚀性液体	天津市耐酸泵总厂
FS 耐强腐蚀泵	3～120	7.5～50	−20～80	输送强腐蚀介质如硝酸、氢氟酸、王水、混合酸、各种强碱	宜兴市宙斯泵业有限公司等
HT 型化工通道泵	1.8～1200	3～127	−20～195	输送有颗粒、有纤维、易结晶、团絮状的强腐蚀性介质，用于化工、制盐、造纸、环保、医药、冶金、食品等行业	杭州碱泵有限公司
IE 飞铁密封化工泵	4.2～400	2.5～125	0～160	输送含固体量35％以内的强腐蚀介质和黏性液体	张家港市飞浪泵阀有限公司等
IEJ 系列标准化工泵	2～450	3.5～140	−50～200	适用于输送含有固体颗粒的腐蚀性悬浮液	张家港市飞浪泵阀有限公司等
IEL 小流量高扬程化工泵	0.5～10	4～155	−30～370	小流量高扬程泵，输送含颗粒的腐蚀性介质	张家港市飞浪泵阀有限公司等
IFW 型无泄漏化工泵	6.3～400	5～125	−20～180	适用于化工、石油、医药、食品等行业中输送有毒有害、易燃易爆、价格昂贵等液体介质，其自吸内引流装置获国家发明专利	广州水泵厂
IJ 型耐腐蚀泵	1.8～1700	5～190	−20～180	制碱工业、有色冶金、钢铁工业、石油化工、化肥工业、海洋工程	杭州碱泵有限公司
IR 耐腐蚀保温泵	3.4～460	3.6～132	≤250	是IH型泵的派生产品，用于输送凝固点或结晶温度高具有腐蚀性的高温液体	天津市耐酸泵总厂等
MHT 系列耐磨耐蚀泵	4～550	5～150	−20～180	主要针对膨润土行业、磨料磨具行业及带腐蚀、磨损的工况，可作为压滤机配套设备	杭州碱泵有限公司
QH 气密式化工泵	20～500	27～125	≤110	采用优良的气液动力密封，能可靠地确保输送液体不泄漏，适用于化工、化肥、冶金输送腐蚀性液体、粉尘等	昆明水泵厂

3. 混流泵和轴流泵

型号	流量 /(m³/h)	扬程 /m	温度 /℃	用途	生产厂
(1)混流泵					
PP 化工混流泵	≤7000	≤25	−20～120	输送大流量、低扬程，均匀的或含有一定颗粒的、中性的或有腐蚀性的液体	大连深蓝泵业有限公司等
SNT-M 潜水混流泵	≤21600	≤40	≤30～60	用于水利及排水泵站，雨水泵站，水厂取送净水、原水，输冷却水，工业用水、泄洪、船坞及船用泵及人工水产养殖等	上海凯士比泵有限公司等
HW HWG 卧式混流泵	≤8000	≤22	≤50	输送清水或物理、化学性质类似于水的其他液体	无锡市锡泵制造有限公司等
HW 化工混流泵	≤6200	≤24	−20～180	可以输送有腐蚀性的(或中性)和含有颗粒的介质如化工流程中的强制循环、城市煤气、水处理系统等	杭州碱泵有限公司
HL 立式混流泵	≤5000	≤20.7	≤50	输送清水或物理、化学性质类似于水的其他液体	无锡市锡泵制造有限公司等
HSP 化工混流泵	≤7000	≤25	−20～120	输送大流量、低扬程，均匀的或含有一定颗粒的、中性的或有腐蚀性的液体	江苏海狮泵业制造有限公司等
MECP 混流式蒸发循环泵	350～2000	≤8	≤150	适用于循环阻力大的蒸发器，黏度大的物料的浓缩或含有一定颗粒的腐蚀性介质的输送	襄樊五二五泵业有限公司等
大型立式混流泵	200～90000	5～60	≤55～85	输送清水、海水等液体，经特别设计也可输送85℃以下污水、卤水等液体	湖南天一科技股份有限公司等
(2)轴流泵					
HZW 化工轴流泵	460～11000	2.4～5.5	0～180	大流量，低扬程的场合，特别适用于制盐、制碱的强制循环系统	大连深蓝泵业有限公司等
ECP 轴流式蒸发循环泵	800～10000	2～8	≤250	用于化工有色冶金、制盐轻工等行业的蒸发、结晶、化学反应等工艺	襄樊五二五泵业有限公司等
HZ 化工轴流泵	≤4500	2～8	−80～150	用于大流量，低扬程的场合，介质含固量35%以下，特别适用于磷酸料浆、磷铵料浆、磷酸浓缩、化工、化肥、制盐、制碱、有色冶金、造纸、轻工等强制循环工段	张家港市飞浪泵阀有限公司、襄樊五二五泵业有限公司等
FJX 蒸发循环泵	≤12000	2～5	≤170	用于输带少量固体颗粒的酸、碱性或中性液体的强制循环，如化工厂烧碱及纯碱生产过件的蒸发，制糖工业的蒸发和无机盐的制造等	江苏飞跃机泵集团公司等
ZLB YZ 立式轴流泵	147～180000	1.7～13	≤50	输送清水、污水、废水及带有轻微腐蚀性的液体	湖南天一科技股份有限公司等
ZLB ZLQ 轴流泵	≤43000	≤13	≤50	输送清水或物理、化学性质类似于水的其他液体	无锡市锡泵制造有限公司等

4. 旋涡泵

型号	流量/(m³/h)	扬程/m	温度/℃	用途	生产厂
W 旋涡泵	0.32~1.69 1.44~9.0	16~198 25~120	−20~80	输送黏度大于5°E的无腐蚀性的不含固体颗粒的液体	沈阳第二水泵厂、上海奥特泵阀制造有限公司等
WX 离心旋涡泵	6.3~27	88~200	≤105	输送黏度大于5°E的无腐蚀性的不含固体颗粒的液体	沈阳水泵厂、沈阳第二水泵厂等
IEW 小流量高扬程耐腐蚀旋涡泵	0.36~16.9	15~132	−50~200	材料有不锈钢或聚四氟乙烯适用于化工、石油化工、炼油、化纤、化肥、农药、制药等部门的抽送不含固体颗粒的腐蚀性液体	张家港市飞浪泵阀有限公司等
NIKUNI 尼可尼涡流泵	≤9.6	≤280	−90~150	根据不同型号,多种用途	上海尼可尼泵业有限公司
MTA 胜达因磁力驱动旋涡泵	≤12	≤180 最高500	−100~350	输送腐蚀、易燃易爆、有毒或贵重液体,可用于非润滑性流体和高压差且汽蚀余量很低的场合,可输送含20%气体的介质	汉胜工业设备上海有限公司
CKW 磁力驱动旋涡泵	0.2~6.48	15~130	≤250 特殊450	不含固体颗粒的各种酸、碱、盐及有机物,适用易燃、易爆、剧毒及其他贵重液体的输送	太仓市磁力驱动泵有限公司等
Whirl-Flo 涡流泵	≤550	≤102	≤120	无堵塞地输送含有固体颗粒、泥浆、纤维物质的各种耐磨性、腐蚀性的流体	美国高质泵公司上海办事处
FVQ 自吸涡流不堵式泵	4.8~126	4~22.5	0~40	适用于输送含有悬浮固体物和纤维状织物的污水污物液	长沙水泵厂有限公司
IFZ 螺旋不堵式泵	29~1170	3.6~68	0~80	可输送纸浆、污物、污水及各种含短纤维的混合液体,最大通过颗粒直径为40~104mm	长沙水泵厂有限公司

5. 容积泵

型号	流量/(m³/h)	扬程/m	温度/℃	用途	生产厂
(1)齿轮泵					
CN CNY CNR 内啮合齿轮泵	≤65	≤4.0	−20~80 −20~100 80~300	CN输送黏度10~100000cP,粒度≤0.02mm,CNY输送黏度10~3000cP,CNR输送黏度100~200000cP,腐蚀或非腐蚀的介质	重庆永康化工泵业有限公司等
YCB KCB 2CY 齿轮泵	0.6~48 1.1~570 1.1~58	0.6~2.5 0.2~1.5 ≤2.5	≤80	用于输送不含固体颗粒、无腐蚀性、黏度在5~1500cST的润滑油或类似润滑油的其他液体	河北恒盛实业股份有限公司等
GP HD PD CD ED ROTAN 内齿轮泵	≤50 ≤170 ≤170 ≤170 ≤90	≤16 ≤16 ≤16 ≤16 ≤16 bar	≤150 ≤250 ≤250 ≤250 ≤250	GP普通型,输送干净油类;HD重载型,输送高黏度、非腐蚀介质;PD碳钢石化型,输送油类、汽油及碳氢化合物;CD不锈钢化工型,输送腐蚀性介质;ED磁力驱动环保型,输送不允许有泄漏的危险性液体	上海磐星机械设备有限公司代理

续表

型号	流量/(m³/h)	扬程/m	温度/℃	用途	生产厂
2CRY 电动齿轮热油泵	0.8～3.12	0.6～1.6	≤250	输送黏度为 2.95～3.95°E 不含固体颗粒的油类液体	重庆永康化工泵业有限公司
2CY 双齿轮齿轮泵	5～29	3.3～1.5	≤80	适用于输送润滑、抽吸、升压以及液体的装卸,黏度 5～2000cP	宜兴市工业泵厂
2CY 不锈钢齿轮式润滑泵	1.08～7.5	≤2.5	≤80	适用于输送黏度在10°E以下具有润滑性的油料,还可输送有腐蚀性的、无润滑性的、含固体颗粒的介质	上海奥特泵阀制造有限公司
32系列 75系列 12系列 19系列 4076系列 磁力系列 SG系列 RP系列 IDEX 齿轮泵	≤103 ≤5.7 ≤345 ≤13.7 ≤45 ≤114 ≤6 ≤6	≤17 ≤17 ≤14 ≤17 ≤12 ≤8.5 ≤102 ≤14 bar	−50～230 −30～175 −85～425 −30～175 ≤150 50～260 −40～230 −40～90	IDEX VIKING(威肯)齿轮泵的通用型32系列和75系列、重型12系列、重型高转速19系列、高转速4076系列、磁力系列、外齿轮泵SG系列、耐腐蚀外齿轮泵RP系列等用于输送高黏度物料、树脂、糖浆、沥青、油漆、油墨、油品等,黏度范围1～55000cST	上海高德机械有限公司代理
CB 直齿圆柱齿轮泵	3～20	0.5	≤80	小流量低压力,常温有润滑性的液体介质,黏度范围5～2000cP	宜兴市工业泵厂
CSH 磁力驱动齿轮泵	0.037～3	2～6	≤50	不含固体颗粒的各种酸、碱、盐及有机物,适用易燃、易爆、剧毒及贵重液体的输送	太仓市磁力驱动泵有限公司
FXA 不锈钢齿轮泵	1～20	0.33～1.0	−20～200	无润滑性的有腐蚀性的、卫生条件要求高或含有固体颗粒、纤维等物质的液体,黏度5～5000cST	河北省泊头市远东泵业制造有限公司等
KCG 2CG 高温齿轮泵	1～58	0.6～1.0	≤250	用于输送不含固体颗粒和任何无腐蚀性的高温液体,黏度为 5～1500cST	河北省泊头市远东泵业制造有限公司等
NCB NCB-BW 内啮合齿轮泵	1.2～120	0.3～1.5	≤100 特殊可更高	多用途泵,输送包括轻质、挥发性、重质、黏稠液体,甚至半固态液体,黏度范围 0.2～10000cP,BW 为隔套保温泵,输送需要保温或冷却的液体	宜兴市工业泵厂

(2)螺杆泵

型号	流量/(m³/h)	扬程/m	温度/℃	用途	生产厂
EH 单螺杆泵	≤300	0.6～2.4	≤200	可输送含有纤维物和固体颗粒、黏稠或含有气体、中性或腐蚀性的液体	天津泵业机械集团有限公司等
2G 2GF 2GL 2GS 2GN 2GNF 2GNL 2GNS 2GR 双螺杆泵	1～230 同上 同上 120～2050 1.1～250 1.1～250 1～250 ≤2060 1～230	≤3 同上 同上 ≤4 ≤4 ≤4 ≤4 ≤4 ≤4	≤100～150 同上 同上 ≤100～320 ≤100～150 ≤150 ≤320 ≤450	输送黏度 1.2～200°E 各种润滑性、非润滑性介质 2G、2GF、2GL 普通型 2GS 双吸大流量型 2GN、2GNF、2GNL 高黏度型,10～600°E 2GNS 高黏度大流量型 2GR、2GRF、2GRL 高温型	江西新德工业泵制造厂等

续表

型号	流量 /(m³/h)	扬程 /m	温度 /℃	用 途	生产厂
2H 卧式 2V 立式 2HE 2HM 2VE 2VM 2HR 2HH 2HC 2H 2HG 双螺杆泵	0.5～2300 2～2200 2～2200 2～1600 20～1000 ～2500 ～60 ～60	0.1～6 0.1～2.5 0.1～2.5 0.1～2.5 2～6 0.1～1.6 0.2～2.5 0.2～2	-30～300 -20～120 -20～120 -20～300 -20～100 -20～120 -20～120 -20～120	输送不含固体颗粒的、润滑性、非润滑性、腐蚀性或气液多相介质以及极高黏性的糊膏状介质 2HE、2HM 卧式通用型 2VE、2VM 立式通用型 2HR 高温高黏型 2HH 高压大流量型 2HC 低压大流量型 2H 小流量型 2HG 食品化工用	天津市瑞德螺杆泵制造技术有限公司
SN 三螺杆泵	2.4～318 (40～5300 L/min)	≤4	≤80～150	选用正确材质,可输送副食性介质,不含固体颗粒无腐蚀性的油类和具有润滑性的液体	天津泵业机械集团有限公司
NEMO 奈莫泵	0.02～180	8～24	≤150	输送各种介质流体,包括中性或腐蚀性、清洁或磨蚀性含气或易产生气体的,高黏度(或低),含有纤维或固体颗粒的液体	耐驰兰州泵业公司
G GS 单螺杆泵	0.76～57	0.3～1.2	≤200	可输送含有纤维物和固体颗粒、黏稠或含有气体、中性或腐蚀性的液体	天津泵业机械集团有限公司、江苏海狮泵业制造有限公司等
2GCS 2GS 双螺杆泵	10～550	≤1.4	80～150	输送不含固体颗粒的清洁液体,允许输送非润滑性和高黏度介质	天津泵业机械集团有限公司等
LPG 双螺杆抽吸泵	2～10	0.6～2.4	-20～40	液化石油气(LPG)加气站抽吸、供 LPG 等	天津市瑞德螺杆泵制造技术有限公司
3G 三螺杆泵	0.6～123	0.6～2.5	≤150	输送不含固体颗粒,无腐蚀性,具有润滑性能的介质	河北恒盛实业股份有限公司
SM 自吸三螺杆泵	≤2200 L/min	≤10	≤150	输送油类和具有润滑性的液体	天津泵业机械集团有限公司等
SPF 内置轴承自吸三螺杆泵	≤132L/min	≤4	≤150	输送燃料油、润滑油、液压油或其他润滑性液体,介质中不含颗粒或腐蚀性物质	天津泵业机械集团有限公司等
SZ 双吸立式三螺杆泵	≤3090L/min	≤16bar	≤150	在造船、通用机械工业以及化工、石油化工中用作输送泵和润滑油泵	天津泵业机械集团有限公司等
WV 双螺杆泵	1～2000	≤4	-15～200	具有卧式、立式、带加热套等各种材料的不含固体颗粒的低黏度或高黏性介质	天津泵业机械集团有限公司、江西新德工业泵制造厂等

(3)其他转子泵

型号	流量 /(m³/h)	扬程 /m	温度 /℃	用 途	生产厂
WZB 稠油泵	1～300	0.6～3.2	-50～320	可输送黏度为 0.02～100Pa·s 的各类流体及非牛顿流体	沈阳市工业泵厂有限公司

续表

型号	流量 /(m³/h)	扬程 /m	温度 /℃	用　　途	生产厂
HLB 滑片式动力往复泵	1～500	0.2～2.5	−40～200	适合于食品、化工、石油化工、合成树脂、化妆品、制药工业等领域	沈阳市工业泵厂有限公司
HGBW HGB 滑片式管道泵	10～200	2.5～4	−40～80	输送、充装、倒卸液化石油气、汽油、煤油、航空油及物理、化学性质类似的其他介质	浙江佳力科技开发有限公司
NYP 内环式转子泵	≤240	～1.0	−10～200	用于输送石油、化工、涂料、油脂、医药、染料、食品行业不同性质、不同黏度的介质	河北恒盛实业股份有限公司
WH 外环流(旋转)活塞泵	0.5～200	≤3.2	≤250℃	适用于石油、炼油、化纤、橡胶、化工、日化、造纸、食品、环保等行业输送高黏度($0.02～10Pa\cdot s$)、均质或含有一定微小颗粒的介质	杭州大路实业有限公司
3RP 凸轮转子泵	≤70	～1.0	−30～180	输送黏度在$30～1.0^5$cST,含有固体颗粒的悬浮液体及具有腐蚀性和卫生性要求高的介质	河北恒盛实业股份有限公司
LC 罗茨油泵	5～100	≤6	≤200	输送原由、油漆、润滑油、玻璃胶、油脂酸、牙膏、涂料、汽柴油等石油、化工产品,可作槽车、油轮的清仓泵使用,也可输送豆、酵母等食品	沈阳市工业泵厂有限公司等
QB 球形转子泵	≤14	0.6	≤350	输送有润滑性的及部分无润滑性的液体,特别适应易燃、易爆、大黏度介质的输送,也适用于溶剂的输送	宜兴市工业泵厂
Ismatec 蠕动泵	≤0.78	≤2	≤238	适用于化学、生化、医药、食品、油漆、染料等有黏性、无泄漏的介质	IDEX集团亚太公司上海办事处
TGB型系列管子泵	0.5～5.6	0.2～0.5	≤80	输送介质不与泵体及转动部件接触,适用于不能受金属污染或金属反应的各种料浆,也可输送含有颗粒的浆状物料,可用于精密陶瓷的料浆输送,搅拌球磨机的料浆循环,各种化工行业的耐腐蚀、易燃、易挥发液体及怕污染的介质	上海凯程制泵有限公司

6. 往复泵和计量泵

型号	流量 /(m³/h)	扬程 /m	温度 /℃	用　　途	生产厂
(1)往复泵					
JA 甲铵泵	0.66～44	≤22	≤125	尿素流程中输送氨基甲酸铵溶液	上海大隆机器厂
YA 液氨泵	≤76	≤22	≤120	尿素流程中输送液氨	上海大隆机器厂
H 灰浆泵	≤240	≤8	≤50	用于输送高黏度灰浆	上海大隆机器厂
HY 混合液泵	≤60	≤6	20～40	用于甲醇、液氨等混合物的输送	上海大隆机器厂
T 铜液泵	≤48	≤15	常温	用于合成氨流程中向铜洗塔输送醋酸铜氨液	上海大隆机器厂

续表

型号	流量 /(m³/h)	扬程 /m	温度 /℃	用　途	生产厂
XD GL 细颗粒料浆泵	≤23 ≤12	≤10 ≤20	≤70	用以输送洗涤剂料浆或硅酸铝催化剂或作为食品、炼油、浆料流程用泵	上海大隆机器厂
ZY 冲洗泵	≤8	≤32	≤100~140	尿素流程中输送蒸汽冷凝液	上海大隆机器厂
AS 氨水泵	≤12	≤13	≤45	尿素流程中输送氨水	上海大隆机器厂
S,W 高压柱塞水泵	≤75	≤25	根据工艺要求	适用高压水力传动,如水压机、挤出机等,也可用作水力清洗、清砂、除锈、采煤等	上海大隆机器厂
KM 高低压隔膜泵	≤75	≤20	≤100	用于煤、铁、铝、矾土等各种强腐蚀性,大颗粒(≤3mm)的悬浮液的输送	上海大隆机器厂
FELUWA 软管隔膜活塞泵	≤200	≤32	≤150	用于输送有化学或机械腐蚀性的不同浓度的浆料、膏状物料及高黏度的流体	上海慧商工程设备有限公司
ZB 直动波纹泵	≤63	≤1.2	≤120	输送高磨蚀性、高黏度、有腐蚀性、易挥发、贵重、易燃易爆的介质	宜兴市宙斯泵业有限公司
3D 电动往复泵	≤68	≤60MPa	≤60~150	用于石油、化工、轻工、机械工业输送腐蚀性液体和高温液体及水压机、模压机的加压泵等	重庆水泵厂有限责任公司等
BCO₂ 低温液体泵	600~1200 L/h	≤8MPa	根据液态低温介质温度	适合于低温液态二氧化碳液体等的输送	杭州斯莱特泵业有限公司
DWB 低温液体泵	60~600 L/h	≤16MPa	根据液态低温介质温度	适合于低温液体充灌系统的配套使用,如液氧、液氮、液氩等	杭州斯莱特泵业有限公司
QBY 气动隔膜泵	≤30	50	0~120	输送油水、浆液、干粉末、油漆、油墨、树脂,介质浓度:<30%~40%(含杂质料)	广州广一集团有限公司等
WB WBR 高温电动往复泵	3~40	0.3~2.5	150~400	适合于炼油、造纸、油毡、石化等行业输送热水、热油或其他类似油水的高温介质	上海奥特泵阀制造有限公司
EKSP KSP 施维英污泥泵	≤180	≤150 bar	≤40~60	输送污水污泥、制糖、采矿和钢铁工业污泥、化学和建筑工业污泥等,固体含量可达80%	上海施维英机械制造有限公司

(2)计量泵

型号	流量 /(m³/h)	扬程 /m	温度 /℃	用　途	生产厂
J 系列计量泵	详见正文分类表	详见正文分类表	-30~100	输送黏度0.3~800mm/s,不含固体颗粒的介质,按用户要求有电控型、气控型、高温型、双调型、高黏度型、悬浮型等多种特殊功能要求的计量泵	重庆水泵厂有限责任公司等

续表

型号	流量 /(m³/h)	扬程 /m	温度 /℃	用　　途	生产厂
LJ 计量泵	8～4000 L/h	≤50	−60～400	计量输送腐蚀、磨蚀、易燃、易爆及浆料等各种介质,广泛用于石油、化工、医药、冶金、环保、食品等部门	重庆水泵厂有限责任公司等
MILTON ROY 马达驱动 电磁驱动隔膜计量泵	≤50 ≤0.095	≤207 ≤70	≤200	输送各种腐蚀要求、无泄漏的介质,广泛用于石化、化工过程、锅炉水、冷却水废水处理等	汉胜工业设备上海有限公司
Mf Mh PS DR ORLITA 普罗名特精密计量泵	详见正文	≤40 ≤400 ≤40 ≤63	−40～160 −60～200 −40～400 −40～400	计量输送各种液体,包括高黏度、含大颗粒杂质、有腐蚀性的液体	德国普罗名特流体控制中国有限公司
Dura-meter EVA EV1 EV2、3 液压隔膜计量泵	(即原达高泵) 0.3～114 0.3～833 53～7570 L/h	≤241 bar	≤66 非金属 ≤121 金属	EVA 小型设计、EV-1 常用设计、EV-2、EV-3 强化重型设计计量泵用于清水、化工液体、黏滞液体或泥浆的恒定流量的、无脉冲的计量输送	南京南北通控制系统有限公司
BJ 机械隔膜变量泵 (行程可调节)	≤1	≤0.5	−30～60	输送粒度大于 0.3mm,黏度不高于 1500mm/s 的液体,适用于铸造、化工、石油能源、食品、纺织、矿山等工业和环境保护,污水处理的部门量变输送腐蚀性液体	重庆水泵厂有限责任公司等
ZJ1 ZJ2 ZJ3 ZJ4 柱塞计量泵	0.2～8 5～125 20～2000 ≤15000 L/h	≤20 ≤16 ≤50 ≤60	≤60	输送不含悬浮颗粒的各种腐蚀性液体	重庆水泵厂有限责任公司等
2J 3J 多联计量泵	单缸流量 0.2～6300 L/h	≤50	根据串联计量泵的温度	数台 J 系列计量泵串联起来,由一台电机带动,按比例同时输送多种介质,无级调节,计量精度 1%	重庆水泵厂有限责任公司等
A10P M1 M2R E1R E2 E3 Bono 柱塞计量泵	3～200 3～17 1.5～860 1.5～1526 18～9880 30～16569 L/h	≤20bar ≤100ba ≤338bar ≤1000 ≤194 ≤194 bar	20～+100 −20～+150 −20～+100 −20～+150 −20～+150 20～+150	意大利 Bono 柱塞计量泵适用于计量温度、压力、流量等条件苛刻以及各种有毒、腐蚀、黏性、挥发,具悬浮颗粒等难以输送的流体,适用于连续操作的场合	君业工业公司代理
GM 机械隔膜计量泵	4.5～500 L/h	0.5～1.2	≤40	用于各种水处理、加药系统、消毒、流体测量系统并提供成套及控制技术	上海费波自控技术有限公司
SZJ₃ 双头计量泵	20～2000 L/h	≤50	≤450	计量输送腐蚀、磨蚀、易燃、易爆及浆料等各种介质,广泛用于石油、化工、医药、冶金、环保、食品等部门	重庆水泵厂有限责任公司等
YJM 遥控双调节计量泵	≤250L/h	≤50	−30～80	输送黏度 0.3～800cP 的不含固体颗粒的介质,用于石油化工、环保水处理、电力、轻工、食品、医药、精细化工等行业	江苏海狮泵业制造有限公司

7. 真空泵

续表

型号	抽气量 /(m³/min)	最大真空度 /mmHg	轴功率 /kW	用　途	生产厂
(1)水环真空泵					
2BV 2BE1 2BE3 nash-elmo 液环真空泵	6～500 ≤22500 4000～ 37000m³/h	≤33 ≤33mbar 16～101kPa	0.81～800	用于真空过滤、真空蒸馏、真空消毒、真空包装以及塑料成形、食品加工、干燥、萃取、制革等工业部门	纳西姆工业中国有限公司、佛山水泵厂有限公司等
2BEA 水环真空泵	2.8～353	33～160mbar	7～453	用于抽吸不含固体颗粒，不溶于水，无腐蚀性的气体	淄博水环真空泵厂有限公司等
SK SZ 水环真空泵	0.4～120	700～735 mmHg	1.5～185	用于抽吸（或压缩）空气和其他不含固体颗粒，不溶于水，无腐蚀性的气体	淄博水环真空泵厂有限公司、上海真空泵厂、无锡市四方真空设备有限公司、佛山水泵厂有限公司等
2S 双级水环式 真空泵	35～400L/s	3500Pa	5.5～55	用于抽吸空气或其他气体，适合含有大量水蒸气的气体或有腐蚀性的气体	上海真空泵厂
2BVA 水环真空泵	0.45～8.3	33mbar	1.1～15	适宜抽吸大气或湿润蒸汽	淄博水环真空泵厂有限公司等
CBF 水环真空泵	80～600	200～ 1013hPa	≤560	石油化工真空蒸馏、真空结晶、制气过程变压吸附、其他工业的真空过程等	佛山水泵厂有限公司等
CDF 水环真空泵	0.45～2.33	33 1013hPa	1.1～4	用于化工、纺织、橡胶、制药、食品加工等工业部门，允许被抽气体带有非颗粒状粉尘	佛山水泵厂有限公司等
(2)旋转真空泵					
2X 型 旋片真空泵	4～70L/s	≤0.06Pa	0.55～5.5	可单独使用或作为前级泵、预抽泵，应用于获取真空的工业和实验室	上海真空泵厂、无锡市四方真空设备有限公司等
2XZ 型 旋片式真 空泵	0.5～4L/s	≤0.06～ 1.33Pa	0.18～0.55	可单独使用或作为前级泵、预抽泵，应用于获取真空的工业和实验室	无锡市四方真空设备有限公司、上海真空泵厂等
X-150 型 旋片式真 空泵	150L/s	≤2～66Pa	15	可单独作为主泵，也可作为增压泵、扩散泵的前级泵。用于真空镀膜、真空干燥及脱水、真空冶金等	上海真空泵厂等
ZJ 型 罗茨真空泵	30～12000L/s	≤0.05Pa	0.75～11	对抽除气体中含有灰尘和水蒸气不敏感，应用于冶金、化工、食品、电镀等行业	无锡市四方真空设备有限公司等
XD 旋片真空泵	10～100m³/h	≤200Pa	0.37～3	应用于食品、印刷、橡胶塑料、机械工业及医院等	无锡市四方真空设备有限公司等
ZJ ZJP 型罗茨 真空泵	150～ 2200L/s	$(1\sim3)\times10^{-4}$ hPa	2.2～22	可作为增压泵使用，其前级泵可用滑阀真空泵或旋片、水环、油环真空泵等	浙江水泵总厂有限公司、上海真空泵厂等

续表

型号	抽气量/(m³/min)	最大真空度/mmHg	轴功率/kW	用途	生产厂
H型滑阀真空泵（旋转活塞真空泵）	8～300L/s	6.7×10^{-4} hPa	1.1～30	用于抽吸一般性气体或含有少量可凝性气体。当抽除含氧过高、有爆炸性、对黑色金属有腐蚀性、对真空油起化学反应的气体时，应加附设装置。可单独使用，也可作为其他高真空泵的前级泵。广泛地应用于真空冶炼、真空干燥、真空浸渍、高真空模拟试验及其他真空作业	浙江水泵总厂有限公司
JZPH JZPS JZQ JZQH JZPS-P 罗茨真空机组	30～2500 30～1200 ～2500 ～2500 30～1200	1×10^{-4} 1×10^{-4} 0.5 2.7×10^{-4} 2000 hPa	0.75～22 1.1～11 15～260 30～235 0.75～11	JZPH 罗茨-滑阀、JZPS 罗茨-水环、JZQ 气冷式直排大气罗茨-罗茨无油、JZQH 气冷式直排大气罗茨-滑阀、JZPS-P 罗茨-大气喷射真空机组，用于真空镀膜、冶金、热处理、焊接、化工、医药、食品等部门	浙江真空设备集团有限公司
Sterling SIHI^{dry} 干式真空泵	≤1000	0.01 mbar		适用化工、医药、电子等需要洁净真空的科技行业，输送含水分和灰尘、腐蚀性气体、有毒气体、易燃易爆气体的介质和工况	斯特林流体系统有限公司上海代表处

（3）往复式及喷射式真空泵

型号	抽气量/(m³/min)	最大真空度/mmHg	轴功率/kW	用途	生产厂
W系列往复真空泵	30～214L/s	2600Pa	4～22	用于化工、医药、食品工业中的真空蒸馏、蒸发、干燥等工艺过程	无锡市四方真空设备有限公司、上海真空泵厂等
WWY型往复无油真空泵	300L/s	2000Pa	30	适用于无油真空环境，抽除某些遇油反应的气体，如 CO 等	上海真空泵厂等
SPB型水喷射真空泵	1.2～2	720mmHg	水流量>25m³/h	用于各工业部门中的真空工艺过程	嘉善三方玻璃钢有限责任公司等
W型水力喷射器	蒸发量40～3000 L/h	0.091～0.097	水流量12.5～108	集抽真空、冷凝、排水于一体的机械装置。用于真空与蒸发系统，进行抽气、蒸发过滤、结晶、干燥、脱臭等工艺	温州腾宇泵阀制造有限公司、上海真空泵厂、上海奥特泵阀制造有限公司等
TLZ型多级分段式离心真空泵	9～22	－143～－618 水柱	0.75～15	用以输送热湿气体，适用于服装制造业的蒸汽熨烫设备配套，引进国外技术制造的国产设备	浙江水泵总厂有限公司
KT型高真空油扩散真空泵	720～35000 L/s	7×10^{-7} hPa	0.6～20	在前级泵的抽气下，油扩散泵以连续的抽出气体，达到很高的极限真空度。用于需获得高真空的工业部门及科研、实验室等	浙江真空设备集团有限公司

附录八　国内部分泵制造厂通信地址

单位名称	邮编	地址	电话
北京航天石化技术装备工程公司	100076	北京9200信箱11分箱	010-68382215
北京威浦实信科技有限公司	100840	北京市复兴路20号北门中区汇通商务楼42#楼407室	010-68219834
北京康吉森自动化设备技术有限公司	100012	北京市顺义区空港工业区B区裕东路7号	010-84928166
豪顿华工程有限公司	100031	北京市宣武门西大街129号金隅大厦12B层	010-66419988
柯赞尼(北京)压缩机气阀有限公司	102209	北京市昌平区北七家镇八仙店村工业大院	010-89757194
斯特林流体设备(北京)有限公司	100101	北京朝阳区安立路80号马哥孛罗大厦8层801室	010-59636990
美国威顿泵有限公司北京代表处	101111	北京市中关村科技园通州园光机电一体化产业基地科创东五街2号1号厂房2层A区	010-81504710
北京埃里奥特透平技术有限公司	100013	北京市东城区北三环东路36号环球贸易中心B座1206室	010-58256228
天津泵业机械集团有限公司	300400	天津市北辰区果园南道10号	022-26813364
天津市耐酸泵总厂	300131	天津市红桥区光荣道竹山路11号	022-26689683
天津市瑞德螺杆泵制造技术有限公司	300380	天津市西青区西青道276号	022-27944570
约翰克兰科技(天津)有限公司	300384	天津新技术产业园区华苑产业区(环外)海泰华科一路9号	022-58398588
天津市联强机械密封技术有限公司	300380	天津市西青区中北工业园星光路26号	022-27982089
石家庄强大泵业集团有限责任公司	050035	河北石家庄市天山大街239号	0311-80908629
河北恒盛泵业股份有限公司	062150	河北省泊头市河东北路61号	0317-8223033
沈阳鼓风机集团有限公司	110021	辽宁沈阳市铁西区云峰北街36号	024-258015xx
沈阳市工业泵厂有限公司	110141	辽宁沈阳市经济技术开发区七号街5甲3-1号	024-25816969
沈阳诚信钛业有限公司	110115	辽宁沈阳市苏家屯区前谟工业园城大街42-5号	024-89427756
辽宁格瑞特泵业有限公司	110079	辽宁沈阳市浑南新区新放街6号	024-83787502
沈阳格瑞德泵业有限公司	110326	辽宁沈阳胡台新城振兴七街34号	024-87410099
大连苏尔寿泵及压缩机有限公司	116600	辽宁大连市双D港双D7街6号	0411-87581900
大耐泵业有限公司	116620	辽宁大连市双D港辽河东路86号	0411-87581661
大连海密梯克泵业有限公司	116620	辽宁大连经济技术开发区双D港辽河东路86号	0411-87581206
大连里瓦泵业有限公司	116620	辽宁大连经济技术开发区双D港辽河东路86号	0411-87581477
大连帝国屏蔽电泵有限公司	116043	辽宁大连三涧堡工业科技园区	0411-86269111
普罗名特流体控制(大连)有限公司	116600	辽宁大连经济技术开发区辽河西三路14号	0411-87315738
大连深蓝泵业有限公司	116031	辽宁大连市甘井子区西洼街86号	0411-86427103
大连四方电泵有限公司	116045	辽宁大连市旅顺经济开发区大盐路69号	0411-86229396
艾格尔化工泵(大连)有限公司	116023	辽宁大连七贤岭高新园区学子街2号1-2-1	0411-87535277
大连泰克尼姆环保设备有限公司	116023	辽宁大连七贤岭高新园区学子街2号1-2-1	0411-87535279
大连华阳光大密封有限公司	116013	辽宁大连市甘井子区营城子高技术园区营旭路25号	0411-82402688
大连世俊工业泵制造有限公司	116033	辽宁大连市绿波路80-1-1号	0411-86846682
大连任原泵业有限公司	116033	辽宁大连市沙河口区新桥街50号	0411-84505562
丹东通博泵业有限公司	118008	辽宁丹东市振兴区黄海大街10号	0415-6220306
丹东克隆集团有限责任公司	118008	辽宁丹东市黄海大街18号	0415-6226589

续表

单 位 名 称	邮编	地　　址	电话
丹东曙光泵阀有限公司	118003	辽宁丹东市振安区变电街1084号	0415-6227766
丹东通博流体设备有限公司	118008	辽宁丹东市振兴区黄海大街18-8号	0415-6227313
哈尔滨庆功林泵业有限公司	150038	黑龙江哈尔滨市香坊区公滨路51号	0451-55139168
上海电气压缩机泵业有限公司	200431	上海市长江西路815号	021-66188659
上海日机装屏蔽泵有限公司	201400	上海市奉贤区南桥镇沪杭公路1795号	021-67103258
中技日机装上海技术服务部	200540	上海市金山区友谊楼5楼(北随塘河路134号)	021-57941325
汉胜工业设备(上海)有限公司	201108	上海市莘庄工业区申富路879号1栋	021-54425055
上海高德机械有限公司	200050	上海市长宁路1055号,汇都大楼6楼	021-52390088
上海磐星机械设备有限公司	201180	上海市莲花南路1500弄8-9号431室	021-33582600
上海尼可尼流体系统有限公司	200030	上海市斜土路2601号嘉汇广场T1座27GH	021-34243347
上海费波自控技术有限公司	200233	上海市古宜路181号4号楼3楼	021-64646475
磨锐泵(上海)有限公司	200041	上海市成都北路333号招商局广场东楼1007室	021-52980318
上海慧商工程设备有限公司	200122	上海浦东张扬路628弄,东明广场2号楼,13-A室	021-58352147
瑞士马格泵系统	200021	上海市西藏南路218号永银大厦1204A	021-53966555
施维英(上海)机械制造有限公司	201612	上海松江新桥工业区新效路5号	021-57645855
开天传动技术(上海)有限公司	201206	上海浦东金藏路351号30幢1楼	021-50556611
埃梯梯(中国)投资有限公司	200051	上海市遵义路100号虹桥上海城A座30层	021-22082888
IDEX集团亚太公司	200052	上海市长宁路1027号兆丰广场3502室	021-52415599
美国科尔法公司	200040	上海市愚园路168号环球世界大厦1701室	021-62486087
上海佳麟泵阀有限公司	201315	上海浦东新区康桥秀浦路2388号	021-61183881
福斯流体技术(上海)有限公司	200122	上海世纪大道1568号中建大厦9楼01单元	021-38654800
美国泰悉尔(Tuthill)集团公司	200001	上海市西藏中路18号港陆广场1507	021-53853369
上海凯泉泵业(集团)有限公司	201804	上海嘉定区曹安公路4255号	021-69596666
达颖国际贸易上海有限公司	200233	上海市徐汇区钦州路528号2栋	021-51164777
上海志卓机械制造有限公司	200072	上海市灵石路709号44#-6	021-66528865
上海葆晨贸易有限公司	201100	上海市闵行区畹町路99弄186号701室	021-54374382
上海捷嘉工业设备有限公司	200061	上海市中山北路1715号普发广场1110室	021-63737181
伊格尔博格曼(中国)	200120	上海浦乐新区商城路800号斯米克大厦211-212	021-58353711
比欧西贸易(上海)有限公司	200131	上海市外高桥保税区富特北路23号	021-58669618
德国福伊特Voith驱动技术有限公司	201108	上海市莘庄工业园区华锦路265号	021-24087688
中国船舶重工集团公司第711研究所	200072	上海市共和新路2801号	021-66312917
上海阿波罗机械有限公司	201401	上海市奉贤西西渡工业园区亿松路555号	021-67159999
斯派莎克(中国)工程有限公司	200233	上海市漕河泾开发区桂箐路107号	021-64854898
西派克(上海)泵业有限公司	201300	上海浦东南汇工业区宣中路399号13幢	021-38108884
上海亚达发搅拌设备有限公司	200071	上海市共和新路966号共和大厦403室	021-66600399
德国费亚泰克公司上海办事处	200122	上海市张扬路838号华都大厦21楼A-B座	021-50815318
深圳市振豪密封技术有限公司上海分公司	200070	上海天目西路218号嘉里不夜城第2座3601室	021-63531155
希赫泵业(上海)有限公司	200041	上海市南京西路580号南证大厦1007室	021-62188068

续表

单位名称	邮编	地址	电话
上海金申德粉体工程有限公司	200040	上海延安西路 376 弄 22 号 4 楼东	021-32140425
上海新沪电机厂有限公司	201318	上海市南汇区康桥东路 333 号	021-58131688
南京新欧通泵业有限公司	210009	江苏省南京市山西路 8 号金山大厦 B 楼 15F	025-57017975
亿志机械设备(无锡)有限公司	214028	江苏省无锡市国家高新技术产业开发区 6 号	0510-85229403
无锡创明传动工程有限公司	214142	江苏省无锡市新区华友二路 8 号	0510-85701227
宜兴市宙斯泵业有限公司	214225	江苏省宜兴市张泽镇	0510-97447312
张家港市飞浪泵阀有限公司	215623	江苏省张家港市红旗镇	0512-58640595
南通大通宝富风机有限公司	226010	江苏省南通市经济技术开发区通盛大道 88 号	0513-85544236
常州市华立液压润滑设备有限公司	213115	江苏常州北门外三河口	0519-88675056
江苏飞跃机泵集团公司	214537	江苏省靖江市新桥镇飞跃路 96 号	0523-84321006
江苏海狮泵业制造有限公司	214537	江苏省靖江市新桥中路 1 号	0523-84321008
艾志工业技术集团有限公司	211100	江苏南京市江宁经济技术开发区利源南路 55 号	025-52788127
镇江江大泵业科技有限公司	212013	江苏省镇江市学府路 301 号	0511-85340757
江苏金通灵风机股份有限公司	226001	江苏省南通市钟秀中路百花科技大厦	0513-85198520
江苏凯兴塑化有限公司	213213	江苏省金坛市建昌镇	0519-82800077
代斯米泵业技术(苏州)有限公司	215122	江苏苏州上业园区封亭大道 740 号	0512-62740400
杭州汽轮机股份有限公司	310018	浙江省杭州市石桥路 357 号	0571-85780114
杭州中能汽轮动力有限公司	310012	浙江省杭州市杭州经济技术开发区 22 号大街 18 号	0571-86751350
浙江佳力科技股份有限公司	311241	浙江省杭州萧山瓜沥镇	0571-82565888
杭州大路实业有限公司	311234	浙江省杭州市萧山区红山镇	0571-82699042
宁波得利时泵业有限公司	315145	浙江省宁波市鄞州区滨海投资创业中心	0574-87771111
宁波联发机械有限公司	315807	浙江省宁波市北仑区永定河路 7-5 号	0574-86713154
嘉利特荏原泵业有限公司	325204	浙江省瑞安市北工业园区(塘下镇)	0577-65322263
神华泵业有限公司	325105	浙江省永嘉县东瓯工业区神华工业园	0577-67373800
温州中翔轻工机械厂	325025	浙江温州市龙湾区永强大道 3097 号	0577-86829696
佶缔纳士机械有限公司	255213	山东省博山经济技术开发区纬五路 18 号	0533-4654834
淄博水环真空泵厂有限公司	255200	山东省淄博市博山区西过境路 299 号	0533-4178155
山东颜山泵业有限公司	255200	山东淄博博山区秋谷横里河 89 号	0533-4158680
烟台市阳光泵业有限公司	264100	山东省烟台市牟平经济开发区新城大街 898 号	0535-4326988
青岛捷能汽轮机集团股份有限公司	266042	山东省青岛市四流南路 102 号	0532-86125446
南阳防爆集团有限公司	473008	河南省南阳市仲景北路 22 号	0377-63258578
襄樊五二五泵业有限公司	441021	湖北襄樊市襄城区檀溪路 146 号	0710-3560055
湖北金源特种泵制造有限公司	433202	湖北省洪湖市峰口镇解放街 108 号	0716-2822415
佛山水泵厂有限公司	528000	广东省佛山市河滨路 14 号	0757-82801095
阿尔斯通创为实技术发展有限公司	518057	深圳市高新区科技中二路软件园一期 6 栋 5 楼	0755-86168080
重庆水泵厂有限责任公司	400033	重庆市沙坪坝井口工业区井盛路 8 号	023-65312953
重庆江北机械有限责任公司	400714	重庆市北碚区水土镇	023-68230481

续表

单位名称	邮编	地址	电话
重庆通用工业(集团)有限责任公司	400021	重庆市江北区玉带山1号	023-67656254
四川日机密封件有限公司	610045	四川省成都市武侯工业园武科西四路9号	028-85373936
四川省机械研究设计院	610063	四川成都市锦江工业园区墨香路48号	028-85925176
成都一通密封有限公司	610100	四川成都经济技术开发区星光西路26号	028-84846471
成都流体机械密封制造有限公司	610083	四川成都市金牛高科技产业园(北区)石化路88号	028-83586862
西安交大赛尔机泵成套设备有限责任公司	710049	陕西西安市咸宁西路28号	029-82668070
西安泵阀总厂有限公司	710032	陕西西安市东站路49号	029-82576091
陕西鼓风机(集团)有限公司	710611	陕西西安市临潼区陕鼓路18号	029-83931400
西安陕鼓汽轮机有限公司	710611	陕西西安市临潼区陕鼓路18号	029-81392677
西安永华集团有限公司	710018	陕西西安市经济技术开发区明光路69号	029-86519888
昆明嘉和科技开发有限公司	650217	云南省昆明市经济技术开发区信息产业基地5-2号	0871-5638866
耐驰(兰州)泵业有限公司	730010	甘肃兰州市高新技术产业开发区刘家滩506号	0931-8555000
合肥富通机电自动化有限公司	231131	安徽合肥市双凤开发区金泰路18号	0551-4393824

附录九 全国工程建设机泵联络网成员单位

设计单位：

中国石化集团上海工程有限公司、中国石化工程建设公司、东华工程科技股份有限公司、中国寰球工程公司、中国成达工程公司、中国石化集团洛阳石油化工工程公司、中国天辰化学工程公司、中国华陆工程公司、中石化集团宁波工程有限公司、中国五环化学工程公司、阿克工程（上海）有限公司、北京燕山石油化工有限公司、中国石化扬子石油化工股份有限公司、中国石化镇海炼油化工股份有限公司、中国石化上海石油化工股份有限公司、中国石化集团茂名石化股份有限公司、独山子石化公司、中国石化集团南京工程有限公司、中国石油集团工程设计有限责任公司东北分公司、京鼎工程建设有限公司、赛鼎工程有限公司、上海寰球石油化学工程有限公司、扬子石油化工设计院、南京金凌石化工程有限责任公司、齐鲁石化设计院、上海工程化学设计院、巴陵石油化工设计院、大庆石油化工设计院、重庆医药设计院、中国医药集团武汉医药设计院、金陵石油化工有限责任公司设计院、广东省石油化工设计院、德希尼布天辰化学工程有限公司、福斯特惠勒国际工程咨询（上海）有限公司等。

制造厂单位：

杭州汽轮机股份有限公司、沈阳鼓风机（集团）有限公司、大连苏尔寿泵及压缩机有限公司、埃梯梯（中国）投资有限公司、上海电气压缩机泵业有限公司、汉胜工业设备（上海）有限公司、大连海密梯克泵业有限公司、约翰克兰（中国）有限公司、重庆水泵厂有限责任公司、广东佛山水泵厂有限公司、襄樊五二五泵业有限公司、上海日机装屏蔽泵有限公司、浙江佳力科技股份有限公司、陕西鼓风机（集团）有限公司、大连帝国屏蔽电泵有限公司、重庆江北机械有限责任公司、沈阳市工业泵厂（有限公司）、四川日机密封件有限公司、天津泵业机械集团有限公司、天津市耐酸泵总厂、张家港市飞浪泵阀有限公司、耐驰（兰州）泵业有限公司、嘉利特荏原泵业有限公司、丹东克隆集团有限责任公司、伊格尔·博格曼（中国）、杭州中能汽轮动力有限公司、佶缔纳士机械有限公司、北京航天石化技术装备工程公司、大连深蓝泵业有限公司、中国船舶重工集团公司第711研究所、西安泵阀总厂有限公司、IDEX集团亚太公司、阿尔斯通创为实技术发展有限公司、艾格尔化工泵（大连）有限公司、艾志工业技术集团有限公司、北京康吉森自动化设备技术有限责任公司、北京威浦实信科技有限公司、北京埃里奥特透平技术有限公司、比欧西贸易（上海）有限公司、常州市华立液压润滑设备有限公司、成都流体机械密封制造有限公司、成都一通密封有限公司、达颖国际贸易（上海）有限公司、大连华阳光大密封有限公司、大连里瓦泵业有限公司、大连世俊工业泵制造有限公司、大连四方电泵有限公司、大连泰克尼姆环保设备有限公司、大连任原泵业有限公司、大耐泵业有限公司、代斯米泵业技术（苏州）有限公司、丹东通博泵业有限公司、丹东通博流体设备有限公司、丹东曙光泵阀有限公司、德国费亚泰克公司上海办事处、德国福伊特驱动技术有限公司、德国普罗名特流体控制中国有限公司、德事隆集团马格泵系统（上海代表处）、福斯（FLOWSERVE）中国、哈尔滨庆功林泵业有限公司、杭州大路实业有限公司、豪顿华工程有限公司、河北恒盛泵业股份有限公司、合肥富通机电自动化有限公司、湖北金源特种泵制造有限公司、江苏飞跃机泵集团公司、江苏海狮泵业制造有限公司、江苏金通灵风机股份有限公司、江苏凯兴塑化有限公司、开天传动技术

（上海）有限公司、柯赞尼（北京）压缩机气阀有限公司、昆明嘉和泵业有限公司、辽宁格瑞特泵业有限公司、美国科尔法公司上海代表处、美国泰悉尔（Tuthill）集团公司、美国威顿泵有限公司北京代表处、磨锐泵（上海）有限公司、南京新欧通泵业有限公司、南通大通宝富风机有限公司、南阳防爆集团有限公司、宁波得利时泵业有限公司、宁波联发机械有限公司、山东颜山泵业有限公司、上海阿波罗机械有限公司、上海葆晨贸易有限公司、上海费波自控技术有限公司、上海高德机械有限公司、上海慧商工程设备有限公司、上海佳麟泵阀有限公司、上海捷嘉工业设备有限公司、上海金申德粉体工程有限公司、上海凯泉泵业（集团）有限公司、上海尼可尼流体系统有限公司、上海磐星机械设备有限公司、上海新沪电机厂有限公司、上海亚达发搅拌设备有限公司、上海志卓机械制造有限公司、神华泵业有限公司、沈阳诚信钛业有限公司、沈阳格瑞德泵业有限公司、施维英（上海）机械制造有限公司、石家庄强大泵业集团有限责任公司、斯派莎克（中国）工程有限公司、斯特林流体系统（北京）有限公司、四川省机械研究设计院、天津市瑞德螺杆泵制造技术有限公司、天津市联强机械密封技术有限公司、无锡创明传动工程有限公司、温州中翔轻工机械厂、青岛捷能汽轮机集团股份有限公司、西安交大赛尔机泵成套设备有限责任公司、西派克（上海）泵业有限公司、西安永华集团有限公司、西安陕鼓汽轮机有限公司、希赫泵业（上海）有限公司、烟台市阳光泵业有限公司、宜兴市宙斯泵业有限公司、亿志机械设备（无锡）有限公司、振豪密封技术有限公司上海分公司、镇江江大泵业科技有限公司、中技日机装上海技术服务部、重庆通用工业（集团）有限责任公司、淄博水环真空泵厂有限公司等。

全国化工设备设计技术中心站机泵技术委员会
全国石油和化工工程建设机泵联络网　　　　　　　秘书处

地址：上海市延安西路 376 弄 22 号 10 楼（西）
邮编：200040
电话：021-32140328（秘书长）、
021-32140471 转 814、823（秘书）
网址：www.tced.com 和 www.epumpnet.com

欢迎订阅化工机械专业图书

书　名	定价/元	书　号
化工设备设计全书（共15种）		
除尘设备	60.00	ISBN 7502538240
废热锅炉	58.00	ISBN 7502538259
石墨制化工设备	38.00	ISBN 750254013X
高压容器	35.00	ISBN 7502540725
搅拌设备	38.00	ISBN 7502544011
塔设备	54.00	ISBN 7502549064
球罐和大型储罐	52.00	ISBN 7502562451
钢架	38.00	ISBN 7502553746
铝制化工设备	45.00	ISBN 7502538275
干燥设备	65.00	ISBN 7502538291
化工设备用钢	78.00	ISBN 7502549447
钛制化工设备	35.00	ISBN 7502538267
超高压容器	38.00	ISBN 7502538607
换热器	56.00	ISBN 7502541462
化工容器	48.00	ISBN 750253959X
压力容器实用技术丛书（共5种）		
压力容器设计知识	78.00	ISBN 750257493X
压力容器用材料及热处理	90.00	ISBN 7502562311
压力容器制造和修理	90.00	ISBN 7502556397
压力容器检验及无损检测	38.00	ISBN 7502583912
压力容器安全监察与管理	30.00	ISBN 7502575774
其他化工机械图书		
化工机械维修手册（上）	98.00	ISBN 7502550631
化工机械维修手册（中）	123.00	ISBN 7502551905
化工机械维修手册（下）	128.00	ISBN 7502553118
化工机械工程手册（下卷）	160.00	ISBN 7502540946
工业泵选用手册	45.00	ISBN 7502519807
透平式压缩机	39.00	ISBN 7502556613
旋风分离器——原理、设计和工程应用	40.00	ISBN 7502558713
液压阀原理、使用与维护	76.00	ISBN 7502568891
化工设备设计基础	39.50	ISBN 7502516034
通风除尘设备设计手册	38.00	ISBN 7502546294
换热器设计手册	70.00	ISBN 7502538283
石油化工管道设计	70.00	ISBN 7502512373
管式换热器强化传热技术	29.00	ISBN 7502534458

续表

书　名	定价/元	书　号
搅拌与混合设备设计选用手册	76.00	ISBN 7502553770
化工工艺算图手册	118.00	ISBN 7502538623
化工设备算图手册	136.00	ISBN 7502532560
化工工艺管道安装工程预算编制与校审	32.00	ISBN 7502540415
热泵技术及其应用	38.00	ISBN 7502581332
AutoCAD2005压力容器设计	49.00	ISBN 7502579397
管路附件设计选用手册	150.00	ISBN 7502553657
除尘装置系统及设备设计选用手册	96.00	ISBN 7502547282
离心通风机	39.00	ISBN 7502598099
气瓶充装与安全	25.00	ISBN 978-7-122-00774-2
管道柔性简化计算手册	36.00	ISBN 978-7-122-01885-4
石油化工设备设计选用手册(共12种)		
承压容器	66.00	ISBN 978-7-122-02236-3
干燥器	68.00	ISBN 978-7-122-02435-0
除尘器	66.00	ISBN 978-7-122-02437-4
石化设备用钢	38.00	ISBN 978-7-122-02705-4
换热器	62.00	ISBN 978-7-122-03800-5
有色金属制容器	72.00	ISBN 978-7-122-03671-1
机泵选用	45.00	ISBN 978-7-122-04211-8
储存容器	39.00	ISBN 978-7-122-04490-7
搪玻璃容器	48.00	ISBN 978-7-122-06249-9
化工设备技术问答丛书(共6种)		
废热锅炉技术问答	25.00	ISBN 978-7-122-02960-7
工业汽轮机技术问答	25.00	ISBN-978-7-122-03255-3
化工容器技术问答	32.00	ISBN 978-7-122-03447-2
塔设备技术问答	22.00	ISBN 978-7-122-03276-8
换热器技术问答	25.00	ISBN 978-7-122-03789-3
泵技术问答	28.00	ISBN 978-7-122-04003-9

重点推荐

《石油化工设备设计选用手册》系列

《石油化工设备设计选用手册》(以下简称《手册》)由中国石化集团上海工程有限公司组织编写，着眼于工程，强调设计、选用，目的是使工程公司、生产企业中的工艺、设备技术人员能据此设计、选用到最佳设备。本《手册》突出工程性、工艺性、实用性。本《手册》为我社已出版的《化工设备设计全书》的更新版，在内容及分册选择上都有了改进和调整。

为保证《手册》的工程实用性，中国石化集团上海工程有限公司成立了编委会，确定了编写要求，组织全国知名专家参与撰写，并由编委会负责审稿及协调工作。

《手册》对每一类设备的作用、适用场合、分类与形式、选用要求进行阐述,主要介绍该类设备选用的工艺计算、结构设计、强度计算,以及本类设备的制造检验特殊要求,同时也涉及该类设备的标准及零部件标准(重点在于如何应用)以及相关应用软件。

《手册》共 12 个分册,已出版的 4 种分别是《干燥器》、《除尘器》、《石化设备用钢》、《承压容器》。即将出版的 8 种分别是《换热器》、《反应器》、《塔器》、《工业炉》、《机泵选用》、《储存容器》、《有色金属制容器》、《搪玻璃容器》。

化学工业出版社出版机械、电气、化学、化工、环境、安全、生物、医药、材料工程、腐蚀和表面技术等专业科技图书。如要邮购图书请与发行部联系。如要出版新著,请与编辑联系。如要以上图书的内容简介和详细目录,或要更多的科技图书信息,请登录 www.cip.com.cn。

地址:(100011)北京市东城区青年湖南街 13 号　化学工业出版社
邮购:010-64518888(传真:010-64519686)
编辑:010-64519277,64519270(机电分社机械编辑部)
Email:xintian@cip.com.cn